国家卫生和计划生育委员会“十三五”规划教材

全国高等医药教材建设研究会“十三五”规划教材

全国高等学校药学类专业第八轮规划教材

供药学类专业用

高等数学

第6版

主　编　顾作林

副主编　吕　同　刘启贵　秦　侠

编　者（以姓氏笔画为序）

田冬梅（广东药科大学）

吕　同（山东大学数学学院）

刘启贵（大连医科大学）

李　芳（河北医科大学）

杨君慧（西安医学院）

秦　侠（安徽医科大学）

顾作林（河北医科大学）

徐良德（哈尔滨医科大学）

缪素芬（北京中医药大学）

人民卫生出版社

图书在版编目(CIP)数据

高等数学 / 顾作林主编. —6 版. —北京: 人民卫生出版社, 2016

ISBN 978-7-117-22118-4

Ⅰ. ①高… Ⅱ. ①顾… Ⅲ. ①高等数学－医学院校－教材 Ⅳ. ①013

中国版本图书馆 CIP 数据核字(2016)第 032001 号

高 等 数 学
第 6 版

主　　编: 顾作林
出版发行: 人民卫生出版社（中继线 010-59780011）
地　　址: 北京市朝阳区潘家园南里 19 号
邮　　编: 100021
E - mail: pmph @ pmph.com
购书热线: 010-59787592　010-59787584　010-65264830
印　　刷: 北京铭成印刷有限公司
经　　销: 新华书店
开　　本: 850 × 1168　1/16　　印张: 21
字　　数: 578 千字
版　　次: 1992 年 4 月第 1 版　　2016 年 3 月第 6 版
　　　　　2022 年 4 月第 6 版第 7 次印刷（总第 34 次印刷）
标准书号: ISBN 978-7-117-22118-4/R · 22119
定　　价: 49.00 元

出版说明

全国高等学校药学类专业本科国家卫生和计划生育委员会规划教材是我国最权威的药学类专业教材，于1979年出版第1版，1987—2011年进行了6次修订，并于2011年出版了第七轮规划教材。第七轮规划教材主干教材31种，全部为原卫生部“十二五”规划教材，其中29种为“十二五”普通高等教育本科国家级规划教材；配套教材21种，全部为原卫生部“十二五”规划教材。本次修订出版的第八轮规划教材中主干教材共34种，其中修订第七轮规划教材31种；新编教材3种，《药学信息检索与利用》《药学服务概论》《医药市场营销学》；配套教材29种，其中修订24种，新编5种。同时，为满足院校双语教学的需求，本轮新编双语教材2种，《药理学》《药剂学》。全国高等学校药学类专业第八轮规划教材及其配套教材均为国家卫生和计划生育委员会“十三五”规划教材、全国高等医药教材建设研究会“十三五”规划教材，具体品种详见出版说明所附书目。

该套教材曾为全国高等学校药学类专业唯一一套统编教材，后更名为规划教材，具有较高的权威性和较强的影响力，为我国高等教育培养大批的药学类专业人才发挥了重要作用。随着我国高等教育体制改革的不断深入发展，药学类专业办学规模不断扩大，办学形式、专业种类、教学方式亦呈多样化发展，我国高等药学教育进入了一个新的时期。同时，随着药学行业相关法规政策、标准等的出台，以及2015年版《中华人民共和国药典》的颁布等，高等药学教育面临着新的要求和任务。为跟上时代发展的步伐，适应新时期我国高等药学教育改革和发展的要求，培养合格的药学专门人才，进一步做好药学类专业本科教材的组织规划和质量保障工作，全国高等学校药学类专业第五届教材评审委员会围绕药学类专业第七轮教材使用情况、药学教育现状、新时期药学人才培养模式等多个主题，进行了广泛、深入的调研，并对调研结果进行了反复、细致的分析论证。根据药学类专业教材评审委员会的意见和调研、论证的结果，全国高等医药教材建设研究会、人民卫生出版社决定组织全国专家对第七轮教材进行修订，并根据教学需要组织编写了部分新教材。

药学类专业第八轮规划教材的修订编写，坚持紧紧围绕全国高等学校药学类专业本科教育和人才培养目标要求，突出药学类专业特色，对接国家执业药师资格考试，按照国家卫生和计划生育委员会等相关部门及行业用人要求，在继承和巩固前七轮教材建设工作成果的基础上，提出了“继承创新”“医教协同”“教考融合”“理实结合”“纸数同步”的编写原则，使得本轮教材更加契合当前药学类专业人才培养的目标和需求，更加适应现阶段高等学校本科药学类人才的培养模式，从而进一步提升了教材的整体质量和水平。

为满足广大师生对教学内容数字化的需求，积极探索传统媒体与新媒体融合发展的新型整体教学解决方案，本轮教材同步启动了网络增值服务和数字教材的编写工作。34种主干教材都将在纸质教材内容的基础上，集合视频、音频、动画、图片、拓展文本等多媒介、多形态、多用途、多层次的数字素材，完成教材数字化的转型升级。

需要特别说明的是，随着教育教学改革的发展和专家队伍的发展变化，根据教材建设工作的需要，在修订编写本轮规划教材之初，全国高等医药教材建设研究会、人民卫生出版社对第四届教材评审委员会进行了改选换届，成立了第五届教材评审委员会。无论新老评审委员，都为本轮教材建设做出了重要贡献，在此向他们表示衷心的谢意！

众多学术水平一流和教学经验丰富的专家教授以高度负责的态度积极踊跃和严谨认真地参与了本套教材的编写工作，付出了诸多心血，从而使教材的质量得到不断完善和提高，在此我们对长期支持本套教材修订编写的专家和教师及同学们表示诚挚的感谢！

本轮教材出版后，各位教师、学生在使用过程中，如发现问题请反馈给我们（renweiyaoxue@163.com），以便及时更正和修订完善。

全国高等医药教材建设研究会

人民卫生出版社

2016年1月

国家卫生和计划生育委员会“十三五”规划教材
全国高等学校药学类专业第八轮规划教材书目

序号	教材名称	主编	单位
1	药学导论(第4版)	毕开顺	沈阳药科大学
2	高等数学(第6版)	顾作林	河北医科大学
	高等数学学习指导与习题集(第3版)	顾作林	河北医科大学
3	医药数理统计方法(第6版)	高祖新	中国药科大学
	医药数理统计方法学习指导与习题集(第2版)	高祖新	中国药科大学
4	物理学(第7版)	武　宏	山东大学物理学院
		章新友	江西中医药大学
	物理学学习指导与习题集(第3版)	武　宏	山东大学物理学院
	物理学实验指导***	王晨光	哈尔滨医科大学
		武　宏	山东大学物理学院
5	物理化学(第8版)	李三鸣	沈阳药科大学
	物理化学学习指导与习题集(第4版)	李三鸣	沈阳药科大学
	物理化学实验指导(第3版)(双语)	崔黎丽	第二军医大学
6	无机化学(第7版)	张天蓝	北京大学药学院
		姜凤超	华中科技大学同济药学院
	无机化学学习指导与习题集(第4版)	姜凤超	华中科技大学同济药学院
7	分析化学(第8版)	柴逸峰	第二军医大学
		邸　欣	沈阳药科大学
	分析化学学习指导与习题集(第4版)	柴逸峰	第二军医大学
	分析化学实验指导(第4版)	邸　欣	沈阳药科大学
8	有机化学(第8版)	陆　涛	中国药科大学
	有机化学学习指导与习题集(第4版)	陆　涛	中国药科大学
9	人体解剖生理学(第7版)	周　华	四川大学华西基础医学与法医学院
		崔慧先	河北医科大学
10	微生物学与免疫学(第8版)	沈关心	华中科技大学同济医学院
		徐　威	沈阳药科大学
	微生物学与免疫学学习指导与习题集***	苏　昕	沈阳药科大学
		尹丙姣	华中科技大学同济医学院
11	生物化学(第8版)	姚文兵	中国药科大学
	生物化学学习指导与习题集(第2版)	杨　红	广东药科大学

续表

序号	教材名称	主编	单位
12	药理学(第8版)	朱依谆	复旦大学药学院
		殷　明	上海交通大学药学院
	药理学(双语)**	朱依谆	复旦大学药学院
		殷　明	上海交通大学药学院
	药理学学习指导与习题集(第3版)	程能能	复旦大学药学院
13	药物分析(第8版)	杭太俊	中国药科大学
	药物分析学习指导与习题集(第2版)	于治国	沈阳药科大学
	药物分析实验指导(第2版)	范国荣	第二军医大学
14	药用植物学(第7版)	黄宝康	第二军医大学
	药用植物学实践与学习指导(第2版)	黄宝康	第二军医大学
15	生药学(第7版)	蔡少青	北京大学药学院
		秦路平	第二军医大学
	生药学学习指导与习题集***	姬生国	广东药科大学
	生药学实验指导(第3版)	陈随清	河南中医药大学
16	药物毒理学(第4版)	楼宜嘉	浙江大学药学院
17	临床药物治疗学(第4版)	姜远英	第二军医大学
		文爱东	第四军医大学
18	药物化学(第8版)	尤启冬	中国药科大学
	药物化学学习指导与习题集(第3版)	孙铁民	沈阳药科大学
19	药剂学(第8版)	方　亮	沈阳药科大学
	药剂学(双语)**	毛世瑞	沈阳药科大学
	药剂学学习指导与习题集(第3版)	王东凯	沈阳药科大学
	药剂学实验指导(第4版)	杨　丽	沈阳药科大学
20	天然药物化学(第7版)	裴月湖	沈阳药科大学
		娄红祥	山东大学药学院
	天然药物化学学习指导与习题集(第4版)	裴月湖	沈阳药科大学
	天然药物化学实验指导(第4版)	裴月湖	沈阳药科大学
21	中医药学概论(第8版)	王　建	成都中医药大学
22	药事管理学(第6版)	杨世民	西安交通大学药学院
	药事管理学学习指导与习题集(第3版)	杨世民	西安交通大学药学院
23	药学分子生物学(第5版)	张景海	沈阳药科大学
	药学分子生物学学习指导与习题集***	宋永波	沈阳药科大学
24	生物药剂学与药物动力学(第5版)	刘建平	中国药科大学
	生物药剂学与药物动力学学习指导与习题集(第3版)	张　娜	山东大学药学院

续表

序号	教材名称	主编	单位
25	药学英语(上册、下册)(第5版)	史志祥	中国药科大学
	药学英语学习指导(第3版)	史志祥	中国药科大学
26	药物设计学(第3版)	方　浩	山东大学药学院
	药物设计学学习指导与习题集(第2版)	杨晓虹	吉林大学药学院
27	制药工程原理与设备(第3版)	王志祥	中国药科大学
28	生物制药工艺学(第2版)	夏焕章	沈阳药科大学
29	生物技术制药(第3版)	王凤山	山东大学药学院
		邹全明	第三军医大学
	生物技术制药实验指导★★★	邹全明	第三军医大学
30	临床医学概论(第2版)	于　锋	中国药科大学
		闻德亮	中国医科大学
31	波谱解析(第2版)	孔令义	中国药科大学
32	药学信息检索与利用★	何　华	中国药科大学
33	药学服务概论★	丁选胜	中国药科大学
34	医药市场营销学★	陈玉文	沈阳药科大学

注:★为第八轮新编主干教材;★★为第八轮新编双语教材;★★★为第八轮新编配套教材。

全国高等学校药学类专业第五届教材评审委员会名单

前　言

通过四年来《高等数学》第 5 版在教学实践中的使用,结合众多一线教师的宝贵经验和实际感受,尤其容纳同学们提出的问题和宝贵意见,我们对《高等数学》第 5 版做了较大幅度的修改和完善。这次修改的目的是贯彻“教师好教,学生好学”的思想,突出实用性和适应性,以便更好地为药学类专业的学生服务。

我们选择合理的教学内容与体系结构,强调重要的数学思想方法与计算工具的突出作用,把数学建模的思想与方法渗透到教材内容中去,强调数学知识的应用。强调结构合理、逻辑清晰、例题丰富。这次修订,完善了基本初等函数、增加了第十章线性代数基础等内容。

根据当前医学院校教学课时少而所需数学知识较多的实际情况,精选以下内容:函数与极限、微分学、积分法、空间解析几何、微分方程、无穷级数、Mathematica 应用等。教学总时数为 100 ~ 120 学时。使用院校可酌情删减一些相对独立的章节,以适合 60 ~ 80 学时的教学。

感谢编写组成员所在各医药院校有关领导和老师的悉心关怀和大力支持。感谢同学们的厚爱。你们提出的宝贵建议和意见是我们创作的源泉,你们的需要是我们完善的动力。

由于作者水平有限,加之时间很仓促,书中难免有错误或考虑不周之处。恳请您多提宝贵意见,我们一定悉心接受,并坚决改正。再次表达诚挚的谢意。

顾作林

2016 年 1 月于石家庄

目　录

第一章　函数与极限

学习要求

1. 掌握：函数、初等函数、极限、无穷小及无穷大、函数连续性的概念，以及闭区间上连续函数的性质。

2. 熟悉：无穷小的性质，应用极限的四则运算法则及两个重要极限求极限。

3. 了解：无穷小的比较，极限存在准则，函数的间断点及其分类。

药物的治疗作用，一般与血液中药物的浓度（称血药浓度）有关。药物静脉注射后，血药浓度随着时间的变化而变化，这种依赖关系如何用数学语言描述？能否找到一个较为直观的图像来反映这种依赖关系？解决以上类似问题，需要掌握函数及其相关知识。

高等数学所研究的主要对象为函数，所用的主要方法为极限法。所谓函数关系就是变量之间的依赖关系。极限概念是微积分学（calculus）的理论基础，极限方法是研究变量的一种基本方法。

本章将在中学函数知识的基础上进一步理解函数概念，并介绍初等函数、极限、无穷小及无穷大、函数连续性等基本概念，为深入研究和学习函数打下基础。

第一节　函　数

一、函数的定义

在观察自然现象或实验过程中，常常会遇到各种不同的量，这些量一般可分为两种：一种是在过程进行中保持不变的量，这种量称为常量（constant）；另一种量是在过程进行中会起变化的量，这种量称为变量（variable）。

例 1-1　在初速度为零的自由落体运动中（忽略阻力），下落的高度 h 与下落的时间 t 是两个变量，它们之间存在着如下关系：

$$h = \frac{1}{2}gt^2$$

其中 g 是重力加速度，是常量。

如果变量变化是连续的，常用区间来表示变量的变化范围。此外，邻域是常用的一种区间概念，其定义如下：

设 x_0 是某一定点，δ 是大于零的某实数，开区间 $(x_0-\delta, x_0+\delta)$ 称为点 x_0 的 δ 邻域（neighborhood），记为 $U(x_0,\delta)$，点 x_0 称为邻域的中心，δ 称为邻域的半径。称 $(x_0-\delta, x_0)\cup(x_0, x_0+\delta)$ 为点 x_0 的一个去心 δ 邻域，记为 $\mathring{U}(x_0,\delta)$。

点 x_0 的 δ 邻域是由与 x_0 点的距离小于 δ 的点所形成的集合，通过这个概念，借助 δ 的取值，可以描述点 x_0 附近的点与 x_0 的接近程度。

定义 1-1　设某一变化过程中存在两个变量 x、y，若对于变量 x 在其变化范围 D 内的每一个值，按照某个对应法则 f，变量 y 都有唯一确定的值与之对应，则称在法则 f 下，变量 y 是定义在 D 上的函数（function），记为 $y=f(x)$，$x\in D$。称变量 x 为函数的自变量（independent variable），变量 y

为函数的因变量(dependent variable),习惯上也称 y 为 x 的函数,称 D 为函数的定义域(domain of definition)。当 x 任取 D 中的一个值时,与之对应的 y 值称为函数值。当 x 遍取 D 中各值时,相应的 y 值构成的集合 $\{y \mid y = f(x), x \in D\}$ 称为函数的值域(domain of function value),记为 $f(D)$。

如果定义域 D 中的每一个 x 值所对应的函数值都是唯一的,则称函数为单值函数(one-valued function);如果有的 x 值所对应的函数值不止一个,则称函数为多值函数(multiple-valued function)。

例 1-2 函数 $y^2 = x$,它的定义域为 $x \geqslant 0$。但是,对于定义域内的每一个 $x \neq 0$ 值,对应的 y 值有两个:$y = \sqrt{x}$ 和 $y = -\sqrt{x}$,该函数为多值函数。以后,凡是没有特别说明时,函数指的都是单值函数。

表示函数的常用方法有三种:

(1) 解析法:解析法即用数学式子表示函数的方法,又称公式法,如例 1-1 中的函数。

解析法的优点是简明、准确且便于理论分析,但对很多实际问题,要想得到变量间的函数关系并非易事。

(2) 列表法:在实际应用中,常将自变量的值与对应的函数值列在一张表格里,这种表示函数的方法叫作列表法。其特点简明直接,但难以直接反映出变量间的内在规律。

例 1-3 葡萄糖耐糖试验。给糖尿病人按照 1.75g/kg 体重口服葡萄糖后,在不同时间 t 测定其血糖水平 y,则病人的血糖水平 y 是时间 t 的函数。测得的数据如表 1-1。

表 1-1

口服葡萄糖后的时间 t (h)	0	0.5	1	2	3
糖尿病人血糖水平 y (mg%)	115	150	175	165	120

(3) 图像法:图像法是把变量之间的函数关系借助图形表示出来的方法,它可形象地表示出函数变化的性态。图像法的优点是鲜明直观,但不便于作理论分析。

如图 1-1 表示温度 T 与时间 t 的函数关系。

以后我们所讨论的函数常用解析式表示。

用解析式表示函数时,有些函数在其定义域的不同范围内采用不同的表达式,把这类函数称为分段函数(piecewise function)。如

例 1-4 静脉注射 G 钠盐 100 000 单位后,血清中的药物浓度 C 为时间 t 的函数,

$$C(t) = \begin{cases} 8.8t + 0.8, 0 \leqslant t < 0.25 \\ 3.8 - 3.2t, 0.25 \leqslant t < 1 \\ 0.9 - 0.3t, 1 \leqslant t \leqslant 3 \end{cases}$$

其中,时间 t 的单位为小时,$C(t)$ 的单位为:单位/ml。

本例中 $C(t)$ 即为一典型的分段函数,$C(t)$ 的定义域为[0,3]。它的图像见图 1-2。

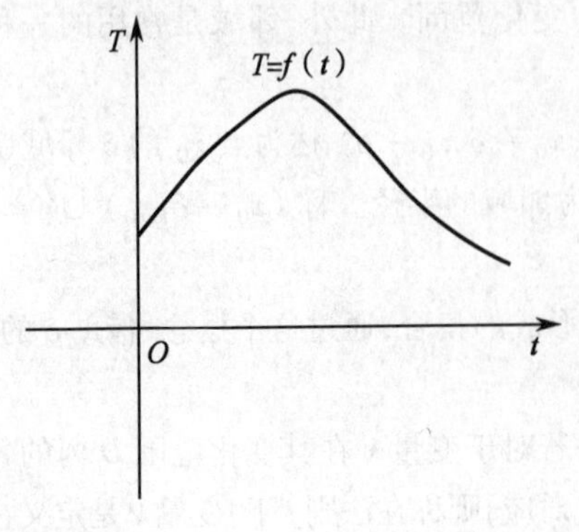

图 1-1

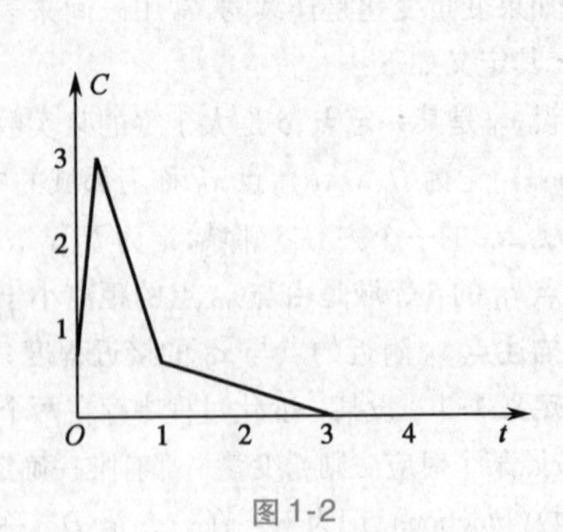

图 1-2

笔记

函数的解析法以及函数的图像一般情况下都是在直角坐标系下描绘出来,但有的几何轨迹问题如果用极坐标法处理,它的方程比用直角坐标法更简单,描图也更方便。为此,我们简要地补充一下极坐标的相关知识。

在平面内取一个定点 O,叫极点,引一条射线 OX,叫作极轴,再选定一个长度单位和角度的正方向(通常取逆时针方向)。对于平面内任何一点 M,用 r 表示线段 OM 的长度,θ 表示从 OX 到 OM 的角度,r 叫作点 M 的极径,θ 叫作点 M 的极角,有序数对 (r,θ) 就叫点 M 的极坐标,这样建立的坐标系叫作极坐标系(图 1-3)。

极坐标和直角坐标的互化公式:把直角坐标系的原点作为极点,X 轴的正半轴作为极轴,并在两种坐标系中取相同的长度单位。设 M 是平面内任一点,它的直角坐标为 (x,y),极坐标是 (r,θ),从点 M 作垂线 MN 交 x 轴于 N(图 1-4)。由三角函数定义,可得出 x、y 与 r、θ 之间的关系,极坐标和直角坐标的互化公式为:

$$\begin{cases} x = r\cos\theta \\ y = r\sin\theta \end{cases}$$

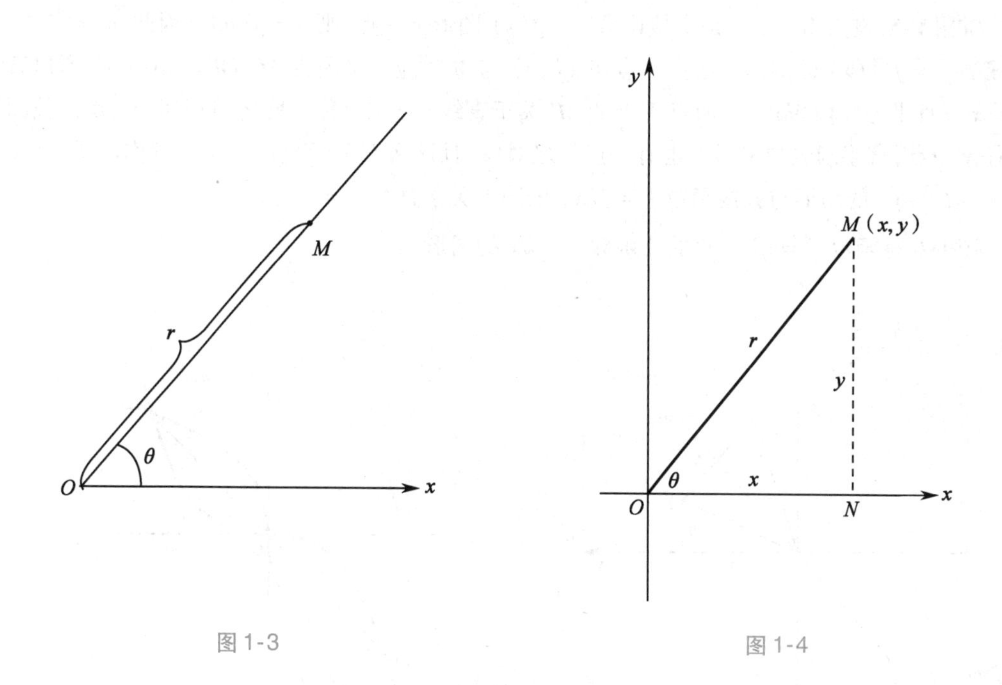

图 1-3　　图 1-4

二、函数的性质

除了我们已经学过的函数的奇偶性、单调性和周期性外,此处重点介绍函数的有界性。

若存在正数 M,对函数 $y=f(x)$ 定义域内的一切 x,都有 $|f(x)|\leqslant M$ 成立,则称函数 $f(x)$ 在定义域内有界(bounded)。如果这样的 M 不存在,则称函数 $f(x)$ 在定义域内无界(unbounded)。

例如:函数 $y=\sin x$ 在 $(-\infty,+\infty)$ 内有界,因为当取 $M=1$ 时,对任意实数 x,有 $|\sin x|\leqslant 1$。而函数 $f(x)=3x+2$ 在 $(-\infty,+\infty)$ 内无界。

函数的有界性还可以定义为:若存在两个实数 A、B,对函数 $y=f(x)$ 定义域内的一切 x,都有 $A\leqslant f(x)\leqslant B$ 成立,则称函数 $f(x)$ 在定义域内有界。这是因为,此时只要取 $M=\max\{|A||B|\}$ 即可。

三、复合函数、反函数

定义 1-2　设 y 是 u 的函数,$y=f(u)$,u 是 x 的函数,$u=g(x)$。设 D 为函数 $u=g(x)$ 的定

义域或其一部分。如果任取 $x \in D$,对应的函数值 u 属于函数 $y = f(u)$ 的定义域,则称函数 $y = f[g(x)]$ 是由函数 $y = f(u)$ 和函数 $u = g(x)$ 复合而成的复合函数(compound function),它的定义域为 D,u 称为中间变量(intermediate variable)。

例如,函数 $y = u^2$,$u = \sin x$ 复合而成的复合函数为 $y = (\sin x)^2$,它的定义域为 R;函数 $y = \sqrt{1 - x^2}$ 是由函数 $y = \sqrt{u}$,$u = 1 - x^2$ 复合而成,它的定义域为 $|x| \leqslant 1$(是函数 $u = 1 - x^2$ 的定义域的一部分);函数 $y = \ln\cos(x - 3)$ 是由函数 $y = \ln u$,$u = \cos v$,$v = x - 3$ 复合而成。

定义 1-3　函数 $y = f(x)$ 确定变量 y 与 x 的关系,由此关系确定的函数 $x = g(y)$ 叫作函数 $y = f(x)$ 的反函数(inverse function),而 $y = f(x)$ 叫作直接函数。习惯上常把反函数记为 $y = f^{-1}(x)$,即 $f^{-1}(x) = g(x)$。

例如,对于函数 $y = f(x) = 3x + 2$,$x = g(y) = \dfrac{y - 2}{3}$,因而函数 $y = 3x + 2$ 的反函数为

$f^{-1}(x) = g(x) = \dfrac{x - 2}{3}$。

反函数是互为的,且有 $f^{-1}[f(x)] = x$,$f[f^{-1}(x)] = x$。

如图 1-5,设点 $M(a,b)$ 是直接函数 $y = f(x)$ 图形上一点,则 $b = f(a)$。因此,$a = f^{-1}(b)$,反函数 $y = f^{-1}(x)$ 的图形上必有一点 $M'(b,a)$ 与 M 对应。又因为 $\Delta ONM \cong \Delta ONM'$,所以直线 $y = x$ 垂直平分线段 MM',从而点 M 与点 M' 关于直线 $y = x$ 对称。反之,同理可证,反函数图形上任意一点,直接函数的图形上也有一点与之对应,且这两点关于直线 $y = x$ 对称。所以,反函数 $y = f^{-1}(x)$ 的图形与直接函数 $y = f(x)$ 的图形关于直线 $y = x$ 对称。

图 1-6 是函数 $y = x^3$ 与它的反函数 $y = \sqrt[3]{x}$ 的图形。

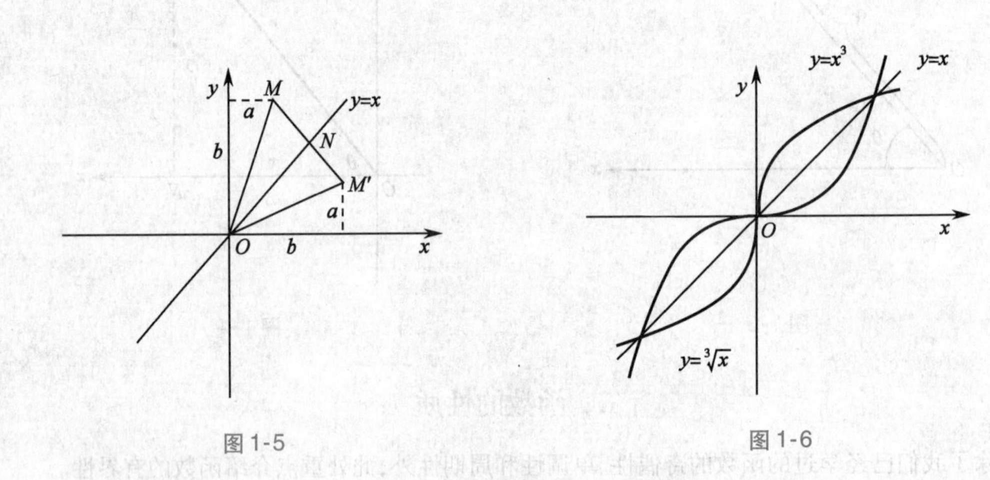

图 1-5　　图 1-6

第二节　初等函数

一、基本初等函数

幂函数、指数函数、对数函数、三角函数、反三角函数这五类函数统称为基本初等函数。在函数的研究中,基本初等函数起着基础的作用。

(一)幂函数

$$y = x^a(a\ 为实数)$$

幂函数的共性是在区间$(0, +\infty)$内均有定义,且都过$(1,1)$点(图 1-7)。

（二）指数函数

$$y = a^x \ (a > 0, a \neq 1)$$

指数函数的定义域都是全体实数。由于 $a > 0$，所以 $y > 0$，指数函数的图形总在 x 轴的上方，且都过 $(0,1)$ 点。

若 $a > 1$，函数是单调增加的；若 $a < 1$，函数是单调减少的（图 1-8）。

（三）对数函数

$$y = \log_a x \ (a > 0, a \neq 1)$$

对数函数的定义域都是 $x > 0$，它的图形都过 $(1,0)$ 点。

若 $a > 1$，函数是单调增加的；若 $a < 1$，函数是单调减少的（图 1-9）。

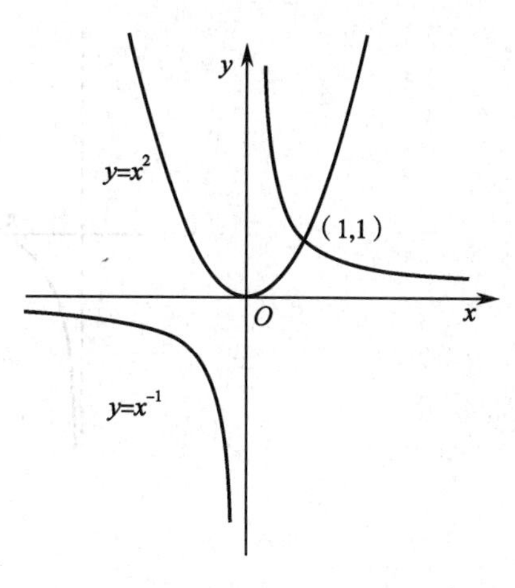

图 1-7

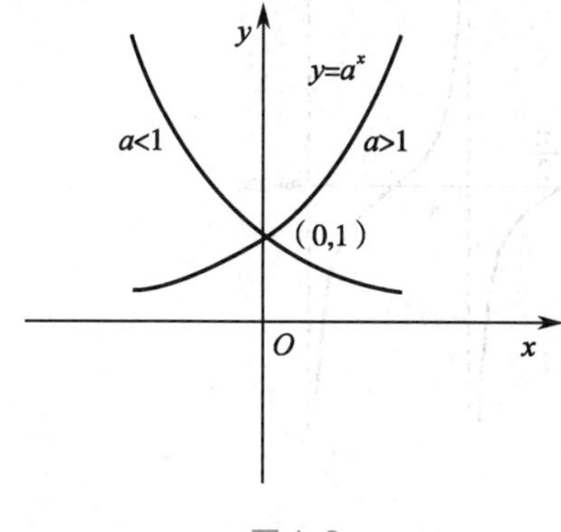

图 1-8

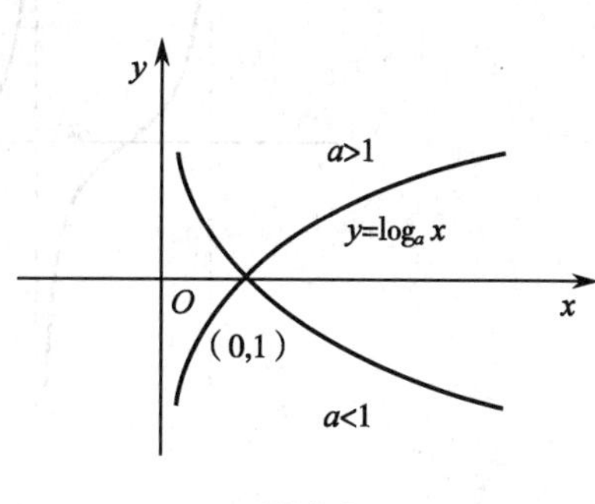

图 1-9

（四）三角函数

1. 正弦函数　$y = \sin x$

$y = \sin x$，它的定义域为全体实数，值域为 $[-1,1]$。它是奇函数，也是周期函数，周期为 2π。它的图形见图 1-10。

2. 余弦函数　$y = \cos x$

$y = \cos x$，它的定义域为全体实数，值域为 $[-1,1]$。它是偶函数，也是周期函数，周期为 2π。它的图形见图 1-11。

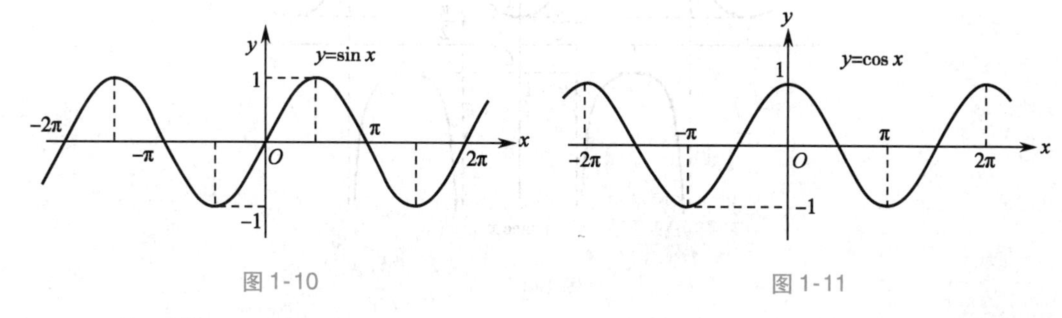

图 1-10　　图 1-11

3. 正切函数　$y = \tan x$

$y = \tan x = \dfrac{\sin x}{\cos x}$，它的定义域为 $x \neq k\pi + \dfrac{\pi}{2}$，$k$ 为整数，值域为全体实数。它是奇函数，也是周期函数，周期为 π。它的图形见图 1-12。

4. 余切函数　$y = \cot x$

$y = \cot x = \dfrac{\cos x}{\sin x} = \dfrac{1}{\tan x}$，它的定义域为 $x \neq k\pi$，k 为整数，值域为全体实数。它是奇函数，也是周期函数，周期为 π。它的图形见图 1-13。

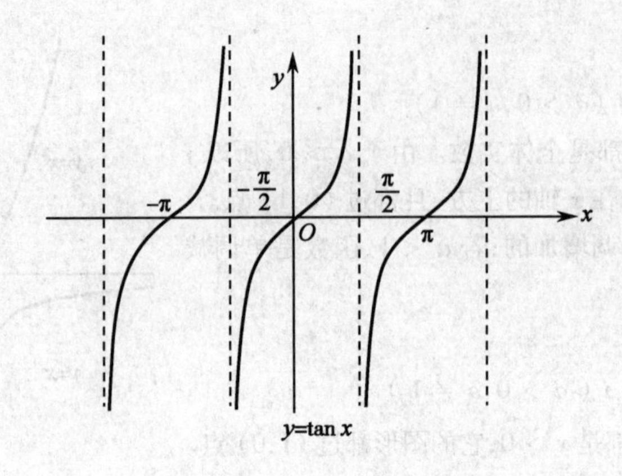

图 1-12

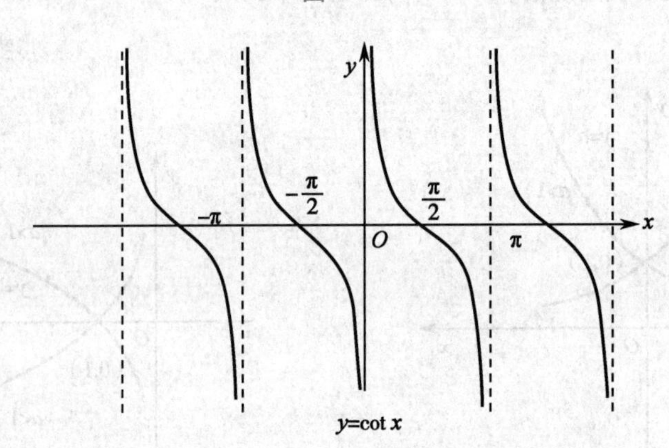

图 1-13

5. 正割函数 $y = \sec x$

$y = \sec x = \dfrac{1}{\cos x}$,它的定义域为 $x \neq k\pi + \dfrac{\pi}{2}$,$k$ 为整数,值域为 $|y| \geqslant 1$。它是偶函数,也是周期函数,周期为 2π,它的图形见图 1-14。

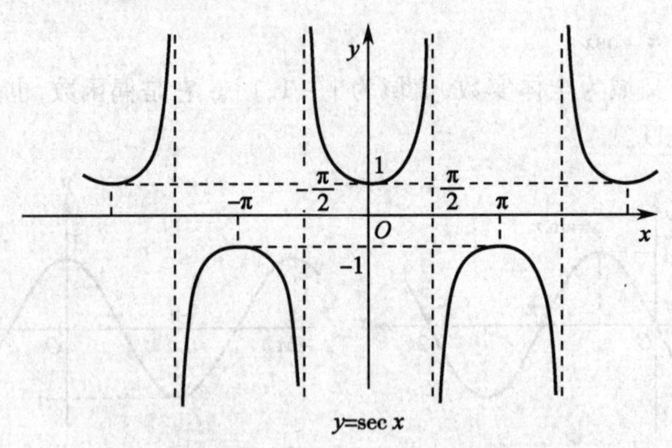

图 1-14

6. 余割函数 $y = \csc x$

$y = \csc x = \dfrac{1}{\sin x}$,它的定义域为 $x \neq k\pi$,k 为整数,值域为 $|y| \geqslant 1$。它是奇函数,也是周期函数,周期为 2π,它的图形见图 1-15。

（五）反三角函数

1. 反正弦函数 $y = \arcsin x$

$y = \arcsin x$ 是正弦函数的反函数,它的定义域为 $[-1,1]$,值域为 $\left[-\dfrac{\pi}{2}, \dfrac{\pi}{2}\right]$。它是单调递

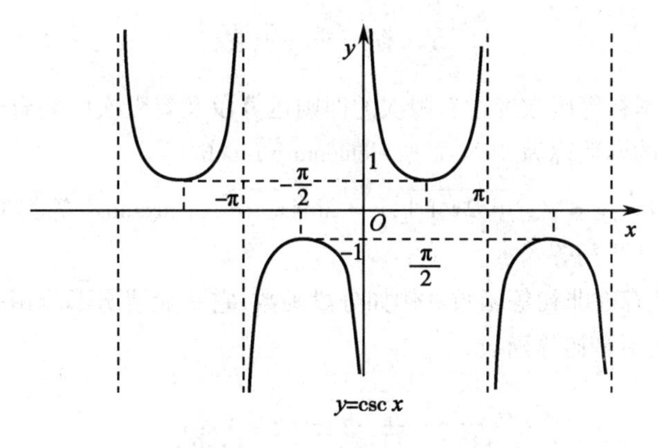

图 1-15

增函数，它的图形见图 1-16。

2. 反余弦函数 $y=\arccos x$

$y=\arccos x$ 是余弦函数的反函数，它的定义域为 $[-1,1]$，值域为 $[0,\pi]$。它是单调递减函数，它的图形见图 1-17。

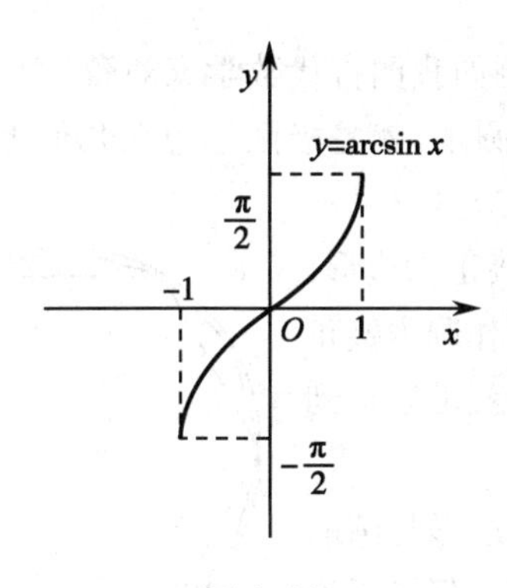

图 1-16

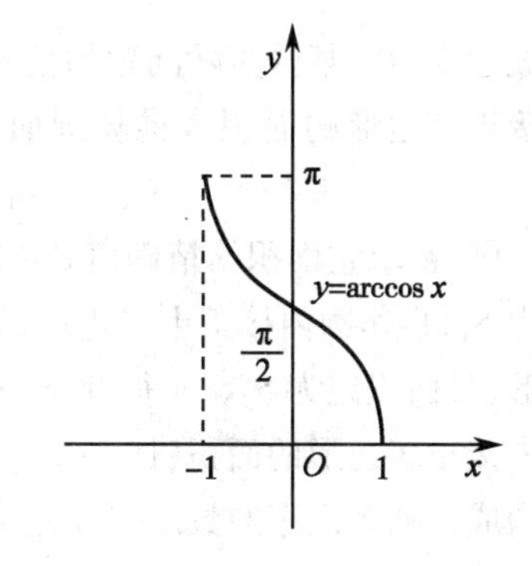

图 1-17

3. 反正切函数 $y=\arctan x$

$y=\arctan x$ 是正切函数的反函数，它的定义域为全体实数，值域为 $\left(-\frac{\pi}{2},\frac{\pi}{2}\right)$。它是单调递增函数，它的图形见图 1-18。

4. 反余切函数 $y=\text{arccot}\,x$

$y=\text{arccot}\,x$ 是余切函数的反函数，它的定义域为全体实数，值域为 $(0,\pi)$。它是单调递减函数，它的图形见图 1-19。

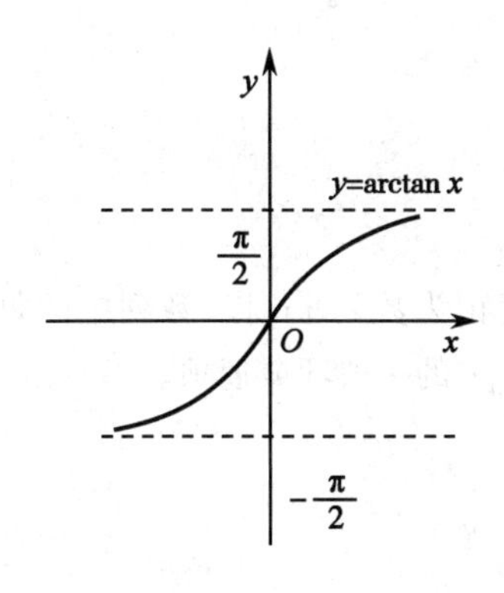

图 1-18

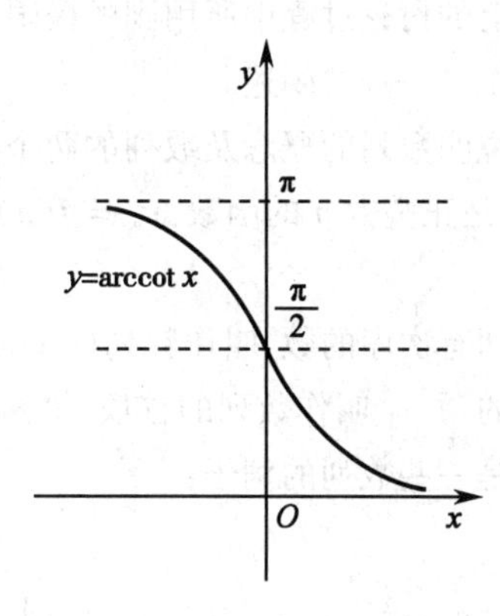

图 1-19

二、初 等 函 数

由常数和五种基本初等函数经过有限次的四则运算以及有限次的复合步骤所形成的，且能用一个解析式子表示的函数称为初等函数(elementary function)。

例如，函数 $y=\ln x^2$，$y=\sqrt{x^3+2x+1}$，$y=\sin 4x+e^{2x}-\arctan x^4$ 等都是初等函数。高等数学所研究的函数主要就是初等函数。

除初等函数外，还存在非初等函数。例如分段函数，它一般情况不能用一个解析式表示，所以一般来说，分段函数不是初等函数。

第三节　极　　限

极限方法是高等数学的重要方法，它是以运动的、有联系的以及量变引起质变的观点来研究变量变化趋势的一种方法，是学习微积分不可缺少的工具。

本节主要介绍极限的概念和极限的运算法则。

一、数列的极限

极限概念是由求某些实际问题的精确解而产生的。例如我国古代数学家刘徽(第三世纪)利用圆内接正多边形的面积来推算圆面积的方法——割圆术，就是极限思想在几何上的一个应用。

设有一圆，欲求它面积的精确值 S。为此先作圆的内接正六边形，其面积记为 S_1，再作圆内接正十二边形，其面积记为 S_2，再作圆内接正二十四边形，其面积记为 S_3，…，循此下去，每次边数加倍，就可以得到一系列圆内接正多边形的面积(图 1-20)：$S_1,S_2,\cdots S_n,\cdots$。

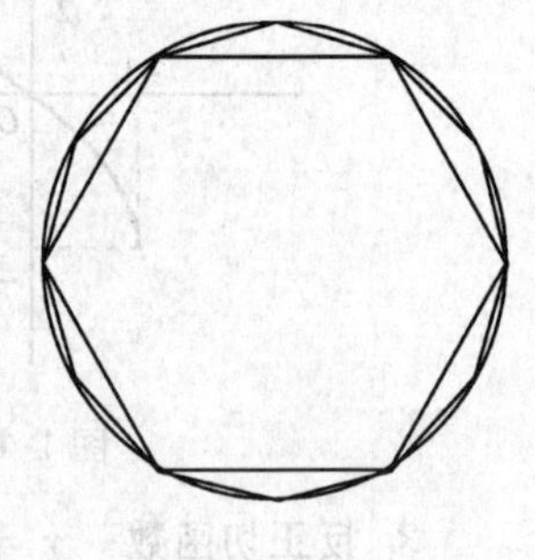
图 1-20

它们构成一列有次序的数。当 n 越大，圆的内接正多边形与圆的差别就越小，从而用 S_n 作为圆的面积 S 的近似值也越精确。但是无论 n 的值多大，只要 n 为定值，S_n 终究只是圆的内接正多边形的面积，还不是圆的面积。因此，设想 n 无限增大(记为 $n\to\infty$，读作 n 趋向无穷大)，即圆内接正多边形的边数无限增加，在这个过程中，圆内接正多边形无限接近于圆，同时，S_n 也无限接近于确定的数值 S。正如刘徽所述："割之弥细，所失弥少，割之又割，以至于不可割则与圆周合体而无失矣。"

在 $n\to\infty$ 的过程中，S_n 无限接近的确定的数值，在数学上称之为上述这列有次序的数(即数列) $S_1,S_2,\cdots S_n,\cdots$ 的当 $n\to\infty$ 时的极限。

在以上的讨论过程中所用到的极限概念和极限方法，已成为高等数学中最基本的概念和方法。下面作进一步的阐述。

首先说明数列的概念及数列的两个简单性质。

若 x_n 是正整数 n 的函数：$x_n=f(n)$，其取值依次为

$$x_1,x_2,\cdots,x_n,\cdots$$

像这样一列有次序的数，叫作数列(sequence of number)，简记为数列 $\{x_n\}$。数列中的每一个数叫作数列的项，x_1 叫作数列的首项，第 n 项 x_n 叫作数列 $\{x_n\}$ 的一般项或通项。

以下是一些数列的例子：

$$1,2,3,\cdots,n,\cdots \tag{1-1}$$

$$\frac{1}{2},\frac{1}{4},\frac{1}{8},\cdots,\frac{1}{2^n},\cdots \tag{1-2}$$

$$1, -\frac{1}{2}, \frac{1}{3}, \cdots, (-1)^{n-1}\frac{1}{n}, \cdots \tag{1-3}$$

$$0, 1, 0, \cdots, \frac{1+(-1)^n}{2}, \cdots \tag{1-4}$$

它们的一般项分别为

$$n;\ \frac{1}{2^n};\ (-1)^{n-1}\frac{1}{n};\ \frac{1+(-1)^n}{2}$$

在几何上，数列可看作数轴上的一列点（图1-21）。

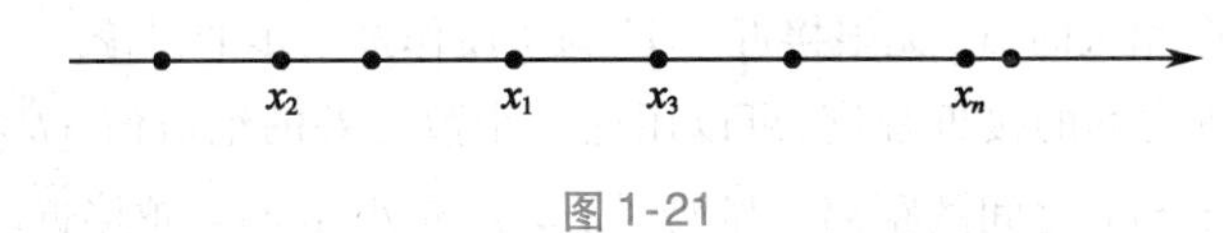

图1-21

若数列 $\{x_n\}$ 满足

$$x_1 \leqslant x_2 \leqslant x_3 \leqslant \cdots \leqslant x_n \leqslant \cdots$$

则称数列 $\{x_n\}$ 为单调增加数列；

若数列 $\{x_n\}$ 满足

$$x_1 \geqslant x_2 \geqslant x_3 \geqslant \cdots \geqslant x_n \geqslant \cdots$$

则称数列 $\{x_n\}$ 是单调减少数列。

单调增加数列与单调减少数列统称为单调数列。

若对于数列 $\{x_n\}$，存在正数 M，使得对一切 n，都满足不等式

$$|x_n| \leqslant M$$

则称数列 $\{x_n\}$ 是有界的。如果这样的正数 M 不存在，则称数列 $\{x_n\}$ 是无界的。

例如，对于数列 $\frac{1}{2}, \frac{1}{4}, \frac{1}{8}, \cdots, \frac{1}{2^n}, \cdots$，可取 $M = \frac{1}{2}$，对一切 n，都有

$$\left|\frac{1}{2^n}\right| \leqslant \frac{1}{2}$$

成立，故这个数列是有界数列。

数列 $1, -\frac{1}{2}, \frac{1}{3}, \cdots, (-1)^{n-1}\frac{1}{n}, \cdots$ 及 $0, 1, 0, \cdots, \frac{1+(-1)^n}{2}, \cdots$ 也是有界数列，而数列 $1, 2, 3, \cdots, n, \cdots$ 则是无界的。

考察数列

$$1, -\frac{1}{2}, \frac{1}{3}, \cdots, (-1)^{n-1}\frac{1}{n}, \cdots$$

不难看到，随着 n 的增大，x_n 的值越来越接近于一个确定的数值0，并且 x_n 的值与数值0可以达到要多么接近就有多么接近的程度。即当 n 无限增大时，x_n 无限趋于0。我们把这个确定的数值0叫作数列 $\{x_n\} = \{(-1)^{n-1}\frac{1}{n}\}$ 当 $n \to \infty$ 时的极限。

一般地，对于数列 $x_1, x_2, \cdots, x_n, \cdots$ 有如下定义

定义1-4　如果当 n 无限增大时，x_n 无限趋于一个确定的常数 a，则称 a 是数列 $\{x_n\}$ 当 $n \to \infty$ 时的极限（limit），或称数列 $\{x_n\}$ 收敛（convergent）于 a，记为

$$\lim_{n\to\infty} x_n = a, \text{或 } x_n \to a\ (n \to \infty)$$

如果数列没有极限，则称该数列是发散的（divergent）。

例1-5　讨论数列

$$2, \frac{1}{2}, \frac{4}{3}, \frac{n+(-1)^{n-1}}{n}, \cdots$$

当 $n\to\infty$ 时的变化趋势。

解 此数列的一般项为 $x_n=\frac{n+(-1)^{n-1}}{n}=1+\frac{(-1)^{n-1}}{n}$。

可以看到，当 n 越来越大时，点 x_n 越来越接近于点 1，即点 x_n 与点 1 之间的距离越来越小。所以当 $n\to\infty$ 时，数列 $\{x_n\}=\{\frac{n+(-1)^{n-1}}{n}\}$ 以 1 为极限，即

$$\lim_{n\to\infty}\frac{n+(-1)^{n-1}}{n}=1$$

下面，对"当 n 无限增大时，x_n 无限接近于 1"的实质作进一步的讨论。

对于两个数 a 与 b 之间的接近程度，可以用这两个数之差的绝对值 $|b-a|$ 来度量。在数轴上，$|b-a|$ 表示点 a 与 b 之间的距离。显然，$|b-a|$ 越小，a 与 b 越接近。

对数列 $x_n=\frac{n+(-1)^{n-1}}{n}$ 而言，其极限 $a=1$，而

$$|x_n-a|=\left|\frac{n+(-1)^{n-1}}{n}-1\right|=\frac{1}{n}$$

当 n 越来越大时，$\frac{1}{n}$ 越来越小，从而 x_n 越来越接近于 1。只要 n 足够大，$|x_n-1|=\frac{1}{n}$ 就可以小于任意给定的正数。例如，给定正数 $\frac{1}{100}$，要使 $|x_n-a|=\frac{1}{n}<\frac{1}{100}$，只要 $n>100$。即只要把数列的前 100 项除外，从第 101 项 x_{101} 起，后面的一切项 $x_{101},x_{102},\cdots,x_n,\cdots$ 都能使不等式

$$|x_n-1|<\frac{1}{100}$$

成立。同样，如果给定正数 $\frac{1}{10\,000}$，要使 $|x_n-a|=\frac{1}{n}<\frac{1}{10\,000}$，只要 $n>10\,000$，即只要从数列的 10 001 项起，后面的一切项 $x_{10\,001},x_{10\,002},\cdots,x_n,\cdots$，都满足

$$|x_n-1|<\frac{1}{10\,000}$$

所以说，当 n 无限增大时，x_n 无限接近于 1。

本例中不论给定的正数 ε 多么小，总存在正整数 N（只要取 $N>\frac{1}{\varepsilon}$），使得对于 $n>N$ 时的一切 x_n，不等式

$$|x_n-1|<\varepsilon$$

恒成立，这就是 $x_n=\frac{n+(-1)^{n-1}}{n}$ 当 $n\to\infty$ 时无限接近于 1 的实质。

一般地，对于数列 $x_1,x_2,\cdots,x_n,\cdots$ 来说，有下列精确的定义。

定义 1-5 如果对于任意给定的正数 ε（不论它多么小），总存在正整数 N，使得对于满足 $n>N$ 时的一切 x_n，不等式

$$|x_n-a|<\varepsilon$$

恒成立，则称常数 a 是数列 $\{x_n\}$ 当 $n\to\infty$ 时的极限，或者称数列 $\{x_n\}$ 收敛于 a，记为

$$\lim_{n\to\infty}x_n=a$$

或

$$x_n\to a\ (n\to\infty)$$

这一定义，常常被称为数列极限的"$\varepsilon-N$"定义。

上面定义中的正数 ε"可以任意给定"是很重要的。因为只有这样，不等式 $|x_n-a|<\varepsilon$ 才能表达 x_n 与 a 无限接近的意义。此外还应注意，定义中的正整数 N 是与任意给定的正数 ε 有关的，它可以随 ε 的给定而选定。

"数列 $\{x_n\}$ 的极限是 a"的几何解释如下：

将常数 a 及 $x_1, x_2, \cdots, x_n, \cdots$ 在数轴上表示出来，再在数轴上作点 a 的 ε 邻域，即开区间 $(a-\varepsilon, a+\varepsilon)$（图 1-22）。

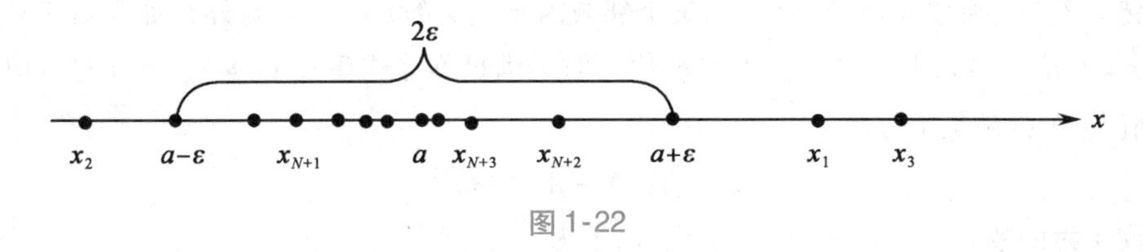

图 1-22

因为不等式 $|x_n - a| < \varepsilon$ 即不等式 $a - \varepsilon < x_n < a + \varepsilon$，所以当 $n > N$ 时，所有的点 x_n 都落在开区间 $(a-\varepsilon, a+\varepsilon)$ 内，而只有有限个（至多有 N 个）点落在这个区间之外。

还要指出，并不是所有的数列都有极限，例如数列

$$0, 1, 0, \cdots, \frac{1+(-1)^n}{2}, \cdots$$

它的一般项 $x_n = \frac{1+(-1)^n}{2}$ 在 n 无限增大的过程中，总是在 0 和 1 这两个数上来回跳动，不趋近于某一个确定的常数。所以这个数列是发散的，尽管它是一个有界数列。

二、函数的极限

上一节讨论了数列的极限，因为数列 $\{x_n\}$ 可看作自变量为正整数 n 的函数，即 $x_n = f(n)$，所以数列的极限也是函数极限的一种类型。也就是说，当自变量 n 取正整数而无限增大（即 $n \to \infty$）时函数 $x_n = f(n)$ 的极限。这一节我们研究自变量连续变化时函数的极限。

（一）当 $x \to x_0$ 时函数的极限

定义 1-6　设函数 $f(x)$ 在点 x_0 的某个邻域内有定义（点 x_0 可以除外），如果当 x 无限趋近于 x_0［即 $x \to x_0$（$x \neq x_0$）时］，对应的函数值 $f(x)$ 无限趋近于一个确定的常数 A，则称常数 A 是函数 $f(x)$ 当 $x \to x_0$ 时的极限，记为

$$\lim_{x \to x_0} f(x) = A, \text{或} f(x) \to A \ (x \to x_0)$$

例 1-6　讨论函数 $f(x) = 2x + 1$ 当 $x \to 1$ 时的变化趋势。

解　$f(x) = 2x + 1$ 在点 $x = 1$ 的附近有定义，考察当 $x \to 1$ 时，$f(x) = 2x + 1$ 的变化趋势，为此列表如下（表 1-2）：

表 1-2

x	0.9	0.99	0.999	0.9999	…	1	…	1.0001	1.001	1.01	1.1
$f(x) = 2x + 1$	2.8	2.98	2.998	2.9998	…	3	…	3.0002	3.002	3.02	3.2

由表 1-2 可见，当 x 越来越接近于 1 时，$f(x) = 2x + 1$ 的值越来越接近于 3，因此当 x 无限趋近于 1 时，$f(x) = 2x + 1$ 无限趋近于 3，即

$$\lim_{x \to 1}(2x + 1) = 3$$

与讨论数列的极限一样，我们可以用 $|x - x_0|$ 的大小来衡量 x 与 x_0 的接近程度，用 $|f(x) - A|$ 来衡量 $f(x)$ 与 A 的接近程度。当 $x \to x_0$ 时［即只要 x 充分接近 x_0（$x \neq x_0$）］，对应的函数值 $f(x)$ 无限趋近于 A，即 $|f(x) - A|$ 能任意小。其中 $|f(x) - A|$ 能任意小，可用 $|f(x) - A| < \varepsilon$ 来表示，而 ε 是一个任意给定的正数。因为函数值 $f(x)$ 无限趋近于 A 是在 $x \to x_0$ 的过程中实现的，所以对于任意给定的正数 ε，只要求充分接近 x_0 的 x 所对应的函数值 $f(x)$ 满足不等式 $|f(x) - A| < \varepsilon$，而充分接近 x_0 的 x 可表达为 $0 < |x - x_0| < \delta$，其中 δ 是某个正数。

笔记

$0<|x-x_0|$ 表示 $x\neq x_0$，即 $f(x)$ 在 $x=x_0$ 处是否有定义，或如果有定义的话，其函数值 $f(x_0)$ 是多少，与 $x\to x_0$ 时 $f(x)$ 是否有极限并无关系。

通过以上分析，给出 $x\to x_0$ 时函数 $f(x)$ 的极限的精确定义如下：

定义 1-7 设函数 $f(x)$ 在点 x_0 的某个邻域内有定义（点 x_0 可以除外），如果对于任意给定的正数 ε（不论它多么小），总存在正数 δ，使得对于满足不等式 $0<|x-x_0|<\delta$ 的一切 x，对应的函数值 $f(x)$ 都满足不等式

$$|f(x)-A|<\varepsilon$$

则称常数 A 为函数 $f(x)$ 当 $x\to x_0$ 时的极限，记为

$$\lim_{x\to x_0}f(x)=A,\text{或}f(x)\to A\ (x\to x_0)$$

这一定义，常常被称为函数极限的“$\varepsilon-\delta$”定义。

函数 $f(x)$ 当 $x\to x_0$ 时的极限为 A 的几何解释如下：任意给定一正数 ε，作平行于 x 轴的两条直线 $y=A+\varepsilon$ 和 $y=A-\varepsilon$，介于这两条直线之间是一横条区域。根据定义，对于给定的 ε，存在点 x_0 的一个去心的 δ 邻域 $\mathring{U}(x_0,\delta)$ [即 $(x_0-\delta,x_0)\cup(x_0,x_0+\delta)$]，当 $y=f(x)$ 图形上的点的横坐标属于 $\mathring{U}(x_0,\delta)$ 时，这些点的纵坐标 $f(x)$ 均满足不等式

$$|f(x)-A|<\varepsilon$$

即 $A-\varepsilon<f(x)<A+\varepsilon$，从而这些点落在上面所说的横条区域内（图 1-23）。

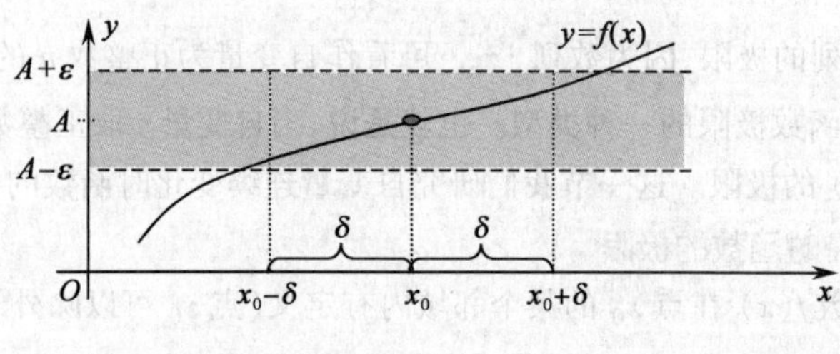

图 1-23

例 1-7 证明 $\lim\limits_{x\to x_0}C=C$，（$C$ 为一常数）。

证 因为 $|f(x)-A|=|C-C|=0$，对于任意给定的正数 ε，可任取一正数 δ，当 $0<|x-x_0|<\delta$ 时，能使不等式 $|f(x)-A|=0<\varepsilon$ 恒成立，所以 $\lim\limits_{x\to x_0}C=C$。

例 1-8 讨论当 $x\to 3$ 时，$f(x)=\dfrac{x^2-9}{x-3}$ 是否存在极限。

解 函数 $f(x)=\dfrac{x^2-9}{x-3}$ 在 $x=3$ 处是没有定义的，但当 $x\to 3$ 时是否有极限与函数在 $x=3$ 处是否有定义并无关系。在考察 $\lim\limits_{x\to 3}f(x)$ 是否存在时，$x\neq 3$，从而

$$f(x)=\frac{x^2-9}{x-3}=\frac{(x+3)(x-3)}{x-3}=x+3$$

$|f(x)-6|=|(x+3)-6|=|x-3|$，因此对于任意给定的正数 ε，总可以取 $\delta=\varepsilon$，当 $0<|x-3|<\delta=\varepsilon$ 时，能使不等式

$$|f(x)-6|=|x-3|<\varepsilon$$

恒成立，所以
$$\lim_{x\to 3}\frac{x^2-9}{x-3}=6$$

在上述函数的极限概念中，$x\to x_0$ 包括 x 从 x_0 的左侧和右侧趋近于 x_0 两种情形。但有时只能或只需考虑 x 仅从 x_0 的左侧趋近于 x_0 的情形，这时 $x<x_0$，记作 $x\to x_0^-$；对于 x 仅从 x_0 的右侧趋近于 x_0 的情形，这时 $x>x_0$，记作 $x\to x_0^+$。

当 $x \to x_0^-$ 时,若对应的函数值 $f(x)$ 无限趋近于某一确定的常数 A,则称 A 为函数 $f(x)$ 当 $x \to x_0$ 时的左极限(left limit),记作

$$\lim_{x \to x_0^-} f(x) = A$$

当 $x \to x_0^+$ 时,若对应的函数值 $f(x)$ 无限趋近于某一确定的常数 A,则称 A 为函数 $f(x)$ 当 $x \to x_0$ 时的右极限(right limit),记作

$$\lim_{x \to x_0^+} f(x) = A$$

容易证明,当 $x \to x_0$ 时,函数 $f(x)$ 的极限存在的充分必要条件是左极限和右极限都存在且相等,即

$$\lim_{x \to x_0} f(x) = A \Leftrightarrow \lim_{x \to x_0^-} f(x) = \lim_{x \to x_0^+} f(x) = A$$

例 1-9　考察函数

$$f(x) = \begin{cases} x - 1, & x < 0 \\ 0, & x = 0 \\ x + 1, & x > 0 \end{cases}$$

当 $x \to 0$ 时的极限。

解　仿照例 1-6 可知 $\lim_{x \to 0^-} f(x) = -1$,类似可得 $\lim_{x \to 0^+} f(x) = 1$,因为左极限和右极限不相等(尽管都存在),所以极限 $\lim_{x \to 0} f(x)$ 不存在(图 1-24)。

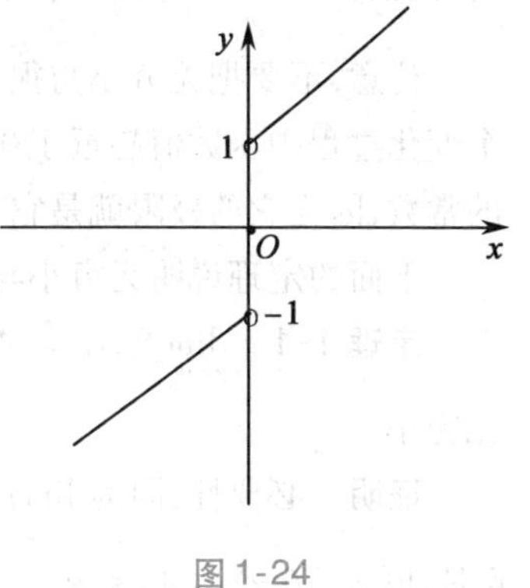

图 1-24

（二）当 $x \to \infty$ 时函数的极限

所谓 $x \to \infty$,就是自变量 x 的绝对值无限增大。

定义 1-8　设函数 $f(x)$ 对于绝对值无论怎样大的 x 都是有定义的。如果在 $x \to \infty$ 的过程中,对应的函数值 $f(x)$ 无限趋近于确定的常数 A,那么 A 叫作函数 $f(x)$ 当 $x \to \infty$ 时的极限,记为

$$\lim_{x \to \infty} f(x) = A, \text{或} f(x) \to A \ (x \to \infty)$$

因为数列 $x_n = f(n)$ 是自变量 n 的函数,所以当 $n \to \infty$ 时数列 x_n 的极限就是函数 $f(x)$ 当 $x \to \infty$ 时极限的一种特例。类似于数列极限的精确定义,有

定义 1-9　如果对于任意给定的正数 ε(不论它多么小),总存在正数 X,使得对于适合不等式 $|x| > X$ 的一切 x,对应的函数值 $f(x)$ 都满足不等式

$$|f(x) - A| < \varepsilon$$

那么常数 A 叫作函数 $f(x)$ 当 $x \to \infty$ 时的极限,记为

$$\lim_{x \to \infty} f(x) = A, \text{或} f(x) \to A \ (x \to \infty)$$

这一定义,常常被称为函数极限的“$\varepsilon - X$”定义。

如果 $x > 0$ 且绝对值无限增大(记为 $x \to +\infty$),对应的函数值 $f(x)$ 无限趋近于某一个确定的常数 A,那么常数 A 叫作函数 $f(x)$ 当 $x \to +\infty$ 时的极限,记作

$$\lim_{x \to +\infty} f(x) = A$$

如果 $x < 0$ 且绝对值无限增大(记为 $x \to -\infty$),对应的函数值 $f(x)$ 无限趋近于某一个确定的常数 A,那么常数 A 叫作函数 $f(x)$ 当 $x \to -\infty$ 时的极限,记作

$$\lim_{x \to -\infty} f(x) = A$$

例如,$\lim_{x \to \infty} \frac{1}{x} = 0$,$\lim_{x \to -\infty} a^x = 0 \ (a > 1)$。

一般地,若 $\lim_{x \to \infty} f(x) = C$,则称直线 $y = C$ 是曲线 $y = f(x)$ 的一条水平渐近线。

类似于例 1-7,可以证明,$\lim_{x \to \infty} C = C$ (C 是一个常数)。

显然 $\lim\limits_{x\to\infty}f(x)$ 存在的充要条件是 $\lim\limits_{x\to-\infty}f(x)$ 与 $\lim\limits_{x\to+\infty}f(x)$ 都存在且相等。

例如 $\lim\limits_{x\to-\infty}\arctan x=-\dfrac{\pi}{2}$, $\lim\limits_{x\to+\infty}\arctan x=\dfrac{\pi}{2}$,所以 $\lim\limits_{x\to\infty}\arctan x$ 不存在。

第四节 极限的运算

一、无穷小量的运算

（一）无穷小

在许多问题中,经常会遇到极限是零的变量。

定义 1-10 在自变量的某种变化过程中,若函数 $y=f(x)$ 的极限为零,则称函数 $f(x)$ 为该变化过程中的无穷小量,简称为无穷小(infinitesimal)。

显然,只要在上一节中函数极限的"$\varepsilon-\delta$"(或"$\varepsilon-X$")的定义中令 $A=0$,便可得到 $x\to x_0$(或 $x\to\infty$)时无穷小的精确定义。

例如,因为 $\lim\limits_{n\to+\infty}\dfrac{1}{2^n}=0$,所以当 $n\to+\infty$ 时,$x_n=\dfrac{1}{2^n}$ 是无穷小;因为 $\lim\limits_{x\to0}x=0$,所以当 $x\to0$ 时,函数 $f(x)=x$ 为无穷小;因为 $\lim\limits_{x\to\infty}\dfrac{1}{x}=0$,所以当 $x\to\infty$ 时,函数 $f(x)=\dfrac{1}{x}$ 为无穷小。

注意,不要把无穷小与很小的数(例如百万分之一)混为一谈。因为无穷小是在自变量的某个变化过程中函数值趋近于0的函数,一般说来,它是一个变量。数0是可以作为无穷小的唯一的常数,因为它的极限就是它本身。

下面的定理说明无穷小与函数极限的关系。

定理 1-1 $\lim\limits_{x\to x_0}f(x)=A$ 的充要条件是 $f(x)=A+\alpha$,其中 A 为常数,α 是当 $x\to x_0$ 时的无穷小。

证明 必要性:因为 $\lim\limits_{x\to x_0}f(x)=A$,故对于任意给定的正数 ε,存在正数 δ,当 $0<|x-x_0|<\delta$ 时,恒有 $|f(x)-A|<\varepsilon$。

令 $\alpha=f(x)-A$,则 $|\alpha|<\varepsilon$,即 α 是当 $x\to x_0$ 时的无穷小,且 $f(x)=A+\alpha$。

充分性:由于 $f(x)=A+\alpha$,其中 A 是常数,α 是 $x\to x_0$ 时的无穷小,于是

$$|f(x)-A|=|\alpha|$$

此时 α 是 $x\to x_0$ 时的无穷小,则对于任意给定的正数 ε,存在正数 δ,当 $0<|x-x_0|<\delta$ 时,恒有 $|\alpha|<\varepsilon$ 成立,

即
$$|f(x)-A|<\varepsilon$$

从而
$$\lim_{x\to x_0}f(x)=A$$

在上述定理中,将 $x\to x_0$ 改为 $x\to\infty$,定理仍然成立。

（二）无穷大

如果当 $x\to x_0$(或 $x\to\infty$)时,对应的函数值 $f(x)$ 的绝对值 $|f(x)|$ 无限增大,即可以大于事先给定的无论多么大的正数 M,则称函数 $f(x)$ 当 $x\to x_0$(或 $x\to\infty$)时为无穷大量,简称为无穷大。精确地说,有下述定义:

定义 1-11 如果对于任意给定的正数 M(不论它多么大),总存在正数 δ(或正数 X),使得对于适合不等式 $0<|x-x_0|<\delta$(或 $|x|>X$)的一切 x,对应的函数值 $f(x)$ 总满足不等式

$$|f(x)|>M$$

则称函数 $f(x)$ 当 $x\to x_0$(或 $x\to\infty$)时为无穷大(infinity)。

当 $x\to x_0$（或 $x\to\infty$）时为无穷大的函数 $f(x)$，按极限的定义来说，极限是不存在的，但为了便于叙述，也借用极限符号，记为

$$\lim_{x\to x_0}f(x)=\infty\ (\text{或}\lim_{x\to\infty}f(x)=\infty)$$

例如，当 $x\to\frac{\pi}{2}$ 时，正切函数 $\tan x$ 的绝对值 $|\tan x|$ 无限增大。我们说当 $x\to\frac{\pi}{2}$ 时 $\tan x$ 是无穷大，记作 $\lim\limits_{x\to\frac{\pi}{2}}\tan x=\infty$。而直线 $x=\frac{\pi}{2}$ 称为正切曲线 $y=\tan x$ 的铅直渐近线。

一般地，如果 $\lim\limits_{x\to x_0}f(x)=\infty$，则称直线 $x=x_0$ 为曲线 $y=f(x)$ 的一条铅直渐近线。

注意：无穷大"∞"不是数，不可与很大的数（如一千万，一亿万）混为一谈。

如果在无穷大的定义中，对于 x_0 附近的 x（或 $|x|$ 相当大的 x），对应的函数值 $f(x)$ 都是正的（或都是负的），则称它为正无穷大（或负无穷大），

记作
$$\lim_{x\to x_0}f(x)=+\infty\ (\text{或}\lim_{x\to x_0}f(x)=-\infty),$$
或者
$$\lim_{x\to\infty}f(x)=+\infty\ (\text{或}\lim_{x\to\infty}f(x)=-\infty)。$$

下述的定理1-2说明了无穷小与无穷大之间的关系。

定理1-2　在自变量的同一变化过程中，如果 $f(x)$ 为无穷大，那么 $\frac{1}{f(x)}$ 为无穷小；反之，如果 $f(x)$ 为无穷小，且 $f(x)\neq0$，那么 $\frac{1}{f(x)}$ 为无穷大。

证明略。

例1-10　讨论当 $x\to1$ 时，函数 $f(x)=\frac{1}{x-1}$ 的变化趋势。

解　首先列表考察函数 $y=x-1$ 当 $x\to1$ 时的变化趋势，见表1-3。

表1-3

x	0.9	0.99	0.999	0.9999	…	1.0001	1.001	1.01	1.1
$x-1$	-0.1	-0.01	-0.001	-0.0001	…	0.0001	0.001	0.01	0.1

可见，$\lim\limits_{x\to1}(x-1)=0$，也就是说，当 $x\to1$ 时 $x-1$ 是无穷小，它的值可以无限趋近于0，从而 $|f(x)|=\frac{1}{|x-1|}$ 的分母可以无限趋近于0，于是 $|f(x)|$ 本身可以无限增大，即 $\lim\limits_{x\to1}f(x)=\lim\limits_{x\to1}\frac{1}{x-1}=\infty$，所以当 $x\to1$ 时 $f(x)=\frac{1}{x-1}$ 是无穷大。

按曲线的铅直渐近线的定义，直线 $x=1$ 是双曲线 $y=\frac{1}{x-1}$ 的铅直渐近线。

注意：(1) 无穷大是变量，不能与很大的数混淆；

(2) 切勿将 $\lim\limits_{x\to x_0}f(x)=\infty$ 认为极限存在；

(3) 无穷大是一种特殊的无界变量，但是无界变量未必是无穷大。

例如：当 $x\to0$ 时，$y=\frac{1}{x}\sin\frac{1}{x}$ 是一个无界变量，这是因为当 $x=\frac{1}{k\pi+\frac{\pi}{2}}$，$k\to\infty$ 时，$y\to\infty$。但是当 $x=\frac{1}{k\pi}$，$k\to\infty$ 时，$y\to0$。故 $y=\frac{1}{x}\sin\frac{1}{x}$ 不是无穷大。

关于无穷小有如下结论：

定理1-3　有限个无穷小的代数和仍是无穷小。

这里只就 $x\to x_0$ 时两个无穷小的情形加以证明：

笔记

设 α 与 β 是 $x\to x_0$ 的两个无穷小,而 $\gamma=\alpha+\beta$。

因为 α 与 β 是无穷小,对于任意给定的正数 ε,存在正数 δ,当 $0<|x-x_0|<\delta$ 时,不等式

$$|\alpha|<\frac{\varepsilon}{2},|\beta|<\frac{\varepsilon}{2}$$

同时成立,于是

$$|\gamma|=|\alpha+\beta|\leqslant|\alpha|+|\beta|<\frac{\varepsilon}{2}+\frac{\varepsilon}{2}=\varepsilon$$

这就证明了 γ 也是无穷小。

有限个的情形也可以同样证明。

类似可以证明:

定理 1-4 有界函数与无穷小的乘积是无穷小。

推论 1-1 常数与无穷小的乘积是无穷小。

推论 1-2 有限个无穷小的乘积也是无穷小。

例 1-11 求 $\lim\limits_{x\to0}x\sin\frac{1}{x}$。

解 当 $x\to0$ 时,$\frac{1}{x}\to\infty$,$\sin\frac{1}{x}$ 的值在 -1 与 $+1$ 之间来回变动,不趋近一个确定的数值,所以 $\sin\frac{1}{x}$ 当 $x\to0$ 时的极限不存在。但 $\left|\sin\frac{1}{x}\right|\leqslant1$,所以 $\sin\frac{1}{x}$ 是有界函数。又因为 $\lim\limits_{x\to0}x=0$,即当 $x\to0$ 时,$x\sin\frac{1}{x}$ 是有界函数 $\sin\frac{1}{x}$ 与无穷小 x 的乘积,由定理1-4可知,$\lim\limits_{x\to0}x\sin\frac{1}{x}=0$。

(三)无穷小的比较

当 $x\to0$ 时,$x,2x,x^2$ 都是无穷小。列表来看它们在 $x\to0$ 的过程中的变化趋势,见表1-4。

表 1-4

x	1	0.5	0.1	0.01	0.001	0.00001	…	→0
$2x$	2	1	0.2	0.02	0.002	0.00002	…	→0
x^2	1	0.25	0.01	0.0001	0.000001	0.0000000001	…	→0

可以看到,当 x 充分接近于0时,x^2 要比 x“更快地”接近于0,而 $2x$ 则与 x 接近于0的快慢程度“相仿”,并且当 $x\to0$ 时,$\frac{x^2}{x}$;$\frac{2x}{x}$;$\frac{x}{x^2}$ 的极限分别为:

$$\lim_{x\to0}\frac{x^2}{x}=\lim_{x\to0}x=0;\lim_{x\to0}\frac{2x}{x}=\lim_{x\to0}2=2;\lim_{x\to0}\frac{x}{x^2}=\lim_{x\to0}\frac{1}{x}=\infty$$

用两个无穷小之比的极限来衡量它们趋近于0的“快慢”,有如下定义:

定义 1-12 设 α 与 β 是当 $x\to x_0$(或 $x\to\infty$)时的两个无穷小。

(1) 如果 $\lim\limits_{\substack{x\to x_0\\(x\to\infty)}}\frac{\beta}{\alpha}=0$,则称 β 是比 α 高阶的无穷小,记为 $\beta=o(\alpha)$;

(2) 如果 $\lim\limits_{\substack{x\to x_0\\(x\to\infty)}}\frac{\beta}{\alpha}=C$,其中 $C\neq0$, 1 为常数,则称 β 与 α 是同阶的无穷小;

(3) 如果 $\lim\limits_{\substack{x\to x_0\\(x\to\infty)}}\frac{\beta}{\alpha}=1$,则称 β 与 α 是等价无穷小,记为 $\alpha\sim\beta$。

笔记

例如,因为 $\lim\limits_{x\to0}\frac{x^2}{x}=0$,所以当 $x\to0$ 时,x^2 是比 x 高阶的无穷小,记为 $x^2=o(x)$。

因为 $\lim\limits_{x\to0}\frac{x}{2x}=\frac{1}{2}$，所以当 $x\to0$ 时，x 与 $2x$ 是同阶无穷小。

因为 $\lim\limits_{x\to0}\frac{\sin x}{x}=1$（这个结论将在本节三中证明），所以当 $x\to0$ 时，$\sin x$ 与 x 是等价无穷小，记为 $\sin x\sim x$。

例 1-12　证明当 $x\to0$ 时，$\frac{1}{2}(1-\cos2x)\sim x^2$。

证明　$\lim\limits_{x\to0}\frac{\frac{1}{2}(1-\cos2x)}{x^2}=\lim\limits_{x\to0}\frac{\sin^2x}{x^2}=\left(\lim\limits_{x\to0}\frac{\sin x}{x}\right)^2=1$，所以

$$\frac{1}{2}(1-\cos2x)\sim x^2\quad(x\to0)$$

关于等价无穷小，有如下重要性质：

若 $\alpha_1\sim\alpha_2,\beta_1\sim\beta_2$，且 $\lim\frac{\beta_2}{\alpha_2}$ 存在，则 $\lim\frac{\beta_1}{\alpha_1}=\lim\frac{\beta_2}{\alpha_2}$。这是因为

$$\lim\frac{\beta_1}{\alpha_1}=\lim\left(\frac{\beta_1}{\beta_2}\cdot\frac{\beta_2}{\alpha_2}\cdot\frac{\alpha_2}{\alpha_1}\right)=\lim\frac{\beta_1}{\beta_2}\cdot\lim\frac{\beta_2}{\alpha_2}\cdot\lim\frac{\alpha_2}{\alpha_1}=\lim\frac{\beta_2}{\alpha_2}$$

这个性质表明，求两个无穷小之比的极限时，分子及分母都分别可用其等价无穷小来代替。因此，如果用来代替的等价无穷小选择适当的话，可以使计算简化。

例 1-13　求 $\lim\limits_{x\to0}\frac{\sin x}{x^3+3x}$。

解　当 $x\to0$ 时 $\sin x\sim x$，无穷小 x^3+3x 与它本身显然是等价的，所以

$$\lim_{x\to0}\frac{\sin x}{x^3+3x}=\lim_{x\to0}\frac{x}{x^3+3x}=\lim_{x\to0}\frac{1}{x^2+3}=\frac{1}{3}$$

二、极限运算法则

在下面的讨论中，极限记号 lim 下面没有标明自变量的变化过程。这是因为下面的定理对于当 $x\to x_0$ 及 $x\to\infty$ 时都是成立的，因此将自变量的变化过程略去不写。当然，在同一问题中，自变量的变化过程是相同的。

定理 1-5　（极限四则运算法则）

如果 $\lim f(x)=A,\lim g(x)=B$，即函数 $f(x)$ 与 $g(x)$ 的极限都存在，则

(1) $\lim[f(x)\pm g(x)]$ 存在，且 $\lim[f(x)\pm g(x)]=\lim f(x)\pm\lim g(x)=A\pm B$；

(2) $\lim[f(x)\cdot g(x)]$ 存在，且 $\lim[f(x)\cdot g(x)]=[\lim f(x)]\cdot[\lim g(x)]=A\cdot B$；

(3) 当 $B\neq0$ 时，$\lim\frac{f(x)}{g(x)}$ 存在，且 $\lim\frac{f(x)}{g(x)}=\frac{\lim f(x)}{\lim g(x)}=\frac{A}{B}$。

证明　（这里只就 $x\to x_0$ 的情形证明）因为 $\lim f(x)=A,\lim g(x)=B$，根据定理 1-1：

$$f(x)=A+\alpha,\ g(x)=B+\beta,$$

其中 α 与 β 是无穷小，于是

(1) $f(x)\pm g(x)=(A+\alpha)\pm(B+\beta)=(A\pm B)+(\alpha\pm\beta)$

由定理 1-3 及推论 1-1，$\alpha\pm\beta$ 仍是无穷小，

所以　　$\lim[f(x)\pm g(x)]=A\pm B=\lim f(x)\pm\lim g(x)$

(2) $f(x)g(x)-AB=(A+\alpha)(B+\beta)-AB=A\beta+B\alpha+\alpha\beta$，

由定理 1-3 及推论 1-1 和推论 1-2，$A\beta+B\alpha+\alpha\beta$ 仍是无穷小，

故　　$\lim[f(x)\cdot g(x)-AB]=0$

所以 $$\lim[f(x)\cdot g(x)]=AB=[\lim f(x)]\cdot[\lim g(x)]$$

(3) $\dfrac{f(x)}{g(x)}-\dfrac{A}{B}=\dfrac{A+\alpha}{B+\beta}-\dfrac{A}{B}=\dfrac{B\alpha-A\beta}{(B+\beta)B}$,

注意到 $B\alpha-A\beta\to0$,又因为 $\beta\to0$,$B\neq0$,于是存在某个时刻,从该时刻起 $|\beta|<\dfrac{|B|}{2}$,所以 $|B+\beta|\geqslant|B|-|\beta|>\dfrac{|B|}{2}$,故 $\left|\dfrac{1}{B(B+\beta)}\right|<\dfrac{2}{B^2}$(有界),从而由定理1-4,

$$\frac{f(x)}{g(x)}-\frac{A}{B}=\frac{B\alpha-A\beta}{(B+\beta)B}\to0,$$

所以 $$\lim\frac{f(x)}{g(x)}=\frac{\lim f(x)}{\lim g(x)}=\frac{A}{B}$$

定理1-5的(1)及(2)可推广到有限个函数的情形。

推论1-3 如果 $\lim f(x)=A$,C 为常数,则

$$\lim[Cf(x)]=C\cdot A$$

推论1-3表明求极限时,常数因子可以提到极限符号的外边。

推论1-4 如果 $\lim f(x)=A$,n 为正整数,则

$$\lim[f(x)]^n=A^n$$

由于数列 $x_n=f(n)$ 是自变量为正整数 n 的特殊的函数,因此上面的定理及推论对于数列的极限也成立。

例1-14 求 $\lim\limits_{x\to1}(2x-3)$。

解 $\lim\limits_{x\to1}(2x-3)=\lim\limits_{x\to1}2x-\lim\limits_{x\to1}3=2\lim\limits_{x\to1}x-3=2\times1-3=-1$

例1-15 求 $\lim\limits_{x\to2}\dfrac{3x-2}{1+x^2}$。

解 这是求商的极限。先考虑分母的极限

$$\lim_{x\to2}(1+x^2)=\lim_{x\to2}1+\lim_{x\to2}x^2=1+(\lim_{x\to2}x)^2=1+2^2=5\neq0$$

再看分子的极限

$$\lim_{x\to2}(3x-2)=\lim_{x\to2}3x-\lim_{x\to2}2=3\lim_{x\to2}x-2=3\times2-2=4$$

应用商的极限运算法则,得

$$\lim_{x\to2}\frac{3x-2}{1+x^2}=\frac{\lim\limits_{x\to2}(3x-2)}{\lim\limits_{x\to2}(1+x^2)}=\frac{4}{5}$$

例1-16 求 $\lim\limits_{x\to3}\dfrac{x-3}{x^2-9}$。

解 当 $x\to3$ 时,分子与分母的极限都是零,故不能直接用商的极限法则。

由于 $x^2-9=(x-3)(x+3)$,因此分子与分母有公因子 $x-3$。当 $x\to3$ 时,$x-3$ 是无穷小,但 $x\neq3$,故分式 $\dfrac{x-3}{x^2-9}$ 可约去不为零的无穷小因子 $x-3$。所以

$$\lim_{x\to3}\frac{x-3}{x^2-9}=\lim_{x\to3}\frac{x-3}{(x-3)(x+3)}=\lim_{x\to3}\frac{1}{x+3}=\frac{1}{6}$$

例1-17 求 $\lim\limits_{x\to1}\dfrac{2x-3}{x^3-5x+4}$。

解 因为分母的极限 $\lim\limits_{x\to1}(x^3-5x+4)=0$,不能用商的极限法则,而分子的极限 $\lim\limits_{x\to1}(2x-3)=-1\neq0$,可考虑 $\lim\limits_{x\to1}\dfrac{x^3-5x+4}{2x-3}$,由于

$$\lim_{x\to1}\frac{x^3-5x+4}{2x-3}=\frac{0}{-1}=0$$

根据无穷小与无穷大的关系定理，得 $\lim\limits_{x\to1}\dfrac{2x-3}{x^3-5x+4}=\infty$。

下列再举几个 $x\to\infty$ 时有理分式的极限的例子。

例 1-18　求 $\lim\limits_{x\to\infty}\dfrac{3x^3-2x^2+4}{7x^3+5x-3}$。

解　因为当 $x\to\infty$ 时，分子与分母都没有极限，因此不能直接应用商的极限法则。正确的做法是分子、分母同时除以 x^3，然后再用商的极限法则：

$$\lim_{x\to\infty}\frac{3x^3-2x^2+4}{7x^3+5x-3}=\lim_{x\to\infty}\frac{3-\dfrac{2}{x}+\dfrac{4}{x^3}}{7+\dfrac{5}{x^2}-\dfrac{3}{x^3}}=\frac{3}{7}$$

例 1-19　求 $\lim\limits_{x\to\infty}\dfrac{3x^2-2x-1}{2x^3-x^2+5}$。

解　先用 x^3 去除分子与分母，再求极限

$$\lim_{x\to\infty}\frac{3x^2-2x-1}{2x^3-x^2+5}=\lim_{x\to\infty}\frac{\dfrac{3}{x}-\dfrac{2}{x^2}-\dfrac{1}{x^3}}{2-\dfrac{1}{x}+\dfrac{5}{x^3}}=\frac{\lim\limits_{x\to\infty}\left(\dfrac{3}{x}-\dfrac{2}{x^2}-\dfrac{1}{x^3}\right)}{\lim\limits_{x\to\infty}\left(2-\dfrac{1}{x}+\dfrac{5}{x^3}\right)}=\frac{0}{2}=0$$

例 1-20　求 $\lim\limits_{x\to\infty}\dfrac{2x^3-x^2+5}{3x^2-2x-1}$。

解　注意到本例中的分式 $\dfrac{2x^3-x^2+5}{3x^2-2x-1}$ 是例 1-19 中分式 $\dfrac{3x^2-2x-1}{2x^3-x^2+5}$ 的倒数，应用例 1-19 的结果及无穷小与无穷大的关系，可得

$$\lim_{x\to\infty}\frac{2x^3-x^2+5}{3x^2-2x-1}=\infty$$

由以上例题，易得如下结论：当 $a_0\neq0,b_0\neq0,m$ 和 n 为非负整数时有

$$\lim_{x\to\infty}\frac{a_0x^m+a_1x^{m-1}+\cdots+a_m}{b_0x^n+b_1x^{n-1}+\cdots+b_n}=\begin{cases}\dfrac{a_0}{b_0}, & 当\ n=m\\ 0, & 当\ n>m\\ \infty, & 当\ n<m\end{cases}$$

例 1-21　下列各题的计算过程是否正确？为什么？

(1) $\lim\limits_{x\to2}\left(\dfrac{1}{x-2}-\dfrac{1}{x^2-3x+2}\right)=\lim\limits_{x\to2}\dfrac{1}{x-2}-\lim\limits_{x\to2}\dfrac{1}{x^2-3x+2}=\infty-\infty=0$

(2) $\lim\limits_{n\to\infty}\left(\dfrac{1}{n^2}+\dfrac{2}{n^2}+\cdots+\dfrac{n-1}{n^2}\right)=\lim\limits_{n\to\infty}\dfrac{1}{n^2}+\lim\limits_{n\to\infty}\dfrac{2}{n^2}+\cdots+\lim\limits_{n\to\infty}\dfrac{n-1}{n^2}$

$=0+0+\cdots+0=0$

解　(1) 的计算过程是错误的。因为当 $x\to2$ 时，$f(x)=\dfrac{1}{x-2}$ 及 $g(x)=\dfrac{1}{x^2-3x+2}$ 的极限都不存在，因此不能用极限四则运算法则。此外，“∞”是表示绝对值可以无限增大的趋向性的一个记号，它不是一个数，$\infty-\infty$ 是没有意义的，不能说 $\infty-\infty$ 等于 0。本题的正确做法如下：

$$\lim_{x\to2}\left(\frac{1}{x-2}-\frac{1}{x^2-3x+2}\right)=\lim_{x\to2}\left[\frac{1}{x-2}-\frac{1}{(x-2)(x-1)}\right]$$

$$=\lim_{x\to2}\frac{(x-1)-1}{(x-2)(x-1)}=\lim_{x\to2}\frac{x-2}{(x-2)(x-1)}$$

$$= \lim_{x \to 2} \frac{1}{(x-1)} = 1$$

(2) 的计算过程也是错误的。因为无穷小的代数和的极限运算法则只能运用于有限个的情形。而(2)题中当 $n \to \infty$ 时，项数也随之无限增多，因此不能分项计算极限。正确做法如下：

$$\lim_{n \to \infty}\left(\frac{1}{n^2} + \frac{2}{n^2} + \cdots + \frac{n-1}{n^2}\right) = \lim_{n \to \infty} \frac{1 + 2 + \cdots + (n-1)}{n^2} = \lim_{n \to \infty} \frac{(n-1)[(n-1)+1]}{2n^2}$$

$$= \lim_{n \to \infty} \frac{n^2 - n}{2n^2} = \lim_{n \to \infty}\left(\frac{1}{2} - \frac{1}{2n}\right) = \frac{1}{2}$$

三、两个重要极限

本节讨论两个重要的极限

$$\lim_{x \to 0} \frac{\sin x}{x} = 1 \quad 及 \quad \lim_{x \to \infty}\left(1 + \frac{1}{x}\right)^x = e$$

其中，$e = 2.718\,281\,828\,459\,045\cdots$。

首先介绍判定极限存在的两个准则。

准则 1-1 如果对于点 x_0 的某一邻域内的一切 x（点 x_0 可以除外），有

(1) $g(x) \leqslant f(x) \leqslant h(x)$；

(2) $\lim\limits_{x \to x_0} g(x) = A$，$\lim\limits_{x \to x_0} h(x) = A$

那么 $\lim\limits_{x \to x_0} f(x)$ 存在，且等于 A。

这个准则也常常称为“夹逼定理”或“两边夹法则”。

准则 1-2 单调有界数列必有极限。

（一）第一个重要极限

$$\lim_{x \to 0} \frac{\sin x}{x} = 1$$

列表观察当 $x \to 0$ 时，函数 $\frac{\sin x}{x}$ 的变化趋势，见表 1-5。

表 1-5

x	0.5	0.4	0.3	0.2	0.1	…	0.04	…
$\frac{\sin x}{x}$	0.958 85	0.973 55	0.985 07	0.993 35	0.998 33	…	0.999 73	…

可见当 $x \to 0$ 时，$\frac{\sin x}{x}$ 无限趋近于 1，即 $\lim\limits_{x \to 0} \frac{\sin x}{x} = 1$。

以下根据准则 1 来证明这一结论。

首先注意到，函数 $\frac{\sin x}{x}$ 对于一切 $x \neq 0$ 都有定义。

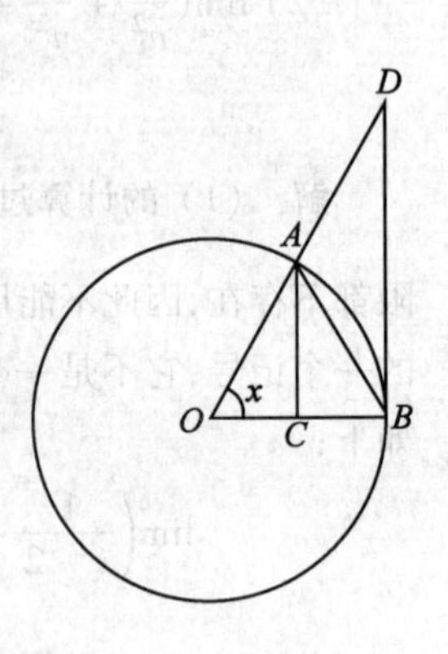

图 1-25

在图 1-25 所示的单位圆（即半径为 1 的圆）中，设圆心角 $\angle AOB = x$ $\left(0 < x < \frac{\pi}{2}\right)$，点 B 处的切线与 OA 的延长线相交于 D；又 $AC \perp OB$，则 $\sin x = AC$，$\tan x = BD$。故 ΔAOB 的面积 $= \frac{1}{2} AC \cdot OB = \frac{1}{2}\sin x$，扇形 AOB 的面积 $= \frac{1}{2}(OB)^2 \cdot$（$\angle AOB$ 的弧度数）$= \frac{1}{2}x$，ΔBOD 的面积 $= \frac{1}{2} OB \cdot BD = \frac{1}{2}\tan x$。

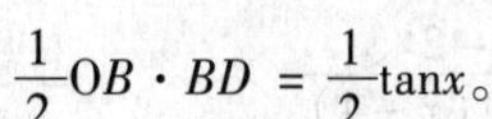

由图 1-25 可见，ΔAOB 的面积 < 扇形 OAB 的面积 < ΔBOD 的面积，

即
$$\frac{1}{2}\sin x < \frac{1}{2}x < \frac{1}{2}\tan x, \sin x < x < \tan x$$

上式除以 $\sin x$，就有 $1 < \frac{x}{\sin x} < \frac{1}{\cos x}$，或者 $\cos x < \frac{\sin x}{x} < 1$。

因为当 x 用 $-x$ 代替时，$\cos x$ 与 $\frac{\sin x}{x}$ 的值都不变，所以上面的不等式对于开区间 $\left(-\frac{\pi}{2}, 0\right)$ 内的一切 x 也是成立的。注意到 $\lim\limits_{x\to 0}\cos x = 1$，$\lim\limits_{x\to 0}1 = 1$，由准则 1-1，得

$$\lim_{x\to 0}\frac{\sin x}{x} = 1$$

例 1-22　求 $\lim\limits_{x\to 0}\frac{\tan x}{x}$。

解　$\lim\limits_{x\to 0}\frac{\tan x}{x} = \lim\limits_{x\to 0}\left(\frac{\sin x}{x}\cdot\frac{1}{\cos x}\right) = \lim\limits_{x\to 0}\frac{\sin x}{x}\cdot\lim\limits_{x\to 0}\frac{1}{\cos x} = 1$

例 1-23　求 $\lim\limits_{x\to 0}\frac{\sin 3x}{x}$。

解　令 $3x = t$，则当 $x\to 0$ 时，$t\to 0$。

所以　$\lim\limits_{x\to 0}\frac{\sin 3x}{x} = \lim\limits_{x\to 0}\frac{3\sin 3x}{3x} = \lim\limits_{t\to 0}\frac{3\sin t}{t} = 3\lim\limits_{t\to 0}\frac{\sin t}{t} = 3$

（二）第二个重要极限

$$\lim_{x\to\infty}\left(1+\frac{1}{x}\right)^x = e$$

列表观察当 x ($x>0$) 增大时，$\left(1+\frac{1}{x}\right)^x$ 的变化趋势。为了便于讨论，让 x 取正整数 n 且逐渐增大，于是对应的函数值就成为 $\left(1+\frac{1}{n}\right)^n$，见表 1-6。

表 1-6

n	1	2	3	4	5	10	100	1000	10 000	100 000	…
$\left(1+\frac{1}{n}\right)^n$	2	2. 250	2. 370	2. 441	2. 488	2. 594	2. 705	2. 717	2. 7181	2. 7182	…

可见，当 x 取正整数 n 且逐渐增大时，$\left(1+\frac{1}{n}\right)^n$ 也逐渐增大，但增大的速度越来越缓慢。

事实上，设 $x_n = \left(1+\frac{1}{n}\right)^n$，则由二项式定理

$$x_n = \left(1+\frac{1}{n}\right)^n = 1 + \frac{n}{1!}\cdot\frac{1}{n} + \frac{n(n-1)}{2!}\cdot\frac{1}{n^2} + \frac{n(n-1)(n-2)}{3!}\cdot\frac{1}{n^3}$$
$$+\cdots+\frac{n(n-1)\cdots(n-n+1)}{n!}\cdot\frac{1}{n^n}$$
$$= 1 + 1 + \frac{1}{2!}\left(1-\frac{1}{n}\right) + \frac{1}{3!}\left(1-\frac{1}{n}\right)\left(1-\frac{2}{n}\right) + \cdots + \frac{1}{n!}\left(1-\frac{1}{n}\right)\left(1-\frac{2}{n}\right)\cdots\left(1-\frac{n-1}{n}\right)$$

所以 $x_n < 1 + 1 + \frac{1}{2!} + \frac{1}{3!} + \cdots + \frac{1}{n!} < 1 + 1 + \frac{1}{2^1} + \frac{1}{2^2} + \cdots + \frac{1}{2^n} = 1 + \frac{1-\frac{1}{2^n}}{1-\frac{1}{2}} < 1 + \frac{1}{1-\frac{1}{2}} = 3$

即 $\{x_n\}$ 是有界的数列。同样，

$$x_{n+1} = 1 + 1 + \frac{1}{2!}(1 - \frac{1}{n+1}) + \frac{1}{3!}(1 - \frac{1}{n+1})(1 - \frac{2}{n+1})$$
$$+ \cdots + \frac{1}{n!}(1 - \frac{1}{n+1})(1 - \frac{2}{n+1})\cdots(1 - \frac{n-1}{n+1}) +$$
$$+ \frac{1}{(n+1)!}(1 - \frac{1}{n+1})(1 - \frac{2}{n+1})\cdots(1 - \frac{n}{n+1})$$

比较 x_n 和 x_{n+1} 的展开式的各项可知,从第三项起,x_{n+1} 的各项都大于 x_n 的各对应项,且比 x_n 还多最后一个正项,因而 $x_{n+1} > x_n\ (n = 1,2,3,\cdots)$,故 $\{x_n\}$ 是一个单调增加且有界的数列。由准则2,其极限一定存在,用 e 来表示它,即

$$\lim_{x\to\infty}\left(1 + \frac{1}{n}\right)^n = \mathrm{e}$$

可以证明,当 x 取实数而趋向 $+\infty$ 或 $-\infty$ 时,函数 $\left(1 + \frac{1}{x}\right)^x$ 的极限都存在且等于 e。因此

$$\lim_{x\to\infty}\left(1 + \frac{1}{x}\right)^x = \mathrm{e}$$

常数 e 是无理数,在前面讨论的指数函数 $y = \mathrm{e}^x$ 以及自然对数 $y = \ln x$ 中的底 e 就是这个常数。

利用代换 $z = \frac{1}{x}$,当 $x \to \infty$ 时,$z \to 0$,于是

$$\lim_{z\to 0}(1 + z)^{\frac{1}{z}} = \mathrm{e}$$

例 1-24 求 $\lim\limits_{x\to\infty}\left(1 + \frac{2}{x}\right)^x$。

解 令 $u = \frac{x}{2}$,则 $x = 2u$,且当 $x \to \infty$ 时,$u \to \infty$,所以

$$\lim_{x\to\infty}\left(1 + \frac{2}{x}\right)^x = \lim_{u\to\infty}\left(1 + \frac{1}{u}\right)^{2u} = \left[\lim_{u\to\infty}\left(1 + \frac{1}{u}\right)^u\right]^2 = \mathrm{e}^2$$

同理可得,$\lim\limits_{x\to\infty}\left(1 + \frac{k}{x}\right)^x = \mathrm{e}^k \quad (k \neq 0)$

例 1-25 求 $\lim\limits_{x\to 0}(1 - x)^{\frac{1}{x}}$。

解 $\lim\limits_{x\to 0}(1 - x)^{\frac{1}{x}} = \lim\limits_{x\to 0}[1 + (-x)]^{\frac{1}{-x}\cdot(-1)} = \{\lim\limits_{-x\to 0}[1 + (-x)]^{\frac{1}{-x}}\}^{-1} = \mathrm{e}^{-1}$

同理可得,$\lim\limits_{x\to 0}(1 + kx)^{\frac{1}{x}} = \mathrm{e}^k \quad (k \neq 0)$

例 1-26 求 $\lim\limits_{x\to\infty}\left(\frac{x-3}{x+2}\right)^{4x}$。

解

$$\lim_{x\to\infty}\left(\frac{x-3}{x+2}\right)^{4x} = \lim_{x\to\infty}\left[\frac{(x+2)-5}{x+2}\right]^{4x} = \lim_{x\to\infty}\left(1 + \frac{-5}{x+2}\right)^{4x} = \lim_{x\to\infty}\left(1 + \frac{-5}{x+2}\right)^{4(x+2)-8}$$
$$= \lim_{x\to\infty}\left(1 + \frac{-5}{x+2}\right)^{4(x+2)} \cdot \lim_{x\to\infty}\left(1 + \frac{-5}{x+2}\right)^{-8} = \lim_{x\to\infty}\left[\left(1 + \frac{-5}{x+2}\right)^{(x+2)}\right]^4 \cdot 1^{-8}$$
$$= (\mathrm{e}^{-5})^4 = \mathrm{e}^{-20}$$

例 1-27 药物的治疗作用,一般与血液中药物的浓度(称血药浓度)有关,设药物一次静脉注射后,每一瞬时的血药排泄速度与该瞬时的血药浓度成正比,若比例系数为 $K(K>0)$,药物静脉注射后达到扩散平衡时的血药浓度为 C_0(此时 $t = 0$),求经过时间 $t = T$ 后,血药浓度 $C(T)$ 为多少?

解 因为药物的排泄是连续进行的,每一瞬时的血药浓度不同,所以血药排泄速度也不同。为此,将 0 到 T 这段时间等分成 n 小段,每小段时间间隔为 $\frac{T}{n}$。当 n 充分大时,在同一小段时间

间隔 $\frac{T}{n}$ 内,血药浓度虽不同,但由于时间间隔 $\frac{T}{n}$ 很短,血药浓度的变化也很小,可近似地看作常量。这样,第一小段内的血药排泄浓度可看作 $KC_0\frac{T}{n}$,剩余的血药浓度为

$$C_1 = C_0 - KC_0\frac{T}{n} = C_0(1-K\frac{T}{n})$$

同理,第二小段内剩余的血药浓度为

$$C_2 = C_1 - KC_1\frac{T}{n} = C_1(1-K\frac{T}{n}) = C_0\left(1-K\frac{T}{n}\right)^2 \cdots$$

依此类推,第 n 小段内剩余的血药浓度为

$$C_n = C_{n-1} - KC_{n-1}\frac{T}{n} = C_{n-1}(1-K\frac{T}{n}) = C_0\left(1-K\frac{T}{n}\right)^n$$

显然,如果时间间隔分得越细,即 n 越大,结果越精确。当 T 被无限细分,即 $n\to\infty$ 时,最后一段剩余的血药浓度,即为 $t=T$ 时的血药浓度 $C(T)$。因此,

$$C(T) = \lim_{n\to\infty}C_n = \lim_{n\to\infty}C_0\left(1-\frac{KT}{n}\right)^n = C_0\mathrm{e}^{-KT}$$

注:可见血药浓度 $C(T)$ 是一个指数形式衰减的函数,且当 $T\to+\infty$ 时,$C(T)\to 0$。

第五节　函数的连续性

客观世界中有很多现象,如气温的变化,血液的流动,动植物的生长等,都是连续地变化着。这种现象反映在函数关系上,就是函数的连续性。例如就气温的变化来看,当时间的变动很微小时,气温的变化也很微小。这种特点就是所谓的连续性。这一节将讨论函数的连续性、函数的间断点及闭区间上连续函数的性质。

一、函数的连续性

首先引入增量的概念和记号,进而给出函数连续性的定义。

设函数 $y=f(x)$ 在点 x_0 的某一邻域内有定义,自变量 x 由 x_0(称为初值)变化到 x(称为终值)时,终值 x 与初值 x_0 的差 $x-x_0$(不论正负)叫作自变量 x 在 $x=x_0$ 处的增量(increment),记为 Δx,即 $\Delta x = x-x_0$。

对应于自变量的初值 x_0 和终值 x 处的函数值 $f(x_0)$ 和 $f(x)$,分别叫作函数 $y=f(x)$ 的初值和终值。函数的终值 $f(x)$ 与初值 $f(x_0)$ 的差 $f(x)-f(x_0)$(不论正负)叫作函数 $f(x)$ 在点 x_0 处的增量,记为 Δy(图 1-26),即

$$\Delta y = f(x)-f(x_0)$$

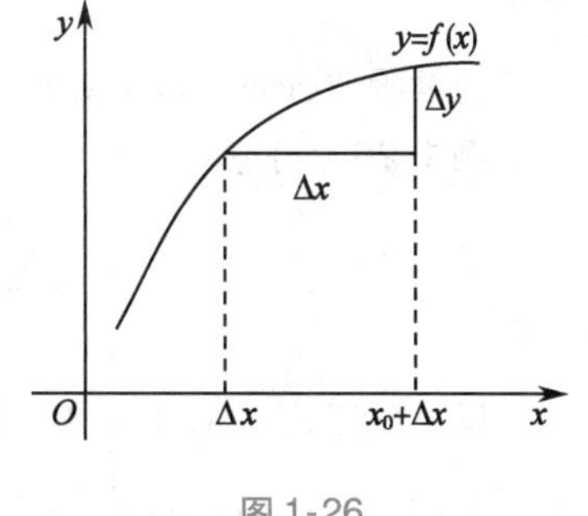

图 1-26

由 $\Delta x = x-x_0$,可得 $x=x_0+\Delta x$,从而,$\Delta y = f(x_0+\Delta x)-f(x_0)$。

由定义,增量可正可负。当自变量的增量 $\Delta x>0$ 时,自变量 x 从 x_0 变到 $x_0+\Delta x$ 是增大的,从数轴上来看,点 $x=x_0+\Delta x$ 在点 x_0 的右侧;当 $\Delta x<0$ 时,自变量 x 从 x_0 变到 $x_0+\Delta x$ 是减小的,从数轴上来看,点 $x=x_0+\Delta x$ 在点 x_0 的左侧。对于函数 $y=f(x)$ 的增量 Δy 的符号,也有类似的结论。

所谓函数 $y=f(x)$ 在一点 $x=x_0$ 处连续,粗略地说,就是函数值在点 x_0 的邻近是逐渐变化的。也就是说,当自变量的变动很微小时,对应的函数值的变动也很微小。用增量来描述,就是当自变量的增量 $\Delta x = x-x_0$ 的绝对值 $|\Delta x| = |x-x_0|$ 充分小时,对应的函数的增量 $\Delta y = f(x_0+\Delta x)-$

笔记

$f(x_0)$ 的绝对值 $|\Delta y| = |f(x_0+\Delta x)-f(x_0)|$ 可以任意小。于是有下面的定义：

定义 1-13 设函数 $y=f(x)$ 在点 x_0 及其某邻域内有定义，如果当自变量的增量 $\Delta x = x - x_0$ 趋向于零时，对应的函数的增量 $\Delta y = f(x_0+\Delta x)-f(x_0)$ 也趋向于零，即

$$\lim_{\Delta x\to 0}\Delta y = 0$$

则称函数 $y=f(x)$ 在点 x_0 处是连续（continuous）的，称 x_0 是函数 $y=f(x)$ 的连续点（continuous point）。

注意到 $x=x_0+\Delta x$，$\Delta x\to 0$ 就是 $x\to x_0$，而 $\Delta y = f(x_0+\Delta x)-f(x_0)=f(x)-f(x_0)$，于是 $\lim\limits_{\Delta x\to 0}\Delta y = 0$ 就是 $\lim\limits_{x\to x_0}[f(x)-f(x_0)]=0$，由极限与无穷小的关系定理知，即

$$\lim_{x\to x_0}f(x)=f(x_0)$$

上述的讨论表明，$\lim\limits_{\Delta x\to 0}\Delta y = 0$ 与 $\lim\limits_{x\to x_0}f(x)=f(x_0)$ 是等价的。从而函数 $y=f(x)$ 在一点 $x=x_0$ 处连续的定义又可叙述为

定义 1-14 设函数 $y=f(x)$ 在点 x_0 及其某邻域内有定义，如果函数 $f(x)$ 当 $x\to x_0$ 时的极限存在，且等于它在点 x_0 处的函数值 $f(x_0)$，即

$$\lim_{x\to x_0}f(x)=f(x_0)$$

则称函数 $y=f(x)$ 在点 x_0 处连续。

设函数 $f(x)$ 在区间 $(a,b]$ 内有定义，如果左极限 $\lim\limits_{x\to b^-}f(x)$ 存在且等于 $f(b)$，即

$$\lim_{x\to b^-}f(x)=f(b)$$

则称函数 $f(x)$ 在点 b 处左连续。

设函数 $f(x)$ 在区间 $[a,b)$ 内有定义，如果右极限 $\lim\limits_{x\to a^+}f(x)$ 存在且等于 $f(a)$，即

$$\lim_{x\to a^+}f(x)=f(a)$$

则称函数 $f(x)$ 在点 a 处右连续。

显然，函数 $y=f(x)$ 在点 x_0 处连续的充要条件是 $y=f(x)$ 在点 x_0 处既左连续又右连续。即

$$\lim_{x\to x_0^-}f(x)=\lim_{x\to x_0^+}f(x)=f(x_0)$$

若函数在开区间 (a,b) 内的每一点都连续，则称函数在开区间 (a,b) 内连续。如果函数在开区间 (a,b) 内连续，且在端点 a 处右连续，在端点 b 处左连续，则称函数在闭区间 $[a,b]$ 上连续。

连续函数（continuous function）的图形是一条连续不间断的曲线。

例 1-28 讨论函数

$$f(x)=\begin{cases} x\sin\dfrac{1}{x}, x\neq 0 \\ 0, x=0 \end{cases}$$ 在 $x=0$ 处的连续性。

解 显然 $f(x)$ 在 $x=0$ 处有定义，且 $f(0)=0$。

又 $\lim\limits_{x\to 0}f(x)=\lim\limits_{x\to 0}x\sin\dfrac{1}{x}=0$（无穷小与有界函数的乘积是无穷小），

从而 $\lim\limits_{x\to 0}f(x)=0=f(0)$，所以 $f(x)$ 在 $x=0$ 处连续。

二、初等函数的连续性

例 1-29 证明正弦函数 $y=\sin x$ 在区间 $(-\infty,+\infty)$ 内是连续的。

笔记

证明 设 x 是区间 $(-\infty,+\infty)$ 内任意取定的一点，当 x 有增量 Δx 时，对应的函数的增量为

$$\Delta y = \sin(x+\Delta x)-\sin x$$

由三角公式有 $$\sin(x+\Delta x)-\sin x=2\sin\frac{\Delta x}{2}\cos\left(x+\frac{\Delta x}{2}\right)$$

注意到 $$\left|\cos\left(x+\frac{\Delta x}{2}\right)\right|\leqslant 1,\lim_{\Delta x\to 0}2\sin\frac{\Delta x}{2}=0$$

所以 $$\lim_{\Delta x\to 0}\Delta y=\lim_{\Delta x\to 0}[\sin(x+\Delta x)-\sin x]=\lim_{\Delta x\to 0}2\sin\frac{\Delta x}{2}\cos\left(x+\frac{\Delta x}{2}\right)=0$$

故 $y=\sin x$ 对于任何 x 都是连续的，即 $y=\sin x$ 在 $(-\infty,+\infty)$ 内是连续的。

类似可证，余弦函数 $y=\cos x$ 在区间 $(-\infty,+\infty)$ 内是连续的。并有以下结论

定理 1-6　基本初等函数在其定义域内是连续的。

另外，由连续函数的定义及极限的运算法则可以证明，连续函数经过有限次四则运算或复合运算仍然是连续函数，单值单调的连续函数的反函数仍然是单值单调的连续函数。故有如下定理：

定理 1-7　一切初等函数在其定义区间内都是连续的。

所谓定义区间，是指包含在定义域内的区间。

根据 $f(x)$ 在点 x_0 处连续的定义，在连续点处求 $f(x)$ 当 $x\to x_0$ 时的极限时，只要计算 $f(x)$ 在点 x_0 处的函数值就行了，即 $\lim\limits_{x\to x_0}f(x)=f(x_0)$。因此，上述定理提供了求初等函数当 $x\to x_0$ 时的极限的一个方法：如果 x_0 是初等函数 $f(x)$ 定义域内的点，则

$$\lim_{x\to x_0}f(x)=f(x_0)$$

例如有理整函数（即多项式函数）

$$f(x)=a_0x^n+a_1x^{n-1}+\cdots+a_{n-1}x+a_n\quad(\text{其中 }a_0,a_1,\cdots,a_n\text{ 都是常数})$$

是初等函数，其定义域为 $(-\infty,+\infty)$，则对任意的 x_0，有

$$\begin{aligned}\lim_{x\to x_0}f(x)&=\lim_{x\to x_0}(a_0x^n+a_1x^{n-1}+\cdots+a_{n-1}x+a_n)=f(x_0)\\&=a_0x_0^n+a_1x_0^{n-1}+\cdots+a_{n-1}x_0+a_n\end{aligned}$$

再如有理分式函数

$$F(x)=\frac{P(x)}{Q(x)},\text{其中 }P(x),Q(x)\text{ 都是多项式},$$

只要 x_0 使得分母 $Q(x_0)\neq 0$，x_0 就是初等函数 $F(x)$ 定义域内的点，就可以把 x_0 直接代入分母及分子计算

$$\lim_{x\to x_0}F(x)=\lim_{x\to x_0}\frac{P(x)}{Q(x)}=\frac{P(x_0)}{Q(x_0)}$$

例 1-30　求 $\lim\limits_{x\to 1}\dfrac{x}{2x^2+3x-1}$。

解　$$\lim_{x\to 1}\frac{x}{2x^2+3x-1}=\frac{1}{2\cdot 1^2+3\cdot 1-1}=\frac{1}{4}$$

如果 x_0 不是初等函数 $f(x)$ 定义域内的点，求 $f(x)$ 当 $x\to x_0$ 时的极限时，需通过转换形式，再求极限。

例 1-31　求 $\lim\limits_{x\to 0}\dfrac{x}{\sqrt{x+1}-1}$。

解　$f(x)=\dfrac{x}{\sqrt{x+1}-1}$ 在 $x=0$ 处没有定义，不能把 0 直接代入计算。先用有理化的方法把分式改写成

$$\frac{x}{\sqrt{x+1}-1}=\frac{x(\sqrt{x+1}+1)}{(\sqrt{x+1}-1)(\sqrt{x+1}+1)}(\text{分子分母乘 }\sqrt{x+1}+1)$$

$$=\frac{x(\sqrt{x+1}+1)}{(x+1)-1}=\sqrt{x+1}+1$$

从而
$$\lim_{x\to 0}\frac{x}{\sqrt{x+1}-1}=\lim_{x\to 0}(\sqrt{x+1}+1)=\sqrt{0+1}+1=2$$

定理 1-8 设函数 $u=g(x)$ 当 $x\to x_0$ 时的极限存在且等于 a,即 $\lim\limits_{x\to x_0}g(x)=a$。

而函数 $y=f(u)$ 在点 $u=a$ 处连续,那么复合函数 $y=f[g(x)]$ 当 $x\to x_0$ 时的极限存在且等于 $f(a)$,即

$$\lim_{x\to x_0}f[g(x)]=f(a)$$

注意到定理条件中的函数 $f(u)$ 在 $u=a$ 处连续,从而有 $\lim\limits_{u\to a}f(u)=f(a)$,再考虑到 $\lim\limits_{x\to x_0}g(x)=a$,于是有

$$\lim_{x\to x_0}f[g(x)]=f[\lim_{x\to x_0}g(x)] \quad 或 \quad \lim_{x\to x_0}f[g(x)]=\lim_{u\to a}f(u)$$

定理 1-8 表明,在满足定理条件的情形下,求复合函数 $f[g(x)]$ 的极限时:

(1) 函数符号 f 与极限号 lim 可以交换次序;(2) 如果作代换 $u=g(x)$,那么求 $\lim\limits_{x\to x_0}f[g(x)]$ 就化为计算 $\lim\limits_{u\to a}f(u)$,这里 $a=\lim\limits_{x\to x_0}g(x)$。

例 1-32 求 $\lim\limits_{x\to 0}\dfrac{\ln(1+x)}{x}$。

解 这里 $\dfrac{\ln(1+x)}{x}$ 是初等函数,但 $x=0$ 不是它的定义域内的点。利用对数的运算性质,$\dfrac{\ln(1+x)}{x}=\ln(1+x)^{\frac{1}{x}}$,令 $u=(1+x)^{\frac{1}{x}}$,于是 $\dfrac{\ln(1+x)}{x}=\ln u$,当 $x\to 0$ 时,$u=(1+x)^{\frac{1}{x}}\to$ e,且 $\ln u$ 在 $u=$ e 处是连续的,于是由定理 1-8,有

$$\lim_{x\to 0}\frac{\ln(1+x)}{x}=\lim_{x\to 0}\ln(1+x)^{\frac{1}{x}}=\ln[\lim_{x\to 0}(1+x)^{\frac{1}{x}}]=\ln e=1$$

三、函数的间断点

如果函数 $f(x)$ 在点 x_0 处不连续,则称点 x_0 为函数 $y=f(x)$ 的间断点(discontinuous point)。

由函数 $f(x)$ 在点 x_0 处连续的定义可知,函数 $f(x)$ 在点 x_0 处连续,必须同时满足下列三个条件:

(1) 函数 $f(x)$ 在点 x_0 处有定义[或者说 $f(x_0)$ 存在];

(2) $\lim\limits_{x\to x_0}f(x)$ 存在;

(3) $\lim\limits_{x\to x_0}f(x)=f(x_0)$。

因此,函数 $f(x)$ 在点 x_0 处至少不满足上述三个条件之一时,点 x_0 就是函数 $f(x)$ 的间断点。下面举例来说明函数间断点的几种常见类型。

例 1-33 函数 $y=\dfrac{x^2-1}{x-1}$ 在 $x=1$ 处没有定义,因此 $x=1$ 为函数 $y=\dfrac{x^2-1}{x-1}$ 的间断点。但是

$$\lim_{x\to 1}\frac{x^2-1}{x-1}=\lim_{x\to 1}\frac{(x+1)(x-1)}{x-1}=\lim_{x\to 1}(x+1)=2$$

即 $x\to 1$ 时函数的极限存在,我们称 $x=1$ 为函数 $y=\dfrac{x^2-1}{x-1}$ 的可去间断点(图 1-27)。

例 1-34 函数

$$y=f(x)=\begin{cases}x-1, x<0\\0, x=0\\x+1, x>0\end{cases}$$

在 $x=0$ 处有定义,$f(0)=0$。由于 $f(x)$ 是分段函数,在 $x=0$ 的左右两侧表达式不一样,因此求 $\lim\limits_{x\to0}f(x)$ 时要考虑左右极限。

$$\lim_{x\to0^-}f(x)=\lim_{x\to0^-}(x-1)=-1,\lim_{x\to0^+}f(x)=\lim_{x\to0^+}(x+1)=1,$$

左极限与右极限都存在,但不相等,故极限 $\lim\limits_{x\to0}f(x)$ 不存在,所以 $x=0$ 是 $f(x)$ 的间断点。因为函数 $y=f(x)$ 的图形在 $x=0$ 处产生跳跃现象,故称 $x=0$ 是函数 $f(x)$ 的跳跃型间断点(图 1-28)。

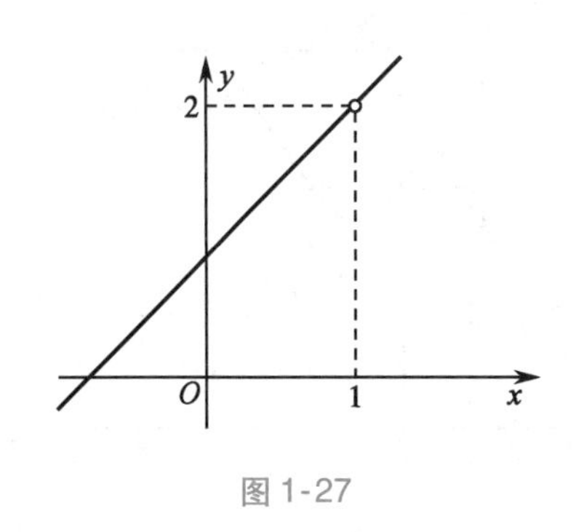

图 1-27

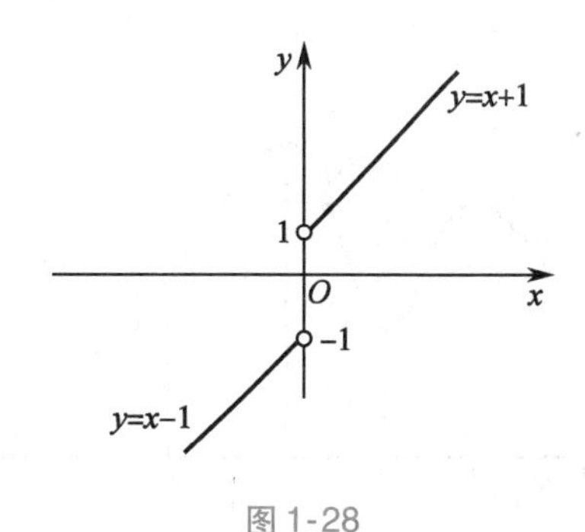

图 1-28

例 1-35　$y=f(x)=\begin{cases}x,x\neq0\\1,\ x=0\end{cases}$ 在 $x=0$ 处有定义;$f(0)=1$。而 $\lim\limits_{x\to0}f(x)=\lim\limits_{x\to0}x=0\neq1$,即 $x\to0$ 时函数的极限存在但不等于 $x=0$ 处的函数值 $f(0)$。所以 $x=0$ 是函数 $f(x)$ 的间断点(图 1-29)。这种间断点也称为可去间断点。

例 1-36　正切函数 $y=\tan x$ 在 $x=\dfrac{\pi}{2}$ 处没有定义,所以点 $x=\dfrac{\pi}{2}$ 是正切函数的间断点。因为 $\lim\limits_{x\to\frac{\pi}{2}}\tan x=\infty$,故称 $x=\dfrac{\pi}{2}$ 为正切函数 $\tan x$ 的无穷型间断点。

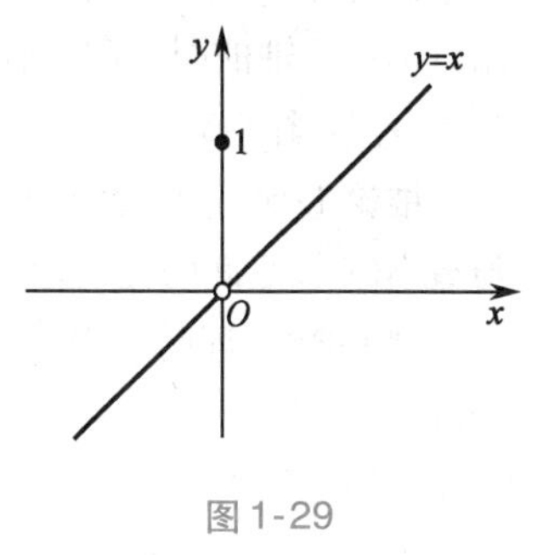

图 1-29

例 1-37　函数 $y=\sin\dfrac{1}{x}$ 在 $x=0$ 时没有定义,所以 $x=0$ 为函数的间断点。当 $x\to0$ 时,函数值在 -1 与 $+1$ 之间来回变动。所以点 $x=0$ 叫作函数 $y=\sin\dfrac{1}{x}$ 的振荡型间断点。

通常我们把间断点分为两大类:第一类间断点和第二类间断点。凡是左、右极限都存在的间断点称为第一类间断点。其中左、右极限不相等者称为跳跃间断点,左、右极限相等者称为可去间断点。不是第一类间断点的任何间断点,都称为第二类间断点。

四、闭区间上连续函数的性质

闭区间上连续函数有以下性质,这些性质是以后研究某些问题的理论基础。本书对此只作简单说明。

定理 1-9　(最大值和最小值定理)在闭区间上连续的函数一定有最大值和最小值。

也就是说,如果函数 $f(x)$ 在闭区间 $[a,b]$ 上连续(图 1-30),那么在 $[a,b]$ 上至少存在一点 ξ_1 $(a\leqslant\xi_1\leqslant b)$,使得函数值 $f(\xi_1)$ 为 $f(x)$ 在 $[a,b]$ 上的最大值,即 $f(\xi_1)\geqslant f(x)$ $(a\leqslant x\leqslant b)$;又至少存在一点 ξ_2 $(a\leqslant\xi_2\leqslant b)$,使得函数值 $f(\xi_2)$ 为 $f(x)$ 在 $[a,b]$ 上的最小值,即 $f(\xi_2)\leqslant f(x)$ $(a\leqslant x\leqslant b)$。

推论 1-5(有界性定理)在闭区间上连续的函数一定在该区间上有界。

定理 1-10　(介值定理)设函数 $f(x)$ 在闭区间 $[a,b]$ 上连续,且在这区间的两个端点取不同的函数值 $f(a)=A,f(b)=B,A\neq B$。则对于 A 与 B 之间的任意一个数 C,在开区间 (a,b) 内

笔记

至少有一点 ξ,使得 $f(\xi) = C$。

介值定理的几何解释:如果函数 $f(x)$ 在闭区间 $[a,b]$ 上连续,且两个端点处的函数值不相等,C 为介于 $f(a) = A$ 与 $f(b) = B$ 之间的一个数,则连续曲线 $y = f(x)$ 与水平直线 $y = C$ 至少相交于一点(如图 1-31)。

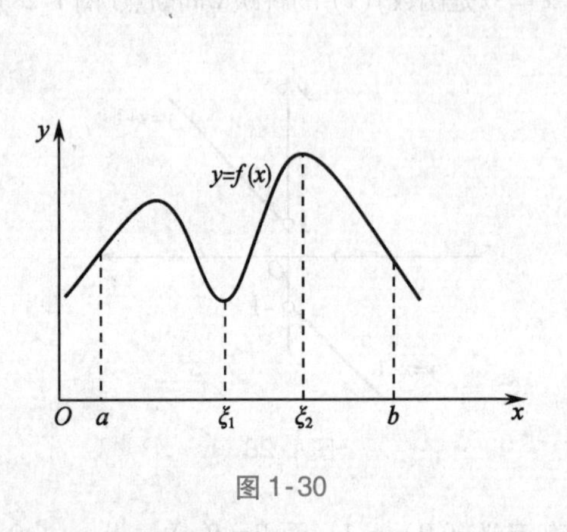

图 1-30

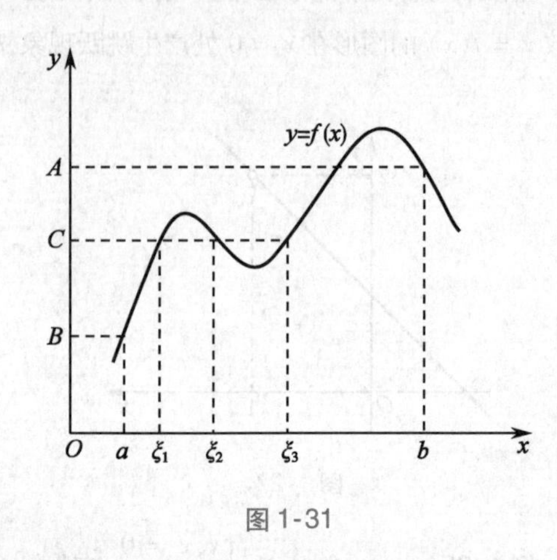

图 1-31

特别地,如果 $f(a)$ 与 $f(b)$ 异号,那么在开区间 (a,b) 内至少有一点 ξ,使得 $f(\xi) = 0$。这一结论常被称为零点定理。

换言之,如果函数 $f(x)$ 在闭区间 $[a,b]$ 上连续,且两个端点不在 x 轴的同一侧,则连续曲线 $y = f(x)$ 与 x 轴至少相交于一点(图 1-32)。

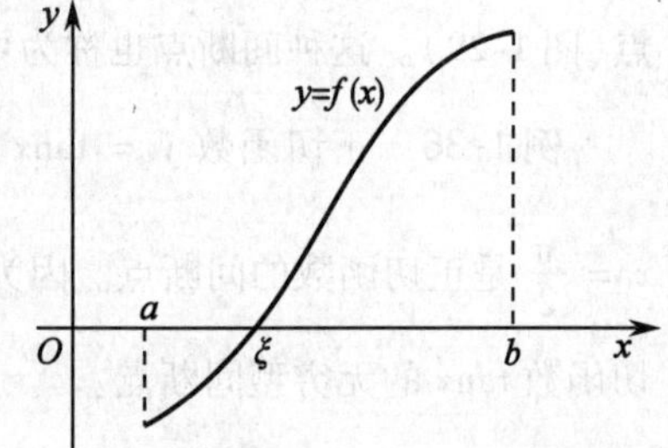

图 1-32

推论 1-6 在闭区间上连续的函数必取得介于最大值 M 与最小值 m 之间的任何值。

例 1-38 证明方程 $x^3 - 4x^2 + 1 = 0$ 在区间 $(0,1)$ 内至少有一个实根。

证明 设 $f(x) = x^3 - 4x^2 + 1$,则 $f(x)$ 在 $[0,1]$ 上连续。又因为 $f(0) = 1 > 0$,$f(1) = -2 < 0$,由零点定理,在开区间 $(0,1)$ 内至少存在一点 ξ,使得 $f(\xi) = 0$,即 $f(\xi) = \xi^3 - 4\xi^2 + 1 = 0$。所以方程 $x^3 - 4x^2 + 1 = 0$ 在区间 $(0,1)$ 内至少有一个实根。

第六节 计算机应用

实验一 数学软件 Mathematica 简介

实验目的:了解和熟悉数学软件 Mathematica 的基本用法

实验重点:数学软件 Mathematica 的运行环境及基本知识

实验难点:数学软件 Mathematica 的命令格式

实验关键:数学软件 Mathematica 的基本功能

实验过程:

一、Mathematica 介绍

Mathematica 系统是美国 Wolfram 公司的产品,1986 年由 Stephen Wolfram 研制。Mathematica 系统是符号计算系统,它使用方便、功能强大。其主要功能包括三个方面:符号演算、数值计算和图形。Mathematica 是最大的单应用程序之一,它内容丰富、功能强大的函数覆盖了初等数学、微积分和线性代数等众多的数学领域。它包含了数学多方向的新方法和新技术;它包含的近百

个作图函数，是数据可视化的最好工具；它的编辑功能完备的工作平台 Notebooks 已成为许多报告和论文的通用标准；在给用户最大自由限度的集成环境和优良的系统开放性前提下，吸引了各领域和各行各业的用户。它也是“数学模型”和“数学实验”课程最好的工具之一，世界各地的大学和高等教育工作者已开发基于 Mathematica 的多门课程。

Mathematica 是用 C 语言编写的，具有 BASIC 语言的简单易学的交互式操作方式。用户通过输入设备向系统发出计算的指令，系统在完成指定的计算工作后把计算结果告诉用户，从这个意义上说，Mathematica 系统类似一个高级的计算器，它的使用方法也与使用计算器类似，只是它的功能比一般的计算器强大得多，能接受的命令也丰富得多。

同时，Mathematica 还具有 MathCAD、Matlab 那样强的数值计算功能；具有 Macsyma、Maple、Reduce 和 SMP 那样的符号计算功能；具有 APL 和 LISP 那样的人工智能列表处理功能；像 C 与 PASCAL 那样的结构化程序设计语言。

那么，Mathematica 到底能做什么呢？

1. 能完成计算器上能做到的任何工作；能做中小学数学中的计算题目；能做高等数学中的许多题目；只给出数据或函数，用一条命令就能绘出函数图形。

2. 用 Mathematica 检查作业将会成为一件轻松愉快的事情。

3. 对于科研人员，Mathematica 给你提供各种数学工具，用它来验证论文中的计算，通过图形绘出等手段会给你带来创作灵感。

4. 即使你对 Mathematica 一无所知，看完后面的例子，你会发现 Mathematica 是位博学多才而又友好的伴侣。

二、Mathematica 的安装与启动

在 Window98/XP 等环境下，像安装任何一种游戏系统一样，把 Mathematica 安装在你的计算机中。打开“开始”菜单的“程序”栏，双击 Mathematica 的图标，则显示如图 1-33 所示的 Mathematica 工作屏幕。

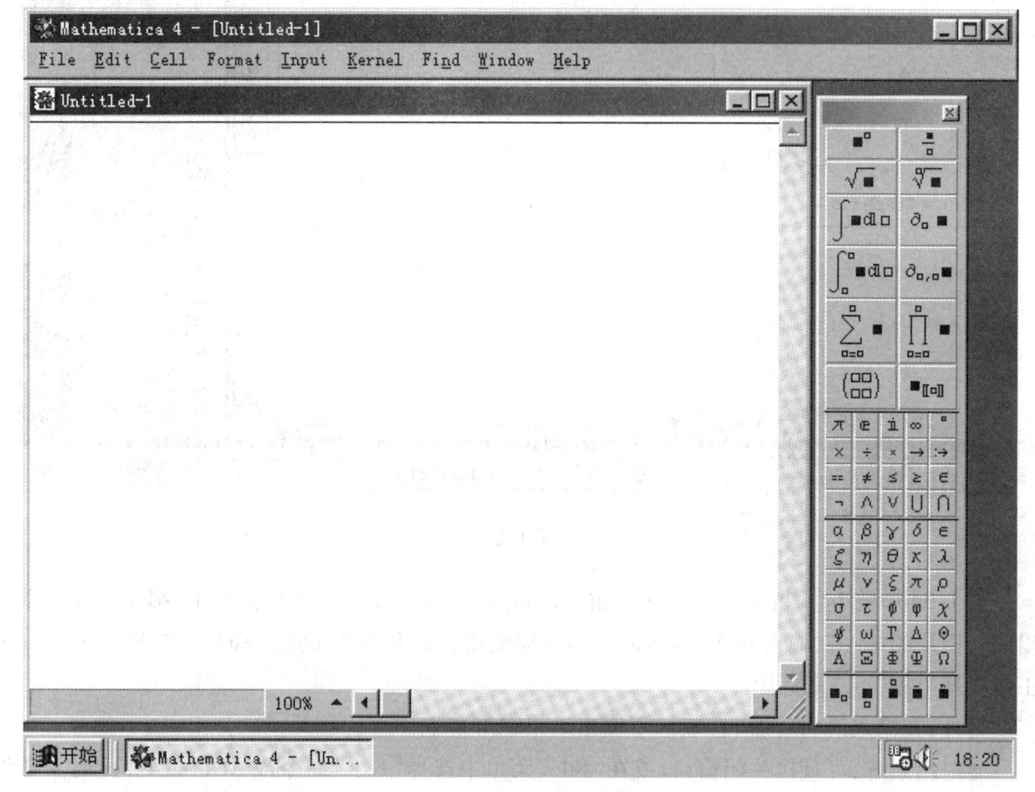

图 1-33

Mathematica 的工作屏幕上共有九个主菜单,菜单中每个项目的意义和使用方法可通过联机帮助系统的 Help 菜单进行查询。

三、Mathematica 的输入、输出和运行

Mathematica 的输入方式

1. 通过键盘直接输入。
2. 通过 File 主菜单中的"Palettes"选项进行输入。

输入时要遵守的规则:

1. 大、小写英文字母要严格区分开。
2. 严格区分{,[,(,3 个括号的差别。

若不符合规则,Mathematica 将拒绝执行并提醒用户重新输入,并在用户出错的地方给出提示信息。

Mathematica 能够处理多种类型的数据形式:数学公式、集合、矩阵以及图形等。各种数据形式被看作是同种类型,均称为表达式。

在 Mathematica 的工作屏幕上,输入一行或多行表达式,如:

Plot[Sin[x],{x, -Pi,Pi}]

然后同时按下 Shift + Enter 键,系统即可执行运算,运行结果如图 1-34 所示。

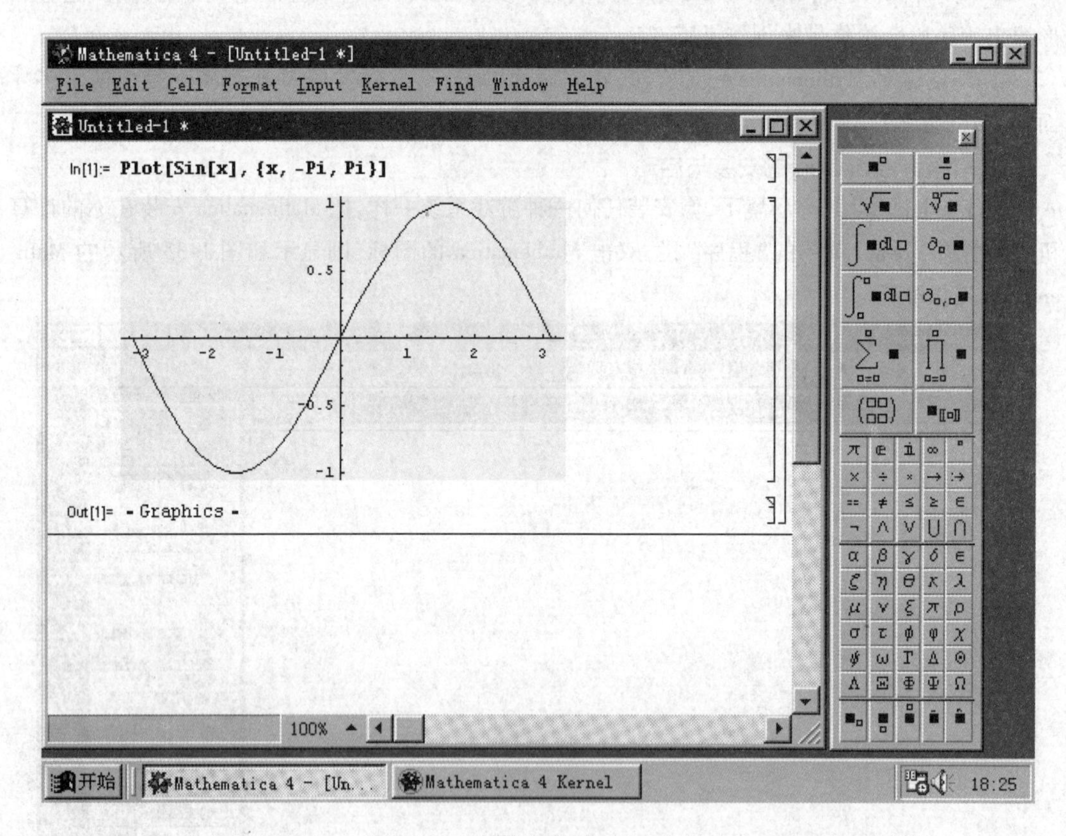

图 1-34

图 1-34 中的 In[1]: = 表示第一个输入,Out[1] = 表示第一个输出的结果,都是系统自动给出的。用户的每一次输入和 Mathematica 的对应输出都被称为"细胞(Cell)",在 Mathematica 的工作屏幕上用"[ ]"来标识。

另外,在输入语句后加";"表示不输出结果在屏幕上。

要退出系统,可直接关闭窗口,或在"File"菜单中选择"Exit"命令或 ALT + F4。此时系统询问用户是否保存本次工作,保存的内容是以".nb"为后缀的文件。

四、Mathematica 中基本的运算符号

Mathematica 中基本的运算符号见表 1-7：

表 1-7

运算法则	运算符号	举例	优先级
加法	+	2 + 3	1
减法	-	4/5 - 2/3	1
乘法	*	3 * 6	2
除法	/	4/5	2
乘方	∧	2^3	3

例 1-39　求 $2\times(3+6)-2^2\div4$。

解　In[1]: = 2 * (3 + 6) - 2^2/4

Out[1] = 17。

五、Mathematica 的基本量

1. 常量　在 Mathematica 中定义了一些常数和常量，现将它们列入表 1-8。

表 1-8

常量名	数学含义	解释
Pi	π	圆周率
E	e	自然对数的底数
I	i	虚数单位
Infinity	∞	无穷大
Degree	$\pi/180$	度数
GoldRatio	$(1+\sqrt{5})/2$	黄金分割率

例 1-40　求 π 的近似值（保留 50 位有效数字）。

解　In[1]: = N[Pi, 50]

Out[1] = 3.141 592 653 589 793 238 462 643 383 279 502 884 197 169 399 375 1。

说明：N[Pi, 50]表示取 π 的 50 位有效数字。

2. 变量　变量的定义方法如表 1-9 所示。

表 1-9

函数	说明
X = value	把值 value 赋值给 x
X = y = value	把值 value 赋值给 x 和 y
{x, y} = {value1, value2}	把值 value1 和 value2 分别赋值给 x 和 y

例如：

In[1]: = x = 5

Out[1] = 5

In[2]: = x^2

Out[2] = 25

In[3]: = {x, y, z} = {11, 22, 33}

Out[3] = {11,22,33}

In[4]: = 3x + 2y

Out[4] = 77

In[5]: = {x,y} = {y,x}

Out[5] = {22,11}

In[6]: = 3x + 2y

Out[6] = 88

3. 函数名 函数名都是由字符串表示的,字符之间不能有空格;函数名字的第一个字母总是大写的,后面的字母是小写的,但如果名字是由几个段构成的(如 ArcSin),则每段的第一个字母都必须大写,这些是 Mathematica 内部函数取名的规则。再一点应当特别注意的是:函数的参数表是用方括号括起来的,不像我们在数学中那样用圆括号。这样做是为了避免产生歧义[主要是为了区分 f(x)是函数 f(x)还是变量之积 f * x]。

例 1-41 定义函数 $f(x) = x^2 + 3x + 2$,并求 $f(2)$ 的值。

解 In[1]: = f[x_]: = x^2 + 3x + 2

In[2]: = f[2]

Out[2] = 12

Mathematica 系统提供几百个常用的数学函数,现将我们常用的函数列表 1-10:

表 1-10

函数	说明	函数	说明
Sqrt[x]	平方根函数 $\sqrt{x}$	Tan[x]	正切函数
Exp[x]	指数函数 e^x	Cot[x]	余切函数
Log[x]	自然对数函数 $\ln x$	ArcSin[x]	反正弦函数
Log[a,x]	以 a 为底的对数函数	ArcCos[x]	反余弦函数
Sin[x]	正弦函数	ArcTan[x]	反正切函数
Cos[x]	余弦函数	!	阶乘函数

实验二 用 Mathematica 求极限

实验目的:掌握利用 Mathematica 求极限的基本方法。

基本命令:

函数	说明
$Limit[f[x], x \to a]$	求 $\lim\limits_{x\to a} f(x)$
$Limit[f[x], x \to a, Direction \to +1]$	求 $\lim\limits_{x\to a^+} f(x)$
$Limit[f[x], x \to a, Direction \to -1]$	求 $\lim\limits_{x\to a^-} f(x)$
$Limit[f[x], x \to Infinity, Direction \to +1]$	求 $\lim\limits_{x\to +\infty} f(x)$
$Limit[f[x], x \to Infinity, Direction \to -1]$	求 $\lim\limits_{x\to -\infty} f(x)$

实验举例:

例 1-42 求 $\lim\limits_{x\to 2}\dfrac{x^2-4}{x-2}$。

解　In[1]: = Limit[(x^2 - 4)/(x - 2), x→2]

Out[1] = 4

例 1-43　已知函数$f(x)=\begin{cases} e^x+x, x\geqslant 0 \\ \dfrac{\sin x}{x}, x<0 \end{cases}$，求$\lim\limits_{x\to 0}f(x)$。

解　因为

In[1]: = Limit[Exp[x] = x, x→0, Direction→ + 1]

Out[1] = 1

In[2]: = Limit[Sin[x]/x, x→0, Direction→ - 1]

Out[2] = 1

所以$\lim\limits_{x\to 0}f(x)=1$。

例 1-44　求$\lim\limits_{x\to\infty}\left(1+\dfrac{3}{x}\right)^x$。

解　In[1]: = Limit[(1 + 3/x)^x, x→Infinity]

Out[1] = e^3

习题

1. 求下列函数的定义域

(1) $y=\dfrac{1}{x}+\sqrt{1-x^2}$　　(2) $y=\arcsin\dfrac{x-1}{2}$

(3) $y=\arctan\dfrac{1}{x}+\sqrt{3-x}$　　(4) $y=\dfrac{\lg(3-x)}{\sqrt{|x|-1}}$

(5) $y=\sqrt{\lg\dfrac{5x-x^2}{4}}$　　(6) $y=\dfrac{\arccos\dfrac{2x-1}{7}}{\sqrt{x^2-x-6}}$

(7) $y=\log_{x-1}(16-x^2)$　　(8) $y=\ln\sin\dfrac{\pi}{2}+\sqrt{-3x^2+7x-2}$

2. 下列各题中，函数是否相同？为什么？

(1) $f(x)=\lg x^2$ 与 $g(x)=2\lg x$　　(2) $f(x)=1$ 与 $g(x)=\sec^2x-\tan^2x$

(3) $f(x)=\dfrac{x-1}{x^2-1}$ 与 $g(x)=\dfrac{1}{x+1}$　　(4) $y=\sqrt{1+\cos 2x}$ 与 $y=\sqrt{2}\cos x$

(5) $y=2x+1$ 与 $x=2y+1$　　(6) $f(x)=\sqrt[3]{x^4-x^3}$ 与 $g(x)=x\sqrt[3]{x-1}$

3. 设 $y=x^2$，要使当 $x\in U(0,\delta)$ 时，$y\in U(0,2)$，应如何选择邻域 $U(0,\delta)$ 的半径 δ？

4. 说明下列函数在指定区间的单调性

(1) $y=\dfrac{x}{1-x}, x\in(-\infty,1)$　　(2) $y=x+\ln x, x\in(0,+\infty)$

5. 下列函数中哪些是奇函数，哪些是偶函数，哪些是非奇非偶函数？

(1) $y=\sin x-\cos x+1$　　(2) $y=\dfrac{a^x+a^{-x}}{2}$

(3) $y=|x\sin x|e^{\cos x}$　　(4) $y=x(x+1)(x-1)$

6. 指出下列函数中哪些是周期函数，对于周期函数，求其周期：

(1) $y=\cos(x-2)$　　(2) $y=x\cos x$

(3) $y=\sin^2x$

7. 证明：$y=x\cos x$ 在区间 $(0,+\infty)$ 内是无界函数。

笔记

8. 已知水渠的横断面为等腰梯形，倾斜角为30°（如图1-35）。当过水断面$ABCD$的面积为定值S_0时，求湿周$L = AB + BC + CD$与水深h之间的函数关系式，并说明定义域。

9. 录音机每台售价90元，成本为60元。厂方为鼓励销售商大量采购，决定凡采购量超过100台的，每多定购一台，售价就降低1分，但最低价为每台75元。

（1）将每台的实际售价p表示为订购量x的函数；

（2）将厂方所获得利润L表示为订购量x的函数；

（3）某一商行订购了1000台，厂方可获得利润多少？

10. 脉冲发生器产生一个如图1-36所示的三角波，试写出函数$u(t)$的表达式，$t \in [0,20]$。

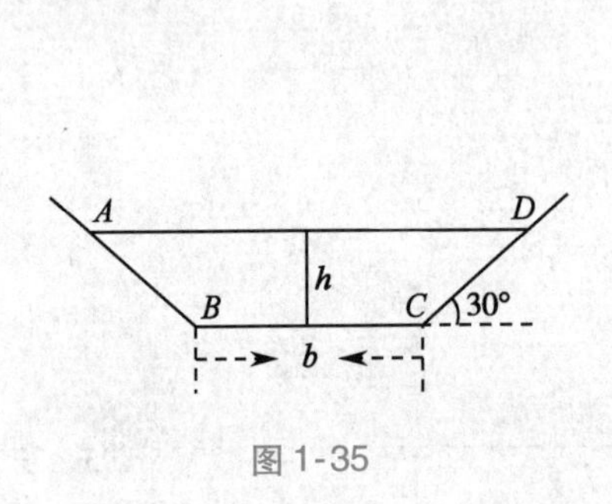

图1-35

U
15伏
0
10
20
t（微秒）

图1-36

11. 写出下列数列的一般项，观察它们的变化趋势。如果收敛的话，写出它们的极限：

（1）$\frac{1}{2}, \frac{1}{4}, \frac{1}{8}, \frac{1}{16}, \cdots$　　（2）$\frac{2}{1}, \frac{3}{2}, \frac{4}{3}, \frac{5}{4}, \cdots$

（3）$1, -2, 3, -4, \cdots$

12. 在数轴上表示下列数列，观察它们的变化趋势，写出它们的极限：

（1）$x_n = (-1)^n \frac{1}{n}$　　（2）$x_n = 1 - \frac{1}{2^n}$

13. 用数列极限的概念讨论数列$a, a, \cdots a, \cdots$的极限。

14. 极限思想的萌芽在我国古书上早有记载，如在《庄子》的“天下篇”中就写道：“一尺之棰，日取其半，万世不竭。”设棒长为一尺，日取其半，将剩余量用数列表示出来，并考察其极限。

15. 列表观察下列函数在指定变化过程中的变化趋势，并用极限记号表示出来。

（1）$f(x) = x - 5, x \to 2$　　（2）$f(x) = x^3, x \to -1$

（3）$f(x) = \frac{1}{x^2}, x \to \infty$　　（4）$f(x) = \tan x, x \to \frac{\pi}{2}$

16. 若$\lim\limits_{x \to +\infty} f(x) = A$，问$\lim\limits_{x \to \infty} f(x) = A$是否一定成立？举例说明，若$\lim\limits_{x \to \infty} f(x) = A$，那么$\lim\limits_{x \to +\infty} f(x) = A$及$\lim\limits_{x \to -\infty} f(x) = A$是否都成立。

17. 设$f(x) = \begin{cases} 1, x \leqslant 0 \\ x, x > 0 \end{cases}$。当$x \to 0$时，$f(x)$的极限是否存在，为什么？

18. 用极限的定义证明：若$\lim\limits_{x \to x_0} f(x)$存在，则函数$f(x)$在$x_0$的某个去心邻域内有界。

19. 用极限的定义证明：若$\lim\limits_{x \to x_0} f(x) = A$，且$A > 0$（或$A < 0$），则存在$x_0$的某个去心邻域，使得在该邻域内恒有$f(x) > 0$（或$f(x) < 0$）。——保号定理。

20. 怎样的函数叫无穷小？“当$x \to x_0$时，$f(x)$的值越来越小，则$f(x)$是无穷小”，这种说法对吗？为什么？举例说明。

21. 怎样的函数叫作无穷大？“当$x \to \infty$时，$f(x)$的值越来越大，则$f(x)$是无穷大”，这种说法对吗？为什么？举例说明。

22. 无穷小与无穷大之间有何关系？

23. 在下列各变化过程中,确定$f(x)$是无穷小还是无穷大?

(1) 当$x \to 0$时,$f(x) = \dfrac{1+2x}{x}$　　(2) 当$x \to +\infty$时,$f(x) = e^{-x}$

(3) 当$x \to 2$时,$f(x) = \dfrac{x^2 - x - 2}{x+1}$　　(4) 当$x \to 0^+$时,$f(x) = \ln x$

24. 证明当$x \to 0$时,(1) $\tan x \sim x$　　(2) $1 - \cos x \sim \dfrac{x^2}{2}$

25. 当$x \to 0$时,$2x - x^2$与$x^2 - x^3$相比,哪一个是高阶无穷小?

26. 当$x \to 1$时,无穷小$1 - x$与无穷小(1) $1 - x^2$;(2) $\dfrac{1}{2}(1 - x^2)$是否同阶?是否等价?

27. 已知$f(x) = \dfrac{px^2 - 2}{x^2 + 1} + 3qx + 5$,当$x \to \infty$时,$p$、$q$取何值$f(x)$为无穷小量?$p$、$q$取何值$f(x)$为无穷大量?

28. 已知$\lim\limits_{x \to c} f(x) = 4$,$\lim\limits_{x \to c} g(x) = 1$,$\lim\limits_{x \to c} h(x) = 0$,求

(1) $\lim\limits_{x \to c} \dfrac{g(x)}{f(x)}$　　(2) $\lim\limits_{x \to c} \dfrac{h(x)}{f(x) - g(x)}$

(3) $\lim\limits_{x \to c} [f(x) \cdot g(x)]$　　(4) $\lim\limits_{x \to c} [f(x) \cdot h(x)]$

29. 计算:

(1) $\lim\limits_{x \to 1} (3x^2 + 5x - 6)$　　(2) $\lim\limits_{x \to 2} \dfrac{x+2}{x-1}$

(3) $\lim\limits_{x \to 1} \dfrac{x^2 - 2x + 1}{x^2 - 1}$　　(4) $\lim\limits_{x \to 0} \dfrac{4x^3 - 2x^2 + x}{3x^2 + 2x}$

(5) $\lim\limits_{h \to 0} \dfrac{(x+h)^2 - x^2}{h}$　　(6) $\lim\limits_{x \to \infty} \left(2 - \dfrac{1}{x} + \dfrac{1}{x^2}\right)$

(7) $\lim\limits_{x \to \infty} \dfrac{2x^2 + 3x}{6x^2 - 1}$　　(8) $\lim\limits_{x \to \infty} \dfrac{2x^3 - 3x^2 + 4}{5x - x^2 - 8}$

(9) $\lim\limits_{x \to \infty} \dfrac{2x^2 + 3}{x^3 + 2x^2 - 1}$　　(10) $\lim\limits_{x \to \infty} (1 + \dfrac{1}{x})(2 - \dfrac{1}{x^2})$

30. 计算:

(1) $\lim\limits_{n \to \infty} \left(\dfrac{1 + 2 + 3 + \cdots + n}{n} - \dfrac{n}{2}\right)$　　(2) $\lim\limits_{n \to \infty} \left(1 + \dfrac{1}{2} + \dfrac{1}{4} + \cdots + \dfrac{1}{2^n}\right)$

31. 指出下列各题运算中的错误,并改正之:

(1) $\lim\limits_{x \to -1} \dfrac{2x}{x+1} = \dfrac{\lim\limits_{x \to -1} 2x}{\lim\limits_{x \to -1} (x+1)} = \dfrac{-2}{0} = \infty$

(2) $\lim\limits_{x \to \infty} \dfrac{x^2}{2x^2 + 5} = \dfrac{\lim\limits_{x \to \infty} x^2}{\lim\limits_{x \to \infty} (2x^2 + 5)} = \dfrac{\infty}{\infty} = 1$

(3) $\lim\limits_{x \to 2} \dfrac{x-2}{x^2 - 4} = \dfrac{\lim\limits_{x \to 2} (x-2)}{\lim\limits_{x \to 2} (x^2 - 4)} = \dfrac{0}{0} = 1$

(4) $\lim\limits_{x \to 3} \left(\dfrac{1}{x-3} - \dfrac{6}{x^2 - 9}\right) = \lim\limits_{x \to 3} \dfrac{1}{x-3} - \lim\limits_{x \to 3} \dfrac{6}{x^2 - 9} = \infty - \infty = 0$

32. 若$\lim\limits_{x \to 3} \dfrac{x^2 - 2x + k}{x - 3} = 4$,求$k$的值。

33. 若$\lim\limits_{x \to \infty} (\dfrac{x^2 + 1}{x + 1} - ax - b) = 0$,求$a$、$b$的值。

34. 下列计算是否正确,为什么?

(1) $\lim\limits_{x\to 0}x\sin\frac{1}{x}=\lim\limits_{x\to 0}\frac{\sin\frac{1}{x}}{\frac{1}{x}}=1$

(2) $\lim\limits_{x\to 0}x\sin\frac{1}{x}=\lim\limits_{x\to 0}x\cdot\lim\limits_{x\to 0}\sin\frac{1}{x}=0\cdot\lim\limits_{x\to 0}\sin\frac{1}{x}=0$

35. 计算

(1) $\lim\limits_{x\to 0}\frac{\sin\omega x}{x}$（$\omega$ 为常数）　　(2) $\lim\limits_{x\to 0}\frac{\tan 3x}{x}$

(3) $\lim\limits_{x\to 0}\frac{\sin 3x}{\sin 5x}$　　(4) $\lim\limits_{x\to 0}\frac{1-\cos 2x}{x\sin x}$

(5) $\lim\limits_{n\to\infty}2^n\sin\frac{x}{2^n}$（$x$ 为不等于零的常数）

36. 计算

(1) $\lim\limits_{x\to\infty}(1+\frac{1}{x})^{-3x}$　　(2) $\lim\limits_{x\to\infty}(1+\frac{4}{x})^{x}$

(3) $\lim\limits_{x\to 0}(1-2x)^{\frac{1}{x}}$　　(4) $\lim\limits_{x\to\infty}(\frac{1+x}{x})^{2x}$

37. 若 $\lim\limits_{x\to\infty}(\frac{x+k}{x-k})^{\frac{x}{2}}=3$，求 k 的值。

38. 求下列函数在指定情形下的增量：

(1) $y=3x+1$，当 x 的初值等于 1，$\Delta x=0.3$

(2) $y=x^2+2x+2$，当 x 的初值等于 2，$\Delta x=-0.2$

(3) $y=-x^2+2x$，当 x 的初值等于 1，$\Delta x=0.1$

39. 研究下列函数在指定点处的连续性，并画出图形：

(1) $f(x)=\begin{cases}x^2,0\leqslant x<1\\2-x,1\leqslant x\leqslant 2\end{cases}, x=1$　　(2) $f(x)=\begin{cases}x+1,x\leqslant 0\\x-1,x>0\end{cases}, x=0$

40. 求函数 $f(x)=\frac{x^3+3x^2-x-3}{x^2+x-6}$ 的连续区间，并求 $\lim\limits_{x\to 0}f(x)$、$\lim\limits_{x\to 2}f(x)$ 及 $\lim\limits_{x\to -3}f(x)$（提示：初等函数的定义区间就是这个函数的连续区间）。

41. 求下列极限：

(1) $\lim\limits_{x\to 0}\sqrt{x^2-2x+5}$　　(2) $\lim\limits_{x\to\frac{\pi}{9}}(2\cos 3x)$

(3) $\lim\limits_{x\to 2}\frac{2\arcsin\frac{x}{4}}{\cos 2\pi x}$　　(4) $\lim\limits_{t\to -2}\frac{e^t+1}{t}$

(5) $\lim\limits_{x\to\infty}(1+\frac{1}{x})^{\frac{x}{2}}$　　(6) $\lim\limits_{x\to 0}\frac{\sqrt{1+x}-1}{x}$

42. 求下列极限：

(1) $\lim\limits_{x\to\infty}e^{\frac{1}{x}}$　　(2) $\lim\limits_{x\to 0}\ln\frac{\sin x}{x}$

(3) $\lim\limits_{x\to\infty}(\frac{x^2}{x^2-1})^{x^2}$　　(4) $\lim\limits_{x\to 0}\cos(1+x)^{\frac{1}{x}}$

(5) $\lim\limits_{x\to 0}\frac{e^x-1}{x}$（提示：令 $t=e^x-1$）

笔记

43. 设函数 $f(x)=\begin{cases}e^x,x<0\\a+x,x\geqslant 0\end{cases}$，应当怎样选择数 a，使得 $f(x)$ 成为 $(-\infty,+\infty)$ 内的连续

函数?

44. 设函数 $f(x)=\begin{cases}\dfrac{1}{x}\sin x, x<0\\ a, x=0\\ x\sin\dfrac{1}{x}+b, x>0\end{cases}$，要使 $f(x)$ 成为 $(-\infty,+\infty)$ 内的连续函数，a、b 应各取什么数值?

45. 求下列函数的间断点，并确定它们的类型。如果是可去型间断点，请补充或改变定义使它连续。

(1) $y=\dfrac{x+3}{x^2-1}$　　(2) $y=\dfrac{x^2}{(x+1)(x-2)(x+3)}$

(3) $y=\dfrac{x}{\sin x}$　　(4) $y=\dfrac{1}{x}\ln(1-x)$

(5) $y=\tan(2x+\dfrac{\pi}{4})$　　(6) $y=\dfrac{x^2-1}{x^2-3x+2}$

(7) $y=\begin{cases}x-1, x\leqslant 1\\ 3-x, x>1\end{cases}$　　(8) $y=\dfrac{1}{1-e^{\frac{x}{x-1}}}$

46. 证明方程 $x^5-3x+1=0$ 至少有一个根介于 1 和 2 之间。

47. 设 $f(x)=e^x-2$，求证在区间 $(0,2)$ 内至少有一点 x_0，使得 $e^{x_0}-2=x_0$ [提示：令 $g(x)=e^x-2-x$]。

（李　芳）

笔记

第二章 导数与微分

学习要求

1. 掌握:导数、微分的概念,以及其几何意义、物理意义和现实意义。

2. 熟悉:基本初等函数的导数公式,函数求导法,用洛必达法则计算不定式,用导数研究函数的单调性、极值、凹凸性的方法。

3. 了解:函数的连续、可导及可微之间的关系,三个中值定理、泰勒公式和麦克劳林公式。

力学及物理学中许多重要问题的解答,依赖于数学中的两个基本概念:导数和微分。本章的主要内容就是建立这两个概念,并推导求出函数的导数和微分的一般法则,以及初等函数的求导方法,展现导数和微分的应用。

第一节 导 数

一、引 入

引例2-1(牛顿) 作直线运动的物体,已知其路程函数为 $s=s(t)$。求该物体 t 时刻的瞬时速度 $v(t)$。

解 物体从 t 时刻到 $t+\Delta t$ 时刻所经过的路程为

$$\Delta s = s(t+\Delta t) - s(t)$$

此时段的平均速度为

$$\bar{v} = \frac{\Delta s}{\Delta t}$$

若

$$\lim_{\Delta t\to 0}\frac{\Delta s}{\Delta t}$$

存在,则此极限就是物体 t 时刻的瞬时速度 $v(t)$。

引例2-2(莱布尼茨) 求曲线 $y=f(x)$ 在点 $P(x_0, f(x_0))$ 处的切线的斜率。

解 如图2-1,在曲线上 P 点的附近任取一点 $Q(x_0+\Delta x, f(x_0+\Delta x))$,$PQ$ 为割线。当 $\Delta x\to 0$ 时,Q 点沿曲线逐渐接近 P 点,从而割线 PQ 逐渐接近切线位置 PT。设 PT 的倾斜角为 α,则

$$\tan\alpha = \lim_{\Delta x\to 0}\frac{\Delta y}{\Delta x}$$

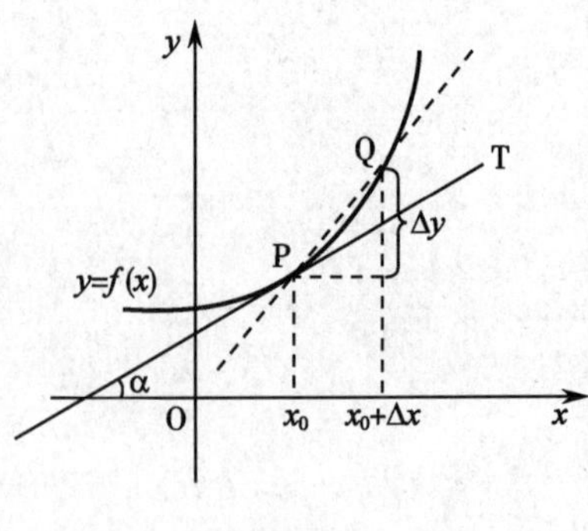

图2-1

二、导数的定义

从以上两个引例可以看出,$\lim\limits_{\Delta x\to 0}\frac{\Delta y}{\Delta x}$ 是很多领域里解决实际问题的数学模型,因此

定义 2-1　设函数 $y=f(x)$ 在 x_0 点的某个邻域内有定义。当自变量在 x_0 处取得增量 Δx，相应地函数 y 取得增量 Δy，$\Delta y=f(x_0+\Delta x)-f(x_0)$。如果当自变量的增量 $\Delta x\to 0$ 时，函数的增量 Δy 与 Δx 之比的极限

$$\lim_{\Delta x\to 0}\frac{\Delta y}{\Delta x}=\lim_{\Delta x\to 0}\frac{f(x_0+\Delta x)-f(x_0)}{\Delta x}$$

存在，则称此极限为函数 $y=f(x)$ 在 x_0 点的导数（derivative），记为

$$y'|_{x=x_0}\text{；或}\frac{dy}{dx}|_{x=x_0}\text{；或}f'(x_0)$$

即

$$y'|_{x=x_0}=\frac{dy}{dx}|_{x=x_0}=f'(x_0)=\lim_{\Delta x\to 0}\frac{f(x_0+\Delta x)-f(x_0)}{\Delta x}$$

若函数 $y=f(x)$ 在 x_0 点的导数存在，则称函数 $y=f(x)$ 在 x_0 点可导。如果函数 $y=f(x)$ 在开区间 (a,b) 内的每一点可导，则称函数 $y=f(x)$ 在开区间 (a,b) 内可导。当函数 $y=f(x)$ 在开区间 (a,b) 内可导时，任意的 $x\in(a,b)$ 都有对应的导数值，因此在开区间 (a,b) 内定义了一个新函数，称之为函数 $y=f(x)$ 的导函数（derived function），简称为导数，记为

$$y'\text{；或}\frac{dy}{dx}\text{；或}f'(x)\text{；或}\frac{d}{dx}f(x)$$

如果函数 $y=f(x)$ 在开区间 (a,b) 内可导，且

$$\lim_{\Delta x\to 0^-}\frac{f(b+\Delta x)-f(b)}{\Delta x}\text{ 与 }\lim_{\Delta x\to 0^+}\frac{f(a+\Delta x)-f(a)}{\Delta x}$$

都存在，则称函数 $y=f(x)$ 在闭区间 $[a,b]$ 上可导。以上左右极限分别称为函数 $f(x)$ 在 b 点的左导数和在 a 点的右导数，分别记为 $f'_-(b)$、$f'_+(a)$。

按定义求函数的导数一般分以下三步：

（1）求增量：$\Delta y=f(x+\Delta x)-f(x)$；

（2）计算比值：$\dfrac{\Delta y}{\Delta x}=\dfrac{f(x+\Delta x)-f(x)}{\Delta x}$；

（3）求极限：$\lim\limits_{\Delta x\to 0}\dfrac{\Delta y}{\Delta x}=\lim\limits_{\Delta x\to 0}\dfrac{f(x+\Delta x)-f(x)}{\Delta x}$。

例 2-1　已知函数 $y=f(x)=\sqrt{x}$，求 $f'(9)$，$f'(\frac{1}{4})$，$f'(x_0)$。

解　（1）$\Delta y=\sqrt{x+\Delta x}-\sqrt{x}$；

（2）$\dfrac{\Delta y}{\Delta x}=\dfrac{\sqrt{x+\Delta x}-\sqrt{x}}{\Delta x}=\dfrac{1}{\sqrt{x+\Delta x}+\sqrt{x}}$；

（3）$y'=\lim\limits_{\Delta x\to 0}\dfrac{\Delta y}{\Delta x}=\lim\limits_{\Delta x\to 0}\dfrac{1}{\sqrt{x+\Delta x}+\sqrt{x}}=\dfrac{1}{2\sqrt{x}}$。

所以　$f'(9)=\dfrac{1}{6}$，$f'(\dfrac{1}{4})=1$，$f'(x_0)=\dfrac{1}{2\sqrt{x_0}}$

例 2-2　研究函数 $f(x)=|x|$ 在 $x=0$ 点的可导性。

解　$\because \lim\limits_{\Delta x\to 0^-}\dfrac{f(0+\Delta x)-f(0)}{\Delta x}=\lim\limits_{\Delta x\to 0^-}\dfrac{-\Delta x}{\Delta x}=-1$，

$\lim\limits_{\Delta x\to 0^+}\dfrac{f(0+\Delta x)-f(0)}{\Delta x}=\lim\limits_{\Delta x\to 0^+}\dfrac{\Delta x}{\Delta x}=1$，

$\therefore \lim\limits_{\Delta x\to 0}\dfrac{f(0+\Delta x)-f(0)}{\Delta x}$ 不存在，即函数 $f(x)=|x|$ 在 $x=0$ 点不可导。

三、导数的物理意义、几何意义和现实意义

导数的物理意义：路程函数 $s=s(t)$ 的导数 $s'(t)$ 就是运动物体在 t 时刻的瞬时速度 $v(t)$。

笔记

例 2-3 求作自由落体运动的质点在 t 时刻的瞬时速度 $v(t)$。

解 自由落体的路程函数为 $s=\frac{1}{2}gt^2$。

$$\because \Delta s=\frac{1}{2}g(t+\Delta t)^2-\frac{1}{2}gt^2=gt\cdot\Delta t+\frac{1}{2}g(\Delta t)^2$$

$$\therefore v(t)=\lim_{\Delta t\to 0}\frac{\Delta s}{\Delta t}=\lim_{\Delta t\to 0}(gt+\frac{1}{2}g\cdot\Delta t)=gt$$

即作自由落体运动的质点在 t 时刻的瞬时速度为 gt。

导数的几何意义：函数 $y=f(x)$ 在点 $x=x_0$ 的导数 $f'(x_0)$，就是曲线 $y=f(x)$ 在点 $P(x_0, f(x_0))$ 处切线的斜率（见引例 2）。

例 2-4 求曲线 $y=\sqrt{x}$ 在点(4,2)处的切线方程。

解 由于 $(\sqrt{x})'=\frac{1}{2\sqrt{x}}$，根据导数的几何意义，曲线在点(4,2)处切线的斜率

$$k=\tan\alpha=\left.\frac{1}{2\sqrt{x}}\right|_{x=4}=\frac{1}{4}$$

所以，所求切线方程为：$y-2=\frac{1}{4}(x-4)$，

即 $$x-4y+4=0$$

导数的现实意义：事物总是在发展变化，引入一个变量来描述其发展变化的规律，那么该变量的导数就是事物发展变化的速度。例如，设 $H(t)$ 是树的高度函数，则导数 $H'(t)$ 是树高的增长速度；如果 $y(t)$ 是吸收药物量的函数，则导数 $y'(t)$ 是吸收药物量的瞬时速度。

四、函数可导性与连续性的关系

若函数 $y=f(x)$ 在 x 点可导，则

$$f'(x)=\lim_{\Delta x\to 0}\frac{\Delta y}{\Delta x}$$

由定理 1-1，$\frac{\Delta y}{\Delta x}=f'(x)+\alpha$，即 $\Delta y=f'(x)\Delta x+\alpha\Delta x$，其中 α 是 $\Delta x\to 0$ 时的无穷小。从而

$$\lim_{\Delta x\to 0}\Delta y=\lim_{\Delta x\to 0}(f'(x)\Delta x+\alpha\Delta x)=0$$

所以函数 $y=f(x)$ 在 x 点连续。

反之，由例 2-2 知，函数 $y=f(x)$ 在 x 点连续，但在该点不一定可导。

总之，函数可导性与连续性的关系是：可导一定连续，但连续不一定可导。

例 2-5 讨论函数 $f(x)=\begin{cases}x\sin\frac{1}{x} & x\neq 0\\ 0 & x=0\end{cases}$ 在 $x=0$ 处的可导性和连续性。

解 $\because \lim_{x\to 0}f(x)=\lim_{x\to 0}x\sin\frac{1}{x}=0=f(0)$，$\therefore f(x)$ 在 $x=0$ 处连续。

而针对 $x=0$ 点，$\lim_{\Delta x\to 0}\frac{\Delta y}{\Delta x}=\lim_{\Delta x\to 0}\frac{f(\Delta x)-f(0)}{\Delta x}=\lim_{\Delta x\to 0}\sin\frac{1}{\Delta x}$，此极限不存在，所以 $f(x)$ 在 $x=0$ 点不可导。

第二节 求导数的一般方法

借助初等函数的结构，通过研究基本初等函数的导数，以及四则运算求导法则和复合函数求导法则，建立求导数的一般方法。

一、常数和几个基本初等函数的导数

（一）常数 C 的导数

$$(C)'=0$$

（二）幂函数 $y=x^n$（n 为正整数）的导数

$$(x^n)'=nx^{n-1}$$

证　由二项式定理知

$$\Delta y=(x+\Delta x)^n-x^n=C_n^1x^{n-1}\Delta x+C_n^2x^{n-2}\Delta x^2+\cdots+\Delta x^n$$

所以 $$\lim_{\Delta x\to 0}\frac{\Delta y}{\Delta x}=\lim_{\Delta x\to 0}\frac{C_n^1x^{n-1}\Delta x+C_n^2x^{n-2}\Delta x^2+\cdots+\Delta x^n}{\Delta x}=C_n^1x^{n-1}=nx^{n-1}$$

即 $$(x^n)'=nx^{n-1}$$

（三）$y=\sin x$ 和 $y=\cos x$ 的导数

$$(\sin x)'=\cos x;(\cos x)'=-\sin x$$

证　设 $y=\sin x$，则

$$\Delta y=\sin(x+\Delta x)-\sin x=2\cos\frac{2x+\Delta x}{2}\sin\frac{\Delta x}{2}$$

所以 $$\lim_{\Delta x\to 0}\frac{\Delta y}{\Delta x}=\lim_{\Delta x\to 0}\frac{2\cos\frac{2x+\Delta x}{2}\sin\frac{\Delta x}{2}}{\Delta x}=\lim_{\Delta x\to 0}\frac{\cos\frac{2x+\Delta x}{2}\sin\frac{\Delta x}{2}}{\frac{\Delta x}{2}}=\cos x$$

即 $$(\sin x)'=\cos x$$

同理可证 $$(\cos x)'=-\sin x$$

（四）对数函数 $y=\log_a x$ 的导数

$$(\log_a x)'=\frac{1}{x\ln a}$$

证　$\Delta y=\log_a(x+\Delta x)-\log_a x=\log_a\frac{x+\Delta x}{x}=\log_a\left(1+\frac{\Delta x}{x}\right)$

所以 $$\lim_{\Delta x\to 0}\frac{\Delta y}{\Delta x}=\lim_{\Delta x\to 0}\frac{\log_a\left(1+\frac{\Delta x}{x}\right)}{\Delta x}=\lim_{\Delta x\to 0}\log_a\left(1+\frac{\Delta x}{x}\right)^{\frac{1}{\Delta x}}=\log_a e^{\frac{1}{x}}=\frac{1}{x}\log_a e$$

即 $$(\log_a x)'=\frac{1}{x\ln a}$$

特别地，当 $a=\mathrm{e}$ 时，$(\ln x)'=\frac{1}{x}$

二、函数四则运算的求导法则

法则 2-1　若函数 $f(x)$、$g(x)$ 都可导，则 $[f(x)\pm g(x)]'=f'(x)\pm g'(x)$。

该法则的证明请读者自己练习。

例 2-6　求函数 $y=\cos x-x^3+\lg x+6$ 的导数。

解　由法则 2-1 知，

$$y'=(\cos x-x^3+\lg x+6)'=(\cos x)'-(x^3)'+(\lg x)'+(6)'$$
$$=-\sin x-3x^2+\frac{1}{x\ln 10}$$

法则 2-2　若函数 $f(x)$、$g(x)$ 都可导，则

$$[f(x)\cdot g(x)]'=f'(x)\cdot g(x)+f(x)\cdot g'(x)$$

证 设 $y=f(x)\cdot g(x)$,则

$$\begin{aligned}\Delta y&=f(x+\Delta x)\cdot g(x+\Delta x)-f(x)\cdot g(x)\\&=f(x+\Delta x)\cdot g(x+\Delta x)-f(x)\cdot g(x+\Delta x)+f(x)\cdot g(x+\Delta x)-f(x)\cdot g(x)\\&=[f(x+\Delta x)-f(x)]g(x+\Delta x)+f(x)[g(x+\Delta x)-g(x)]\end{aligned}$$

所以

$$\begin{aligned}\lim_{\Delta x\to 0}\frac{\Delta y}{\Delta x}&=\lim_{\Delta x\to 0}\frac{[f(x+\Delta x)-f(x)]g(x+\Delta x)+f(x)[g(x+\Delta x)-g(x)]}{\Delta x}\\&=\lim_{\Delta x\to 0}\frac{[f(x+\Delta x)-f(x)]g(x+\Delta x)}{\Delta x}+\lim_{\Delta x\to 0}\frac{f(x)[g(x+\Delta x)-g(x)]}{\Delta x}\\&=f'(x)\cdot g(x)+f(x)\cdot g'(x)\end{aligned}$$

推论 2-1 常数因子可提到求导符号的外面,即 $[Cf(x)]'=C[f(x)]'$。

推论 2-2 若函数 $f(x)$、$g(x)$、$h(x)$ 都可导,则

$[f(x)\cdot g(x)\cdot h(x)]'=f'(x)\cdot g(x)\cdot h(x)+f(x)\cdot g'(x)\cdot h(x)+f(x)\cdot g(x)\cdot h'(x)$。

例 2-7 求函数 $y=3\cos x\cdot \lg x$ 的导数。

解 由法则 2-2 及推论 2-1,

$$\begin{aligned}y'&=(3\cos x\cdot\lg x)'=3(\cos x\cdot\lg x)'=3(\cos x)'\cdot\lg x+3\cos x\cdot(\lg x)'\\&=-3\sin x\cdot\lg x+\frac{3\cos x}{x\ln 10}\end{aligned}$$

法则 2-3 若函数 $f(x)$、$g(x)$ 都可导,且 $g(x)\neq 0$,则

$$\left[\frac{f(x)}{g(x)}\right]'=\frac{f'(x)\cdot g(x)-f(x)\cdot g'(x)}{[g(x)]^2}$$

证 设 $y=\dfrac{f(x)}{g(x)}$,则

$$\begin{aligned}\Delta y&=\frac{f(x+\Delta x)}{g(x+\Delta x)}-\frac{f(x)}{g(x)}=\frac{f(x+\Delta x)g(x)-f(x)g(x+\Delta x)}{g(x+\Delta x)g(x)}\\&=\frac{f(x+\Delta x)g(x)-f(x)\cdot g(x)+f(x)\cdot g(x)-f(x)g(x+\Delta x)}{g(x+\Delta x)g(x)}\\&=\frac{[f(x+\Delta x)-f(x)]g(x)-f(x)[g(x+\Delta x)-g(x)]}{g(x+\Delta x)g(x)}\end{aligned}$$

所以

$$\begin{aligned}\lim_{\Delta x\to 0}\frac{\Delta y}{\Delta x}&=\lim_{\Delta x\to 0}\frac{[f(x+\Delta x)-f(x)]g(x)-f(x)[g(x+\Delta x)-g(x)]}{g(x+\Delta x)g(x)\Delta x}\\&=\lim_{\Delta x\to 0}\frac{[f(x+\Delta x)-f(x)]g(x)}{g(x+\Delta x)g(x)\Delta x}-\lim_{\Delta x\to 0}\frac{f(x)[g(x+\Delta x)-g(x)]}{g(x+\Delta x)g(x)\Delta x}\\&=\frac{f'(x)\cdot g(x)-f(x)\cdot g'(x)}{[g(x)]^2}\end{aligned}$$

例 2-8 求函数 $y=\tan x$ 的导数。

解 $y=\tan x=\dfrac{\sin x}{\cos x}$,根据法则 2-3,

$$\begin{aligned}y'&=\left(\frac{\sin x}{\cos x}\right)'=\frac{(\sin x)'\cdot\cos x-\sin x(\cos x)'}{\cos^2 x}=\frac{\cos x\cdot\cos x+\sin x\sin x}{\cos^2 x}\\&=\frac{1}{\cos^2 x}=\sec^2 x\end{aligned}$$

即 $$(\tan x)'=\sec^2 x$$

同理可得 $$(\cot x)'=-\csc^2 x$$

例 2-9 求函数 $y=\sec x$ 的导数。

解　$y=\sec x=\dfrac{1}{\cos x}$,根据法则2-3,

$$y'=\left(\frac{1}{\cos x}\right)'=\frac{(1)'\cdot\cos x-1\cdot(\cos x)'}{\cos^2 x}=\frac{0+\sin x}{\cos^2 x}=\frac{\sin x}{\cos^2 x}=\sec x\tan x,$$

即
$$(\sec x)'=\sec x\tan x$$

同理可得
$$(\csc x)'=-\csc x\cot x$$

三、复合函数的求导法则

法则2-4　若函数 $y=f(u)$ 关于变量 u 可导,$u=g(x)$ 关于自变量 x 可导,且复合函数 $y=f[g(x)]$ 存在。则 $y=f[g(x)]$ 关于自变量 x 可导,且

$$\frac{\mathrm{d}y}{\mathrm{d}x}=f'(u)\cdot g'(x)$$

证　对于自变量的增量 Δx,函数 y、u 有相应的增量 Δy、Δu。且由于 $u=g(x)$ 关于自变量 x 可导,必然连续,所以 $\Delta x\to 0$ 时,$\Delta u\to 0$ 成立。

$$\lim_{\Delta x\to 0}\frac{\Delta y}{\Delta x}=\lim_{\Delta x\to 0}\left(\frac{\Delta y}{\Delta u}\cdot\frac{\Delta u}{\Delta x}\right)=\lim_{\Delta u\to 0}\frac{\Delta y}{\Delta u}\cdot\lim_{\Delta x\to 0}\frac{\Delta u}{\Delta x}=f'(u)\cdot g'(x)$$

即
$$\frac{\mathrm{d}y}{\mathrm{d}x}=f'(u)\cdot g'(x)$$

例2-10　求函数 $y=\cot[\ln(x^2-5x+6)]$ 的导数。

解　设 $y=\cot u$,$u=\ln v$,$v=x^2-5x+6$,则根据法则2-4得

$$y'=(\cot u)'_u\cdot(\ln v)'_v\cdot(x^2-5x+6)'_x=-\csc^2 u\cdot\frac{1}{v}\cdot(2x-5)$$

$$=-\csc^2[\ln(x^2-5x+6)]\cdot\frac{1}{x^2-5x+6}\cdot(2x-5)$$

$$=\frac{-(2x-5)\cdot\csc^2[\ln(x^2-5x+6)]}{x^2-5x+6}$$

四、隐函数的求导

当函数关系可以通过解析式法直接表示为 $y=f(x)$ 的形式时,称此函数为显函数(explicit function)。当函数关系通过一个反映函数值与自变量间关系的方程表示时,称此函数为隐函数(implicit function)。例如 $x^3-e^{xy}+\sin y=0$ 表示 y 是 x 的隐函数,同时,x 也是 y 的隐函数。隐函数常记为 $F(x,y)=0$ 的形式。

(一)隐函数的求导方法

一般是应用复合函数求导法则,对表示隐函数的方程两边,同时关于自变量 x 求导。此时,由于 y 是 x 的函数,对含有因变量 y 的项,应把 y 看作中间变量,再按复合函数求导法则求导,从等式中解出 y' 即可。

例2-11　求隐函数 $x^3-xy+\sin y=0$ 的导数。

解　方程两边同时关于自变量 x 求导得

$$3x^2-y-xy'+y'\cos y=0$$

从而
$$y'=\frac{3x^2-y}{x-\cos y}$$

(二)参数方程的求导公式

当函数关系用参数方程 $\begin{cases}x=\phi(t)\\y=\varphi(t)\end{cases}$ 表示时,若 $x=\phi(t)$、$y=\varphi(t)$ 都可导,且 $\phi'(t)\neq 0$,则

笔记

$$\frac{dy}{dx}=\lim_{\Delta x\to 0}\frac{\Delta y}{\Delta x}=\lim_{\Delta x\to 0}(\frac{\Delta y}{\Delta t}\cdot\frac{\Delta t}{\Delta x})=\lim_{\Delta t\to 0}\frac{\Delta y}{\Delta t}/\lim_{\Delta t\to 0}\frac{\Delta x}{\Delta t}=\frac{\varphi'(t)}{\phi'(t)}$$

例 2-12 求椭圆 $\begin{cases}x=a\cos t\\y=b\sin t\end{cases}$ 在 $t=\frac{\pi}{4}$ 处的切线方程。

解 $\because \frac{dy}{dt}=(b\sin t)'=b\cos t,\frac{dx}{dt}=(a\cos t)'=-a\sin t$

$$\therefore \frac{dy}{dx}=\frac{dy}{dt}/\frac{dx}{dt}=\frac{b\cos t}{-a\sin t}$$

当 $t=\frac{\pi}{4}$ 时，$x=a\cos\frac{\pi}{4}=\frac{\sqrt{2}a}{2}$，$y=b\sin\frac{\pi}{4}=\frac{\sqrt{2}b}{2}$，且椭圆在 $t=\frac{\pi}{4}$ 处切线的斜率为

$$k=\frac{dy}{dx}\bigg|_{t=\frac{\pi}{4}}=\frac{b\cos t}{-a\sin t}\bigg|_{t=\frac{\pi}{4}}=\frac{b}{-a}$$

所以，椭圆在 $t=\frac{\pi}{4}$ 处的切线方程为 $y-\frac{\sqrt{2}b}{2}=\frac{b}{-a}(x-\frac{\sqrt{2}a}{2})$

即
$$bx+ay=\sqrt{2}ab$$

（三）对数求导法

例 2-13 求指数函数 $y=a^x(a>0,a\neq 1)$ 的导数。

解 在函数 $y=a^x$ 的两边取对数得，$\ln y=x\ln a$，应用复合函数求导法则

$$\frac{1}{y}\cdot y'=\ln a$$

所以
$$y'=y\ln a=a^x\ln a$$

特别地，
$$(e^x)'=e^x$$

这种先取对数，然后应用复合函数求导法则求导的方法，叫对数求导法。

例 2-14 求幂函数 $y=x^a$ 的导数$(x>0)$。

解 用对数求导法，$\ln y=a\ln x$，等式两边同时关于自变量 x 求导

$$\frac{1}{y}\cdot y'=a\cdot\frac{1}{x}$$

所以
$$y'=a\cdot\frac{y}{x}=ax^{a-1}$$

例 2-15 求函数 $y=\sqrt{\frac{(x+1)(x+2)}{(x-3)(x-4)}}\quad(x>4)$ 的导数。

解 用对数求导法，$\ln y=\frac{1}{2}\ln\frac{(x+1)(x+2)}{(x-3)(x-4)}$，等式两边同时关于自变量 x 求导得

$$\frac{1}{y}\cdot y'=\frac{1}{2}[\ln(x+1)+\ln(x+2)-\ln(x-3)-\ln(x-4)]'$$

$$=\frac{1}{2}(\frac{1}{x+1}+\frac{1}{x+2}-\frac{1}{x-3}-\frac{1}{x-4})$$

所以
$$y'=\frac{1}{2}\sqrt{\frac{(x+1)(x+2)}{(x-3)(x-4)}}(\frac{1}{x+1}+\frac{1}{x+2}-\frac{1}{x-3}-\frac{1}{x-4})$$

注意，此题可以按初等函数的一般求导方法去做，但较烦琐。

例 2-16 求函数 $y=\arcsin x$ 的导数。

解 因为 $\sin y=x$，等式两边同时关于自变量 x 求导得

$$y'\cos y=1,\text{即 } y'=\frac{1}{\cos y}=\frac{1}{\sqrt{1-\sin^2 y}}=\frac{1}{\sqrt{1-x^2}}$$

同理可得
$$(\arccos x)'=\frac{-1}{\sqrt{1-x^2}}$$

笔记

$$(\arctan x)' = \frac{1}{1+x^2};(\text{arccot}x)' = \frac{-1}{1+x^2}$$

（四）导数公式及运算法则

至此，我们已求出五种基本初等函数的导数，以及导数的四则运算法则和复合函数的求导法则，综合运用以上结论，就可以求初等函数的导数。现将基本初等函数的导数公式及导数运算法则汇集，方便使用。

基本初等函数的导数公式

(1) $(C)' = 0$　　（C 为常数）；

(2) $(x^a)' = ax^{a-1}$　　（a 为实数）；

(3) $(a^x)' = a^x\ln a$，　特别地 $(e^x)' = e^x$；

(4) $(\log_a x)' = \frac{1}{x\ln a}$，　特别地 $(\ln x)' = \frac{1}{x}$；

(5) $(\sin x)' = \cos x$；

(6) $(\cos x)' = -\sin x$；

(7) $(\tan x)' = \sec^2 x$；

(8) $(\cot x)' = -\csc^2 x$；

(9) $(\sec x)' = \sec x\tan x$；

(10) $(\csc x)' = -\csc x\cot x$；

(11) $(\arcsin x)' = \frac{1}{\sqrt{1-x^2}}$；

(12) $(\arccos x)' = \frac{-1}{\sqrt{1-x^2}}$；

(13) $(\arctan x)' = \frac{1}{1+x^2}$；

(14) $(\text{arccot}x)' = \frac{-1}{1+x^2}$。

导数运算法则（假设法则中的函数均可导）

(1) $(f \pm g)' = f' \pm g'$；

(2) $(f \cdot g)' = f'g + fg'$，特别地 $(Cf)' = Cf'$，C 为常数；

(3) $\left(\frac{f}{g}\right)' = \frac{f'g - fg'}{g^2}$　　$(g \neq 0)$；

(4) 若函数 $y = f(u)$，$u = g(x)$。则复合函数 $y = f[g(x)]$ 的导数为

$$\frac{dy}{dx} = f'(u) \cdot g'(x)$$

第三节　高 阶 导 数

函数 $y = f(x)$ 的导数 $f'(x)$ 仍是自变量 x 的函数，若 $f'(x)$ 仍可导，则称 $[f'(x)]'$ 为函数 $y = f(x)$ 的二阶导数，记为 y'' 或 $f''(x)$ 或 $\frac{d^2y}{dx^2}$；同样，称 $[f''(x)]'$ 为函数 $y = f(x)$ 的三阶导数，记为 y''' 或 $f'''(x)$ 或 $\frac{d^3y}{dx^3}$；……四阶及四阶以上的导数记为 $y^{(n)}$ 或 $f^{(n)}(x)$ 或 $\frac{d^ny}{dx^n}$。

二阶及二阶以上的导数称为高阶导数（higher derivative）。

由第一节知，运动物体的路程函数 $s(t)$ 的导数为瞬时速度 $v(t)$，而 $v'(t)$ 表示速度相对时

间的变化率,所以是瞬时加速度 $a(t)$,即

$$a(t) = v'(t) = s''(t)$$

也就是说,瞬时加速度是路程函数的二阶导数。

例 2-17 求 $y = a^x$ 的各阶导数。

解 $y' = a^x \ln a, y'' = a^x(\ln a)^2, \cdots, y^{(n)} = a^x(\ln a)^n, \cdots$ 特别地,$(e^x)^{(n)} = e^x$

例 2-18 求 $y = \sin x$ 的各阶导数。

解 $y' = \cos x = \sin(x + \frac{\pi}{2}), y'' = \cos(x + \frac{\pi}{2}) = \sin(x + \frac{2\pi}{2})$

$$y''' = \cos(x + \frac{2\pi}{2}) = \sin(x + \frac{3\pi}{2}), y^{(n)} = \sin(x + \frac{n\pi}{2}), \cdots$$

例 2-19 作简谐运动物体的运动方程为 $s(t) = A\sin\omega t$,其中 A、ω 都是常数,求 t 时刻的瞬时速度和瞬时加速度。

解

$$v(t) = (A\sin\omega t)' = A\omega\cos\omega t$$

$$a(t) = v'(t) = (A\omega\cos\omega t)' = -A\omega^2\sin\omega t$$

例 2-20 当函数关系用参数方程 $\begin{cases} x = \phi(t) \\ y = \varphi(t) \end{cases}$ 表示时,求 $\frac{d^2y}{dx^2}$。

解 $\frac{dy}{dx} = \frac{\varphi'(t)}{\phi'(t)}$。注意求 $\frac{d^2y}{dx^2}$,等同于已知参数方程 $\begin{cases} x = \phi(t) \\ z = \frac{\varphi'(t)}{\phi'(t)} \end{cases}$,求 $\frac{dz}{dx}$,

所以,

$$\frac{d^2y}{dx^2} = \frac{\left[\frac{\varphi'(t)}{\phi'(t)}\right]'}{\phi'(t)} = \frac{\varphi''(t)\phi'(t) - \varphi'(t)\phi''(t)}{[\phi'(t)]^3}$$

第四节 中值定理和洛必达法则

为了进一步研究函数的内在性质,展现导数的应用,需要建立以下关于中值定理的内容。它是解决很多问题的理论核心。

一、中值定理

定理 2-1[罗尔(Rolle)中值定理]

如果函数 $f(x)$ 在闭区间 $[a,b]$ 上连续,在开区间 (a,b) 内可导,且 $f(a) = f(b)$,则在 (a,b) 内至少存在一点 ξ,使得 $f'(\xi) = 0$ 成立(图 2-2)。

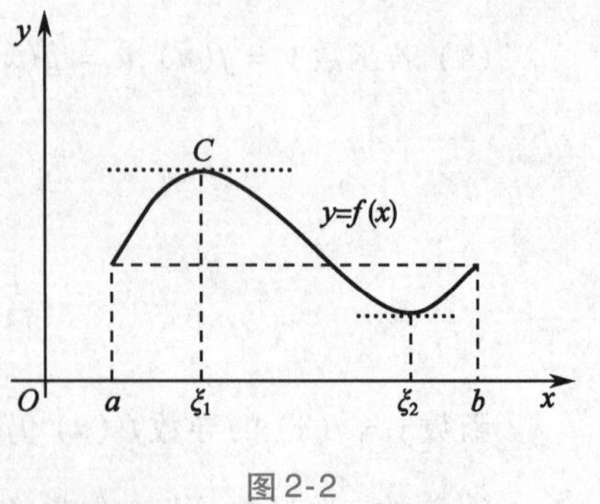

图 2-2

证 (1)若函数 $f(x)$ 在 $[a,b]$ 上为常函数,则 $f'(x) = 0$,因而,(a,b) 内任何一点都可取作 ξ。

(2) 若函数 $f(x)$ 在 $[a,b]$ 上不是常函数,由闭区间上连续函数的性质,$f(x)$ 在 $[a,b]$ 上必有最大值 M 和最小值 m,且 M、m 中至少有一个不等于 $f(a)$。不妨设 $M \neq f(a)$,则在 (a,b) 内至少存在一点 ξ,使得 $f(\xi) = M$。下证 $f'(\xi) = 0$。

因为 $\xi \in (a,b)$,所以 $f'(\xi)$ 存在。故有

$$f'(\xi) = \lim_{\Delta x \to 0^+} \frac{f(\xi + \Delta x) - f(\xi)}{\Delta x} = \lim_{\Delta x \to 0^-} \frac{f(\xi + \Delta x) - f(\xi)}{\Delta x}$$

而 $f(\xi) = M$,所以,当 Δx 足够小时,$f(\xi + \Delta x) - f(\xi) \leqslant 0$。

若 $\Delta x \to 0^+$,$\frac{f(\xi + \Delta x) - f(\xi)}{\Delta x} \leqslant 0$,从而 $\lim_{\Delta x \to 0^+} \frac{f(\xi + \Delta x) - f(\xi)}{\Delta x} \leqslant 0$;

若 $\Delta x \to 0^-$，$\dfrac{f(\xi+\Delta x)-f(\xi)}{\Delta x} \geqslant 0$，从而 $\lim\limits_{\Delta x \to 0^-}\dfrac{f(\xi+\Delta x)-f(\xi)}{\Delta x} \geqslant 0$。

二者又相等，所以 $f'(\xi)=0$ 成立。

罗尔中值定理的几何意义：一段连续曲线 $y=f(x)$ 除端点外，处处有不垂直于 x 轴的切线（即可导），且在两个端点处的纵坐标相等[即 $f(a)=f(b)$]，则在该段曲线上至少有一点 $(\xi, f(\xi))$ 的切线与 x 轴平行（图 2-2）。

例2-21　已知 $f(x)=(x-1)(x-2)(x-3)$。不求导，判断方程 $f'(x)=0$ 的实根个数和范围。

解　$f(x)$ 的连续性和可导性是明显的，且 $f(1)=f(2)=f(3)=0$，故在区间$[1,2]$、$[2,3]$上均满足罗尔中值定理的条件，则在$(1,2)$内至少存在一点 ξ_1，使得 $f'(\xi_1)=0$；在$(2,3)$内至少存在一点 ξ_2，使得 $f'(\xi_2)=0$。而 $f'(x)=0$ 是一元二次方程，最多有两个实根。所以方程 $f'(x)=0$ 有两个实根，分别在开区间$(1,2)$、$(2,3)$内。

在定理 2-1 中，条件 $f(a)=f(b)$ 对于一个初等函数一般不成立，缺乏普遍性。为此

定理 2-2[拉格朗日(Lagrange)中值定理]

如果函数 $f(x)$ 在闭区间 $[a,b]$ 上连续，在开区间 (a,b) 内可导，则在 (a,b) 内至少存在一点 ξ，使得 $f'(\xi)=\dfrac{f(b)-f(a)}{b-a}$ 成立。

证　构造辅助函数 $F(x)=f(x)-f(a)-\dfrac{f(b)-f(a)}{b-a}(x-a)$，则 $F'(x)=f'(x)-\dfrac{f(b)-f(a)}{b-a}$，且 $F(a)=F(b)=0$。

所以函数 $F(x)$ 在闭区间 $[a,b]$ 上满足罗尔中值定理的条件，则在 (a,b) 内至少存在一点 ξ，使得 $F'(\xi)=f'(\xi)-\dfrac{f(b)-f(a)}{b-a}=0$，即 $f'(\xi)=\dfrac{f(b)-f(a)}{b-a}$。

拉格朗日中值定理的几何意义：

一段连续曲线 $y=f(x)$ 除端点外，处处有不垂直于 x 轴的切线，则在该段曲线上至少有一点 $[\xi, f(\xi)]$ 的切线，与曲线端点的连线平行（图 2-3）。

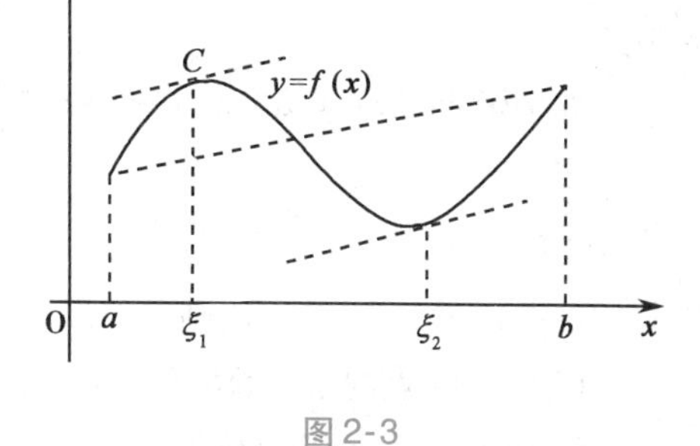

图 2-3

将拉格朗日中值定理写成

$$f(b)-f(a)=f'(\xi)(b-a)$$

的形式，并设 $x=a, x+\Delta x=b$。由于 $\xi \in (x, x+\Delta x)$，故 $\xi = x+\theta\Delta x$，$(0<\theta<1)$。上式改写为：

$$f(x+\Delta x)-f(x)=f'(x+\theta\Delta x)\cdot\Delta x$$

这也是拉格朗日中值定理的常用形式。

推论 2-3　如果函数 $f(x)$ 在开区间 (a,b) 内的导数恒为零，则函数在开区间 (a,b) 内为常函数。

证　任取 x_1、$x_2 \in (a,b)$，则函数 $f(x)$ 在区间 $[x_1, x_2]$ 上满足拉格朗日中值定理的条件，在 (x_1, x_2) 内至少存在一点 ξ，使得

$$f'(\xi)=\frac{f(x_2)-f(x_1)}{x_2-x_1}$$

由已知条件知 $f'(\xi)=0$，即 $f(x_2)-f(x_1)=0$，$f(x_2)=f(x_1)$，所以函数在开区间 (a,b) 内为常函数。

推论 2-4　如果函数 $f(x)$、$g(x)$ 在开区间 (a,b) 内恒有 $f'(x)=g'(x)$，则在 (a,b) 内 $f(x)$、$g(x)$ 相差一个常数，即 $f(x)=g(x)+C$，其中 C 为常数。（证明略）

例 2-22 求证不等式 $|\sin x-\sin y|\leq|x-y|$。

解 建立函数 $z=\sin t$。容易验证函数 $z=\sin t$ 在区间 $[x,y]$（不妨设 $x<y$）上满足拉格朗日中值定理的条件，则在 (x,y) 内至少存在一点 ξ，使得

$$z'|_{t=\xi}=\cos\xi=\frac{f(y)-f(x)}{y-x}$$

所以 $$|f(x)-f(y)|=|(x-y)\cos\xi|=|x-y|\cdot|\cos\xi|\leq|x-y|$$

定理 2-3［柯西（Cauchy）中值定理］

如果函数 $f(x)$、$g(x)$ 在闭区间 $[a,b]$ 上连续，在开区间 (a,b) 内可导，且 $g'(x)\neq 0$。则在 (a,b) 内至少存在一点 ξ，使得 $\dfrac{f'(\xi)}{g'(\xi)}=\dfrac{f(b)-f(a)}{g(b)-g(a)}$ 成立。

证 $g(x)$ 在闭区间 $[a,b]$ 上满足拉格朗日中值定理的条件，则在 (a,b) 内至少存在一点 η，使得 $g'(\eta)=\dfrac{g(b)-g(a)}{b-a}$，即 $g(b)-g(a)=g'(\eta)(b-a)$ 成立。而 $g'(\eta)\neq 0$，所以 $g(b)-g(a)\neq 0$。

构造辅助函数 $F(x)=f(x)-f(a)-\dfrac{f(b)-f(a)}{g(b)-g(a)}[g(x)-g(a)]$。因为

$$F'(x)=f'(x)-\frac{f(b)-f(a)}{g(b)-g(a)}\cdot g'(x),\text{且 } F(a)=F(b)=0$$

所以函数 $F(x)$ 在 $[a,b]$ 上满足罗尔中值定理的条件，则在 (a,b) 内至少存在一点 ξ，使得

$$F'(\xi)=f'(\xi)-\frac{f(b)-f(a)}{g(b)-g(a)}\cdot g'(\xi)=0$$

即 $$\frac{f'(\xi)}{g'(\xi)}=\frac{f(b)-f(a)}{g(b)-g(a)}$$

在定理 2-3 中，若假设 $g(x)=x$，则得到拉格朗日中值定理的结论形式。

二、洛必达法则

如果函数 $f(x)$、$g(x)$ 都是 $x\to x_0$ 时的无穷小，则 $\lim\limits_{x\to x_0}\dfrac{f(x)}{g(x)}$ 可能存在，也可能不存在。因此称 $\dfrac{f(x)}{g(x)}$ 为 $\dfrac{0}{0}$ 型不定式（indefinite form）。这类问题可由以下结论解决。

洛必达（L' Hospital）法则 如果函数 $f(x)$、$g(x)$ 满足以下条件：

(1) 在 x_0 点的某个邻域（x_0 点可除外）内可导，且 $g'(x)\neq 0$；

(2) $\lim\limits_{x\to x_0}f(x)=\lim\limits_{x\to x_0}g(x)=0$；

(3) $\lim\limits_{x\to x_0}\dfrac{f'(x)}{g'(x)}$ 存在。

则 $\lim\limits_{x\to x_0}\dfrac{f(x)}{g(x)}$ 存在，且 $\lim\limits_{x\to x_0}\dfrac{f(x)}{g(x)}=\lim\limits_{x\to x_0}\dfrac{f'(x)}{g'(x)}$。

证 在条件(1)的邻域中任取一点 x，不妨设 $x>x_0$，由已知条件(1)知，函数 $f(x)$、$g(x)$ 在区间 $[x_0,x]$ 上满足柯西中值定理的条件［若在 x_0 点不连续，则补充定义 $f(x_0)=0,g(x_0)=0$］，则至少存在一点 $\xi\in(x_0,x)$，使得

$$\frac{f'(\xi)}{g'(\xi)}=\frac{f(x)-f(x_0)}{g(x)-g(x_0)}=\frac{f(x)}{g(x)}$$

当 $x\to x_0$ 时，必有 $\xi\to x_0$，所以

$$\lim_{x\to x_0}\frac{f(x)}{g(x)}=\lim_{x\to x_0}\frac{f'(\xi)}{g'(\xi)}=\lim_{\xi\to x_0}\frac{f'(\xi)}{g'(\xi)}=\lim_{x\to x_0}\frac{f'(x)}{g'(x)}$$

将 $x \to x_0$ 改为 $x \to \infty$，结论仍成立。这是因为，设 $x = \frac{1}{t}$，则当 $x \to \infty$ 时，$t \to 0$。故

$$\lim_{x\to\infty}\frac{f(x)}{g(x)} = \lim_{t\to0}\frac{f(\frac{1}{t})}{g(\frac{1}{t})} = \lim_{t\to0}\frac{f'(\frac{1}{t})(-\frac{1}{t^2})}{g'(\frac{1}{t})(-\frac{1}{t^2})} = \lim_{x\to\infty}\frac{f'(x)}{g'(x)}$$

将条件(2)改为 $\lim\limits_{x\to x_0}f(x) = \lim\limits_{x\to x_0}g(x) = \infty$，即 $\frac{f(x)}{g(x)}$ 为 $\frac{\infty}{\infty}$ 型不定式，结论也成立。证明从略。

例 2-23 求 $\lim\limits_{x\to0}\frac{e^{2x}-1}{3x}$。

解 设 $f(x) = e^{2x}-1, g(x) = 3x$。容易验证，两个函数满足洛必达法则中条件(1)、(2)，且 $f'(x) = 2e^{2x}, g'(x) = 3$。由于 $\lim\limits_{x\to0}\frac{f'(x)}{g'(x)} = \lim\limits_{x\to0}\frac{2e^{2x}}{3} = \frac{2}{3}$，所以，根据洛必达法则，$\lim\limits_{x\to0}\frac{e^{2x}-1}{3x} = \lim\limits_{x\to0}\frac{f'(x)}{g'(x)} = \lim\limits_{x\to0}\frac{2e^{2x}}{3} = \frac{2}{3}$。

在求极限的过程中，洛必达法则可多次使用，但每次使用必须验证是否满足洛必达法则中的条件。

例 2-24 求 $\lim\limits_{x\to0}\frac{1-\cos x}{3x^2}$。

解 $\lim\limits_{x\to0}\frac{1-\cos x}{3x^2} = \lim\limits_{x\to0}\frac{\sin x}{6x} = \lim\limits_{x\to0}\frac{\cos x}{6} = \frac{1}{6}$

不定式有七种，除了前面介绍的 $\frac{0}{0}$、$\frac{\infty}{\infty}$ 型，还有 $0\cdot\infty, \infty-\infty, 1^\infty, 0^0, \infty^0$ 型等。把它们转化成 $\frac{0}{0}$ 或 $\frac{\infty}{\infty}$ 型后，再用洛必达法则求极限。

例 2-25 求 $\lim\limits_{x\to0^+}x\ln x$。

解 这是一个 $0\cdot\infty$ 型不定式，变形为 $\frac{\ln x}{\frac{1}{x}}$ 后，转化成 $\frac{\infty}{\infty}$ 型，再用洛必达法则求极限，$\lim\limits_{x\to0^+}x\ln x = $

$$\lim_{x\to0^+}\frac{\ln x}{\frac{1}{x}} = \lim_{x\to0^+}\frac{\frac{1}{x}}{\frac{-1}{x^2}} = \lim_{x\to0^+}(-x) = 0$$

注意，此题若变形为 $\frac{x}{\frac{1}{\ln x}}$，则转化成 $\frac{0}{0}$ 型。

但 $\frac{x'}{(\frac{1}{\ln x})'} = \frac{1}{\frac{1}{-x(\ln x)^2}} = -x(\ln x)^2$，不利于求出极限。因此，把 $0\cdot\infty$ 型不定式转化成 $\frac{0}{0}$ 型还是 $\frac{\infty}{\infty}$ 型应根据所给函数而定。总的原则是分子、分母求导越方便，求导以后的新函数求极限越方便为宜。

例 2-26 求 $\lim\limits_{x\to0}(\csc x - \cot x)$。

解 这是一个 $\infty-\infty$ 型不定式，$\csc x - \cot x = \frac{1}{\sin x} - \frac{\cos x}{\sin x} = \frac{1-\cos x}{\sin x}$，转化成 $\frac{0}{0}$ 型，再用洛必达法则求极限

$$\lim_{x\to0}(\csc x - \cot x) = \lim_{x\to0}\frac{1-\cos x}{\sin x} = \lim_{x\to0}\frac{\sin x}{\cos x} = 0$$

例 2-27　求 $\lim\limits_{x\to\infty}\left(1+\dfrac{1}{x}\right)^{x}$。

解　这是一个 1^{∞} 型不定式,设 $y=\left(1+\dfrac{1}{x}\right)^{x}$,则 $\ln y=x\ln\left(1+\dfrac{1}{x}\right)$

$$\lim_{x\to\infty}\ln y=\lim_{x\to\infty}\left[x\ln\left(1+\frac{1}{x}\right)\right]=\lim_{x\to\infty}\frac{\ln\left(1+\frac{1}{x}\right)}{\frac{1}{x}}=\lim_{x\to\infty}\frac{1}{1+\frac{1}{x}}=1$$

所以
$$\lim_{x\to\infty}\left(1+\frac{1}{x}\right)^{x}=\mathrm{e}$$

例 2-28　求 $\lim\limits_{x\to0^{+}}x^{\sin x}$。

解　这是一个 0^{0} 型不定式,设 $y=x^{\sin x}$,则 $\ln y=\sin x\ln x$,

$$\lim_{x\to0^{+}}\ln y=\lim_{x\to0^{+}}(\sin x\ln x)=\lim_{x\to0^{+}}\frac{\ln x}{\csc x}=\lim_{x\to0^{+}}\frac{\frac{1}{x}}{-\csc x\cot x}=\lim_{x\to0^{+}}\left(\frac{-\sin x}{x}\tan x\right)=0$$

所以
$$\lim_{x\to0^{+}}x^{\sin x}=1$$

例 2-29　求 $\lim\limits_{x\to\left(\frac{\pi}{2}\right)^{-}}(\tan x)^{\left(x-\frac{\pi}{2}\right)}$。

解　这是一个 ∞^{0} 型不定式,设 $y=(\tan x)^{\left(x-\frac{\pi}{2}\right)}$,则 $\ln y=\left(x-\dfrac{\pi}{2}\right)\ln(\tan x)$

$$\lim_{x\to\left(\frac{\pi}{2}\right)^{-}}\ln y=\lim_{x\to\left(\frac{\pi}{2}\right)^{-}}\left[\left(x-\frac{\pi}{2}\right)\ln(\tan x)\right]=\lim_{x\to\left(\frac{\pi}{2}\right)^{-}}\frac{\ln(\tan x)}{\frac{1}{x-\frac{\pi}{2}}}=\lim_{x\to\left(\frac{\pi}{2}\right)^{-}}\frac{-\left(x-\frac{\pi}{2}\right)^{2}\sec^{2}x}{\tan x}$$

$$=\lim_{x\to\left(\frac{\pi}{2}\right)^{-}}\frac{-\left(x-\frac{\pi}{2}\right)^{2}}{\sin x\cos x}=\lim_{x\to\left(\frac{\pi}{2}\right)^{-}}\frac{-2\left(x-\frac{\pi}{2}\right)^{2}}{\sin 2x}=\lim_{x\to\left(\frac{\pi}{2}\right)^{-}}\frac{-4\left(x-\frac{\pi}{2}\right)}{2\cos 2x}=0$$

所以
$$\lim_{x\to\left(\frac{\pi}{2}\right)^{-}}(\tan x)^{\left(x-\frac{\pi}{2}\right)}=1$$

第五节　函数性态的研究

一、函数的单调性

设函数 $f(x)$ 在开区间 (a,b) 内可导。如果函数 $f(x)$ 在开区间 (a,b) 内单调增加,则任意的 $x\in(a,b)$,由于当 $\Delta x>0$ 时,$f(x+\Delta x)>f(x)$,

故
$$f'(x)=\lim_{\Delta x\to0^{+}}\frac{f(x+\Delta x)-f(x)}{\Delta x}\geqslant0$$

反之,有以下结论。

定理 2-4　设函数 $f(x)$ 在开区间 (a,b) 内可导,则

(1) 如果在开区间 (a,b) 内 $f'(x)>0$ 恒成立,那么函数 $f(x)$ 在 (a,b) 内单调增加;

(2) 如果在开区间 (a,b) 内 $f'(x)<0$ 恒成立,那么函数 $f(x)$ 在 (a,b) 内单调减少。

证　任取 $x_1,x_2\in(a,b)$,不妨设 $x_1<x_2$。则函数 $f(x)$ 在 $[x_1,x_2]$ 上满足拉格朗日中值定理的条件,在 (x_1,x_2) 内至少存在一点 ξ,使得

$$f'(\xi)=\frac{f(x_2)-f(x_1)}{x_2-x_1}$$

如果在开区间 (a,b) 内 $f'(x)>0$，则 $f'(\xi)>0$，所以

$$f(x_2)-f(x_1)=f'(\xi)(x_2-x_1)>0$$

函数 $f(x)$ 在 (a,b) 内单调增加。另一结论同理可得。

例 2-30　研究函数 $f(x)=x^3-3x^2-9x+5$ 的单调性。

解　由于 $f'(x)=3x^2-6x-9=3(x^2-2x-3)=3(x-3)(x+1)$ 当 $f'(x)=0$ 时，$x_1=-1$，$x_2=3$。根据定理 2-4 知，$x\in(-\infty,-1)$ 时，$f'(x)>0$，$f(x)$ 单调增加；$x\in(-1,3)$ 时，$f'(x)<0$，$f(x)$ 单调减少；$x\in(3,+\infty)$ 时，$f'(x)>0$，$f(x)$ 单调增加(图 2-4)。

注：若 $f'(x)$ 在某个区间内的有限个点处为零，在其余点处均为正(或负)时，则 $f(x)$ 在该区间内仍为单调增加(或单调减少)。

例 2-31　判定函数 $y=x-\sin x$ 在 $[-\pi,\pi]$ 上的单调性。

解　因为所给函数在 $[-\pi,\pi]$ 上连续，在 $(-\pi,\pi)$ 内

$$y'=1-\cos x\geqslant 0$$

且等号仅在 $x=0$ 处成立，所以由定理 2-4 可知，函数 $y=x-\sin x$ 在 $[-\pi,\pi]$ 上单调增加。

有些函数在它的整个定义区间上不是单调函数，但是当我们用导数等于零的点来划分函数的定义域后，就可以使函数在各个部分区间上单调。如果函数在某些点处不可导，则这些点也可能是划分函数单调区间的划分点。

例 2-32　确定函数 $f(x)=\sqrt[3]{x^2}$ 的单调区间。

解　$f(x)=\sqrt[3]{x^2}$ 在它的定义区间 $(-\infty,+\infty)$ 上连续，且 $f'(x)=\dfrac{2}{3\sqrt[3]{x}}$，所以方程 $f'(x)=0$ 无解。

但 $f(x)=\sqrt[3]{x^2}$ 在 $x=0$ 点不可导，且在区间 $(0,+\infty)$ 内，$f'(x)>0$，因此，函数 $f(x)$ 在 $(0,+\infty)$ 内单调增加；在区间 $(-\infty,0)$ 内，$f'(x)<0$，因此，函数 $f(x)$ 在 $(-\infty,0)$ 内单调减少。函数 $f(x)=\sqrt[3]{x^2}$ 的图形如图 2-5。

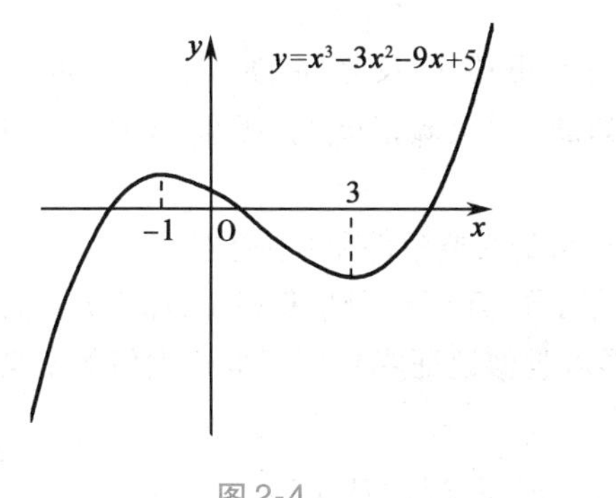

图 2-4

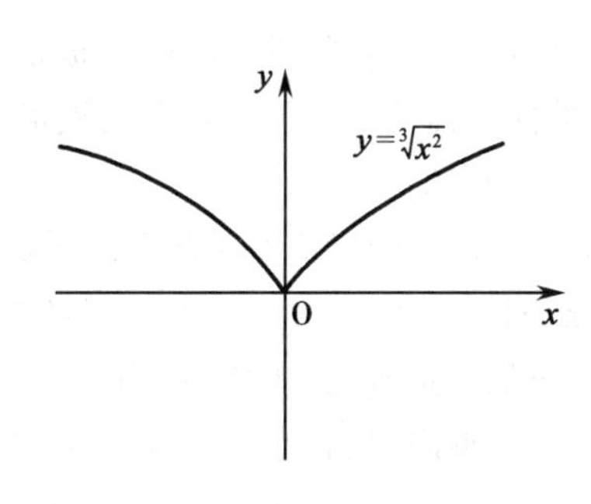

图 2-5

例 2-33　证明：当 $x\geqslant 0$ 时，$x\geqslant \arctan x$。

证　令 $f(x)=x-\arctan x$，则

$$f'(x)=1-\frac{1}{1+x^2}=\frac{x^2}{1+x^2}\geqslant 0$$

且等号仅在 $x=0$ 处取得，从而 $y=f(x)$ 为单调增加函数。由于 $f(0)=0$，可知当 $x\geqslant 0$ 时 $f(x)\geqslant f(0)$，

即

$$x\geqslant \arctan x$$

二、函数的极值

如果连续函数 $f(x)$ 在点 x_0 的附近，左、右两侧的单调性不一致，那么曲线 $y=f(x)$ 在点

笔记

(x_0,y_0) 处就出现局部的“峰”或“谷”,这种点在决定函数的性态和应用上有着重要的意义。

定义 2-2 设函数 $f(x)$ 在点 x_0 的某个邻域内有定义。对于该邻域内异于 x_0 的点 x,不等式 $f(x)<f(x_0)$ 恒成立,则称函数 $f(x)$ 在点 x_0 有极大值(maximum value) $f(x_0)$,x_0 点称为极大值点(maximum point);如果使不等式 $f(x)>f(x_0)$ 恒成立,则称函数 $f(x)$ 在点 x_0 有极小值(minimum value) $f(x_0)$,x_0 点称为极小值点(minimum point)。极大值、极小值统称为极值(extreme value),使函数取得极值的点 x_0 称为极值点(extreme point)。

如例 2-30 中的函数(见图 2-4) $f(x)=x^3-3x^2-9x+5$ 有极大值 $f(-1)=10$ 和极小值 $f(3)=-22$,点 $x=-1$ 和 $x=3$ 是函数 $f(x)$ 的极值点。

函数的极值概念是局部性的。如果 $f(x_0)$ 是函数 $f(x)$ 的一个极大值,那只是就 x_0 两侧邻近的一个局部范围来说,$f(x_0)$ 是 $f(x)$ 的一个最大值;如果就 $f(x)$ 的整个定义域来说,$f(x_0)$ 不见得是最大值。关于极小值也类似。

图 2-6 中的函数 $f(x)$ 有两个极大值 $f(x_2)$ 和 $f(x_5)$,有三个极小值:$f(x_1)$、$f(x_4)$ 和 $f(x_6)$,其中极大值 $f(x_2)$ 比极小值 $f(x_6)$ 还小。函数 $f(x)$ 就整个区间 $[a,b]$ 来说,只有一个极小值 $f(x_4)$ 是最小值,而没有一个极大值是最大值。

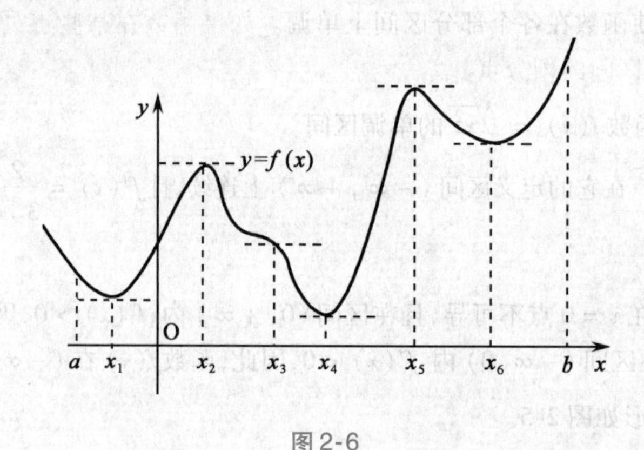

图 2-6

从图中还可看到,曲线在函数的极值点处具有水平切线;反之,曲线上有水平切线的那些点,它们的横坐标却不一定是函数的极值点。例如图中点 $(x_3,f(x_3))$ 处,曲线有水平切线,但 $f(x_3)$ 却不是极值。

如何确定函数的极值?对此有以下函数取得极值的必要条件和充分条件。

定理 2-5 (必要条件)设函数 $f(x)$ 在点 x_0 处可导,且在 x_0 处取得极值,那么 $f'(x_0)=0$。

证 不妨假定 $f(x_0)$ 是极大值(极小值的情形可类似地证明),则根据极大值的定义,在 x_0 的某个去心邻域内,恒有 $f(x)<f(x_0)$ 成立,于是

当 $x<x_0$ 时,$\dfrac{f(x)-f(x_0)}{x-x_0}>0$,因此 $f'_-(x_0)=\lim\limits_{x\to x_0^-}\dfrac{f(x)-f(x_0)}{x-x_0}\geqslant 0$;

当 $x>x_0$ 时,$\dfrac{f(x)-f(x_0)}{x-x_0}<0$,因此 $f'_+(x_0)=\lim\limits_{x\to x_0^+}\dfrac{f(x)-f(x_0)}{x-x_0}\leqslant 0$。

由于 $f(x)$ 在 x_0 处可导,故 $f'_-(x_0)=f'_+(x_0)$,从而得到 $f'(x_0)=0$。

使导数为零的点(即方程 $f'(x)=0$ 的实根)叫作函数 $f(x)$ 的驻点(stable point)。上述定理表明:可导函数 $f(x)$ 的极值点必定是它的驻点。反之,函数的驻点却不一定是极值点。例如 $f(x)=x^3$ 的导数 $f'(x)=3x^2$,$f'(0)=0$,因此 $x=0$ 是这个函数的驻点,但是 $x=0$ 显然不是该函数的极值点。因此,当我们求出了函数的驻点后,还需要判定求得的驻点是否为极值点,以及在该点究竟取得极大值还是极小值。

定理 2-6 (第一充分条件)设函数 $f(x)$ 在点 x_0 的某个邻域内可导,且 $f'(x_0)=0$。

(1) 如果当 x 取 x_0 左侧邻近的值时,$f'(x)$ 恒为正;当 x 取 x_0 右侧邻近的值时,$f'(x)$ 恒为

负,那么函数$f(x)$在x_0处取得极大值;

(2) 如果当x取x_0左侧邻近的值时,$f'(x)$恒为负;当x取x_0右侧邻近的值时,$f'(x)$恒为正,那么函数$f(x)$在x_0处取得极小值;

(3) 如果点x_0的附近,左、右两侧点的导数$f'(x)$恒保持一种符号,那么函数$f(x)$在x_0处不取得极值(如图2-6中的点x_3)。

证　(1)由定理2-4及已知条件知,当x取x_0左侧邻近的值时,$f(x)$单调增加,$f(x)<f(x_0)$;当x取x_0右侧邻近的值时$f(x)$单调减少,$f(x)<f(x_0)$。所以,函数$f(x)$在x_0处取得极大值。

(2) 同理可证。

(3) 如果点x_0的附近,左、右两侧点的导数$f'(x)$恒保持一种符号,则$f(x)$保持一种单调性,所以,函数$f(x)$在x_0处不取得极值。

例2-34　研究函数$y=3x^4-8x^3+6x^2+5$的极值。

解　函数的定义域为$(-\infty,+\infty)$

$$y'=12x^3-24x^2+12x=12x(x-1)^2$$

令$y'=0$,得驻点$x_1=0,x_2=1$

为了判定函数在$x_1=0,x_2=1$是否有极值,是极大值还是极小值,以$x_1=0,x_2=1$为分点,将函数的定义域分为三个区间来考察$f'(x)$的符号,现列表如下:

x	$(-\infty,0)$	0	$(0,1)$	1	$(1,+\infty)$
y'	−	0	+	0	+
y	↘	极小值5	↗	非极值	↗

由上表可看出:函数的极小值点为$x=0$,极小值为$f(0)=5$,无极大值。

定理2-7　(第二充分条件)设函数$f(x)$在点x_0的某个邻域内可导,$f'(x_0)=0$,且$f''(x_0)$存在,那么

(1) 当$f''(x_0)<0$时,函数$f(x)$在点x_0处取得极大值;

(2) 当$f''(x_0)>0$时,函数$f(x)$在点x_0处取得极小值;

(3) 当$f''(x_0)=0$时,无法判定。

证　(1)因为$f''(x_0)=\lim\limits_{x\to x_0}\dfrac{f'(x)-f'(x_0)}{x-x_0}=\lim\limits_{x\to x_0}\dfrac{f'(x)}{x-x_0}<0$,故在$x_0$的附近$f'(x)$与$x-x_0$符号相反。当$x$取$x_0$左侧邻近的值时,$f'(x)$恒为正;当$x$取$x_0$右侧邻近的值时,$f'(x)$恒为负,由定理2-6,函数$f(x)$在$x_0$处取得极大值。

(2) 同理可证。

(3) 显然,函数$y=x^4$在$x=0$点取得极小值,$y=x^3$在$x=0$点不取得极值。但这两个函数均有$f'(0)=0$,且$f''(x_0)=0$存在。因此无法判定。

例2-35　用第二充分条件求函数$f(x)=x^3-3x^2-9x+5$的极值。

解　函数的定义域为$(-\infty,+\infty)$

$$f'(x)=3x^2-6x-9=3(x^2-2x-3)=3(x-3)(x+1)$$

当$f'(x)=0$时,得驻点$x_1=-1,x_2=3$,

$f''(x)=6x-6=6(x-1)$,$f''(-1)=-12<0$,$f''(3)=12>0$,依定理2-7,函数$f(x)=x^3-3x^2-9x+5$在$x=3$处取得极小值,极小值为$f(3)=-22$;在$x=-1$处取得极大值,极大值为$f(-1)=10$。

如果函数$f(x)$在驻点x_0处的二阶导数存在且$f''(x_0)\neq 0$,那么该驻点一定是极值点,并且可以按二阶导数$f''(x_0)$的符号迅速判定$f(x_0)$是极大值还是极小值。但如果$f''(x_0)=0$,第二充分条件就不能应用,需用第一充分条件来判别。

例 2-36 求函数 $f(x)=(x^2-1)^3+1$ 的极值。

解 $f'(x)=6x(x^2-1)^2$

令 $f'(x)=0$,求得驻点 $x_1=-1,x_2=0,x_3=1$ 又 $f''(x)=6(x^2-1)(5x^2-1)$,$f''(0)=6>0$,所以 $f(x)$ 在 $x=0$ 处取得极小值,极小值为 $f(0)=0$。

由于 $f''(-1)=f''(1)=0$,因此用第二充分条件无法判别。考察一阶导数 $f'(x)$ 在驻点 $x_1=-1$ 及 $x_3=1$ 左右邻近的符号:

当 $x\in(-\infty,-1)$ 时,$f'(x)<0$,当 $x\in(-1,0)$ 时,$f'(x)<0$,$f'(x)$ 的符号没有改变,所以 $f(x)$ 在 $x_1=-1$ 处没有极值。

类似地讨论可知,$f(x)$ 在 $x_3=1$ 处也没有极值(见图 2-7)。

另外,导数不存在的点,也可能是函数的极值点。

例 2-37 求函数 $f(x)=1-(x-2)^{\frac{2}{3}}$ 的极值。

解 当 $x\neq 2$ 时,$f'(x)=-\dfrac{2}{3\sqrt[3]{x-2}}$,故 $f'(x)\neq 0$,$f(x)$ 没有驻点。但是在 $(-\infty,2)$ 内 $f'(x)>0$,函数 $f(x)$ 单调增加;

在 $(2,+\infty)$ 内 $f'(x)<0$,函数 $f(x)$ 单调减少。

当 $x=2$ 时,$f'(x)$ 不存在,但函数 $f(x)$ 在该点连续,再由上面得到的函数的单调性可知,$f(2)=1$ 是函数 $f(x)$ 的极大值。函数的图形如图 2-8 所示。

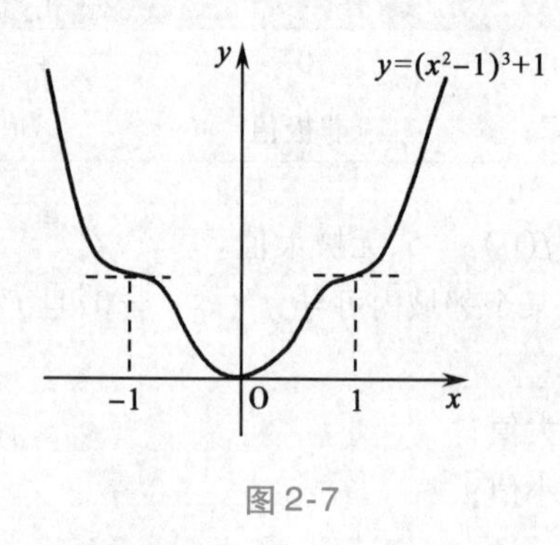

图 2-7

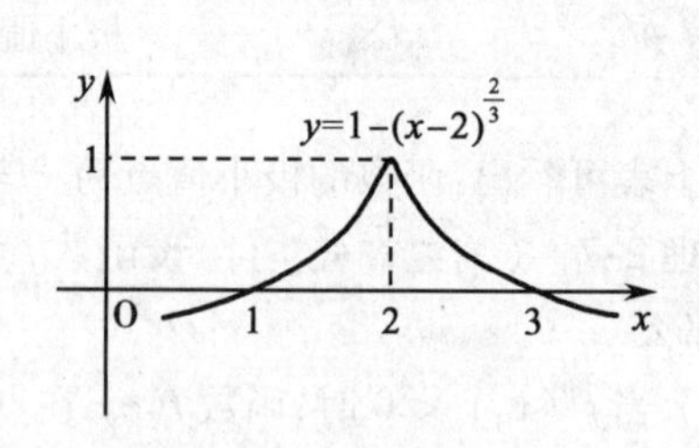

图 2-8

在实际应用中,经常需要求函数的最大值和最小值。由于闭区间 $[a,b]$ 上的连续函数 $f(x)$ 必定在 $[a,b]$ 上某点(包括端点)取得最大值或最小值,所以求函数 $f(x)$ 在闭区间 $[a,b]$ 上的最大值与最小值,应当先求出在区间 $[a,b]$ 内的所有极值,然后与区间端点的函数值 $f(a)$、$f(b)$ 比较,其中最大的就是 $f(x)$ 在 $[a,b]$ 上的最大值,最小的就是 $f(x)$ 在 $[a,b]$ 上的最小值。而极值点又包含在驻点或不可导点中,因此,只要求出驻点或不可导点的函数值与区间端点的函数值进行比较即可。

例 2-38 设函数 $f(x)=\dfrac{1}{3}x^3-\dfrac{5}{2}x^2+4x$,求 $f(x)$ 在 $[-1,2]$ 上的最大值与最小值。

解 $f'(x)=x^2-5x+4$,令 $f'(x)=0$,得驻点:$x_1=1,x_2=4$。

由于 $x_2=4\notin[-1,2]$,因此应该舍掉。又 $f(1)=\dfrac{11}{6}$,$f(-1)=-\dfrac{41}{6}$,$f(2)=\dfrac{2}{3}$,所以 $f(x)$ 在 $[-1,2]$ 上的最大值点为 $x=1$,最大值是 $f(1)=\dfrac{11}{6}$,最小值点为 $x=-1$,最小值是 $f(-1)=-\dfrac{41}{6}$

在很多实际问题中,求函数最大值或最小值的方法可以简化。当从实际问题本身可以判定可导函数 $y=f(x)$ 确有最大值或最小值,且一定在定义区间 (a,b) 的内部取得。这时如果 $f(x)$ 在 (a,b) 内只有唯一一个驻点 x_0,那么不必讨论 $f(x_0)$ 是否是极值,就可以判定 $f(x_0)$ 就是所要求的最大值或最小值。

笔记

例 2-39 从半径为 R 的圆形铁皮上,割去一块中心角为 α 的扇形[如图 2-9(a)],将剩下部分围成一个圆锥形漏斗(b)。

当 α 多大时,漏斗的体积最大?

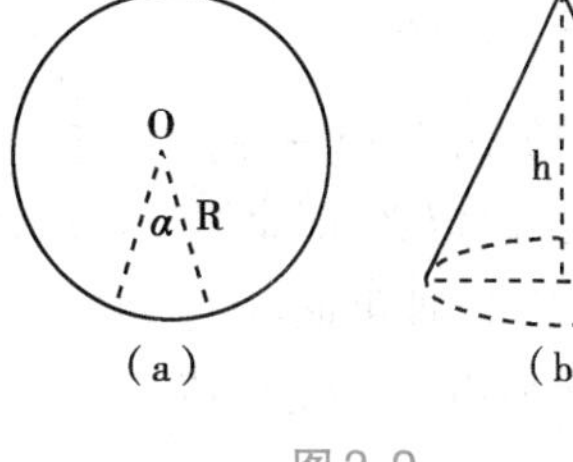

图 2-9

解　设漏斗的高为 h,底面半径为 r,则漏斗的体积 $V=\frac{1}{3}\pi r^2 h$,由于 $r^2=R^2-h^2$,所以 $V=\frac{1}{3}\pi r^2 h=\frac{1}{3}\pi(R^2-h^2)h$,$\frac{dV}{dh}=\frac{1}{3}\pi(R^2-3h^2)$。当 $\frac{dV}{dh}=0$ 时,$h=\frac{\sqrt{3}}{3}R$(另一值不合题意,舍去),得唯一驻点,此时漏斗的体积最大(读者可按前面的方法验证)。

而 $r^2=R^2-h^2=R^2-\frac{1}{3}R^2=\frac{2}{3}R^2$,由 $2\pi R=2\pi r+R\alpha$ 得

$$\alpha=\frac{2\pi(R-r)}{R}=\frac{2\pi(R-\sqrt{\frac{2}{3}}R)}{R}=2\pi(1-\sqrt{\frac{2}{3}})$$

所以,当 $\alpha=2\pi(1-\sqrt{\frac{2}{3}})$(约为 66°3′)时,漏斗的体积最大。

三、曲线的凹凸性和拐点

为了进一步研究函数的特性和正确地作出函数的图象,本节将研究曲线的弯曲方向,以及曲线在哪些点改变了弯曲方向。

从图 2-10 中可以看出,曲线总是在切线的下方,而在图 2-11 中,曲线总是在切线的上方。

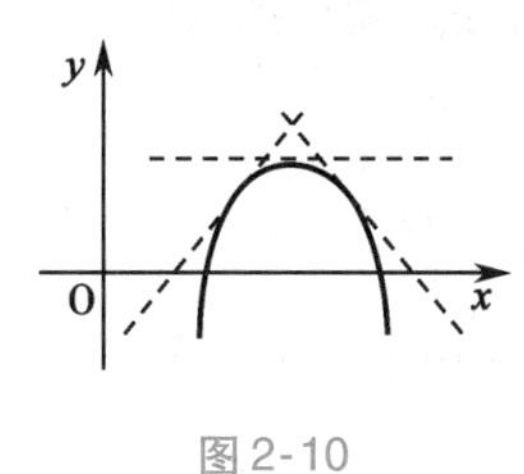

图 2-10

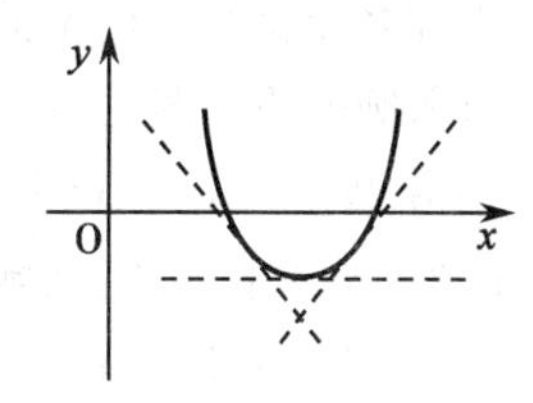

图 2-11

定义 2-3　(1)如果某段曲线总是位于该段曲线上任一点切线的上方,则称这段曲线是凹的(concave);

(2)如果某段曲线总是位于该段曲线上任一点切线的下方,则称这段曲线是凸的(convex)。

判定一段曲线的凹凸,有如下定理:

定理 2-8　设函数 $f(x)$ 在 $[a,b]$ 上连续,在 (a,b) 内具有二阶导数,那么

(1)若在 (a,b) 内,$f''(x)>0$ 恒成立,则曲线 $y=f(x)$ 在 $[a,b]$ 上是凹的。

(2)若在 (a,b) 内,$f''(x)<0$ 恒成立,则曲线 $y=f(x)$ 在 $[a,b]$ 上是凸的。

证　任取 $x_0\in(a,b)$,曲线 $y=f(x)$ 在点 $(x_0,f(x_0))$ 处的切线方程为

$$Y-f(x_0)=f'(x_0)(x-x_0)$$

即

$$Y=f(x_0)+f'(x_0)(x-x_0)$$

所以,曲线上任一点 $(x,f(x))$ 与切线上对应点 (x,Y) 纵坐标之差为

$$f(x)-Y=f(x)-f(x_0)-f'(x_0)(x-x_0)。$$

不妨设 $x_0<x$,对函数 $y=f(x)$ 在闭区间 $[x_0,x]$ 上应用拉格朗日中值定理得,

$$f(x)-f(x_0)=f'(\xi)(x-x_0)\ (\xi\in(x_0,x))$$

故

$$f(x)-Y=[f'(\xi)-f'(x_0)](x-x_0)$$

对函数 $y=f'(x)$ 在闭区间 $[x_0,\xi]$ 上再应用拉格朗日中值定理得,

$$f'(\xi)-f'(x_0)=f''(\eta)(\xi-x_0)(\eta\in(x_0,\xi))$$

故
$$f(x)-Y=f''(\eta)(\xi-x_0)(x-x_0)$$

(1) 由于 $(x-x_0)$ 与 $(\xi-x_0)$ 符号相同，所以，若 $f''(x)>0$，则 $f''(\eta)>0, f(x)>Y$。由曲线凹、凸的定义，则曲线 $y=f(x)$ 在 $[a,b]$ 上是凹的；

(2) 同理可证。

例 2-40 判定曲线 $y=\ln x$ 的凹凸性。

解 因为 $y'=\frac{1}{x}, y''=-\frac{1}{x^2}$，所以在函数 $y=\ln x$ 的定义区间 $(0,+\infty)$ 内，$y''<0$，由曲线凹凸性的判定定理可知，曲线 $y=\ln x$ 是凸的。

连续曲线上凹弧与凸弧的分界点称为曲线的拐点(inflection point)。例如 $(0,0)$ 就是曲线 $y=x^3$ 的拐点。

例 2-41 求曲线 $y=\frac{\ln x}{x}$ 的凹凸区间及拐点。

解 函数的定义域为 $(0,+\infty)$，$y'=\frac{1-\ln x}{x^2}, y''=\frac{2\ln x-3}{x^3}$。

令 $y''=0$，得 $x=e^{\frac{3}{2}}$。当 $x\in(0,e^{\frac{3}{2}})$ 时，$y''<0$，由定理 2-8 可知，这段曲线是凸的；当 $x\in(e^{\frac{3}{2}},+\infty)$ 时，$y''>0$，这段曲线是凹的。拐点为 $(e^{\frac{3}{2}},\frac{3}{2}e^{\frac{-3}{2}})$。

四、函数图形的描绘

利用上面所学的微分学的方法，抓住那些在图形上处于重要位置的点(如"峰"、"谷"、拐点等)，并掌握图形在各个部分区间上的主要性态(如升降、凹凸等)，就可把函数图形比较准确地描绘出来。下面举例说明作图的主要步骤和方法。

例 2-42 作函数 $y=x^3-x^2-x+1$ 的图形。

解 (1) 函数 $y=f(x)$ 的定义域为 $(-\infty,+\infty)$

$$f'(x)=3x^2-2x-1=(3x+1)(x-1), f''(x)=6x-2=2(3x-1)$$

(2) 令 $f'(x)=0$，得 $x_1=-\frac{1}{3}$ 和 $x_2=1$；令 $f''(x)=0$，得 $x_3=\frac{1}{3}$ 点 x_1,x_2,x_3 把 $(-\infty,+\infty)$ 分成四个区间 $\left(-\infty,-\frac{1}{3}\right),\left(-\frac{1}{3},\frac{1}{3}\right),\left(\frac{1}{3},1\right),(1,+\infty)$。

(3) 讨论函数在各部分区间的单调性、极值、凹凸性及拐点列成下表

x	$\left(-\infty,-\frac{1}{3}\right)$	$-\frac{1}{3}$	$\left(\frac{1}{3},1\right)$	$\frac{1}{3}$	$\left(\frac{1}{3},1\right)$	1	$(1,+\infty)$
$f'(x)$	+	0	−	−	−	0	+
$f''(x)$	−	−	−	0	+	+	+
$y=f(x)$ 的图形	递增，凸弧	极大	递减，凸弧	拐点	递减，凹弧	极小	递增，凹弧

(4) 当 $x\to+\infty$ 时，$y\to+\infty$；当 $x\to-\infty$ 时，$y\to-\infty$。

(5) $f(-\frac{1}{3})=\frac{32}{27}, f(\frac{1}{3})=\frac{16}{27}, f(1)=0$

从而得到函数 $y=x^3-x^2-x+1$ 图形上的三个点：

$$\left(-\frac{1}{3},\frac{32}{27}\right),\left(\frac{1}{3},\frac{16}{27}\right),(1,0)$$

笔记

适当补充一些点，例如，计算出

$$f(-1)=0,f(0)=1,f\left(\frac{3}{2}\right)=\frac{5}{8}$$

描出点$(-1,0)$,$(0,1)$,$\left(\frac{3}{2},\frac{5}{8}\right)$,结合上表结果画图(图 2-12)。

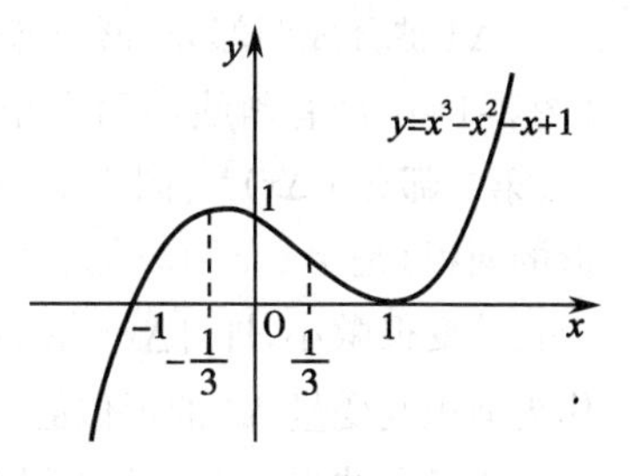

图 2-12

例 2-43　描绘函数 $\varphi(x)=\frac{1}{\sqrt{2\pi}}e^{-\frac{x^2}{2}}$ 的图形。

解　(1)函数 $y=\varphi(x)$ 为偶函数,它的定义域为$(-\infty,+\infty)$,值域为 $W:0<\varphi(x)\leqslant\frac{1}{\sqrt{2\pi}}\approx0.4$。$\varphi'(x)=-\frac{x}{\sqrt{2\pi}}e^{-\frac{x^2}{2}}$,$\varphi''(x)=\frac{(x+1)(x-1)}{\sqrt{2\pi}}e^{-\frac{x^2}{2}}$。

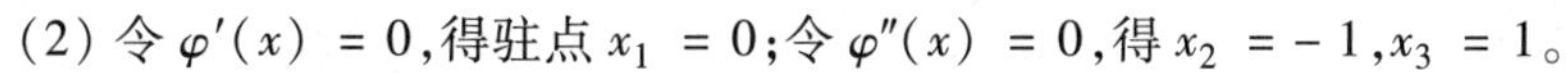

(2) 令 $\varphi'(x)=0$,得驻点 $x_1=0$;令 $\varphi''(x)=0$,得 $x_2=-1$,$x_3=1$。

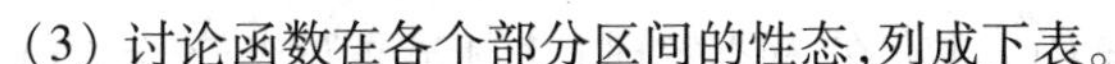

(3) 讨论函数在各个部分区间的性态,列成下表。

x	$(-\infty,-1)$	-1	$(-1,0)$	0	$(0,1)$	1	$(1,+\infty)$
$\varphi'(x)$	+		+	0	−		−
$\varphi''(x)$	+	0	−		−	0	+
$\varphi(x)$ 的图形	递增,凹弧	拐点	递增,凸弧	极大值点	递减,凸弧	拐点	递减,凹弧

(4) 因为 $\lim\limits_{x\to\infty}\varphi(x)=\lim\limits_{x\to\infty}\frac{1}{\sqrt{2\pi}}e^{-\frac{x^2}{2}}=0$,得水平渐近线 $y=0$。曲线没有铅直渐近线。

综合上表画出 $\varphi(x)=\frac{1}{\sqrt{2\pi}}e^{-\frac{x^2}{2}}$ 的图形如图 2-13。

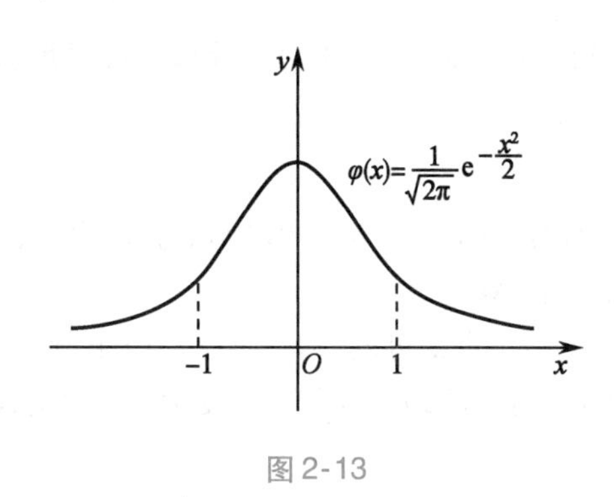

图 2-13

第六节　微分及其应用

一、微　　分

一块正方形金属薄片受温度变化的影响,其边长由 x_0 变到 $x_0+\Delta x$(图 2-14),问此薄片的面积改变了多少?

设此薄片的面积为 A,则 A 是边长 x 的函数:$A=x^2$ 薄片受温度变化影响时面积的改变量,可以看成是当自变量 x 自 x_0 取得增量 Δx 时,函数 A 相应的增量 ΔA,

$$\begin{aligned}\Delta A&=(x_0+\Delta x)2-x_0^2\\&=[x_0+2x_0\Delta x+(\Delta x)^2]-x_0^2\\&=2x_0\Delta x+(\Delta x)^2\end{aligned}$$

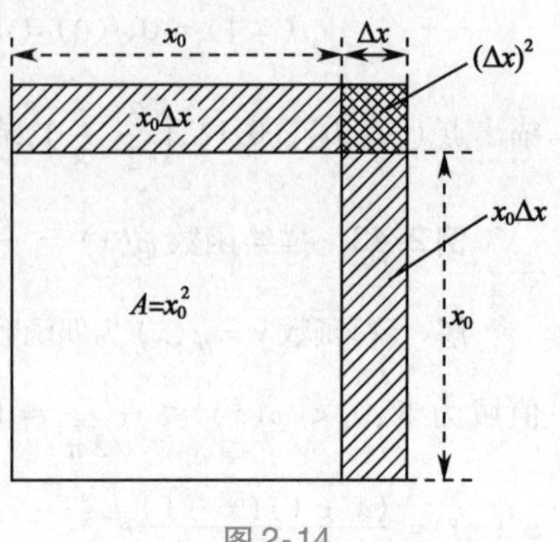

图2-14

ΔA 被分成两部分，第一部分 $2x_0\Delta x$ 是 Δx 的线性函数（图2-14中带有斜线的两个矩形面积之和），称为线性主部；第二部分 $(\Delta x)^2$（图2-14中是带有交叉斜线的小正方形的面积）是比 Δx 高阶的无穷小（$\Delta x\to 0$ 时）。因此，如果边长改变很微小，即 $|\Delta x|$ 很小时，可以用第一部分 $2x_0\Delta x$ 作为面积改变量 ΔA 的近似值。

用函数的观点来看上述问题，$y=x^2$ 在点 x_0 相对于自变量的增量 Δx，函数的增量 Δy 可表示为，关于 Δx 的线性主部与比 Δx 高阶无穷小两部分之和。

是否每个函数都有上述性质的展现？对此，有以下结论。

若函数 $f(x)$ 在点 x_0 可导，即 $\lim\limits_{\Delta x\to 0}\dfrac{\Delta y}{\Delta x}=f'(x_0)$ 存在，根据定理1-1，上式可写成 $\dfrac{\Delta y}{\Delta x}=f'(x_0)+\alpha$，其中 $\alpha\to 0$（当 $\Delta x\to 0$）。因此 $\Delta y=f'(x_0)\Delta x+\alpha\cdot\Delta x$，因为 $\alpha\Delta x=o(\Delta x)$（$\lim\limits_{\Delta x\to 0}\dfrac{\alpha\Delta x}{\Delta x}=\lim\limits_{\Delta x\to 0}\alpha=0$），且 $f'(x_0)$ 不依赖于 Δx。Δy 被表示为关于 Δx 的线性主部与比 Δx 高阶无穷小两部分之和。

定义2-4　设函数 $y=f(x)$ 在某区间内有定义，x_0 及 $x_0+\Delta x$ 在这区间内，如果函数的增量 $\Delta y=f(x_0+\Delta x)-f(x_0)$ 可表示为 $\Delta y=A\Delta x+o(\Delta x)$，其中 A 是不依赖于 Δx 的常数，而 $o(\Delta x)$ 是比 Δx 高阶的无穷小，则称函数 $y=f(x)$ 在点 x_0 是可微的（differentiable），而 $A\Delta x$ 叫作函数 $y=f(x)$ 在点 x_0 相应于自变量增量 Δx 的微分（differential），记为 $\mathrm{d}y$，即 $\mathrm{d}y=A\Delta x$。

由上面结论知，若 $f(x)$ 在点 x_0 可导，则函数 $f(x)$ 在点 x_0 可微。反之，如果 $f(x)$ 在点 x_0 可微，则由可微的定义，$\Delta y=A\Delta x+o(\Delta x)$，上式两端除以 Δx，并取极限，得 $\lim\limits_{\Delta x\to 0}\dfrac{\Delta y}{\Delta x}=\lim\limits_{\Delta x\to 0}\left(A+\dfrac{o(\Delta x)}{\Delta x}\right)=A$。

这表明 $f(x)$ 在点 x_0 可导，且 $f'(x_0)=A$。所以函数 $f(x)$ 在点 x_0 可微的充分必要条件是 $f(x)$ 在点 x_0 可导，且 $\mathrm{d}y=f'(x_0)\Delta x$。

若函数 $f(x)$ 在某区间内的每一点都可微，则称函数 $f(x)$ 在该区间内可微。函数 $f(x)$ 在区间内任一点 x 处的微分记为 $\mathrm{d}y=f'(x)\Delta x$。通常把自变量 x 的增量 Δx 称为自变量的微分，记为 $\mathrm{d}x$，即 $\Delta x=\mathrm{d}x$。

于是，函数 $f(x)$ 的微分又可记为 $\mathrm{d}y=f'(x)\mathrm{d}x$，从而有 $\dfrac{\mathrm{d}y}{\mathrm{d}x}=f'(x)$。这表明，函数的微分 $\mathrm{d}y$ 与自变量的微分 $\mathrm{d}x$ 之商等于该函数的导数。因此，导数也叫作微商。

例2-44　求函数 $y=\mathrm{e}^{\sin x}$ 的微分。

解　$\mathrm{d}y=y'\mathrm{d}x=(\mathrm{e}^{\sin x})'\mathrm{d}x=\mathrm{e}^{\sin x}(\sin x)'\mathrm{d}x=\mathrm{e}^{\sin x}\cos x\mathrm{d}x$。

例2-45　求函数 $y=x\ln x$ 在 $x=\mathrm{e}$，当 $\Delta x=1$ 时的微分。

解　先求函数在任意点 x 处的微分

$$\mathrm{d}y=y'\Delta x=(x\ln x)'\Delta x=(1+\ln x)\Delta x$$

于是当 $x=\mathrm{e}$，$\Delta x=1$ 时的微分

$$\mathrm{d}y\Big|_{\substack{x=\mathrm{e}\\ \Delta x=1}}=(1+\ln x)\Delta x\Big|_{\substack{x=\mathrm{e}\\ \Delta x=1}}=(1+\ln\mathrm{e})\times 1=2$$

二、微分的几何意义

如图2-15，当自变量 x 在点 x_0 处取增量 Δx 时，由于曲线 $y=f(x)$ 上点 (x_0,y_0) 处的切线方

程为：

$$Y = f(x_0) + f'(x_0)(x - x_0)$$

所以

$$\Delta Y = [f(x_0) + f'(x_0)(x_0 + \Delta x - x_0)] - [f(x_0) + f'(x_0)(x_0 - x_0)] = f'(x_0)\Delta x = dy$$

即微分是曲线 $y = f(x)$ 在点 (x_0, y_0) 处的切线上纵坐标的相应增量。

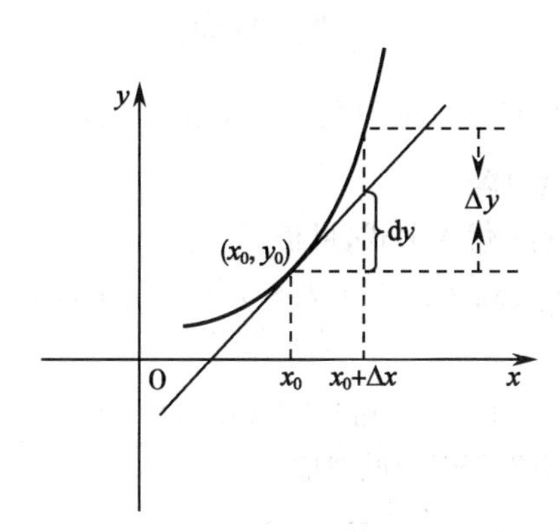

图 2-15

三、一阶微分形式不变性

设 $y = f(u), u = g(x)$，由复合函数的求导法则，$\frac{dy}{dx} = f'(u)g'(x)$，则复合函数 $y = f[g(x)]$ 的微分为，$dy = \frac{dy}{dx}dx = f'(u)g'(x)dx$

而 $g'(x)dx = du$，所以复合函数 $y = f[g(x)]$ 的微分又可以写成 $dy = f'(u)du$。

由此可见，无论 u 是中间变量还是自变量，$y = f(u)$ 的微分 dy 总可以用 $f'(u)$ 与 du 的乘积表示。这一性质称为一阶微分形式不变性。

例 2-46 $y = \ln\sin(x+1)^2$，求 dy

解法一

$$dy = y'dx = (\ln\sin(x+1)^2)'dx$$
$$= \frac{1}{\sin(x+1)^2} \cdot [\sin(x+1)^2]'dx$$
$$= \frac{1}{\sin(x+1)^2} \cdot \cos(x+1)^2[(x+1)^2]'dx$$
$$= \frac{1}{\sin(x+1)^2}\cos(x+1)^2 \cdot 2(x+1)dx$$
$$= 2(x+1) \cdot \cot(x+1)^2 dx$$

解法二 由一阶微分形式不变性知

$$dy = d\ln\sin(x+1)^2 = \frac{1}{\sin(x+1)^2}d\sin(x+1)^2$$
$$= \frac{1}{\sin(x+1)^2} \cdot \cos(x+1)^2 d(x+1)^2$$
$$= 2(x+1)\cot(x+1)^2 dx$$

例 2-47 在下列等式左端的括号中填入适当的函数，使等式成立

(1) $d(\quad) = xdx$；(2) $d(\quad) = \cos\omega t dt$。

解 (1)因为 $d(x^2) = 2xdx$，所以 $xdx = \frac{1}{2}d(x^2) = d\left(\frac{1}{2}x^2\right)$，即 $d\left(\frac{x^2}{2}\right) = xdx$。显然，对任何

笔记

常数C都有 $d\left(\frac{x^2}{2}+C\right)=x\mathrm{d}x$

(2) 因为 $d(\sin\omega t)=\omega\cos\omega t\mathrm{d}t$,所以 $\cos\omega t\mathrm{d}t=\frac{1}{\omega}d(\sin\omega t)=d\left(\frac{1}{\omega}\sin\omega t\right)$,即 $d\left(\frac{1}{\omega}\sin\omega t\right)=\cos\omega t\mathrm{d}t$,或 $d\left(\frac{1}{\omega}\sin\omega t+C\right)=\cos\omega t\mathrm{d}t$($C$ 为任意常数)。

四、微分的应用

由上面的讨论已经知道,在 $f'(x_0)\neq 0$ 的条件下,dy 是 Δy 的线性主部,当 $|\Delta x|$ 很小时,有近似计算公式:$\Delta y\approx dy=f'(x_0)\Delta x$

将 $\Delta y=f(x_0+\Delta x)-f(x_0)$ 代入上式,可得:

$$f(x_0+\Delta x)\approx f(x_0)+f'(x_0)\Delta x$$

令 $x=x_0+\Delta x$,则:

$$f(x)\approx f(x_0)+f'(x_0)(x-x_0)$$

例2-48 利用微分计算 $\sin 30°30'$ 的近似值。

解 把 $30°30'$ 化为弧度,得 $30°30'=\frac{\pi}{6}+\frac{\pi}{360}$。

由于所求的是正弦函数的值,故设 $f(x)=\sin x$,此时 $f'(x)=\cos x$。如果取 $x_0=\frac{\pi}{6}$,$\Delta x=\frac{\pi}{360}$,显然,$f(\frac{\pi}{6})=\sin\frac{\pi}{6}=\frac{1}{2}$,及 $f'(\frac{\pi}{6})=\cos\frac{\pi}{6}=\frac{\sqrt{3}}{2}$,所以

$$\sin 30°30'=\sin(\frac{\pi}{6}+\frac{\pi}{360})$$

$$\approx\sin\frac{\pi}{6}+\cos\frac{\pi}{6}\cdot\frac{\pi}{360}=\frac{1}{2}+\frac{\sqrt{3}}{2}\cdot\frac{\pi}{360}\approx 0.5000+0.0076=0.5076$$

第七节 泰勒公式

一、泰勒公式

在讨论函数的微分时,曾得到近似公式 $f(x)\approx f(x_0)+f'(x_0)(x-x_0)$,当 $x\to x_0$ 时,其误差是比 $x-x_0$ 高阶的无穷小。

令 $R_1(x)=f(x)-[f(x_0)+f'(x_0)(x-x_0)]$,并假设 $f(x)$ 在 $x=x_0$ 的某个邻域内具有二阶导数,易得 $R_1(x_0)=0$,$R_1'(x_0)=0$,$R''_1(x)=f''(x)$。当 $x\to x_0$ 时,将无穷小 $R_1(x)$ 与 $(x-x_0)^2$ 相比较,利用柯西中值定理,有

$$\frac{R_1(x)}{(x-x_0)^2}=\frac{R_1(x)-R_1(x_0)}{(x-x_0)^2-(x_0-x_0)^2}$$

$$=\frac{R_1'(\xi_1)}{2(\xi_1-x_0)}\quad(\xi_1\text{ 在 }x\text{ 与 }x_0\text{ 之间})$$

$$=\frac{R_1'(\xi_1)-R_1'(x_0)}{2(\xi_1-x_0)-2(x_0-x_0)}=\frac{R''_1(\xi)}{2!}=\frac{f''(\xi)}{2!}$$

其中 ξ 在 x_0 与 ξ_1 之间,从而也在 x_0 与 x 之间。于是 $R_1(x)=\frac{f''(\xi)}{2!}(x-x_0)^2$

故 $$f(x)=f(x_0)+f'(x_0)(x-x_0)+\frac{f''(\xi)}{2!}(x-x_0)^2$$

此式称为函数$f(x)$的一阶泰勒公式,$R_1(x)$称为一阶泰勒公式的余项,当$x\to x_0$时,它是比$x-x_0$高阶的无穷小。

函数的一阶泰勒公式是拉格朗日公式的推广,利用它的前两项作近似计算时,可以通过余项$R_1(x)$估计误差。

如果在一阶泰勒公式中,将ξ(在x_0与x之间)用x_0代替,则有近似公式

$$f(x)\approx f(x_0)+f'(x_0)(x-x_0)+\frac{f''(x_0)}{2!}(x-x_0)^2$$

令$R_2(x)=f(x)-\left[f(x_0)+f'(x_0)(x-x_0)+\dfrac{f''(x_0)}{2!}(x-x_0)^2\right]$

可用上述类似推理,得出

$$R_2(x)=\frac{f'''(\xi)}{3!}(x-x_0)^3 \qquad (\xi\text{在}x_0\text{与}x\text{之间}),$$

$$f(x)=f(x_0)+f'(x_0)(x-x_0)+\frac{f''(x_0)}{2!}(x-x_0)^2+\frac{f'''(\xi)}{3!}(x-x_0)^3$$

此式称为函数$f(x)$的二阶泰勒公式,$R_2(x)$称为二阶泰勒公式的余项,当$x\to x_0$时,它是比$(x-x_0)^2$高阶的无穷小。一般地,有如下定理:

定理 2-9　泰勒(Taylor)中值定理　如果函数$f(x)$在含有x_0的某个区间(a,b)内具有直到$(n+1)$阶的导数,则对任意$x\in(a,b)$,有

$$f(x)=f(x_0)+f'(x_0)(x-x_0)+\frac{f''(x_0)}{2!}(x-x_0)^2+\cdots+\frac{f^{(n)}(x_0)}{n!}(x-x_0)^n+R_n(x)$$

其中
$$R_n(x)=\frac{f^{(n+1)}(\xi)}{(n+1)!}(x-x_0)^{(n+1)} \qquad (\xi\text{在}x_0\text{与}x\text{之间})。$$

此式称为函数$f(x)$在点x_0处的n阶泰勒公式,或按$(x-x_0)$的幂展开的泰勒公式,简称n阶泰勒公式,$R_n(x)$称为n阶泰勒公式的余项,当$x\to x_0$时,它是比$(x-x_0)^n$高阶的无穷小。

由于多项式函数简单且易进行数值计算,因此往往希望用多项式近似表达一个复杂函数,以便于对复杂函数进行研究。泰勒公式提供了用多项式近似表示函数的一种重要方法,它不仅给出了近似多项式的具体形式,还给出了用这个多项式代替函数时引起的误差$R_n(x)$的表达式,因此泰勒公式有着广泛的应用。

二、函数的麦克劳林公式

在泰勒公式中,如果取$x_0=0$时,则ξ在0与x之间,因此可令$\xi=\theta x\ (0<\theta<1)$,从而泰勒公式变形为

$$f(x)=f(0)+f'(0)x+\frac{f''(0)}{2!}x^2+\cdots+\frac{f^{(n)}(0)}{n!}x^n+R_n(x)$$

其中
$$R_n(x)=\frac{f^{(n+1)}(\theta x)}{(n+1)!}x^{n+1} \qquad (0<\theta<1)$$

此式称为函数$f(x)$的n阶麦克劳林(Maclaurin)公式,或按x的幂展开的n阶麦克劳林公式。

例 2-49　写出函数$f(x)=\mathrm{e}^x$的n阶麦克劳林公式。

解　因为$f'(x)=f''(x)=\cdots=f^{(n)}(x)=\mathrm{e}^x$,所以

$f(0)=f'(0)=f''(0)=\cdots=f^{(n)}(0)=1$。

把这些值代入麦克劳林公式,并注意到$f^{(n+1)}(\theta x)=\mathrm{e}^{\theta x}$,便得

$$\mathrm{e}^x=1+x+\frac{x^2}{2!}+\cdots+\frac{x^n}{n!}+\frac{\mathrm{e}^{\theta x}}{(n+1)!}x^{n+1} \qquad (0<\theta<1)$$

由这个公式可得 e^x 用 n 次多项式表达的近似式

$$e^x \approx 1 + x + \frac{x^2}{2!} + \cdots + \frac{x^n}{n!}$$

这时产生的误差为 （设 $x > 0$）

$$|R_n(x)| = \left|\frac{e^{\theta x}}{(n+1)!}x^{n+1}\right| < \frac{e^x}{(n+1)!}x^{n+1} \quad (0 < \theta < 1)$$

如果取 $x = 1$，则得无理数 e 的近似式为

$$e \approx 1 + 1 + \frac{1^2}{2!} + \cdots + \frac{1}{n!}$$

其误差为 $|R_n| < \frac{e}{(n+1)!} < \frac{3}{(n+1)!}$。当 $n = 10$ 时，可算出 $e \approx 2.718281$，其误差不超过 10^{-6}。

例 2-50 求 $f(x) = \sin x$ 的 n 阶麦克劳林公式。

解 因为 $f'(x) = \cos x = \sin\left(x + \frac{\pi}{2}\right)$，

$$f'(0) = 1, f''(x) = \cos\left(x + \frac{\pi}{2}\right) = \sin\left(x + 2 \cdot \frac{\pi}{2}\right)$$

$$f''(0) = 0, f'''(x) = \cos\left(x + 2 \cdot \frac{\pi}{2}\right) = \sin\left(x + 3 \cdot \frac{\pi}{2}\right)$$

$$f'''(0) = -1, f^{(4)}(x) = \cos\left(x + 3 \cdot \frac{\pi}{2}\right) = \sin\left(x + 4 \cdot \frac{\pi}{2}\right)$$

$$f^{(4)}(0) = 0, \cdots, f^{(n)}(x) = \sin\left(x + n \cdot \frac{\pi}{2}\right)$$

又 $f(0) = 0$，知它们顺次循环地取四个数：0、1、0、-1，于是按麦克劳林公式得（令 $n = 2m$）

$$\sin x = x - \frac{x^3}{3!} + \frac{x^5}{5!} - \cdots + (-1)^{m-1}\frac{x^{2m-1}}{(2m-1)!} + R_{2m}$$

其中 $$R_{2m}(x) = \frac{\sin\left[\theta x + (2m+1)\frac{\pi}{2}\right]}{(2m+1)!}x^{2m+1} = \frac{(-1)^m \cos(\theta x)}{(2m+1)!}x^{2m+1} \quad (0 < \theta < 1)$$

如果取 $m = 1$，则得近似公式

$$\sin x \approx x$$

这时误差为 $|R_2| = \left|\frac{-\cos(\theta x)}{3!}x^3\right| \leqslant \frac{|x|^3}{6}$

第八节 计算机应用

实验一 用 Mathematica 求导数

实验目的：掌握利用 Mathematica 求导数的基本方法。

基本命令：

函数	说明
$D[f[x],x]$	求 $f(x)$ 的一阶导数
$D[f[x],x]/.x \to x_0$	求 $f'(x_0)$
$D[f[x],\{x,n\}]$	求 $f(x)$ 的 n 阶导数
$Dt[f[x]]$	求 $f(x)$ 的微分

笔记

实验举例：

例 2-51　求 $f(x)=\dfrac{\sin 2x}{x}$ 的导数。

解　In[1]: = D[Sin[2x]/x,x]

Out[1] $= \dfrac{2\mathrm{Cos}[2x]}{x}-\dfrac{\mathrm{Sin}[2x]}{x^2}$。

例 2-52　设 $f(x)=\sin ax\cos bx$，求 $f'(\dfrac{1}{a+b})$

解　In[1]: = D[Sin[a * x] * Cos[b * x],x]/. x→1/(a+b)

Out[1] $= \mathrm{aCos}[\dfrac{a}{a+b}]\mathrm{Cos}[\dfrac{b}{a+b}]-\mathrm{bSin}[\dfrac{a}{a+b}]\mathrm{Sin}[\dfrac{b}{a+b}]$

例 2-53　求 $f(x)=e^x\cos x$ 的 4 阶导数。

解　In[1]: = D[Exp[x] * Cos[x],{x,4}]

Out[1] $= -4e^x\mathrm{Cos}[x]$。

例 2-54　求 $f(x)=\dfrac{\sin 2x}{x}$ 的微分。

解　In[1]: = Dt[Sin[2x]/x]

Out[1] $= \dfrac{2\mathrm{Cos}[2x]\mathrm{Dt}[x]}{x}-\dfrac{\mathrm{Dt}[x]\mathrm{Sin}[2x]}{x^2}$。

实验二　用 Mathematica 描绘函数图像

实验目的：掌握利用 Mathematica 画函数图像的基本方法。

基本命令：

函数	说明
Plot[*f*[*x*],{*x*,*a*,*b*}]	画出函数 $f(x)$，$x\in[a,b]$ 的图像
AxesLabel → {"*x*","*y*"}	标出 x 轴和 y 轴
Plot[{*f*[*x*],*g*[*x*]},{*x*,*a*,*b*}]	在同一坐标系内画出函数 $f(x)$ 和 $g(x)$，$x\in[a,b]$ 的图像
ParametricPlot[{*f*[*t*],*g*[*t*]},{*t*,*a*,*b*},*AspectRatio* → *Automatic*]	画出参数方程 $\begin{cases}x=f(t)\\y=g(t)\end{cases}$，$t\in[a,b]$ 表示的函数的图像

实验举例：

例 2-55　画出函数 $f(x)=\cos x$，$x\in[-2\pi,2\pi]$ 的图像。

解　In[1]: = Plot[Cos[x],{x,-2Pi,2Pi}]

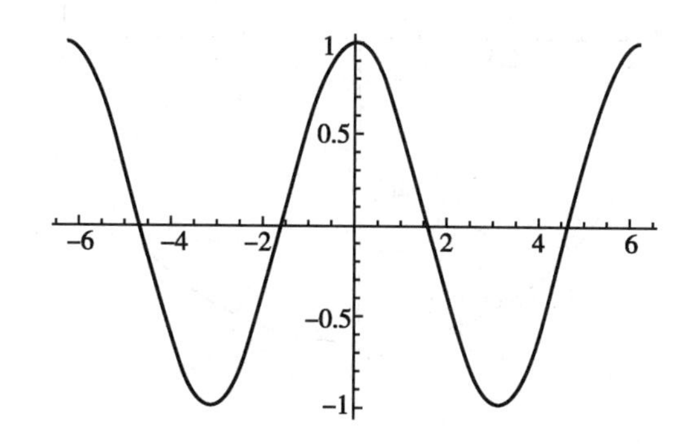

Out[1] = …Graphics…。

例 2-56 画出函数$f(x) = x^2 - 3x + 2, x \in [-0.2, 3.2]$的图像。

解 In[1]:=Plot[x^2-3*x+2,{x,-0.2,3.2},AxesLabel→{"x","y"}]

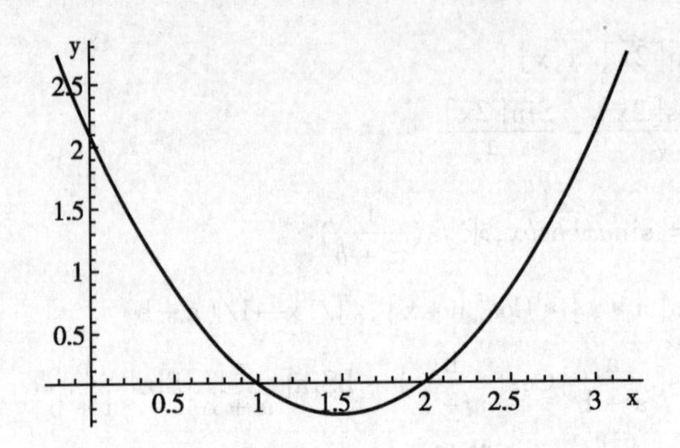

Out[1]=…Graphics…。

例 2-57 在同一坐标系内画出函数$f(x) = \sin x$和$f(x) = \cos x, x \in [-2\pi, 2\pi]$的图像。

解 In[1]:=Plot[{Sin[x],Cos[x]},{x,-2Pi,2Pi}]

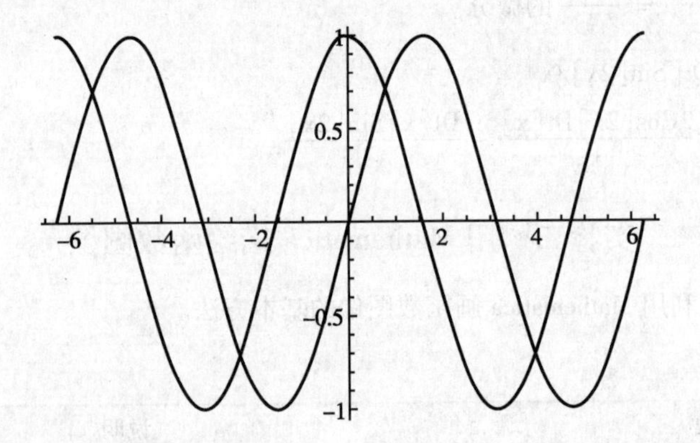

Out[1]=…Graphics…。

例 2-58 画出函数$\begin{cases} x = \sin t \\ y = \cos t \end{cases}, t \in [0, 2\pi]$的图像。

解 In[1]:=ParametricPlot[{Sin[t],Cos[t]},{t,0,2Pi},AspectRatio→Automatic]

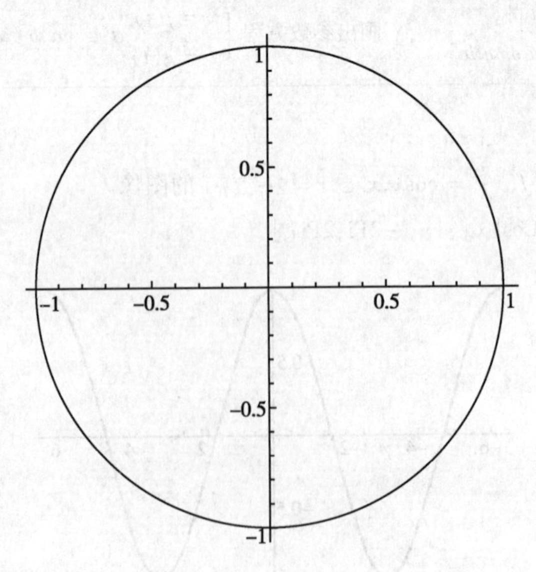

Out[1]=…Graphics…。

请注意，在 Mathematica 中为了使图形美观，二维图形中的横坐标与纵坐标之比按黄金分割设置。如果没有恢复正确比例的设置命令"*ApectRatio → Automatic*",输出结果将是椭圆,而不是圆。

实验三　用 Mathematica 求极值

实验目的:掌握利用 Mathematica 求极值的基本方法。

基本命令:

函数	说明
Solve[*f′*[*x*] = = 0,*x*]	求 $f'(x)=0$ 的根,即驻点
FindMinimum[*f*[*x*],{*x*,x_0}]	求 $f(x)$ 在点 x_0 附近的极小值

实验举例:

例 2-59　求 $f(x)=\dfrac{x}{1+x^2}$ 的极值。

解法一

```
In[1]:=f[x_]:=x/(1+x^2)
        Solve[f'[x]==0,x]
Out[2]={{x→-1},{x→1}}
```

即驻点为 $x=\pm 1$。用二阶导数判定极值

In[3]:=f″[-1]

Out[3] = $\dfrac{1}{2}$

In[4]:=f″[1]

Out[4] = $-\dfrac{1}{2}$

根据判定定理 2-7,$x=-1$ 为极小值点,$x=1$ 为极大值点

In[5]:=f[-1]

Out[5] = $-\dfrac{1}{2}$

In[6]:=f[1]

Out[6] = $\dfrac{1}{2}$

即 $f(-1)=-\dfrac{1}{2}$ 为极小值,$f(1)=\dfrac{1}{2}$ 为极大值。

解法二

```
In[1]:=f[x_]:=x/(1+x^2)
Plot[f[x],{x,-5,5},AxesLabel→{"x","y"}]
```

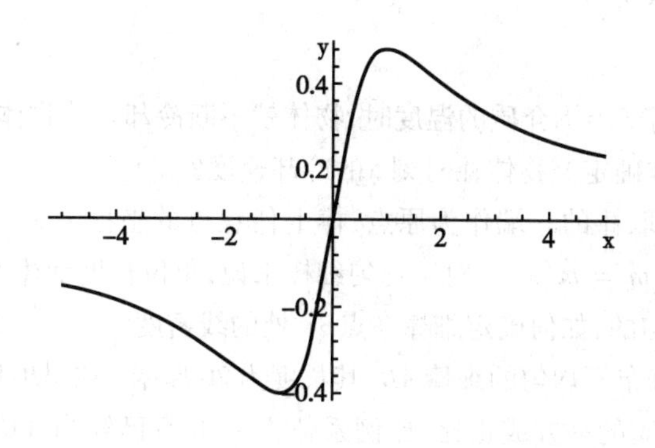

笔记

Out[2] = ⋯Graphics⋯。

首先画出函数 $f(x), x \in [-10,10]$ 的图像,从图像中大致判断极值点所在的位置,然后

In[3]: = FindMinimum[f[x],{x, -2}]

Out[3] = { -0.5,{x→-1.}}

In[4]: = FindMinimum[-f[x],{x,2}]

Out[4] = { -0.5,{x→1.}}

特别注意,求 $f(x)$ 的极大值就是求 $[-f(x)]$ 的极小值。在上例中,极大值是 0.5,而不是 -0.5。

习题

1. 函数在一点 x_0 处的导数的定义是什么？导函数的定义是什么？二者之间有何联系和区别？导数的几何意义是什么？

2. 设质点作直线运动,运动方程为 $s = t^3 + 10$,求质点在时刻 $t = 3$ 秒时的瞬时速度。

3. 利用幂函数的导数公式,求下列函数的导数

(1) $y = x^4$　　(2) $y = \sqrt[3]{x^2}$

(3) $y = x^{1.6}$　　(4) $y = \frac{1}{\sqrt{x}}$

(5) $y = \frac{1}{x^2}$　　(6) $y = x^2 \cdot \sqrt[5]{x}$

4. 求曲线 $y = \sin x$ 在 $x = \frac{\pi}{3}$ 处的切线方程。

5. 在三次抛物线 $y = x^3$ 上哪一点的切线斜率等于3？

6. 试求过点(3,8)且与抛物线 $y = x^2$ 相切的直线方程(提示:先求切点)。

7. 问 a、b、c 之间满足什么关系时,抛物线 $y = ax^2 + bx + c$ 与 x 轴相切于点 $(-1,0)$？(提示:在切点处应有 $y = 0, y' = 0$)

8. 下列各题中均假定 $f'(x_0)$ 存在,按照导数定义观察下列极限,指出 A 表示什么

(1) $\lim\limits_{x \to x_0} \frac{f(x) - f(x_0)}{x - x_0} = A$　　(2) $\lim\limits_{\Delta x \to 0} \frac{f(x_0 - \Delta x) - f(x_0)}{\Delta x} = A$

(3) $\lim\limits_{h \to 0} \frac{f(x_0 - h) - f(x_0)}{h} = A$　　(4) $\lim\limits_{h \to 0} \frac{f(x_0 + h) - f(x_0 - h)}{h} = A$

9. 讨论下列函数在 $x = 0$ 处的连续性与可导性

(1) $y = |\sin x|$　　(2) $y = \begin{cases} x\sin\frac{1}{x}, x \neq 0 \\ 0, x = 0 \end{cases}$

(3) $y = \begin{cases} x^2\sin\frac{1}{x}, x \neq 0 \\ 0, x = 0 \end{cases}$

10. 当物体的温度高于周围介质的温度时,物体就不断冷却。若物体的温度 T 与时间 t 的函数关系为 $T = T(t)$,怎样确定该物体在时刻 t 的冷却速度？

11. 设有一根细棒,取棒的一端作为原点,棒上任意点的坐标为 x,于是分布在区间 $[0,x]$ 上的质量 m 是 x 的函数:$m = m(x)$。对于均匀细棒来说,单位长度细棒的质量叫作这细棒的线密度。如果细棒是不均匀的,如何确定细棒在点 x_0 处的线密度？

笔记

12. 设有一根质量分布不均匀的细棒 AB,其长度为20厘米。在 AB 上任取一点 M,设 AM 段的质量与从 A 到 M 的距离的平方成正比,比例系数为 k,并且已知当 $AM = 2$ 厘米时,质量为8

克，试求

(1) $AM=2$ 厘米一段上的平均线密度；

(2) 全段的平均线密度；

(3) AB 上任一点的线密度。

13. 求下列函数的导数

(1) $y=3x^2+5x+\ln3$　　(2) $y=2\sqrt{x}-\frac{1}{x}+\sqrt{2}$

(3) $y=x^3+4\cos x-\sin\frac{\pi}{2}$　　(4) $y=3\log_2 x-\cos x+1$

(5) $y=(2x-1)^2$　　(6) $y=3\ln x-\frac{2}{x}$

(7) $y=x^2\cos x$　　(8) $y=x\tan x-\csc x$

(9) $y=\frac{\ln x}{x^2}$　　(10) $y=(x-a)(x-b)(x-c)$ (a、b、c 是常数)

(11) $y=x\sin x\tan x$　　(12) $y=\frac{x-1}{x+1}$

(13) $y=\frac{1-\ln x}{1+\ln x}$　　(14) $s=\frac{1+\sin x}{1-\sin x}$

(15) $y=\frac{\tan x}{x}$　　(16) $y=\frac{1-x^2}{1+x^2}$

14. 求下列函数在指定点处的导数

(1) $y=\cos x\sin x$　　求 $y'|_{x=\frac{\pi}{6}}$ 和 $y'|_{x=\frac{\pi}{4}}$

(2) $f(x)=\frac{3}{5-x}+\frac{x^2}{5}$，求 $f'(0)$ 和 $f'(2)$

15. 求下列复合函数的导数

(1) $y=(2x+5)^4$　　(2) $y=\sin\left(5t+\frac{\pi}{4}\right)$

(3) $y=\cos\sqrt{x}$　　(4) $y=\tan^2 x$

(5) $y=\ln(1-x)$　　(6) $y=\frac{1}{1+x^2}$

(7) $y=\sqrt{1-x^2}$　　(8) $y=\frac{1}{1-2x}$

16. 求下列函数的导数(其中 a,b,n,A,ω,φ 都是常数)

(1) $y=(3x+1)^5$　　(2) $y=\frac{1}{\sqrt{1-x^2}}$

(3) $s=A\sin(\omega_t+\varphi)$　　(4) $y=\sin(x^3)$

(5) $y=\sec^2 x$　　(6) $y=\cot\frac{1}{x}$

(7) $u=(v^2+2v+\sqrt{2})^{\frac{3}{2}}$　　(8) $y=\left(ax+\frac{b}{x}\right)^n$

(9) $y=\sqrt{\frac{1+t}{1-t}}$　　(10) $s=a\cos^2(2\omega t+\varphi)$

(11) $y=\sqrt{1+\sin x}$　　(12) $y=\frac{1}{\sqrt{\tan x}}$

(13) $y=\lg(1-2x)$　　(14) $y=\sqrt{1+\ln^2 x}$

(15) $y=(1+\sin^2 x)^4$　　(16) $y=\sin\sqrt{1+x^2}$

笔记

(17) $y=\sqrt{\cos x^2}$ (18) $y=\ln[\ln(\ln x)]$

(19) $y=\log_a(x^2+x+1)$ (20) $y=\sqrt[3]{1+\cos 6x}$

(21) $y=\ln(x^3\sqrt{1+x^2})$ (22) $y=\ln(x+\sqrt{1+x^2})$

17. 求下列函数的导数

(1) $y=\sin^2\frac{x}{3}\cot\frac{x}{2}$ (2) $y=\frac{\sin^2 x}{\sin x^2}$

(3) $y=\sqrt{1+\tan\left(x+\frac{1}{x}\right)}$ (4) $y=\frac{\sin 2x}{x}$

(5) $y=\sin^2 x-x\cos^2 x$

18. 下列各题的做法是否正确？如不正确，试改正之

(1) $\left(\sin\frac{4}{x^2}\right)'=\cos\frac{4}{x^2}$ (2) $(\ln(1+x^2))'=\ln(1+x^2)'=\ln 2x$

(3) $(x^2+\sqrt{1+x^3})'=\left(2x+\frac{1}{2\sqrt{1+x^3}}\right)(1+x^3)'=3x^2(2x+\frac{1}{2\sqrt{1+x^3}})$

19. 设 $f(u)$ 可导，求下列函数的导数 $\frac{dy}{dx}$

(1) $y=f(x^2)$ (2) $y=f(ax+b)$

(3) $y=[f(ax+b)]^n$ (4) $y=f[(ax+b)^n]$

20. 求下列函数的导数

(1) $y=2xe^x+x^5+e^2$ (2) $y=\frac{e^x}{x^2}+\ln 3$

(3) $y=x^{10}+10^x$ (4) $s=3e^{-t}-1$

(5) $y=\arcsin x+\arccos x$ (6) $y=\sqrt{1-x^2}\arccos x$

(7) $y=\frac{\arcsin x}{x}$ (8) $y=\arccos\frac{x-1}{2}$

(9) $y=\tan x+\arctan x$ (10) $y=\sqrt{x}\arctan x$

(11) $y=(x^2+2x+3)e^{-x}$ (12) $y=\ln\frac{x+\sqrt{1+x^2}}{x}$

(13) $y=(\arcsin x)^2$ (14) $y=\arccos\sqrt{x}$

(15) $y=e^{\frac{1}{x}}$ (16) $y=\sqrt{1+e^x}$

(17) $y=\sin 2^x$ (18) $y=e^{2t}\cos 3t$

(19) $y=\arctan\frac{1-x}{1+x}$ (20) $y=\arctan e^x$

(21) $y=\left(\arctan\frac{x}{2}\right)^2$ (22) $s=\frac{e^t-e^{-t}}{e^t+e^{-t}}$

21. 求由下列方程所确定的隐函数的导数 $\frac{dy}{dx}$

(1) $y^2-2xy+9=0$ (2) $x^3+y^3=3axy$

(3) $xy=e^{x+y}$ (4) $y=1-xe^y$

22. 利用对数求导法求下列函数的导数

(1) $y=x^x\quad(x>0)$ (2) $y=(\frac{x}{1+x})^x\quad(\frac{x}{1+x}>0)$

(3) $y=\frac{\sqrt{x+2}(3-x)^4}{(x+1)^5}\quad(-1<x<3)$

笔记

23. 求由方程 $y^5+2y-x-3x^7=0$ 所确定的隐函数 y 在 $x=0$ 处的导数 $\left.\frac{dy}{dx}\right|_{x=0}$。

24. 试证双曲线 $\frac{x^2}{a^2}-\frac{y^2}{b^2}=1$ 在点 (x_0,y_0) 处的切线方程是 $\frac{x_0x}{a^2}-\frac{y_0y}{b^2}=1$。

25. 求下列参数方程所确定的函数的导数（其中 a、b、v_0、α 为常数）

(1) $\begin{cases}x=at^2\\y=bt\end{cases}$　　(2) $\begin{cases}x=a(t-\sin t)\\y=a(1-\cos t)\end{cases}$

(3) $\begin{cases}x=\theta(1-\sin\theta)\\y=\theta\cos\theta\end{cases}$　　(4) $\begin{cases}x=v_0t\cos\alpha\\y=v_0t\sin\alpha-\frac{1}{2}gt^2\end{cases}$

26. 已知 $\begin{cases}x=e^t\sin t\\y=e^t\cos t\end{cases}$，求 $\left.\frac{dy}{dx}\right|_{t=\frac{\pi}{3}}$。

27. 设 $y=f(x)$，若 $f'(0)=0$，是否一定有 $f''(0)=0$？举例说明。

28. 求下列函数的指定的各阶导数

(1) $y=x^5-3x^4+4$，求 y'''　　(2) $y=e^x+e^{-x}$，求 y'''

(3) $y=x\sin 2x$，求 y''　　(4) $y=e^{3x+1}$，求 y''

(5) $y=\ln(1+x^2)$，求 y''　　(6) $y=\arctan(1-x)$，求 y''

29. 求下列函数的 n 阶导数

(1) $y=\frac{1}{1-x}$　　(2) $y=\frac{1}{1-x^2}$

(3) $y=\sin 2x$　　(4) $y=\cos^2 x$

30. 求下列函数在指定点处的导数

(1) $y=(x+1)^6$，求 $y''|_{x=0}$　　(2) $f(x)=e^{-x^2}$，求 $f''(0)$

(3) $y=\sin x$，求 $y'''|_{x=0}$

31. 已知物体的运动规律为 $s=A\sin\omega t$（ω、A 是常数），求物体运动的加速度，并验证

$$\frac{d^2s}{dt^2}+\omega^2s=0。$$

32. 验证下列函数在指定区间上满足拉格朗日中值定理，并求出 ξ

(1) $y=4x^3-5x^2+x-2, x\in[0,1]$　　(2) $y=\ln x, x\in[1,e]$

33. 不用求函数 $f(x)=(x-1)(x-2)(x-3)(x-4)$ 的导数，说明方程 $f'(x)=0$ 有几个根？并指出它们所在的区间。

34. 证明：对函数 $y=px^2+qx+r$ 应用拉格朗日中值定理中时，所求得的点 ξ，总是位于区间的中点处。

35. 证明不等式 $|\arctan a-\arctan b|\leqslant|a-b|$。

36. 求下列各极限

(1) $\lim\limits_{x\to4}\frac{x^2-16}{x^2+x-20}$　　(2) $\lim\limits_{x\to0}\frac{e^x-e^{-x}}{\sin x}$

(3) $\lim\limits_{x\to0}\frac{\ln(1+x)}{x}$　　(4) $\lim\limits_{x\to a}\frac{\sin x-\sin a}{x-a}$

(5) $\lim\limits_{x\to0}\frac{\arcsin x}{x}$　　(6) $\lim\limits_{\varphi\to\frac{\pi}{2}}\frac{\ln\left(\varphi-\frac{\pi}{2}\right)}{\tan\varphi}$

(7) $\lim\limits_{y\to+\infty}\frac{y}{e^{ay}}$　$(a>0)$　　(8) $\lim\limits_{x\to+\infty}\frac{x^2+\ln x}{x\ln x}$

(9) $\lim\limits_{x\to 0}\left(\frac{1}{x}-\frac{1}{e^x-1}\right)$　　(10) $\lim\limits_{x\to 0}x\cot x$

(11) $\lim\limits_{x\to 0}x^2e^{\frac{1}{x^2}}$　　(12) $\lim\limits_{x\to 0}\frac{\sin 3x}{\sin 5x}$

(13) $\lim\limits_{x\to 0}\left(\cot x-\frac{1}{x}\right)$　　(14) $\lim\limits_{x\to 0}\frac{e^x-1}{xe^x+e^x-1}$

37. 验证 $\lim\limits_{x\to+\infty}\frac{x-\sin x}{x+\sin x}$存在,但不能用洛必达法则求出。

38. 验证 $\lim\limits_{x\to+\infty}\frac{\sqrt{1+x^4}}{x^2}$存在,但不能用洛必达法则求出。

39. 判定函数 $f(x)=\arctan x-x$ 的单调性。

40. 确定下列函数的单调区间

(1) $y=2x^3-6x^2-18x-7$　　(2) $y=2x+\frac{8}{x},x>0$

(3) $y=e^x-x-1$　　(4) $y=x-\sin x,x\in[-\pi,\pi]$

41. 求下列函数的极值

(1) $y=x^3-3x^2-9x+5$　　(2) $y=x-\ln(1+x)$

(3) $y=-x^4+2x^2$　　(4) $y=x+\sqrt{1-x}$

(5) $y=2e^x+e^{-x}$　　(6) $y=e^x\cos x$

42. a 为何值时,$f(x)=a\sin x+\frac{1}{3}\sin 3x$ 在 $x=\frac{\pi}{3}$ 处取得极值? 是极大值还是极小值? 并求此极值。

43. 求下列函数的最大值,最小值

(1) $y=2x^3-3x^2,-1\leqslant x\leqslant 4$　　(2) $y=x^4-8x^2+2,-1\leqslant x\leqslant 3$

44. 设 $y=x^2-2x-1$,问 x 等于多少时,y 的值最小? 并求出它的最小值。

45. 将 16 分成两部分使它们的乘积为最大。

46. 当矩形的周长一定时,问长与宽各是多少时,矩形的面积最大。

47. 要做一个容积为 V 的圆柱形罐头筒,要使其用料最省,问罐头筒的底面直径和高分别是多少?

48. 某地防空洞的截面拟建成矩形加半圆(图 2-16),截面的面积为 5 平方米,问底宽 x 为多少时才能使截面的周长最小,从而使建造所用材料最省?

49. 某车间靠墙壁要盖一间长方形小屋,现有存砖只够砌 20 米长的墙壁,问应围成怎样的长方形才能使这间小屋的面积最大?

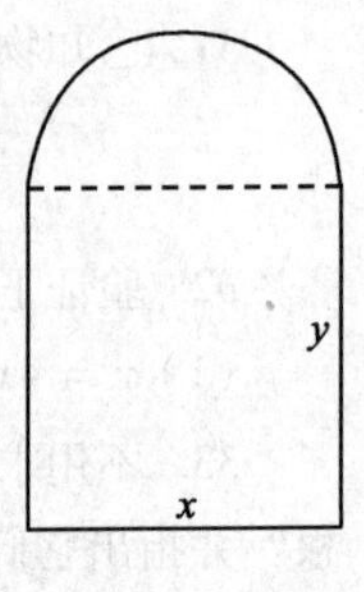

图 2-16

50. 判定下列曲线的凹凸

(1) $y=4x-x^2$　　(2) $y=x+\frac{1}{x}$

(3) $y=(x+1)^4+e^x$

51. 求下列曲线的拐点及凹与凸的区间:

(1) $y=x^3-5x^2+3x+5$　　(2) $y=xe^{-x}$

(3) $y=\ln(x^2+1)$

52. 描绘下列函数的图形:(1) $y=\frac{1}{3}x^3-x$　　(2) $y=\frac{x}{1+x^2}$

53. 什么是函数的微分? 函数的增量与微分有何关系?

54. 微分的几何意义是什么?

55. 设 $y=x^3-x$,计算它在 $x=2$ 处当 $\Delta x=0.1$ 时的 Δy 及 dy,并求出 $\Delta y-dy$。

56. 求下列函数的微分

(1) $y = \frac{1}{x} + \sqrt{x}$　　(2) $y = x\sin 2x$

(3) $y = \frac{x}{\sqrt{x^2 + 1}}$　　(4) $y = [\ln(1 - x)]^2$

(5) $y = x^2 e^{2x}$　　(6) $y = e^{-x}\cos(3 - x)$

(7) $y = \arctan\frac{1 - x^2}{1 + x^2}$　　(8) $y = \tan^2(1 + 2x^2)$

(9) $y = e^{-x^2 + 3}$　　(10) $y = \arcsin(1 - x)$

57. 将适当的函数填入下列括号内,使等式成立

(1) $d(\quad) = 2dx$　　(2) $d(\quad) = 3xdx$

(3) $d(\quad) = \cos t dt$　　(4) $d(\quad) = \sin 3x dx$

(5) $d(\quad) = \frac{1}{1 + x}dx$　　(6) $d(\quad) = e^{-2x}dx$

(7) $d(\quad) = \frac{1}{\sqrt{x}}dx$　　(8) $d(\quad) = \sec^2 3x dx$

58. 有一批半径为 1 厘米的球,为了提高球面的光洁度,要镀上的一层铜,厚度定为 0.01 厘米,估计每只球需用铜多少克?(铜的密度是 8.9 克/厘米^3)

59. 当 $|\Delta x|$ 很小时,证明下列近似公式

(1) $\sqrt[n]{1 + x} \approx 1 + \frac{1}{n}x$　　(2) $\sin x \approx x$ (x 用弧度作单位)

(3) $e^x \approx 1 + x$　　(4) $\ln(1 + x) \approx x$

60. 求下列各函数值的近似值　(1) $\sqrt[3]{996}$　　(2) $\cos 29°$

61. 写出函数 $f(x) = \cos x$,在 $x_0 = \frac{\pi}{4}$ 处的四阶泰勒公式。

62. 写出函数 $f(x) = e^{-x}$ 在 $x_0 = a$ 处的四阶泰勒公式。

63. 求函数 $f(x) = xe^x$ 的 n 阶麦克劳林公式。

64. 求函数 $y = \tan x$ 的二阶麦克劳林公式。

65. 应用三次泰勒多项式计算 $\sqrt{e}$ 的近似值,并估计误差。

(顾作林)

笔记

第三章 不定积分

学习要求

1. 掌握：不定积分的概念、性质与积分基本公式。

2. 熟悉：第一换元积分法(凑微分法)、第二换元积分法、分部积分法，以及有理函数的不定积分。

3. 了解：简单无理函数的不定积分。

微分学研究的问题是寻求已知函数的导数(即函数的变化率)，它有着重要的实际意义。但在实际问题中，还经常要解决与此相反的问题，也就是已知函数的导数，求这个函数。本章介绍不定积分的概念、性质和常用积分方法。

第一节 不定积分的概念和性质

一、不定积分的概念

定义 3-1 设函数 $F(x)$ 和 $f(x)$ 都在区间 I 上有定义，如果满足

$$F'(x) = f(x), \quad x \in I$$

则称函数 $F(x)$ 为 $f(x)$ 在区间 I 上的一个原函数(primitive function)。

例如，由于 $(\frac{1}{2}x^2)' = x, x \in (-\infty, +\infty)$，故 $\frac{1}{2}x^2$ 是 x 在区间 $(-\infty, +\infty)$ 上的一个原函数，易见 $\frac{1}{2}x^2 + C$（C 为任意常数）也是 x 在区间 $(-\infty, +\infty)$ 上的原函数。

由于 $(-\frac{1}{2}e^{-2x})' = e^{-2x}, x \in (-\infty, +\infty)$，故 $-\frac{1}{2}e^{-2x}$ 是 e^{-2x} 在区间 $(-\infty, +\infty)$ 上的原函数，易见 $-\frac{1}{2}e^{-2x} + C$（C 为任意常数）也是 e^{-2x} 在区间 $(-\infty, +\infty)$ 上的原函数。

从上面的例子可以看到一个函数的原函数不止一个，并且有无数多个，下面定理给出了原函数之间的关系。

定理 3-1 设函数 $F(x)$ 为 $f(x)$ 在区间 I 上的一个原函数，则

(1) $F(x) + C$ 也是 $f(x)$ 的原函数，其中 C 是任意常数；

(2) $f(x)$ 的任意两个原函数之间相差一个常数；

(3) $f(x)$ 的任意一个原函数都可以表示为 $F(x) + C$，其中 C 是任意常数。

证 (2)(3)设 $G(x)$ 是 $f(x)$ 的任一原函数，即 $G'(x) = f(x)$，因为

$$[G(x) - F(x)]' = G'(x) - f'(x) = f(x) - f(x) = 0$$

所以，得

$$G(x) - F(x) = C \text{（}C\text{ 是某个常数）}$$

于是 $G(x) = F(x) + C$

笔记

这就说明了函数 $f(x)$ 的所有原函数都可以表示成 $F(x) + C$ 的形式。

定理 3-1 揭示了原函数的结构，它表明如果一个函数具有原函数，则必有无穷多个，而且它

们之间相差一个常数。因此要把一个已知函数的全体原函数求出来只需求其中一个，由它加上不同的常数 C 就可以得到全部原函数。

由原函数的这种性质我们引入下面定义：

定义 3-2　设函数 $F(x)$ 是 $f(x)$ 在区间 I 上的一个原函数，$f(x)$ 在区间 I 上的所有原函数 $F(x)+C$ 称为 $f(x)$ 的不定积分（indefinite integral）。记作

$$\int f(x)\mathrm{d}x = F(x) + C \tag{3-1}$$

其中 $\int$ 称为积分号（sign of integration），$f(x)$ 称为被积函数（integrand），x 称为积分变量（variable of integration），$f(x)\mathrm{d}x$ 称为被积表达式（integral expression），C 称为积分常数（integral constant）。尽管式（3-1）中各个部分都有独特的含义，但在使用时必须当成一个整体看待。

不定积分的几何意义：如果函数 $F(x)$ 为 $f(x)$ 的一个原函数，则称 $F(x)$ 的图象是 $f(x)$ 的一条积分曲线（integral curve）。函数 $f(x)$ 的不定积分表示 $f(x)$ 的某一条积分曲线沿纵轴方向任意地平行移动所得到的所有积分曲线组成的曲线族。如果在每一条曲线上横坐标相同的点处作切线，则这些切线都具有相同的斜率即互相平行（图 3-1）。

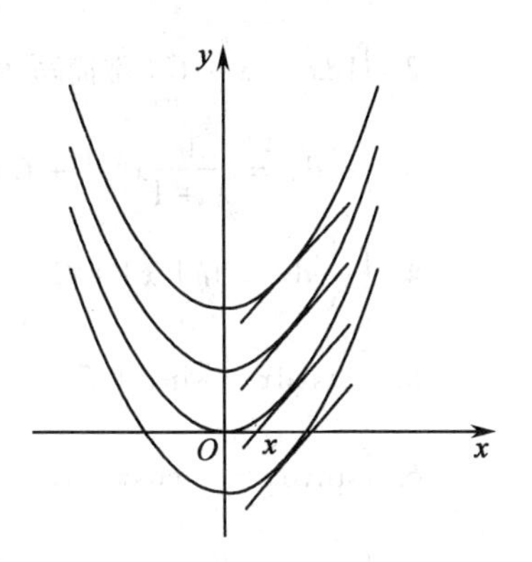

图 3-1

例 3-1　求 $\int x^4\mathrm{d}x$。

解　由于 $(\frac{1}{5}x^5)' = x^4$，故 $\frac{1}{5}x^5$ 是 x^4 的原函数，由不定积分定义，得

$$\int x^4\mathrm{d}x = \frac{1}{5}x^5 + C$$

例 3-2　求 $\int \sin x\mathrm{d}x$。

解　由于 $(-\cos x)' = \sin x$，故 $-\cos x$ 是 $\sin x$ 的原函数，由不定积分定义，得

$$\int \sin x\mathrm{d}x = -\cos x + C$$

例 3-3　求 $\int \frac{1}{\sqrt{1-x^2}}\mathrm{d}x$

解　由于 $(\arcsin x)' = \frac{1}{\sqrt{1-x^2}}$，故 $\arcsin x$ 是 $\frac{1}{\sqrt{1-x^2}}$ 的原函数，由不定积分定义，得

$$\int \frac{1}{\sqrt{1-x^2}}\mathrm{d}x = \arcsin x + C$$

例 3-4　求过点（1，4）且切线斜率为 x 的曲线的方程。

解　设所求曲线方程为 $y = f(x)$。依题意得

$$f'(x) = x$$

由于 $\frac{1}{2}x^2$ 是 x 的一个原函数，故

$$\int x\mathrm{d}x = \frac{1}{2}x^2 + C$$

把点（1，4）代入函数 $y = \frac{1}{2}x^2 + C$ 中，得

$$4 = \frac{1}{2}\times 1^2 + C, C = \frac{7}{2}$$

所求曲线为

$$y = \frac{1}{2}x^2 + \frac{7}{2}$$

二、基本积分公式

因为求不定积分的运算是求微分运算的逆运算，所以由微分基本公式就可以得到相应的基本积分公式，下面列出最常用的基本积分公式：

1. $\int 0\mathrm{d}x = C$

2. $\int 1\mathrm{d}x = x + C$（常简写为 $\int \mathrm{d}x = x + C$）

3. $\int x^{\lambda}\mathrm{d}x = \frac{1}{\lambda + 1}x^{\lambda+1} + C$（$\lambda \neq -1$，$\lambda$ 为任意常数）

4. $\int \frac{1}{x}\mathrm{d}x = \ln|x| + C$

5. $\int \cos x\mathrm{d}x = \sin x + C$

6. $\int \sin x\mathrm{d}x = -\cos x + C$

7. $\int a^x\mathrm{d}x = \frac{a^x}{\ln a} + C$（$a > 0, a \neq 1$）

8. $\int \mathrm{e}^x\mathrm{d}x = \mathrm{e}^x + C$

9. $\int \sec^2 x\mathrm{d}x = \tan x + C$

10. $\int \csc^2 x\mathrm{d}x = -\cot x + C$

11. $\int \sec x\tan x\mathrm{d}x = \sec x + C$

12. $\int \csc x\cot x\mathrm{d}x = -\csc x + C$

13. $\int \frac{1}{\sqrt{1 - x^2}}\mathrm{d}x = \arcsin x + C = -\arccos x + C$

14. $\int \frac{1}{1 + x^2}\mathrm{d}x = \arctan x + C = -\operatorname{arccot} x + C$

这些基本公式必须牢牢记住，许多函数的不定积分最终化成求这些初等函数的不定积分。

三、不定积分的性质

由导数的运算法则，可推得下面关于不定积分的运算性质。

性质 3-1 不定积分的导数等于被积函数，即

$$\left[\int f(x)\mathrm{d}x\right]' = f(x)$$

性质 3-2 不定积分的微分等于被积表达式，即

$$\mathrm{d}\int f(x)\mathrm{d}x = f(x)\mathrm{d}x$$

性质 3-3 函数的导数或微分的不定积分与此函数相差一个常数，即

$$\int f'(x)\mathrm{d}x = \int \mathrm{d}f(x) = f(x) + C$$

以上三个性质可由不定积分的定义直接推出。性质 3-2 与性质 3-3 表明了不定积分与微分

的互为逆运算关系:若不计常数项,无论对函数先微分后积分,还是先积分后微分,两者的作用都相互抵消。

性质 3-4 常数因子可以由积分号内提出,即

$$\int kf(x)\,\mathrm{d}x = k\int f(x)\,\mathrm{d}x\ (k\text{ 为非零常数}) \tag{3-2}$$

证 由性质 3-1,有

$$\left[\int kf(x)\,\mathrm{d}x\right]' = kf(x)$$

$$\left[k\int f(x)\,\mathrm{d}x\right]' = k\left[\int f(x)\,\mathrm{d}x\right]' = kf(x)$$

于是有

$$\int f(x)\,\mathrm{d}x = k\int f(x)\,\mathrm{d}x + C$$

其中 C 为任意常数,而不定积分中也有任意常数,故常数 C 一般不写出,认为包含在积分号内。因而得到

$$\int f(x)\,\mathrm{d}x = k\int f(x)\,\mathrm{d}x$$

性质 3-5 两个函数代数和的不定积分,等于它们不定积分的代数和。即

$$\int [f(x) \pm g(x)]\,\mathrm{d}x = \int f(x)\,\mathrm{d}x \pm \int g(x)\,\mathrm{d}x \tag{3-3}$$

证 由导数运算法则,得

$$\left[\int f(x)\,\mathrm{d}x \pm \int g(x)\,\mathrm{d}x\right]' = \left[\int f(x)\,\mathrm{d}x\right]' \pm \left[\int g(x)\,\mathrm{d}x\right]' = f(x) \pm g(x)$$

因此 $\int f(x)\,\mathrm{d}x \pm \int g(x)\,\mathrm{d}x$ 是 $f(x) \pm g(x)$ 的原函数。故

$$\int [f(x) \pm g(x)]\,\mathrm{d}x = \int f(x)\,\mathrm{d}x \pm \int g(x)\,\mathrm{d}x$$

性质 4 和性质 5 称为不定积分的线性性质,综合性质 3-4 和性质 3-5 可得下面式子:

$$\int [k_1f_1(x) + k_2f_2(x) + \cdots + k_nf_n(x)]\,\mathrm{d}x = k_1\int f_1(x)\,\mathrm{d}x + k_2\int f_2(x)\,\mathrm{d}x + \cdots + k_n\int f_n(x)\,\mathrm{d}x$$

利用上述性质和基本积分公式可以求一些简单函数的不定积分。这种利用不定积分运算性质和积分基本公式计算不定积分的方法称为直接积分法。

例 3-5 求 $\int\left(9^x + \sec^2x + \frac{1}{\sqrt{x}}\right)\mathrm{d}x$。

解
$$\begin{aligned}\int\left(9^x + \sec^2x + \frac{1}{\sqrt{x}}\right)\mathrm{d}x &= \int 9^x\,\mathrm{d}x + \int \sec^2x\,\mathrm{d}x + \int\frac{1}{\sqrt{x}}\,\mathrm{d}x\\ &= \frac{9^x}{\ln 9} + \tan x + \frac{1}{-\frac{1}{2}+1}x^{-\frac{1}{2}+1} + C\\ &= \frac{9^x}{\ln 9} + \tan x + 2\sqrt{x} + C\end{aligned}$$

例 3-6 求 $\int\frac{5^x - 7^xa^x}{6^x}\mathrm{d}x$。

解
$$\begin{aligned}\int\frac{5^x - 7^xa^x}{6^x}\mathrm{d}x &= \int\left(\frac{5}{6}\right)^x\mathrm{d}x - \int\left(\frac{7a}{6}\right)^x\mathrm{d}x\\ &= \frac{1}{\ln\frac{5}{6}}\left(\frac{5}{6}\right)^x - \frac{1}{\ln\frac{7a}{6}}\left(\frac{7a}{6}\right)^x + C\end{aligned}$$

例 3-7 求$\int(a^2-x^2)^2\mathrm{d}x$。

解 $\int(a^2-x^2)^2\mathrm{d}x=\int(a^4-2a^2x^2+x^4)\mathrm{d}x=\int a^4\mathrm{d}x-\int 2a^2x^2\mathrm{d}x+\int x^4\mathrm{d}x$

$$=a^4\int\mathrm{d}x-2a^2\int x^2\mathrm{d}x+\int x^4\mathrm{d}x$$

$$=a^4x-\frac{2}{3}a^2x^3+\frac{1}{5}x^5+C$$

例 3-8 求$\int\frac{1-x\sin x}{x}\mathrm{d}x$。

解 $\int\frac{1-x\sin x}{x}\mathrm{d}x=\int\frac{1}{x}\mathrm{d}x-\int\sin x\mathrm{d}x=\ln|x|+\cos x+C$

例 3-9 求$\int\tan^2x\mathrm{d}x$。

解 $\int\tan^2x\mathrm{d}x=\int(\sec^2x-1)\mathrm{d}x=\int\sec^2x\mathrm{d}x-\int\mathrm{d}x=\tan x-x+C$

例 3-10 求$\int\sin^2\frac{x}{2}\mathrm{d}x$。

解 $\int\sin^2\frac{x}{2}\mathrm{d}x=\int\frac{1-\cos x}{2}\mathrm{d}x=\frac{1}{2}\int(1-\cos x)\mathrm{d}x=\frac{1}{2}(x-\sin x)+C$

例 3-11 求$\int\frac{x^2-3x+2}{1-x}\mathrm{d}x$。

解 $\int\frac{x^2-3x+2}{1-x}\mathrm{d}x=\int\frac{(x-1)(x-2)}{1-x}\mathrm{d}x=-\int(x-2)\mathrm{d}x=-\int x\mathrm{d}x+2\int\mathrm{d}x$

$$=-\frac{1}{2}x^2+2x+C$$

例 3-12 求$\int\frac{x^2}{1+x^2}\mathrm{d}x$。

解 $\int\frac{x^2}{1+x^2}\mathrm{d}x=\int\frac{x^2+1-1}{1+x^2}\mathrm{d}x=\int(1-\frac{1}{1+x^2})\mathrm{d}x=\int\mathrm{d}x-\int\frac{1}{1+x^2}\mathrm{d}x$

$$=x-\arctan x+C$$

例 3-13 求$\int\frac{x^4+1}{x^2+1}\mathrm{d}x$。

解 $\int\frac{x^4+1}{x^2+1}\mathrm{d}x=\int(\frac{x^4-1+2}{x^2+1})\mathrm{d}x=\int(x^2-1+\frac{2}{x^2+1})\mathrm{d}x$

$$=\int(x^2-1)\mathrm{d}x+2\int\frac{1}{x^2+1}\mathrm{d}x=\frac{1}{3}x^3-x+2\arctan x+C$$

例 3-14 求$\int\frac{1+2x+x^2}{x(1+x^2)}\mathrm{d}x$。

解 $\int\frac{1+2x+x^2}{x(1+x^2)}\mathrm{d}x=\int\frac{2x+(1+x^2)}{x(1+x^2)}\mathrm{d}x=2\int\frac{1}{1+x^2}\mathrm{d}x+\int\frac{1}{x}\mathrm{d}x$

$$=2\arctan x+\ln|x|+C$$

求不定积分时,要注意根据被积函数的特点和类型,总结求不定积分的各种方法和技巧。但像$\int e^{2x}\mathrm{d}x$,$\int\tan x\mathrm{d}x$,$\int e^x\sin x\mathrm{d}x$等,尽管看似简单,却不能直接积出。因此,有必要进一步研究积分方法。

第二节 换元积分法

笔记

我们引入一种重要的积分方法——换元积分法(integration by substitution)。换元积分法又分为第一换元积分法和第二换元积分法。

一、第一换元积分法

例 3-15 求 $\int e^{2x}dx$

解 如果我们求的不定积分为 $\int e^{2x}d2x$，则可直接利用公式 $\int e^{x}dx=e^{x}+C$，求得

$$\int e^{2x}d2x=\int e^{(2x)}d(2x)=e^{(2x)}+C$$

将上式与我们所求的积分相比较，发现只有 dx 差一个常数因子 2，而由微分公式又有 $d2x=2dx$，或者写成 $2dx=d2x$，于是，只要我们凑上一个常数因子 2，可得

$$\int e^{2x}\frac{1}{2}\cdot 2dx=\frac{1}{2}\int e^{2x}d2x=\frac{1}{2}e^{2x}+C$$

定理 3-2（第一换元积分法） 如果 $\int g(u)du=G(u)+C$，且 $u=\varphi(x)$ 可导，则

$$\int g(\varphi(x))\varphi'(x)dx=G(\varphi(x))+C \tag{3-4}$$

证 由复合函数导数法则，得

$$\frac{d}{dx}(G(\varphi(x)))=\frac{dG(u)}{du}\frac{d\varphi(x)}{dx}=g(u)\varphi'(x)=g(\varphi(x))\varphi'(x)$$

所以 $G(\varphi(x))$ 是 $g(\varphi(x))\varphi'(x)$ 的原函数。即

$$\int g(\varphi(x))\varphi'(x)dx=G(\varphi(x))+C$$

第一换元积分法关键之处在于首先把被积函数的一部分写成复合形式，如 $g(\varphi(x))$；然后利用 $\varphi(x)$ 的导数 $\varphi'(x)$ 将被积函数写成 $\int g(\varphi(x))\varphi'(x)$ 或被积表达式写成 $g(\varphi(x))d\varphi(x)$ 的形式，然后令 $u=\varphi(x)$ 进行换元，则被积表达式变成 $g(u)du$，最后利用 $g(u)$ 的原函数是已知或为上述基本积分公式中的一种，从而求出其原函数。由此可见，第一换元积分法是一个凑微分的过程，即凑 $g(\varphi(x))d\varphi(x)$ 的过程，因此第一换元积分法也称为"凑微分法"。用第一换元积分法求不定积分的过程如下：

$$\int g[\varphi(x)]\varphi'(x)dx=\int g(\varphi(x))d\varphi(x)\overset{u=\varphi(x)}{=}\int g(u)du=G(u)+C=G[\varphi(x)]+C$$

例 3-16 求 $\int(2x+1)^5dx$。

解 $\int(2x+1)^5dx=\int(2x+1)^5\frac{1}{2}d(2x+1)=\frac{1}{2}\int(2x+1)^5d(2x+1)$

$$\overset{u=2x+1}{=}\frac{1}{2}\int u^5du=\frac{1}{2}(\frac{1}{6}u^6)+C=\frac{1}{12}(2x+1)^6+C$$

对第一换元积分法较熟练以后，可以不写出变换 $u=\varphi(x)$，而直接用"凑微分"的方法计算不定积分。如上式可直接写成

$$\int(2x+1)^5dx=\frac{1}{2}\int(2x+1)^5d(2x+1)=\frac{1}{12}(2x+1)^6+C$$

例 3-17 求 $\int 3^{1-2x}dx$。

解 $\int 3^{1-2x}dx=-\frac{1}{2}\int 3^{1-2x}d(1-2x)=-\frac{1}{2\ln 3}3^{1-2x}+C$

例 3-18 求 $\int\frac{1}{4-x^2}dx$。

解 $\int \frac{1}{4-x^2}\mathbf{d}x = \frac{1}{4}\int(\frac{1}{2+x}+\frac{1}{2-x})\mathbf{d}x = \frac{1}{4}\int\frac{1}{2+x}\mathbf{d}x + \frac{1}{4}\int\frac{1}{2-x}\mathbf{d}x$

$$= \frac{1}{4}\int\frac{1}{2+x}\mathbf{d}(2+x) - \frac{1}{4}\int\frac{1}{2-x}\mathbf{d}(2-x)$$

$$= \frac{1}{4}\ln|2+x| - \frac{1}{4}ln|2-x| + C$$

$$= \frac{1}{4}\ln\left|\frac{2+x}{2-x}\right| + C$$

例 3-19 求 $\int \sec x\mathrm{d}x$。

解 $\int \sec x\mathrm{d}x = \int\frac{\cos x}{\cos^2 x}\mathrm{d}x = \int\frac{\mathrm{d}(\sin x)}{1-\sin^2 x}$

$$= \frac{1}{2}\int(\frac{1}{1+\sin x}+\frac{1}{1-\sin x})\mathrm{d}(\sin x)$$

$$= \frac{1}{2}\int\frac{1}{1+\sin x}\mathrm{d}(1+\sin x) - \frac{1}{2}\int\frac{1}{1-\sin x}\mathrm{d}(1-\sin x)$$

$$= \frac{1}{2}\ln(1+\sin x) - \frac{1}{2}\ln(1-\sin x) + C$$

$$= \ln\sqrt{\frac{1+\sin x}{1-\sin x}} + C$$

本题的第二种求法：

$$\int \sec x\mathrm{d}x = \int\frac{\sec x(\sec x+\tan x)}{\sec x+\tan x}\mathrm{d}x = \int\frac{\sec^2 x+\sec x\tan x}{\sec x+\tan x}\mathrm{d}x$$

$$= \int\frac{\mathrm{d}(\sec x+\tan x)}{\sec x+\tan x} = \ln|\sec x+\tan x| + C$$

第二种解法比较简单，第一种解法比较自然，两种解法所得结果形式上不同，但可以通过恒等变形化成相同的形式。

例 3-20 求 $\int\frac{1}{\sqrt{a^2-x^2}}\mathrm{d}x\ (a>0)$。

解 $\int\frac{1}{\sqrt{a^2-x^2}}\mathrm{d}x = \int\frac{1}{a\sqrt{1-(\frac{x}{a})^2}}\mathrm{d}x = \int\frac{\mathrm{d}(\frac{x}{a})}{\sqrt{1-(\frac{x}{a})^2}} = \arcsin\frac{x}{a} + C$

例 3-21 求 $\int\cos^3 x\sin x\mathrm{d}x$。

解 $\int\cos^3 x\sin x\mathrm{d}x = \int\cos^3 x\mathrm{d}(-\cos x) = -\int\cos^3 x\mathrm{d}\cos x = -\frac{1}{4}\cos^4 x + C$

例 3-22 求 $\int\cos^3 x\mathrm{d}x$。

解 $\int\cos^3 x\mathrm{d}x = \int\cos^2 x\cos x\mathrm{d}x = \int(1-\sin^2 x)\mathrm{d}\sin x = \int\mathrm{d}\sin x - \int\sin^2 x\mathrm{d}\sin x$

$$= \sin x - \frac{1}{3}\sin^3 x + C$$

当被积函数为三角函数的偶次幂时，一般先利用倍角公式降幂，然后再进行换元计算。

例 3-23 求 $\int\sin^4 x\mathrm{d}x$。

解 由于

$$\sin^4 x = (\sin^2 x)^2 = \left(\frac{1-\cos 2x}{2}\right)^2 = \frac{1}{4}(1-2\cos 2x+\cos^2 2x)$$

$$= \frac{1}{4}\left(1 - 2\cos 2x + \frac{1+\cos 4x}{2}\right) = \frac{1}{4}\left(\frac{3}{2} - 2\cos 2x + \frac{\cos 4x}{2}\right)$$

所以

$$\begin{aligned}\int \sin^4 x\mathrm{d}x &= \frac{1}{4}\int\left(\frac{3}{2} - 2\cos 2x + \frac{\cos 4x}{2}\right)\mathrm{d}x \\ &= \frac{1}{4}\left[\frac{3}{2}\int \mathrm{d}x - \int \cos 2x\mathrm{d}(2x) + \frac{1}{2}\cdot\frac{1}{4}\int \cos 4x\mathrm{d}(4x)\right] \\ &= \frac{3}{8}x - \frac{1}{4}\sin 2x + \frac{1}{32}\sin 4x + C\end{aligned}$$

例 3-24 求 $\int \frac{\mathrm{e}^{\sqrt{x}}}{\sqrt{x}}\mathrm{d}x$。

解 $\int \frac{\mathrm{e}^{\sqrt{x}}}{\sqrt{x}}\mathrm{d}x = 2\int \mathrm{e}^{\sqrt{x}}\mathrm{d}\sqrt{x} = 2\mathrm{e}^{\sqrt{x}} + C$

例 3-25 求 $\int \frac{1}{x(1+2\ln x)}\mathrm{d}x$。

解 $\int \frac{1}{x(1+2\ln x)}\mathrm{d}x = \int \frac{1}{(1+2\ln x)}\mathrm{d}\ln x$

$$= \frac{1}{2}\int \frac{1}{(1+2\ln x)}\mathrm{d}(1+2\ln x) = \frac{1}{2}\ln|1+2\ln x| + C$$

例 3-26 求 $\int x^2\mathrm{e}^{x^3}\mathrm{d}x$。

解 $\int x^2\mathrm{e}^{x^3}\mathrm{d}x = \frac{1}{3}\int \mathrm{e}^{x^3}\mathrm{d}x^3 = \frac{1}{3}\mathrm{e}^{x^3} + C$

例 3-27 求 $\int \mathrm{e}^x\cos\mathrm{e}^x\mathrm{d}x$

解 $\int \mathrm{e}^x\cos\mathrm{e}^x\mathrm{d}x = \int \cos\mathrm{e}^x\mathrm{d}\mathrm{e}^x = \sin\mathrm{e}^x + C$

例 3-28 求 $\int \frac{\sqrt{1+\tan x}}{\cos^2 x}\mathrm{d}x$

解 $\int \frac{\sqrt{1+\tan x}}{\cos^2 x}\mathrm{d}x = \int \sec^2 x\cdot\sqrt{1+\tan x}\mathrm{d}x = \int (1+\tan x)^{\frac{1}{2}}\mathrm{d}(1+\tan x) = \frac{2}{3}(1+\tan x)^{\frac{3}{2}} + C$

例 3-29 求 $\int \frac{(\arctan x)^2}{1+x^2}\mathrm{d}x$

解 $\int \frac{(\arctan x)^2}{1+x^2}\mathrm{d}x = \int (\arctan x)^2\mathrm{d}(\arctan x) = \frac{1}{3}(\arctan x)^3 + C$

例 3-30 求 $\int \frac{(\arcsin x)^3}{\sqrt{1-x^2}}\mathrm{d}x$

解 $\int \frac{(\arcsin x)^3}{\sqrt{1-x^2}}\mathrm{d}x = \int (\arcsin x)^3\mathrm{d}(\arcsin x) = \frac{1}{4}(\arcsin x)^4 + C$

当然,凑微分的类型和方法是丰富多彩的,需要我们在解决问题的过程中不断地探索和总结。

二、第二换元积分法

有一些不定积分 $\int f(x)\mathrm{d}x$,适当选择 $x=\varphi(t)$ 换元后,可得到容易求出的不定积分 $\int f(\varphi(t))\varphi'(t)\mathrm{d}t$。

定理 3-3（第二换元积分法） 设 $x=\varphi(t)$ 是单调可导函数，且 $f(\varphi(t))\varphi'(t)$ 有原函数 $F(t)$，则

$$\int f(x)\mathrm{d}x=\int f(\varphi(t))\varphi'(t)\mathrm{d}t=F(\varphi^{-1}(x))+C \tag{3-5}$$

证明从略。

定理中条件 $x=\varphi(t)$ 是单调可导的作用在于保证 $t=\varphi^{-1}(x)$，$(\varphi^{-1}(x))'=\dfrac{1}{\varphi'(x)}$ 存在。

应用第二换元积分法计算不定积分的过程如下：

$$\int f(x)\mathrm{d}x \overset{x=\varphi(t)}{=} \int f[\varphi(t)]\varphi'(t)\mathrm{d}t=F(t)+C \overset{t=\varphi^{-1}(x)}{=} F[\varphi^{-1}(x)]+C$$

常见的第二换元积分法有：

1. 三角变换

例 3-31 求 $\int\dfrac{1}{\sqrt{x^2-a^2}}\mathrm{d}x\ (a>0)$。

解 令 $x=a\sec t$，$t\in(0,\dfrac{\pi}{2})\cup(\dfrac{\pi}{2},\pi)$，则 $\mathrm{d}x=a\sec t\tan t\mathrm{d}t$。所以，当 $t\in(0,\dfrac{\pi}{2})$ 时

$$\begin{aligned}\int\frac{1}{\sqrt{x^2-a^2}}\mathrm{d}x&=\int\frac{a\sec t\tan t\mathrm{d}t}{a\tan t}\\&=\int\sec t\mathrm{d}t\\&=\ln|\sec t+\tan t|+C\end{aligned}$$

由图 3-2 可得 $\tan t=\dfrac{\sqrt{x^2-a^2}}{a}$，故有

$$\begin{aligned}\int\frac{1}{\sqrt{x^2-a^2}}\mathrm{d}x&=\ln\left|\frac{x}{a}+\frac{\sqrt{x^2-a^2}}{a}\right|+C\\&=\ln|x+\sqrt{x^2-a^2}|+C\end{aligned}$$

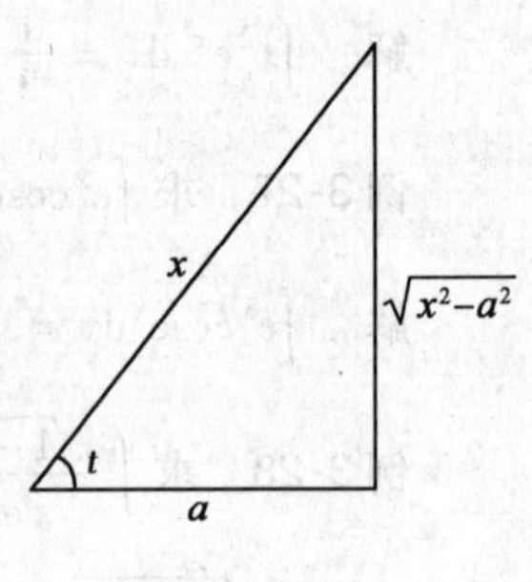

图 3-2

当 $t\in(\dfrac{\pi}{2},\pi)$ 时，有相同结论，故

$$\int\frac{1}{\sqrt{x^2-a^2}}\mathrm{d}x=\ln|x+\sqrt{x^2-a^2}|+C$$

例 3-32 求 $\int\sqrt{a^2-x^2}\mathrm{d}x\ (a>0)$。

解 令 $x=a\sin t$，$t\in[-\dfrac{\pi}{2},\dfrac{\pi}{2}]$，于是 $\mathrm{d}x=a\cos t\mathrm{d}t$，所以

$$\begin{aligned}\int\sqrt{a^2-x^2}\mathrm{d}x&=a\int\sqrt{a^2-(a\sin t)^2}\cos t\mathrm{d}t\\&=a^2\int\cos^2t\mathrm{d}t\\&=a^2\int\frac{1+\cos2t}{2}\mathrm{d}t\\&=\frac{a^2}{2}(t+\frac{1}{2}\sin2t)+C\\&=\frac{a^2}{2}(t+\sin t\cos t)+C\end{aligned}$$

由图 3-3 可得 $\cos t=\dfrac{\sqrt{a^2-x^2}}{a}$，所以

$$\int\sqrt{a^2-x^2}\mathrm{d}x=\frac{a^2}{2}\arcsin\frac{x}{a}+\frac{x}{2}\sqrt{a^2-x^2}+C$$

例 3-33　求 $\int\frac{1}{\sqrt{x^2+a^2}}\mathrm{d}x\ (a>0)$。

解　令 $x=a\tan t, t\in\left(-\frac{\pi}{2},\frac{\pi}{2}\right)$，于是 $\mathrm{d}x=a\sec^2t\mathrm{d}t$，所以

$$\int\frac{1}{\sqrt{x^2+a^2}}\mathrm{d}x=\int\frac{a\sec^2t\mathrm{d}t}{\sec t}=\int\sec t\mathrm{d}t$$

$$=\ln|\sec t+\tan t|+C$$

由图 3-4 可得 $\tan t=\frac{\sqrt{x^2+a^2}}{a}$，故有

$$\int\frac{1}{\sqrt{x^2+a^2}}\mathrm{d}x=\ln\left|\frac{\sqrt{x^2+a^2}}{a}+\frac{x}{a}\right|+C$$

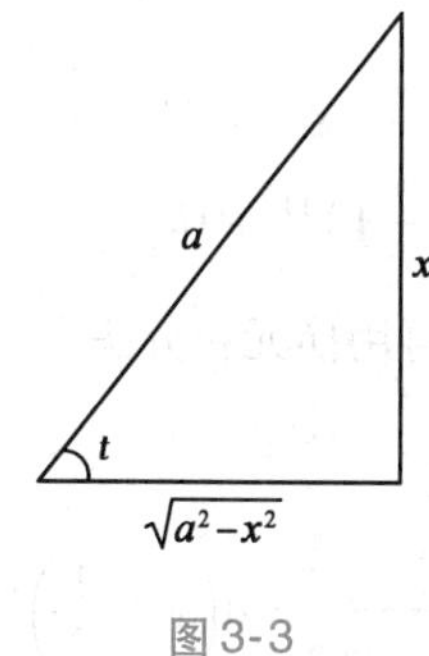

图 3-3

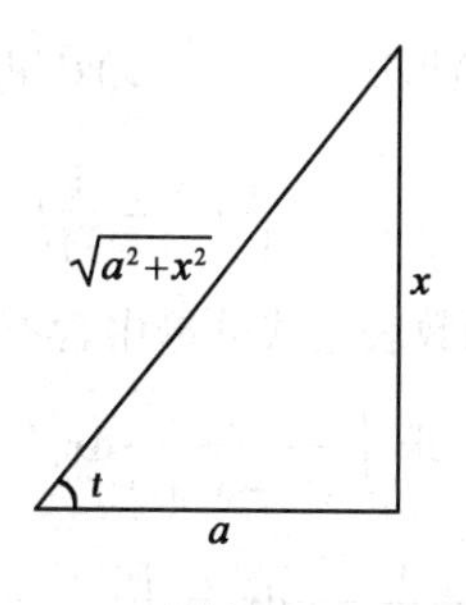

图 3-4

由例 3-31、例 3-32 和例 3-33 总结如下：

（1）被积函数含有根式 $\sqrt{a^2-x^2}$，作三角变换 $x=a\sin t$ 或 $x=a\cos t$ 化去根式；

（2）被积函数含有根式 $\sqrt{x^2+a^2}$，作三角变换 $x=a\tan t$ 化去根式；

（3）被积函数含有 $\sqrt{x^2-a^2}$，作三角变换 $x=a\sec t$ 化去根式。

2. 倒变换

例 3-34　求 $\int\frac{\sqrt{1-x^2}}{x^4}\mathrm{d}x$。

解　令 $x=\frac{1}{u}$，则 $\mathrm{d}x=-\frac{1}{u^2}\mathrm{d}u$，得

$$\int\frac{\sqrt{1-x^2}}{x^4}\mathrm{d}x=\int\frac{\sqrt{1-\frac{1}{u^2}}\left(-\frac{1}{u^2}\mathrm{d}u\right)}{\frac{1}{u^4}}=-\int(u^2-1)^{\frac{1}{2}}u\mathrm{d}u$$

$$=-\frac{1}{2}\int(u^2-1)^{\frac{1}{2}}\mathrm{d}(u^2-1)=-\frac{(u^2-1)^{\frac{3}{2}}}{3}+C$$

$$=-\frac{(1-x^2)^{\frac{3}{2}}}{3x^3}+C。$$

说明：本题中，由于 $x\in(-1,0)\cup(0,1)$，所以 $u\in(-\infty,-1)\cup(1,+\infty)$。与例 3-31 类似，也应针对 u 的不同取值范围进行讨论，最后所得结果一样。因此本题中模糊了 u 的正负符号，以下有些题目的做法亦然。

笔记

3. **根式变换**

在处理被积函数含有根式时,常采用最小公倍数的根式变换,将无理函数转换成我们常见的形式再进行计算。

例 3-35 求 $\int \frac{1}{\sqrt{x}+\sqrt[3]{x}}\mathrm{d}x$。

解 令 $x=t^6$,则 $\mathrm{d}x=6t^5\mathrm{d}t$,得

$$\begin{aligned}\int \frac{1}{\sqrt{x}+\sqrt[3]{x}}\mathrm{d}x &= \int \frac{6t^5\mathrm{d}t}{t^3+t^2} = 6\int\left(t^2-t+1-\frac{1}{1+t}\right)\mathrm{d}t \\ &= 6\left(\frac{t^3}{3}-\frac{t^2}{2}+t+\ln|1+t|\right)+C \\ &= 6\sqrt{x}-3\sqrt[3]{x}+6\sqrt[6]{x}-6\ln(1+\sqrt[6]{x})+C\end{aligned}$$

4. **幂次变换**

例 3-36 求 $\int x(x+1)^{10}\mathrm{d}x$。

解 令 $x+1=t$,则 $\mathrm{d}x=\mathrm{d}t$,得

$$\begin{aligned}\int x(x+1)^{10}\mathrm{d}x &= \int (t-1)t^{10}\mathrm{d}t = \int t^{11}\mathrm{d}t - \int t^{10}\mathrm{d}t \\ &= \frac{1}{12}t^{12}-\frac{1}{11}t^{11}+C = \frac{1}{12}(x+1)^{12}-\frac{1}{11}(x+1)^{11}+C\end{aligned}$$

当被积函数表达式分母中含有 ax^2+bx+c 时,可先配方,再用换元积分法。

例 3-37 求 $\int \frac{1}{x^2+x+1}\mathrm{d}x$。

解
$$\begin{aligned}\int \frac{1}{x^2+x+1}\mathrm{d}x &= \int \frac{1}{\left(x+\frac{1}{2}\right)^2+\frac{3}{4}}\mathrm{d}x = \int \frac{1}{\left(x+\frac{1}{2}\right)^2+\left(\frac{\sqrt{3}}{2}\right)^2}\mathrm{d}\left(x+\frac{1}{2}\right) \\ &= \frac{2}{\sqrt{3}}\int \frac{1}{1+\left[\frac{2}{\sqrt{3}}\left(x+\frac{1}{2}\right)\right]^2}\mathrm{d}\left[\frac{2}{\sqrt{3}}\left(x+\frac{1}{2}\right)\right] \\ &= \frac{2}{\sqrt{3}}\arctan\frac{2}{\sqrt{3}}\left(x+\frac{1}{2}\right)+C\end{aligned}$$

有些不定积分有多种解法,应尽量采用简便的求法。

例 3-38 求 $\int \frac{1}{x^2\sqrt{1-x^2}}\mathrm{d}x\ (x>0)$。

解 方法一:凑微分法

$$\begin{aligned}\int \frac{1}{x^2\sqrt{1-x^2}}\mathrm{d}x &= \int \frac{\mathrm{d}x}{x^3\sqrt{\frac{1}{x^2}-1}} = -\frac{1}{2}\int \frac{\mathrm{d}\left(\frac{1}{x^2}-1\right)}{\sqrt{\frac{1}{x^2}-1}} = -\sqrt{\frac{1}{x^2}-1}+C \\ &= -\frac{\sqrt{1-x^2}}{x}+C\end{aligned}$$

方法二:倒变换法,令 $x=\frac{1}{u}$,则 $\mathrm{d}x=-\frac{1}{u^2}\mathrm{d}u$,得

$$\begin{aligned}\int \frac{1}{x^2\sqrt{1-x^2}}\mathrm{d}x &= -\int \frac{u\mathrm{d}u}{\sqrt{u^2-1}} = -\frac{1}{2}\int (u^2-1)^{-\frac{1}{2}}\mathrm{d}(u^2-1) = -\sqrt{u^2-1}+C \\ &= -\frac{\sqrt{1-x^2}}{x}+C\end{aligned}$$

笔记

方法三：三角变换法，令 $x = \sin t, t \in (0, \frac{\pi}{2})$，于是 $dx = \cos t dt$，所以

$$\int \frac{1}{x^2\sqrt{1-x^2}}dx = \int \frac{\cos t}{\sin^2 t \cos t}dt = \int \frac{dt}{\sin^2 t}$$
$$= -\cot t + C$$

由图 3-3 得 $\cot t = \frac{\sqrt{1-x^2}}{x}$，因此

$$\int \frac{1}{x^2\sqrt{1-x^2}}dx = -\frac{\sqrt{1-x^2}}{x} + C$$

第三节　分部积分法

分部积分法（integration by parts）是不定积分的另一个重要的基本积分方法，它由两个函数乘积的求导法则推出。通过分部积分法把所求不定积分化为容易积出的形式。

定理 3-4（分部积分法）　如果函数 $u(x)$、$v(x)$ 都可导，则

$$\int u(x)v'(x)dx = u(x)v(x) - \int u'(x)v(x)dx \tag{3-6}$$

或

$$\int u'(x)v(x)dx = u(x)v(x) - \int u(x)v'(x)dx$$

证　由于 $[u(x)v(x)]' = u'(x)v(x) + u(x)v'(x)$，故

$$u(x)v'(x) = [u(x)v(x)]' - u'(x)v(x)$$

我们得

$$\int u(x)v'(x)dx = \int [u(x)v(x)]'dx - \int u'(x)v(x)dx$$
$$= u(x)v(x) - \int u'(x)v(x)dx$$

(3-6)式常简写作如下形式：

$$\int u dv = uv - \int v du \tag{3-7}$$

(3-6)式和(3-7)式称为不定积分的分部积分公式。

例 3-39　求 $\int x\cos x dx$。

解　取 $u = x, dv = \cos x dx = d\sin x$，则由分部积分公式，得

$$\int x\cos x dx = \int x d\sin x = x\sin x - \int \sin x dx = x\sin x + \cos x + C$$

由此可见，使用分部积分法的关键在于选择被积表达式中的 u 与 v' 或 dv，使得式子右边的不定积分容易求出。若 u 与 v' 或 dv 选择不当，可能会使不定积分变得更加复杂，如上例中，如果选取 $u = \cos x, dv = xdx = d(\frac{x^2}{2})$，则有

$$\int x\cos x dx = \frac{x^2}{2}\cos x - \int \frac{x^2}{2}\cos x dx$$

右边不定积分变得更加复杂。

因此在选取 u 与 v' 或 dv 时应考虑如下两点：

(1) v 容易求出或是基本公式；

(2) $\int v du$ 要比原积分 $\int u dv$ 更容易计算。

当使用分部积分法比较熟练后，不必再写出 u、v，可直接应用分部积分公式。

例 3-40 求 $\int xe^{2x}dx$。

解 $\int xe^{2x}dx = \frac{1}{2}\int xde^{2x} = \frac{1}{2}xe^{2x} - \frac{1}{2}\int e^{2x}dx = \frac{1}{2}xe^{2x} - \frac{1}{4}e^{2x} + C$

例 3-41 求 $\int x^2\sin 2xdx$。

解
$$\begin{aligned}\int x^2\sin 2xdx &= \int x^2 d\left(\frac{-\cos 2x}{2}\right) = -\frac{x^2\cos 2x}{2} - \int \frac{-\cos 2x}{2}dx^2\\ &= -\frac{x^2\cos 2x}{2} + \int x\cos 2xdx = -\frac{x^2\cos 2x}{2} + \int xd\left(\frac{\sin 2x}{2}\right)\\ &= -\frac{x^2\cos 2x}{2} + \left(\frac{x\sin 2x}{2} - \int \frac{\sin 2x}{2}dx\right)\\ &= -\frac{x^2\cos 2x}{2} + \frac{x\sin 2x}{2} + \frac{1}{4}\cos 2x + C\end{aligned}$$

例 3-42 求 $\int \arctan xdx$。

解
$$\begin{aligned}\int \arctan xdx &= x\arctan x - \int xd\arctan x = x\arctan x - \int \frac{x}{1+x^2}dx\\ &= x\arctan x - \frac{1}{2}\int \frac{1}{1+x^2}d(1+x^2)\\ &= x\arctan x - \frac{1}{2}\ln(1+x^2) + C\end{aligned}$$

例 3-43 求 $\int x^4\log_5 xdx$。

解
$$\begin{aligned}\int x^4\log_5 xdx &= \int \log_5 xd\left(\frac{x^5}{5}\right) = \frac{x^5}{5}\log_5 x - \int \frac{x^5}{5}d\log_5 x\\ &= \frac{x^5}{5}\log_5 x - \frac{1}{5\ln 5}\int x^4dx\\ &= \frac{x^5}{5}\log_5 x - \frac{1}{25\ln 5}x^5 + C\end{aligned}$$

例 3-44 求 $\int e^{ax}\cos bxdx$。

解
$$\begin{aligned}\int e^{ax}\cos bxdx &= \frac{1}{a}\int \cos bxde^{ax} = \frac{1}{a}e^{ax}\cos bx - \frac{1}{a}\int e^{ax}d\cos bx\\ &= \frac{1}{a}e^{ax}\cos bx + \frac{b}{a}\int e^{ax}\sin bxdx = \frac{1}{a}e^{ax}\cos bx + \frac{b}{a^2}\int \sin bxde^{ax}\\ &= \frac{1}{a}e^{ax}\cos bx + \frac{b}{a^2}\left(e^{ax}\sin bx - \int e^{ax}d\sin bx\right)\\ &= \frac{1}{a}e^{ax}\cos bx + \frac{b}{a^2}\left(e^{ax}\sin bx - b\int e^{ax}\cos bxdx\right)\end{aligned}$$

移项合并后得

$$\int e^{ax}\cos bxdx = \frac{b\sin bx + a\cos bx}{a^2+b^2}e^{ax} + C$$

这类不定积分在连续应用几次分部积分后会出现与原来相同的积分项,经过移项、合并后可得所求积分。

在积分过程中,有时往往要同时使用换元积分法和分部积分法。

例 3-45 求 $\int e^{\sqrt{x+1}}dx$。

解 令 $\sqrt{x+1} = u$,则 $x = u^2 - 1, dx = 2udu$,由换元积分法,得

$$\int e^{\sqrt{x+1}}dx = 2\int e^u u du$$

再应用分部积分法，得

$$\begin{aligned}\int e^{\sqrt{x+1}}dx &= 2\int e^u u du = 2\int u de^u = 2(ue^u - \int e^u du)\\ &= 2ue^u - 2e^u + C\\ &= 2\sqrt{x+1}e^{\sqrt{x+1}} - 2e^{\sqrt{x+1}} + C\end{aligned}$$

第四节　有理函数与简单无理函数的积分

一、有理函数的积分

这一节我们讨论一类特殊的初等函数——有理函数的不定积分。有理函数无论形式怎样复杂，我们都有固定的步骤和方法把它的不定积分求出来。

有理函数是指由两个多项式的商所表示的函数，它具有如下形式：

$$\frac{P(x)}{Q(x)} = \frac{a_0x^n + a_1x^{n-1} + \cdots + a_{n-1}x + a_n}{b_0x^m + b_1x^{m-1} + \cdots + b_{m-1}x + b_m}, \tag{3-8}$$

其中 n,m 为非负整数，$a_0,a_1,\cdots,a_n$ 和 $b_0,b_1,\cdots,b_m$ 都是实数，且 $a_0 \neq 0, b_0 \neq 0$。

若 $n < m$，式(3-8)称为真分式；若 $n \geqslant m$，式(3-8)称为假分式。由多项式除法可知假分式总可以化为一个多项式与一个真分式之和。由于多项式的不定积分容易求出，因此我们只需研究真分式的不定积分。

例 3-46　求 $\int \frac{1}{x^2 - 3x + 2}dx$。

解　由于

$$\frac{1}{x^2 - 3x + 2} = \frac{1}{(x-1)(x-2)} = \frac{1}{x-2} - \frac{1}{x-1},$$

所以

$$\begin{aligned}\int \frac{1}{x^2 - 3x + 2}dx &= \int\left(\frac{1}{x-2} - \frac{1}{x-1}\right)dx = \int \frac{1}{x-2}dx - \int \frac{1}{x-1}dx\\ &= \ln|x-2| - \ln|x-1| + C。\end{aligned}$$

从这个例子我们可以看到，把一个有理函数的不定积分化为两个简单分式的积分。由此得到启发，求有理函数不定积分的步骤如下：

(1) 在实数范围内把分母 $Q(x)$ 分解成一次因子和二次因子的乘积；

(2) 真分式 $\frac{P(x)}{Q(x)}$ 拆成若干个部分分式之和；

(3) 把有理函数的积分化为部分分式的不定积分。

首先我们通过例子说明把真分式化为部分分式的方法。

例 3-47　把真分式 $\frac{2x}{(x-1)^2(x^2+1)}$ 化为部分分式之和。

解　方法一：令

$$\frac{2x}{(x-1)^2(x^2+1)} = \frac{A}{x-1} + \frac{B}{(x-1)^2} + \frac{Cx+D}{x^2+1}$$

两边去分母后，得

$$2x = A(x^2+1)(x-1) + B(x^2+1) + (Cx+D)(x-1)^2$$

即

笔记

$$2x=(A+C)x^3+(B-A+D-2C)x^2+(A-2D+C)x+B-A+D$$

比较两端系数,得

$$\begin{cases}A+C=0\\B-A+D-2C=0\\A-2D+C=2\\B-A+D=0\end{cases}$$

解得

$$A=0,B=1,C=0,D=-1$$

所以

$$\frac{2x}{(x-1)^2(x^2+1)}=\frac{1}{(x-1)^2}+\frac{-1}{x^2+1}$$

方法二:令

$$\frac{2x}{(x-1)^2(x^2+1)}=\frac{A}{x-1}+\frac{B}{(x-1)^2}+\frac{Cx+D}{x^2+1}$$

两边去分母后,得

$$2x=A(x^2+1)(x-1)+B(x^2+1)+(Cx+D)(x-1)^2$$

取 $x=1$ 得:$B=1$;取 $x=0$ 得:$-A+1+D=0$;取 $x=-1$ 得:$-4A+2+4D-4C=-2$;取 $x=2$ 得:$5A+5+2C+D=2$,得方程组

$$\begin{cases}A-D=1\\A-D+C=1\\5A+2C+D=-3\end{cases}$$

解得

$$A=0,B=1,C=0,D=-1$$

所以

$$\frac{2x}{(x-1)^2(x^2+1)}=\frac{1}{(x-1)^2}+\frac{-1}{x^2+1}$$

上面例子给出了两种确定部分分式中待定系数的方法,两种方法综合应用可以简化求待定系数的过程。

例 3-48 求 $\int\frac{2x}{(x-1)^2(x^2+1)}\mathrm{d}x$。

解 由例子 3-47 的结果,得

$$\frac{2x}{(x-1)^2(x^2+1)}=\frac{1}{(x-1)^2}+\frac{-1}{x^2+1}$$

所以

$$\int\frac{2x}{(x-1)^2(x^2+1)}\mathrm{d}x=\int\left[\frac{1}{(x-1)^2}-\frac{1}{x^2+1}\right]\mathrm{d}x=\int\frac{1}{(x-1)^2}\mathrm{d}(x-1)-\int\frac{1}{x^2+1}\mathrm{d}x$$

$$=-\frac{1}{x-1}-\arctan x+C$$

例 3-49 求 $\int\frac{1}{x^2(x^2-x+1)}\mathrm{d}x$。

解 令

$$\frac{1}{x^2(x^2-x+1)}=\frac{A}{x^2}+\frac{B}{x}+\frac{Cx+D}{x^2-x+1}$$

化去分母后,得

$$1=A(x^2-x+1)+Bx(x^2-x+1)+(Cx+D)x^2$$

在上式中，令 $x=0$ 得 $A=1$；令 $x=1,x=2,x=-1$，代入上式，得

$$\begin{cases}B+C+D=0\\3B+4C+2D=-1\\3B+C-D=2\end{cases}\quad \text{解得：}B=1,C=-1,D=0。$$

所以

$$\int\frac{1}{x^2(x^2-x+1)}\mathrm{d}x=\int\frac{1}{x^2}\mathrm{d}x+\int\frac{1}{x}\mathrm{d}x-\int\frac{x}{x^2-x+1}\mathrm{d}x$$

其中

$$\int\frac{1}{x^2}\mathrm{d}x=-\frac{1}{x}+C_1\qquad\int\frac{1}{x}\mathrm{d}x=\ln|x|+C_2$$

$$\int\frac{x}{x^2-x+1}\mathrm{d}x=\frac{1}{2}\int\frac{2x-1+1}{x^2-x+1}\mathrm{d}x=\frac{1}{2}\int\frac{\mathrm{d}(x^2-x+1)}{x^2-x+1}+\frac{1}{2}\int\frac{\mathrm{d}(x-\frac{1}{2})}{(x-\frac{1}{2})^2+\frac{3}{4}}$$

$$=\frac{1}{2}\ln|x^2-x+1|+\frac{1}{\sqrt{3}}\int\frac{\mathrm{d}\left[\frac{2}{\sqrt{3}}(x-\frac{1}{2})\right]}{\left[\frac{2}{\sqrt{3}}(x-\frac{1}{2})\right]^2+1}$$

$$=\frac{1}{2}\ln|x^2-x+1|+\frac{1}{\sqrt{3}}\arctan\frac{2x-1}{\sqrt{3}}+C_3$$

所以

$$\int\frac{1}{x^2(x^2-x+1)}\mathrm{d}x=\ln|x|-\frac{1}{x}-\frac{1}{2}\ln|x^2-x+1|-\frac{1}{\sqrt{3}}\arctan\frac{2x-1}{\sqrt{3}}+C$$

二、简单无理函数的积分

我们通过举例介绍两类可化为有理函数积分的不定积分：一类被积函数是由三角函数 $\sin x$、$\cos x$ 构成的有理式；另一类被积函数是含有根式 $\sqrt[n]{\frac{ax+b}{cx+d}}$ 的函数。

例 3-50　求 $\int\frac{1+\sin x}{\sin x(1+\cos x)}\mathrm{d}x$。

解　令 $u=\tan\frac{x}{2}$，则 $x=2\arctan u,\mathrm{d}x=\frac{2}{1+u^2}\mathrm{d}u$

$$\sin x=\frac{2\sin\frac{x}{2}\cos\frac{x}{2}}{\sin^2\frac{x}{2}+\cos^2\frac{x}{2}}=\frac{2\tan\frac{x}{2}}{1+\tan^2\frac{x}{2}}=\frac{2u}{1+u^2}$$

$$\cos x=\frac{\cos^2\frac{x}{2}-\sin^2\frac{x}{2}}{\sin^2\frac{x}{2}+\cos^2\frac{x}{2}}=\frac{1-\tan^2\frac{x}{2}}{1+\tan^2\frac{x}{2}}=\frac{1-u^2}{1+u^2}$$

$$\int\frac{1+\sin x}{\sin x(1+\cos x)}\mathrm{d}x=\int\frac{1+\frac{2u}{1+u^2}}{\frac{2u}{1+u^2}(1+\frac{1-u^2}{1+u^2})}\frac{2}{1+u^2}\mathrm{d}u$$

$$=\int\frac{1}{2}(u+2+\frac{1}{u})\mathrm{d}u=\frac{1}{2}(\frac{u^2}{2}+2u+\ln|u|)+C$$

$$=\frac{1}{4}\tan^2\frac{x}{2}+\tan\frac{x}{2}+\frac{1}{2}\ln|\tan\frac{x}{2}|+C$$

例 3-51 求 $\int \frac{1}{x}\sqrt{\frac{1+x}{x}}dx$。

解 令 $u=\sqrt{\frac{1+x}{x}}$,则 $x=\frac{1}{u^2-1}$,$dx=-\frac{2udu}{(u^2-1)^2}$,代入得

$$\begin{aligned}\int \frac{1}{x}\sqrt{\frac{1+x}{x}}dx &= \int (u^2-1)u\frac{-2u}{(u^2-1)^2}du=-2\int \frac{u^2}{u^2-1}du=-2\int \frac{u^2-1+1}{u^2-1}du\\ &=-2\int (1+\frac{1}{u^2-1})du=-2u-2\int \frac{1}{(u+1)(u-1)}du\\ &=-2u-\int \left(\frac{1}{u-1}-\frac{1}{u+1}\right)du=-2u-\ln\left|\frac{u-1}{u+1}\right|+C\\ &=-2u+2\ln|u+1|-\ln|u^2-1|+C\\ &=-2\sqrt{\frac{1+x}{x}}+2\ln\left(\sqrt{\frac{1+x}{x}}+1\right)+\ln|x|+C\end{aligned}$$

例 3-52 求 $\int \frac{1}{(1+x)\sqrt{2+x-x^2}}dx\ (x>-1)$。

解 由于 $\sqrt{2+x-x^2}=(1+x)\sqrt{\frac{2-x}{1+x}}$,令 $u=\sqrt{\frac{2-x}{1+x}}$,则

$$x=\frac{2-u^2}{1+u^2},dx=\frac{-6udu}{(1+u^2)^2}$$

所以

$$\begin{aligned}\int \frac{1}{(1+x)\sqrt{2+x-x^2}}dx &= \int \frac{u^2+1}{3}\cdot\frac{u^2+1}{3u}\cdot\frac{-6u}{(u^2+1)^2}du=-\frac{2}{3}\int du=-\frac{2}{3}u+C\\ &=-\frac{2}{3}\sqrt{\frac{2-x}{1+x}}+C\end{aligned}$$

应当指出由于初等函数在其定义域内连续,所以其原函数存在,但是有些初等函数的原函数却不能用初等函数表示。例如:

$$\int e^{-x^2}dx,\quad \int \frac{\sin x}{x}dx,\quad \int \sqrt{x^3+1}dx \text{ 等}$$

如果一个初等函数的原函数不能用初等函数表示,我们称这个函数的不定积分"积不出来"。因此,应该注意,一个初等函数的不定积分"积不出来",并不是指这个不定积分不存在,而是指它的原函数不是初等函数。

第五节 积分表的使用

积分的计算比导数的计算灵活、复杂,需要掌握一定的技巧,为了实用的方便,往往把常用积分公式汇集成表,称为积分表(见书后附表)。一般来讲,大部分函数的不定积分可直接或经过简单变形后查表得出结果。下面举例说明积分表的使用方法。

例 3-53 求 $\int \frac{x^2}{(5x-3)^2}dx$。

解 被积函数含有 $ax+b$,在积分表(一)中查得公式(8)

$$\int \frac{x^2}{(ax+b)^2}dx=\frac{1}{a^3}\left(ax+b-2b\ln|ax+b|-\frac{b^2}{ax+b}\right)+C$$

令 $a=5,b=-3$ 得

$$\int \frac{x^2}{(5x-3)^2}dx=\frac{1}{5^3}\left(5x-3+6\ln|5x-3|-\frac{9}{5x-3}\right)+C$$

例 3-54 求 $\int x^2\sqrt{(4-x^2)^3}\mathrm{d}x$。

解 查积分表(七)中公式(65)

$$\int x^2\sqrt{(a^2-x^2)^3}\mathrm{d}x=\frac{x}{8}(2x^2-a^2)\sqrt{a^2-x^2}+\frac{a^4}{8}\arcsin\frac{x}{a}+C$$

令 $a=2$,于是

$$\int x^2\sqrt{(4-x^2)^3}\mathrm{d}x=\frac{x}{8}(2x^2-2^2)\sqrt{2^2-x^2}+\frac{2^4}{8}\arcsin\frac{x}{2}+C$$

$$=\frac{x}{4}(x^2-2)\sqrt{4-x^2}+2\arcsin\frac{x}{2}+C$$

例 3-55 求 $\int\cos^3 2x\mathrm{d}x$。

解 这个积分不能在积分表中直接查到,需要换元。

令 $u=2x$,则 $x=\frac{u}{2}$,$\mathrm{d}x=\frac{1}{2}\mathrm{d}u$,于是

$$\int\cos^3 2x\mathrm{d}x=\frac{1}{2}\int\cos^3 u\mathrm{d}u$$

查积分表(十一)中公式(96)

$$\int\cos^3 u\mathrm{d}u=\frac{\cos^2 u\sin u}{3}+\frac{2}{3}\int\cos u\mathrm{d}u=\frac{\cos^2 u\sin u}{3}+\frac{2}{3}\sin u+C$$

于是

$$\int\cos^3 2x\mathrm{d}x=\frac{\cos^2 2x\sin 2x}{3}+\frac{2}{3}\sin 2x+C$$

应用积分表求不定积分,受到积分表内容的限制。目前可应用计算机软件 Mathematica 求不定积分,具有快速、可靠等优点,我们将在下节介绍。

第六节 计算机应用

实验一 用 Mathematica 求不定积分

实验目的:熟练掌握用 Mathematica 求不定积分的方法。

基本命令:

命令	说明
Integrate[$f(x)$,x]	求表达式 $f(x)$ 关于变量 x 的一个原函数

实验举例

例 3-56 求 $\int 3a\cdot x^2\mathrm{d}x$

解 In[1]: = Integrate[3a * x^2,x]

Out[1] = ax^3

例 3-57 求 $\int e^{3x}\cdot\cos 2x\mathrm{d}x$

解 In[2]: = Integrate[Exp[3x] * Cos[2x],x]

Out[2] = $\frac{3}{13}e^{3x}$Cos[2x] + $\frac{2}{13}e^{3x}$Sin[2x]

例 3-58 求 $\int\sin(\ln x)\mathrm{d}x$

解 In[3]: = Integrate[Sin[Log[x]],x]

Out[3] = $\dfrac{-(\text{xCos[Log[x]]})+\text{xSin[Log[x]]}}{2}$

当用命令 *Integrate*[*f*(*x*),*x*] 求出被积函数的一个原函数后再加上常数 *C* 就得到不定积分的结果。

上机实习题：

使用命令 *Integrate*[*f*(*x*),*x*] 求下列不定积分

(1) $\int(\sqrt[3]{x}-\frac{1}{\sqrt{x}}+a^x+1)\mathrm{d}x$ (2) $\int x^3\sqrt{x^5}\mathrm{d}x$

(3) $\int \sec x\mathrm{d}x$ (4) $\int\frac{\sqrt{1+2\ln x}}{x}\mathrm{d}x$

(5) $\int x\arcsin x\mathrm{d}x$ (6) $\int\frac{x-1}{(x+1)^2(x^2+x+1)}\mathrm{d}x$

习题

1. 已知一条曲线过点 (0,1)，且在任一点处的切线的斜率等于该点横坐标的 5 倍，求此曲线的方程。

2. 线过(1,0)，且在曲线上每一点 (x,y) 处的切线斜率为 x^3+1，试求这曲线的方程。

3. 已知质点在时刻 t 的速度为 $v=3t-3$，且 $t=0s$ 时 $s=3m$，求：

(1) 质点的运动方程；

(2) 质点走完 $\frac{9}{2}m$ 需要多少时间？

4. 已知 $f'(\sqrt{x})=x+1$，且 $f(0)=1$，求 $f(x)$。

5. 用直接计算法计算下列不定积分

(1) $\int(\sqrt[3]{x}-\frac{1}{\sqrt{x}}+1)\mathrm{d}x$ (2) $\int x^3(\sqrt{x}-\sqrt[3]{x})^2\mathrm{d}x$

(3) $\int(\sin x-3\mathrm{e}^x+\frac{2}{\sqrt{1-x^2}})\mathrm{d}x$ (4) $\int\frac{2\cdot a^x-\mathrm{e}^x\cdot 5}{3^x}\mathrm{d}x$

(5) $\int a^x(1-\frac{a^{-x}}{\sqrt{x}})\mathrm{d}x$ (6) $\int\frac{1}{x^2(1+x^2)}\mathrm{d}x$

(7) $\int\frac{x^4}{1+x^2}\mathrm{d}x$ (8) $\int\frac{2^{x-2}-3^{x-1}}{10^x}\mathrm{d}x$

(9) $\int\sec x(\sec x+\tan x)\mathrm{d}x$ (10) $\int\cos^2\frac{x}{2}\mathrm{d}x$

(11) $\int\frac{\cos 2x}{\sin x-\cos x}\mathrm{d}x$ (12) $\int\frac{2-\sin^2x}{\cos^2x}\mathrm{d}x$

(13) $\int\frac{a^{3x}+1}{a^x+1}\mathrm{d}x$ (14) $\int(ab^x-ba^x)^2\mathrm{d}x$

(15) $\int b^x\mathrm{e}^{bx}\mathrm{d}x$ (16) $\int\frac{\sqrt{x\sqrt{x}}}{x}\mathrm{d}x$

(17) $\int\frac{1+\cos^2x}{1+\cos 2x}\mathrm{d}x$ (18) $\int\left(\frac{1}{1-\sin x}+\frac{1}{1+\sin x}\right)\mathrm{d}x$

6. 换元积分法求下列不定积分

(1) $\int\cos 5x\mathrm{d}x$ (2) $\int\frac{1}{5^{3x+1}}\mathrm{d}x$

(3) $\int \frac{x}{1+x^2}dx$

(4) $\int (1-2x)^5 dx$

(5) $\int \frac{x}{\sqrt{1-x^2}}dx$

(6) $\int \frac{x^3}{(1+x^4)^7}dx$

(7) $\int 2^x \cos 2^x dx$

(8) $\int \frac{\sqrt{1+\ln x}}{x}dx$

(9) $\int \frac{(\arctan x)^3}{1+x^2}dx$

(10) $\int \sqrt{\frac{\arcsin x}{1-x^2}}dx$

(11) $\int \frac{1}{\cos^2 x\sqrt{1+\tan x}}dx$

(12) $\int \sin 3x \sin 5x dx$

(13) $\int \frac{1}{\sqrt{3-25x^2}}dx$

(14) $\int \frac{x}{1+\sqrt{x}}dx$

(15) $\int \frac{1}{1+\sqrt[3]{1-x}}dx$

(16) $\int \frac{1}{\sqrt{2x-1}-\sqrt[4]{2x-1}}dx$

(17) $\int \frac{x}{\sqrt{2+2x-x^2}}dx$

(18) $\int \frac{1}{\sqrt{1+x-x^2}}dx$

(19) $\int \frac{1}{\sqrt{1+e^x}}dx$

(20) $\int \frac{1}{10+2x+x^2}dx$

7. 用分部积分法求下列不定积分

(1) $\int x\cdot 3^x dx$

(2) $\int x\cos 2x dx$

(3) $\int (x-1)a^x dx$

(4) $\int x^3 \ln x dx$

(5) $\int \arctan x dx$

(6) $\int \log_5(2x-1)dx$

(7) $\int x^2 \sin 2x dx$

(8) $\int \ln(x^2+1)dx$

(9) $\int x^2 e^x dx$

(10) $\int (\log_2 x)^2 dx$

(11) $\int \sin\sqrt{x}dx$

(12) $\int \frac{\ln x}{\sqrt{x}}dx$

(13) $\int \sin(\ln x)dx$

(14) $\int \frac{x\arcsin x}{\sqrt{1-x^2}}dx$

(15) $\int \frac{\ln(\ln x)}{x}dx$

(16) $\int \frac{\ln(\cos x)}{\cos^2 x}dx$

(17) $\int \frac{1}{e^x+e^{-x}}dx$

(18) $\int e^{5\sqrt{x}}dx$

(19) $\int e^{2x}\cos 3x dx$

(20) $\int \frac{\arctan\sqrt{x}}{\sqrt{x}}dx$

(21) $\int x^2 \cos^2 \frac{x}{2}dx$

(22) $\int (\arcsin x)^2 dx$

8. 计算下列积分

(1) $\int \frac{x+1}{(x-1)^3}dx$

(2) $\int \frac{3x+2}{x(x+1)^3}dx$

(3) $\int \frac{2x-1}{x^2-5x+6}dx$

(4) $\int \frac{x^2+1}{x(x-1)^2}dx$

(5) $\int \frac{x}{(x^2+1)(x^2+4)}dx$

(6) $\int \frac{x}{(x+2)(x+3)^2}dx$

(7) $\int \frac{3-\sin x}{3+\cos x}dx$

(8) $\int \frac{1}{5-3\cos x}dx$

(9) $\int x\sqrt{\frac{x-1}{x+1}}dx$

(10) $\int \frac{\sin x}{\sin x+\cos x}dx$

（刘启贵）

笔记

第四章 定积分及其应用

学习要求

1. 掌握：牛顿-莱布尼茨公式；定积分的计算（换元积分法、分部积分法）；广义积分的计算；平面图形面积和旋转体体积的计算。

2. 熟悉：定积分的概念、性质及几何意义；积分上限函数及其导数；不定积分与定积分的关系；广义积分的概念。

3. 了解：积分中值定理；Γ 函数及其主要性质；微元法的实际应用（生物医学、物理等）；利用 Mathematica 软件计算定积分的基本方法。

一元函数的积分学主要由不定积分和定积分两部分组成，第三章介绍了不定积分的内容，本章介绍定积分的内容。定积分在自然科学及医药学中都有着广泛的应用。本章将通过两个实例引入定积分的概念，然后介绍定积分的性质、计算方法及其应用。

第一节　定积分的概念和性质

一、两个典型实例

引例 4-1　曲边梯形的面积计算

在初等数学中，我们已解决了由直线段和圆弧所围成的平面图形面积的计算问题。但在实际问题中，还会遇到由任意曲线所围成的平面图形面积的计算问题。为此，我们首先讨论最简单的所谓“曲边梯形”的面积计算问题。设函数 $f(x)$ 在区间 $[a,b]$ 上连续，且 $f(x) \geqslant 0$，则由曲线 $y=f(x)$，直线 $x=a$ 和 $x=b$ 及 x 轴所围成的图形称为在 $[a,b]$ 上以曲线 $y=f(x)$ 为曲边的**曲边梯形**（curvilinear trapezoid）（图 4-1）。

一般曲线所围成平面图形的面积总可化为若干个曲边梯形面积的代数和来计算。如图 4-2 中，曲线 $DECF$ 所围图形面积等于曲边梯形 $MDECN$ 的面积减去曲边梯形 $MDFCN$ 的面积。因此，计算平面图形的面积问题，实际上可归结为计算曲边梯形的面积问题。

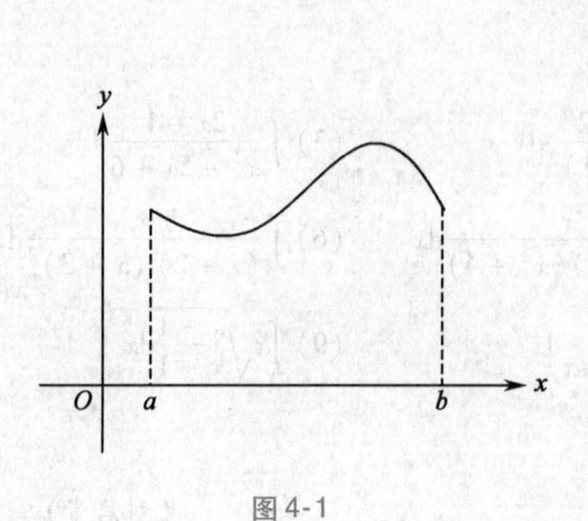

图 4-1

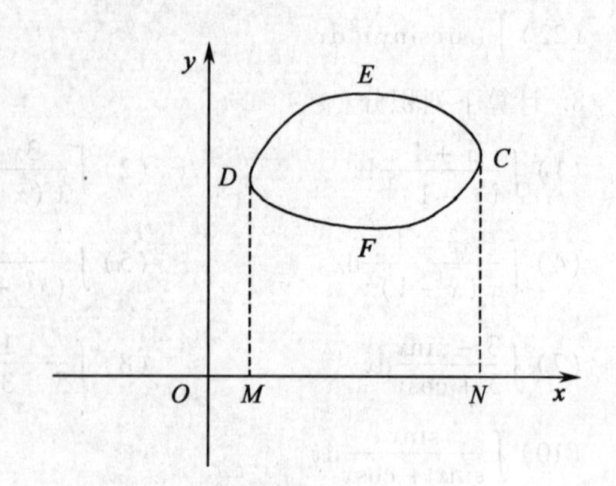

图 4-2

现在,我们来讨论曲边梯形面积的求法。由于曲边梯形有一条曲边,不能像矩形那样用底乘高来求其面积。但是,曲边梯形的“高”$f(x)$ 在区间 $[a,b]$ 上是连续变化的,如果把区间 $[a,b]$ 任意分成 n 个小区间,相应地做出 n 个小曲边梯形,那么 $f(x)$ 在每一个小区间上变化不大,可以近似地看成不变。这样,每一个小曲边梯形的面积便可近似地用小矩形的面积来代替。把这些小矩形的面积加起来,就得到了整个曲边梯形面积的近似值(图 4-3)。

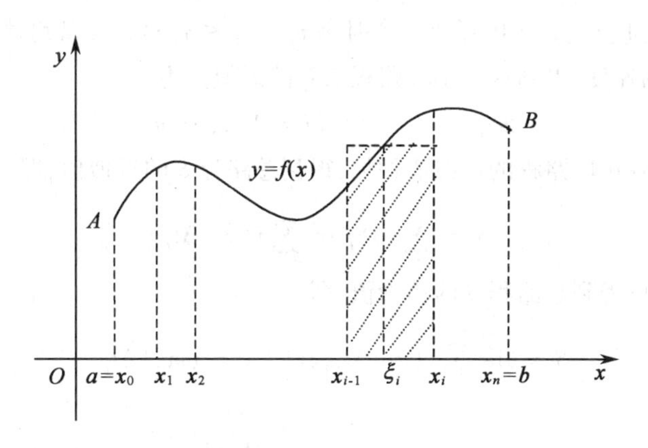

图 4-3

显然,把区间 $[a,b]$ 分割得越细,所得面积的近似程度就越高。因此,我们可以把曲边梯形的面积定义为当区间 $[a,b]$ 被无限细分时,这些小矩形面积和的极限。

上述解决问题的思路可归结为如下四步:

(1) 分割,即把曲边梯形分割为 n 个小曲边梯形。为此,在区间 $[a,b]$ 内任意插入 $n-1$ 个分点:

$$a = x_0 < x_1 < \cdots < x_{i-1} < x_i < \cdots < x_{n-1} < x_n = b$$

把区间 $[a,b]$ 分割成 n 个小区间 $[x_{i-1},x_i]$,它们的长度为 $\Delta x_i = x_i - x_{i-1}$ $(i=1,2,\cdots,n)$。过各分点作 x 轴的垂线,把曲边梯形分割成 n 个小曲边梯形。各个小曲边梯形的面积记为 ΔA_i。

(2) 近似代替,即用小矩形近似代替小曲边梯形,求出各个小曲边梯形面积的近似值。为此,我们在每个小区间 $[x_{i-1},x_i]$ 上任取一点 ξ_i,以函数值 $f(\xi_i)$ 为高,相应的小区间长 Δx_i 为底的小矩形的面积 $f(\xi_i)\Delta x_i$ 去代替小曲边梯形的面积,即

$$\Delta A_i \approx f(\xi_i)\Delta x_i \ (x_{i-1} \leqslant \xi_i \leqslant x_i, i = 1,2,\cdots,n)$$

(3) 求和,即把每个小矩形的面积相加,得到曲边梯形面积 A 的近似值。即

$$A = \sum_{i=1}^{n} \Delta A_i \approx \sum_{i=1}^{n} f(\xi_i)\Delta x_i$$

(4) 取极限,即对 $\sum\limits_{i=1}^{n} f(\xi_i)\Delta x_i$ 令 $n\to\infty$ 取极限,便得到曲边梯形面积 A 的精确值。当 n 无限增大,即将 $[a,b]$ 无限细分。为了保证所有小区间长度都无限变小,以 λ 表示所有小区间长度的最大值,即 $\lambda = \max\limits_{1\leqslant i\leqslant n}\{\Delta x_i\}$,当 $\lambda\to 0$ 时,就意味着分割是无限进行的(此时必有 $n\to\infty$)。小矩形面积和的极限便是曲边梯形面积 A 的精确值,即

$$A = \lim_{\lambda\to 0}\sum_{i=1}^{n} f(\xi_i)\Delta x_i$$

引例 4-2 变速直线运动的路程计算

设一物体沿直线作变速运动,其速度 $v(t)$ 是时间区间 $[T_1,T_2]$ 上的连续函数,且 $v(t)\geqslant 0$。如何求该物体从时刻 T_1 到时刻 T_2 这段时间内经过的路程 S 呢?

如果物体沿直线做匀速运动,那么它所经过的路程等于“速度 × 时间”。对于求变速直线运动的路程,虽不能直接用“速度 × 时间”的公式来计算,但由于速度函数是连续的,在很短的一段时间内,速度变化不大,近似匀速,因此可仿照解决曲边梯形面积问题的思路来求路程。

笔记

(1) 分割,即分总路程为 n 段小路程。为此在时间区间 $[T_1,T_2]$ 内插入 $n-1$ 个分点:

$$T_1 = t_0 < t_1 < \cdots < t_{i-1} < t_i < \cdots < t_{n-1} < t_n = T_2$$

得到 n 段小时间区间 $[t_{i-1},t_i]$,每小段时间长为 $\Delta t_i = t_i - t_{i-1}\ (i=1,2,\cdots,n)$,设物体在这一小段时间内经过的路程为 $\Delta S_i(i=1,2,\cdots,n)$。

(2) 近似代替,即把每小段时间区间内物体的运动看作匀速运动,算出每小段路程的近似值。为此,在时间区间 $[t_{i-1},t_i]$ 内任取一个时刻 $\tau_i(t_{i-1}\leqslant\tau_i\leqslant t_i)$,以此时刻的速度 $v(\tau_i)$ 代替该区间上各个时刻的速度,得到这一小段路程 ΔS_i 的近似值为

$$\Delta S_i \approx v(\tau_i)\Delta t_i\ (i=1,2,\cdots,n)$$

(3) 求和,即把各小段路程的近似值相加,得到总路程 S 的近似值,即

$$S = \sum_{i=1}^{n}\Delta S_i \approx \sum_{i=1}^{n} v(\tau_i)\Delta t_i$$

(4) 取极限,便可得到总路程 S 的精确值,即

$$S = \lim_{\lambda\to 0}\sum_{i=1}^{n} v(\tau_i)\Delta t_i,\text{其中 } \lambda = \max_{1\leqslant i\leqslant n}\{\Delta t_i\}$$

二、定积分的概念

上面两个问题的实际意义虽然不同,但解决问题的方法却完全相同,都是采用“分割、近似代替、求和、取极限”四步,将所求的量归结为具有相同结构的一种和式的极限。许多实际问题也都可归结为求这类和式的极限。抛开这些问题的具体意义,抓住它们在数量关系上的共性,便抽象出定积分的概念。

定义 4-1　设函数 $f(x)$ 在闭区间 $[a,b]$ 上连续,在 $[a,b]$ 内任意插入 $n-1$ 个分点:

$$a = x_0 < x_1 < \cdots < x_{i-1} < x_i < \cdots < x_{n-1} < x_n = b$$

把区间 $[a,b]$ 分割成 n 个小区间 $[x_{i-1},x_i]$,各小区间的长度分别为 $\Delta x_i = x_i - x_{i-1}\ (i=1,2,\cdots,n)$,在每个小区间 $[x_{i-1},x_i]$ 上任取一点 ξ_i,并作乘积的和式

$$\sum_{i=1}^{n} f(\xi_i)\Delta x_i$$

记 $\lambda = \max\limits_{1\leqslant i\leqslant n}\{\Delta x_i\}$,如果极限

$$\lim_{\lambda\to 0}\sum_{i=1}^{n} f(\xi_i)\Delta x_i$$

存在,且不依赖于区间 $[a,b]$ 的分割方法,也不依赖于点 ξ_i 的选取方法,则称此极限为函数 $f(x)$ 在区间 $[a,b]$ 上的**定积分**(definite integral),记为 $\int_a^b f(x)\,\mathrm{d}x$,即

$$\int_a^b f(x)\,\mathrm{d}x = \lim_{\lambda\to 0}\sum_{i=1}^{n} f(\xi_i)\Delta x_i$$

其中 $f(x)$ 称为**被积函数**,$f(x)\,\mathrm{d}x$ 称为**被积表达式**,x 称为**积分变量**(integral variable),区间 $[a,b]$ 称为**积分区间**(interval of integration),a 称为**积分下限**(lower limit of integration),b 称为**积分上限**(upper limit of integration)。

若函数 $f(x)$ 在区间 $[a,b]$ 上的定积分存在,则称函数 $f(x)$ 在区间 $[a,b]$ 上**可积**。可以证明,若函数 $f(x)$ 在 $[a,b]$ 上连续,则 $f(x)$ 在区间 $[a,b]$ 上一定可积。

由定积分的定义可知,定积分 $\int_a^b f(x)\,\mathrm{d}x$ 表示一个数值,它仅与被积函数 $f(x)$ 及积分区间 $[a,b]$ 有关,而与积分变量的记号无关,即

$$\int_a^b f(x)\,\mathrm{d}x = \int_a^b f(t)\,\mathrm{d}t = \int_a^b f(u)\,\mathrm{d}u$$

在定积分的定义中是假定 $a<b$ 的,为了今后计算及应用的方便,我们规定:

（1）当 $a=b$ 时，$\int_a^a f(x)\mathrm{d}x=0$；

（2）当 $a>b$ 时，$\int_a^b f(x)\mathrm{d}x=-\int_b^a f(x)\mathrm{d}x$。

由上式可知，交换定积分的上下限时，定积分的绝对值不变而符号相反。

利用定积分的定义，上面所讨论的两个实际问题可以分别表述为：

由曲线 $y=f(x)(f(x)\geqslant 0)$、直线 $x=a$、$x=b$ 及 x 轴所围成的曲边梯形的面积 A 等于函数 $f(x)$ 在区间 $[a,b]$ 上的定积分，即

$$A=\int_a^b f(x)\mathrm{d}x$$

物体以变速 $v=v(t)(v(t)\geqslant 0)$ 作直线运动，从时刻 $t=T_1$ 到时刻 $t=T_2$ 经过的路程 S 等于函数 $v(t)$ 在区间 $[T_1,T_2]$ 上的定积分，即

$$S=\int_{T_1}^{T_2} v(t)\mathrm{d}t$$

下面讨论定积分的几何意义。在 $[a,b]$ 上 $f(x)\geqslant 0$ 时，我们已经知道，定积分 $\int_a^b f(x)\mathrm{d}x$ 在几何上表示由曲线 $y=f(x)$、直线 $x=a$、$x=b$ 及 x 轴所围成的曲边梯形的面积；在 $[a,b]$ 上 $f(x)\leqslant 0$ 时，由曲线 $y=f(x)$、直线 $x=a$、$x=b$ 及 x 轴所围成的曲边梯形位于 x 轴的下方，定积分 $\int_a^b f(x)\mathrm{d}x<0$，在几何上表示此曲边梯形面积的负值；若函数 $f(x)$ 在 $[a,b]$ 上既取得正值又取得负值时，函数 $y=f(x)$ 的图形某些部分在 x 轴上方，而其余部分在 x 轴下方（图 4-4）。

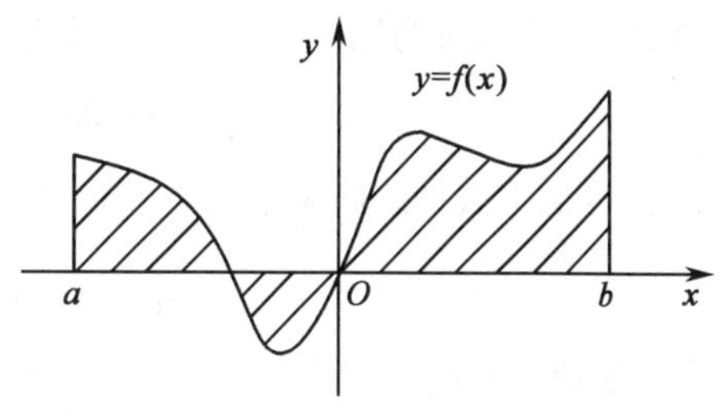

图 4-4

此时定积分 $\int_a^b f(x)\mathrm{d}x$ 表示 x 轴上方图形面积减去 x 轴下方图形面积。即定积分 $\int_a^b f(x)\mathrm{d}x$ 的几何意义是曲边 $y=f(x)$、直线 $x=a$、$x=b$ 及 x 轴所围成的各个曲边梯形面积的代数和。

例 4-1　利用定积分的定义计算定积分 $\int_0^1 x^2\mathrm{d}x$。

解　被积函数 $f(x)=x^2$ 在 $[0,1]$ 上连续，所以 $\int_0^1 x^2\mathrm{d}x$ 存在。由于积分值与区间 $[0,1]$ 的分割及 ξ_i 的取法无关，为方便计算，不妨把区间 $[0,1]$ 分成 n 等份，分点为 $x_i=\frac{i}{n}(i=1,2,\cdots,n-1)$；这样，每个小区间 $[x_{i-1},x_i]$ 的长度 $\Delta x_i=\frac{1}{n}(i=1,2,\cdots,n)$；取 ξ_i 为各个小区间 $[x_{i-1},x_i]$ 的右端点 x_i，于是，得和式

$$\begin{aligned}\sum_{i=1}^{n} f(\xi_i)\Delta x_i &= \sum_{i=1}^{n}\xi_i^2\Delta x_i=\sum_{i=1}^{n}x_i^2\Delta x_i=\sum_{i=1}^{n}\left(\frac{i}{n}\right)^2\frac{1}{n}=\frac{1}{n^3}\sum_{i=1}^{n}i^2\\&=\frac{1}{n^3}\cdot\frac{1}{6}n(n+1)(2n+1)=\frac{1}{6}\left(1+\frac{1}{n}\right)\left(2+\frac{1}{n}\right)\end{aligned}$$

当 $\lambda=\frac{1}{n}\to 0$，即 $n\to\infty$ 时，有

$$\int_0^1 x^2\mathrm{d}x=\lim_{\lambda\to 0}\sum_{i=1}^{n}f(\xi_i)\Delta x_i=\lim_{\lambda\to 0}\sum_{i=1}^{n}\xi_i^2\Delta x_i=\lim_{n\to\infty}\frac{1}{6}\left(1+\frac{1}{n}\right)\left(2+\frac{1}{n}\right)=\frac{1}{3}$$

三、定积分的性质

根据定积分的定义以及极限运算法则，可推得定积分的几个简单性质和积分中值定理。这

里假定所讨论的函数在积分区间上都是可积的，并且如无特殊说明，这些性质对 $a>b$ 的情况均成立。

性质 4-1 被积函数的常数因子可以提到积分号外面，即

$$\int_a^b kf(x)\,\mathrm{d}x = k\int_a^b f(x)\,\mathrm{d}x \quad (k\text{ 为常数})$$

证 由定积分的定义，得

$$\int_a^b kf(x)\,\mathrm{d}x = \lim_{\lambda\to 0}\sum_{i=1}^n kf(\xi_i)\Delta x_i = k\lim_{\lambda\to 0}\sum_{i=1}^n f(\xi_i)\Delta x_i = k\int_a^b f(x)\,\mathrm{d}x$$

性质 4-2 两函数代数和的定积分等于它们定积分的代数和，即

$$\int_a^b [f(x)\pm g(x)]\,\mathrm{d}x = \int_a^b f(x)\,\mathrm{d}x \pm \int_a^b g(x)\,\mathrm{d}x$$

这个性质可根据定积分的定义及极限运算性质进行证明。

性质 4-2 可推广到有限多个函数都成立，即有限多个函数代数和的定积分等于这些函数定积分的代数和。

性质 4-3(积分区间的可加性) 若 $a<c<b$，则

$$\int_a^b f(x)\,\mathrm{d}x = \int_a^c f(x)\,\mathrm{d}x + \int_c^b f(x)\,\mathrm{d}x$$

证 因为函数 $f(x)$ 在区间 $[a,b]$ 上可积，所以不论把 $[a,b]$ 怎样分，积分和的极限总是不变的。若假设 c 为区间 $[a,b]$ 的一个分点 $a<c<b$，则

$$\sum_{[a,b]} f(\xi_i)\Delta x_i = \sum_{[a,c]} f(\xi_i)\Delta x_i + \sum_{[c,b]} f(\xi_i)\Delta x_i$$

当 $\lambda\to 0$，上式两端同时取极限，得

$$\int_a^b f(x)\,\mathrm{d}x = \int_a^c f(x)\,\mathrm{d}x + \int_c^b f(x)\,\mathrm{d}x$$

需要指出的是此性质与 a,b,c 的大小无关。事实上，若 $a<b<c$，显然有

$$\int_a^c f(x)\,\mathrm{d}x = \int_a^b f(x)\,\mathrm{d}x + \int_b^c f(x)\,\mathrm{d}x$$

则

$$\int_a^b f(x)\,\mathrm{d}x = \int_a^c f(x)\,\mathrm{d}x - \int_b^c f(x)\,\mathrm{d}x = \int_a^c f(x)\,\mathrm{d}x + \int_c^b f(x)\,\mathrm{d}x$$

即无论 a,b,c 的大小关系如何，总有

$$\int_a^b f(x)\,\mathrm{d}x = \int_a^c f(x)\,\mathrm{d}x + \int_c^b f(x)\,\mathrm{d}x$$

该性质表明定积分对于积分区间具有可加性。

性质 4-4 若在区间 $[a,b]$ 上，被积函数 $f(x)\equiv 1$，则

$$\int_a^b f(x)\,\mathrm{d}x = \int_a^b \mathrm{d}x = b-a$$

证 由定积分的定义，得

$$\int_a^b \mathrm{d}x = \lim_{\lambda\to 0}\sum_{i=1}^n \Delta x_i = b-a$$

性质 4-5 若在区间 $[a,b]$ 上，恒有 $f(x)\leqslant g(x)$，则

$$\int_a^b f(x)\,\mathrm{d}x \leqslant \int_a^b g(x)\,\mathrm{d}x$$

证 由定积分的定义，得

$$\int_a^b f(x)\,\mathrm{d}x = \lim_{\lambda\to 0}\sum_{i=1}^n f(\xi_i)\Delta x_i \leqslant \lim_{\lambda\to 0}\sum_{i=1}^n g(\xi_i)\Delta x_i = \int_a^b g(x)\,\mathrm{d}x$$

性质 4-6(积分中值定理) 若函数 $f(x)$ 在闭区间 $[a,b]$ 上连续，则在区间 $[a,b]$ 上至少存在一点 ξ，使

$$\int_a^b f(x)\mathrm{d}x = f(\xi)(b-a)$$

证　因为函数 $f(x)$ 在闭区间 $[a,b]$ 上连续，根据闭区间上连续函数的性质知，$f(x)$ 在 $[a,b]$ 上有最小值 m 和最大值 M，由性质 4-5，得

$$\int_a^b m\mathrm{d}x \leqslant \int_a^b f(x)\mathrm{d}x \leqslant \int_a^b M\mathrm{d}x$$

再由性质 4-1 及性质 4-4，得

$$m(b-a) \leqslant \int_a^b f(x)\mathrm{d}x \leqslant M(b-a)$$

由于 $b-a \neq 0$，于是有

$$m \leqslant \frac{1}{b-a}\int_a^b f(x)\mathrm{d}x \leqslant M$$

这表明，数值 $\frac{1}{b-a}\int_a^b f(x)\mathrm{d}x$ 介于函数 $f(x)$ 的最小值 m 和最大值 M 之间，由闭区间上连续函数的介值定理知，在 $[a,b]$ 上至少存在一点 ξ，使得函数 $f(x)$ 在点 ξ 处的值与这个确定的数值相等，即应有

$$\frac{1}{b-a}\int_a^b f(x)\mathrm{d}x = f(\xi)$$

两端各乘以 $b-a$，则得

$$\int_a^b f(x)\mathrm{d}x = f(\xi)(b-a) \qquad (a \leqslant \xi \leqslant b)$$

上述公式也称为**积分中值公式**。

积分中值定理的几何意义是：在区间 $[a,b]$ 上至少存在一点 ξ，使得以区间 $[a,b]$ 为底边、以 $y=f(x)$ 为曲边的曲边梯形的面积等于同一底边而高为 $f(\xi)$ 的一个矩形的面积（图 4-5）。

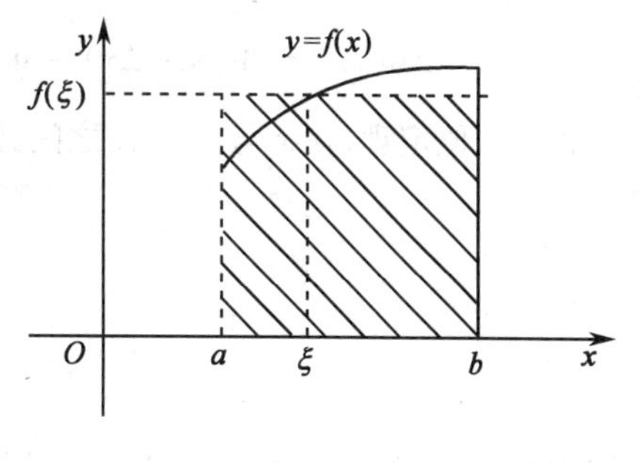

图 4-5

按积分中值公式所得 $f(\xi) = \frac{1}{b-a}\int_a^b f(x)\mathrm{d}x$ 称为函数 $f(x)$ 在区间 $[a,b]$ 上的平均值。

第二节　牛顿-莱布尼茨公式

从例 4-1 的解题过程可以看到，用定积分的定义去计算函数的定积分不仅很烦琐，而且被积函数稍复杂一些时，极限很难或无法求出。因此，必须寻求计算定积分简便而有效的方法。

首先我们从分析变速直线物体运动的速度与路程的关系入手，从中找出普遍性的联系。设 $v(t)$ 为物体运动的速度（为了讨论方便，可以设 $v(t) \geqslant 0$），则在时间区间 $[T_1,T_2]$ 内物体所经过的路程为

$$S = \int_{T_1}^{T_2} v(t)\mathrm{d}t$$

如果已知该物体运动的路程函数为 $S(t)$，则在时间区间 $[T_1,T_2]$ 内物体所经过的路程为

$$S = S(T_2) - S(T_1)$$

从而有

$$\int_{T_1}^{T_2} v(t)\mathrm{d}t = S(T_2) - S(T_1)$$

注意到 $S'(t) = v(t)$，即路程函数 $S(t)$ 是速度函数 $v(t)$ 的一个原函数。所以，速度函数

$v(t)$ 在区间 $[T_1,T_2]$ 上的定积分 $\int_{T_1}^{T_2} v(t)\mathrm{d}t$ 等于它的原函数 $S(t)$ 在积分区间 $[T_1,T_2]$ 上的增量 $S(T_2)-S(T_1)$。在这一具体问题中,我们发现定积分的计算可转化为求原函数在积分区间上的增量。能否把这个结论推广到一般的情况呢？为此需引入一个特殊的函数——变上限函数。

一、变上限函数

设函数 $f(x)$ 在 $[a,b]$ 上连续,则它在 $[a,b]$ 的任意子区间 $[a,x]$ 上是可积的,因而

$$\Phi(x)=\int_a^x f(t)\mathrm{d}t(a\leqslant x\leqslant b)$$

就是它的积分上限 x 的函数(为了避免与积分上限相混淆,这里积分变量用 t 而不用 x),称此函数为**积分上限函数**或**变上限函数**。

变上限函数 $\Phi(x)$ 具有下述重要性质：

定理 4-1 如果函数 $f(x)$ 在区间 $[a,b]$ 上连续,则变上限函数 $\Phi(x)=\int_a^x f(t)\mathrm{d}t$ 在区间 $[a,b]$ 上可导,并且

$$\Phi'(x)=\frac{\mathrm{d}}{\mathrm{d}x}\int_a^x f(t)\mathrm{d}t=f(x)\quad(a\leqslant x\leqslant b)$$

证 任取 $x\in(a,b)$,给 x 以增量 $\Delta x(x+\Delta x\in(a,b))$,则函数 $\Phi(x)$ 的增量为

$$\Delta\Phi(x)=\Phi(x+\Delta x)-\Phi(x)=\int_a^{x+\Delta x}f(t)\mathrm{d}t-\int_a^x f(t)\mathrm{d}t=\int_x^{x+\Delta x}f(t)\mathrm{d}t$$

由积分中值定理,在 x 与 $x+\Delta x$ 之间必然存在一点 ξ,使

$$\int_x^{x+\Delta x}f(t)\mathrm{d}t=f(\xi)\Delta x$$

于是

$$\frac{\Delta\Phi(x)}{\Delta x}=f(\xi)$$

因为 $f(x)$ 是连续函数,故当 $\Delta x\to 0$ 时,有 $\xi\to x$,从而

$$\Phi'(x)=\lim_{\Delta x\to 0}\frac{\Delta\Phi(x)}{\Delta x}=\lim_{\Delta x\to 0}f(\xi)=\lim_{\xi\to x}f(\xi)=f(x)$$

若 $x=a$,取 $\Delta x>0$,则同理可证 $\Phi'_+(a)=f(a)$;若 $x=b$,取 $\Delta x<0$,则同理可证 $\Phi'_-(b)=f(b)$。

例 4-2 求 $\int_a^x \sin t^3\mathrm{d}t$ 和 $\int_x^0 \sin 2t\mathrm{d}t$ 的导数。

解 $\left(\int_a^x \sin t^3\mathrm{d}t\right)'=\sin x^3$

$\left(\int_x^0 \sin 2t\mathrm{d}t\right)'=\left(-\int_0^x \sin 2t\mathrm{d}t\right)'=-\sin 2x$

推论 设 $f(x)$ 在 $[a,b]$ 上连续,$a(x),b(x)$ 为 $[a,b]$ 上可导函数,且 $a\leqslant a(x),b(x)\leqslant b$,$x\in[a,b]$,则

$$\left(\int_{a(x)}^{b(x)}f(t)\mathrm{d}t\right)'=f[b(x)]b'(x)-f[a(x)]a'(x)$$

例 4-3 求 $\int_{\mathrm{e}^x}^{x^3}\sin 5t\mathrm{d}t$ 的导数。

解 $\left(\int_{\mathrm{e}^x}^{x^3}\sin 5t\mathrm{d}t\right)'=\sin 5x^3\cdot(x^3)'-\sin 5\mathrm{e}^x\cdot(\mathrm{e}^x)'=3x^2\sin 5x^3-\mathrm{e}^x\sin 5\mathrm{e}^x$

笔记

例 4-4 求极限 $\lim\limits_{x\to 0}\dfrac{\int_0^x \sin^2 t\mathrm{d}t}{x^3}$。

解　当 $x \to 0$ 时，此极限为 $\frac{0}{0}$ 型，故用洛必达法则得

$$\lim_{x\to 0}\frac{\int_0^x \sin^2 t\mathrm{d}t}{x^3}=\lim_{x\to 0}\frac{\left(\int_0^x \sin^2 t\mathrm{d}t\right)'}{(x^3)'}=\lim_{x\to 0}\frac{\sin^2 x}{3x^2}=\lim_{x\to 0}\frac{2\sin x\cos x}{6x}=\frac{1}{3}$$

定理 4-1 说明 $\Phi(x)$ 是连续函数 $f(x)$ 在 $[a,b]$ 上的一个原函数。由此可得如下原函数存在定理。

定理 4-2(原函数存在定理)　设函数 $f(x)$ 在区间 $[a,b]$ 上连续，则函数 $\Phi(x)=\int_a^x f(t)\mathrm{d}t$ 是 $f(x)$ 在区间 $[a,b]$ 上的一个原函数。

定理 4-2 不仅说明了连续函数的原函数一定存在，而且初步揭示了积分学中的定积分与原函数之间的联系。

二、牛顿-莱布尼茨公式

利用定理 4-2 的结论，可以证明计算定积分的重要定理——微积分基本定理。

定理 4-3(微积分基本定理)　设函数 $f(x)$ 在 $[a,b]$ 上连续，若 $F(x)$ 是 $f(x)$ 在 $[a,b]$ 上的一个原函数，则

$$\int_a^b f(x)\mathrm{d}x = F(b)-F(a) \overset{\text{记为}}{=} F(x)\big|_a^b$$

上述公式称为牛顿-莱布尼茨公式(Newton-Leibniz formula)，也称为**微积分基本公式**(fundamental formula of calculus)。

证　设 $F(x)$ 是 $f(x)$ 的一个原函数。由定理 4-2 知，变上限函数

$$\Phi(x)=\int_a^x f(t)\mathrm{d}t$$

也是 $f(x)$ 的一个原函数，所以

$$F(x)=\Phi(x)+C=\int_a^x f(t)\mathrm{d}t+C \quad (\text{其中 } C \text{ 是某个常数})$$

在上式中令 $x=a$，由于 $\Phi(a)=\int_a^a f(t)\mathrm{d}t=0$，所以 $F(a)=C$，代入上式，得

$$F(x)=\int_a^x f(t)\mathrm{d}t+F(a)$$

即
$$\int_a^x f(t)\mathrm{d}t=F(x)-F(a)$$

在上式中令 $x=b$，得

$$\int_a^b f(t)\mathrm{d}t=F(b)-F(a)$$

由于定积分的值与积分变量的记法无关，故

$$\int_a^b f(x)\mathrm{d}x = F(b)-F(a) \overset{\text{记为}}{=} F(x)\big|_a^b$$

定理 4-3 进一步揭示了定积分与原函数之间的联系，它表明：连续函数 $f(x)$ 在区间 $[a,b]$ 上的定积分等于它的任一原函数在区间 $[a,b]$ 上的增量。这为定积分的计算提供了一个简便而有效的方法。

例 4-5　计算第一节中的定积分 $\int_0^1 x^2\mathrm{d}x$。

解　被积函数 $f(x)=x^2$ 在 $[0,1]$ 上连续，由牛顿-莱布尼茨公式得

$$\int_0^1 x^2\mathrm{d}x=\frac{1}{3}x^3\Big|_0^1=\frac{1}{3}\times 1^3-\frac{1}{3}\times 0^3=\frac{1}{3}$$

例 4-6 计算$\int_0^{2\pi}\sqrt{1-\cos^2 x}\mathrm{d}x$。

解 因为$\sqrt{1-\cos^2 x}=|\sin x|$,所以

$$\int_0^{2\pi}\sqrt{1-\cos^2 x}\mathrm{d}x=\int_0^{2\pi}|\sin x|\mathrm{d}x=\int_0^{\pi}\sin x\mathrm{d}x+\int_{\pi}^{2\pi}(-\sin x)\mathrm{d}x$$

$$=(-\cos x)\big|_0^{\pi}+\cos x\big|_{\pi}^{2\pi}=[-(-1)-(-1)]+[1-(-1)]=4$$

例 4-7 已知$f(x)=\begin{cases}x+1,x\leqslant 1\\ x,x>1\end{cases}$,计算$\int_0^2 f(x)\mathrm{d}x$。

解 因为在区间$[0,2]$上$f(x)$是分段连续函数,$x=1$是第一类间断点,故定积分存在,但求其定积分时要分段计算。由定积分的性质和牛顿－莱布尼茨公式,得

$$\int_0^2 f(x)\mathrm{d}x=\int_0^1(x+1)\mathrm{d}x+\int_1^2 x\mathrm{d}x=\int_0^1 x\mathrm{d}x+\int_0^1\mathrm{d}x+\int_1^2 x\mathrm{d}x$$

$$=\frac{1}{2}x^2\bigg|_0^1+x\big|_0^1+\frac{1}{2}x^2\bigg|_1^2=3$$

使用牛顿-莱布尼茨公式计算定积分时,必须注意定理 4-3 中的条件,否则会产生错误。例如

$$\int_{-1}^1\frac{1}{x^2}\mathrm{d}x=-\frac{1}{x}\bigg|_{-1}^1=-2$$

是错误的,原因是其被积函数在积分区间内的$x=0$处为无穷间断点,不满足定理 4-3 中的条件。

第三节 定积分的计算

利用牛顿-莱布尼茨公式,原则上计算定积分的问题已经解决,但实际应用中为了方便起见,有必要研究定积分的换元积分法和分部积分法。

一、定积分的换元积分法

定理 4-4 设函数$f(x)$在区间$[a,b]$上连续,函数$x=\varphi(t)$满足条件:

(1) $\varphi(\alpha)=a,\varphi(\beta)=b$;

(2) $\varphi(t)$在区间$[\alpha,\beta]$上有连续导数,当t在区间$[\alpha,\beta]$上变化时,$x=\varphi(t)$的值在$[a,b]$上变化;则有定积分的换元积分公式

$$\int_a^b f(x)\mathrm{d}x=\int_{\alpha}^{\beta}f[\varphi(t)]\varphi'(t)\mathrm{d}t$$

证 由于$f(x)$在$[a,b]$上连续,则$f(x)$可积。设$F(x)$是$f(x)$的一个原函数,由牛顿－莱布尼茨公式得

$$\int_a^b f(x)\mathrm{d}x=F(b)-F(a)$$

由于$\varphi'(t)$连续,所以$f[\varphi(t)]\varphi'(t)$也可积,由不定积分的换元法可知$F[\varphi(t)]$是$F[\varphi(t)]\varphi'(t)$的原函数,又$\varphi(\alpha)=a,\varphi(\beta)=b$,则由牛顿－莱布尼茨公式得

$$\int_{\alpha}^{\beta}f[\varphi(t)]\varphi'(t)\mathrm{d}t=F[\varphi(\beta)]-F[\varphi(\alpha)]=F(b)-F(a)=\int_a^b f(x)\mathrm{d}x$$

即

$$\int_a^b f(x)\mathrm{d}x=\int_{\alpha}^{\beta}f[\varphi(t)]\varphi'(t)\mathrm{d}t$$

应用定积分的换元积分公式求定积分时需注意:

(1) 用$x=\varphi(t)$把原来变量x代换成新变量t时,积分限也要换成新变量t的对应的积分限

$(\varphi(\alpha)=a,\varphi(\beta)=b)$,即换元换限;

(2) 求出 $f[\varphi(t)]\varphi'(t)$ 的一个原函数 $F[\varphi(t)]$ 后,不必像计算不定积分那样再把 $F[\varphi(t)]$ 变换成原来变量 x 的函数,而只要把新变量 t 的上、下限分别代入 $F[\varphi(t)]$ 中相减即可。

例 4-8 计算 $\int_0^4 \frac{dx}{1+\sqrt{x}}$。

解 设 $t=\sqrt{x}$,则 $x=t^2$,$dx=2tdt$,且当 $x=0$ 时,$t=0$;当 $x=4$ 时,$t=2$,于是有

$$\int_0^4 \frac{dx}{1+\sqrt{x}}=\int_0^2 \frac{2tdt}{1+t}=2\int_0^2\left(1-\frac{1}{t+1}\right)dt=2\left(t-\ln|t+1|\right)\Big|_0^2=2(2-\ln 3)$$

例 4-9 计算 $\int_0^{\frac{\pi}{2}} \cos^5 x\sin x dx$。

解 设 $\cos x=t$,则 $dt=-\sin x dx$,且当 $x=0$ 时,$t=1$;当 $x=\frac{\pi}{2}$ 时,$t=0$;于是有

$$\int_0^{\frac{\pi}{2}} \cos^5 x\sin x dx=\int_1^0 -t^5 dt=\int_0^1 t^5 dt=\frac{1}{6}t^6\Big|_0^1=\frac{1}{6}$$

例 4-9 的另一解法:

$$\int_0^{\frac{\pi}{2}} \cos^5 x\sin x dx=-\int_0^{\frac{\pi}{2}} \cos^5 x d\cos x=-\frac{1}{6}\cos^6 x\Big|_0^{\frac{\pi}{2}}=\frac{1}{6}$$

该解法采用了凑微分法,但没有引入新变量 t,因此积分限也不必改变。

例 4-10 设 $f(x)$ 在对称区间 $[-a,a]$ 上连续,证明

(1) 当 $f(x)$ 是偶函数时,$\int_{-a}^a f(x)dx=2\int_0^a f(x)dx$;

(2) 当 $f(x)$ 是奇函数时,$\int_{-a}^a f(x)dx=0$。

证 因为 $\int_{-a}^a f(x)dx=\int_{-a}^0 f(x)dx+\int_0^a f(x)dx$,对积分 $\int_{-a}^0 f(x)dx$ 作代换 $x=-t$,则有

$$\int_{-a}^0 f(x)dx=\int_a^0 f(-t)(-dt)=\int_0^a f(-t)dt=\int_0^a f(-x)dx$$

于是

$$\int_{-a}^a f(x)dx=\int_0^a f(-x)dx+\int_0^a f(x)dx=\int_0^a[f(-x)+f(x)]dx$$

(1) 当 $f(x)$ 是偶函数时,$f(-x)=f(x)$,所以 $\int_{-a}^a f(x)dx=2\int_0^a f(x)dx$;

(2) 当 $f(x)$ 是奇函数时,$f(-x)=-f(x)$,所以 $\int_{-a}^a f(x)dx=0$。

利用例 4-10 的结论,可简化计算奇、偶函数在对称于原点的区间上的定积分。

例 4-11 计算 $\int_{-5}^5 \frac{x^3\sin^6 x}{x^4+2x^2+7}dx$。

解 因为 $\frac{x^3\sin^6 x}{x^4+2x^2+7}$ 在对称区间 $[-5,5]$ 上是奇函数,所以

$$\int_{-5}^5 \frac{x^3\sin^6 x}{x^4+2x^2+7}dx=0$$

二、定积分的分部积分法

定理 4-5 设函数 $u(x)$ 和 $v(x)$ 在区间 $[a,b]$ 上有连续的导数 $u'(x)$ 和 $v'(x)$,则有定积分的分部积分公式

$$\int_a^b u(x)v'(x)\mathrm{d}x = [u(x)v(x)]\big|_a^b - \int_a^b v(x)u'(x)\mathrm{d}x$$

证　由两函数乘积的导数公式,得

$$[u(x)v(x)]' = u'(x)v(x) + u(x)v'(x)$$

于是

$$\int_a^b [u(x)v(x)]'\mathrm{d}x = \int_a^b u'(x)v(x)\mathrm{d}x + \int_a^b u(x)v'(x)\mathrm{d}x$$

又 $\int_a^b [u(x)v(x)]'\mathrm{d}x = [u(x)v(x)]\big|_a^b$,将它代入上式左端并移项,得

$$\int_a^b u(x)v'(x)\mathrm{d}x = [u(x)v(x)]\big|_a^b - \int_a^b v(x)u'(x)\mathrm{d}x$$

或简记为

$$\int_a^b u\mathrm{d}v = uv\big|_a^b - \int_a^b v\mathrm{d}u$$

定积分的分部积分公式和不定积分的分部积分公式相比,只是多了积分限,因此在应用定积分的分部积分公式时,需要特别注意带积分限。

例 4-12　计算 $\int_0^\pi x\cos x\mathrm{d}x$。

解　$\int_0^\pi x\cos x\mathrm{d}x = \int_0^\pi x\mathrm{d}\sin x = x\sin x\big|_0^\pi - \int_0^\pi \sin x\mathrm{d}x = \cos x\big|_0^\pi = -2$

例 4-13　计算 $\int_0^1 \mathrm{e}^{\sqrt{2x}}\mathrm{d}x$。

解　先用换元法。设 $\sqrt{2x} = t$,则 $x = \frac{t^2}{2}$,$\mathrm{d}x = t\mathrm{d}t$,且当 $x = 0$ 时,$t = 0$;当 $x = 1$ 时,$t = \sqrt{2}$。由定积分的换元积分公式,得

$$\int_0^1 \mathrm{e}^{\sqrt{2x}}\mathrm{d}x = \int_0^{\sqrt{2}} \mathrm{e}^t t\mathrm{d}t$$

然后用定积分的分部积分公式,得

$$\int_0^{\sqrt{2}} \mathrm{e}^t t\mathrm{d}t = \int_0^{\sqrt{2}} t\mathrm{d}\mathrm{e}^t = t\,\mathrm{e}^t\big|_0^{\sqrt{2}} - \int_0^{\sqrt{2}} \mathrm{e}^t\mathrm{d}t = \sqrt{2}\mathrm{e}^{\sqrt{2}} - \mathrm{e}^t\big|_0^{\sqrt{2}} = (\sqrt{2}-1)\mathrm{e}^{\sqrt{2}} + 1$$

所以

$$\int_0^1 \mathrm{e}^{\sqrt{2x}}\mathrm{d}x = (\sqrt{2}-1)\mathrm{e}^{\sqrt{2}} + 1$$

第四节　定积分的应用

本节将应用定积分的理论和计算方法,解决一些实际问题。应用定积分理论解决实际问题的第一步是将实际问题转化为数学问题,这一步往往较为困难。而微元法恰是解决这个困难、实现这个转化的得力工具。

一、微　元　法

我们在研究曲边梯形的面积问题和变速直线运动的路程问题时,都是先把整体问题转化为局部问题,在局部范围内"以直代曲"或"以不变代变"求得整体量在各个局部范围内的近似值,然后加起来再取极限,从而求得整体量。即

(1) 分割:把所求量 Q 分成 n 个部分 $\Delta Q_i(i = 1,2,\cdots,n)$;

(2) 近似代替:$\Delta Q_i \approx f(\xi_i)\Delta x_i\ \xi_i \in [x_{i-1},x_i](i = 1,2,\cdots,n)$;

笔记

(3) 求和:$Q = \sum_{i=1}^{n} \Delta Q_i \approx \sum_{i=1}^{n} f(\xi_i)\Delta x_i$;

（4）取极限：$Q=\lim\limits_{\lambda\to 0}\sum\limits_{i=1}^{n}f(\xi_i)\Delta x_i=\int_a^b f(x)\,\mathrm{d}x$（其中 $\lambda=\max\limits_{1\leqslant i\leqslant n}\{\Delta x_i\}$）。

这就是用定积分解决实际问题的基本思想，在这四步中，第二步近似代替是关键，因为只要能够写出这一步，则所求量的定积分表达式的雏形基本形成，余下的问题将不难解决。基于此，在具体的实际问题中，常采用以下步骤将实际问题转化为定积分表达式：

（1）选取积分变量：根据具体问题，适当选取坐标系，确定积分变量及其变化区间 $[a,b]$；

（2）确定被积表达式：在 $[a,b]$ 中任取一个小区间 $[x,x+\mathrm{d}x]$，"以不变代变"求得整体量 Q 相应于区间 $[x,x+\mathrm{d}x]$ 上的局部量 ΔQ 的近似值：

$$\Delta Q\approx f(x)\,\mathrm{d}x$$

（必须注意：ΔQ 与 $f(x)\,\mathrm{d}x$ 仅相差一个比 $\mathrm{d}x$ 高阶的无穷小，否则可能会造成失误）。其中 $f(x)\,\mathrm{d}x$ 称为整体量 Q 的**微元**或**元素**，记为 $\mathrm{d}Q=f(x)\,\mathrm{d}x$；

（3）求定积分：以所求量 Q 的微元 $f(x)\,\mathrm{d}x$ 为被积表达式，在区间 $[a,b]$ 上作定积分，得

$$Q=\int_a^b f(x)\,\mathrm{d}x$$

这就是所求量 Q 的定积分表达式，计算出定积分就得到所求量 Q 的值。以上这种方法就是**微元法**或**元素法**（element method）。

二、定积分在几何学中的应用

（一）平面图形的面积

1. 直角坐标系下平面图形的面积　如果平面图形由连续曲线 $y=f(x)$，$y=g(x)$（$f(x)\geqslant g(x)$，$x\in[a,b]$）及直线 $x=a$，$x=b(a<b)$ 所围成（图 4-6），如何求其面积呢？

取横坐标 x 为积分变量，在其变化区间 $[a,b]$ 上任取一小区间 $[x,x+\mathrm{d}x]$，相应的窄条面积近似于高为 $[f(x)-g(x)]$，底为 $\mathrm{d}x$ 的窄矩形面积，即得面积微元

$$\mathrm{d}A=[f(x)-g(x)]\,\mathrm{d}x$$

于是该图形的面积为

$$A=\int_a^b[f(x)-g(x)]\,\mathrm{d}x$$

当 $g(x)\equiv 0$ 时，就得到曲边梯形面积公式

$$A=\int_a^b f(x)\,\mathrm{d}x$$

同理，由连续曲线 $x=\varphi(y)$，$x=\psi(y)$（$\varphi(y)\geqslant\psi(y)$，$y\in[c,d]$）及直线 $y=c$，$y=d(c<d)$ 所围成的平面图形的面积（图 4-7）为

$$A=\int_c^d[\varphi(y)-\psi(y)]\,\mathrm{d}y$$

较复杂图形的面积计算均可化为上述两种情形来处理。

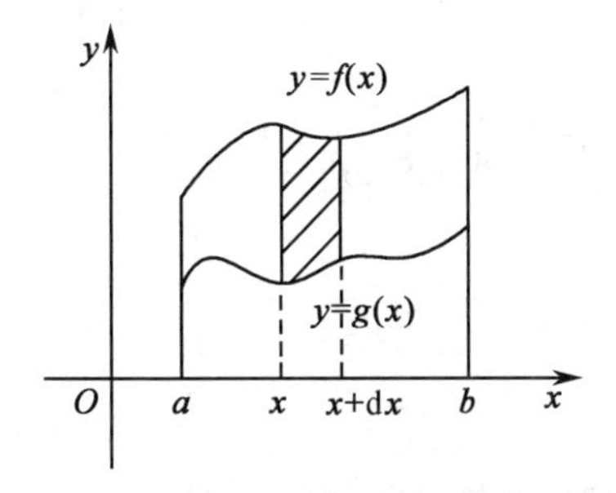

图 4-6

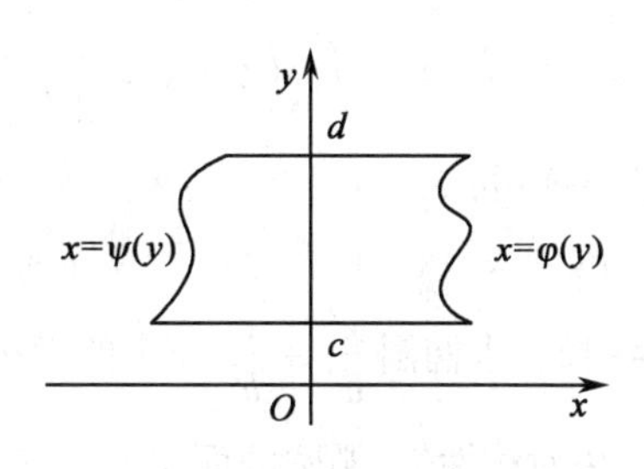

图 4-7

例 4-14　求由抛物线 $y=x^2$，双曲线 $y=\dfrac{1}{x}\ (x>0)$，直线 $x=2$ 及 x 轴所围成的平面图形的面积 A。

解　先画一个草图(图 4-8)以便借助几何图形直观地分析问题。为了确定积分的上下限，需求出曲线交点的坐标，即解方程组

$$\begin{cases} y=x^2 \\ y=\dfrac{1}{x} \end{cases}$$

得交点 $B(1,1)$，选 x 为积分变量，由图 4-8 可见，整个图形的面积应分成两部分来计算，即所求面积为

$$A=\int_0^1 x^2\mathrm{d}x+\int_1^2\frac{1}{x}\mathrm{d}x=\frac{1}{3}x^3\Big|_0^1+(\ln|x|)\Big|_1^2=\frac{1}{3}+\ln 2$$

例 4-15　求抛物线 $y^2=2x$ 与直线 $x-y=4$ 所围图形的面积 A。

解法一　作草图(图 4-9)，由方程组

$$\begin{cases} y^2=2x \\ x-y=4 \end{cases}$$

得交点 $B(8,4)$，$C(2,-2)$，选 x 为积分变量，则所求面积为

$$\begin{aligned} A=A_1+A_2&=\int_0^2[\sqrt{2x}-(-\sqrt{2x})]\mathrm{d}x+\int_2^8[\sqrt{2x}-(x-4)]\mathrm{d}x \\ &=2\int_0^2\sqrt{2x}\mathrm{d}x+\int_2^8(\sqrt{2x}-x+4)\mathrm{d}x \\ &=\frac{4\sqrt{2}}{3}x^{\frac{3}{2}}\Big|_0^2+\left(\frac{2\sqrt{2}}{3}x^{\frac{3}{2}}-\frac{1}{2}x^2+4x\right)\Bigg|_2^8 \\ &=\frac{16}{3}+\frac{38}{3}=18 \end{aligned}$$

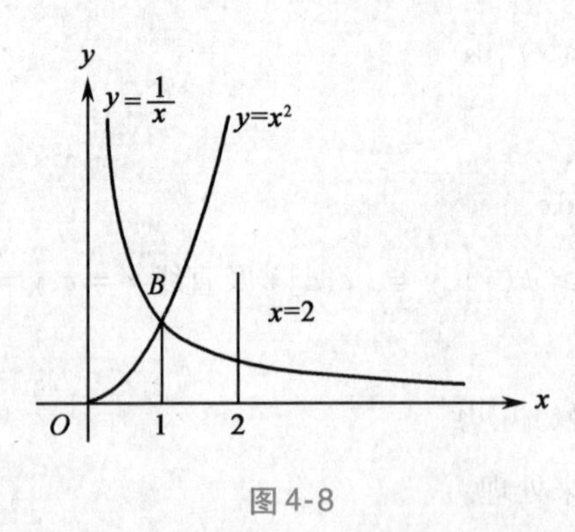

图 4-8

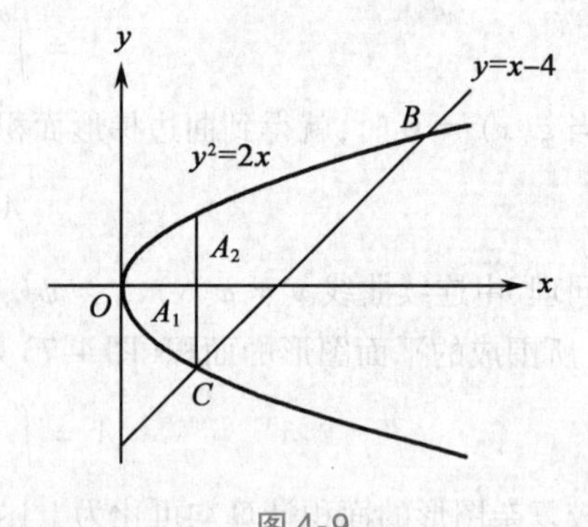

图 4-9

解法二　若选 y 为积分变量，则所求面积为

$$A=\int_{-2}^4\left(4+y-\frac{1}{2}y^2\right)\mathrm{d}y=\left(4y+\frac{1}{2}y^2-\frac{1}{6}y^3\right)\Bigg|_{-2}^4=18$$

由例 4-15 可见，适当地选取积分变量往往是有必要的，这样在计算所求图形面积时，可以减少图形的分块，从而使积分的计算简便。

例 4-16　求椭圆 $\dfrac{x^2}{a^2}+\dfrac{y^2}{b^2}=1$ 的面积 A。

解　由对称性知，椭圆的面积 A 是它在第一象限面积的 4 倍(图 4-10)。即

$$A=4\int_0^a y\mathrm{d}x=4\int_0^a\frac{b}{a}\sqrt{a^2-x^2}\mathrm{d}x$$

为了避免复杂的计算,可利用椭圆的参数方程

$$\begin{cases} x = a\cos t \\ y = b\sin t \end{cases}$$

再应用定积分换元法,令 $x = a\cos t$,则 $y = b\sin t$, $dx = -a\sin t dt$,当 $x = 0$ 时,$t = \frac{\pi}{2}$;当 $x = a$ 时,$t = 0$,所以

$$A = 4\int_0^a y dx = 4\int_{\frac{\pi}{2}}^0 b\sin t d(a\cos t) = 4ab\int_0^{\frac{\pi}{2}} \sin^2 t dt$$

$$= 4ab\int_0^{\frac{\pi}{2}} \frac{1-\cos 2t}{2} dt = 4ab\left[\frac{t}{2} - \frac{1}{4}\sin 2t\right]\Big|_0^{\frac{\pi}{2}} = \pi ab$$

当 $a = b = R$ 时,得到我们所熟悉的圆面积的公式 $A = \pi R^2$。

一般地,当曲边梯形的曲边 $y = f(x)$($f(x) \geqslant 0, x \in [a,b]$)由参数方程

$$\begin{cases} x = \varphi(t) \\ y = \psi(t) \end{cases}$$

给出时,如果 $x = \varphi(t)$ 适合:$\varphi(\alpha) = a, \varphi(\beta) = b, \varphi(t)$ 在 $[\alpha,\beta]$(或 $[\beta,\alpha]$)上具有连续导数,$y = \psi(t)$ 连续,则由曲边梯形的面积公式及定积分的换元公式可知,曲边梯形的面积为

$$A = \int_a^b f(x)dx = \int_\alpha^\beta \psi(t)\varphi'(t)dt$$

2. 极坐标系下平面图形的面积　当曲线用极坐标方程 $r = r(\theta)$ 表示时,求由该曲线与向径 $\theta = \alpha$ 和 $\theta = \beta(\alpha < \beta)$ 所围图形的面积(图 4-11)。

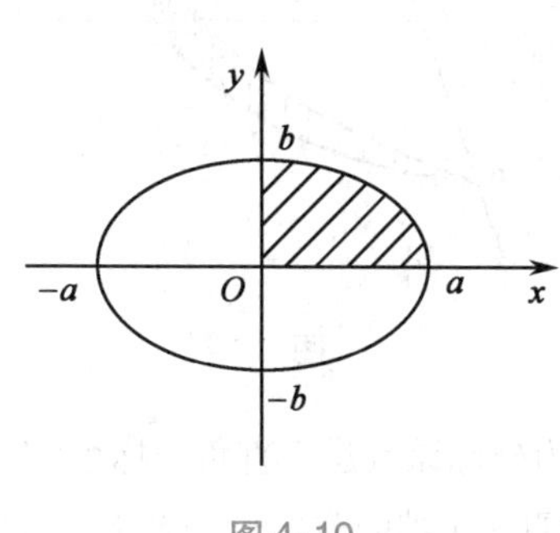

图 4-10

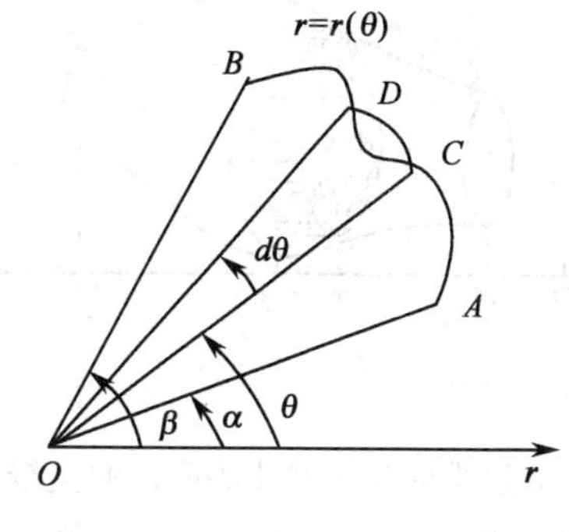

图 4-11

为找出面积的微元,在区间 $[\alpha,\beta]$ 内任取子区间 $[\theta,\theta+d\theta]$,则位于向径 θ 和 $\theta+d\theta$ 之间的小曲边扇形 COD 的面积可用 $r(\theta)$ 为半径,$d\theta$ 为圆心角的扇形面积近似代替,即

$$\Delta A \approx dA = \frac{1}{2}[r(\theta)]^2 d\theta$$

于是,由曲线 $r = r(\theta)$ 和向径 $\theta = \alpha, \theta = \beta$ 所围图形的面积为

$$A = \frac{1}{2}\int_\alpha^\beta r^2(\theta)d\theta$$

显然,由曲线 $r = r_1(\theta), r = r_2(\theta)$ $(r_1(\theta) \leqslant r_2(\theta))$ 和向径 $\theta = \alpha, \theta = \beta(\alpha < \beta)$ 所围图形的面积为

$$A = \frac{1}{2}\int_\alpha^\beta [r_2^2(\theta) - r_1^2(\theta)]d\theta$$

例 4-17　求由心形线 $r = a(1+\cos\theta)$($a > 0$, $0 \leqslant \theta \leqslant 2\pi$)所围图形的面积 A。

解　心形线的图形如图 4-12 所示,该图形对称于极轴,故所求面积为位于极轴上方图形面积的两倍。于是有

$$A = 2\int_0^{\pi}\frac{1}{2}[a(1+\cos\theta)]^2 d\theta = \int_0^{\pi}a^2(1+2\cos\theta+\cos^2\theta)d\theta$$

$$= a^2\int_0^{\pi}\left(\frac{3}{2}+2\cos\theta+\frac{1}{2}\cos2\theta\right)d\theta$$

$$= a^2\left(\frac{3}{2}\theta+2\sin\theta+\frac{1}{4}\sin2\theta\right)\Big|_0^{\pi} = \frac{3}{2}\pi a^2$$

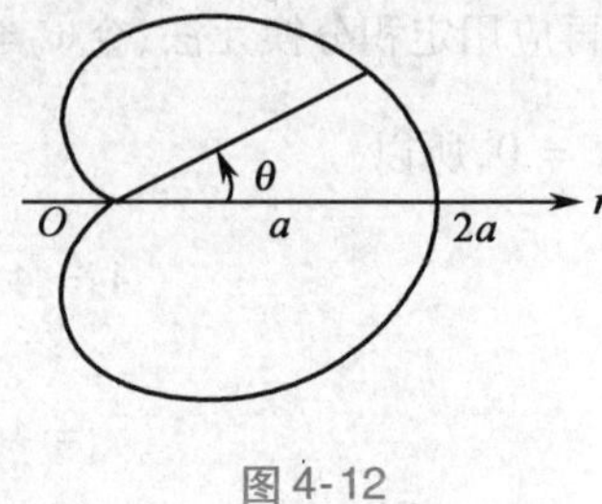

图 4-12

（二）立体体积

1. 已知平行截面面积的立体的体积 设位于平面 $x=a$ 和 $x=b(a<b)$ 之间的物体，被垂直于 x 轴的平面所截的面积 $A(x)$ 为 x 的连续函数（图 4-13）。为了计算该立体的体积，取 x 为积分变量，它的变化区间为 $[a,b]$；立体中相应于 $[a,b]$ 上任一子区间 $[x,x+dx]$ 上薄片的体积近似于底面积为 $A(x)$、高为 dx 的圆柱体的体积，即体积元素

$$dV = A(x)dx$$

于是所求立体体积为

$$V = \int_a^b A(x)dx$$

例 4-18 设平面经过半径为 R 的圆柱体的底圆直径，且与底面交角为 α（图 4-14）。求该平面所截圆柱体得到的立体体积。

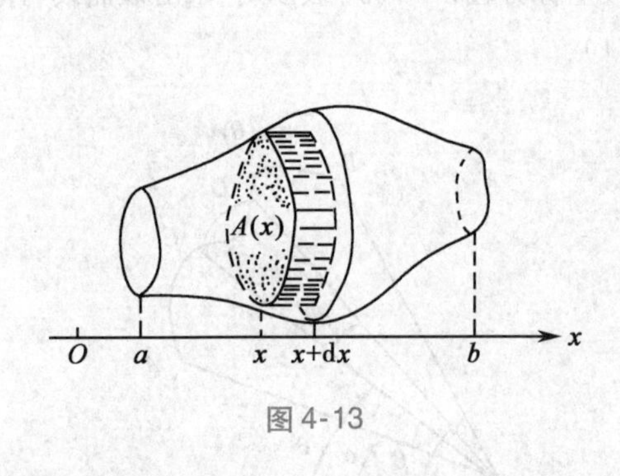

图 4-13

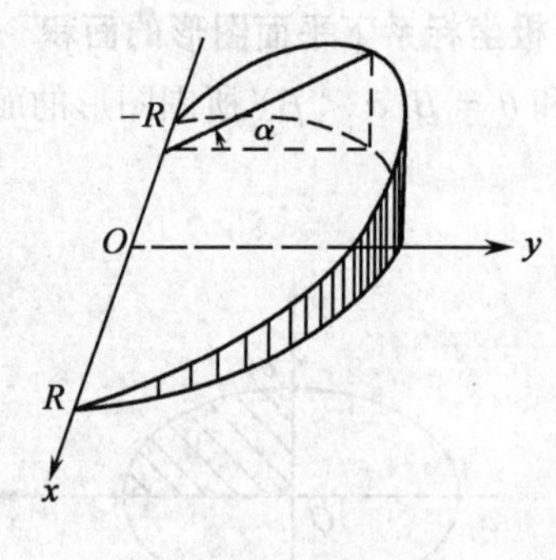

图 4-14

解 取这平面与圆柱体的底面的交线为 x 轴，以圆心为坐标原点建立直角坐标系（图 4-14）。则底面圆的方程为 $x^2+y^2=R^2$。立体中过任一点 x 且垂直于 x 轴的截面是一直角三角形，其两条直角边分别为 y 及 $y\tan\alpha$。于是截面积为

$$A(x) = \frac{1}{2}y^2\tan\alpha = \frac{1}{2}(R^2-x^2)\tan\alpha$$

于是所求立体体积为

$$V = \int_{-R}^{R}\frac{1}{2}(R^2-x^2)\tan\alpha dx = \frac{1}{2}\tan\alpha\left(R^2x-\frac{1}{3}x^3\right)\Big|_{-R}^{R} = \frac{2}{3}R^3\tan\alpha$$

2. 旋转体的体积 **旋转体**就是由一个平面图形绕该平面内一条直线旋转一周而成的立体。这条直线称为**旋转轴**。当旋转体由连续曲线 $y=f(x)$、直线 $x=a,x=b(a<b)$ 及 x 轴所围成的曲边梯形绕 x 轴旋转而成时（图 4-15），垂直于 x 轴的平面与该旋转体的截面是一个圆。其面积

$$A(x) = \pi y^2 = \pi f^2(x)$$

于是旋转体的体积为

$$V_x = \pi\int_a^b y^2 dx \quad 或 \quad V_x = \pi\int_a^b f^2(x)dx$$

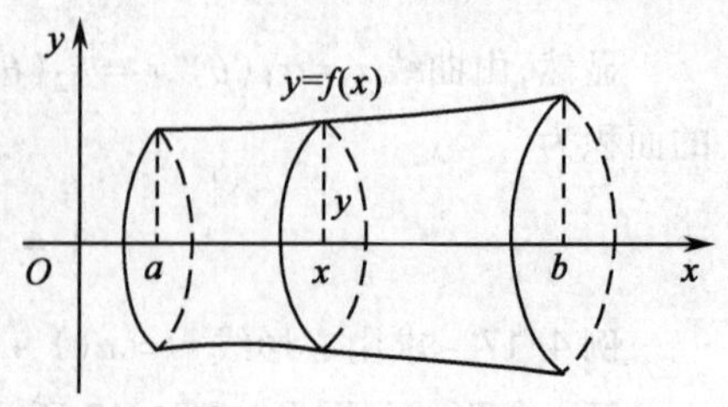

图 4-15

同理，由连续曲线 $x = g(y)$、直线 $y = c, y = d(c < d)$ 及 y 轴所围成的曲边梯形绕 y 轴旋转而成的旋转体体积为

$$V_y = \pi\int_c^d x^2 \mathrm{d}y \quad 或 \quad V_y = \pi\int_c^d g^2(y)\mathrm{d}y$$

例 4-19　求椭圆 $\frac{x^2}{a^2} + \frac{y^2}{b^2} = 1$ 绕 x 轴旋转而成的椭球体的体积。

解　旋转椭球可以看成上半椭圆（或下半椭圆）绕 x 轴旋转而成（图 4-16）。于是所求椭球体的体积为

$$V_x = \int_{-a}^{a}\pi y^2 \mathrm{d}x = \pi\int_{-a}^{a}\frac{b^2}{a^2}(a^2 - x^2)\mathrm{d}x$$

$$= \frac{b^2}{a^2}\pi\left(a^2x - \frac{1}{3}x^3\right)\Big|_{-a}^{a} = \frac{4}{3}\pi ab^2$$

特别地，当 $a = b = R$ 时，旋转椭球变成半径为 R 的球体，其体积为 $\frac{4}{3}\pi R^3$。

例 4-20　求由曲线 $y = x^3$ 和直线 $x = 2$ 及 x 轴所围图形绕 y 轴旋转而成的旋转体体积。

解　按题意作所给曲线的图形（图 4-17），平面图形绕 y 轴旋转而成的旋转体的体积，其值等于由 $x = 2, y = 8, x = 0, y = 0$ 所围成的矩形绕 y 轴旋转所得的体积减去由曲线 $x = \sqrt[3]{y}, x = 0, y = 8$ 所围成的曲边梯形绕 y 轴旋转所得的体积。因此，所求体积为

$$V_y = \int_0^8 \pi(4 - x^2)\mathrm{d}y = \int_0^8 \pi(4 - \sqrt[3]{y^2})\mathrm{d}y$$

$$= \pi\left(4y - \frac{3}{5}y^{\frac{5}{3}}\right)\Big|_0^8 = \frac{64}{5}\pi$$

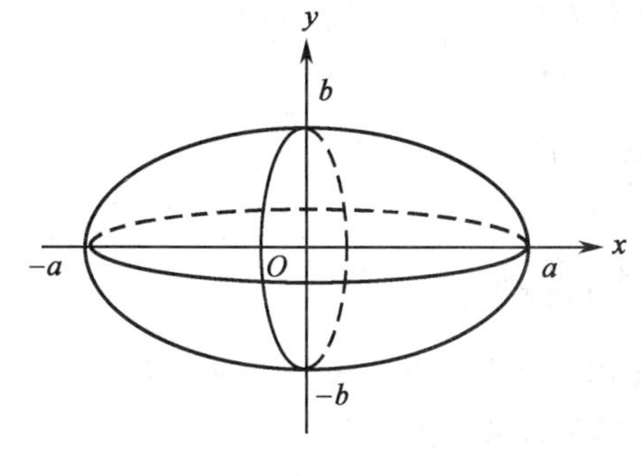

图 4-16

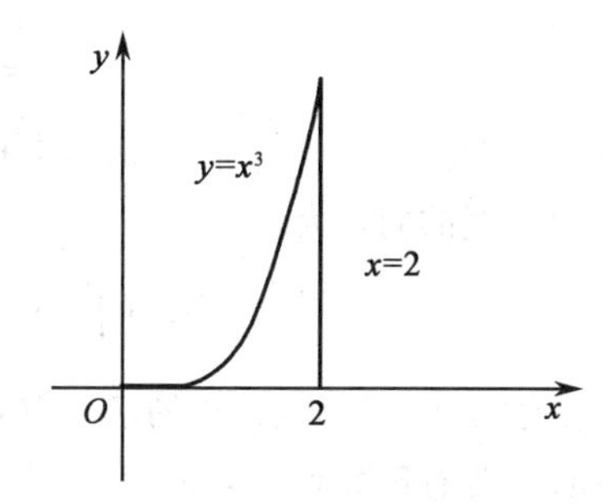

图 4-17

（三）平面曲线的弧长

设曲线方程为 $y = f(x)(a \leqslant x \leqslant b)$，且 $f(x)$ 在 $[a,b]$ 上具有一阶连续的导数，称这样的曲线为**光滑曲线**。可以证明光滑曲线的长总是可求的。现来计算该曲线弧（图 4-18）的长度。

在区间 $[a,b]$ 上任取子区间 $[x,x+\mathrm{d}x]$，相应的曲线弧 MN 的长度 Δs 可用曲线在点 M 处切线上相应的小段 MQ 的长度来近似替代，即

$$\Delta s \approx \sqrt{(\mathrm{d}x)^2 + (\mathrm{d}y)^2} = \sqrt{1 + y'^2}\mathrm{d}x = \sqrt{1 + [f'(x)]^2}\mathrm{d}x$$

从而得到弧长微元（即弧微分）

$$ds = \sqrt{1 + (y')^2}\mathrm{d}x$$

故所求曲线弧的长度

$$s = \int_a^b \sqrt{1 + (y')^2}\mathrm{d}x = \int_a^b \sqrt{1 + [f'(x)]^2}\mathrm{d}x$$

如果曲线由参数方程

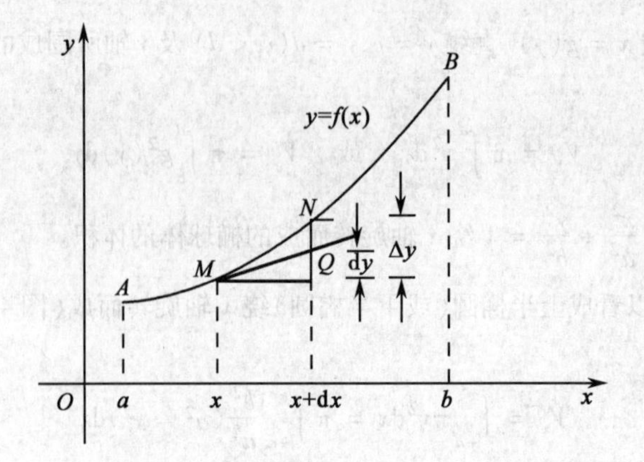

图 4-18

$$\begin{cases} x = \varphi(t) \\ y = \psi(t) \end{cases} (t_1 \leqslant t \leqslant t_2)$$

给出,并且函数 $\varphi(t)$,$\psi(t)$ 在 $[t_1,t_2]$ 上有连续的一阶导数,则弧微分

$$ds = \sqrt{[\varphi'(t)]^2 + [\psi'(t)]^2}dt$$

于是,相应于 $[t_1,t_2]$ 的曲线弧长为

$$s = \int_{t_1}^{t_2} \sqrt{[\varphi'(t)]^2 + [\psi'(t)]^2}dt$$

例 4-21 求星形线 $x^{\frac{2}{3}} + y^{\frac{2}{3}} = a^{\frac{2}{3}}$ 的周长。

解 星形线的图形见图 4-19。由对称性可知,所求周长为第一象限内曲线弧长的 4 倍。又由曲线方程知 $A(0,a)$,$B(a,0)$,故曲线弧 AB 的方程为

$$y = (a^{\frac{2}{3}} - x^{\frac{2}{3}})^{\frac{3}{2}}$$

则

$$y' = -x^{-\frac{1}{3}}(a^{\frac{2}{3}} - x^{\frac{2}{3}})^{\frac{1}{2}}$$

$$ds = \sqrt{1 + (y')^2}dx = a^{\frac{1}{3}}x^{-\frac{1}{3}}dx$$

故所求星形线的周长为

$$s = 4\int_0^a a^{\frac{1}{3}}x^{-\frac{1}{3}}dx = 4a^{\frac{1}{3}} \cdot \frac{3}{2}x^{\frac{2}{3}}\Big|_0^a = 6a$$

在数学史上,星形线弧长的求出有着重要的作用。因为看上去该曲线的形状比圆还复杂,而其周长却为有理数 $6a$,从而促使更多人对各种各样的曲线长度进行求解。

例 4-22 求旋轮线 $x = R(\theta - \sin\theta)$,$y = R(1 - \cos\theta)$ 的第一拱的弧长(图 4-20)。

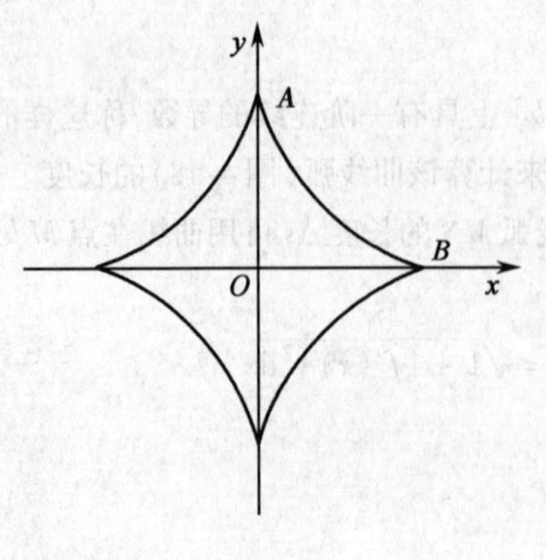

图 4-19

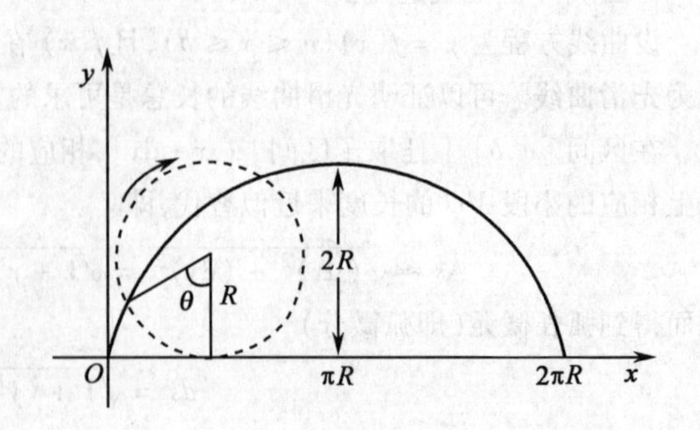

图 4-20

解 由于第一拱参数 θ 的变化范围为 $[0,2\pi]$,所以

$$x'(\theta) = R(1 - \cos\theta)$$

$$y'(\theta) = R\sin\theta$$

代入参数的弧长公式，得

$$s = \int_0^{2\pi} \sqrt{R^2(1-\cos\theta)^2 + R^2\sin^2\theta}\,d\theta = R\int_0^{2\pi} \sqrt{2(1-\cos\theta)}\,d\theta$$

$$= 2R\int_0^{2\pi} \sin\frac{\theta}{2}\,d\theta = 8R$$

如果曲线由极坐标方程 $r = r(\theta)(\alpha \leqslant \theta \leqslant \beta)$ 给出时，若 $r(\theta)$ 在 $[\alpha,\beta]$ 上具有连续导数，由直角坐标与极坐标的关系可得

$$\begin{cases} x = r(\theta)\cos\theta \\ y = r(\theta)\sin\theta \end{cases} (\alpha \leqslant \theta \leqslant \beta)$$

于是弧微分为

$$ds = \sqrt{[x'(\theta)]^2 + [y'(\theta)]^2}\,d\theta = \sqrt{r^2(\theta) + [r'(\theta)]^2}\,d\theta$$

相应于 $[\alpha,\beta]$ 的曲线弧长为

$$s = \int_\alpha^\beta \sqrt{r^2(\theta) + [r'(\theta)]^2}\,d\theta$$

例 4-23　求心形线 $r = a(1+\cos\theta)(a > 0)$ 的周长。

解　在极坐标下对心形线的周长进行求解，如图 4-12 所示，函数图形关于极轴对称，故其周长为上半支心形线 $(0 \leqslant \theta \leqslant \pi)$ 周长的两倍。因此所求心形线的周长为

$$s = 2\int_0^\pi \sqrt{r^2(\theta) + [r'(\theta)]^2}\,d\theta = 2\int_0^\pi \sqrt{4a^2\cos^2\frac{\theta}{2}}\,d\theta = 4a\int_0^\pi \cos\frac{\theta}{2}\,d\theta = 8a\sin\frac{\theta}{2}\bigg|_0^\pi = 8a$$

三、定积分在物理上的应用

在物理上，除了利用定积分计算变速直线运动的路程之外，还可求变力沿直线所做的功、液体的静压力、引力等一些物理量。

（一）变力沿直线所做的功

如果物体在恒力 F 作用下沿直线移动距离 s，且力的方向与物体运动的方向一致时，则力 F 对物体所做的功为

$$W = F \cdot s$$

如果物体在变力 F 作用下沿 s 轴作直线运动，且力 F 是位移 s 的连续函数 $F = F(s)$，求变力 F 将物体从点 A 移动到点 B 时所作的功 W（图 4-21）。

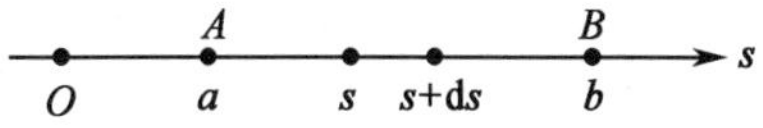

图 4-21

在区间 $[a,b]$ 内任取一小区间 $[s,s+ds]$，由于力 F 是连续变化的，在这一小段上 $F(s)$ 可近似地看作常力，即该小段内的力可近似看作在 s 处的力 $F(s)$，于是物体从 s 移到 $s+ds$，变力 $F(s)$ 所作的功 $\Delta W \approx F(s)ds$，得功的微元

$$dW = F(s)ds$$

于是变力 F 将物体从点 A 移动到点 B 时所作的功 W 为

$$W = \int_a^b F(s)ds$$

例 4-24　某种定量气体密闭在附有活塞的圆桶内（图 4-22）。在等温条件下，由于气体膨胀，把活塞从点 a 处推移到点 b 处，求移动过程中气体压力所作的功。

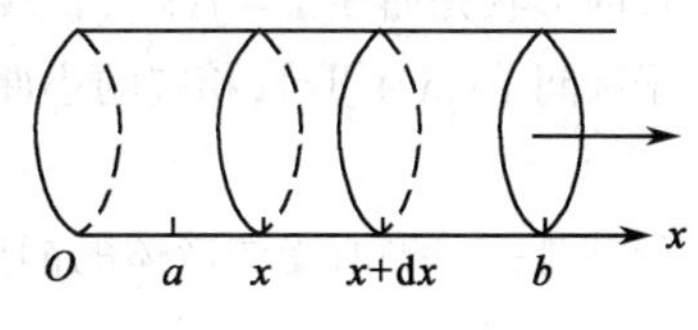

图 4-22

解　设容器的底面积为 S，内部的压强为 P，活塞的位置用坐标 x 来表示，则作用在活塞上的压力为 $F = PS$。又由物理学知道，一定量的气体在等温条件下压强 P 与体积 V 的乘积为常

数,即

$$PV = C\ (C\text{为常数})$$

因为 $V = xS$,则,

$$F(x) = PS = P \cdot \frac{V}{x} = \frac{C}{x}$$

于是,变力 F 将活塞从 a 移到 b 所做的功为

$$W = \int_a^b F(x)\,dx = \int_a^b \frac{C}{x}dx = C\ln x\Big|_a^b = C\ln\frac{b}{a}$$

下面再举一个计算功的例子,它虽不是一个变力所做的功的问题,但也可用定积分的微元法来计算。

例 4-25 把一个带电荷量 $+q$ 的点电荷放在 r 轴上坐标原点 O 处,它产生一个电场,这个电场对周围的电荷有作用力。由物理学知道,如果有一个单位正电荷放在这个电场中距离原点 O 为 r 的地方,那么电场对它的作用力的大小为

$$F = k\frac{q}{r^2}\ (k\text{是常数})$$

见图 4-23,当这个单位正电荷在电场中从 $r = a$ 处沿 r 轴移动到 $r = b\ (a < b)$ 处时,计算电场力 F 对它所做的功?

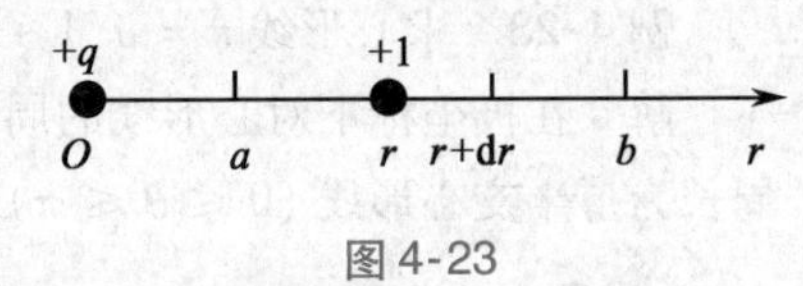

图 4-23

解 在上述移动过程中,电场对这个单位电正荷的作用力是变的。取 r 为积分变量,它的变化区间为 $[a,b]$。设 $[r, r+dr]$ 为 $[a,b]$ 上的任一小区间。当单位正电荷从 r 移动到 $r+dr$ 时,电场力对它所作的功近似等于 $\frac{kq}{r^2}dr$,即功元素为

$$dW = \frac{kq}{r^2}dr$$

于是所求的功为

$$W = \int_a^b \frac{kq}{r^2}dr = kq\left[-\frac{1}{r}\right]\Bigg|_a^b = kq\left(\frac{1}{a} - \frac{1}{b}\right)$$

在计算静电场中某点的电位时,通常需要考虑将单位正电荷从该点处($r = a$)移到无穷远处时电场力所作的功 W。此时,电场力对单位正电荷所做的功就是广义积分:

$$W = \int_a^{+\infty} \frac{kq}{r^2}dr = kq\left[-\frac{1}{r}\right]\Bigg|_a^{+\infty} = \frac{kq}{a}$$

(二)液体的静压力

由物理学知道,在液体表面下深度相同的地方所受的压力是相同的。如果有一面积为 S 的平板,水平置放在深度为 h 处的液体中,薄板一侧所受的压力的方向垂直于平板的表面,大小为

$$F = \rho ghS$$

ρ 为液体比重,g 为重力加速度。

如果平板垂直置放在液体中,在深度不同处的压力不同,薄板一侧所受的压力就不能用上述方法计算了,必须用定积分的微元法来解决。

首先建立直角坐标系,将 y 轴置于液体表面,并以垂直向下为 x 轴的正向(图 4-24)。设薄板的形状是曲线 $y = f(x)$,直线 $x = a, x = b$ 及 x 轴所围成的曲边梯形。在区间 $[a,b]$ 内任取一子区间 $[x, x+dx]$,相应的小曲边梯形窄条所受压力的近似值(压力微元)为

$$dF = \rho gxf(x)\,dx$$

于是薄板单侧所受的液体的静压力为

$$F = \int_a^b \rho gxf(x)\,dx$$

例 4-26　在水坝中有一等腰三角形闸门(图 4-25),长为 3 米的底边 BC 平行水面且距水面为 4 米,高 DA 为 2 米,求这闸门所受的压力。

解　坐标系的选择如图 4-25。由直线方程的两点式,易得斜边 AC 的方程为

$$y = \frac{1.5}{2}(6 - x)$$

由对称性及水的比重 $\rho = 10^3\ (\text{kg/m}^3)$,重力加速度 $g = 9.8\text{m/s}^2$,得

$$\begin{aligned} F &= 2\int_4^6 \rho gxy\mathrm{d}x \\ &= 2\int_4^6 10^3 \times 9.8 \times \frac{1.5}{2}(6 - x)x\mathrm{d}x \\ &= 4.9 \times 10^3 \int_4^6 (18x - 3x^2)\mathrm{d}x \\ &= 4.9 \times 10^3\ (9x^2 - x^3)\Big|_4^6 = 1.372 \times 10^5(\text{N}) \end{aligned}$$

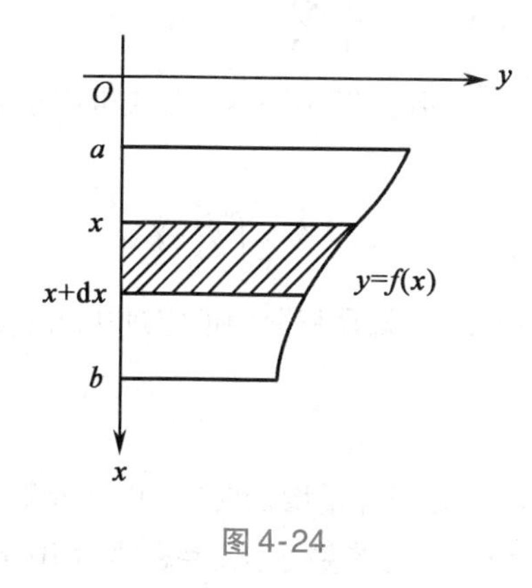

图 4-24

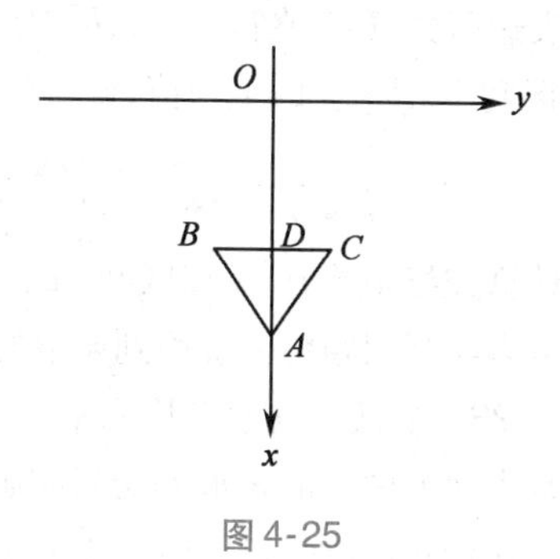

图 4-25

(三) 引力

从物理学知道,质量分别为 m_1、m_2,且相距为 r 的两质点间引力的大小为

$$F = G\frac{m_1 m_2}{r^2}$$

其中 G 为引力系数,引力的方向沿着两质点的连线方向。

若要计算一根细棒对一个质点的引力,则细棒上各点与该质点的距离是变化的,且各点对该质点的引力的方向也是变化的,就不能用上述公式来计算。下面通过具体例子说明它的计算方法。

例 4-27　设有一长为 l、质量为 M 的均匀细直棒,另有一质量为 m 的质点和细棒在一条直线上,它到棒的近端的距离为 a,计算细棒对质点的引力。

解　先取坐标系如图 4-26 所示,原点 O 取在细棒的近端,x 轴沿细棒向右。取 x 为积分变量,在其变化区间 $[0,l]$ 上任取一小区间 $[x,x+\mathrm{d}x]$,把细棒上相应于 $[x,x+\mathrm{d}x]$ 的一段近似地看成质点,其质量为 $\frac{M}{l}\mathrm{d}x$,小段细棒到质点 m 的距离为 $x+a$,由两质点间的引力公式,得引力微元为

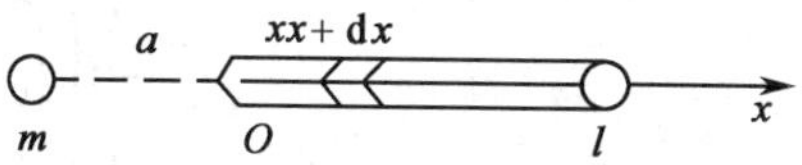

图 4-26

$$\mathrm{d}F = G\frac{m\frac{M}{l}\mathrm{d}x}{(x+a)^2}$$

于是细棒对质点的引力为

笔记

$$F=\int_0^l G\frac{m\frac{M}{l}\mathrm{d}x}{(x+a)^2}=\frac{GmM}{l}\left(-\frac{1}{x+a}\right)\Big|_0^l=\frac{GmM}{a(l+a)}$$

四、定积分在医学中的应用

（一）连续函数的平均值

在实际问题中，不仅会遇到求几个数据的算术平均值，而且也会遇到求某个连续函数在某个区间上的平均值问题。

设函数 $y=f(x)$ 在区间 $[a,b]$ 上连续，首先用分点

$$a=x_0<x_1<\cdots<x_{n-1}<x_n=b$$

将区间 $[a,b]$ 分成 n 等分，每个小区间的长度为 $\Delta x=\frac{b-a}{n}$，各小区间右端点的函数值分别为 $f(x_1),f(x_2),\cdots,f(x_n)$，则这 n 个函数值的算术平均值

$$\frac{f(x_1)+f(x_2)+\cdots+f(x_n)}{n}=\frac{1}{n}\sum_{i=1}^{n}f(x_i)=\frac{1}{b-a}\sum_{i=1}^{n}f(x_i)\Delta x$$

可近似表达函数 $f(x)$ 在区间 $[a,b]$ 上所取得一切值的平均值。当 $n\to\infty$，上式极限就是函数 $f(x)$ 在区间 $[a,b]$ 上的平均值，即

$$\bar{y}=\lim_{n\to\infty}\frac{1}{b-a}\sum_{i=1}^{n}f(x_i)\Delta x=\frac{1}{b-a}\lim_{n\to\infty}\sum_{i=1}^{n}f(x_i)\Delta x=\frac{1}{b-a}\int_a^b f(x)\mathrm{d}x$$

这就是计算连续函数 $f(x)$ 在区间 $[a,b]$ 上的平均值的公式，$\bar{y}$ 就是积分中值定理中的 $f(\xi)$。

在很多实际问题中需要用到函数的平均值。

例 4-28 血液胰岛素平均水平。

正常人血液中胰岛素水平受当前血糖含量的影响。当血糖含量增加时，由胰脏分泌的胰岛素就进入血液；进入血液后，胰岛素的生化特性变得不活泼，并呈指数衰减，半衰期为 20 分钟。

在临床试验中，测定血液胰岛素的平均浓度，先让患者禁食，以便降低体内的血糖含量，然后注射大量的葡萄糖。假定由试验测得血液中胰岛素浓度 $C(t)$（单位：毫升）与时间 t（单位：分）的关系符合下列函数：

$$C(t)=\begin{cases}t(10-t), & 0\leqslant t\leqslant 5\\ 25e^{-k(t-5)}, & t>5\end{cases}$$

其中 $k=\frac{\ln 2}{20}$，求 1 小时内血液中胰岛素的平均浓度。

解 由函数平均值的公式，有

$$\begin{aligned}\overline{C}(t)&=\frac{1}{60}\int_0^{60}C(t)\mathrm{d}t=\frac{1}{60}\left[\int_0^5 C(t)\mathrm{d}t+\int_5^{60}C(t)\mathrm{d}t\right]\\&=\frac{1}{60}\left[\int_0^5 t(10-t)\mathrm{d}t+\int_5^{60}25\mathrm{e}^{-k(t-5)}\mathrm{d}t\right]\\&=\frac{1}{60}\left[\left(5t^2-\frac{1}{3}t^3\right)\Big|_0^5+\left(-\frac{25}{k}\mathrm{e}^{-k(t-5)}\right)\Big|_5^{60}\right]\approx 11.63\ (\text{毫升})\end{aligned}$$

（二）脉管稳定流动中的血液流量

例 4-29 我们研究一条血管中血液的流动。把一段静脉或动脉管设想成为圆管。设有半径为 R（cm）、长为 L（cm）的一段血管，左端为相对动脉端，血压为 P_1，右端为相对静脉端，血压为 P_2（$P_1>P_2$）（图 4-27）。已知血管截面上距离血管中心为 r 处的血液流速为

$$v(r)=\frac{P_1-P_2}{4\eta L}(R^2-r^2)$$

其中 η 为血液黏滞系数，求在单位时间内通过该截面的血流量 Q（cm^3/s）。

解 在血管的横截面上任取一个内径为 r,外径为 $r+dr$(圆心在血管中心)的小圆环,它的面积近似等于 $2\pi r dr$。当 dr 很小时,可用 r 处的流速 $v(r)$ 近似代替圆环上各点的流速,于是单位时间内通过该圆环的血流量 ΔQ 可近似为

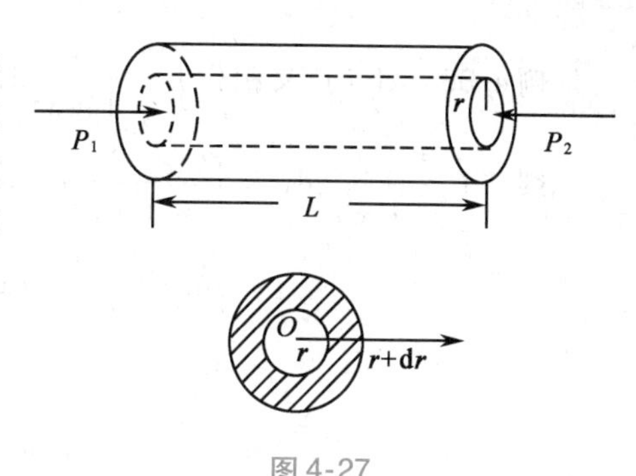

图 4-27

$$\Delta Q \approx v(r)2\pi r dr$$

所以血流量的微元为

$$dQ = v(r)2\pi r dr$$

于是在单位时间内流过该截面的血流量为

$$Q = \int_0^R v(r)2\pi r dr = \int_0^R \frac{P_1 - P_2}{4\eta L}(R^2 - r^2)2\pi r dr$$

$$= \frac{\pi(P_1 - P_2)}{2\eta L}\left[\frac{R^2}{2}r^2 - \frac{r^4}{4}\right]\Bigg|_0^R = \frac{\pi(P_1 - P_2)R^4}{8\eta L}$$

第五节 广义积分和 Γ 函数

以上讨论的定积分概念是在积分区间为有限闭区间和被积函数在该区间上连续的前提给出的,但在一些实际问题中,我们常会遇到积分区间为无穷区间,或者被积函数在积分区间上有无穷型间断点的积分,为此要将定积分的概念加以推广,引入广义积分的概念。

一、无穷区间上的广义积分

定义 4-2 设函数 $f(x)$ 在区间 $[a, +\infty)$ 内连续,且对任意实数 $b(b>a)$,若极限 $\lim\limits_{b\to+\infty}\int_a^b f(x)dx$ 存在,则称此极限为 $f(x)$ 在无穷区间 $[a, +\infty)$ 上的**广义积分**(improper integral),记作 $\int_a^{+\infty} f(x)dx$,即

$$\int_a^{+\infty} f(x)dx = \lim_{b\to+\infty}\int_a^b f(x)dx$$

这时也称**广义积分** $\int_a^{+\infty} f(x)dx$ **存在**或**收敛**;若上述极限不存在,则称**广义积分** $\int_a^{+\infty} f(x)dx$ **不存在**或**发散**,此时该记号不再表示任何数值。

类似地,设 $f(x)$ 是区间 $(-\infty, b]$ 内的连续函数,且对任意实数 $a(a<b)$,若极限 $\lim\limits_{a\to-\infty}\int_a^b f(x)dx$ 存在,则称此极限为 $f(x)$ 在 $(-\infty, b]$ 内的广义积分,记作 $\int_{-\infty}^b f(x)dx$,即

$$\int_{-\infty}^b f(x)dx = \lim_{a\to-\infty}\int_a^b f(x)dx$$

此时称**广义积分** $\int_{-\infty}^b f(x)dx$ **存在**或**收敛**;若上述极限不存在,则称**广义积分** $\int_{-\infty}^b f(x)dx$ **不存在**或**发散**。

当 $f(x)$ 在区间 $(-\infty, +\infty)$ 内连续,若 c 为任意实数,则

$$\int_{-\infty}^{+\infty} f(x)dx = \int_{-\infty}^{c} f(x)dx + \int_c^{+\infty} f(x)dx$$

当上式右端两个广义积分都存在时,称**广义积分** $\int_{-\infty}^{+\infty} f(x)dx$ **存在**或**收敛**,否则称**广义积分** $\int_{-\infty}^{+\infty} f(x)dx$ **不存在**或**发散**。

例 4-30 计算广义积分$\int_{-\infty}^{+\infty}\frac{1}{1+x^2}dx$。

解 $$\int_{-\infty}^{+\infty}\frac{1}{1+x^2}dx=\int_{-\infty}^{0}\frac{1}{1+x^2}dx+\int_{0}^{+\infty}\frac{1}{1+x^2}dx$$

$$=\lim_{a\to-\infty}\int_{a}^{0}\frac{1}{1+x^2}dx+\lim_{b\to+\infty}\int_{0}^{b}\frac{1}{1+x^2}dx$$

$$=\lim_{a\to-\infty}(\arctan x)\Big|_{a}^{0}+\lim_{b\to+\infty}(\arctan x)\Big|_{0}^{b}$$

$$=\lim_{a\to-\infty}(-\arctan a)+\lim_{b\to+\infty}(\arctan b)=-\left(-\frac{\pi}{2}\right)+\frac{\pi}{2}=\pi$$

为了书写简便，上面的计算过程可不写出极限的符号，而写成

$$\int_{-\infty}^{+\infty}\frac{1}{1+x^2}dx=\arctan x\Big|_{-\infty}^{+\infty}=\frac{\pi}{2}-\left(-\frac{\pi}{2}\right)=\pi$$

此广义积分值的几何意义为：曲线$y=\frac{1}{1+x^2}$与x轴之间所围成的图形面积为π（图 4-28）。即当$a\to-\infty$、$b\to+\infty$时，虽然图中阴影部分向左、右无限延伸，但其面积却为有限值π。

图 4-28

例 4-31 讨论广义积分$\int_{1}^{+\infty}\frac{1}{x^p}dx$的敛散性。

解 当$p=1$时，$\int_{1}^{+\infty}\frac{1}{x}dx=\ln x\Big|_{1}^{+\infty}=+\infty$，广义积分发散；

当$p\neq1$时，$$\int_{1}^{+\infty}\frac{1}{x^p}dx=\left(\frac{1}{1-p}x^{1-p}\right)\Bigg|_{1}^{+\infty}=\begin{cases}+\infty, & p<1\\ \frac{1}{p-1}, & p>1\end{cases}$$

因此，当$p>1$时，此广义积分收敛，其值为$\frac{1}{p-1}$；当$p\leqslant1$时，此广义积分发散。

例 4-32 在一次口服给药的情况下，血药浓度（c）-时间（t）曲线可表示为

$$c=\frac{k_aFD}{V(k_a-k)}(e^{-kt}-e^{-k_at})$$

其中$k_a(k_a>0)$为吸收速率常数，$k(k>0)$为消除速率常数，V为药物的表观容积，F为吸收分数，D为口服剂量。求$c-t$曲线下的面积AUC（Area under Curve）。

解 $$AUC=\int_{0}^{+\infty}\frac{k_aFD}{V(k_a-k)}(e^{-kt}-e^{-k_at})dt=\frac{k_aFD}{V(k_a-k)}\int_{0}^{+\infty}(e^{-kt}-e^{-k_at})dt$$

$$=\frac{k_aFD}{V(k_a-k)}\left(-\frac{1}{k}e^{-kt}+\frac{1}{k_a}e^{-k_at}\right)\Bigg|_{0}^{+\infty}=\frac{k_aFD}{V(k_a-k)}\left(\frac{1}{k}-\frac{1}{k_a}\right)=\frac{FD}{Vk}$$

二、被积函数有无穷型间断点的广义积分

定义 4-3 设函数$f(x)$在区间$(a,b]$内连续，且$\lim_{x\to a}f(x)=\infty$，对任意的$\varepsilon>0$，如果极限$\lim_{\varepsilon\to0}\int_{a+\varepsilon}^{b}f(x)dx$存在，则称此极限为函数$f(x)$在区间$(a,b]$内的广义积分，仍然记为$\int_{a}^{b}f(x)dx$，即

$$\int_{a}^{b}f(x)dx=\lim_{\varepsilon\to0}\int_{a+\varepsilon}^{b}f(x)dx$$

这时也称**广义积分**$\int_{a}^{b}f(x)dx$**存在或收敛**。如果上述极限不存在，则称**广义积分**$\int_{a}^{b}f(x)dx$**不存**

在或发散。

类似地，设函数$f(x)$在区间$[a,b)$内连续，且$\lim\limits_{x\to b}f(x)=\infty$，对任意的$\varepsilon>0$，如果极限$\lim\limits_{\varepsilon\to 0}\int_a^{b-\varepsilon}f(x)\mathrm{d}x$存在，则称此极限为函数$f(x)$在区间$[a,b)$内的**广义积分**，即

$$\int_a^b f(x)\mathrm{d}x=\lim_{\varepsilon\to 0}\int_a^{b-\varepsilon}f(x)\mathrm{d}x$$

称**广义积分**$\int_a^b f(x)\mathrm{d}x$**存在**或**收敛**。如果上述极限不存在，则称**广义积分**$\int_a^b f(x)\mathrm{d}x$**不存在**或**发散**。

设函数$f(x)$在$[a,b]$上除点$c(a<c<b)$外连续，且$\lim\limits_{x\to c}f(x)=\infty$，如果两个广义积分$\int_a^c f(x)\mathrm{d}x$与$\int_c^b f(x)\mathrm{d}x$都收敛，则定义

$$\int_a^b f(x)\mathrm{d}x=\int_a^c f(x)\mathrm{d}x+\int_c^b f(x)\mathrm{d}x=\lim_{\varepsilon_1\to 0}\int_a^{c-\varepsilon_1}f(x)\mathrm{d}x+\lim_{\varepsilon_2\to 0}\int_{c+\varepsilon_2}^b f(x)\mathrm{d}x$$

其中，$\varepsilon_1>0,\varepsilon_2>0$。否则，称广义积分$\int_a^b f(x)\mathrm{d}x$发散。

例 4-33 讨论广义积分$\int_0^1\frac{1}{x^p}\mathrm{d}x\quad(p>0)$的敛散性。

解 显然$x=0$是被积函数$f(x)=\frac{1}{x^p}$的无穷型间断点。

当$p=1$时，$\int_0^1\frac{1}{x}\mathrm{d}x=\lim\limits_{\varepsilon\to 0}\int_\varepsilon^1\frac{1}{x}\mathrm{d}x=\lim\limits_{\varepsilon\to 0}\ln x\big|_\varepsilon^1=\lim\limits_{\varepsilon\to 0}(\ln 1-\ln\varepsilon)=+\infty$；

当$p\neq 1$时，$\int_0^1\frac{1}{x^p}\mathrm{d}x=\lim\limits_{\varepsilon\to 0}\int_\varepsilon^1\frac{1}{x^p}\mathrm{d}x=\lim\limits_{\varepsilon\to 0}\frac{x^{1-p}}{1-p}\Big|_\varepsilon^1=\lim\limits_{\varepsilon\to 0}\left(\frac{1}{1-p}-\frac{\varepsilon^{1-p}}{1-p}\right)$

$$=\begin{cases}+\infty, & \text{当}\ p>1\ \text{时}\\ \dfrac{1}{1-p}, & \text{当}\ p<1\ \text{时}\end{cases}$$

因此，当$p\geqslant 1$时，广义积分$\int_0^1\frac{1}{x^p}\mathrm{d}x$发散；当$p<1$时，广义积分$\int_0^1\frac{1}{x^p}\mathrm{d}x$收敛，且收敛于$\frac{1}{1-p}$。

例 4-34 计算$\int_0^\pi\tan x\mathrm{d}x$。

解 注意到$x=\frac{\pi}{2}$是被积函数的无穷型间断点，故

$$\int_0^\pi\tan x\mathrm{d}x=\int_0^{\frac{\pi}{2}}\tan x\mathrm{d}x+\int_{\frac{\pi}{2}}^\pi\tan x\mathrm{d}x$$

而
$$\int_0^{\frac{\pi}{2}}\tan x\mathrm{d}x=\lim_{\varepsilon_1\to 0}\int_0^{\frac{\pi}{2}-\varepsilon_1}\tan x\mathrm{d}x=\lim_{\varepsilon_1\to 0}(-\ln|\cos x|)\Big|_0^{\frac{\pi}{2}-\varepsilon_1}=+\infty$$

故广义积分$\int_0^\pi\tan x\mathrm{d}x$发散。

如果疏忽了$x=\frac{\pi}{2}$是被积函数$y=\tan x$的无穷型间断点，就会得到以下错误的结果：

$$\int_0^\pi\tan x\mathrm{d}x=(-\ln|\cos x|)\Big|_0^\pi=0$$

由于被积函数有无穷型间断点的广义积分与定积分的记法相同，因此在计算“定积分”时，必须特别留意被积函数在积分区间内是否存在无穷型间断点。

例 4-35 计算广义积分$\int_1^{+\infty}\frac{\mathrm{d}x}{x\sqrt{x-1}}$。

解 注意到$x=1$是被积函数的无穷型间断点，且积分区间无穷，故此积分同时包括两种情

笔记

况。在积分区间$(1,+\infty)$上任取一点c,将此广义积分的积分区间分为两部分,变成两个广义积分来处理。为方便计算,令$c=2$,于是有

$$\int_1^{+\infty}\frac{\mathrm{d}x}{x\sqrt{x-1}}=\int_1^2\frac{\mathrm{d}x}{x\sqrt{x-1}}+\int_2^{+\infty}\frac{\mathrm{d}x}{x\sqrt{x-1}}$$

其中 $$\int_1^2\frac{\mathrm{d}x}{x\sqrt{x-1}}=\lim_{\varepsilon\to0}\int_{1+\varepsilon}^2\frac{\mathrm{d}x}{x\sqrt{x-1}}\xlongequal{令\sqrt{x-1}=t}\lim_{\varepsilon\to0}\int_{\sqrt{\varepsilon}}^1\frac{2t\mathrm{d}t}{(t^2+1)t}$$

$$=2\lim_{\varepsilon\to0}\int_{\sqrt{\varepsilon}}^1\frac{\mathrm{d}t}{t^2+1}=2\lim_{\varepsilon\to0}\arctan t\Big|_{\sqrt{\varepsilon}}^1=2\arctan1=\frac{\pi}{2}$$

$$\int_2^{+\infty}\frac{\mathrm{d}x}{x\sqrt{x-1}}\xlongequal{令\sqrt{x-1}=t}\int_1^{+\infty}\frac{2t\mathrm{d}t}{(t^2+1)t}=2\int_1^{+\infty}\frac{\mathrm{d}t}{t^2+1}$$

$$=2\arctan t\Big|_1^{+\infty}=2\left(\frac{\pi}{2}-\frac{\pi}{4}\right)=\frac{\pi}{2}$$

故 $$\int_1^{+\infty}\frac{\mathrm{d}x}{x\sqrt{x-1}}=\frac{\pi}{2}+\frac{\pi}{2}=\pi$$

三、Γ 函数

在数理统计、物理等很多学科中,我们经常会遇到

$$\Gamma(\alpha)=\int_0^{+\infty}x^{\alpha-1}\mathrm{e}^{-x}\mathrm{d}x(\alpha>0)$$

类型的广义积分。可以证明当$\alpha>0$时,该广义积分收敛,则由该积分所确定的函数称为**Γ 函数**(gamma function)。

Γ 函数具有如下性质:

(1) $\Gamma(1)=1$

证 $\Gamma(1)=\int_0^{+\infty}\mathrm{e}^{-x}\mathrm{d}x=-\mathrm{e}^{-x}\Big|_0^{+\infty}=1$

(2) $\Gamma(\alpha+1)=\alpha\Gamma(\alpha)$

证 $\Gamma(\alpha+1)=\int_0^{+\infty}x^{\alpha}\mathrm{e}^{-x}\mathrm{d}x=\int_0^{+\infty}x^{\alpha}\mathrm{d}(-\mathrm{e}^{-x})$

$$=(-x^{\alpha}\mathrm{e}^{-x})\Big|_0^{+\infty}+\alpha\int_0^{+\infty}x^{\alpha-1}\mathrm{e}^{-x}\mathrm{d}x=0+\alpha\Gamma(\alpha)=\alpha\Gamma(\alpha)$$

故

$$\Gamma(\alpha+1)=\alpha\Gamma(\alpha)$$

其中$\lim\limits_{x\to+\infty}x^{\alpha}\mathrm{e}^{-x}=0$可由洛必达法则求得。

上式称为递推公式。特别地,当α为正整数n时,有

$$\Gamma(n+1)=n\Gamma(n)=n(n-1)\Gamma(n-1)=\cdots=n(n-1)\cdots2\cdot1\Gamma(1)=n!$$

由此可见,Γ 函数是阶乘概念的推广。当$\alpha=n$(正整数)时,很容易求得$\Gamma(\alpha)$的值,同时,由递推公式不难看出,当α为任意正数时,Γ 函数值的计算最终可归结到计算α在0与1之间的Γ 函数值。

(3) $\Gamma(\alpha)\Gamma(1-\alpha)=\dfrac{\pi}{\sin\alpha\pi}\ (0<\alpha<1)$

这个公式称为**余元公式**,在此我们不作证明。当$\alpha=\dfrac{1}{2}$时,由余元公式可得

$$\Gamma\left(\frac{1}{2}\right)=\sqrt{\pi}$$

笔记

(4) $\Gamma(\alpha)=2\int_0^{+\infty}u^{2\alpha-1}\mathrm{e}^{-u^2}\mathrm{d}u(\alpha>0)$

证　$\Gamma(\alpha)=\int_0^{+\infty}x^{\alpha-1}e^{-x}dx \underline{\underline{令x=u^2}} 2\int_0^{+\infty}u^{2\alpha-2}e^{-u^2}udu=2\int_0^{+\infty}u^{2\alpha-1}e^{-u^2}du$

在性质4中令 $\alpha=\frac{1}{2}$,得

$$\Gamma\left(\frac{1}{2}\right)=2\int_0^{+\infty}e^{-u^2}du=\sqrt{\pi}$$

从而

$$\int_0^{+\infty}e^{-u^2}du=\frac{\sqrt{\pi}}{2}$$

上式左端的积分是概率论中常用的积分。

在性质(4)中令 $2\alpha-1=t$ 或 $\alpha=\frac{1+t}{2}$,则有

$$\int_0^{+\infty}u^te^{-u^2}du=\frac{1}{2}\Gamma\left(\frac{1+t}{2}\right)\quad(t>-1)$$

上式左端的积分也是应用上常见的积分,它的值可以通过Γ函数计算出来。

第六节　计算机应用

实验一　用 Mathematica 求定积分

实验目的:掌握利用 Mathematica 软件计算定积分的基本方法。

基本命令:

命令	说明
Integrate[f,{ $,a,b}]	f 为被积函数, $ 为积分变量,a 为积分下限,b 为积分上限
NIntegrate[f,{ $,a,b}]	计算广义积分,当定积分的原函数不是初等函数时,可用数值积分给出一个6位有效数字的近似值

实验举例:

例 4-36　计算 $\int_0^1x^2dx$。

In[1]: = Integrate[x^2,{x,0,1}]

Out[1] = $\frac{1}{3}$。

例4-36 当然也可使用工具栏直接输入 $\int_0^1 x\hat{}2dx$ 后,同时按下 Shift 和 Enter 键即可得结果。

同样上述命令也可求广义积分。

例 4-37　计算 $\int_{-\infty}^{+\infty}\frac{1}{1+x^2}dx$。

In[3]: = Integrate[1/(1 + x^2),{x, - Infinity,Infinity}]

Out[3] = π。

例4-37 同样可用工具栏直接输入 $\int_{-\infty}^{+\infty}\frac{1}{1+x\hat{}2}dx$ 后,同时按下 Shift 和 Enter 键即可得结果。

例 4-38　讨论广义积分 $\int_1^{+\infty}\frac{1}{x^p}dx$ 的敛散性。

In[5]: = Integrate[1/x^p,{x,1,Infinity}]

Out[5] = If[Re[p] > 1, $\frac{1}{-1+p}$, $\int_1^{\infty}x^{-p}dx$]。

结果的意义是当 $p>1$ 时,广义积分 $\int_1^{+\infty}\frac{1}{x^p}\mathrm{d}x$ 收敛于 $\frac{1}{p-1}$,否则发散。

例 4-39 计算 $\int_{\pi}^{2\pi}\frac{\sin x}{x}\mathrm{d}x$。

由于 $\int\frac{\sin x}{x}\mathrm{d}x$ 的原函数不是初等函数,因此使用 Integrate 命令无法求出它的值,但可用数值积分的命令 NIntegrate 来计算。

具体输入如下:

In[6]:= NIntegrate[Sin[x]/x,{x,Pi,2Pi}]

同时按下 Shift 和 Enter 键,得

Out[6]= -0.433 785

习题

1. 设有质量非均匀的细棒,长为 l。取细棒的一端为坐标原点,假设细棒上任一点处的线密度为 $\rho(x)$,试用定积分表示细棒的质量 M。

2. 利用定积分的几何意义,证明下列等式

(1) $\int_0^{2\pi}\sin x\mathrm{d}x=0$　　(2) $\int_{-R}^{+R}\sqrt{R^2-x^2}\mathrm{d}x=\frac{1}{2}\pi R^2$

(3) $\int_0^1 2x\mathrm{d}x=1$　　(4) $\int_{-1}^1\arctan x\mathrm{d}x=0$

3. 比较下列各组积分值的大小,并说明理由

(1) $\int_0^1 x^2\mathrm{d}x,\int_0^1 x^3\mathrm{d}x$　　(2) $\int_3^4\ln x\mathrm{d}x,\int_3^4(\ln x)^2\mathrm{d}x$

(3) $\int_0^1 x\mathrm{d}x,\int_0^1\ln(1+x)\mathrm{d}x$

4. 估计下列各积分值的范围

(1) $\int_{-1}^2(x^2+1)\mathrm{d}x$　　(2) $\int_1^2\ln x\mathrm{d}x$　　(3) $\int_0^1\sqrt{x-x^2}\mathrm{d}x$

5. 若函数 $f(x)$ 在 $[a,b]$ 上可积,证明

$$\left|\int_a^b f(x)\mathrm{d}x\right|\leqslant\int_a^b|f(x)|\mathrm{d}x$$

6. 求由 $\int_0^y \mathrm{e}^t\mathrm{d}t+\int_0^x\cos t\mathrm{d}t=0$ 所确定的隐函数 y 对 x 的导数 $\frac{\mathrm{d}y}{\mathrm{d}x}$。

7. 求函数 $y(x)=\int_0^x t\mathrm{e}^{-t^2}\mathrm{d}t$ 的极值。

8. 计算下列定积分

(1) $\int_1^2\left(\sqrt{x}+\frac{1}{x^2}\right)\mathrm{d}x$　　(2) $\int_0^1\frac{\mathrm{d}x}{1+x}$　　(3) $\int_0^{\sqrt{3}}\frac{x^2}{1+x^2}\mathrm{d}x$

(4) $\int_0^{\frac{\pi}{4}}\sec^4 x\tan x\mathrm{d}x$　　(5) $\int_0^{2\pi}|\sin x|\mathrm{d}x$

(6) $\int_0^4 f(x)\mathrm{d}x$,其中 $f(x)=\begin{cases}x^2, 0\leqslant x\leqslant 2\\ x+1, 2<x\leqslant 4\end{cases}$

9. 求 $\int_0^x\cos t^2\mathrm{d}t,\int_x^0\cos t^2\mathrm{d}t$ 和 $\int_x^{x^2}\cos t^2\mathrm{d}t$ 对于 x 的导数。

10. 求下列极限

(1) $\lim\limits_{x\to 0}\frac{\left(\int_0^x \mathrm{e}^{t^2}\mathrm{d}t\right)^2}{\int_0^x t\mathrm{e}^{2t^2}\mathrm{d}t}$　　(2) $\lim\limits_{x\to 0}\frac{\int_0^x\cos t^2\mathrm{d}t}{\int_x^{x^2}\mathrm{e}^{-t}\mathrm{d}t}$

11. 计算下列定积分

(1) $\int_0^1 x^2\sqrt{1-x^2}\mathrm{d}x$　(2) $\int_1^4 \frac{\mathrm{d}x}{x+\sqrt{x}}$　(3) $\int_0^1 \frac{\mathrm{d}x}{(1+x^2)^2}$

(4) $\int_{2\sqrt{3}}^{3\sqrt{2}} \frac{\mathrm{d}x}{x\sqrt{x^2-9}}$　(5) $\int_0^{\ln 2}\sqrt{\mathrm{e}^x-1}\mathrm{d}x$　(6) $\int_{-2}^0 \frac{\mathrm{d}x}{x^2+2x+2}$

12. 利用函数的奇偶性计算下列积分

(1) $\int_{-\pi}^{\pi} x^2\sin x\mathrm{d}x$　(2) $\int_{-\frac{1}{2}}^{\frac{1}{2}} \frac{(\arcsin x)^2}{\sqrt{1-x^2}}\mathrm{d}x$　(3) $\int_{-3}^3 \frac{x^5\cos x}{x^4+2x^2+2}\mathrm{d}x$

13. 设$f(x)$是以T为周期的连续函数,证明对任意常数a,有

$$\int_a^{a+T} f(x)\mathrm{d}x = \int_0^T f(x)\mathrm{d}x$$

14. 证明　(1) $\int_0^1 x^m(1-x)^n\mathrm{d}x = \int_0^1 x^n(1-x)^m\mathrm{d}x$

(2) $\int_x^1 \frac{\mathrm{d}x}{1+x^2} = \int_1^{\frac{1}{x}} \frac{\mathrm{d}x}{1+x^2}\ (x>0)$

15. 计算下列定积分

(1) $\int_0^1 \arcsin x\mathrm{d}x$　(2) $\int_1^4 \frac{\ln x}{\sqrt{x}}\mathrm{d}x$　(3) $\int_1^{\mathrm{e}} \sin(\ln x)\mathrm{d}x$

(4) $\int_{\frac{1}{\mathrm{e}}}^{\mathrm{e}} |\ln x|\mathrm{d}x$　(5) $\int_0^{2\pi} x\cos^2 x\mathrm{d}x$　(6) $\int_0^1 \frac{x\mathrm{e}^x}{(1+x)^2}\mathrm{d}x$

16. 设$f(x)$为连续函数,证明

$$\int_0^x\left[\int_0^u f(t)\mathrm{d}t\right]\mathrm{d}u = \int_0^x (x-u)f(u)\mathrm{d}u$$

17. 计算下列各曲线所围图形的面积

(1) $y^2=x$与$y=x^2$

(2) $y=\mathrm{e}^x, y=\mathrm{e}^{-x}$与直线$x=1$

(3) $y=\frac{1}{x}$与直线$y=x, x=2$及x轴

(4) 星形线$x=a\cos^3 t$与$y=a\sin^3 t\ (a>0)$

(5) $r=2a\cos\theta$

18. 求抛物线$y=-x^2+4x-3$及其在点$(0,-3)$和$(3,0)$处的切线所围成的图形的面积。

19. 求抛物线$y^2=2px$及其在点$\left(\frac{p}{2},p\right)$处的法线所围成的图形的面积。

20. 求下列平面图形绕指定轴旋转所成的旋转体的体积

(1) $y=x^2, x=y^2$,绕x轴

(2) $y=x^2, y=1, x=0$,绕y轴

(3) $x^2+(y-5)^2=16$,绕x轴

(4) 摆线$x=a(t-\sin t), y=a(1-\cos t)\ (a>0)$的一拱,直线$y=0$,绕$x$轴

21. 求下列曲线在指定区间上的弧长

(1) $y=\frac{\sqrt{x}}{3}(3-x), x\in[1,3]$

(2) 星形线$x=a\cos^3 t, y=a\sin^3 t, t\in[0,2\pi]$

(3) 阿基米德螺线$r=a\theta, \theta\in[0,2\pi]$

22. 长为1米的弹簧,若每压缩1厘米需10牛顿力,要从80厘米压缩到60厘米,需作多少功?

23. 底边 4 米，高 3 米的任意三角形薄板，垂直地浸入水中，顶点在上，底边与水平面平行，且底边距水平面 4 米。求此三角形薄板单侧所受的压力。

24. 一长为 l，线密度为 ρ 的均匀细直棒，在其中垂线上距棒 a 处有一质量为 m 的质点。试求质点在垂直于棒的方向上受到的棒的引力。并讨论当棒的长度很长时，该引力的大小。

25. 计算从 0 秒到 T 秒这段时间内自由落体的平均速度。

26. 设快速静脉注射某药后，其血药浓度 C 与时间 t 的关系为

$$C = C_0 e^{-kt}$$

其中，C_0 为初始浓度，k 为消除速率常数，求从 $t=0$ 到 $t=T$ 这段时间内的平均血药浓度 $\overline{C}$。

27. 某种类型的阿司匹林药物进入血液系统的药量称为有效药量。其进入速率函数为

$$v(t) = 0.15t(t-3)^2 (0 \leqslant t \leqslant 3)$$

求平均速率和有效药量。

28. 讨论下列广义积分的敛散性，若收敛，求其值。

(1) $\int_0^{+\infty} x e^{-x^2} dx$　(2) $\int_2^{+\infty} \frac{dx}{x(\ln x)^k}$　(3) $\int_{-\infty}^{+\infty} \frac{dx}{(x^2+1)(x^2+4)}$

(4) $\int_0^{+\infty} \frac{\sin x dx}{e^x}$　(5) $\int_0^1 \frac{x}{\sqrt{1-x^2}} dx$　(6) $\int_0^1 \ln x dx$

(7) $\int_0^1 \frac{dx}{\sqrt{x(1-x)}}$　(8) $\int_{-\frac{\pi}{4}}^{\frac{3\pi}{4}} \frac{dx}{\cos^2 x}$

29. 证明下列各式（其中 n 为自然数）

(1) $2 \cdot 4 \cdot 6 \cdot \cdots \cdot 2n = 2^n \Gamma(n+1)$

(2) $1 \cdot 3 \cdot 5 \cdot \cdots \cdot (2n-1) = \frac{\Gamma(2n)}{2^{n-1}\Gamma(n)}$

30. 药物从患者尿液中派出，其典型的排泄速率函数是 $v(t) = te^{-kt}$，其中 k 是常数，求在 $[0, +\infty)$ 时间内，排出的药物量 D。

31. (1) 证明：把质量为 m 的物体从地球表面升高到 h 处所作的功是

$$W = -\frac{mgRh}{R+h}$$

其中 R 是地球半径（约 6371 公里），g 是重力加速度。

(2) 利用以上结果，求要使物体飞离地球引力范围，物体的初速度应为多少？

（秦　侠）

第五章 无穷级数

学习要求

1. 掌握：无穷级数、正项级数、交错级数、幂级数、绝对收敛、条件收敛等概念，无穷级数的基本性质。

2. 熟悉：各种审敛法；幂级数收敛域及和函数的求法。

3. 了解：几个常用的常数项级数的收敛及发散条件，如几何级数、p 级数、调和级数等。初等函数的幂级数展开方法及欧拉公式。

无穷级数是高等数学的一个重要组成部分，它在许多方面有着广泛的应用。本章首先介绍无穷级数的概念和基本性质，然后讨论函数项级数，并进一步探讨如何将函数展开为幂级数等问题。

第一节 无穷级数的概念和基本性质

一、无穷级数的概念

引例 5-1 我国古代哲学著作《庄子》中有这样一句话："一尺之棰，日取其半，万世不竭"。其意思是有一根一尺长的短杖，每天截取一半，即第一天取 $\frac{1}{2}$ 尺，第二天取其剩下的 $\frac{1}{2}$，即 $\frac{1}{2}\times\frac{1}{2}=\frac{1}{4}$ 尺，第三天取第二天剩下的 $\frac{1}{2}$，即 $\frac{1}{2^2}\times\frac{1}{2}=\frac{1}{2^3}$ 尺，…，这样可以无限地取下去。那么，经过 n 天截下的总长度是多少呢？

解 设 n 天截下的长度为 S_n，那么

$$S_n=\frac{1}{2}+\frac{1}{2^2}+\frac{1}{2^3}\cdots+\frac{1}{2^n}$$

若日复一日无限地取下去，共截下的长度为

$$\frac{1}{2}+\frac{1}{2^2}+\frac{1}{2^3}\cdots+\frac{1}{2^n}+\cdots \tag{5-1}$$

像这样用无穷多个数依次相加的式子来表示一个量的方法，在实际问题中经常用到。为了进一步了解它的意义和性质，我们先引入常数项级数的概念。

定义 5-1 设给定一个数列 $u_1,u_2,\cdots,u_n,\cdots$，则由这个数列构成的表达式

$$u_1+u_2+\cdots+u_n+\cdots$$

称为常数项无穷级数(infinite series)，简称级数。记为 $\sum\limits_{n=1}^{\infty}u_n$，即

$$\sum_{n=1}^{\infty}u_n=u_1+u_2+\cdots+u_n+\cdots \tag{5-2}$$

其中第 n 项 u_n 叫作级数的一般项(general term)或通项。

做常数项级数的前 n 项的和

$$S_n=u_1+u_2+\cdots+u_n$$

S_n 称为级数 $\sum_{n=1}^{\infty} u_n$ 的部分和(partial sum)。当 n 依次取 1,2,3,…… 时,它们构成一个新的数列 $\{S_n\}$

$$S_1 = u_1, S_2 = u_1 + u_2, S_3 = u_1 + u_2 + u_3, \cdots, S_n = u_1 + u_2 + \cdots + u_n, \cdots$$

我们称数列 $\{S_n\}$ 为级数 $\sum_{n=1}^{\infty} u_n$ 的**部分和数列**。

定义 5-2　如果级数 $\sum_{n=1}^{\infty} u_n$ 的部分和数列 $\{S_n\}$ 有极限,即

$$\lim_{n\to\infty} S_n = S$$

则称级数 $\sum_{n=1}^{\infty} u_n$ 收敛,S 叫作该级数的和,并写成 $S = u_1 + u_2 + \cdots + u_n \cdots$。如果数列 $\{S_n\}$ 没有极限,则称级数 $\sum_{n=1}^{\infty} u_n$ 发散。

显然,当级数收敛时,其部分和 S_n 是级数和 S 的近似值,它们之间的差值,$r_n = S - S_n = u_{n+1} + u_{n+2} + \cdots$ 叫作级数的余项,用部分和 S_n 近似代替级数和 S 所产生的误差就是这个余项的绝对值 $|r_n|$。

例 5-1　讨论级数

$$\sum_{n=1}^{\infty} (-1)^n = -1 + 1 - 1 + \cdots + (-1)^n + \cdots$$

的敛散性。

解　$S_1 = -1, S_2 = -1 + 1 = 0, S_3 = -1 + 1 - 1 = -1, S_4 = 0, \cdots S_{2n-1} = -1, S_{2n} = 0, \cdots$

可见 $\lim_{n\to\infty} S_n$ 不存在,故级数 $\sum_{n=1}^{\infty} (-1)^n$ 发散。

例 5-2　讨论级数 $\frac{1}{1\cdot 2} + \frac{1}{2\cdot 3} + \cdots + \frac{1}{n(n+1)} + \cdots$ 的敛散性。

解　由于 $u_n = \frac{1}{n(n+1)} = \frac{1}{n} - \frac{1}{n+1}$,因此

$$S_n = \frac{1}{1\cdot 2} + \frac{1}{2\cdot 3} + \cdots + \frac{1}{n(n+1)} = (1 - \frac{1}{2}) + (\frac{1}{2} - \frac{1}{3}) + \cdots + (\frac{1}{n} - \frac{1}{n+1}) = 1 - \frac{1}{n+1}$$

易知

$$\lim_{n\to\infty} S_n = \lim_{n\to\infty} (1 - \frac{1}{n+1}) = 1$$

所以该级数收敛,它的和是 1,即 $\frac{1}{1\cdot 2} + \frac{1}{2\cdot 3} + \cdots + \frac{1}{n(n+1)} + \cdots = 1$

例 5-3　无穷级数

$$\sum_{n=0}^{\infty} aq^n = a + aq + aq^2 + \cdots + aq^n + \cdots \tag{5-3}$$

称为等比级数(又称为几何级数),其中 $a \neq 0$,q 叫作级数的公比,试讨论此级数的敛散性。

解　(1)如果 $q \neq 1$,则部分和

$$S_n = a + aq + \cdots aq^{n-1} = \frac{a - aq^n}{1-q} = \frac{a}{1-q} - \frac{aq^n}{1-q}$$

当 $|q| < 1$ 时,$\lim_{n\to\infty} q^n = 0, \lim_{n\to\infty} S_n = \frac{a}{1-q}$,此时级数(5-3)收敛,其和为 $\frac{a}{1-q}$;当 $|q| > 1$ 时,$\lim_{n\to\infty} q^n = \infty, \lim_{n\to\infty} S_n = \infty$,这时级数(5-3)发散。

(2)如果 $|q| = 1$,则当 $q = 1$ 时,$S_n = na, \lim_{n\to\infty} S_n = \infty$,因此级数(5-3)发散;当 $q = -1$ 时,$S_n = a - a + a - a + \cdots$,显然 S_n 的极限不存在,这时级数(5-3)发散。

综合上述结果:当 $|q| < 1$ 时,级数收敛;如果 $|q| \geqslant 1$,则级数发散。

笔记

级数(5-1)是级数(5-3)当 $a = \frac{1}{2}, q = \frac{1}{2}$ 时的特殊情况:

$$\frac{1}{2}+\frac{1}{2^2}+\frac{1}{2^3}\cdots+\frac{1}{2^n}+\cdots$$

而 $$\sum_{n=0}^{\infty}\left(\frac{1}{2}\right)^n-1=1+\frac{1}{2}+\left(\frac{1}{2}\right)^2+\cdots+\left(\frac{1}{2}\right)^n+\cdots-1=\frac{1}{1-\frac{1}{2}}-1=2-1=1$$

即级数(5-1)的和为1。

二、无穷级数的基本性质

关于无穷级数的敛散性，有下面几个基本性质：

性质5-1　如果级数 $\sum_{n=1}^{\infty}u_n$ 收敛，且其和为 S，则级数 $\sum_{n=1}^{\infty}ku_n$ 也收敛，其和为 kS，其中 k 为常数($k\neq 0$)；如果 $\sum_{n=1}^{\infty}u_n$ 发散，那么 $\sum_{n=1}^{\infty}ku_n$ 也发散。

证　设级数 $\sum_{n=1}^{\infty}u_n$ 与级数 $\sum_{n=1}^{\infty}ku_n$ 的部分和分别为 S_n 和 σ_n，则

$$\sigma_n=ku_1+ku_2+\cdots+ku_n=kS_n$$

因为 $\sum_{n=1}^{\infty}u_n$ 收敛，且 $\lim\limits_{n\to\infty}S_n=S$，所以 $\lim\limits_{n\to\infty}\sigma_n=\lim\limits_{n\to\infty}kS_n=k\lim\limits_{n\to\infty}S_n=kS$，

即级数 $\sum_{n=1}^{\infty}ku_n$ 收敛，其和为 kS。

显然，如果 $\sum_{n=1}^{\infty}u_n$ 发散，且 $k\neq 0$，那么 $\sum_{n=1}^{\infty}ku_n$ 也发散。

此性质表明，级数的每一项都乘以不为零的常数，级数的敛散性不变。

性质5-2　如果级数 $\sum_{n=1}^{\infty}u_n$、$\sum_{n=1}^{\infty}v_n$ 分别收敛于和 S、σ，则级数 $\sum_{n=1}^{\infty}(u_n\pm v_n)$ 也收敛，且其和为 $S\pm\sigma$。

证　设级数 $\sum_{n=1}^{\infty}u_n$、$\sum_{n=1}^{\infty}v_n$ 的部分和分别为 S_n 和 σ_n，则级数 $\sum_{n=1}^{\infty}(u_n\pm v_n)$ 的部分和

$$\begin{aligned}\omega_n&=(u_1\pm v_1)+(u_2\pm v_2)+\cdots+(u_n\pm v_n)\\&=(u_1+u_2+\cdots+u_n)\pm(v_1+v_2+\cdots+v_n)\\&=S_n\pm\sigma_n\end{aligned}$$

于是
$$\lim_{n\to\infty}\omega_n=\lim_{n\to\infty}(S_n\pm\sigma_n)=S\pm\sigma$$

即级数 $\sum_{n=1}^{\infty}(u_n\pm v_n)$ 收敛，且其和为 $S\pm\sigma$。

此性质表明，两个收敛的级数逐项相加(或逐项相减)所得的级数也收敛。

性质5-3　在级数前面去掉或加上有限项得到一个新级数，则新级数与原级数敛散相同。

证　设原级数为 $u_1+u_2+\cdots+u_k+u_{k+1}+\cdots+u_{k+n}+\cdots$，去掉前 k 项得新级数为 $u_{k+1}+u_{k+2}+\cdots+u_{k+n}+\cdots$，于是新得的级数的部分和为 $\sigma_n=u_{k+1}+\cdots u_{k+n}=S_{k+n}-S_k$，其中 S_{k+n} 是原级数的前 $k+n$ 项的和，当 $n\to\infty$ 时，因为 S_k 是常数，所以 σ_n 和 S_{k+n} 或者同时具有极限，或者同时没有极限。即新级数与原级数有相同的敛散性。

类似地，可以证明在级数的前面加上有限项，也不会改变级数的敛散性。

性质5-4　如果级数 $\sum_{n=1}^{\infty}u_n$ 收敛，则对该级数的项任意加括号后所成的级数

$$(u_1+\cdots+u_{n_1})+(u_{n_1+1}+\cdots+u_{n_2})+\cdots+(u_{n_{k-1}+1}+\cdots+u_{n_k})+\cdots$$

也收敛，且其和不变。

证　设级数 $\sum_{n=1}^{\infty}u_n$ 的部分和为 S_n，加括号后所成的级数的前 k 项的部分和为 A_k，则

笔记

$$A_1 = u_1 + \cdots + u_{n_1} = S_{n_1}$$
$$A_2 = (u_1 + \cdots + u_{n_1}) + (u_{n_1+1} + \cdots u_{n_2}) = S_{n_2}$$
$$\cdots\cdots$$
$$A_k = (u_1 + \cdots + u_{n_1}) + (u_{n_1+1} + \cdots + u_{n_2}) + \cdots + (u_{n_{k-1}+1} + \cdots + u_{n_k}) = S_{n_k}$$

可见,数列$\{A_k\}$是数列$\{S_k\}$的一个子数列。由$\{S_k\}$的收敛性可知其子数列$\{A_k\}$必定收敛,且有$\lim\limits_{k\to\infty}A_k = \lim\limits_{n\to\infty}S_n$。

即加括号后所成的级数收敛,且其和是原级数的和。

对于任何一个级数,只要有一个将它加括号后所得的级数发散,则该级数发散。但是,若将它加括号后所得的级数中有一个收敛时,此级数不一定收敛。例如,级数

$$1 - 1 + 1 - 1 + \cdots$$

是发散的,但将它的奇数次项与偶数次项括在一起所成的级数是收敛的

$$(1-1) + (1-1) + (1-1) + \cdots = 0$$

三、级数收敛的必要条件

定理 5-1 如果级数 $\sum\limits_{n=1}^{\infty} u_n$ 收敛,则它的一般项 u_n 趋于零,即$\lim\limits_{n\to\infty}u_n = 0$。

证 设级数 $\sum\limits_{n=1}^{\infty} u_n$ 的部分和为 S_n,且 $S_n \to S\ (n\to\infty)$,则

$$\lim_{n\to\infty}u_n = \lim_{n\to\infty}(S_n - S_{n-1}) = S - S = 0$$

由此定理可知若级数的一般项不趋于零,则该级数必定发散。

例如,级数 $\sum\limits_{n=1}^{\infty}(-1)^n = -1+1-1+1\cdots$,$\lim\limits_{n\to\infty}u_n$不存在,级数 $\sum\limits_{n=1}^{\infty}(-1)^n$ 发散。因此,这一性质给出了判定级数发散的一种方法。

需要注意的是此定理是级数收敛的必要条件,而非充分条件。即若 $\lim\limits_{n\to\infty}u_n = 0$,则 $\sum\limits_{n=1}^{\infty}u_n$ 不一定收敛。

例如调和级数

$$\sum_{n=1}^{\infty}\frac{1}{n} = 1 + \frac{1}{2} + \frac{1}{3} + \cdots + \frac{1}{n} + \cdots$$

虽然 $\lim\limits_{n\to\infty}u_n = \lim\limits_{n\to\infty}\frac{1}{n} = 0$,但该级数是发散的。下面我们用反证法证明如下:

假若调和级数收敛,设它的部分和为 S_n,且 $S_n\to S(n\to\infty)$。显然对级数的前 $2n$ 项和 S_{2n},也有 $S_{2n}\to S(n\to\infty)$,于是 $\lim\limits_{n\to\infty}(S_{2n}-S_n) = S - S = 0$。

另一方面

$$S_{2n} - S_n = \frac{1}{n+1} + \frac{1}{n+2} + \cdots + \frac{1}{2n} > \frac{1}{2n} + \cdots + \frac{1}{2n} = \frac{1}{2}$$

故 $\lim\limits_{n\to\infty}(S_{2n}-S_n) \nrightarrow 0$,产生矛盾,这矛盾说明调和级数是发散的。

第二节 常数项级数收敛性判别法

一、正项级数收敛性判别法

一般的常数项级数,它的各项可以是正数、负数、或者零,我们先来讨论各项都是正数或零

的级数，这种级数称为正项级数(series of positive terms)。许多级数的收敛性问题可归结为正项级数的收敛性问题。

设级数

$$u_1+u_2+\cdots+u_n+\cdots \tag{5-4}$$

是一个正项级数($u_n\geqslant 0$)，它的部分和为S_n。显然。数列$\{S_n\}$是一个单调递增数列，即

$$S_1\leqslant S_2\leqslant\cdots\leqslant S_n\leqslant\cdots$$

如果数列$\{S_n\}$有界，即S_n总不大于某一常数M，根据单调有界的数列必有极限的准则，级数(5-4)必收敛于和S，且$S_n\leqslant S\leqslant M$。反之，如果正项级数(5-4)收敛于和$S$，即$\lim\limits_{n\to\infty}S_n=S$，根据有极限的数列一定有界的性质可知，部分和数列$\{S_n\}$有界。因此，我们得到如下重要的结论：

定理5-2　正项级数$\sum\limits_{n=1}^{\infty}u_n$收敛的充分必要条件是：它的部分和数列$\{S_n\}$有界。

根据定理5-2可得到关于正项级数的一个基本的审敛法。

定理5-3　(比较判别法)设$\sum\limits_{n=1}^{\infty}u_n$和$\sum\limits_{n=1}^{\infty}v_n$都是正项级数，且$u_n\leqslant v_n$($n=1,2,3,\cdots$)。若级数$\sum\limits_{n=1}^{\infty}v_n$收敛，则级数$\sum\limits_{n=1}^{\infty}u_n$收敛；反之，若级数$\sum\limits_{n=1}^{\infty}u_n$发散，则级数$\sum\limits_{n=1}^{\infty}v_n$也发散。

证　若级数$\sum\limits_{n=1}^{\infty}v_n$收敛于和$\sigma$，由于$u_n\leqslant v_n$($n=1,2,3,\cdots$)，则级数$\sum\limits_{n=1}^{\infty}u_n$的部分和$S_n=u_1+u_2+\cdots+u_n\leqslant v_1+v_2+\cdots+v_n\leqslant\sigma(n=1,2,\cdots)$，即部分和数列$\{S_n\}$有界。由定理5-2可知级数$\sum\limits_{n=1}^{\infty}u_n$收敛。反之，设级数$\sum\limits_{n=1}^{\infty}u_n$发散，如果级数$\sum\limits_{n=1}^{\infty}v_n$收敛，由上面的结论，将有级数$\sum\limits_{n=1}^{\infty}u_n$也收敛，矛盾。故级数$\sum\limits_{n=1}^{\infty}v_n$必发散。

例5-4　判别级数$\sum\limits_{n=1}^{\infty}\dfrac{1}{\sqrt{n(n+1)}}$的敛散性。

解　由于

$$\frac{1}{\sqrt{n(n+1)}}>\frac{1}{\sqrt{(n+1)(n+1)}}=\frac{1}{n+1}$$

而级数$\sum\limits_{n=1}^{\infty}\dfrac{1}{n+1}$是调和级数去掉首项，它是发散的，再由比较判别法知，级数$\sum\limits_{n=1}^{\infty}\dfrac{1}{\sqrt{n(n+1)}}$发散。

例5-5　讨论p级数

$$\sum_{n=1}^{\infty}\frac{1}{n^p}=1+\frac{1}{2^p}+\frac{1}{3^p}+\cdots+\frac{1}{n^p}+\cdots$$

的敛散性，其中常数$p>0$。

解　当$p\leqslant 1$时$\dfrac{1}{n^p}\geqslant\dfrac{1}{n}$　($n=1,2,\cdots$)，又$\sum\limits_{n=1}^{\infty}\dfrac{1}{n}$是发散的，故由比较判别法知，此时的$p$级数也发散。

当$p>1$时，设$n-1\leqslant x\leqslant n$，则有$x^p\leqslant n^p$，$\dfrac{1}{n^p}\leqslant\dfrac{1}{x^p}$，于是

$$\frac{1}{n^p}=\int_{n-1}^{n}\frac{1}{n^p}\mathrm{d}x\leqslant\int_{n-1}^{n}\frac{1}{x^p}\mathrm{d}x=\frac{1}{p-1}\left[\frac{1}{(n-1)^{p-1}}-\frac{1}{n^{p-1}}\right]\quad(n=2,3,\cdots)$$

下面来考察级数$\sum\limits_{n=2}^{\infty}\left[\dfrac{1}{(n-1)^{p-1}}-\dfrac{1}{n^{p-1}}\right]$的收敛性。

该级数的部分和为　$S_n=\left(1-\dfrac{1}{2^{p-1}}\right)+\left(\dfrac{1}{2^{p-1}}-\dfrac{1}{3^{p-1}}\right)+\cdots+\left(\dfrac{1}{n^{p-1}}-\dfrac{1}{(n+1)^{p-1}}\right)$

$$= 1 - \frac{1}{(n+1)^{p-1}}$$

因为
$$\lim_{n\to\infty} S_n = \lim_{n\to\infty}\left(1 - \frac{1}{(n+1)^{p-1}}\right) = 1$$

所以级数 $\sum_{n=2}^{\infty}\left[\frac{1}{(n-1)^{p-1}} - \frac{1}{n^{p-1}}\right]$ 收敛。根据比较判别法可知,级数 $\sum_{n=1}^{\infty}\frac{1}{n^p}$ 当 $p>1$ 时收敛。

总之,p 级数 $\sum_{n=1}^{\infty}\frac{1}{n^p}$ 当 $p>1$ 时收敛;当 $p\leqslant 1$ 时发散。

由此题可知级数 $1+\frac{1}{2^2}+\frac{1}{3^2}+\cdots+\frac{1}{n^2}+\cdots$ 为 $p=2$ 时的 p 级数,故收敛;而级数 $1+\frac{1}{\sqrt{2}}+\frac{1}{\sqrt{3}}+\cdots+\frac{1}{\sqrt{n}}+\cdots$ 为 $p=\frac{1}{2}$ 时的 p 级数,故发散。

利用比较判别法判定级数的敛散性时,应该掌握一些已知敛散性的级数。常用的为等比级数 $\sum_{n=0}^{\infty} aq^n$、p 级数 $\sum_{n=1}^{\infty}\frac{1}{n^p}$、调和级数 $\sum_{n=1}^{\infty}\frac{1}{n}$ 等。

由第一节性质 5-3 可知,在使用比较判别法时,不要求一定从 $n=1$ 开始比较,只要从某一项开始,以后所有的项都符合定理 5-3 条件即可。

例 5-6 讨论级数 $\sum_{n=1}^{\infty}\frac{1}{n!} = 1+\frac{1}{2!}+\frac{1}{3!}+\frac{1}{4!}+\cdots+\frac{1}{n!}+\cdots$ 的敛散性。

解 几何级数 $\sum_{n=1}^{\infty}\frac{1}{2^n} = \frac{1}{2}+\frac{1}{2^2}+\frac{1}{2^3}+\cdots$ 收敛。由于 $1>\frac{1}{2}$,$\frac{1}{2!}>\frac{1}{2^2}$,$\frac{1}{3!}>\frac{1}{2^3}$,而 $\frac{1}{4!}<\frac{1}{2^4}$,$\frac{1}{5!}<\frac{1}{2^5}$,$\frac{1}{6!}<\frac{1}{2^6}\cdots$,即从第四项以后 $\frac{1}{n!}<\frac{1}{2^n}$,而 $\sum_{n=1}^{\infty}\frac{1}{2^n}$ 收敛,故级数 $\sum_{n=1}^{\infty}\frac{1}{n!}$ 收敛。

在使用比较判别法时,有时还需要将所给的级数的一般项放大或缩小,使之成为敛散性已知的级数的一般项,这项工作往往有一定的难度。在许多情况下,用下面的比较判别法的极限形式更为简便。

定理 5-4 设 $\sum_{n=1}^{\infty}u_n$ 与 $\sum_{n=1}^{\infty}v_n$ 是两个正项级数,如果

$$\lim_{n\to\infty}\frac{u_n}{v_n} = l \quad (0<l<+\infty)$$

则级数 $\sum_{n=1}^{\infty}u_n$ 与 $\sum_{n=1}^{\infty}v_n$ 同时收敛或同时发散。

例 5-7 判别级数 $\sum_{n=1}^{\infty}\sin\frac{\pi}{n^2}$ 的敛散性。

解 这里 $u_n = \sin\frac{\pi}{n^2} > 0$,取 $v_n = \frac{\pi}{n^2}$,则

$$\lim_{n\to\infty}\frac{u_n}{v_n} = \lim_{n\to\infty}\frac{\sin\frac{\pi}{n^2}}{\frac{\pi}{n^2}} = 1 > 0$$

而级数 $\sum_{n=1}^{\infty}\frac{\pi}{n^2}$ 是 $p=2$ 的 p 级数的各项乘以常数 π 所成的级数,它是收敛的。再由定理 5-4 可知,级数 $\sum_{n=1}^{\infty}\sin\frac{\pi}{n^2}$ 收敛。

定理 5-5 达朗贝尔(D' Alembert)判别法(比值判别法):若正项级数 $\sum_{n=1}^{\infty}u_n$ 的后项与前项之比值的极限等于 ρ,即

$$\lim_{n\to\infty}\frac{u_{n+1}}{u_n}=\rho$$

则　　(1) $\rho<1$ 时级数收敛；

(2) $\rho>1$（或 $\lim\limits_{n\to\infty}\frac{u_{n+1}}{u_n}=+\infty$）时级数发散；

(3) $\rho=1$ 时级数可能收敛也可能发散。

证略。

例 5-8　判别级数 $\sum\limits_{n=1}^{\infty}\frac{a^n}{n!}$ $(a>0)$ 的敛散性。

解　因为

$$\frac{u_{n+1}}{u_n}=\frac{\dfrac{a^{n+1}}{1\cdot2\cdot3\cdots(n-1)\cdot n\cdot(n+1)}}{\dfrac{a^n}{1\cdot2\cdot3\cdots(n-1)n}}=\frac{a}{n+1},\rho=\lim_{n\to\infty}\frac{u_{n+1}}{u_n}=\lim_{n\to\infty}\frac{a}{n+1}=0<1$$

根据比值判别法知所给级数收敛。

例 5-9　判别级数 $\sum\limits_{n=1}^{\infty}\frac{1}{(2n-1)\cdot2n}$ 的敛散性。

解　$\rho=\lim\limits_{n\to\infty}\frac{u_{n+1}}{u_n}=\lim\limits_{n\to\infty}\frac{(2n-1)\cdot2n}{(2n+1)(2n+2)}=1$。

这时 $\rho=1$，比值判别法失效，必须用其他的方法来判别级数的敛散性。

因为 $2n>2n-1\geqslant n$，所以 $\frac{1}{(2n-1)\cdot2n}<\frac{1}{n^2}$，而级数 $\sum\limits_{n=1}^{\infty}\frac{1}{n^2}$ 收敛，由比较判别法知，级数 $\sum\limits_{n=1}^{\infty}\frac{1}{(2n-1)\cdot2n}$ 收敛。

比较判别法相对简单，但需要已知敛散性的级数做参照；比值判别法自主性较强，适用范围较广泛，但当 $\rho=1$ 时失效。

二、交错级数收敛性判别法

所谓**交错级数**（alternating series）是指它的各项是正负交错的，从而可以写成如下的形式：

$$u_1-u_2+u_3-u_4+\cdots;\text{或}-u_1+u_2-u_3+u_4-\cdots$$

其中 $u_n>0$ $(n=1,2,\cdots)$。关于交错级数有如下的收敛性判别法。

定理 5-6（莱布尼茨定理）　如果交错级数 $\sum\limits_{n=1}^{\infty}(-1)^{n-1}u_n$ 满足条件：

$$(1)\ u_n\geqslant u_{n+1}\quad(n=1,2,3,\cdots);(2)\ \lim_{n\to\infty}u_n=0。$$

则交错级数 $\sum\limits_{n=1}^{\infty}(-1)^{n-1}u_n$ 收敛，且其和 $S\leqslant u_1$，其余项 r_n 的绝对值 $|r_n|\leqslant u_{n+1}$。

证　先证明前 $2n$ 项的和 S_{2n} 的极限存在，为此把 S_{2n} 写成两种形式：

$$S_{2n}=(u_1-u_2)+(u_3-u_4)+\cdots+(u_{2n-1}-u_{2n})$$

及

$$S_{2n}=u_1-(u_2-u_3)-(u_4-u_5)-\cdots-(u_{2n-2}-u_{2n-1})-u_{2n}$$

根据定理中条件(1)知道所有括弧中的差都是非负的。由第一种形式可见数列 $\{S_{2n}\}$ 是单调增加的，由第二种形式可见 $S_{2n}<u_1$。

于是，根据单调有界数列必有极限的性质知道，$\lim\limits_{n\to\infty}S_{2n}$ 存在，记为 S，并且 S 不大于 u_1，即 $\lim\limits_{n\to\infty}S_{2n}=S\leqslant u_1$。

再证明前 $2n+1$ 项的和 S_{2n+1} 的极限也是 S。事实上，我们有 $S_{2n+1}=S_{2n}+u_{2n+1}$，由条件(2)知 $\lim\limits_{n\to\infty}u_{2n+1}=0$，因此 $\lim\limits_{n\to\infty}S_{2n+1}=\lim\limits_{n\to\infty}(S_{2n}+u_{2n+1})=\lim\limits_{n\to\infty}S_{2n}=S$。

由于级数的前偶数项的和与前奇数项的和趋于同一数值 S,故级数 $\sum\limits_{n=1}^{\infty}(-1)^{n-1}u_n$ 的部分和 S_n 当 $n\to\infty$ 时具有极限 S,这就证明了级数 $\sum\limits_{n=1}^{\infty}(-1)^{n-1}u_n$ 收敛于和 S,且 $S\leqslant u_1$。

又由于余项 r_n 可以写成 $r_n=\pm(u_{n+1}-u_{n+2}+\cdots)$,其绝对值 $|r_n|=u_{n+1}-u_{n+2}+\cdots$,该式右端也是一个交错级数,它也满足收敛的两个条件,由定理5-6可得其和小于级数的第一项,也就是说 $|r_n|\leqslant u_{n+1}$,证毕。

例 5-10 证明交错级数 $1-\dfrac{1}{2}+\dfrac{1}{3}-\dfrac{1}{4}+\cdots$ 收敛。

证 由于交错级数中的 $u_n=\dfrac{1}{n}$ 满足:(1) $u_n=\dfrac{1}{n}>\dfrac{1}{n+1}=u_{n+1}$;(2) $\lim\limits_{n\to\infty}u_n=\lim\limits_{n\to\infty}\dfrac{1}{n}=0$,故由定理5-6可知,该级数收敛。

三、绝对收敛与条件收敛

现在我们讨论一般级数

$$\sum_{n=1}^{\infty}u_n=u_1+u_2+\cdots+u_n+\cdots \tag{5-5}$$

的收敛问题。它的各项为任意实数,可正可负,我们称之为任意项级数。

如果级数 $\sum\limits_{n=1}^{\infty}u_n$ 各项的绝对值所构成的正项级数

$$\sum_{n=1}^{\infty}|u_n|=|u_1|+|u_2|+\cdots+|u_n|+\cdots \tag{5-6}$$

收敛,则称级数 $\sum\limits_{n=1}^{\infty}u_n$ **绝对收敛**(absolute convergence);如果级数(5-5)收敛,而级数(5-6)发散,则称级数 $\sum\limits_{n=1}^{\infty}u_n$ **条件收敛**(conditional convergence)。

例如,级数 $\sum\limits_{n=1}^{\infty}(-1)^{n-1}\dfrac{1}{n^2}$ 是绝对收敛级数,而级数 $\sum\limits_{n=1}^{\infty}(-1)^{n-1}\dfrac{1}{n}$ 是条件收敛级数。

级数绝对收敛与级数收敛有以下重要关系:

定理 5-7 如果级数 $\sum\limits_{n=1}^{\infty}u_n$ 绝对收敛,则级数 $\sum\limits_{n=1}^{\infty}u_n$ 必定收敛。

证 因为级数 $\sum\limits_{n=1}^{\infty}u_n$ 绝对收敛,即级数 $\sum\limits_{n=1}^{\infty}|u_n|$ 收敛。

令
$$v_n=\frac{1}{2}(u_n+|u_n|)\qquad(n=1,2,\cdots)$$

显然,$v_n\geqslant 0$ 且 $v_n\leqslant|u_n|\quad(n=1,2,\cdots)$,由比较判别法,级数 $\sum\limits_{n=1}^{\infty}v_n$ 收敛,所以级数 $\sum\limits_{n=1}^{\infty}2v_n$ 也收敛。而 $u_n=2v_n-|u_n|$,$\sum\limits_{n=1}^{\infty}u_n=\sum\limits_{n=1}^{\infty}2v_n-\sum\limits_{n=1}^{\infty}|u_n|$,由收敛级数的基本性质5-2可知:$\sum\limits_{n=1}^{\infty}u_n=\sum\limits_{n=1}^{\infty}2v_n-\sum\limits_{n=1}^{\infty}|u_n|$ 收敛,定理证毕。

根据这个定理,把许多任意项级数收敛性的判别问题,可以转化为正项级数收敛性的判别问题。需注意的是,如果级数 $\sum\limits_{n=1}^{\infty}|u_n|$ 发散,我们不能断定级数 $\sum\limits_{n=1}^{\infty}u_n$ 也发散。

例 5-11 判别级数 $\sum\limits_{n=1}^{\infty}\dfrac{\sin n\alpha}{n^2}$ 的敛散性。

解 因为 $\left|\dfrac{\sin n\alpha}{n^2}\right|\leqslant\dfrac{1}{n^2}$,而级数 $\sum\limits_{n=1}^{\infty}\dfrac{1}{n^2}$ 收敛,所以级数 $\sum\limits_{n=1}^{\infty}\left|\dfrac{\sin n\alpha}{n^2}\right|$ 也收敛,由定义知,级数

$\sum_{n=1}^{\infty} \frac{\sin n\alpha}{n^2}$绝对收敛。

例 5-12　讨论交错级数 $\sum_{n=1}^{\infty} (-1)^{n-1} \frac{1}{n^p}$ 的敛散性。

解　当 $p > 1$ 时，级数 $\sum_{n=1}^{\infty} \frac{1}{n^p}$ 收敛，故级数 $\sum_{n=1}^{\infty} (-1)^{n-1} \frac{1}{n^p}$ 绝对收敛；

当 $0 < p \leqslant 1$ 时，级数 $\sum_{n=1}^{\infty} \frac{1}{n^p}$ 发散。由于 $u_n = \frac{1}{n^p} > \frac{1}{(n+1)^p} = u_{n+1}$，且 $\lim\limits_{n\to\infty} u_n = \lim\limits_{n\to\infty} \frac{1}{n^p} = 0$，满足莱布尼茨定理条件，所以，级数 $\sum_{n=1}^{\infty} (-1)^{n-1} \frac{1}{n^p}$ 收敛，且为条件收敛；

当 $p \leqslant 0$ 时，$\lim\limits_{n\to\infty} u_n = \lim\limits_{n\to\infty} (-1)^{n-1} \frac{1}{n^p} \neq 0$，故级数 $\sum_{n=1}^{\infty} (-1)^{n-1} \frac{1}{n^p}$ 发散。

第三节　幂　级　数

一、函数项级数的基本概念

设有一个定义在区间 D 上的函数列

$$u_1(x), u_2(x), u_3(x), \cdots, u_n(x), \cdots$$

称式子

$$\sum_{n=1}^{\infty} u_n(x) = u_1(x) + u_2(x) + u_3(x) + \cdots + u_n(x) + \cdots \tag{5-7}$$

为函数项无穷级数，简称(函数项)级数。

对于区间 D 上任一个值 x_0，函数项级数(5-7)成为常数项级数：

$$\sum_{n=1}^{\infty} u_n(x_0) = u_1(x_0) + u_2(x_0) + u_3(x_0) + \cdots + u_n(x_0) + \cdots \tag{5-8}$$

级数(5-8)可能收敛也可能发散。若(5-8)收敛，则称点 x_0 是函数项级数(5-7)的收敛点；若(5-8)发散，则称点 x_0 是函数项级数(5-7)的发散点。函数项级数(5-7)所有收敛点的集合称为该级数的收敛域(domain of convergence)，所有发散点的集合称为该级数的发散域(domain of divergence)。

对于函数项级数(5-7)的每一个收敛点 x_0，都有一个确定的和值 $S(x_0)$ 与其对应。由此定义了收敛域上的一个函数，称为函数项级数(5-7)的和函数，记为 $S(x)$，即

$$S(x) = \sum_{n=1}^{\infty} u_n(x) = u_1(x) + u_2(x) + u_3(x) + \cdots + u_n(x) + \cdots$$

函数项级数(5-7)前 n 项的部分和数列：

$$S_n(x) = u_1(x) + u_2(x) + u_3(x) + \cdots + u_n(x)$$

也是定义在收敛域上的一个函数，且有 $\lim\limits_{n\to\infty} S_n(x) = S(x)$。

函数项级数(5-7)的余项 $r_n(x) = S(x) - S_n(x)$ 同样是以级数(5-7)的收敛域为定义域的函数，并有 $\lim\limits_{n\to\infty} r_n(x) = 0$。

下面我们重点讨论各项都是幂函数的函数项级数，即幂级数。

二、幂级数及其敛散性

如果函数项级数的各项都是 x 的幂函数，形如：

$$a_0 + a_1 x + a_2 x^2 + \cdots + a_n x^n + \cdots \tag{5-9}$$

或

$$a_0 + a_1(x - x_0) + a_2(x - x_0)^2 + \cdots + a_n(x - x_0)^n + \cdots \tag{5-10}$$

称级数(5-9)或(5-10)为幂级数(power series),其中常数 $a_0, a_1, a_2, \cdots, a_n, \cdots$ 叫作幂级数的系数。

例如

$$1 + x + x^2 + \cdots + x^n + \cdots$$

$$1 + (x-1) + \frac{(x-1)^2}{2!} + \cdots + \frac{(x-1)^n}{n!} + \cdots$$

都是幂级数。

现在我们来讨论对于一个给定的幂级数,它的收敛域与发散域是怎样的?这就是幂级数的收敛性问题,先看一个例子。

讨论幂级数 $\sum_{n=0}^{\infty} x^n = 1 + x + x^2 + \cdots + x^n + \cdots$ 的收敛性。

显然,级数 $\sum_{n=0}^{\infty} x^n$ 是等比级数,其公比为 x,故当 $|x| < 1$ 时级数收敛,它的和是 $\frac{1}{1-x}$,即

$$1 + x + \cdots + x^n + \cdots = \frac{1}{1-x}$$

当 $|x| \geqslant 1$ 时,幂级数 $\sum_{n=0}^{\infty} x^n$ 发散。

于是,幂级数 $\sum_{n=0}^{\infty} x^n$ 的收敛域为 $|x| < 1$,且 $S(x) = \frac{1}{1-x}$, $|x| < 1$;发散域为 $|x| \geqslant 1$。

从这个例子我们看到,这个幂级数的收敛域是一个区间 $(-1,1)$,事实上,这个结论对于一般的幂级数也是成立的,我们有如下定理。

定理5-8 阿贝尔(Abel)定理:如果级数 $\sum_{n=0}^{\infty} a_n x^n$ 当 $x = x_0$ ($x_0 \neq 0$)时收敛,则满足不等式 $|x| < |x_0|$ 的一切 x,使这幂级数绝对收敛;反之,如果级数 $\sum_{n=0}^{\infty} a_n x^n$ 当 $x = x_0$ 时发散,则满足不等 $|x| > |x_0|$ 的一切 x 使这幂级数发散。

证 如果当 $x = x_0$ 时幂级数 $\sum_{n=0}^{\infty} a_n x^n$ 收敛,即常数项级数 $\sum_{n=0}^{\infty} a_n x_0^n$ 收敛,则 $\lim_{n\to\infty} a_n x_0^n = 0$,记 $v_n = a_n x_0^n$,于是数列 $\{v_n\}$ 有极限,从而存在常数 M,使

$$|v_n| \leqslant M \ (n = 0,1,2,\cdots)$$

成立。而

$$|a_n x^n| = \left|a_n x_0^n \cdot \frac{x^n}{x_0^n}\right| = |v_n| \cdot \left|\frac{x^n}{x_0^n}\right| \leqslant M \cdot \left|\frac{x}{x_0}\right|^n$$

当 $|x| < |x_0|$ 时,$\left|\frac{x}{x_0}\right| < 1$,因此,几何级数 $\sum_{n=0}^{\infty} M \cdot \left|\frac{x}{x_0}\right|^n$ 收敛,由比较判别法可知,级数 $\sum_{n=0}^{\infty} |a_n x^n|$ 收敛,所以,级数 $\sum_{n=0}^{\infty} a_n x^n$ 绝对收敛;

如果当 $x = x_0$ 时幂级数 $\sum_{n=0}^{\infty} a_n x^n$ 发散,但存在一点 x_1,使 $|x_1| > |x_0|$ 时,数项级数 $\sum_{n=0}^{\infty} a_n x_1^n$ 收敛。根据前面的证明,数项级数 $\sum_{n=0}^{\infty} a_n x_0^n$ 收敛,这与假设矛盾。因此,如果当 $x = x_0$ 时幂级数 $\sum_{n=0}^{\infty} a_n x^n$ 发散,对于满足条件 $|x| > |x_0|$ 的一切 x,幂级数 $\sum_{n=0}^{\infty} a_n x^n$ 都发散,定理证毕。

由定理5-8知,幂级数(5-9)的收敛域可以分成三种情况

(1) 它只在原点 $x=0$ 处收敛;

(2) 它在整个数轴上都收敛;

(3) 它在数轴上除原点外既有收敛点又有发散点。

前两种情形的收敛域是明确的,而对于第(3)种情形,定理5-8告诉我们,如果幂级数在 $x=x_0$ 处收敛,则对于开区间 $(-|x_0|,|x_0|)$ 内的任何 x,幂级数都收敛;如果幂级数在 $x=x_0$ 处发散,则对于闭区间 $[-|x_0|,|x_0|]$ 外的 x,幂级数都发散。

因此,它的收敛域一定是一个关于原点对称的区间,即存在一个确定的正数 R,使得当 $|x|<R$ 时幂级数(5-9)收敛;当 $|x|>R$ 时幂级数(5-9)发散;当 $x=R$ 或 $x=-R$ 时幂级数(5-9)可能收敛,也可能发散。

我们称 R 为幂级数(5-9)的**收敛半径**(convergence radius)。以 $-R$ 和 R 为端点的区间称为**收敛区间**(convergence interval)。如果幂级数仅在 $x=0$ 处收敛,则它的收敛半径 $R=0$;如果幂级数(5-9)在无穷区间 $(-\infty,+\infty)$ 内收敛,则幂级数的收敛半径 $R=+\infty$。

定理5-9 设有幂级数 $\sum\limits_{n=0}^{\infty}a_nx^n$,其前、后两项系数绝对值之比的极限为 ρ,即 $\lim\limits_{n\to\infty}\left|\dfrac{a_{n+1}}{a_n}\right|=\rho$,则

(1) $\rho\neq 0$,则 $R=\dfrac{1}{\rho}$;(2) $\rho=0$,则 $R=+\infty$;(3) $\rho=+\infty$,则 $R=0$。

证 幂级数 $\sum\limits_{n=0}^{\infty}a_nx^n$ 的各项取绝对值,得级数

$$|a_0|+|a_1x|+|a_2x^2|+\cdots+|a_nx^n|+\cdots \tag{5-11}$$

(1) 当 $0<\rho<+\infty$ 时,因为

$$\lim_{n\to\infty}\left|\frac{a_{n+1}x^{n+1}}{a_nx^n}\right|=\lim_{n\to\infty}\left|\frac{a_{n+1}}{a_n}\right|\cdot|x|=\rho\cdot|x|$$

由比值判别法知,当 $\rho|x|<1$,即 $|x|<\dfrac{1}{\rho}$ 时级数(5-11)收敛,从而级数 $\sum\limits_{n=0}^{\infty}a_nx^n$ 绝对收敛,因此收敛半径 $R=\dfrac{1}{\rho}$。

(2) 当 $\rho=0$ 时,有 $\lim\limits_{n\to\infty}\left|\dfrac{a_{n+1}x^{n+1}}{a_nx^n}\right|=\lim\limits_{n\to\infty}\left|\dfrac{a_{n+1}}{a_n}\right|\cdot|x|=0$,由比值判别法知,级数 $\sum\limits_{n=0}^{\infty}a_nx^n$ 对于一切 x 都收敛,所以 $R=+\infty$。

(3) 当 $\rho=+\infty$ 时,对于一切 $x\neq0$,因为 $\lim\limits_{n\to\infty}\left|\dfrac{a_{n+1}}{a_n}\right|=\rho=+\infty$,所以 $\left|\dfrac{a_{n+1}x^{n+1}}{a_nx^n}\right|=\left|\dfrac{a_{n+1}}{a_n}\right|\cdot|x|\to+\infty$,从而幂级数 $\sum\limits_{n=0}^{\infty}|a_nx^n|$ 发散,由 $|a_nx^n|\to+\infty$ 知,a_nx^n 不趋向于零($n\to+\infty$),由级数收敛的必要条件可知 $\sum\limits_{n=1}^{\infty}a_nx^n$ 发散,从而 $R=0$。

例5-13 求幂级数 $x-\dfrac{x^2}{2}+\dfrac{x^3}{3}-\cdots+(-1)^{n-1}\dfrac{x^n}{n}+\cdots$ 的收敛半径与收敛区间。

解 $\rho=\lim\limits_{n\to\infty}\left|\dfrac{a_{n+1}}{a_n}\right|=\lim\limits_{n\to\infty}\dfrac{\frac{1}{n+1}}{\frac{1}{n}}=1$,所以收敛半径 $R=\dfrac{1}{\rho}=1$;

对于端点 $x=-1$,级数成为 $-1-\dfrac{1}{2}-\dfrac{1}{3}-\cdots-\dfrac{1}{n}-\cdots$,该级数发散;

当 $x=1$ 时,级数成为交错级数 $1-\dfrac{1}{2}+\dfrac{1}{3}-\cdots+(-1)^{n-1}\dfrac{1}{n}+\cdots$,此级数收敛。故原级

笔记

数的收敛区间为$(-1,1]$。

例 5-14 求幂级数 $\sum_{n=0}^{\infty} n^n x^n$ 的收敛区间。

解 由于 $a_n = n^n, a_{n+1} = (n+1)^{n+1}$,

$$\rho = \lim_{n\to\infty}\left|\frac{a_{n+1}}{a_n}\right| = \lim_{n\to\infty}\frac{(n+1)^{n+1}}{n^n} = \lim_{n\to\infty}\left(\frac{n+1}{n}\right)^n\cdot(n+1) = \lim_{n\to\infty}\left(1+\frac{1}{n}\right)^n\cdot(n+1) = \infty$$

故收敛半径 $R=0$,即幂级数 $\sum_{n=0}^{\infty} n^n x^n$ 仅在 $x=0$ 处收敛。

例 5-15 求幂级数 $\sum_{n=1}^{\infty}\frac{(x-5)^n}{\sqrt{n}}$ 的收敛区间。

解 设 $x-5=t$,则 $\sum_{n=1}^{\infty}\frac{(x-5)^n}{\sqrt{n}} = \sum_{n=1}^{\infty}\frac{t^n}{\sqrt{n}}$。

由于 $a_n = \frac{1}{\sqrt{n}}, a_{n+1} = \frac{1}{\sqrt{n+1}}, \rho = \lim_{n\to\infty}\left|\frac{a_{n+1}}{a_n}\right| = \lim_{n\to\infty}\frac{\frac{1}{\sqrt{n+1}}}{\frac{1}{\sqrt{n}}} = 1$,故 $R = \frac{1}{\rho} = 1$。

当 $t=-1$ 时,$\sum_{n=1}^{\infty}\frac{(-1)^n}{\sqrt{n}} = -1 + \frac{1}{\sqrt{2}} - \frac{1}{\sqrt{3}} + \cdots$ 由交错级数审敛法知其收敛;

当 $t=1$ 时,级数为 $\sum_{n=1}^{\infty}\frac{1}{\sqrt{n}} = 1 + \frac{1}{\sqrt{2}} + \frac{1}{\sqrt{3}} + \cdots$ 为 p 级数,且 $p=\frac{1}{2}<1$,因此级数发散。

故级数 $\sum_{n=1}^{\infty}\frac{t^n}{\sqrt{n}}$ 的收敛区间为$[-1,1)$。将 $x-5=t$ 代入,当 $t=-1$ 时,$x=4$;$t=1$ 时,$x=6$。所以级数 $\sum_{n=1}^{\infty}\frac{(x-5)^n}{\sqrt{n}}$ 的收敛区间为$[4,6)$。

例 5-16 求幂级数 $\sum_{n=0}^{\infty}\left(\frac{x}{2}\right)^n = 1 + \frac{x}{2} + \left(\frac{x}{2}\right)^2 + \cdots + \left(\frac{x}{2}\right)^n + \cdots$ 的收敛域与和函数。

解 这是一个公比为 $\frac{x}{2}$ 的几何级数,当 $\left|\frac{x}{2}\right|<1$,即 $|x|<2$ 时,级数绝对收敛;当 $\left|\frac{x}{2}\right|>1$,即 $|x|>2$ 时,级数发散;

当 $|x|=2$ 时,级数发散,故该级数收敛域为$(-2,2)$。

当 $|x|<2$ 时,有和函数

$$S(x) = \lim_{n\to\infty} S_n(x) = \lim_{n\to\infty}\frac{1-\left(\frac{x}{2}\right)^n}{\left(1-\frac{x}{2}\right)} = \frac{2}{2-x}$$

三、幂级数的运算

设有幂级数

$$\sum_{n=0}^{\infty} a_n x^n = a_0 + a_1 x + a_2 x^2 + \cdots + a_n x^n + \cdots = f(x) \qquad x\in(-R_1,R_1)$$

及

$$\sum_{n=0}^{\infty} b_n x^n = b_0 + b_1 x + b_2 x^2 + \cdots + b_n x^n + \cdots = g(x) \qquad x\in(-R_2,R_2)$$

则由两个收敛级数可逐项相加相减的性质,可得

笔记

$$\sum_{n=0}^{\infty} a_n x^n \pm \sum_{n=0}^{\infty} b_n x^n = (a_0 \pm b_0) + (a_1 \pm b_1)x + (a_2 \pm b_2)x^2 + \cdots + (a_n \pm b_n)x^n + \cdots$$
$$= f(x) \pm g(x) \qquad x\in(-R,R)$$

其中 $R = \min(R_1, R_2)$

关于幂级数的和函数有下列重要性质：

性质 5-5　设幂级数 $\sum\limits_{n=0}^{\infty} a_n x^n$ 的收敛半径为 $R(R>0)$，则其和函数 $S(x)$ 在区间 $(-R,R)$ 内连续，如果幂级数在 $x=R$（或 $x=-R$）也收敛，则和函数 $S(x)$ 在 $(-R,R]$（或 $[-R,R)$）上连续。

性质 5-6　设幂级数 $\sum\limits_{n=0}^{\infty} a_n x^n$ 的收敛半径为 $R(R>0)$，则其和函数 $S(x)$ 在区间 $(-R,R)$ 内是可导的，且有逐项求导公式

$$S'(x) = \left(\sum_{n=0}^{\infty} a_n x^n\right)' = \sum_{n=0}^{\infty} (a_n x^n)' = \sum_{n=1}^{\infty} n a_n x^{n-1}$$

其中 $|x| < R$，逐项求导后所得到的幂级数和原级数有相同的收敛半径。由此可知，幂级数 $\sum\limits_{n=0}^{\infty} a_n x^n$ 的和函数 $S(x)$ 在 $(-R,R)$ 内有任意阶导数。

性质 5-7　设幂级数 $\sum\limits_{n=0}^{\infty} a_n x^n$ 的收敛半径为 $R(R>0)$，则其和函数 $S(x)$ 在区间 $(-R,R)$ 内是可积的，且有逐项积分公式

$$\int_0^x S(x)\mathrm{d}x = \int_0^x \left(\sum_{n=0}^{\infty} a_n x^n\right)\mathrm{d}x = \sum_{n=0}^{\infty} \int_0^x a_n x^n \mathrm{d}x = \sum_{n=0}^{\infty} \frac{a_n}{n+1} x^{n+1}$$

其中 $|x| < R$，逐项积分后所得到的幂级数和原级数有相同的收敛半径。

例 5-17　求幂级数 $\sum\limits_{n=0}^{\infty} \frac{n+1}{2^n} x^n$ 在收敛域$(-2,2)$内的和函数。

解　设在收敛域内所求和函数为 $S(x)$。

由于 $\int_0^x (n+1)x^n \mathrm{d}x = x^{n+1}$，在收敛域内逐项积分，得

$$\int_0^x S(x)\mathrm{d}x = \int_0^x \left(\sum_{n=0}^{\infty} \frac{n+1}{2^n} x^n\right)\mathrm{d}x = \sum_{n=0}^{\infty} \frac{x^{n+1}}{2^n} = x + \frac{x^2}{2} + \frac{x^3}{2^2} + \cdots + \frac{x^{n+1}}{2^n} + \cdots$$

$$= x\left[1 + \frac{x}{2} + \left(\frac{x}{2}\right)^2 + \cdots + \left(\frac{x}{2}\right)^n + \cdots\right]$$

$$= x \cdot \frac{1}{1-\frac{x}{2}} = \frac{2x}{2-x}$$

于是
$$S(x) = \left(\frac{2x}{2-x}\right)' = \frac{4-2x+2x}{(2-x)^2} = \frac{4}{(2-x)^2}$$

例 5-18　求幂级数 $\sum\limits_{n=0}^{\infty} \frac{x^n}{n+1}$ 的和函数。

解　由定理 5-9 知，因为 $\lim\limits_{n\to\infty}\left|\frac{a_{n+1}}{a_n}\right| = \rho = 1$，所以 $R = \frac{1}{\rho} = 1$。

当 $x=-1$ 时，$\sum\limits_{n=0}^{\infty} \frac{x^n}{n+1} = \sum\limits_{n=0}^{\infty} \frac{(-1)^n}{n+1}$ 收敛；当 $x=1$ 时，$\sum\limits_{n=0}^{\infty} \frac{x^n}{n+1} = \sum\limits_{n=0}^{\infty} \frac{1}{n+1}$ 发散，故收敛域为 $[-1,1)$。

设在收敛域$[-1,1)$内所求和函数为 $S(x)$，则 $S(x) = \sum\limits_{n=0}^{\infty} \frac{x^n}{n+1}$。

显然 $S(0)=1$，又 $xS(x) = \sum\limits_{n=0}^{\infty} \frac{x^{n+1}}{n+1}$，利用性质 5-6 逐项求导，并由

笔记

$$\frac{1}{1-x}=1+x+x^2+\cdots+x^n+\cdots \quad (-1<x<1)$$

得
$$[xS(x)]'=\sum_{n=0}^{\infty}\left(\frac{x^{n+1}}{n+1}\right)'=\sum_{n=0}^{\infty}x^n=\frac{1}{1-x}$$

对上式从0到x积分,得$xS(x)=\int_0^x\frac{1}{1-x}\mathrm{d}x=-\ln(1-x)$

于是,当$x\neq 0$时,有$S(x)=-\frac{1}{x}\ln(1-x)$。从而

$$S(x)=\begin{cases}-\frac{1}{x}\ln(1-x), & 0<|x|<1\\ 1 & x=0\end{cases}$$

注:$\lim\limits_{x\to 0}S(x)=\lim\limits_{x\to 0}\left[-\frac{1}{x}\ln(1-x)\right]=1$。

四、泰勒级数

前面讨论了幂级数的收敛域及其和函数的性质。但在许多应用中,我们也会遇到相反的问题:给定函数$f(x)$,要考虑它是否能在某个区间内"展开成幂级数",就是说,是否能找到这样一个幂级数,它在某区间内收敛,且其和函数恰好就是给定的函数$f(x)$。

在一元函数的微分学部分曾给出了泰勒公式,若函数$y=f(x)$在$x=x_0$的某邻域内具有$n+1$阶导数,则在该邻域内有n阶泰勒公式

$$f(x)=f(x_0)+f'(x_0)(x-x_0)+\frac{f''(x_0)}{2!}(x-x_0)^2+\cdots+\frac{f^{(n)}(x_0)}{n!}(x-x_0)^n+R_n(x) \tag{5-12}$$

其中$R_n(x)$为拉格朗日余项,即

$$R_n(x)=\frac{f^{(n+1)}(\xi)}{(n+1)!}(x-x_0)^{n+1} \quad (\xi\text{介于}x_0\text{与}x\text{之间})$$

记
$$S_{n+1}(x)=f(x_0)+f'(x_0)(x-x_0)+\frac{f''(x_0)}{2!}(x-x_0)^2+\cdots+\frac{f^{(n)}(x_0)}{n!}(x-x_0)^n$$

则$f(x)=S_{n+1}(x)+R_n(x)$。这时用n次多项式$S_{n+1}(x)$近似表示$f(x)$,其误差为$|R_n(x)|$,并且当n无限增大时,就得到一个以$S_{n+1}(x)$为部分和的幂级数

$$f(x_0)+f'(x_0)(x-x_0)+\frac{f'(x_0)}{2!}(x-x_0)^2+\cdots+\frac{f^{(n)}(x_0)}{n!}(x-x_0)^n+\cdots$$

定义5-3 设$f(x)$在$x=x_0$处具有任意阶导数,则称级数

$$\sum_{n=0}^{\infty}\frac{f^{(n)}(x_0)}{n!}(x-x_0)^n=f(x_0)+f'(x_0)(x-x_0)+\frac{f''(x_0)}{2!}(x-x_0)^2+\cdots+\frac{f^{(n)}(x_0)}{n!}(x-x_0)^n+\cdots$$

为函数$f(x)$在$x=x_0$处的**泰勒级数**(Taylor series)。当$x_0=0$时,得到

$$\sum_{n=0}^{\infty}\frac{f^{(n)}(0)}{n!}x^n=f(0)+f'(0)x+\frac{f''(0)}{2!}x^2+\cdots+\frac{f^{(n)}(0)}{n!}x^n+\cdots \tag{5-13}$$

称级数(5-13)为函数$f(x)$的**麦克劳林级数**(Maclaurin series)。

显然,当$x=x_0$时,由(5-12)式可知$f(x)$的泰勒级数收敛于$f(x_0)$,但除了$x=x_0$处,它是否一定收敛?如果它收敛,它是否一定收敛于$f(x)$?关于这些问题,有下列定理。

定理5-10 设函数$f(x)$在点x_0的某一邻域内具有各阶导数,则$f(x)$在该邻域内能展开成泰勒级数的充分必要条件是:$f(x)$的泰勒公式中余项$R_n(x)$当$n\to\infty$时的极限为零,即

$\lim\limits_{n\to\infty}R_n(x)=0\ (x\in U(x_0,\delta))$。

证　设$f(x)$在x_0的某邻域内展开成的泰勒级数为

$$f(x)=f(x_0)+f'(x_0)(x-x_0)+\frac{f''(x_0)}{2!}(x-x_0)^2+\cdots+\frac{f^{(n)}(x_0)}{n!}(x-x_0)^n+\cdots$$

由式(5-12)知,前$n+1$项部分和$S_{n+1}(x)$与$f(x)$、$R_n(x)$有如下关系式

$$f(x)=S_{n+1}(x)+R_n(x)$$

即
$$R_n(x)=f(x)-S_{n+1}(x)$$

由于$f(x)$的泰勒级数在x_0的该邻域内收敛于$f(x)$,则有

$$\lim_{n\to\infty}S_{n+1}(x)=f(x)$$

从而有
$$\lim_{n\to\infty}R_n(x)==\lim_{n\to\infty}[f(x)-S_{n+1}(x)]=0$$

反之,若在点x_0的某一邻域内$\lim\limits_{n\to\infty}R_n(x)=0$,则

$$\lim_{n\to\infty}S_{n+1}(x)==\lim_{n\to\infty}[f(x)-R_n(x)]=f(x)$$

于是,函数$f(x)$的泰勒级数在x_0的该邻域内收敛于$f(x)$。

容易证明,函数的泰勒展开式是唯一的。

五、初等函数的幂级数展开法

当$f(x)$的泰勒级数在x_0的某邻域内收敛于$f(x)$时,我们有

$$f(x)=f(x_0)+f'(x_0)(x-x_0)+\frac{f''(x_0)}{2!}(x-x_0)^2+\cdots+\frac{f^{(n)}(x_0)}{n!}(x-x_0)^n+\cdots \tag{5-14}$$

式(5-14)称为函数$f(x)$在x_0的某邻域内的泰勒级数展开式。此时,我们也说在该邻域内把函数$f(x)$展开成泰勒级数。特别地,当$x_0=0$时,展开式就成为

$$f(x)=f(0)+f'(0)+\frac{f''(0)}{2!}x^2+\cdots+\frac{f^{(n)}(0)}{n!}x^n+\cdots \tag{5-15}$$

式(5-15)是$f(x)$的麦克劳林级数,它是x的幂级数。

下面我们介绍如何将初等函数展开成x的幂级数。

(一)直接展开法

用直接方法把函数$f(x)$展开成x的幂级数的步骤如下:

(1) 求出$f(x)$的各阶导数$f'(x),f''(x),\cdots,f^{(n)}(x),\cdots$;

(2) 求出函数$f(x)$及其各阶导数在$x=0$处的值$f(0),f'(0),f''(0),\cdots,f^{(n)}(0),\cdots$(如果某阶导数在$x=0$处的值不存在,则不能展开成$x$的幂级数);

(3) 根据公式(5-15)写出$f(x)$的麦克劳林级数:

$$f(0)+f'(0)x+\frac{f''(0)}{2!}x^2+\cdots+\frac{f^{(n)}(0)}{n!}x^n+\cdots$$

并求出收敛半径R与收敛区间;

(4) 考察在收敛区间内余项$R_n(x)$的极限$\lim\limits_{n\to\infty}R_n(x)=\lim\limits_{n\to\infty}\frac{f^{(n+1)}(\xi)}{(n+1)!}x^{n+1}$($\xi$介于0与$x$之间)是否为零。如果为零,则在第(3)步中所求出的$f(x)$的麦克劳林级数在其收敛区间内收敛于$f(x)$,即可写成下面的等式:

$$f(x)=f(0)+f'(0)x+\frac{f''(0)}{2!}x^2+\cdots+\frac{f^{(n)}(0)}{n!}x^n+\cdots$$

它就是所求函数$f(x)$的x的幂级数展开式,或称为函数$f(x)$的麦克劳林级数展开式。

例 5-19　将函数$f(x)=e^x$展开成x的幂级数。

解　由于$f(x)=e^x$且$f^{(n)}(x)=e^x\ (n=1,2,\cdots)$,从而$f(0)=1,f^{(n)}(0)=1\ (n=1,2,\cdots\cdots)$。于是得

$e^x=1+x+\dfrac{x^2}{2!}+\cdots+\dfrac{x^n}{n!}+R_n(x)$,其中$R_n(x)=\dfrac{e^{\xi}}{(n+1)!}x^{n+1}$($\xi$在0与$x$之间)由于$\lim\limits_{n\to\infty}\dfrac{\frac{1}{(n+1)!}}{\frac{1}{n!}}=\lim\dfrac{1}{n+1}=0$,收敛半径$R=+\infty$,对于任何$x$值,麦克劳林级数的余项

$$|R_n(x)|=\left|\frac{f^{(n+1)}(\xi)}{(n+1)!}x^{n+1}\right|=\left|\frac{e^{\xi}\cdot x^{n+1}}{(n+1)!}\right|\leqslant\frac{e^{|x|}|x|^{n+1}}{(n+1)!}$$

又由于$\dfrac{|x|^{n+1}}{(n+1)!}$是收敛级数$\sum\limits_{n=0}^{\infty}\dfrac{|x|^n}{n!}$的一般项,故$\lim\limits_{n\to\infty}\dfrac{|x|^{n+1}}{(n+1)!}=0$,而$e^{|x|}$是与$n$无关的有限数,于是$\lim\limits_{n\to\infty}|R_n(x)|=0$,因此

$$e^x=1+x+\frac{x^2}{2!}+\cdots+\frac{x^n}{n!}+\cdots\ (-\infty<x<+\infty)$$

例 5-20　求$f(x)=\sin x$的幂级数展开式。

解　由于$(\sin x)^{(n)}=\sin(x+n\cdot\dfrac{\pi}{2})$,当$n$依次取$0,1,2,3,\cdots$时有$f(0)=0,f'(0)=1,f''(0)=0,f'''(0)=-1,\cdots$,依次循环取$0,1,0,-1$这四个数。所以$f(x)=\sin x$的展开式为

$$\sin x=x-\frac{x^3}{3!}+\frac{x^5}{5!}-\frac{x^7}{7!}+\cdots+\frac{(-1)^{n-1}x^{2n-1}}{(2n-1)!}+\cdots$$

因为$\lim\limits_{n\to\infty}\left|\dfrac{(-1)^n}{(2n+1)!}\right|\Big/\left|\dfrac{(-1)^{n-1}}{(2n-1)!}\right|=\lim\limits_{n\to\infty}\dfrac{1}{(2n+1)\cdot 2n}=0$,所以收敛半径为$R=+\infty$,余项绝对值为

$$|R_n(x)|=\left|\frac{\sin(\xi+\frac{n+1}{2}\pi)}{(n+1)!}x^{n+1}\right|\leqslant\frac{|x|^{n+1}}{(n+1)!}$$

而$\lim\limits_{n\to\infty}\dfrac{|x|^{n+1}}{(n+1)!}=0$,故$\lim\limits_{n\to\infty}R_n(x)=0$,于是$f(x)=\sin x$的幂级数展开式为

$$\sin x=x-\frac{x^3}{3!}+\frac{x^5}{5!}-\frac{x^7}{7!}+\cdots+\frac{(-1)^{n-1}x^{2n+1}}{(2n+1)!}+\cdots\qquad x\in(-\infty,+\infty)$$

例 5-21　将$f(x)=(1+x)^m$展开成麦克劳林级数,其中m为实数。

解　$f(x)$的各阶导数为

$$f'(x)=m(1+x)^{m-1},f''(x)=m(m-1)(1+x)^{m-2},\cdots\cdots$$
$$f^{(n)}(x)=m(m-1)\cdots(m-n+1)(1+x)^{m-n}$$

所以有

$$f(0)=1,f'(0)=m,f''(0)=m(m-1),\cdots,$$
$$f^{(n)}(0)=m(m-1)\cdots(m-n+1),\cdots$$

于是$f(x)$的麦克劳林级数为

$$1+mx+\frac{m(m-1)}{2!}x^2+\cdots+\frac{m(m-1)\cdots(m-n+1)}{n!}x^n+\cdots$$

由于

$$\lim_{n\to\infty}\left|\frac{a_{n+1}}{a_n}\right|=\lim_{n\to\infty}\left|\frac{m(m-1)\cdots(m-n)}{(n+1)!}\Big/\frac{m(m-1)\cdots(m-n+1)}{n!}\right|=\lim_{n\to\infty}\left|\frac{m-n}{n+1}\right|=1$$

所以对于任意实数m,级数的收敛半径$R=1$,故该级数在区间$(-1,1)$内绝对收敛。

可以证明,对任何$x\in(-1,1)$,当m为定值时均有$\lim\limits_{n\to\infty}R_n(x)=0$(证略),于是得展开式

$$(1+x)^m=1+mx+\frac{m(m-1)}{2!}x^2+\cdots+\frac{m(m-1)\cdots(m-n+1)}{n!}x^n+\cdots\ (-1<x<1)$$

笔记

由此展开式可知，当 $m=\frac{1}{2}$ 时

$$\sqrt{1+x}=1+\frac{1}{2}x-\frac{1}{2\cdot 4}x^2+\frac{1\cdot 3}{2\cdot 4\cdot 6}x^3-\frac{1\cdot 3\cdot 5}{2\cdot 4\cdot 6\cdot 8}x^4+\cdots\ (-1<x<1)$$

当 $m=-\frac{1}{2}$ 时

$$\frac{1}{\sqrt{1+x}}=(1+x)^{-\frac{1}{2}}=1-\frac{1}{2}x+\frac{1\cdot 3}{2\cdot 4}x^2-\frac{1\cdot 3\cdot 5}{2\cdot 4\cdot 6}x^3+\frac{1\cdot 3\cdot 5\cdot 7}{2\cdot 4\cdot 6\cdot 8}x^4-\cdots\ (-1<x<1)$$

（二）间接展开法

应用直接展开法求 $f(x)$ 的幂级数展开式，要计算 $f^{(n)}(x)$，而且还要计算 $\lim\limits_{n\to\infty}R_n(x)$，通常比较麻烦，有时是非常困难的。因此，常常是根据幂级数展开的唯一性，利用某些已知函数的展开式，通过逐项积分、逐项微分或变量代换等方法间接地求得幂级数的展开式，我们称这种方法为间接展开法。

例 5-22　将函数 $f(x)=\cos x$ 展开成 x 的幂级数。

解　利用 $\sin x$ 的幂级数展开式

$$\sin x=x-\frac{x^3}{3!}+\frac{x^5}{5!}-\frac{x^7}{7!}+\cdots+\frac{(-1)^n x^{2n+1}}{(2n+1)!}+\cdots\quad(-\infty<x<+\infty)$$

逐项求导，即得 $f(x)=\cos x$ 的幂级数展开式

$$\cos x=1-\frac{x^2}{2!}+\frac{x^4}{4!}-\cdots+(-1)^n\frac{x^{2n}}{(2n)!}+\cdots\quad(-\infty<x<+\infty)$$

例 5-23　将函数 $f(x)=\ln(1+x)$ 展开成 x 的幂级数。

解　由于 $f'(x)=\frac{1}{1+x}$，

又
$$\frac{1}{1+x}=1-x+x^2-x^3+\cdots+(-1)^n x^n+\cdots\quad(-1<x<1)$$

将上式逐项积分得

$$\ln(1+x)=\int_0^x\frac{1}{1+x}\mathrm{d}x=x-\frac{x^2}{2}+\frac{x^3}{3}-\frac{x^4}{4}+\cdots(-1)^n\frac{x^{n+1}}{n+1}+\cdots\quad(-1<x<1)$$

当 $x=1$ 时，上式为 $1-\frac{1}{2}+\frac{1}{3}-\frac{1}{4}+\cdots$，该级数是收敛的。于是

$$\ln(1+x)=x-\frac{x^2}{2}+\frac{x^3}{3}-\frac{x^4}{4}+\cdots\quad(-1<x\leqslant 1)$$

例 5-24　将函数 $f(x)=\frac{1}{1+x-2x^2}$ 展开为 x 的幂级数。

解　因为 $\frac{1}{1+x-2x^2}=\frac{1}{3}\left(\frac{2}{1+2x}+\frac{1}{1-x}\right)$

而
$$\frac{1}{1+2x}=\sum_{n=0}^{\infty}(-2x)^n=1-2x+(2x)^2-(2x)^3+\cdots+(-2x)^n+\cdots\quad|2x|<1$$

$$\frac{1}{1-x}=\sum_{n=0}^{\infty}(-1)^n(-x)^n=\sum_{n=0}^{\infty}x^n=1+x+x^2+x^3+\cdots+x^n+\cdots\quad|x|<1$$

所以，有

$$\begin{aligned}\frac{1}{1+x-2x^2}&=\frac{1}{3}\left(\frac{2}{1+2x}+\frac{1}{1-x}\right)=\frac{2}{3}\sum_{n=0}^{\infty}(-2x)^n+\frac{1}{3}\sum_{n=0}^{\infty}x^n\\&=\sum_{n=0}^{\infty}\left[\frac{2}{3}(-2x)^n+\frac{1}{3}x^n\right]=\sum_{n=0}^{\infty}\frac{2^{n+1}+(-1)^n}{3}(-x)^n\\&=1-x+3x^2-5x^3+11x^4-21x^5+\cdots\end{aligned}$$

幂级数 $\sum\limits_{n=0}^{\infty}(-2x)^n$ 的收敛域为 $-1<2x<1$,即 $-\frac{1}{2}<x<\frac{1}{2}$,幂级数 $\sum\limits_{n=0}^{\infty}x^n$ 的收敛域为 $-1<x<1$,因此,所求幂级数的收敛区间为 $\left(-\frac{1}{2},\frac{1}{2}\right)$。

例 5-25 将 $\frac{1}{x-2}$ 展开为 $(x+1)$ 的幂级数。

解 由于 $\frac{1}{x-2}=\frac{-1}{2-x}=\frac{-1}{3-(x+1)}=-\frac{1}{3}\cdot\frac{1}{1-(\frac{x+1}{3})}$

而
$$\frac{1}{1-x}=1+x+x^2+\cdots+x^n+\cdots \quad (-1<x<1)$$

将上式中的 x 换成 $\frac{x+1}{3}$,即得

$$\frac{1}{x-2}=-\frac{1}{3}\cdot\left[1+(\frac{x+1}{3})+(\frac{x+1}{3})^2+\cdots+(\frac{x+1}{3})^n+\cdots\right]$$
$$=-\frac{1}{3}-\frac{1}{3^2}(x+1)-\frac{1}{3^3}(x+1)^2-\cdots-\frac{1}{3^{n+1}}(x+1)^n-\cdots$$

上式成立的收敛域为 $-1<\frac{x+1}{3}<1$,故级数的收敛区间为 $(-4,2)$。

六、幂级数的应用

(一)建立函数关系

建立函数关系是研究量与量之间关系的基础。由于所研究实际问题的多样性和复杂性,建立函数关系的方法是各种各样的。应用函数的幂级数展开式是其中一种方法,现举例如下。

例 5-26 计算药物在体内的残留量。

中药洋地黄毒苷是用于治疗心力衰竭的常用药。由于过量用药将产生危害,故要求药物在患者体内应保持一定的浓度。已知它在体内的清除率 $p\ (0<p<1)$ 与体内的药量成正比,如果每天给患者服用 a 毫克维持剂量的洋地黄毒苷,记 $q=1-p$。于是,患者体内的洋地黄毒苷残留量,在开始服药的第一天后为 aq,在第二天后为 $aq+aq^2$,在第三天后为 $aq+aq^2+aq^3,\cdots$,在第 n 天后为 $aq+aq^2+aq^3+\cdots+aq^n$,一直继续下去,则患者体内的洋地黄毒苷残留量可表示成下列无穷级数:

$$aq+aq^2+aq^3+\cdots+aq^n+\cdots$$

由于 $q<1$,所以,这是公比小于 1 的几何级数。其和为

$$S=aq+aq^2+aq^3+\cdots+aq^n+\cdots=\frac{aq}{1-q}$$

当维持剂量 a 与清除率 p 不变时,药物在体内的残留量 S 保持在一个稳定的水平——坪值。测定患者的清除率 p 后,药物在体内的坪值是剂量 a 的函数。例如,测得某患者的清除率为 0.1,当所给维持剂量为每天 0.05 毫克时,达到的坪值为:$\frac{0.05\times0.9}{0.1}=0.45$ 毫克。若另一患者的清除率为 0.08,对于每天 0.05 毫克的维持剂量,达到的坪值为:$\frac{0.05\times0.92}{0.08}=0.575$ 毫克。

(二)近似计算

使用函数的幂级数展开式可以进行近似计算,即在展开式有效的区间内任一点的函数值可用此级数在同一点的前 n 项部分和近似代替。

例 5-27 计算 e 的近似值,精确到小数 0.0001。

解 已知 $e^x=1+x+\frac{x^2}{2!}+\frac{x^3}{3!}+\cdots+\frac{x^n}{n!}+\cdots \quad (-\infty<x<+\infty)$

令 $x=1$,得

$$e=1+1+\frac{1}{2!}+\frac{1}{3!}+\cdots+\frac{1}{n!}+\cdots=S_n+R_n$$

其余项

$$R_n=\frac{1}{(n+1)!}+\frac{1}{(n+2)!}+\cdots=\frac{1}{(n+1)!}\left[1+\frac{1}{n+2}+\frac{1}{(n+2)(n+3)}+\cdots\right]$$
$$<\frac{1}{(n+1)!}\left[1+\frac{1}{n+1}+\frac{1}{(n+1)^2}+\cdots\right]=\frac{1}{(n+1)!}\frac{n+1}{n}=\frac{1}{nn!}$$

要使误差不大于0.0001,即 $R_n\leqslant 0.0001$,也就是 $nn!\geqslant 10000$。由于 $7\times 7!=35280>10000$,所以取 $n=7$,这时 $|R_n|<\frac{1}{7\times 7!}=\frac{1}{35280}=0.000028$。于是

$$e\approx 1+1+\frac{1}{2!}+\frac{1}{3!}+\cdots+\frac{1}{7!}=\frac{13700}{5040}\approx 2.71825$$

例5-28 利用 $\sin x\approx x-\frac{x^3}{3!}+\frac{x^5}{5!}$,求 $\sin 10°$ 的近似值并估计误差。

解 $10°=\frac{\pi}{180}\times 10=\frac{\pi}{18}$,令 $x=\frac{\pi}{18}$ 代入上式,得

$$\sin 10°=\sin\frac{\pi}{18}\approx\frac{\pi}{18}-\frac{1}{3!}\left(\frac{\pi}{18}\right)^3+\frac{1}{5!}\left(\frac{\pi}{18}\right)^5\approx 0.173648$$

误差为

$$|R_n|\leqslant\frac{1}{7!}\left(\frac{\pi}{18}\right)^7\approx\frac{1}{5040}\times(0.174533)^7<0.000001$$

七、欧拉公式

设有复数项级数

$$z_1+z_2+z_3+\cdots+z_n+\cdots \tag{5-16}$$

其中,$z_n=u_n+v_ni$,u_n,v_n $(n=1,2,\cdots)$ 为实常数或实函数。如果由 z_n 的实部组成的级数

$$u_1+u_2+u_3+\cdots+u_n+\cdots \tag{5-17}$$

收敛于 u,由 z_n 的虚部组成的级数

$$v_1+v_2+v_3+\cdots+v_n+\cdots \tag{5-18}$$

收敛于 v,则称复数项级数(5-16)收敛,其和等于 $u+vi$。

如果级数(5-16)各项的模所构成的级数

$$\sqrt{u_1^2+v_1^2}+\sqrt{u_2^2+v_2^2}+\cdots+\sqrt{u_n^2+v_n^2}+\cdots$$

收敛,由于,$|u_n|\leqslant\sqrt{u_n^2+v_n^2}$,$|v_n|\leqslant\sqrt{u_n^2+v_n^2}$ $(n=1,2,\cdots)$,故级数(5-17)、(5-18)绝对收敛,于是级数(5-16)也收敛,且绝对收敛。

不难证明,复数项幂级数

$$1+z+\frac{z^2}{2!}+\frac{z^3}{3!}+\cdots+\frac{z^n}{n!}+\cdots\quad(z=x+iy)$$

在整个复平面上绝对收敛。当 $z=x$,即 z 在 x 轴上取值时,这个幂级数就是指数函数 e^x,因此,将这个复数项幂级数定义为复变量的指数函数 e^z,即

$$e^z=1+z+\frac{z^2}{2!}+\frac{z^3}{3!}+\cdots+\frac{z^n}{n!}+\cdots\qquad(|z|<\infty)$$

当 $x=0$ 时,$z=yi$,于是

$$e^{iy}=1+yi+\frac{1}{2!}(yi)^2+\frac{1}{3!}(yi)^3+\cdots+\frac{1}{n!}(yi)^n+\cdots$$

$$= \left(1 - \frac{1}{2!}y^2 + \frac{1}{4!}y^4 - \cdots\right) + \left(y - \frac{1}{3!}y^3 + \frac{1}{5!}y^5 - \cdots\right)i$$

$$= \cos y + (\sin y)i$$

将 y 改成 x 后,得到欧拉公式(Euler formula):$e^{ix} = \cos x + i\sin x$

当 $x = -x$ 时,由上式得 $e^{-ix} = \cos x - i\sin x$,

由此得到

$$\cos x = \frac{e^{ix} + e^{-ix}}{2};\sin x = \frac{e^{ix} - e^{-ix}}{2i} \tag{5-19}$$

此式也称为欧拉公式。

第四节 计算机应用

实验一 用 Mathematica 求数项级数和及和函数

实验目的:掌握用 Mathematica 求数项级数和及幂级数和函数的基本方法。

基本命令:

函数	说明
Sum[$,{n,n$_1$,n$_2$}]	对数项级数 $\sum_{n_1}^{n_2}$ $ 求和,$ 为数项级数的一般项,n_1,n_2分别为初项与末项。
NSum[$,{n,n$_1$,n$_2$}]	对数项级数 $\sum_{n_1}^{n_2}$ $ 进行数值求和。
Sum[f(x),{n,n min,n max}]	求幂级数 $\sum_{nmin}^{nmax}$ f(x)的和,n min、n max 分别为初项与末项。

应用运算函数"Sum"可求得常数项级数的部分和与级数和,并可求幂级数的和函数。

例 5-29 分别求 $\sum_{n=1}^{10} \frac{1}{n^2}$ 及 $\sum_{n=1}^{\infty} \frac{1}{n^2}$ 的值。

解 In[1]: = Sum[1/n^2,{n,1,10}]

Out[1] = $\frac{1968329}{1270080}$

In[2]: = Sum[1/n^2,{n,1,Infinity}]

Out[2] = $\frac{\pi^2}{6}$

于是,$\sum_{n=1}^{10} \frac{1}{n^2} = \frac{1968329}{1270080}$,$\sum_{n=1}^{\infty} \frac{1}{n^2} = \frac{\pi^2}{6}$。

注意:In[2]: = Sum[1/n^2,{n,1,Infinity}]中输入 Infinity 与输入 ∞ 结果是相同的。

例 5-30 求级数 $\sum_{n=0}^{\infty} \frac{1}{n!}$ 的和。

解 In[1]: = Sum[1/n!,{n,0,Infinity}]

Out[1] = e

In[2]: = NSum[1/n!,{n,0,Infinity}]

Out[2] = 2.71828

Out[1] = e 与 Out[2] = 2.71828 都是级数的和,前者是精确值,后者是具体数值(近似值)。

例 5-31　求出幂级数 $\sum_{n=1}^{\infty}\frac{x^n}{n}$ 的收敛区间与和函数。

解　In[1]:=Limit[n/(n+1),n→Infinity]

Out[1]=1

In[2]:=Sum[(-1)^n/n,{n,1,Infinity}]

Out[2]=-Log[2]

In[3]:=Sum[x^n/n,{n,1,Infinity}]

Out[3]=-Log[1-x]

由第一语句 In[1]:=Limit[n/(n+1),n→Infinity]求出幂级数收敛半径等于 1。由第 2 语句求得 $\sum_{n=1}^{\infty}\frac{(-1)^n}{n}=-\log[2]$,又级数 $\sum_{n=1}^{\infty}\frac{1^n}{n}$ 发散,所以级数的收敛区间为[-1,1)。由第 3 语句 In[3]:=Sum[x^n/n,{n,1,Infinity}]求得幂级数 $\sum_{n=1}^{\infty}\frac{x^n}{n}$ 的和函数为 $-\log[1-x]$。

实验二　用 Mathematica 进行泰勒级数展开

实验目的:能用 Mathematica 进行泰勒级数展开。

基本命令:

函数	说明
Series[f(x),{x,x_0,n}]	将 f(x)展开成 $(x-x_0)$ 的幂级数,末项为 $(x-x_0)^n$。
Normal[%]	去掉展开式中的余项。

应用操作命令"Series"可将函数 f(x)展开成泰勒级数(幂级数)。

例 5-32　求函数 e^x 在 $x=0$ 处的 4 阶展开式。

解　In[1]:=Series[Exp[x],{x,0,4}]

$$\text{Out}[1]=1+x+\frac{x^2}{2}+\frac{x^3}{6}+\frac{x^4}{24}+O[x]^5$$

在输入行的 Series[f(x),{x,x_0,n}]中,"f(x)"为函数,本例是 Exp[x];"x_0"指定函数 f(x)在 $x=x_0$ 处展开;"n"为展开式的阶。

应用操作命令"Normal[%]",可以去掉级数的余项。例如

In[2]:=Normal[%]

$$\text{Out}[2]=1+x+\frac{x^2}{2}+\frac{x^3}{6}+\frac{x^4}{24}。$$

习题

1. 写出下列级数的前五项

(1) $\sum_{n=1}^{\infty}(-1)^{n-1}\frac{1}{n}$　　(2) $\sum_{n=1}^{\infty}\frac{n!}{n^n}$

2. 写出下列级数的一般项

(1) $\frac{2}{1}-\frac{3}{2}+\frac{4}{3}-\frac{5}{4}+\frac{6}{5}-\cdots$　　(2) $\frac{a^2}{2}+\frac{a^4}{2\cdot 4}+\frac{a^6}{2\cdot 4\cdot 6}+\cdots$

(3) $\frac{a^2}{3}-\frac{a^3}{5}+\frac{a^4}{7}-\frac{a^5}{9}+\cdots$　　(4) $\frac{2x}{1\cdot 2}-\frac{3x^2}{2\cdot 3}+\frac{4x^3}{3\cdot 4}-\frac{5x^4}{4\cdot 5}+\cdots$

3. 判别下列级数的敛散性

(1) $-\frac{8}{9}+\frac{8^2}{9^2}-\frac{8^3}{9^3}+\cdots$　　(2) $\frac{2}{3}+\frac{3}{4}+\frac{4}{5}+\frac{5}{6}+\cdots$

笔记

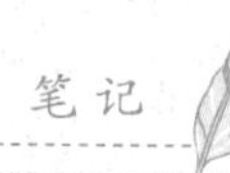

(3) $(\frac{1}{6}+\frac{8}{9})+(\frac{1}{6^2}+\frac{8^2}{9^2})+(\frac{1}{6^3}+\frac{8^3}{9^3})+\cdots$ (4) $\frac{1}{2}+\frac{1}{10}+\frac{1}{4}+\frac{1}{20}+\frac{1}{8}+\frac{1}{30}+\cdots$

4. 根据收敛级数的定义或性质判定已给级数的敛散性

(1) $\sum_{n=1}^{\infty}\sin n\pi$ (2) $\sum_{n=1}^{\infty}\frac{1}{(2n-1)(2n+1)}$ (3) $\sum_{n=1}^{\infty}(\sqrt{n+1}-\sqrt{n})$

5. 用比较判别法判别下列级数的敛散性

(1) $\frac{1}{2\cdot5}+\frac{1}{3\cdot6}+\cdots+\frac{1}{(n+1)(n+4)}+\cdots$ (2) $\sin\frac{\pi}{2}+\sin\frac{\pi}{2^2}+\sin\frac{\pi}{2^3}+\cdots$

(3) $\sum_{n=1}^{\infty}\frac{1}{1+a^n}\quad(a>0)$

6. 用比值判别法判别下列级数的敛散性

(1) $\sum_{n=1}^{\infty}\frac{n^2}{3^n}$ (2) $\sum_{n=1}^{\infty}\frac{2^n\cdot n!}{n^n}$ (3) $\frac{1^4}{1!}+\frac{2^4}{2!}+\frac{3^4}{3!}+\frac{4^4}{4!}+\cdots$

7. 判别下列级数是否收敛,如果收敛,是绝对收敛,还是条件收敛?

(1) $1-\frac{1}{\sqrt{2}}+\frac{1}{\sqrt{3}}-\frac{1}{\sqrt{4}}+\cdots$ (2) $\sum_{n=1}^{\infty}(-1)^{n-1}\frac{n}{3^{n-1}}$

8. 判别下列级数的敛散性

(1) $\sum_{n=2}^{\infty}\tan\frac{\pi}{2^n}$ (2) $\sum_{n=2}^{\infty}2^n\sin\frac{\pi}{3^n}$

9. 求下列幂级数的收敛区间

(1) $\frac{x}{2}+\frac{x^2}{2\cdot4}+\frac{x^3}{2\cdot4\cdot6}+\cdots$ (2) $\frac{2x}{2}+\frac{2^2x^2}{5}+\frac{3^3x^3}{10}+\cdots\frac{2^nx^n}{n^2+1}+\cdots$

(3) $\sum_{n=1}^{\infty}(-1)^n\frac{x^{2n+1}}{2n+1}$ (4) $\sum_{n=1}^{\infty}\frac{(2x+1)^n}{n}$

10. 利用逐项积分或逐项微分,求下列级数在收敛区间内的和函数

(1) $\sum_{n=1}^{\infty}nx^{n-1},|x|<1$ (2) $\sum_{n=1}^{\infty}\frac{x^n}{n},|x|<1$

(3) $\sum_{n=1}^{\infty}\frac{x^{4n+1}}{4n+1},|x|<1$

11. 将下列函数展开成 x 的幂级数,并求其收敛区间

(1) $\ln(a+x)\quad(a>0)$ (2) $\sin\frac{x}{2}$

12. 将函数 $f(x)=\frac{1}{x}$ 展开成 $(x-3)$ 的幂级数。

13. 利用函数的幂级数展开式求下列各函数的近似值

(1) $\sqrt{e}$(精确到0.001) (2) $\sqrt[9]{522}$(精确到0.00001)

14. 利用被积函数的幂级数展开式,求定积分 $\int_0^{0.5}\frac{1}{1+x^4}dx$ 的近似值(精确到0.0001)。

(徐良德)

笔记

第六章 空间解析几何

学习要求

1. 掌握：空间两点间的距离公式；球面方程、柱面方程、椭球面方程；数量与向量的乘积、向量的数量积和向量积；平面的点法式方程和一般方程；空间直线的对称式和参数式方程。

2. 熟悉：空间直角坐标系，空间曲线的参数方程和向量的坐标表示方法。

3. 了解：双曲面、抛物面，空间曲线在坐标面上的投影。

空间解析几何如同平面解析几何一样，通过空间直角坐标系把空间的任一点与有序数组对应起来，把空间的图形与方程对应起来，从而可以用代数方法来研究几何问题。同时能给二元函数提供直观的几何解释，它也是多元微积分的基础。

本章先介绍空间直角坐标系，然后介绍空间曲面和曲线以及向量代数，平面和空间直线的有关知识。

第一节 空间直角坐标系

一、空间点的直角坐标

在空间确定一点 O，以 O 为原点作三条两两互相垂直的数轴，这三条数轴分别称为 x 轴（横轴）、y 轴（纵轴）、z 轴（竖轴），它们统称为坐标轴（coordinate axis），O 点称为坐标原点（origin），坐标原点和坐标轴构成空间直角坐标系（spatial rectangular coordinate system）$O-xyz$。

空间直角坐标系分为右手系和左手系两类，通常采用右手系（图 6-1），即以右手握住 z 轴，当右手的四个手指从 x 轴正向以 $\frac{\pi}{2}$ 角度转向 y 轴正向时，大拇指的指向就是 z 轴的正向。把右手换为左手所得的坐标系称为左手系（图 6-2）。

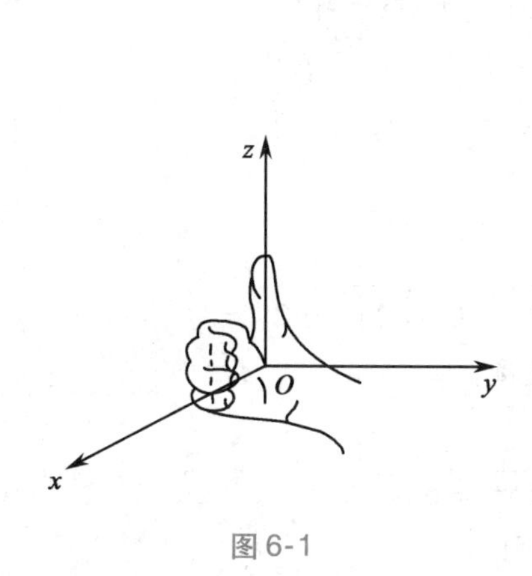

图 6-1

图 6-2

任意两条坐标轴可确定一个平面，由此得到三个两两相互垂直的平面 xOy、yOz 和 zOx，它们统称为坐标面（coordinate planes），三个坐标面将空间分成八个卦限（octant）。其中，满足 $x>0$、y

>0、$z>0$ 的部分为第Ⅰ卦限,第Ⅱ、Ⅲ、Ⅳ卦限在 xOy 面的上方,按逆时针方向确定,第Ⅴ、Ⅵ、Ⅶ、Ⅷ卦限在 xOy 面的下方,由第一卦限之下的第五卦限,按逆时针方向确定(图6-3)。

建立空间直角坐标系后,对于空间中的一点 M,过点 M 分别作垂直于 x 轴、y 轴、z 轴的平面,它们与 x 轴、y 轴、z 轴分别交于点 P、Q、R 三点,若这三点在 x 轴、y 轴、z 轴上的坐标依次为 x、y、z,则空间的点 M 就唯一确定了一个有序数组 x、y、z。

反之,若给定一有序数组 x、y、z,就可以分别在 x 轴、y 轴、z 轴上找到坐标分别为 x、y、z 的三点 P、Q、R,过这三点分别作垂直于 x 轴、y 轴、z 轴的平面,这三个平面的交点就是由有序数组 x、y、z 所确定的唯一的点 M(图6-4)。

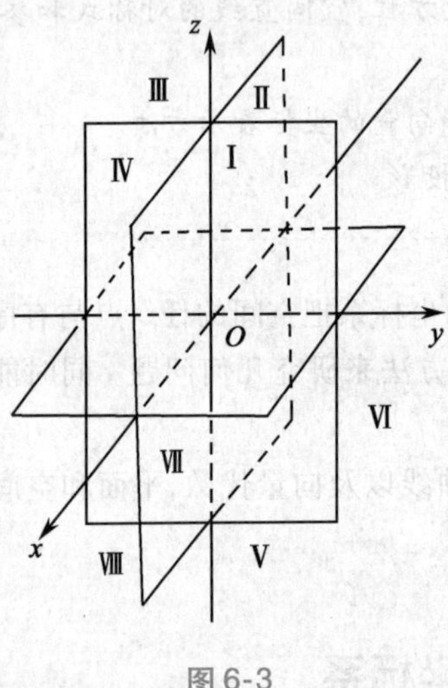

图6-3

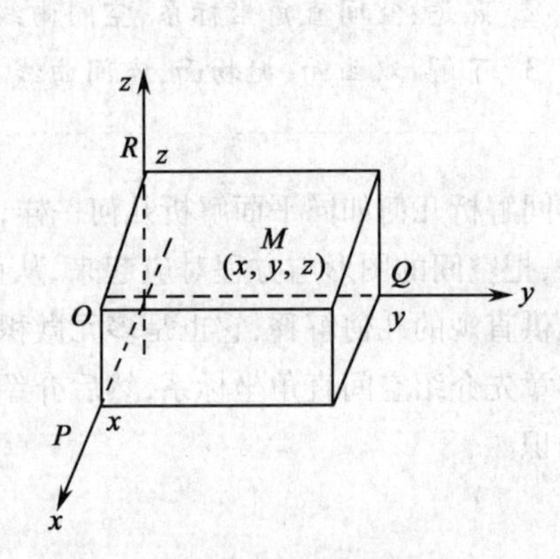

图6-4

因此,通过空间直角坐标系可建立空间的点 M 与有序数组 x、y、z 之间的一一对应关系。称 x、y、z 为点 M 的坐标(coordinate),记为 $M(x,y,z)$;并依次称 x、y、z 为点 M 的横坐标、纵坐标和竖坐标。

二、空间两点间的距离

设 $P_1(x_1,y_1,z_1)$ 和 $P_2(x_2,y_2,z_2)$ 为空间中的任意两点,过点 P_1 和 P_2 各作三个分别垂直于坐标轴的平面,这六个平面形成一个以 P_1P_2 为对角线的长方体(图6-5),由图可以看出它的长、宽、高分别是 $|x_2-x_1|$、$|y_2-y_1|$、$|z_2-z_1|$,因此点 P_1 与点 P_2 之间的距离为

$$|P_1P_2|=\sqrt{(x_2-x_1)^2+(y_2-y_1)^2+(z_2-z_1)^2} \tag{6-1}$$

特别地,点 $P(x,y,z)$ 到原点 $O(0,0,0)$ 的距离为

$$|OP|=\sqrt{x^2+y^2+z^2} \tag{6-2}$$

例6-1 求点 $P_1(2,2,\sqrt{2})$ 到 $P_2(1,3,0)$ 的距离。

解 将 P_1 和 P_2 的坐标代入公式(6-1),得

$$|P_1P_2|=\sqrt{(1-2)^2+(3-2)^2+(0-\sqrt{2})^2}=2$$

例6-2 求点 $M(4,3,-5)$ 到原点及各坐标轴的距离。

解 由公式(6-2),点 M 到原点的距离

$$|OM|=\sqrt{4^2+3^2+(-5)^2}=5\sqrt{2}$$

设点 M 到 x 轴、y 轴、z 轴的距离分别为 d_x、d_y、d_z,则

$$d_x=\sqrt{y^2+z^2}=\sqrt{3^2+(-5)^2}=\sqrt{34}$$

$$d_y=\sqrt{x^2+z^2}=\sqrt{4^2+(-5)^2}=\sqrt{41}$$

$$d_z = \sqrt{x^2 + y^2} = \sqrt{3^2 + 4^2} = 5$$

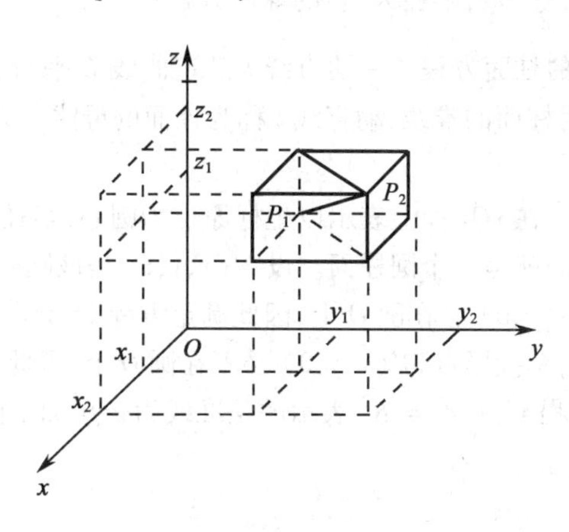

图 6-5

第二节　空间曲面与曲线

一、空间曲面及其方程

在空间直角坐标系中,如果空间曲面 S 与三元方程

$$F(x,y,z) = 0 \tag{6-3}$$

满足条件:

(1) 曲面 S 上任一点的坐标都满足方程(6-3);

(2) 不在曲面 S 上的点的坐标都不满足方程(6-3)。

则方程(6-3)称为曲面 S 的方程,曲面 S 称为方程(6-3)的图形(图 6-6)。

下面是一些常见的曲面方程

1. 坐标面及平行于坐标面的平面　由于 xOy 面上任一点的竖坐标都等于零,故满足方程 $z = 0$;同时,不在 xOy 面上的点,其竖坐标 z 不等于零,不满足方程 $z = 0$。因此 $z = 0$ 是 xOy 面的方程。

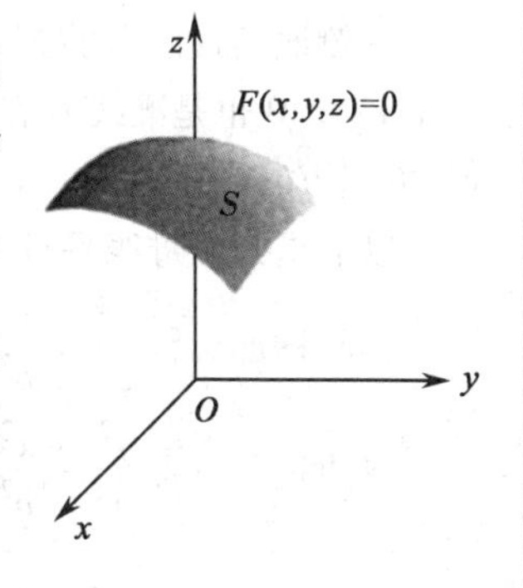

图 6-6

同理,yOz 面的方程为 $x = 0$;zOx 面的方程为 $y = 0$。

若平面 Π 平行于 xOy 面,且距离 xOy 面 a 个单位($a > 0$ 时 Π 在 xOy 面的上方,$a < 0$ 时 Π 在 xOy 面的下方)。则平面 Π 上任一点 $M(x,y,z)$ 的坐标必满足 $z = a$,当点 $M(x,y,z)$ 不在平面 Π 上时,必有 $z \neq a$。所以平面 Π 的方程为 $z = a$ (图 6-7)。

同理,$y = b$ 是与 zOx 面平行且距离 zOx 面 b 个单位的平面方程;$x = c$ 是与 yOz 面平行且距离 yOz 面 c 个单位的平面方程。

2. 球面方程　设 $M(x,y,z)$ 是球心在 $C(a,b,c)$,半径为 R 的球面上的任一点,则

$$|MC| = \sqrt{(x-a)^2 + (y-b)^2 + (z-c)^2} = R$$

即

$$(x-a)^2 + (y-b)^2 + (z-c)^2 = R^2$$

如果球心在原点,则球面方程为

$$x^2 + y^2 + z^2 = R^2$$

例 6-3　求方程 $x^2 + y^2 + z^2 + 2x - 3y + 2 = 0$ 所表示的曲面。

解　经过配方,方程可以化为

$$(x+1)^2 + \left(y - \frac{3}{2}\right)^2 + z^2 = \frac{5}{4}$$

所以这是一个球心为$(-1,\frac{3}{2},0)$,半径为$\frac{\sqrt{5}}{2}$的球面方程。

3. 母线与坐标轴平行的柱面方程 一动直线 l 沿定曲线 C 平行移动所形成的曲面称为柱面(cylinder),定曲线 C 称为柱面的准线,动直线 l 称为柱面的母线。为方便起见,我们只讨论母线平行于坐标轴的柱面。

例如,方程 $x^2+y^2=R^2$ 在 xOy 面上表示以坐标原点为圆心,半径为 R 的圆 O。以圆 O 为准线,母线平行于 z 轴的的柱面就是一个圆柱面。设 $M(x,y,z)$ 是该圆柱面上的任一点,将 M 投影到 xOy 面上,其投影点 $M'(x,y,0)$ 必在圆 O 上,因此满足方程 $x^2+y^2=R^2$;不在圆柱面上的点 $M(x,y,z)$ 投影到 xOy 面上,其投影点 $M'(x,y,0)$ 必不在圆 O 上,因此不满足方程 $x^2+y^2=R^2$。故在空间直角坐标系中,方程 $x^2+y^2=R^2$ 表示的是准线为 xOy 面上的圆 $x^2+y^2=R^2$,母线平行于 z 轴的圆柱面(图 6-8)。

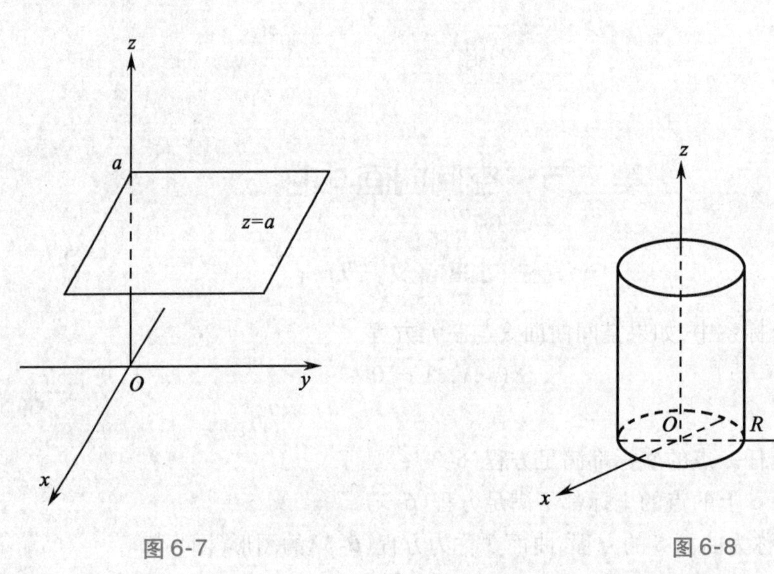

图 6-7　　　　图 6-8

一般地,若柱面的母线平行于 z 轴,准线是 xOy 面上的曲线 C,则其方程为 $F(x,y)=0$。$F(x,y)=0$ 也是准线 C 在 xOy 面上的方程。同理,方程 $G(x,z)=0$ 表示母线平行于 y 轴的柱面;方程 $H(y,z)=0$ 表示母线平行于 x 轴的柱面。

以下是几个母线平行于 z 轴的柱面方程。

椭圆柱面方程 $\frac{x^2}{a^2}+\frac{y^2}{b^2}=1$ (图 6-9);

双曲柱面方程 $\frac{y^2}{a^2}-\frac{x^2}{b^2}=1$ (图 6-10);

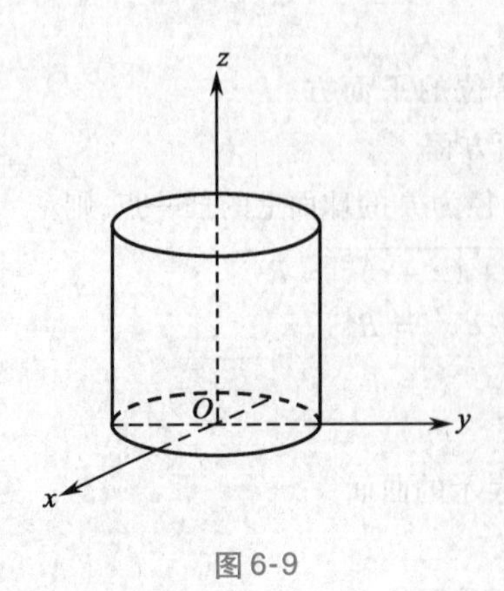

图 6-9

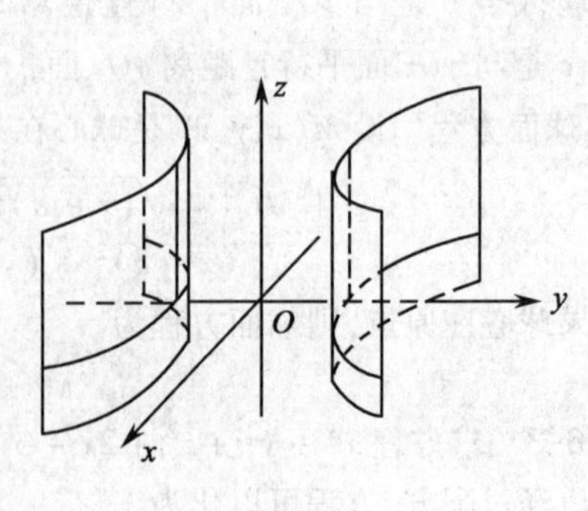

图 6-10

抛物柱面方程 $x^2 = 2py$（图 6-11）。

例 6-4　曲面 $z = 2x$ 中缺少变量 y，所以它是母线平行于 y 轴的柱面，准线为 zOx 面上的直线 $z = 2x$。它的图形是通过 y 轴的平面（图 6-12）。

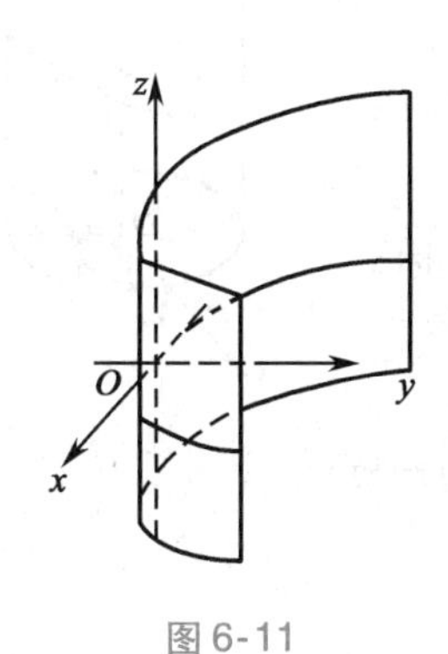

图 6-11

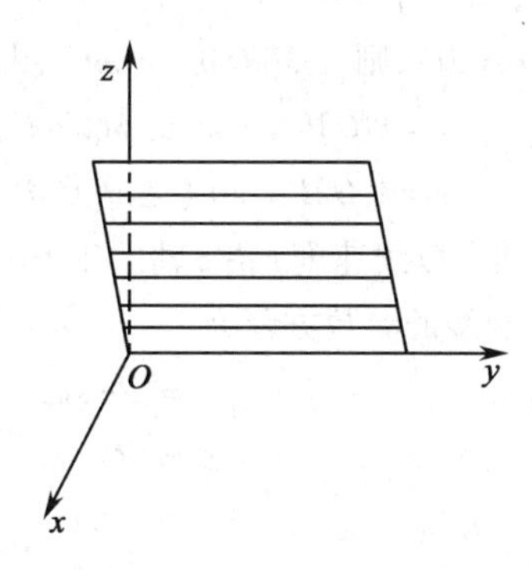

图 6-12

二、空间曲线及其方程

（一）空间曲线的一般方程

空间曲线 C 可以看成两个曲面 S_1、S_2 的交线（图 6-13）。设曲面 S_1 的方程为 $F(x,y,z) = 0$，曲面 S_2 的方程为 $G(x,y,z) = 0$。由于曲线 C 上的点 $M(x,y,z)$ 既在曲面 S_1 上，又在曲面 S_2 上，所以，其坐标满足方程组

$$\begin{cases} F(x,y,z) = 0 \\ G(x,y,z) = 0 \end{cases} \tag{6-4}$$

而不在曲线 C 上的点 $M(x,y,z)$ 不可能同时在这两个曲面上，所以其坐标不满足方程组（6-4），故方程组（6-4）为曲线 C 的方程，该方程称为空间曲线 C 的一般方程。

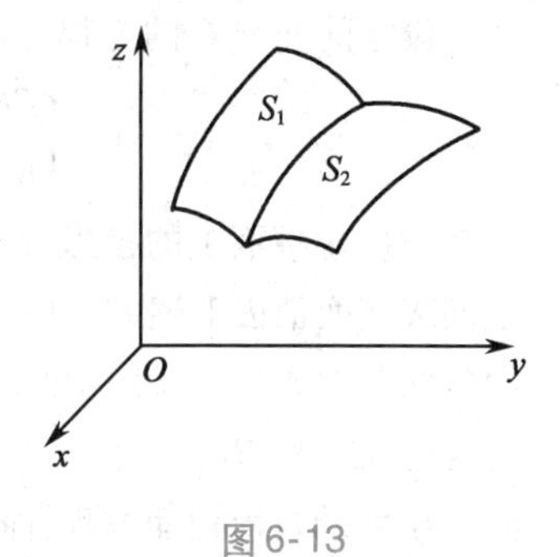

图 6-13

由于过同一条曲线 C 的曲面有无数多个，因此可用不同的方程组表示同一条曲线。

例如，方程组

$$\begin{cases} x^2 + y^2 + z^2 = 1 \\ z = 0 \end{cases}, \begin{cases} x^2 + y^2 + z^2 = 1 \\ x^2 + y^2 = 1 \end{cases}, \begin{cases} x^2 + y^2 = 1 \\ z = 0 \end{cases}$$

都表示在 xOy 平面上以原点为圆心，半径等于 1 的圆。

（二）空间曲线的参数方程

在平面解析几何中，将曲线作为点的运动轨迹，用参数方程表示更为方便。同样，空间曲线作为空间点的运动轨迹，也可以用参数方程表示。

一般地，将曲线 C 上动点的坐标 x、y、z 分别表示成参数 t 的函数

$$x = x(t); y = y(t); z = z(t)$$

只要给定一个 t 值，就可得到曲线上的一点 $P(x,y,z)$；当 t 在某一范围内连续不断地变动时，点 P 就描绘出空间曲线 C。因此，方程组

$$\begin{cases} x = x(t) \\ y = y(t) \\ z = z(t) \end{cases} \tag{6-5}$$

称为空间曲线的参数方程。

例 6-5　一动点 M 在圆柱面 $x^2 + y^2 = R^2$ 上以角速度 ω 旋转，同时又以线速度 v 沿平行于 z

轴的正方向上升(其中 ω、v 为常数),这个动点的运动轨迹称为螺旋线(图6-14),求它的参数方程。

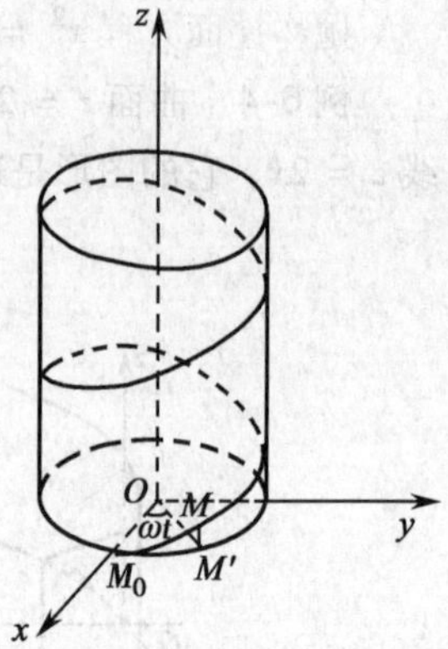

解 取时间 t 为参数,设动点在 $t=0$ 时的位置为 $M_0(R,0,0)$,经过时间 t,动点由 M_0 移到 $M(x,y,z)$;过点 M 作 xOy 平面的垂线,交 xOy 平面于 $M'(x,y,0)$,则 $\angle M_0OM'=\omega t$(图6-14),因此

$$x=|OM'|\cos(\angle M_0OM')=R\cos\omega t$$

$$y=|OM'|\sin(\angle M_0OM')=R\sin\omega t$$

图6-14

又由于动点以线速度 v 沿 z 轴的正方向上升,故 M 点的竖坐标 $z=vt$。所以,螺旋线的参数方程为

$$\begin{cases}x=R\cos\omega t\\ y=R\sin\omega t\\ z=vt\end{cases}\quad(t\text{ 为参数})$$

若令 $\theta=\omega t$,则 $t=\dfrac{\theta}{\omega}$,代入上式得

$$\begin{cases}x=R\cos\theta\\ y=R\sin\theta\\ z=b\theta\end{cases}\quad\left(\text{其中 } b=\frac{v}{\omega},\theta\text{ 为参数}\right)$$

三、空间曲线在坐标面上的投影

已知空间曲线 C 和平面 Π,过曲线 C 作母线垂直于平面 Π 的柱面,该柱面与平面 Π 交于 C',则称 C' 为空间曲线 C 在平面 Π 上的投影曲线,简称投影(project),柱面称为从曲线 C 到平面 Π 的投影柱面(图6-15)。

设空间曲线 C 的方程为

$$\begin{cases}F(x,y,z)=0\\ G(x,y,z)=0\end{cases}$$

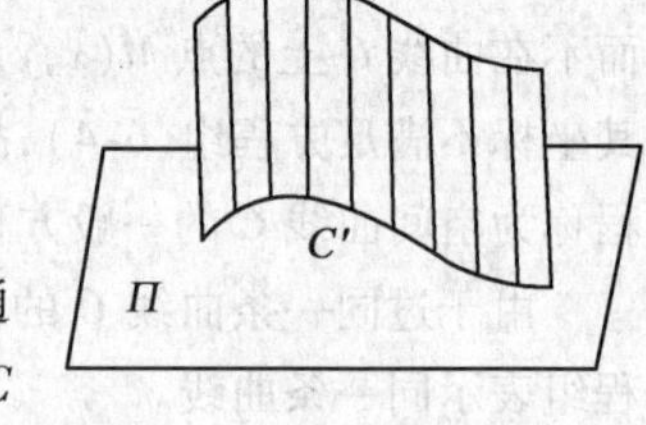

图6-15

它在 xOy 坐标面上的投影方程,可由此方程组消去 z 而得到。若通过同解变换消去上述方程中的 z 得到方程 $H_1(x,y)=0$,则曲线 C 上的任一点 $M(x,y,z)$ 的坐标也满足方程 $H_1(x,y)=0$,所以曲线 C 完全落在方程 $H_1(x,y)=0$ 所表示的母线平行于 z 轴的柱面上。因此 $H_1(x,y)=0$ 是从曲线 C 到 xOy 面的投影柱面方程,曲线

$$\begin{cases}H_1(x,y)=0\\ z=0\end{cases}$$

就是曲线 C 在 xOy 面上的投影方程。

类似地,消去曲线 C 方程中的 x 或 y 得到的方程 $H_2(y,z)=0$、$H_3(x,z)=0$ 分别表示从曲线 C 到 yOz 面或 zOx 面的投影柱面方程,它们与 yOz 面或 zOx 面的交线

$$\begin{cases}H_2(y,z)=0\\ x=0\end{cases}\quad\text{或}\quad\begin{cases}H_3(x,z)=0\\ y=0\end{cases}$$

分别为曲线 C 在 yOz 面或 zOx 面上的投影方程。

例6-6 求柱面 $x^2+y^2-ax=0$ 与球面 $x^2+y^2+z^2=a^2$ 的交线在 xOy 面和 zOx 面上的投影曲线方程。

解 柱面与球面的交线 C 为

$$\begin{cases}x^2+y^2+z^2=a^2\\ x^2+y^2-ax=0\end{cases}$$

笔记

曲面 $x^2+y^2-ax=0$ 是过交线 C 且垂直于 xOy 面的柱面，也就是从 C 到 xOy 面上的投影柱面，所以 C 在 xOy 面上的投影曲线方程为

$$\begin{cases} x^2+y^2-ax=0 \\ z=0 \end{cases}$$

式中，$x^2+y^2-ax=0$，即 $\left(x-\dfrac{a}{2}\right)^2+y^2=\left(\dfrac{a}{2}\right)^2$，它是 xOy 面上的一个圆（图 6-16）。

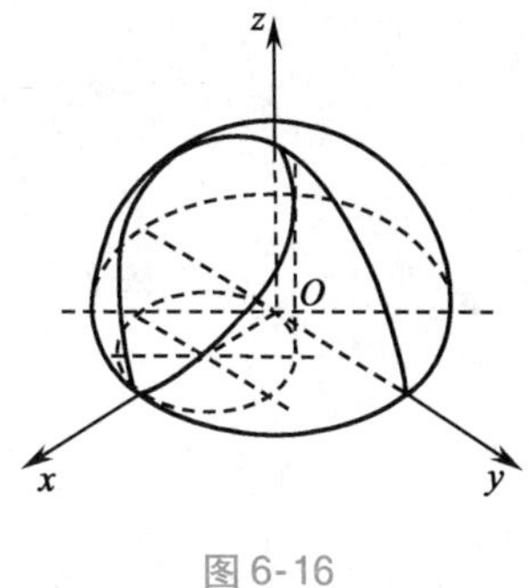

图 6-16

从方程组中消去 y 后，得 $ax+z^2=a^2$，于是，

$$\begin{cases} ax+z^2=a^2 \\ y=0 \end{cases}$$

就是曲线 C 在 zOx 面上的投影曲线方程。

第三节　二次曲面

可以用三元二次方程表示的曲面称为二次曲面（quadratic surface）。球面和用二次方程表示的柱面是常见的二次曲面。对于一般的二次曲面，往往通过平面截痕法得到它的图形。

平面截痕法是用坐标面或与坐标面平行的平面截割曲面，从得到的交线（截痕）形状了解曲面全貌的一种方法。

下面应用平面截痕法研究一些常用二次曲面的图形。

一、椭　球　面

由方程

$$\frac{x^2}{a^2}+\frac{y^2}{b^2}+\frac{z^2}{c^2}=1 \qquad (a,b,c\text{ 为正数}) \tag{6-6}$$

所表示的曲面称为椭球面（ellipsoid）。

由式(6-6)有 $\dfrac{x^2}{a^2}\leqslant 1$，$\dfrac{y^2}{b^2}\leqslant 1$，$\dfrac{z^2}{c^2}\leqslant 1$，即 $|x|\leqslant a$，$|y|\leqslant b$，$|z|\leqslant c$。因此，椭球面在由 $x=\pm a$，$y=\pm b$，$z=\pm c$ 六个平面所围成的长方体之内。a,b,c 称为椭球面的半轴。

用三个坐标面截割式(6-6)表示的椭球面，所得的截痕方程为：

$$\begin{cases} \dfrac{x^2}{a^2}+\dfrac{y^2}{b^2}=1 \\ z=0 \end{cases},\quad \begin{cases} \dfrac{y^2}{b^2}+\dfrac{z^2}{c^2}=1 \\ x=0 \end{cases},\quad \begin{cases} \dfrac{x^2}{a^2}+\dfrac{z^2}{c^2}=1 \\ y=0 \end{cases}$$

分别是三个坐标面上的椭圆。再用平行于 xOy 面的平面 $z=h$ 截割，截痕方程为

$$\begin{cases} \dfrac{x^2}{a^2}+\dfrac{y^2}{b^2}=1-\dfrac{h^2}{c^2} \\ z=h \end{cases}$$

这个方程表示：当 $|h|<c$ 时，在平面 $z=h$ 上的截痕是椭圆，半轴分别为 $\dfrac{a}{c}\sqrt{c^2-h^2}$ 和 $\dfrac{b}{c}\sqrt{c^2-h^2}$；当 $|h|$ 由 0 增加到 c 时，半轴越来越短，椭圆逐渐缩小。至 $h=\pm c$ 时，截痕退缩为一个点；当 $|h|>c$ 时，不相交。

类似地，用平行于其他坐标平面的平面 $x=h(|h|\leqslant a)$，$y=h(|h|\leqslant b)$，截割椭球面，所得截痕分别是椭圆或点。通过上面的讨论可知，椭球面的形状如图 6-17 所示。

当 $a=b=c$ 时，椭球面成为球面；当 a,b,c 中有两个相等时，椭球面称为旋转椭球面。

笔记

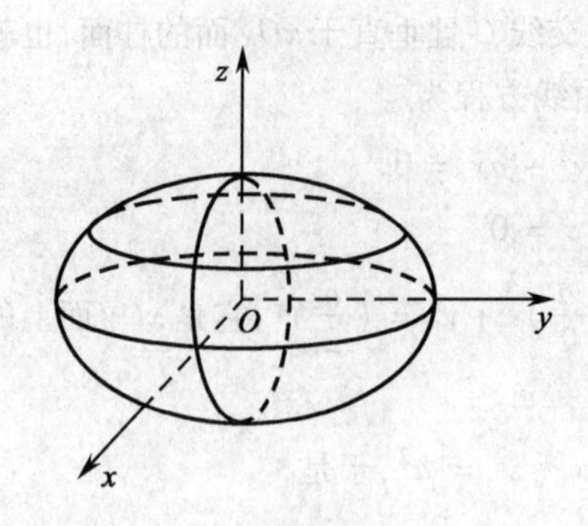

图 6-17

二、双 曲 面

（一）单叶双曲面

由方程

$$\frac{x^2}{a^2}+\frac{y^2}{b^2}-\frac{z^2}{c^2}=1 \quad (a,b,c\text{为正数}) \tag{6-7}$$

所表示的曲面称为单叶双曲面(hyperboloid of one sheet)，其形状如图 6-18 所示。

（二）双叶双曲面

由方程

$$\frac{x^2}{a^2}+\frac{y^2}{b^2}-\frac{z^2}{c^2}=-1 \quad (a,b,c\text{为正数}) \tag{6-8}$$

所表示的曲面称为双叶双曲面(hyperboloid of two sheets)，其形状如图 6-19 所示。由于这个双曲面分别为两个部分，故称为双叶双曲面。

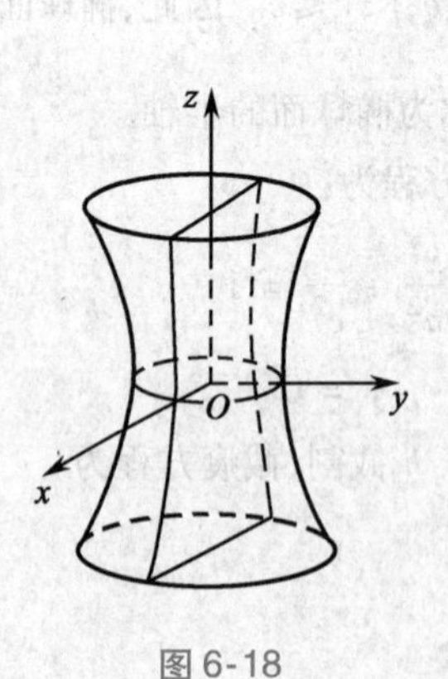

图 6-18

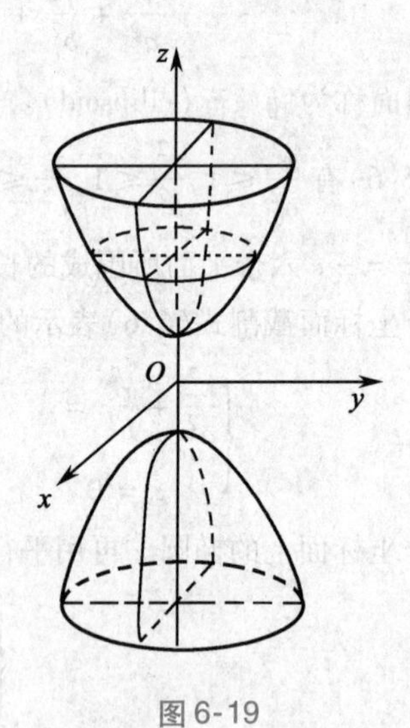

图 6-19

三、抛 物 面

（一）椭圆抛物面

由方程

$$\frac{x^2}{2p}+\frac{y^2}{2q}=z \quad (p,q\text{同号}) \tag{6-9}$$

所表示的曲面称为椭圆抛物面(elliptic paraboloid)，其形状如图 6-20 所示。

当 $p=q$ 时,方程为 $x^2+y^2=2pz$,所表示的曲面为旋转抛物面。

(二)双曲抛物面

由方程

$$-\frac{x^2}{2p}+\frac{y^2}{2q}=z \qquad (p,q\text{ 同号}) \tag{6-10}$$

所表示的曲面称为双曲抛物面(hyperbolic parboiled),又称为马鞍面,其形状如图 6-21 所示。

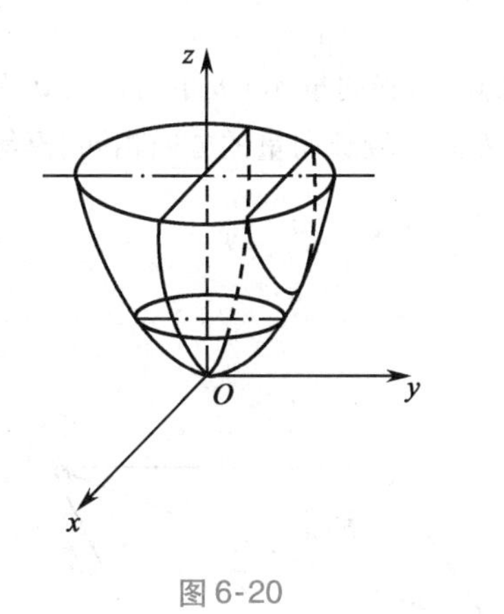

图 6-20

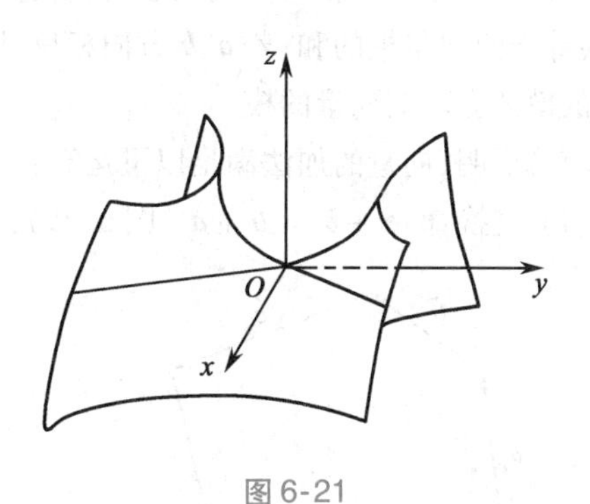

图 6-21

第四节 向量代数

一、向量的概念

(一)向量

在自然学科中经常遇到两类不同的量:一类是只有大小没有方向的量称为数量或标量(scalar quantity),如温度、体积、质量、密度等;另一类是既有大小又有方向的量称为向量(vector)或矢量,如力、位移、速度等都是向量。

可以用有向线段来表示向量。线段的长度表示向量的大小,线段的方向表示向量的方向。以 M_1 为始点,M_2 为终点的有向线段 M_1M_2 所表示的向量记作 $\overrightarrow{M_1M_2}$,也可以只用一个字母记为 $\boldsymbol{a}$、$\boldsymbol{b}$、… 或 $\vec{a}$、$\vec{b}$、…。

向量的大小称为向量的模(modulus),向量 $\overrightarrow{M_1M_2}$ 与 $\boldsymbol{a}$ 的模分别记为 $|\overrightarrow{M_1M_2}|$ 与 $|\boldsymbol{a}|$。模等于零的向量称为零向量,记作 $\mathbf{0}$ 或 $\vec{0}$,它的方向可看作是任意的。模为 1 的向量称为单位向量。与向量 $\boldsymbol{a}$ 大小相等方向相反的向量称为向量 $\boldsymbol{a}$ 的负向量,记为 $-\boldsymbol{a}$。若两个向量 $\boldsymbol{a}$ 和 $\boldsymbol{b}$ 大小相等,方向相同,则称 $\boldsymbol{a}$ 与 $\boldsymbol{b}$ 相等,记作 $\boldsymbol{a}=\boldsymbol{b}$。

(二)向量的加减法

参考物理学中力、速度和位移等向量的合成,可以得到向量加法的运算法则。

设向量 $\boldsymbol{a}$、$\boldsymbol{b}$ 有共同的始点 O,以 $\boldsymbol{a}$、$\boldsymbol{b}$ 为邻边作平行四边形 $OACB$,则定义对角线向量 $\overrightarrow{OC}$ 为向量 $\boldsymbol{a}$、$\boldsymbol{b}$ 的和,记 $\boldsymbol{c}=\overrightarrow{OC}$,则 $\boldsymbol{c}=\boldsymbol{a}+\boldsymbol{b}$(图 6-22)。这种求向量和的方法称为平行四边形法则。

如果将向量 $\boldsymbol{b}$ 平移,使它的起点与向量 $\boldsymbol{a}$ 的终点重合,则以 $\boldsymbol{a}$ 的起点为起点,$\boldsymbol{b}$ 的终点为终点的向量 $\boldsymbol{c}=\boldsymbol{a}+\boldsymbol{b}$(图 6-23)。这种求向量和的方法称为三角形法则。

由于 $\boldsymbol{b}=\overrightarrow{AC}$,所以,应用两种法则求出的和一定相等。

应用三角形法则,可以得出求有限个向量和的多边形法则。只要通过平移使各向量首尾相接,则以第一个向量的始点为始点,最后一个向量的终点为终点的向量,即是它们的和向量(图 6-24)。

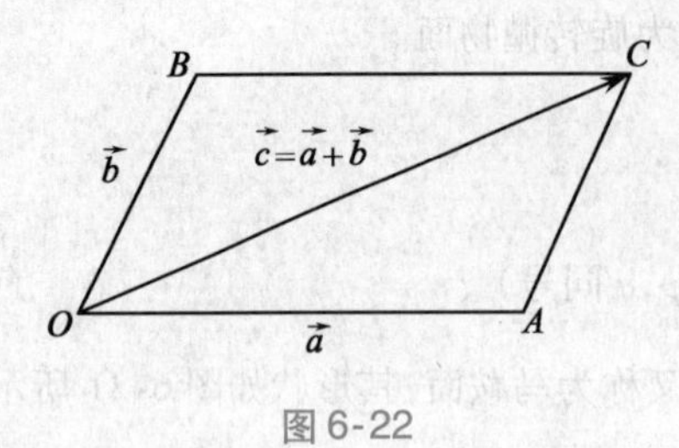

图 6-22

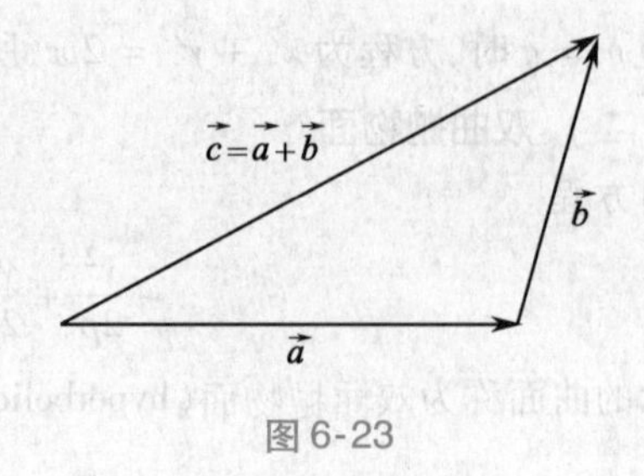

图 6-23

当两个向量 $\boldsymbol{a}$、$\boldsymbol{b}$ 在同一直线上时,若它们的方向相同,则和向量 $\boldsymbol{a}+\boldsymbol{b}$ 的方向与 $\boldsymbol{a}$、$\boldsymbol{b}$ 向量相同,模等于两向量模的和;若 $\boldsymbol{a}$、$\boldsymbol{b}$ 方向相反,则 $\boldsymbol{a}+\boldsymbol{b}$ 的方向与较长向量的方向相同,模等于较长向量的模减去较短向量的模。

容易证明,向量的加法满足以下运算:

(1) 交换律:$\boldsymbol{a}+\boldsymbol{b}=\boldsymbol{b}+\boldsymbol{a}$(图 6-25);

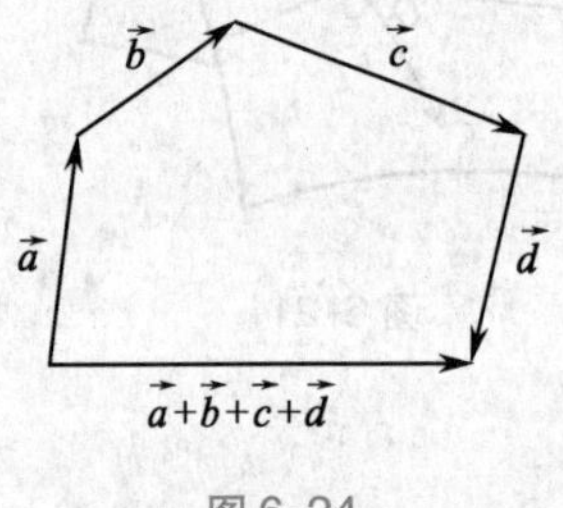

图 6-24

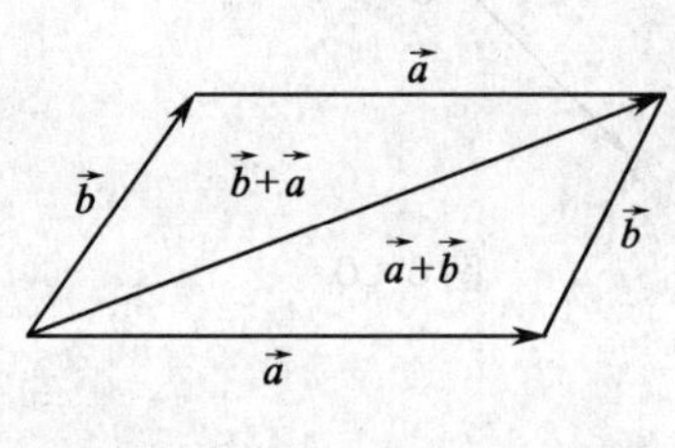

图 6-25

(2) 结合律:$(\boldsymbol{a}+\boldsymbol{b})+\boldsymbol{c}=\boldsymbol{a}+(\boldsymbol{b}+\boldsymbol{c})$(图 6-26)。

向量的减法是向量加法的逆运算。

若向量 $\boldsymbol{c}$ 与向量 $\boldsymbol{a}$ 的和等于 $\boldsymbol{b}$,则向量 $\boldsymbol{c}$ 称为 $\boldsymbol{b}$ 与 $\boldsymbol{a}$ 的差,记作 $\boldsymbol{c}=\boldsymbol{b}-\boldsymbol{a}$。求向量 $\boldsymbol{b}$ 与 $\boldsymbol{a}$ 的差,只要从同一始点作 $\boldsymbol{a}$、$\boldsymbol{b}$,则以 $\boldsymbol{a}$ 的终点为始点,以 $\boldsymbol{b}$ 的终点为终点的向量,就是它们的差向量 $\boldsymbol{b}-\boldsymbol{a}$(图 6-27)。容易看出,两个向量的差 $\boldsymbol{b}-\boldsymbol{a}$,就是向量 $-\boldsymbol{a}$ 与 $\boldsymbol{b}$ 的和,即 $\boldsymbol{b}-\boldsymbol{a}=\boldsymbol{b}+(-\boldsymbol{a})$。

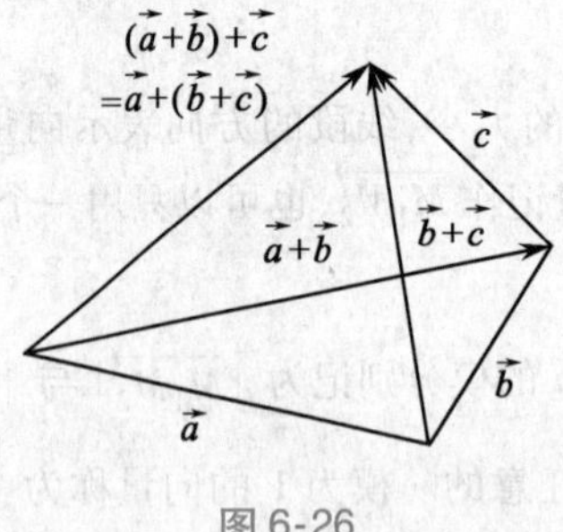

图 6-26

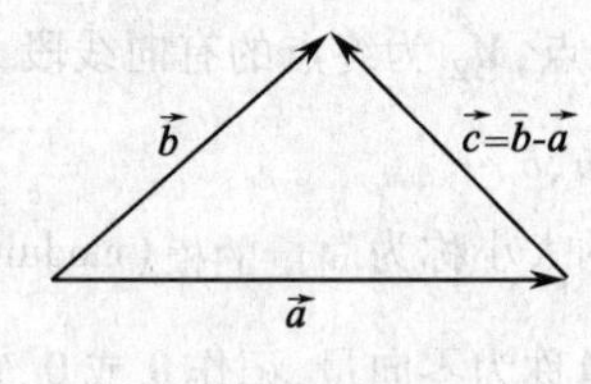

图 6-27

(三) 数量与向量的乘积

设有向量 $\boldsymbol{a}$ 和一个实数 λ,它们的乘积规定为:

(1) $\lambda\boldsymbol{a}$ 是一个向量。

(2) $\lambda\boldsymbol{a}$ 的模 $|\lambda\boldsymbol{a}|=|\lambda||\boldsymbol{a}|$。

(3) 当 $\lambda>0$ 时,$\lambda\boldsymbol{a}$ 的方向与 $\boldsymbol{a}$ 相同;当 $\lambda<0$ 时,$\lambda\boldsymbol{a}$ 的方向与 $\boldsymbol{a}$ 相反;

当 $\lambda=0$ 时,$\lambda\boldsymbol{a}$ 是一个零向量。

向量与数的乘积满足以下运算规律:

(1) 结合律:$\lambda(\mu\boldsymbol{a})=\mu(\lambda\boldsymbol{a})=(\lambda\mu)\boldsymbol{a}$ (λ、μ 为实数)。

(2) 分配律:$(\lambda+\mu)\boldsymbol{a}=\lambda\boldsymbol{a}+\mu\boldsymbol{a}$, $\lambda(\boldsymbol{a}+\boldsymbol{b})=\lambda\boldsymbol{a}+\lambda\boldsymbol{b}$。

根据数量与向量的乘积定义,可得出下面两个结论:

（1）两个非零向量 $\boldsymbol{a}$、$\boldsymbol{b}$ 平行的充分必要条件为 $\boldsymbol{b}=\lambda\boldsymbol{a}$（$\lambda$ 为实数）。

（2）与非零向量 $\boldsymbol{a}$ 方向相同的单位向量称为 $\boldsymbol{a}$ 的单位向量，记为 $\boldsymbol{a}^0$，且

$$\boldsymbol{a}=|\boldsymbol{a}|\cdot\boldsymbol{a}^0 \quad \text{或} \quad \boldsymbol{a}^0=\frac{\boldsymbol{a}}{|\boldsymbol{a}|}$$

例 6-7　设 P_1、P_2 是 x 轴上坐标为 x_1、x_2 的任意两点，$\boldsymbol{i}$ 是与 x 轴正向同向的单位向量（图 6-28），验证：$\overrightarrow{P_1P_2}=(x_2-x_1)\boldsymbol{i}$。

证　当 $x_2-x_1>0$ 时，$\overrightarrow{P_1P_2}$ 与 $\boldsymbol{i}$ 方向相同，$|\overrightarrow{P_1P_2}|=x_2-x_1$，所以

$$\overrightarrow{P_1P_2}=|\overrightarrow{P_1P_2}|\,\boldsymbol{i}=(x_2-x_1)\boldsymbol{i}$$

当 $x_2-x_1=0$ 时，$\overrightarrow{P_1P_2}=0$，$(x_2-x_1)\boldsymbol{i}=0$，所以 $\overrightarrow{P_1P_2}=(x_2-x_1)\boldsymbol{i}$；

当 $x_2-x_1<0$ 时，$\overrightarrow{P_1P_2}$ 与 $\boldsymbol{i}$ 方向相反，$|\overrightarrow{P_1P_2}|=x_1-x_2=-(x_2-x_1)$，

所以 $\overrightarrow{P_1P_2}=|\overrightarrow{P_1P_2}|(-\boldsymbol{i})=-(x_2-x_1)(-\boldsymbol{i})=(x_2-x_1)\boldsymbol{i}$。

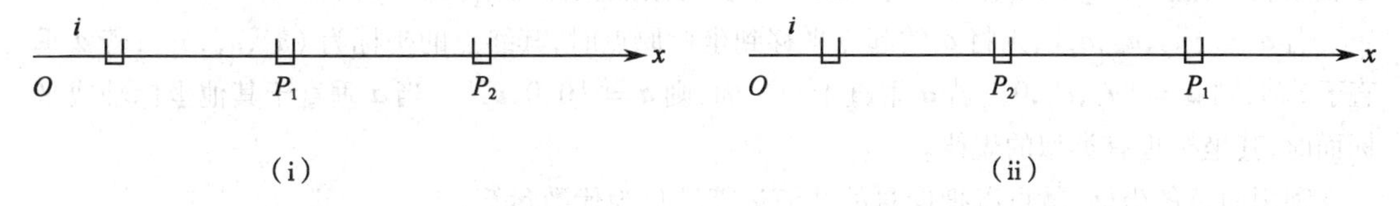

图 6-28

二、向量的坐标表示法

（一）向量在轴上的投影

先介绍两向量夹角的概念。设有两个非零向量 $\boldsymbol{a}$、$\boldsymbol{b}$ 相交于一点（如不相交可将任一向量平行移动使它们相交），则它们在 0 与 π 之间的夹角 $\theta(0\leqslant\theta\leqslant\pi)$ 为向量 $\boldsymbol{a}$、$\boldsymbol{b}$ 的夹角，记作 $(\boldsymbol{a},\boldsymbol{b})=(\boldsymbol{b},\boldsymbol{a})=\theta$。当 $\boldsymbol{a}$、$\boldsymbol{b}$ 平行，且方向相同时，$\theta=0$；方向相反时，$\theta=\pi$。为了得到非零向量 $\boldsymbol{a}$ 与 u 轴的夹角，可在 u 轴上任取一个与 u 同方向的向量 $\boldsymbol{b}$，则向量 $\boldsymbol{a}$、$\boldsymbol{b}$ 的夹角就是向量 $\boldsymbol{a}$ 与 u 轴的夹角。而两轴间的夹角等于在两个轴上分别与轴同向的两向量间的夹角。

过空间向量 $\overrightarrow{AB}$ 的端点 A、B 作 u 轴的垂直平面与 u 轴分别交于点 A' 和 B'，若 A' 和 B' 在 u 轴上的坐标分别为 u_1 和 u_2，则 u_2-u_1 称为向量 $\overrightarrow{AB}$ 在 u 轴上的投影，记作 $\text{Prj}_u\overrightarrow{AB}=u_2-u_1$（图 6-29）。

（二）向量的坐标

已知空间一点 $M(x,y,z)$，对于向量 $\overrightarrow{OM}$，应用向量加法可得：

$$\overrightarrow{OM}=\overrightarrow{ON}+\overrightarrow{NM}=\overrightarrow{OP}+\overrightarrow{PN}+\overrightarrow{NM}=\overrightarrow{OP}+\overrightarrow{OQ}+\overrightarrow{OR}$$

式中，$\overrightarrow{OP}$、$\overrightarrow{OQ}$、$\overrightarrow{OR}$ 分别称为向量 $\overrightarrow{OM}$ 在坐标轴 x、y、z 上的分向量（图 6-30）。

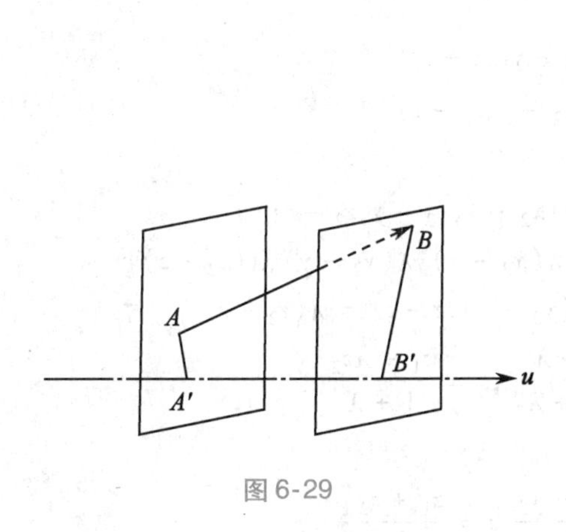

图 6-29

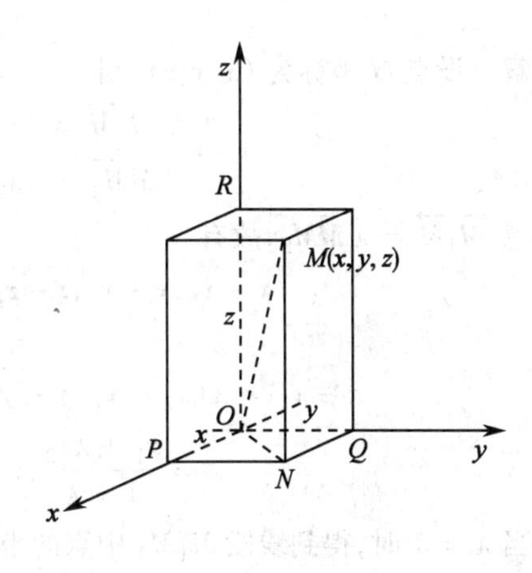

图 6-30

在空间直角坐标系中，沿 x 轴、y 轴、z 轴正向所取的三个单位向量 $\boldsymbol{i}$、$\boldsymbol{j}$、$\boldsymbol{k}$ 称为基本单位向量。由例6-7，有

$$\overrightarrow{OP}=x\boldsymbol{i},\overrightarrow{OQ}=y\boldsymbol{j},\overrightarrow{OR}=z\boldsymbol{k}$$

于是
$$\overrightarrow{OM}=x\boldsymbol{i}+y\boldsymbol{j}+z\boldsymbol{k}$$

式中，x、y、z 是向量 $\overrightarrow{OM}$ 在三个坐标轴上的投影，$x\boldsymbol{i}+y\boldsymbol{j}+z\boldsymbol{k}$ 称为向量 $\overrightarrow{OM}$ 的坐标分解式，有序数 x、y、z 称为向量 $\overrightarrow{OM}$ 的坐标，记为

$$\overrightarrow{OM}=\{x,y,z\}$$

如果向量的始点为 $M_1(x_1,y_1,z_1)$，终点为 $M_2(x_2,y_2,z_2)$，则

$$\begin{aligned}\overrightarrow{M_1M_2}=\overrightarrow{OM_2}-\overrightarrow{OM_1}&=(x_2\boldsymbol{i}+y_2\boldsymbol{j}+z_2\boldsymbol{k})-(x_1\boldsymbol{i}+y_1\boldsymbol{j}+z_1\boldsymbol{k})\\&=(x_2-x_1)\boldsymbol{i}+(y_2-y_1)\boldsymbol{j}+(z_2-z_1)\boldsymbol{k}\\&=\{x_2-x_1,y_2-y_1,z_2-z_1\}\end{aligned}$$

也就是说，向量 $\overrightarrow{M_1M_2}$ 的坐标等于它的终点坐标与始点坐标的差（图6-31）。

若 $\boldsymbol{a}=\{a_x,a_y,a_z\}$，则将 $\boldsymbol{a}$ 的起点平移到坐标原点时，其终点的坐标为 (a_x,a_y,a_z)；若 $\boldsymbol{a}$ 垂直于 z 轴，则 $\boldsymbol{a}=\{a_x,a_y,0\}$；若 $\boldsymbol{a}$ 垂直于 xOy 面，则 $\boldsymbol{a}=\{0,0,a_z\}$。当 $\boldsymbol{a}$ 垂直于其他坐标轴或坐标面时，其坐标也有类似的规律。

利用向量的坐标，就可以把向量的几何运算转化为代数运算。

例如，设 $\boldsymbol{a}=\{a_x,a_y,a_z\}$，$\boldsymbol{b}=\{b_x,b_y,b_z\}$，则

$$\boldsymbol{a}\pm\boldsymbol{b}=\{a_x\pm b_x,a_y\pm b_y,a_z\pm b_z\};$$

$$\lambda\boldsymbol{a}=\{\lambda a_x,\lambda a_y,\lambda a_z\}\ (\lambda\text{ 为实数})$$

例6-8 已知线段 M_1M_2 的两端点 $M_1(x_1,y_1,z_1)$ 和 $M_2(x_2,y_2,z_2)$，点 M 将线段 M_1M_2 分成定比为 $\lambda\ (\lambda\neq-1)$ 的两个部分，求点 M 的坐标（图6-32）。

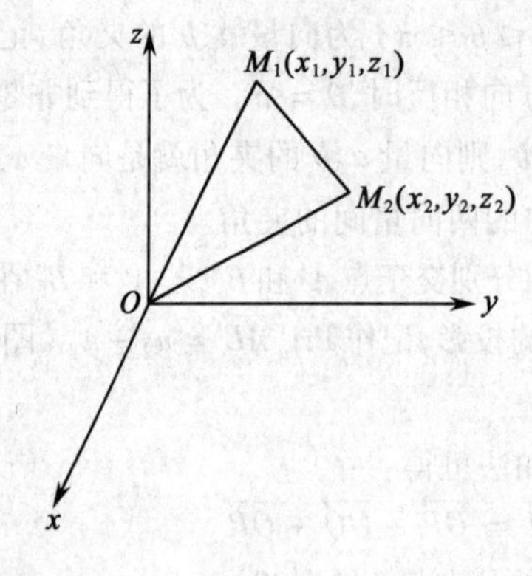

图6-31

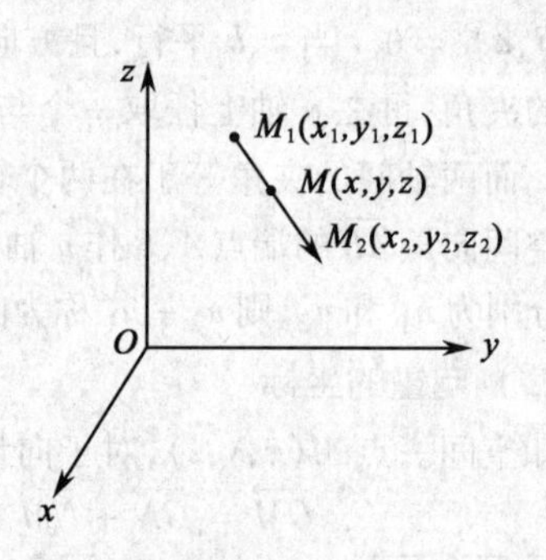

图6-32

解 设点 M 坐标为 (x,y,z)，则

$$\overrightarrow{M_1M}=\{x-x_1,y-y_1,z-z_1\}$$
$$\overrightarrow{MM_2}=\{x_2-x,y_2-y,z_2-z\}$$

由题意：$\overrightarrow{M_1M}=\lambda\overrightarrow{MM_2}$，故有

$$\begin{aligned}\{x-x_1,y-y_1,z-z_1\}&=\lambda\{x_2-x,y_2-y,z_2-z\}\\&=\{\lambda(x_2-x),\lambda(y_2-y),\lambda(z_2-z)\}\end{aligned}$$

所以
$$x-x_1=\lambda(x_2-x),y-y_1=\lambda(y_2-y),z-z_1=\lambda(z_2-z)$$

即
$$x=\frac{x_1+\lambda x_2}{1+\lambda},y=\frac{y_1+\lambda y_2}{1+\lambda},z=\frac{z_1+\lambda z_2}{1+\lambda}$$

当 $\lambda=1$ 时，得到线段 M_1M_2 中点的坐标

$$x=\frac{x_1+x_2}{2},y=\frac{y_1+y_2}{2},z=\frac{z_1+z_2}{2}$$

（三）向量的模与方向余弦的坐标表示法

已知向量 $\boldsymbol{a} = \{a_x, a_y, a_z\}$，作 $\overrightarrow{OM} = \boldsymbol{a}$（图 6-33），则点 M 的坐标为 (a_x, a_y, a_z)，由两点间的距离公式可求得 $\boldsymbol{a}$ 的模为

$$|\boldsymbol{a}| = |\overrightarrow{OM}| = \sqrt{a_x^2 + a_y^2 + a_z^2}$$

向量 $\boldsymbol{a}$ 的方向由它与坐标轴的夹角来确定。

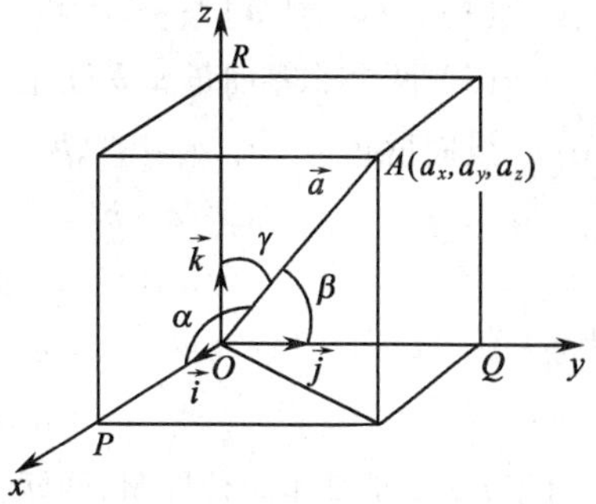

设向量 $\boldsymbol{a}$ 与坐标轴 Ox、Oy、Oz 正向的夹角分别为 α、β、γ，则称 α、β、γ $(0 \leqslant \alpha、\beta、\gamma \leqslant \pi)$ 为向量 $\boldsymbol{a}$ 的方向角（direction angle），称 $\cos\alpha$、$\cos\beta$、$\cos\gamma$ 为向量 $\boldsymbol{a}$ 的方向余弦（direction cosine），由图 6-33 可得

$$\cos\alpha = \frac{a_x}{|\boldsymbol{a}|}, \cos\beta = \frac{a_y}{|\boldsymbol{a}|}, \cos\gamma = \frac{a_z}{|\boldsymbol{a}|}$$

图 6-33

即
$$\cos\alpha = \frac{a_x}{\sqrt{a_x^2 + a_y^2 + a_z^2}}, \cos\beta = \frac{a_y}{\sqrt{a_x^2 + a_y^2 + a_z^2}}, \cos\gamma = \frac{a_z}{\sqrt{a_x^2 + a_y^2 + a_z^2}}$$

将三个等式两边平方相加得：

$$\cos^2\alpha + \cos^2\beta + \cos^2\gamma = 1$$

即任一非零向量的方向余弦的平方和等于 1。

例 6-9　已知两点 $A(4,0,5)$ 和 $B(7,1,3)$，求与向量 $\overrightarrow{AB}$ 方向一致的单位向量及其方向余弦。

解　由于　$\overrightarrow{AB} = \{7-4, 1-0, 3-5\} = \{3, 1, -2\}$

$$|\overrightarrow{AB}| = \sqrt{3^2 + 1^2 + (-2)^2} = \sqrt{14}$$

设 $\boldsymbol{a}^0$ 为与 $\overrightarrow{AB}$ 方向一致的单位向量，则

$$\boldsymbol{a}^0 = \frac{\overrightarrow{AB}}{|\overrightarrow{AB}|} = \left\{\frac{3}{\sqrt{14}}, \frac{1}{\sqrt{14}}, \frac{-2}{\sqrt{14}}\right\}$$

其方向余弦为

$$\cos\alpha = \frac{3}{\sqrt{14}}, \cos\beta = \frac{1}{\sqrt{14}}, \cos\gamma = -\frac{2}{\sqrt{14}}$$

由此可知
$$\boldsymbol{a}^0 = \{\cos\alpha, \cos\beta, \cos\gamma\}$$

三、向量的数量积与向量积

（一）两向量的数量积

当物体受力 F 的作用从点 A 移动到点 B，则力 F 所作的功

$$W = |F|\ |\overrightarrow{AB}| \cdot \cos\theta$$

其中，θ 是力 F 与位移向量 $\overrightarrow{AB}$ 的夹角（图 6-34）。

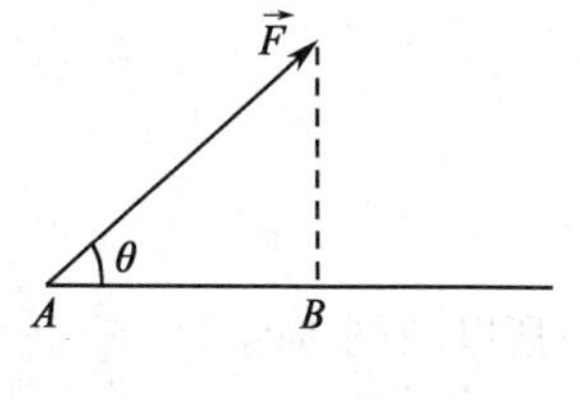

图 6-34

功是一个数量，它由两个向量 F 和 $\overrightarrow{AB}$ 的大小和方向决定。一般地有：

定义 6-1　两向量 $\boldsymbol{a}$、$\boldsymbol{b}$ 的模与它们的夹角余弦的乘积，称为向量 $\boldsymbol{a}$ 与 $\boldsymbol{b}$ 的数量积（scalar product），记作 $\boldsymbol{a} \cdot \boldsymbol{b}$，即

$$\boldsymbol{a} \cdot \boldsymbol{b} = |\boldsymbol{a}|\,|\boldsymbol{b}| \cos(\boldsymbol{a}, \boldsymbol{b})$$

数量积也称为内积或点积。

两个向量的数量积满足以下运算规律：

(1) 交换律：$\boldsymbol{a} \cdot \boldsymbol{b} = \boldsymbol{b} \cdot \boldsymbol{a}$；

(2) 分配律：$\boldsymbol{a} \cdot (\boldsymbol{b} + \boldsymbol{c}) = \boldsymbol{a} \cdot \boldsymbol{b} + \boldsymbol{a} \cdot \boldsymbol{c}$；

(3) 结合律：$\lambda(\boldsymbol{a}\cdot\boldsymbol{b})=(\lambda\boldsymbol{a})\cdot\boldsymbol{b}=\boldsymbol{a}\cdot(\lambda\boldsymbol{b})$（$\lambda$ 为实数）。

由数量积的定义还可以得到下列结论：

(1) $\boldsymbol{a}\cdot\boldsymbol{a}=|\boldsymbol{a}|^2$；

(2) 两个非零向量 $\boldsymbol{a}$、$\boldsymbol{b}$ 互相垂直的充分必要条件是 $\boldsymbol{a}\cdot\boldsymbol{b}=0$。

设向量 $\boldsymbol{a}=\{a_x,a_y,a_z\}$，$\boldsymbol{b}=\{b_x,b_y,b_z\}$，由数量积的运算规律，有

$$\begin{aligned}\boldsymbol{a}\cdot\boldsymbol{b}&=(a_x\boldsymbol{i}+a_y\boldsymbol{j}+a_z\boldsymbol{k})\cdot(b_x\boldsymbol{i}+b_y\boldsymbol{j}+b_z\boldsymbol{k})\\&=a_xb_x(\boldsymbol{i}\cdot\boldsymbol{i})+a_xb_y(\boldsymbol{i}\cdot\boldsymbol{j})+a_xb_z(\boldsymbol{i}\cdot\boldsymbol{k})\\&\quad+a_yb_x(\boldsymbol{j}\cdot\boldsymbol{i})+a_yb_y(\boldsymbol{j}\cdot\boldsymbol{j})+a_yb_z(\boldsymbol{j}\cdot\boldsymbol{k})\\&\quad+a_zb_x(\boldsymbol{k}\cdot\boldsymbol{i})+a_zb_y(\boldsymbol{k}\cdot\boldsymbol{j})+a_zb_z(\boldsymbol{k}\cdot\boldsymbol{k})\end{aligned}$$

由于 $\boldsymbol{i}$、$\boldsymbol{j}$、$\boldsymbol{k}$ 是基本单位向量，两两互相垂直，所以

$$\boldsymbol{i}\cdot\boldsymbol{j}=0,\boldsymbol{i}\cdot\boldsymbol{k}=0,\boldsymbol{j}\cdot\boldsymbol{k}=0,\boldsymbol{i}\cdot\boldsymbol{i}=1,\boldsymbol{j}\cdot\boldsymbol{j}=1,\boldsymbol{k}\cdot\boldsymbol{k}=1$$

因此，

$$\boldsymbol{a}\cdot\boldsymbol{b}=a_xb_x+a_yb_y+a_zb_z$$

两向量互相垂直的充分必要条件 $\boldsymbol{a}\cdot\boldsymbol{b}=0$，可改写为

$$a_xb_x+a_yb_y+a_zb_z=0$$

由数量积的定义，两向量夹角余弦的坐标表示式为

$$\cos(a,b)=\frac{\boldsymbol{a}\cdot\boldsymbol{b}}{|\boldsymbol{a}||\boldsymbol{b}|}=\frac{a_xb_x+a_yb_y+a_zb_z}{\sqrt{a_x^2+a_y^2+a_z^2}\sqrt{b_x^2+b_y^2+b_z^2}}$$

例 6-10 已知 $M_1(1,1,1)$、$M_2(2,2,1)$、$M_3(2,1,2)$ 三点，求 $\overrightarrow{M_1M_2}$ 与 $\overrightarrow{M_1M_3}$ 的夹角 θ。

解 因为 $\overrightarrow{M_1M_2}=\{2-1,2-1,1-1\}=\{1,1,0\}$，

$\overrightarrow{M_1M_3}=\{2-1,1-1,2-1\}=\{1,0,1\}$

$$\cos\theta=\frac{\overrightarrow{M_1M_2}\cdot\overrightarrow{M_1M_3}}{|\overrightarrow{M_1M_2}|\cdot|\overrightarrow{M_1M_3}|}=\frac{1}{\sqrt{2}\cdot\sqrt{2}}=\frac{1}{2}$$

所以 $\theta=\frac{\pi}{3}$。

例 6-11 在 xOy 坐标面上，求出与向量 $\boldsymbol{R}=\{-4,3,7\}$ 垂直的单位向量。

解 设所求向量的坐标为 $\{l,m,n\}$，因为它在 xOy 面上，所以 $\boldsymbol{n}=0$。又因为所求向量 $\{l,m,n\}$ 与向量 $R=\{-4,3,7\}$ 垂直且为单位向量，所以它们必须满足如下条件

$$\begin{cases}-4l+3m=0\\l^2+m^2=1\end{cases}$$

解此方程组得

$$\begin{cases}l=\frac{3}{5}\\m=\frac{4}{5}\end{cases}\text{或}\begin{cases}l=-\frac{3}{5}\\m=-\frac{4}{5}\end{cases}$$

所以，所求向量为 $\{\frac{3}{5},\frac{4}{5},0\}$ 或 $\{-\frac{3}{5},-\frac{4}{5},0\}$。

（二）两向量的向量积

设 O 为一杠杆 L 的支点，有一力 F 作用于杠杆上的点 P 处，且与 $\overrightarrow{OP}$ 夹角为 θ（图 6-35）。由于力 F 的作用，杠杆 L 要绕 O 点转动。在力学中，称此时杠杆受到一个力矩的作用。显然，力矩是一个向量，它的大小为 $|F||\overrightarrow{OP}|\sin(F,\overrightarrow{OP})$，方向垂直于 $\overrightarrow{OP}$ 与 F 所决定的平面，指向符合右手系。

抽出其中的物理意义，我们得到如下向量积的概念。

定义 6-2 若向量 $\boldsymbol{c}$ 由向量 $\boldsymbol{a}$、$\boldsymbol{b}$ 按下面的规则确定：

（1）向量 $\boldsymbol{c}$ 的模：$|\boldsymbol{c}| = |\boldsymbol{a}||\boldsymbol{b}|\sin(\boldsymbol{a},\boldsymbol{b})$；

（2）向量 $\boldsymbol{c}$ 的方向：$\boldsymbol{c}$ 垂直于由向量 $\boldsymbol{a}$、$\boldsymbol{b}$ 所决定的平面，指向按右手法则从 $\boldsymbol{a}$ 转向 $\boldsymbol{b}$ 来确定（图6-36）。

则称 $\boldsymbol{c}$ 为 $\boldsymbol{a}$、$\boldsymbol{b}$ 的向量积(vecter product)，又称叉积或外积，记为 $\boldsymbol{c} = \boldsymbol{a} \times \boldsymbol{b}$。

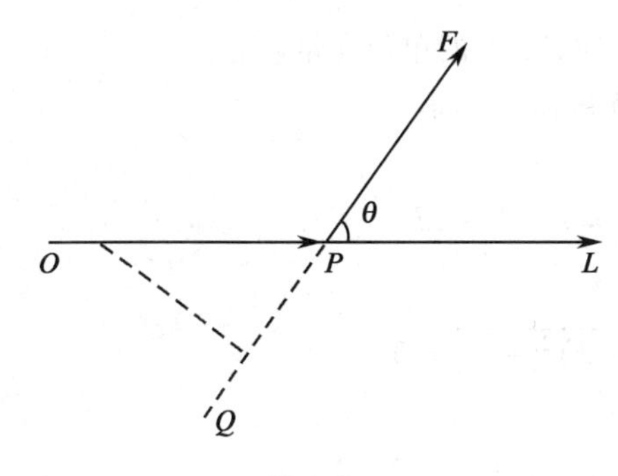

图6-35

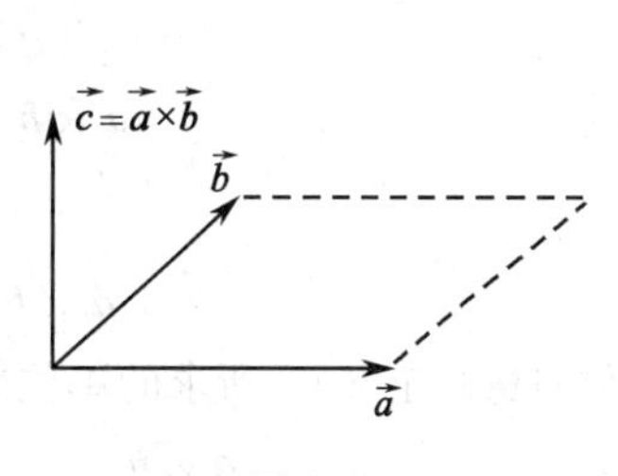

图6-36

由向量积的定义，力矩 $M = \overrightarrow{OP} \times F$。

向量积满足下列运算规律：

（1）$\boldsymbol{a} \times \boldsymbol{b} = -\boldsymbol{b} \times \boldsymbol{a}$；

（2）结合律：$(\lambda\boldsymbol{a}) \times \boldsymbol{b} = \boldsymbol{a} \times (\lambda\boldsymbol{b}) = \lambda(\boldsymbol{a} \times \boldsymbol{b})$　（λ 为实数）；

（3）分配律：$\boldsymbol{a} \times (\boldsymbol{b} + \boldsymbol{c}) = \boldsymbol{a} \times \boldsymbol{b} + \boldsymbol{a} \times \boldsymbol{c}$。

由向量积的定义还可以得到下列结论：

（1）$\boldsymbol{a} \times \boldsymbol{a} = 0$；

（2）两个非零向量 $\boldsymbol{a}$、$\boldsymbol{b}$ 平行的充分必要条件是它们的向量积等于零向量。

如果 $\boldsymbol{a}$、$\boldsymbol{b}$ 平行，则 $\theta = 0$ 或 π，所以 $\boldsymbol{a} \times \boldsymbol{b} = 0$；反之若 $\boldsymbol{a} \times \boldsymbol{b} = 0$，由于 $\boldsymbol{a}$、$\boldsymbol{b}$ 为非零向量，$|\boldsymbol{a}| \neq 0$、$|\boldsymbol{b}| \neq 0$，必有 $\sin\theta = 0$，于是 $\theta = 0$ 或 π，故 $\boldsymbol{a}$、$\boldsymbol{b}$ 平行。

设向量 $\boldsymbol{a} = \{a_x, a_y, a_z\}$，$\boldsymbol{b} = \{b_x, b_y, b_z\}$，由向量积的运算规律，有

$$\begin{aligned}\boldsymbol{a} \times \boldsymbol{b} &= (a_x\boldsymbol{i} + a_y\boldsymbol{j} + a_z\boldsymbol{k}) \times (b_x\boldsymbol{i} + b_y\boldsymbol{j} + b_z\boldsymbol{k}) \\ &= a_xb_x(\boldsymbol{i} \times \boldsymbol{i}) + a_xb_y(\boldsymbol{i} \times \boldsymbol{j}) + a_xb_z(\boldsymbol{i} \times \boldsymbol{k}) \\ &+ a_yb_x(\boldsymbol{j} \times \boldsymbol{i}) + a_yb_y(\boldsymbol{j} \times \boldsymbol{j}) + a_yb_z(\boldsymbol{j} \times \boldsymbol{k}) \\ &+ a_zb_x(\boldsymbol{k} \times \boldsymbol{i}) + a_zb_y(\boldsymbol{k} \times \boldsymbol{j}) + a_zb_z(\boldsymbol{k} \times \boldsymbol{k})\end{aligned}$$

由向量积的定义，基本单位向量 $\boldsymbol{i}$、$\boldsymbol{j}$、$\boldsymbol{k}$ 两两间的向量积：

$$\boldsymbol{i} \times \boldsymbol{i} = \boldsymbol{j} \times \boldsymbol{j} = \boldsymbol{k} \times \boldsymbol{k} = 0$$

$$\boldsymbol{i} \times \boldsymbol{j} = \boldsymbol{k}, \boldsymbol{j} \times \boldsymbol{k} = \boldsymbol{i}, \boldsymbol{k} \times \boldsymbol{i} = \boldsymbol{j}$$

$$\boldsymbol{j} \times \boldsymbol{i} = -\boldsymbol{k}, \boldsymbol{k} \times \boldsymbol{j} = -\boldsymbol{i}, \boldsymbol{i} \times \boldsymbol{k} = -\boldsymbol{j}$$

因此

$$\begin{aligned}\boldsymbol{a} \times \boldsymbol{b} &= (a_yb_z - a_zb_y)\boldsymbol{i} + (a_zb_x - a_xb_z)\boldsymbol{j} + (a_xb_y - a_yb_x)\boldsymbol{k} \\ &= \begin{vmatrix} a_y & a_z \\ b_y & b_z \end{vmatrix}\boldsymbol{i} - \begin{vmatrix} a_x & a_z \\ b_x & b_z \end{vmatrix}\boldsymbol{j} + \begin{vmatrix} a_x & a_y \\ b_x & b_y \end{vmatrix}\boldsymbol{k} = \begin{vmatrix} i & j & k \\ a_x & a_y & a_z \\ b_x & b_y & b_z \end{vmatrix}\end{aligned}$$

（注：行列式的计算见第十章）。

两个向量平行的充分必要条件为 $\boldsymbol{a} \times \boldsymbol{b} = 0$。故有

$$a_yb_z - a_zb_y = 0, a_zb_x - a_xb_z = 0, a_xb_y - a_yb_x = 0 \tag{6-11}$$

即

$$\frac{a_x}{b_x} = \frac{a_y}{b_y} = \frac{a_z}{b_z} \tag{6-12}$$

从而得出，两个向量平行的充分必要条件是对应坐标成比例。

当 b_x、b_y、b_z 不等于零时，(6-11)、(6-12)两式的意义相同。但是，当 b_x、b_y、b_z 至少有一个等于零时，(6-12)式无意义。为了便于应用，仍采用这一形式，而将它看作(6-11)式的简便形式。例如，等式 $\frac{a_x}{0}=\frac{a_y}{3}=\frac{a_z}{0}$，应理解为 $a_x=0, a_z=0$。

例 6-12　求垂直于向量 $\boldsymbol{a}=\{2,2,1\}$ 和 $\boldsymbol{b}=\{4,5,3\}$ 的单位向量。

解　由向量积的定义知，$\boldsymbol{a}\times\boldsymbol{b}$ 是垂直于 $\boldsymbol{a}$ 和 $\boldsymbol{b}$ 的向量。而

$$\boldsymbol{a}\times\boldsymbol{b}=\begin{vmatrix}\boldsymbol{i} & \boldsymbol{j} & \boldsymbol{k}\\ 2 & 2 & 1\\ 4 & 5 & 3\end{vmatrix}=\boldsymbol{i}-2\boldsymbol{j}+2\boldsymbol{k}$$

$$|\boldsymbol{a}\times\boldsymbol{b}|=\sqrt{1^2+(-2)^2+2^2}=3$$

又由单位向量的定义知，所求的单位向量为

$$\frac{\boldsymbol{a}\times\boldsymbol{b}}{|\boldsymbol{a}\times\boldsymbol{b}|}=\frac{1}{3}\boldsymbol{i}-\frac{2}{3}\boldsymbol{j}+\frac{2}{3}\boldsymbol{k}=\left\{\frac{1}{3},-\frac{2}{3},\frac{2}{3}\right\}$$

同样

$$-\frac{1}{3}\boldsymbol{i}+\frac{2}{3}\boldsymbol{j}-\frac{2}{3}\boldsymbol{k}=\left\{-\frac{1}{3},\frac{2}{3},-\frac{2}{3}\right\}$$

也是所求的单位向量。

例 6-13　求以 $A(1,2,3)$、$B(2,-1,5)$、$C(3,2,-5)$ 为顶点的三角形的面积 S。

解　三角形面积 S 等于以向量 $\overrightarrow{AB}$、$\overrightarrow{AC}$ 为邻边的平行四边形面积的一半。而

$$\overrightarrow{AB}=\{1,-3,2\}, \overrightarrow{AC}=\{2,0,-8\}$$

$$\overrightarrow{AB}\times\overrightarrow{AC}=\begin{vmatrix}\boldsymbol{i} & \boldsymbol{j} & \boldsymbol{k}\\ 1 & -3 & 2\\ 2 & 0 & -8\end{vmatrix}=24\boldsymbol{i}+12\boldsymbol{j}+6\boldsymbol{k}$$

所以

$$S=\frac{1}{2}|\overrightarrow{AB}\times\overrightarrow{AC}|=\frac{1}{2}\sqrt{24^2+12^2+6^2}=\frac{6\sqrt{21}}{2}=3\sqrt{21}$$

第五节　空间平面及直线

一、平面方程

如果一非零向量垂直于一平面，则称这向量为该平面的法线向量(normal vector)，简称法向量。显然，法向量垂直于平面上的任一向量。

如果已知平面 Π 上的一点 $M_0(x_0,y_0,z_0)$ 和它的一个法向量 $\boldsymbol{n}=\{A,B,C\}$，则此平面的位置就完全确定了，现在我们来建立这个方程。

图 6-37

设 $M(x,y,z)$ 是平面 Π 上任一点，在平面 Π 上作向量 $\overrightarrow{M_0M}$，则 $n\perp\overrightarrow{M_0M}$(图 6-37)。根据两向量垂直的条件，有

$$\boldsymbol{n}\cdot\overrightarrow{M_0M}=0 \tag{6-13}$$

因为

$$\overrightarrow{M_0M}=\{x-x_0,y-y_0,z-z_0\}$$

所以由(6-13)式，得到平面的方程为

$$A(x-x_0)+B(y-y_0)+C(z-z_0)=0 \tag{6-14}$$

方程(6-14)称为平面的点法式方程。

将方程(6-14)化简,得

$$Ax + By + Cz + D = 0 \tag{6-15}$$

式中,$D = -(Ax_0 + By_0 + Cz_0)$。由于 $\boldsymbol{n}$ 是非零向量,A、B、C 不全为零,所以,(6-15)是关于 x、y、z 的三元一次方程,称为平面的一般方程,方程中的系数 A、B、C 是该平面的法向量 $\boldsymbol{n}$ 的坐标。

当 A、B、C 均不为零,且 $D \neq 0$ 时,此时平面的一般方程可化为

$$\frac{x}{-D/A} + \frac{y}{-D/B} + \frac{z}{-D/C} = 1$$

令:$a = \frac{-D}{A}, b = \frac{-D}{B}, c = \frac{-D}{C}$,则有

$$\frac{x}{a} + \frac{y}{b} + \frac{z}{c} = 1 \tag{6-16}$$

式(6-16)称为平面的截距式方程,显然 $(a,0,0)$、$(0,b,0)$、$(0,0,c)$ 都在平面上,称 a、b、c 为平面在 x、y、z 三轴上的截距(图6-38)。

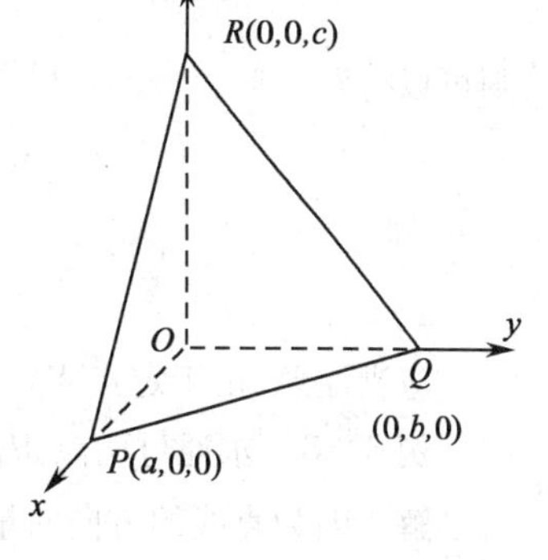

图6-38

例6-14　已知两点 $M(2,-1,2)$ 与 $N(8,-7,5)$,求通过点 N 且与线段 MN 垂直的平面方程。

解　由于所求平面与线段 MN 垂直,所以向量 $\overrightarrow{MN}$ 可作为它的法向量 $\boldsymbol{n}$,即

$$\boldsymbol{n} = \overrightarrow{MN} = \{8-2, -7+1, 5-2\} = \{6, -6, 3\}$$

又因为这个平面过点 $N(8,-7,5)$,所以,所求平面方程为

$$6(x-8) - 6(y+7) + 3(z-5) = 0$$

整理得

$$2x - 2y + z - 35 = 0$$

例6-15　已知平面 Π 通过 x 轴及点 $M_0(4,-3,-1)$,求平面 Π 的方程。

解　设平面 Π 的方程为 $Ax + By + Cz + D = 0$。平面 Π 通过 x 轴必过原点,且法向量在 x 轴上的投影为0,因此,$A = 0, D = 0$。所以方程为

$$By + Cz = 0$$

将点 $M_0(4,-3,-1)$ 代入此方程得:$-3B - C = 0$,即 $C = -3B$。原方程化为

$$By - 3Bz = 0$$

约去 $B(B \neq 0)$,则 $y - 3z = 0$ 即为所求的平面方程。

二、空间直线的方程

空间直线可以看作是两个平面的交线,若直线 L 是平面 Π_1:$A_1x + B_1y + C_1z + D_1 = 0$ 及 Π_2:$A_2x + B_2y + C_2z + D_2 = 0$ 的交线,则 L 的方程为

$$\begin{cases} A_1x + B_1y + C_1z + D_1 = 0 \\ A_2x + B_2y + C_2z + D_2 = 0 \end{cases} \tag{6-17}$$

方程组(6-17)称为空间直线的一般方程。

通过空间一直线的平面有无数多个,任选其中两个平面,把它们的方程联立起来,所得的方程组就表示该条空间的直线。因此,直线的一般方程不是唯一的。

与直线 L 平行的非零向量 $\boldsymbol{s}$,称为该直线的方向向量。直线上的任一向量都平行于它的方向向量。而通过空间一点,可以作而且只能作一条直线与已知直线平行。所以,直线 L 可以由直线上的一点 $M_0(x_0,y_0,z_0)$ 及它的方向向量 $\boldsymbol{s} = \{m,n,p\}$ 确定。

设点 $M(x,y,z)$ 是直线上的任一点,那么向量 $\overrightarrow{M_0M}$ 与 L 的方向向量 $\boldsymbol{s}$ 平行,所以两向量的对应坐标成比例,由于 $\overrightarrow{M_0M} = \{x-x_0, y-y_0, z-z_0\}$,$\boldsymbol{s} = \{m,n,p\}$,从而得到空间直线的方程为

$$\frac{x-x_0}{m}=\frac{y-y_0}{n}=\frac{z-z_0}{p} \tag{6-18}$$

式(6-18)称为空间直线的对称式方程。向量 $\boldsymbol{s}$ 的坐标 m,n,p 称为直线的一组方向数,向量 $\boldsymbol{s}$ 的方向余弦称为该直线的方向余弦。

因为 $\boldsymbol{s}$ 是非零向量,它的方向数 m,n,p 不会同时为零,当 m,n,p 中有一个或两个等于零时,可以理解为对应分子等于零。

例如,$m=0$ 或 $m=n=0$ 时,可以分别理解为

$$\begin{cases} x-x_0=0 \\ \dfrac{y-y_0}{n}=\dfrac{z-z_0}{p} \end{cases} \quad 或 \quad \begin{cases} x-x_0=0 \\ y-y_0=0 \end{cases}$$

对于方程组(6-18),设

$$\frac{x-x_0}{m}=\frac{y-y_0}{n}=\frac{z-z_0}{p}=t$$

则可以得到空间直线的参数方程(t 为参数):

$$\begin{cases} x=x_0+mt \\ y=y_0+nt \\ z=z_0+pt \end{cases}$$

应当注意,由于定点 M_0 不是唯一的,所以直线的对称式方程和参数方程也不是唯一的。

例 6-16 求通过两点 $M_1(x_1,y_1,z_1)$ 和 $M_2(x_2,y_2,z_2)$ 的直线方程。

解 因为直线的方向向量 $\boldsymbol{s}=\overrightarrow{M_1M_2}=\{x_2-x_1,y_2-y_1,z_2-z_1\}$ 且过点 $M_1(x_1,y_1,z_1)$,因此,所求直线方程为:

$$\frac{x-x_1}{x_2-x_1}=\frac{y-y_1}{y_2-y_1}=\frac{z-z_1}{z_2-z_1}$$

称上式为空间直线的两点式方程。

第六节 计算机应用

实验一 用 Mathematica 描绘三维空间图形

实验目的:掌握利用 Mathematica 描绘三维空间图形的基本方法。

基本命令:

命令	说明
Plot3D[$f(x,y)$, {$x,x_{\min},x_{\max}$}, {$y,y_{\min},y_{\max}$}]	画出函数 $z=f(x,y)$ 的三维曲面图形
ParametricPlot3D[{ $x(u,v)$, $y(u,v)$, $z(u,v)$ }, { $u,u_{\min},u_{\max}$ }, { $v,v_{\min},v_{\max}$ }]	画出参数方程所确定的三维空间的曲线图
Show[r1,r2]	将 r1,r2 绘制在一个图上

实验举例:

例 6-17 绘制马鞍面 $z=\dfrac{x^2}{8}-\dfrac{y^2}{18}$ 在区域 $-40\leqslant x\leqslant 40$, $-40\leqslant y\leqslant 40$ 上的图形。

解 In[1]: = Plot3D[$\dfrac{1}{8}$ * x^2 − $\dfrac{1}{18}$ * y^2, {x, −40,40}, {y, −40,40}]

Out[1] = "graphics"

（图 6-39）。

例 6-18　绘制螺旋线$\begin{cases}x = 2\cos\theta \\ y = 2\sin\theta \\ z = 3\theta\end{cases}$（其中$0 \leqslant \theta \leqslant 2\pi$）的图形。

解　In[1]: = ParametricPlot3D[{2 * Cos[θ],2 * Sin[θ],3 * θ},{θ,0,2 * Pi}]

out[2] = "graphics"

（图 6-40）。

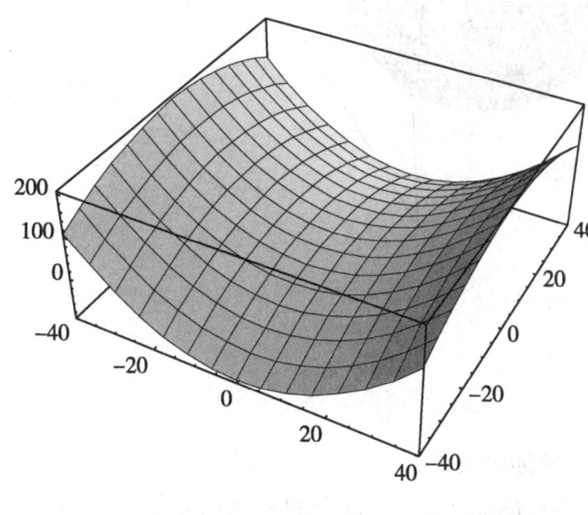

图 6-39

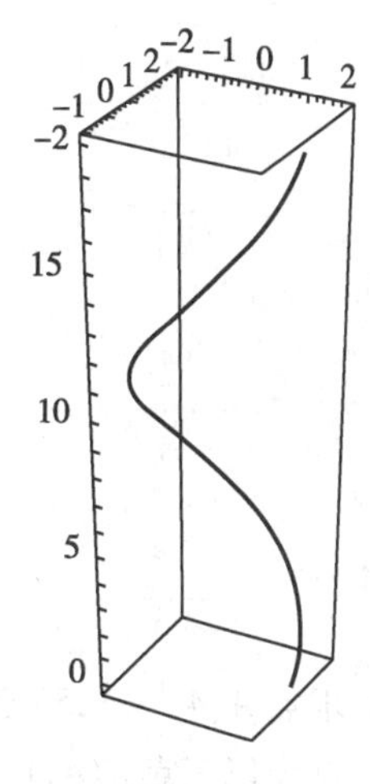

图 6-40

例 6-19　绘制$x^2 + y^2 + z^2 = 1$与$x^2 + y^2 = x$（其中$0 \leqslant z \leqslant 1.2$）的交面。

解　In[3]: = r1 = ParametricPlot3D

[{Sin[u] * Cos[v],Sin[u] * Sin[v],Cos[u]},{u,0,Pi},{v,0,2 * Pi}]

r2 = ParametricPlot3D

[{(Cos[t])^2,Cos[t] * Sin[t],z},{t,0,2 * Pi},{z,0,1.2}]

Show[r1,r2]

out[3] = "graphics"

（图 6-41）。

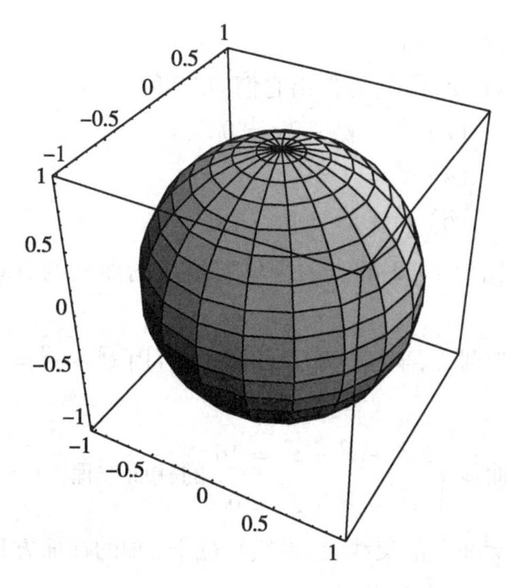

图 6-41（ⅰ）

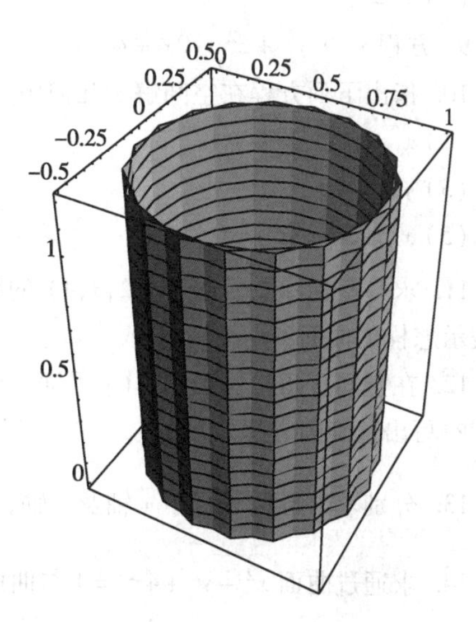

图 6-41（ⅱ）

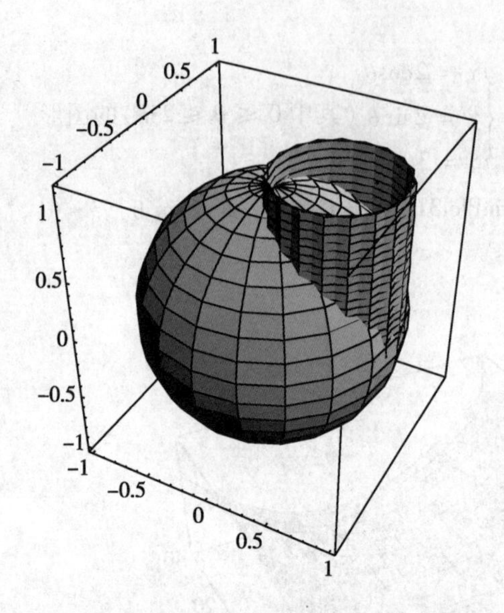

图 6-41(ⅲ)

习题

1. 求点 $A(4,-3,5)$ 到坐标原点和各坐标轴的距离。

2. 试证以三点 $A(4,1,9)$、$B(10,-1,6)$、$C(2,4,3)$ 为顶点的三角形是等腰直角三角形。

3. 在 x 轴上求一点 P,使它到点 $A(-3,2,-2)$ 的距离为3。

4. 在 yOz 平面上,求与点 $A(3,1,2)$、$B(4,-2,-2)$ 和 $C(0,5,1)$ 等距离的点。

5. 一动点到原点的距离等于到点 $(3,2,-5)$ 的距离的3倍,求此动点轨迹的方程。

6. 求下列球面的球心与半径:

(1) $x^2+y^2+z^2-2x+4y-4z-7=0$

(2) $2x^2+2y^2+2z^2-5z-8=0$

7. 求球心为 $(1,3,-2)$,球面通过原点的球面方程。

8. 试在曲线 $\begin{cases}x^2+y^2+z^2=49\\x^2+y^2+z^2-4z-25=0\end{cases}$ 上求出满足下列条件的点:

(1) $x=3$　　(2) $z=6$

9. 方程 $x^2+y^2+z^2-2x+4y+2z=0$ 表示什么曲面?

10. 指出下列方程在空间解析几何中分别表示什么图形,并作出它们的图形:

(1) $x^2+4y^2=1$　　(2) $x^2+y^2-2x=0$

(3) $y^2=2x$　　(4) $x^2=1$

(5) $x^2+y^2+z^2=0$　　(6) $x^2+z^2=0$

11. 求与坐标原点 O 及点 $(2,3,4)$ 的距离之比为 $1:\sqrt{2}$ 的点的全体所组成的曲面的方程。它表示怎样的曲面?

12. 在空间直角坐标系中,xOy 平面上以原点为圆心,半径等于 R 的圆,能否用 $x^2+y^2=R^2$ 表示?写出正确的方程。

13. 分别求出母线平行于 x 轴及 y 轴,并通过曲线 $\begin{cases}2x^2+y^2+z^2=16\\x^2-y^2+z^2=0\end{cases}$ 的柱面方程。

14. 求通过曲面 $x^2+y^2+4z^2=1$ 与曲面 $x^2=y^2+z^2$ 的交线,且母线平行于 z 轴的柱面方程。

15. 求曲线 $\begin{cases}x+y+z=3\\x+2y=1\end{cases}$ 在 yOz 面上的投影方程。

16. 求曲线 $\begin{cases} x^2+y^2+3yz-2x+3z-3=0 \\ y-z+1=0 \end{cases}$ 在 zOx 平面上的投影方程。

17. 求下列曲线在 xOy 坐标面上的投影方程：

（1）$\begin{cases} x^2+y^2+z^2=25 \\ z=2x \end{cases}$　　（2）$\begin{cases} x^2+(y-1)^2+(z-1)^2=1 \\ x^2+y^2+z^2=1 \end{cases}$

（3）$\begin{cases} x^2+y^2+z^2=9 \\ x+z=1 \end{cases}$

18. 当非零向量 $\boldsymbol{a}$、$\boldsymbol{b}$ 满足什么条件时，下列等式成立：

（1）$|\boldsymbol{a}+\boldsymbol{b}|=|\boldsymbol{a}-\boldsymbol{b}|$　　（2）$\dfrac{\boldsymbol{a}}{|\boldsymbol{a}|}=\dfrac{\boldsymbol{b}}{|\boldsymbol{b}|}$

（3）$|\boldsymbol{a}+\boldsymbol{b}|=|\boldsymbol{a}|+|\boldsymbol{b}|$

19. 设 $\boldsymbol{m}=3\boldsymbol{i}+5\boldsymbol{j}+8\boldsymbol{k}$，$\boldsymbol{n}=2\boldsymbol{i}-4\boldsymbol{j}-7\boldsymbol{k}$，$\boldsymbol{p}=5\boldsymbol{i}+\boldsymbol{j}-4\boldsymbol{k}$，求 $3\boldsymbol{m}+4\boldsymbol{n}-\boldsymbol{p}$ 的坐标。

20. 分别求出向量 $\boldsymbol{a}=\boldsymbol{i}+\boldsymbol{j}+\boldsymbol{k}$，$\boldsymbol{b}=2\boldsymbol{i}-3\boldsymbol{j}+5\boldsymbol{k}$ 及 $\boldsymbol{c}=-2\boldsymbol{i}-\boldsymbol{j}+2\boldsymbol{k}$ 的模，并分别用单位向量 $\boldsymbol{a}^0$、$\boldsymbol{b}^0$、$\boldsymbol{c}^0$ 表达向量 $\boldsymbol{a}$、$\boldsymbol{b}$、$\boldsymbol{c}$。

21. 已知向量 $\boldsymbol{a}=4\boldsymbol{i}-4\boldsymbol{j}+7\boldsymbol{k}$ 的终点坐标为 $(2,0,-1)$，求它的始点坐标，并求 $\boldsymbol{a}$ 的长度及方向余弦。

22. 已知 $A(2,2,4)$、$B(6,2,z)$，且 $|\overrightarrow{AB}|=5$，求 z 的值。

23. 从点 $A(2,-1,7)$ 沿 $\boldsymbol{a}=8\boldsymbol{i}+9\boldsymbol{j}-12\boldsymbol{k}$ 的方向取 $|\overrightarrow{AB}|=34$，求 B 点的坐标。

24. 已知向量 $\boldsymbol{a}=\{x,5,-1\}$、$\boldsymbol{b}=\{3,1,z\}$ 共线，求 x 和 z。

25. 已知 $\boldsymbol{a}=\{3,2,-1\}$，$\boldsymbol{b}=\{1,-1,2\}$，求：

（1）$\boldsymbol{a}\cdot\boldsymbol{b}$　　（2）$(-2\boldsymbol{a})\cdot(3\boldsymbol{b})$

26. 设 $\boldsymbol{a}=\{3,5,-4\}$，$\boldsymbol{b}=\{2,1,8\}$，如何选取 λ 和 μ，使 $\lambda\boldsymbol{a}+\mu\boldsymbol{b}$ 与 z 轴垂直。

27. 已知向量 $\boldsymbol{a}=\{2,-3,1\}$，$\boldsymbol{b}=\{1,-1,3\}$，$\boldsymbol{c}=\{1,-2,0\}$，计算：

（1）$(\boldsymbol{a}+\boldsymbol{b})\times(\boldsymbol{b}+\boldsymbol{c})$　　（2）$(\boldsymbol{a}\times\boldsymbol{b})\cdot\boldsymbol{c}$

（3）$(\boldsymbol{a}\times\boldsymbol{b})\times\boldsymbol{c}$

28. 已知向量 $\boldsymbol{a}$、$\boldsymbol{b}$ 的夹角 $\theta=\dfrac{\pi}{3}$，且 $|\boldsymbol{a}|=3$，$|\boldsymbol{b}|=4$，计算 $\boldsymbol{a}\cdot\boldsymbol{b}$。

29. 求以向量 $\boldsymbol{a}=\{1,-3,1\}$ 与 $\boldsymbol{b}=\{2,-1,3\}$ 为邻边的平行四边形的面积。

30. 求单位向量 $\boldsymbol{x}$，使它与 $\boldsymbol{a}=\boldsymbol{i}-\boldsymbol{k}$，$\boldsymbol{b}=2\boldsymbol{i}+3\boldsymbol{j}+\boldsymbol{k}$ 都垂直。

31. 求满足下列条件的平面的方程：

（1）过点 $(-2,7,3)$，且平行于平面 $x-4y+5z-1=0$；

（2）经过原点且垂直于两平面 $2x-y+5z+3=0$ 及 $x+3y-z-7=0$；

（3）过三点 $M_1(1,1,-1)$、$M_2(-2,-2,2)$ 和 $M_3(1,-1,2)$。

32. 分别按下列条件求平面的方程：

（1）平行于 zOx 面且经过点 $(2,-5,3)$；

（2）通过 z 轴和点 $(-3,1,-2)$；

（3）过点 $(0,2,4)$，且在各坐标轴上的截距相等。

33. 分别按下列条件求直线方程：

（1）过两点 $(1,2,1)$ 和 $(1,2,3)$；

（2）过点 $(0,-3,2)$ 且与过两点 $(3,4,-7)$ 和 $(2,7,-6)$ 的直线平行。

（田冬梅）

笔记

第七章 多元函数及其微分法

学习要求

1. 掌握:多元函数、偏导数、全微分、多元函数极值的概念。

2. 熟悉:多元函数偏导数、全微分、多元复合函数和隐函数的偏导数、多元函数极值的计算。

3. 了解:方向导数与梯度、拉格朗日乘数法,最小二乘法。

前面我们讨论的函数都只有一个自变量,这种只含一个自变量的函数叫作一元函数。但在实际生活中,我们常常遇到多个变量之间相互依存的关系,很多情况是一个变量依赖于多个变量,这就提出了多元函数以及多元函数的微分和积分问题。本章将在一元函数微分学的基础上,讨论多元函数的微分法及其应用。讨论中我们以二元函数为主,因为从一元函数到二元函数会产生新的问题,而从二元函数到二元以上的多元函数则大多可以类推。

第一节 多元函数的极限与连续

一、多元函数的概念

在很多自然现象以及实际问题中,经常会遇到多个变量之间相互依赖的关系。例如:

例 7-1 正圆锥体的体积 V 和它的高 h 及底面半径 r 之间有以下依赖关系:

$$V = \frac{1}{3}\pi r^2 h$$

其中 r 与 h 是两个独立的变量,而体积 V 是随着 r 和 h 的变化而变化的。当 r、h 的值取定时,V 有确定的值与之对应。

例 7-2 人体对某种药物的效应 E(以适当的单位度量)与给药量 x(单位)、给药后经过的时间 t(小时)有以下关系:

$$E = x^2(a-x)t^2e^{-t}$$

其中 a 为允许的最大药量。当 x、t 取定的一组值时,E 的对应值也就随之确定了。

上面的两个例子虽然来自不同的实际问题,但是它们却有共同之处。首先,它们都说明三个变量之间存在着一种相互依赖关系,这种关系给出了一个变量与另外两个变量之间的对应法则;其次,当两个变量在允许的范围内取定一组数时,按照对应法则,另一个变量就有确定的值与之对应。

由这些共性,就可得出二元函数及多元函数的定义。

定义 7-1 设有三个变量 x、y 和 z,D 是实数对 (x,y) 组成的集合,如果对于 D 中的每一个元素,按照一定的对应法则 f,变量 z 都有确定的值与之相对应,则称变量 z 为变量 x、y 的二元函数(bivariate function),记为

$$z = f(x,y)$$

其中 x、y 称为自变量,函数 z 也叫作因变量,自变量的变化范围 D 叫作函数的定义域,当 (x,y) 遍取 D 中一切元素时,与 (x,y) 对应的 z 值组成的实数集 $M = \{z \mid z = f(x,y),(x,y) \in D\}$ 称为

函数的值域。

根据定义，前面例 7-1 中的正圆锥体的体积 V 是 r 和 h 的二元函数；例 7-2 中药物效应 E 是 x 和 t 的二元函数。

类似地，可以定义三元函数 $u=f(x,y,z)$，以及三元以上的函数。二元以及二元以上的函数统称为多元函数（multivariate function）。

如同可以用数轴上的点表示数值 x 一样，也可以用 xOy 面上的点 $P(x,y)$ 表示实数对 (x,y)。从而二元函数的定义可改写为：

定义 7-2　设 D 是平面上的一个点集，如果对于 D 中的每个点 $P(x,y)$，通过确定的对应法则 f，都有确定的实数 z 与之相对应，则称法则 f 为 D 上的一个二元函数，或称变量 z 是变量 x、y 的二元函数。简记为：

$$z=f(P)\qquad P\in D$$

也可以称 z 为点 P 的函数。

当 D 是空间的一个点集时，$z=f(P)$ 就是一个三元函数。

有关二元函数的一些概念，与一元函数的内容相类似，下面作简要的介绍。

函数 $z=f(x,y)$ 中的记号 f 表示对应法则，此法则也可用其他字母来表示，所以函数也可记为 $z=z(x,y)$，$z=\varphi(x,y)$ 等等。同样，自变量 x、y 也可换成其他字母。

二元函数的定义域一般是 xOy 平面上由一条或几条曲线所围成的部分，称为区域。围成区域的曲线称为区域的边界。区域连同它的全部边界称为闭区域。不包含边界的区域也称为开区域。当没有必要区分一个平面点集是开区域或是闭区域时，我们就称其为区域。

设点 $P_0(x_0,y_0)$ 是平面上一点，δ 是某一正数，所有与点 $P_0(x_0,y_0)$ 的距离小于 δ 的点 $P(x,y)$ 的集合，称为点 $P_0(x_0,y_0)$ 的 δ 邻域，记作 $U(P_0,\delta)$，即

$$U(P_0,\delta)=\{(x,y)\mid |P_0P|<\delta\}$$

几何上，点 $P_0(x_0,y_0)$ 的 δ 邻域就是平面上以点 $P_0(x_0,y_0)$ 为圆心，δ 为半径的圆内部点 $P(x,y)$ 的全体。

类似地，有空间一点 $P_0(x_0,y_0,z_0)$ 的邻域的概念。

设点 $P_0(x_0,y_0)$ 是二元函数 $z=f(x,y)$ 的定义域内一点，按照定义，z 必有确定的值与它对应，这个值就称为二元函数 $z=f(x,y)$ 在点 (x_0,y_0) 处的函数值，记作

$$z|_{(x_0,y_0)}\text{ 或 }f(x_0,y_0)$$

如果二元函数 $z=f(x,y)$ 在点 (x,y) 处对应有函数值，那么，称二元函数 $z=f(x,y)$ 在点 (x,y) 处是有定义的（这时点 (x,y) 必属于函数的定义域）；否则称函数在该点是没有定义的。如果二元函数 $z=f(x,y)$ 在平面点集 A 内的每一点处都有定义，则称二元函数 $z=f(x,y)$ 在点集 A 内有定义[这时，A 必是函数 $z=f(x,y)$ 的定义域的一个子集]。

在讨论二元函数的定义域时，如果它是由实际问题得到的，那么，它的定义域要根据问题本身的意义来确定。如果仅研究用算式表示的二元函数，那么，函数的定义域是使得算式有意义的点的集合。

关于二元函数，也有复合函数和初等函数（简称为二元复合函数和二元初等函数）的概念，它们与一元函数中的复合函数和初等函数的概念相似，这里不再详细叙述。

例 7-3　求函数

$$z=\ln(x^2+y^2-1)+\frac{1}{\sqrt{4-x^2-y^2}}$$

的定义域。

解　要使函数关系式右边的两个算式同时有意义，x 和 y 必须满足不等式组

$$\begin{cases}x^2+y^2-1>0\\4-x^2-y^2>0\end{cases}\quad 即 \quad \begin{cases}x^2+y^2>1\\x^2+y^2<4\end{cases}$$

即

$$1<x^2+y^2<4$$

所以,函数 $z=\ln(x^2+y^2-1)+\dfrac{1}{\sqrt{4-x^2-y^2}}$ 的定义域是平面点集

$$\{(x,y)\ 1<x^2+y^2<4\}$$

此点集是介于两圆周 $x^2+y^2=1$ 和 $x^2+y^2=4$ 之间的圆环区域(开区域)(图 7-1)。

例 7-4 求函数 $f(x,y)=\sqrt{x\sin y}$ 在点 $(4,\dfrac{\pi}{2})$ 处的函数值。

解 $f(4,\dfrac{\pi}{2})=\sqrt{4\sin\dfrac{\pi}{2}}=2$

设函数 $z=f(x,y)$ 的定义域为 D。对于任意取定的点 $P(x,y)\in D$,对应的函数值为 $z=f(x,y)$。这样,以 x 为横坐标、y 为纵坐标、$z=f(x,y)$ 为竖坐标,在空间就唯一确定一点 $M(x,y,z)$。当 (x,y) 遍取 D 上的一切点时,得到一个空间点集:

$$\{(x,y,z)\ z=f(x,y),(x,y)\in D\}$$

这个点集称为二元函数 $z=f(x,y)$ 的图形,通常我们也说二元函数的图形是一张曲面(图 7-2)。

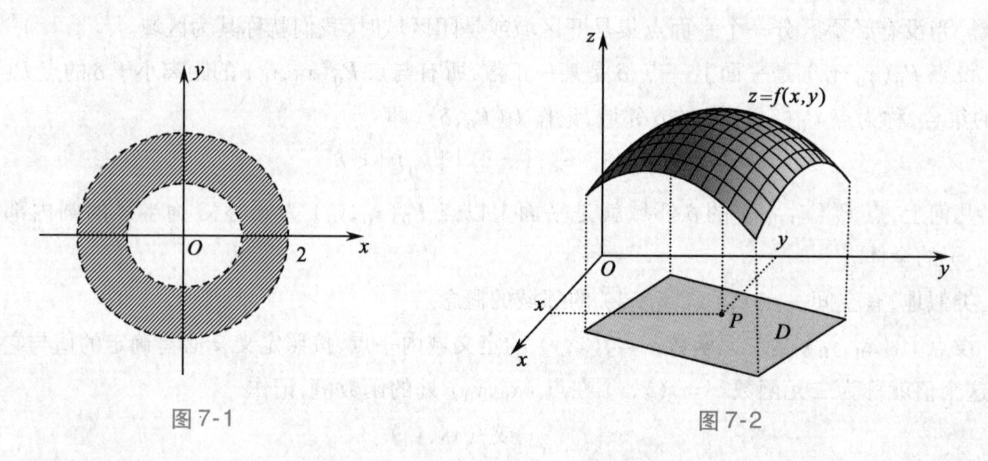

图 7-1　　　　图 7-2

例如,由空间解析几何知道,函数 $z=ax+by+c$ 的图形是一张平面;函数 $z=x^2+y^2$ 的图形是旋转抛物面,这两个函数的定义域都是整个 xOy 平面;由方程 $x^2+y^2+z^2=a^2$ 所确定的函数 $z=f(x,y)$ 的图形是球心在原点,半径为 a 的球面,它的定义域是圆形闭区域

$$D=\{(x,y)\ x^2+y^2\leqslant a^2\}$$

在 D 的内部任一点 (x,y) 处,该函数有两个对应值,一个为 $\sqrt{a^2-x^2-y^2}$,另一个为 $-\sqrt{a^2-x^2-y^2}$。因此,这是个多值函数。我们可以把它分成两个单值函数:$z=\sqrt{a^2-x^2-y^2}$ 及 $z=-\sqrt{a^2-x^2-y^2}$。前者表示上半球面,后者表示下半球面。以后除了另做声明外,总假定所讨论的函数是单值的。如果遇到多值函数,可以把它拆成几个单值函数后再分别加以讨论。

二、二元函数的极限

类似于一元函数的极限,二元函数 $z=f(x,y)$ 的极限是:在 xOy 平面上,当点 $P(x,y)$ 无限趋近于点 $P_0(x_0,y_0)$(记为 $P(x,y)\to P_0(x_0,y_0)$)时,函数 $z=f(x,y)$ 的变化趋势。但是点 $P(x,y)$ 趋近于点 $P_0(x_0,y_0)$ 的方式却很复杂,点 P 既可沿着直线或折线趋向于点 P_0,也可沿曲

线趋向于点 P_0。但无论趋近的方式怎样，总可以用点 $P(x,y)$ 与点 $P_0(x_0,y_0)$ 的距离 $\rho = \sqrt{(x-x_0)^2+(y-y_0)^2}$ 趋于零来表示。因此，可用 $\rho \to 0$ 或 $x \to x_0, y \to y_0$ 来表示 $P(x,y) \to P_0(x_0,y_0)$ 这一自变量的变化过程。下面给出二元函数的极限的定义：

定义 7-3　设函数 $z = f(x,y)$ 在点 $P_0(x_0,y_0)$ 的某邻域内有定义[在点 $P_0(x_0,y_0)$ 可以没有定义]，如果当点 $P(x,y)$ 以任何方式无限趋近于点 $P_0(x_0,y_0)$ 时，函数 $z = f(x,y)$ 无限趋近于一个确定的常数 A，则称 A 为函数 $z = f(x,y)$ 当 $x \to x_0, y \to y_0$ 时的极限，记为

$$\lim_{\substack{x\to x_0\\ y\to y_0}} f(x,y) = A;\text{或} \lim_{\rho\to 0} f(x,y) = A$$

其中 $\rho = \sqrt{(x-x_0)^2+(y-y_0)^2}$。

例 7-5　求极限 $\lim\limits_{\substack{x\to 0\\ y\to 0}} \dfrac{x^2 y}{x^2+y^2}$

解　由于　$x^2 \leqslant x^2+y^2, y \leqslant \sqrt{x^2+y^2}$，

故
$$0 < \left|\frac{x^2 y}{x^2+y^2}\right| = \frac{x^2|y|}{x^2+y^2} \leqslant \frac{(x^2+y^2)\sqrt{x^2+y^2}}{x^2+y^2} = \sqrt{x^2+y^2}$$

而 $\sqrt{x^2+y^2}$ 恰是点 $P(x,y)$ 与点 $O(0,0)$ 之间的距离 ρ，因此，不论点 $P(x,y)$ 以任何方式趋向于点 $O(0,0)$ 时，即

$$\rho = \sqrt{x^2+y^2} \to 0$$

由极限存在准则 1(夹逼定理)，都有

$$\lim_{\rho\to 0} \frac{x^2 y}{x^2+y^2} = 0$$

即

$$\lim_{\substack{x\to 0\\ y\to 0}} \frac{x^2 y}{x^2+y^2} = 0$$

应当注意，所谓二元函数的极限存在，是指当点 $P(x,y)$ 以任何方式趋近于点 $P_0(x_0,y_0)$ 时，函数都趋近于 A。因此，如果点 $P(x,y)$ 以某些特殊方式，例如沿着一条或几条定直线或定曲线趋近于点 $P_0(x_0,y_0)$ 时，即使函数都趋近于某一确定的数值，也不能由此断定函数的极限存在。但是，当点 $P(x,y)$ 以几种不同方式趋近于点 $P_0(x_0,y_0)$ 时，函数趋近于不同的数值，那么就可断定函数的极限是不存在的。

例 7-6　讨论极限 $\lim\limits_{\substack{x\to 0\\ y\to 0}} \dfrac{xy}{x^2+y^2}$ 是否存在。

解　当点 $P(x,y)$ 沿着 x 轴(即固定 $y = 0$)趋近于点 $O(0,0)$ 时，

$$\lim_{\substack{x\to 0\\ y\to 0}} \frac{xy}{x^2+y^2} = \lim_{\substack{x\to 0\\ y=0}} \frac{xy}{x^2+y^2} = \lim_{x\to 0} \frac{0}{x^2} = 0$$

同样，当点 $P(x,y)$ 沿着 y 轴(即固定 $x = 0$)趋近于点 $O(0,0)$ 时，

$$\lim_{\substack{x\to 0\\ y\to 0}} \frac{xy}{x^2+y^2} = \lim_{\substack{x=0\\ y\to 0}} \frac{xy}{x^2+y^2} = \lim_{x\to 0} \frac{0}{y^2} = 0$$

虽然点 $P(x,y)$ 以上述两种特殊方式(沿 x 轴或 y 轴)趋于原点时函数的极限存在且相等，但是 $\lim\limits_{\substack{x\to 0\\ y\to 0}} \dfrac{xy}{x^2+y^2}$ 并不存在。这是因为点 $P(x,y)$ 沿着直线 $y = kx$ 趋近于点 $O(0,0)$ 时($k \neq 0$)，有

$$\lim_{\substack{x\to 0\\ y\to 0}} \frac{xy}{x^2+y^2} = \lim_{\substack{x\to 0\\ y=kx}} \frac{xy}{x^2+y^2} = \lim_{x\to 0} \frac{kx^2}{x^2+k^2x^2} = \frac{k}{1+k^2}$$

此极限的值因 k 而异。

二元函数极限的概念，可相应地推广到 n 元函数 $u = f(x_1,x_2,\cdots,x_n)$。

关于多元函数的极限运算，有与一元函数类似的运算法则。

例 7-7　求 $\lim\limits_{\substack{x\to1\\y\to0}}\dfrac{\sin xy}{y}$。

解　由积的运算法则，得

$$\lim_{\substack{x\to1\\y\to0}}\frac{\sin xy}{y}=\lim_{\substack{x\to1\\y\to0}}\left(\frac{\sin xy}{xy}\cdot x\right)=\lim_{xy\to0}\frac{\sin xy}{xy}\cdot\lim_{x\to1}x=1\cdot1=1。$$

三、二元函数的连续性

定义 7-4　设二元函数 $z=f(x,y)$ 在点 $P_0(x_0,y_0)$ 的某一邻域内有定义，如果

$$\lim_{\substack{x\to x_0\\y\to y_0}}f(x,y)=f(x_0,y_0)\tag{7-1}$$

则称函数 $z=f(x,y)$ 在点 $P_0(x_0,y_0)$ 处连续。

式(7-1)又可写成

$$\lim_{\substack{x\to x_0\\y\to y_0}}[f(x,y)-f(x_0,y_0)]=0\tag{7-2}$$

若令 $x=x_0+\Delta x,y=y_0+\Delta y$，则(7-2)式为

$$\lim_{\substack{\Delta x\to0\\\Delta y\to0}}[f(x_0+\Delta x,y_0+\Delta y)-f(x_0,y_0)]=0\tag{7-3}$$

其中 $f(x_0+\Delta x,y_0+\Delta y)-f(x_0,y_0)$ 是当自变量 x、y 分别在 x_0、y_0 处取得增量 Δx、Δy 时，函数 $z=f(x,y)$ 的增量，记为 Δz，于是(7-3)式可写成

$$\lim_{\substack{\Delta x\to0\\\Delta y\to0}}\Delta z=0\tag{7-4}$$

或

$$\lim_{\rho\to0}\Delta z=0$$

其中 $\rho=\sqrt{(\Delta x)^2+(\Delta y)^2}$。

即当两个自变量的增量都趋近于零时，如果函数的增量也趋近于零，则函数就在该点连续。

如果函数 $z=f(x,y)$ 在 D 上每一点都连续，则称函数在区域 D 上连续。

如果函数 $z=f(x,y)$ 在点 $P_0(x_0,y_0)$ 不连续，则称点 $P_0(x_0,y_0)$ 是函数 $z=f(x,y)$ 的不连续点或间断点。

例 7-8　函数 $f(x,y)=\dfrac{1}{x^2-y}$ 在何处不连续？

解　函数在 $x^2-y=0$，即 $y=x^2$ 时没有定义。根据连续函数的定义知，抛物线 $y=x^2$ 上的所有点都是函数 $f(x,y)=\dfrac{1}{x^2-y}$ 的间断点。

例 7-9　函数 $f(x,y)=\begin{cases}\dfrac{xy}{x^2+y^2} & x^2+y^2\neq0\\ 0 & x^2+y^2=0\end{cases}$ 在原点是否连续？

解　由例 7-6 知

$$\lim_{\substack{x\to0\\y\to0}}f(x,y)=\lim_{\substack{x\to0\\y\to0}}\frac{xy}{x^2+y^2}$$

不存在，所以函数 $f(x,y)$ 在点 $O(0,0)$ 处不连续。

与一元函数一样，在有界闭区域上的二元连续函数具有最大值和最小值；在有界闭区域上的二元连续函数必能取得介于函数的最大值和最小值之间的任何值。

和一元函数类似，二元初等函数是指由常数及具有不同自变量的一元基本初等函数经过有

限次的四则运算和复合运算所构成的，可用一个解析式表示的多元函数。如 $\cos(x+y)$，$\dfrac{2xy}{y-x^2}$，…都是二元初等函数。

可以证明，二元初等函数在其定义区域内是连续的。所谓定义区域是指包含在定义域内的区域。因此，如果点 $P_0(x_0,y_0)$ 是二元初等函数 $z=f(x,y)$ 的定义区域内的一点，则必有

$$\lim_{\substack{x\to x_0\\y\to y_0}} f(x,y)=f(x_0,y_0)$$

有关二元函数的极限与连续的讨论，完全可以类推到二元以上的多元函数。

例 7-10　求 $\lim\limits_{\substack{x\to1\\y\to2}}\dfrac{x+y}{xy}$。

解　函数 $f(x,y)=\dfrac{x+y}{xy}$ 是二元初等函数，它的定义域为

$$D=\{(x,y)\ x\neq0,y\neq0\}$$

点 $(1,2)$ 在其定义域内，故有

$$\lim_{\substack{x\to1\\y\to2}}\frac{x+y}{xy}=f(1,2)=\frac{1+2}{1\times2}=\frac{3}{2}$$

第二节　偏　导　数

一、偏导数的定义及其计算法

在研究一元函数时，我们从研究函数的变化率引入了导数的概念。对于多元函数同样需要讨论它的变化率。但多元函数的自变量不止一个，因变量与自变量的关系比一元函数复杂得多。在这一节里，我们首先考虑多元函数关于其中一个自变量的变化率。以二元函数为例，如果只有自变量 x 变化，而自变量 y 固定（即将 y 视作常数），它就是 x 的一元函数。这时函数对 x 的导数，就称为二元函数 $z=f(x,y)$ 对于 x 的偏导数，即有如下定义：

定义 7-5　设函数 $z=f(x,y)$ 在点 (x_0,y_0) 的某一邻域内有定义，当 y 固定在 y_0 而 x 在 x_0 处有增量 Δx 时，相应地函数有增量

$$f(x_0+\Delta x,y_0)-f(x_0,y_0)$$

如果

$$\lim_{\Delta x\to0}\frac{f(x_0+\Delta x,y_0)-f(x_0,y_0)}{\Delta x}$$

存在，则称此极限为函数 $z=f(x,y)$ 在点 (x_0,y_0) 处对 x 的偏导数（partial derivative），记作

$$f'_x(x_0,y_0)\text{；或}\left.\frac{\partial z}{\partial x}\right|_{\substack{x=x_0\\y=y_0}}\text{；或}\left.\frac{\partial f}{\partial x}\right|_{\substack{x=x_0\\y=y_0}}\text{；或}\left.z'_x\right|_{\substack{x=x_0\\y=y_0}}$$

同样，当 x 固定在 x_0，而 y 在 y_0 处有增量 Δy 时，相应地如果极限

$$\lim_{\Delta y\to0}\frac{f(x_0,y_0+\Delta y)-f(x_0,y_0)}{\Delta y}$$

存在，则称此极限为函数 $z=f(x,y)$ 在点 (x_0,y_0) 处对 y 的偏导数，记作

$$f'_y(x_0,y_0)\text{；或}\left.\frac{\partial z}{\partial y}\right|_{\substack{x=x_0\\y=y_0}}\text{；或}\left.\frac{\partial f}{\partial y}\right|_{\substack{x=x_0\\y=y_0}}\text{；或}\left.z'_y\right|_{\substack{x=x_0\\y=y_0}}$$

如果函数 $z=f(x,y)$ 在区域 D 内每一点 (x,y) 都有关于 x 的偏导数，这个偏导数就是 x,y 的函数，称为函数 $z=f(x,y)$ 关于 x 的偏导函数，记为

$$f'_x(x,y)\text{；或}\frac{\partial z}{\partial x}\text{；或}\frac{\partial f}{\partial x}\text{；或}z'_x$$

即

$$f'_x(x,y)=\lim_{\Delta x\to 0}\frac{f(x+\Delta x,y)-f(x,y)}{\Delta x}$$

同样，有函数 $z=f(x,y)$ 关于 y 的偏导函数

$$f'_y(x,y)\text{；或 }\frac{\partial z}{\partial y}\text{；或 }\frac{\partial f}{\partial y}\text{；或 }z'_y$$

即

$$f'_y(x,y)=\lim_{\Delta y\to 0}\frac{f(x,y+\Delta y)-f(x,y)}{\Delta y}$$

函数 $z=f(x,y)$ 在点 (x_0,y_0) 处关于 x 的偏导数 $f'_x(x_0,y_0)$，显然就是偏导函数 $f'_x(x,y)$ 在点 (x_0,y_0) 的函数值；$f'_y(x_0,y_0)$ 显然就是偏导函数 $f'_y(x,y)$ 在点 (x_0,y_0) 的函数值。偏导函数也简称为偏导数。

由偏导数的定义知，求函数 $z=f(x,y)$ 的偏导数 $\frac{\partial z}{\partial x}$ 时，把 y 看成常量，只对 x 求导数；求 $\frac{\partial z}{\partial y}$ 时，把 x 看成常量，只对 y 求导数。因此，实际上对二元函数求偏导数，就是把它看成关于其中一个自变量的一元函数来求导数。于是，一元函数的求导法则和求导公式对于求二元函数的偏导数依然适用。

例 7-11　求函数 $f(x,y)=x^2+2xy-y^3+\ln 3$ 在点 $(1,2)$ 处的偏导数。

解　把 y 看成常量，对 x 求导数，(注意到其中 $\ln 3$ 为常数，其导数为 0) 得

$$f'_x(x,y)=2x+2y$$

把 x 看成常量，对 y 求导数，得

$$f'_y(x,y)=2x-3y^2$$

所以在点(1,2)处的偏导数为

$$f'_x(1,2)=2\cdot 1+2\cdot 2=6$$
$$f'_y(1,2)=2\cdot 1-3\cdot 2^2=-10$$

例 7-12　求函数 $z=x^y(x>0)$ 的偏导数。

解　把 y 看成常数，则

$$\frac{\partial z}{\partial x}=yx^{y-1}$$

把 x 看成常数，则

$$\frac{\partial z}{\partial y}=x^y\ln x$$

例 7-13　求 $z=\mathrm{e}^{xy}+\sin(x^2+y^2)$ 的偏导数。

解　$$\frac{\partial z}{\partial x}=\mathrm{e}^{xy}\cdot y+\cos(x^2+y^2)\cdot 2x=y\mathrm{e}^{xy}+2x\cos(x^2+y^2)$$

$$\frac{\partial z}{\partial y}=\mathrm{e}^{xy}\cdot x+\cos(x^2+y^2)\cdot 2y=x\mathrm{e}^{xy}+2y\cos(x^2+y^2)$$

对一元函数来说，导数 $\frac{\mathrm{d}y}{\mathrm{d}x}$ 可看作函数的微分 $\mathrm{d}y$ 与自变量的微分 $\mathrm{d}x$ 之商。而偏导数的记号"$\frac{\partial y}{\partial x}$"是一个整体记号，其中的横线没有相除的意义。

二元以上的多元函数的偏导数可仿照二元函数的偏导数来定义。例如，三元函数 $u=f(x,y,z)$ 在点 (x,y,z) 关于 x 的偏导数定义为

笔记

$$\frac{\partial u}{\partial x}=\lim_{\Delta x\to 0}\frac{f(x+\Delta x,y,z)-f(x,y,z)}{\Delta x}$$

其中极限存在,即称 $\frac{\partial u}{\partial x}$ 存在。同样,有 $\frac{\partial u}{\partial y}$ 和 $\frac{\partial u}{\partial z}$ 的定义。

例 7-14 求 $u = \sin(2x - y + e^z)$ 的偏导数。

解 把 y、z 看作常量,则

$$\frac{\partial u}{\partial x} = \cos(2x - y + e^z) \cdot 2 = 2\cos(2x - y + e^z)$$

把 x、z 看作常量,则

$$\frac{\partial u}{\partial y} = -\cos(2x - y + e^z)$$

把 x、y 看作常量,则

$$\frac{\partial u}{\partial z} = e^z\cos(2x - y + e^z)$$

二元函数的偏导数有下述几何意义:

函数 $z = f(x,y)$ 在点 (x_0,y_0) 处关于 x 的偏导数 $f'_x(x_0,y_0)$,是函数 $z = f(x,y)$ 固定 $y = y_0$ 时的一元函数 $z = f(x,y_0)$ 在 x_0 处的导数。这在几何上就是曲面 $z = f(x,y)$ 与平面 $y = y_0$ 的交线,即曲线

$$\begin{cases} z = f(x,y) \\ y = y_0 \end{cases}$$

在 $x = x_0$ 处的切线关于 x 轴的斜率

$$f'_x(x_0,y_0) = \tan\alpha$$

其中 α 为切线与 x 轴正向间的夹角(图 7-3)。

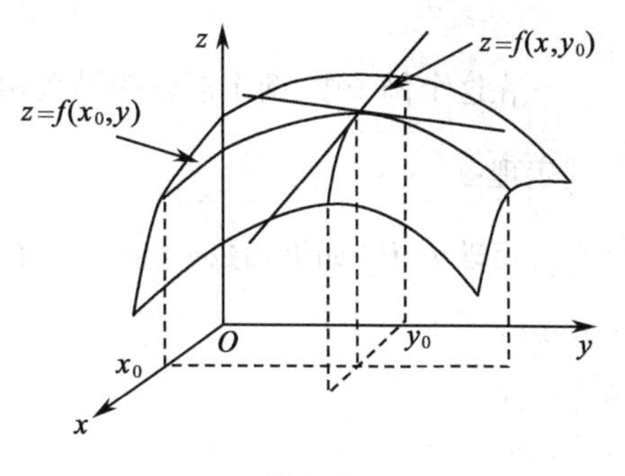

图 7-3

同理,$f'_y(x_0,y_0)$ 的几何意义就是曲面 $z = f(x,y)$ 与平面 $x = x_0$ 的交线,即曲线

$$\begin{cases} z = f(x,y) \\ x = x_0 \end{cases}$$

在 $y = y_0$ 处的切线关于 y 轴的斜率。

如果一元函数在某点可导,则它在该点必定连续。但对二元函数,即使在某点两个偏导数都存在,也不能保证它在该点连续。例如函数

$$f(x,y) = \begin{cases} \frac{xy}{x^2 + y^2} & x^2 + y^2 \neq 0 \\ 0 & x^2 + y^2 = 0 \end{cases}$$

在点 $(0,0)$ 处的两个偏导数

$$f'_x(0,0) = \lim_{\Delta x \to 0} \frac{f(0 + \Delta x,0) - f(0,0)}{\Delta x} = \lim_{\Delta x \to 0} \frac{\frac{0}{(\Delta x)^2 + 0} - 0}{\Delta x} = \lim_{\Delta x \to 0} \frac{0}{\Delta x} = 0$$

$$f'_y(0,0) = \lim_{\Delta y \to 0} \frac{f(0,0 + \Delta y) - f(0,0)}{\Delta y} = \lim_{\Delta y \to 0} \frac{\frac{0}{0 + (\Delta y)^2} - 0}{\Delta y} = \lim_{\Delta y \to 0} \frac{0}{\Delta y} = 0$$

都存在,但由第一节中例 7-8 知此函数在 $(0,0)$ 点不连续。

二、高阶偏导数

设函数 $z = f(x,y)$ 在区域 D 内具有偏导数

$$\frac{\partial z}{\partial x} = f'_x(x,y), \frac{\partial z}{\partial y} = f'_y(x,y)$$

这两个偏导数在 D 内都是 x,y 的二元函数。如果这两个函数的偏导数也存在,则称这两个函数的偏导数为函数 $z=f(x,y)$ 的二阶偏导数。依照对变量求导次序的不同,有下列四个二阶偏导数:

$$\frac{\partial}{\partial x}\left(\frac{\partial z}{\partial x}\right)=\frac{\partial^2 z}{\partial x^2}=f''_{xx}(x,y),\frac{\partial}{\partial y}\left(\frac{\partial z}{\partial x}\right)=\frac{\partial^2 z}{\partial x\partial y}=f''_{xy}(x,y)$$

$$\frac{\partial}{\partial x}\left(\frac{\partial z}{\partial y}\right)=\frac{\partial^2 z}{\partial y\partial x}=f''_{yx}(x,y),\frac{\partial}{\partial y}\left(\frac{\partial z}{\partial y}\right)=\frac{\partial^2 z}{\partial y^2}=f''_{yy}(x,y)$$

其中 $\frac{\partial^2 z}{\partial x\partial y}$ 和 $\frac{\partial^2 z}{\partial y\partial x}$ 称为二阶混合偏导数。如果二阶偏导数也具有偏导数,则称为原来函数的三阶偏导数。一般地,函数 $z=f(x,y)$ 的 $n-1$ 阶偏导数的偏导数称为函数 $z=f(x,y)$ 的 n 阶偏导数。二阶及二阶以上的偏导数统称为高阶偏导数(higher partial derivative)。

例 7-15 设 $z=x^2e^y+x^3y^2-xy+2$,求 $\frac{\partial^2 z}{\partial x^2}$、$\frac{\partial^2 z}{\partial x\partial y}$、$\frac{\partial^2 z}{\partial y\partial x}$、$\frac{\partial^2 z}{\partial y^2}$ 和 $\frac{\partial^3 z}{\partial x^3}$。

解 $\frac{\partial z}{\partial x}=2xe^y+3x^2y^2-y$　　$\frac{\partial z}{\partial y}=x^2e^y+2x^3y-x$

$\frac{\partial^2 z}{\partial x^2}=2e^y+6xy^2$　　$\frac{\partial^2 z}{\partial x\partial y}=2xe^y+6x^2y-1$

$\frac{\partial^2 z}{\partial y\partial x}=2xe^y+6x^2y-1$　　$\frac{\partial^2 z}{\partial y^2}=x^2e^y+2x^3$

$\frac{\partial^3 z}{\partial x^3}=6y^2$

在这个例子中,两个混合偏导数相等,即 $\frac{\partial^2 z}{\partial x\partial y}=\frac{\partial^2 z}{\partial y\partial x}$。这不是偶然的。事实上,我们有下述定理:

定理 7-1 如果函数 $z=f(x,y)$ 的两个二阶混合偏导数 $\frac{\partial^2 z}{\partial x\partial y}$ 和 $\frac{\partial^2 z}{\partial y\partial x}$ 在区域 D 内连续,则在 D 内有

$$\frac{\partial^2 z}{\partial x\partial y}=\frac{\partial^2 z}{\partial y\partial x}$$

这个定理说明,只要两个混合偏导数连续,那么,它们与求导次序无关。此定理的证明从略。

例 7-16 验证函数 $z=\ln\frac{1}{\sqrt{x^2+y^2}}$ 满足方程

$$\frac{\partial^2 z}{\partial x^2}+\frac{\partial^2 z}{\partial y^2}=0$$

证 由 $z=\ln\frac{1}{\sqrt{x^2+y^2}}=-\frac{1}{2}\ln(x^2+y^2)$,得

$$\frac{\partial z}{\partial x}=-\frac{1}{2}\frac{1}{x^2+y^2}\cdot 2x=-\frac{x}{x^2+y^2},\quad \frac{\partial z}{\partial y}=-\frac{y}{x^2+y^2}$$

$$\frac{\partial^2 z}{\partial x^2}=-\frac{(x^2+y^2)-x(2x)}{(x^2+y^2)^2}=\frac{x^2-y^2}{(x^2+y^2)^2}$$

$$\frac{\partial^2 z}{\partial y^2}=-\frac{(x^2+y^2)-y(2y)}{(x^2+y^2)^2}=\frac{y^2-x^2}{(x^2+y^2)^2}$$

故有

$$\frac{\partial^2 z}{\partial x^2}+\frac{\partial^2 z}{\partial y^2}=0$$

第三节　全　微　分

一、全增量与全微分

前面我们曾经讨论了一元函数的增量与微分的关系,即如果一元函数 $y = f(x)$ 在点 x 处可导,则当自变量有增量 Δx 时,函数的增量

$$\Delta y = f(x + \Delta x) - f(x) = f'(x)\Delta x + o(\Delta x)$$

我们称其中的 $f'(x)\Delta x$ 为函数的微分 $\mathrm{d}y$,即 $\mathrm{d}y = f'(x)\Delta x$。当 $|\Delta x|$ 很小时,$\Delta y \approx \mathrm{d}y$。

二元函数对某个自变量的偏导数表示另一个自变量固定时,因变量相对于该自变量的变化率。根据一元函数中增量与微分的关系,显然有

$$f(x + \Delta x, y) - f(x, y) \approx f'_x(x, y)\Delta x$$

$$f(x, y + \Delta y) - f(x, y) \approx f'_y(x, y)\Delta y$$

上面两式的左端分别叫作二元函数对 x 和对 y 的偏增量(partial increment),而右端分别叫作二元函数对 x 和对 y 的偏微分(partial differential)。

对于二元函数 $z = f(x,y)$,如果自变量 x 和 y 都有增量,分别为 Δx 和 Δy 时,对应的函数的增量

$$\Delta z = f(x + \Delta x, y + \Delta y) - f(x, y)$$

叫作函数 $z = f(x,y)$ 的全增量(total increment)。

通常求全增量是比较困难的,与一元函数的情形一样,我们希望用自变量的增量 Δx、Δy 的线性函数来近似代替函数的全增量 Δz,为此引入如下定义:

定义 7-6　如果函数 $z = f(x,y)$ 在点 (x,y) 的某邻域内有定义,当自变量 x 和 y 都有增量,分别为 Δx 和 Δy 时,相应的全增量

$$\Delta z = f(x + \Delta x, y + \Delta y) - f(x, y)$$

可表示为

$$\Delta z = A\Delta x + B\Delta y + o(\rho) \tag{7-5}$$

其中 A、B 与 Δx、Δy 无关,而仅与 x、y 有关,$o(\rho)$ 是当 $\rho \to 0$ 时比 ρ 高阶的无穷小($\rho = \sqrt{(\Delta x)^2 + (\Delta y)^2}$),则称函数 $z = f(x,y)$ 在点 (x,y) 处可微,而 $A\Delta x + B\Delta y$ 称为函数 $z = f(x,y)$ 在点 (x,y) 处的全微分(total differential),记作 $\mathrm{d}z$,即

$$\mathrm{d}z = A\Delta x + B\Delta y$$

与一元函数类似,全微分是 Δx、Δy 的线性函数,它与 Δz 只相差一个比 ρ 高阶的无穷小,所以也称 $\mathrm{d}z$ 是 Δz 的线性主部。当 $|\Delta x|$, $|\Delta y|$ 很小时,可用全微分 $\mathrm{d}z$ 作为函数全增量 Δz 的近似值。

下面讨论函数 $z = f(x,y)$ 在点 (x,y) 处可微分的条件。

定理 7-2(必要条件)　如果函数 $z = f(x,y)$ 在点 (x,y) 处可微分,则 $z = f(x,y)$ 在点 (x,y) 处的偏导数 $\frac{\partial z}{\partial x}$、$\frac{\partial z}{\partial y}$ 必定存在,且函数 $z = f(x,y)$ 在点 (x,y) 的全微分为

$$\mathrm{d}z = \frac{\partial z}{\partial x}\Delta x + \frac{\partial z}{\partial y}\Delta y$$

证　因为函数 $z = f(x,y)$ 在点 (x,y) 处可微分,按照可微的定义,

$$\Delta z = A\Delta x + B\Delta y + o(\rho)$$

对任何 Δx、Δy 都成立,因此,固定 y,即当 $\Delta y = 0$ 时,$\rho = \sqrt{(\Delta x)^2} = |\Delta x|$,则(7-5)式成为

$$\Delta z = f(x + \Delta x, y) - f(x, y) = A\Delta x + o(|\Delta x|)$$

两边除以 Δx,再取极限,则偏导数

$$\frac{\partial z}{\partial x}=\lim_{\Delta x\to 0}\frac{f(x+\Delta x,y)-f(x,y)}{\Delta x}=\lim_{\Delta x\to 0}\frac{A\Delta x+o(|\Delta x|)}{\Delta x}=A$$

即 $\frac{\partial z}{\partial x}$ 存在，且 $\frac{\partial z}{\partial x}=A$。

同理可证：$\frac{\partial z}{\partial y}$ 存在，且 $\frac{\partial z}{\partial y}=B$。即

$$dz=\frac{\partial z}{\partial x}\Delta x+\frac{\partial z}{\partial y}\Delta y$$

与一元函数类似，把自变量的增量叫作自变量的微分，即 $\Delta x=dx,\Delta y=dy$，所以全微分又可写成

$$dz=\frac{\partial z}{\partial x}dx+\frac{\partial z}{\partial y}dy$$

通常我们把二元函数的全微分等于它的两个偏微分之和这件事，称为二元函数的微分符合叠加原理。

叠加原理也适用于二元以上的函数。例如，如果三元函数 $u=f(x,y,z)$ 可微分，那么，它的全微分等于它的三个偏微分之和，即

$$du=\frac{\partial u}{\partial x}dx+\frac{\partial u}{\partial y}dy+\frac{\partial u}{\partial z}dz$$

在一元函数中，可导与可微是等价的，但对二元函数来说，偏导数存在，函数不一定可微。但是如果再假定函数的各个偏导数连续，则可以证明函数是可微的，即有下面定理：

定理 7-3（充分条件） 如果函数 $z=f(x,y)$ 的偏导数 $\frac{\partial z}{\partial x}$、$\frac{\partial z}{\partial y}$ 在点 (x,y) 连续，则函数在该点可微。

（证明从略。）

如果函数 $z=f(x,y)$ 在点 (x,y) 可微，则它在该点必连续。

这是因为，如果 $z=f(x,y)$ 可微，于是

$$\Delta z=A\Delta x+B\Delta y+o(\rho)$$

当 $\Delta x\to 0,\Delta y\to 0$ 时，有 $\rho=\sqrt{(\Delta x)^2+(\Delta y)^2}\to 0$。从而

$$\lim_{\substack{\Delta x\to 0\\ \Delta y\to 0}}\Delta z=0$$

所以函数 $z=f(x,y)$ 在点 (x,y) 连续。

以上关于二元函数的全微分定义及可微分的必要条件和充分条件，完全可以推广到多元函数。

例 7-17 求函数 $z=e^{2x+y^2}$ 的全微分。

解 因为
$$\frac{\partial z}{\partial x}=2e^{2x+y^2},\frac{\partial z}{\partial y}=2ye^{2x+y^2}$$

所以
$$dz=\frac{\partial z}{\partial x}\Delta x+\frac{\partial z}{\partial y}\Delta y=2e^{2x+y^2}dx+2ye^{2x+y^2}dy$$

例 7-18 求函数 $z=x^y$ 在点 $(2,3)$ 处当 $\Delta x=0.1,\Delta y=0.2$ 的全微分及全增量。

解 $\frac{\partial z}{\partial x}=yx^{y-1},\frac{\partial z}{\partial y}=x^y\ln x;\left.\frac{\partial z}{\partial x}\right|_{\substack{x=2\\y=3}}=12,\left.\frac{\partial z}{\partial y}\right|_{\substack{x=2\\y=3}}=8\ln 2$。

所以在点 $(2,3)$ 处，当 $\Delta x=0.1,\Delta y=0.2$ 时，有

$$dz=\frac{\partial z}{\partial x}\Delta x+\frac{\partial z}{\partial y}\Delta y=12\times 0.1+8\ln 2\times 0.2=1.2+1.6\ln 2\approx 2.309$$

$$\Delta z=f(x+\Delta x,y+\Delta y)-f(x,y)=(2+0.1)^{3+0.2}-2^3=(2.1)^{3.2}-2^3$$
$$\approx 10.7424-8=2.7424$$

笔记

例 7-19　求函数 $u = x + \sin\frac{y}{2} + y^2z^3$ 的全微分。

解　因为 $\frac{\partial u}{\partial x} = 1, \frac{\partial u}{\partial y} = \frac{1}{2}\cos\frac{y}{2} + 2yz^3, \frac{\partial u}{\partial z} = 3y^2z^2$,

所以
$$du = dx + (\frac{1}{2}\cos\frac{y}{2} + 2yz^3)dy + 3y^2z^2dz$$

二、全微分在近似计算中的应用

设函数 $z = f(x,y)$ 在点 (x_0,y_0) 处可微，当自变量 x、y 在该点处的增量的绝对值 $|\Delta x|$、$|\Delta y|$ 都很小时，由全微分定义，有近似计算公式：
$$\Delta z \approx dz = f'_x(x_0,y_0)\Delta x + f'_y(x_0,y_0)\Delta y$$
或
$$f(x_0 + \Delta x, y_0 + \Delta y) \approx f(x_0,y_0) + f'_x(x_0,y_0)\Delta x + f'_y(x_0,y_0)\Delta y$$

例 7-20　有一无盖金属圆桶，圆桶的内径为 6 分米，内高为 8 分米，桶底与桶壁的厚度均为 0.125 分米，试求制桶所需材料的近似值。

解　设圆桶的内半径为 r，内高为 h，则体积
$$V = \pi r^2 h$$
于是制桶所需材料的体积即可视作当 r 与 h 皆有增量 $\Delta r = \Delta h = 0.125$ 时，V 的增量：
$$\Delta V \approx dV = \frac{\partial V}{\partial r}\Delta r + \frac{\partial V}{\partial h}\Delta h = 2\pi rh\Delta r + \pi r^2\Delta h$$
代入 $r = 3, h = 8, \Delta r = \Delta h = 0.125$ 得到
$$\Delta V \approx 2 \times 3 \times 8 \times 0.125\pi + 3^2 \times 0.125\pi$$
$$\approx 22.4\ (\text{立方分米})$$

例 7-21　计算 $(1.04)^{2.02}$ 的近似值。

解　把 $(1.04)^{2.02}$ 看作函数 $f(x,y) = x^y$，当 $x_0 + \Delta x = 1 + 0.04, y_0 + \Delta y = 2 + 0.02$ 时的函数值，由于 $f'_x(x,y) = yx^{y-1}, f'_y(x,y) = x^y\ln x; f'_x(1,2) = 2, f'_y(1,2) = 0$,

所以由公式：$f(x_0 + \Delta x, y_0 + \Delta y) \approx f(x_0,y_0) + f'_x(x_0,y_0)\Delta x + f'_y(x_0,y_0)\Delta y$
得
$$(1.04)^{2.02} \approx f(1,2) + f'_x(1,2)\Delta x + f'_y(1,2)\Delta y = 1^2 + 2 \times 0.04 + 0 \times 0.02 = 1.08$$

第四节　多元复合函数与隐函数的偏导数

一、多元复合函数的求导法则

前面我们学过对于可导的一元函数 $y = f(u), u = \varphi(x)$，则它们的复合函数 $y = f[\varphi(x)]$ 也可导，且 $\frac{dy}{dx} = \frac{dy}{du}\cdot\frac{du}{dx}$。我们知道，多元函数偏导数的计算可化为一元函数的求导运算，因而对于一元函数适用的求导法则，在多元复合函数的求导中仍然适用。由于多元复合函数的构成比较复杂，因此我们分两种情形分别讨论。

（一）中间变量是一元函数的情形

设函数 $z = f(x,y)$ 具有连续偏导数，而 x, y 都是变量 t 的可导函数：$x = \varphi(t), y = \psi(t)$。$z$ 通过中间变量 x, y 而成为 t 的复合函数
$$z = f[\varphi(t), \psi(t)]$$
$z = f(x,y)$ 的全微分

$$dz = \frac{\partial z}{\partial x}dx + \frac{\partial z}{\partial y}dy$$

两边同时除以 dt,就得到

$$\frac{dz}{dt} = \frac{\partial z}{\partial x}\frac{dx}{dt} + \frac{\partial z}{\partial y}\frac{dy}{dt} \tag{7-6}$$

这个复合函数 $z = [\varphi(t),\psi(t)]$ 对 t 的导数 $\frac{dz}{dt}$ 叫作 z 关于 t 的全导数(total derivative)。

(7-6)式的右端是偏导数与导数乘积的和式。它与函数的结构有密切的联系。复合函数 z 有两个中间变量 x、y,而 x 和 y 又各有一个自变量 t,用图形象地表示,如图 7-4,由函数结构图可以看到,由 z 通过 x、y 到达 t 有两条途径,而公式(7-6)右边的和式恰有两项,途径的条数与和式的项数恰相等。每条途径上的函数的偏导数和导数相乘,即 $\frac{\partial z}{\partial x}\cdot\frac{dx}{dt}$ 和 $\frac{\partial z}{\partial y}\cdot\frac{dy}{dt}$,恰好是和式中的项。所以通过函数结构图也可以直接写出公式(7-6)。

对于含有多于两个中间变量的复合函数,上述结论仍成立。例如(图 7-5),设

$$u = f(x,y,z),而\ x = \varphi(t),y = \psi(t),z = \omega(t),$$

则复合函数 $u = f[\varphi(t),\psi(t),\omega(t)]$ 的全导数

$$\frac{du}{dt} = \frac{\partial u}{\partial x}\frac{dx}{dt} + \frac{\partial u}{\partial y}\frac{dy}{dt} + \frac{\partial u}{\partial z}\frac{dz}{dt} \tag{7-7}$$

图 7-4　　　　图 7-5

(二)中间变量是多元函数的情形

设函数 $z = f(x,y)$ 具有连续偏导数,而 $x = \varphi(s,t)$,$y = \psi(s,t)$ 都具有对 s、t 的偏导数,z 通过中间变量 x、y 而成为 s、t 的二元函数(图 7-6)

$$z = f[\varphi(s,t),\psi(s,t)]$$

这种情形与(7-6)式不同之处只在于中间变量都是 s、t 的二元函数。由于求二元函数的偏导数时,总是固定一个变量,而对另一个变量求导数。因此与(7-6)式类似,有

$$\frac{\partial z}{\partial s} = \frac{\partial z}{\partial x}\frac{\partial x}{\partial s} + \frac{\partial z}{\partial y}\frac{\partial y}{\partial s};\ \frac{\partial z}{\partial t} = \frac{\partial z}{\partial x}\frac{\partial x}{\partial t} + \frac{\partial z}{\partial y}\frac{\partial y}{\partial t} \tag{7-8}$$

例 7-22　设 $z = e^{xy}$,而 $x = \sin t$,$y = t^2\cos t$,求全导数 $\frac{dz}{dt}$。

解　此函数复合结构如图 7-4,由公式(7-6),得

$$\begin{aligned}\frac{dz}{dt} &= \frac{\partial z}{\partial x}\frac{dx}{dt} + \frac{\partial z}{\partial y}\frac{dy}{dt} = ye^{xy}\cos t + xe^{xy}(2t\cos t - t^2\sin t)\\ &= t^2\cos^2 t e^{t^2\sin t\cos t} + (2t\sin t\cos t - t^2\sin^2 t)e^{t^2\sin t\cos t}\\ &= (t^2\cos 2t + t\sin 2t)e^{\frac{1}{2}t^2\sin 2t}\end{aligned}$$

例 7-23　设 $z = f(x,y)$,而 $x = st$,$y = \frac{t}{s}$,求 $\frac{\partial z}{\partial s}$,$\frac{\partial z}{\partial t}$。

解　此函数复合结构如图 7-6,由(7-8)式,得

$$\frac{\partial z}{\partial s} = \frac{\partial z}{\partial x}\frac{\partial x}{\partial s} + \frac{\partial z}{\partial y}\frac{\partial y}{\partial s} = \frac{\partial z}{\partial x}t + \frac{\partial z}{\partial y}\left(-\frac{t}{s^2}\right) = t\frac{\partial z}{\partial x} - \frac{t}{s^2}\frac{\partial z}{\partial y}$$

$$\frac{\partial z}{\partial t} = \frac{\partial z}{\partial x}\frac{\partial x}{\partial t} + \frac{\partial z}{\partial y}\frac{\partial y}{\partial t} = s\frac{\partial z}{\partial x} + \frac{1}{s}\frac{\partial z}{\partial y}$$

例 7-24　设 $w=f(x+y+z,xyz)$，求 $\frac{\partial w}{\partial x}$。

解　记 $u=x+y+z, v=xyz$，则 $w=f(u,v)$。

此函数复合结构如图 7-7，于是

$$\frac{\partial w}{\partial x}=\frac{\partial w}{\partial u}\frac{\partial u}{\partial x}+\frac{\partial w}{\partial v}\frac{\partial v}{\partial x}=\frac{\partial w}{\partial u}+yz\frac{\partial w}{\partial v}$$

如果记　$\frac{\partial w}{\partial u}=f_1$，即用 f_1 表示函数 f 关于第一个中间变量的偏导数；

$\frac{\partial w}{\partial v}=f_2$，即用 f_2 表示函数 f 关于第二个中间变量的偏导数。

则

$$\frac{\partial w}{\partial x}=f_1+yzf_2$$

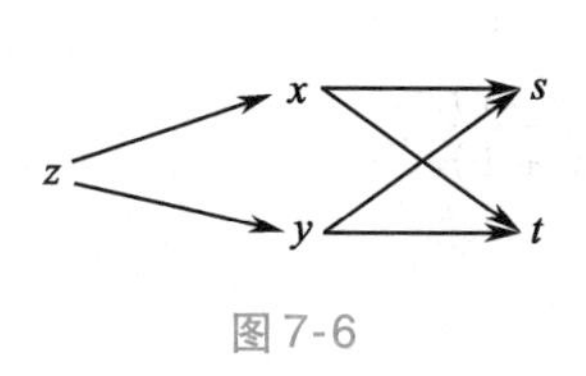

图 7-6

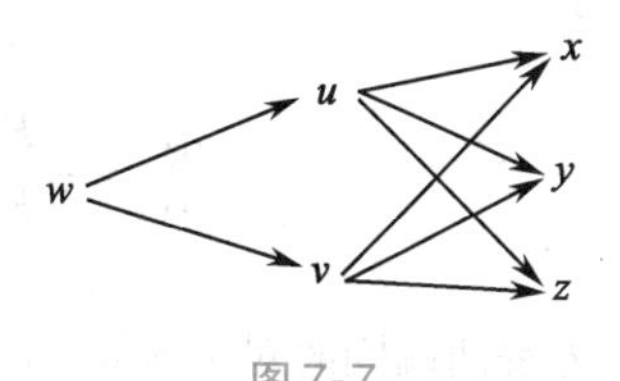

图 7-7

二、隐函数的偏导数

在讨论一元函数的微分法时，我们给出了隐函数的定义及其求导方法。下面我们再通过多元函数求偏导的方法，给出隐函数的求导公式。

设函数 $F(x,y)$ 有连续的偏导数，且 $\frac{\partial F}{\partial y}\neq 0$，则由方程 $F(x,y)=0$ 所确定的可导函数 $y=f(x)$ 的导数为

$$\frac{\mathrm{d}y}{\mathrm{d}x}=-\frac{\frac{\partial F}{\partial x}}{\frac{\partial F}{\partial y}} \tag{7-9}$$

事实上，把由方程 $F(x,y)=0$ 所确定的函数 $y=f(x)$ 代回原方程，得恒等式

$$F[x,f(x)]\equiv 0$$

上式左端可看作是 x 的复合函数，恒等式两端同时对 x 求全导数仍为恒等式，即得：

$$\frac{\partial F}{\partial x}+\frac{\partial F}{\partial y}\frac{\mathrm{d}y}{\mathrm{d}x}=0$$

于是解得

$$\frac{\mathrm{d}y}{\mathrm{d}x}=-\frac{\frac{\partial F}{\partial x}}{\frac{\partial F}{\partial y}}$$

对三元方程 $F(x,y,z)=0$ 所确定的隐函数 $z=f(x,y)$，采用同样方法可推导出

$$\frac{\partial z}{\partial x}=-\frac{F'_x}{F'_z};\frac{\partial z}{\partial y}=-\frac{F'_y}{F'_z} \tag{7-10}$$

因为把函数 $z=f(x,y)$ 代入方程 $F(x,y,z)=0$，得恒等式

$$F[x,y,f(x,y)]\equiv 0$$

两边对 x 求偏导，得

$$F'_x + F'_z \frac{\partial z}{\partial x} = 0$$

解得：

$$\frac{\partial z}{\partial x} = -\frac{F'_x}{F'_z}$$

同理，有

$$\frac{\partial z}{\partial y} = -\frac{F'_y}{F'_z}$$

例 7-25　设由方程 $xy + \ln y - \ln x = 0$ 确定了隐函数 $y = f(x)$，试求 $\frac{dy}{dx}$。

解　令 $F(x,y) = xy + \ln y - \ln x$，则

$$F'_x = y - \frac{1}{x}, F'_y = x + \frac{1}{y}$$

由(7-9)式得

$$\frac{dy}{dx} = -\frac{F'_x}{F'_y} = -\frac{y - \frac{1}{x}}{x + \frac{1}{y}} = \frac{y(1 - xy)}{x(xy + 1)}$$

另解　方程两端同时对 x 求导（ y 是 x 的函数），得

$$1 \cdot y + x \cdot y' + \frac{1}{y} \cdot y' - \frac{1}{x} = 0$$

整理，有

$$\frac{dy}{dx} = \frac{y(1 - xy)}{x(xy + 1)}$$

例 7-26　设由方程 $e^{-xy} - 2z + e^z = 0$ 所确定的隐函数 $z = f(x,y)$，试求 $\frac{\partial z}{\partial x}$、$\frac{\partial z}{\partial y}$。

解　令 $F(x,y,z) = e^{-xy} - 2z + e^z$，则

$$F'_x = -ye^{-xy}, F'_y = -xe^{-xy}, F'_z = -2 + e^z$$

由(7-10)式得

$$\frac{\partial z}{\partial x} = -\frac{F'_x}{F'_z} = \frac{ye^{-xy}}{e^z - 2}; \frac{\partial z}{\partial y} = -\frac{F'_y}{F'_z} = \frac{xe^{-xy}}{e^z - 2}$$

* 第五节　方向导数与梯度

一、方向导数

函数 $z = f(x,y)$ 的偏导数 $\frac{\partial z}{\partial x}$ 和 $\frac{\partial z}{\partial y}$ 分别表示函数 $z = f(x,y)$ 在点 $P(x,y)$ 沿平行于 x 轴和 y 轴方向的变化率。下面讨论函数 $z = f(x,y)$ 在给定点沿任意给定方向的变化率。

设函数 $z = f(x,y)$ 在点 $P(x,y)$ 的邻域内有定义。自点 P 引一射线 l，它与 x 轴正向间的夹角为 α（图 7-8）。当点 $P(x,y)$ 沿 l 移动到 $P_1(x + \Delta x, y + \Delta y)$ 时，考虑函数增量

$$\Delta z = f(x + \Delta x, y + \Delta y) - f(x,y)$$

与点 P、P_1 间的距离 $\rho = \sqrt{(\Delta x)^2 + (\Delta y)^2}$ 的比值

$$\frac{\Delta z}{\rho} = \frac{f(x + \Delta x, y + \Delta y) - f(x,y)}{\rho}$$

笔记

定义 7-7　当点 P_1 沿射线 l 趋向点 P 时，如果极限

$$\lim_{\rho\to 0}\frac{\Delta z}{\rho}=\lim_{\rho\to 0}\frac{f(x+\Delta x,y+\Delta y)-f(x,y)}{\rho}$$

存在,则称该极限为函数 $z=f(x,y)$ 在点 $P(x,y)$ 处沿射线 l 的方向导数(directional derivative),记为

$$\frac{\partial z}{\partial l}\quad 或\quad \frac{\partial f}{\partial l}$$

显然,当 $\alpha=0$ 和 $\alpha=\frac{\pi}{2}$ 时,方向导数 $\frac{\partial z}{\partial l}$ 就是 $\frac{\partial z}{\partial x}$ 和 $\frac{\partial z}{\partial y}$。

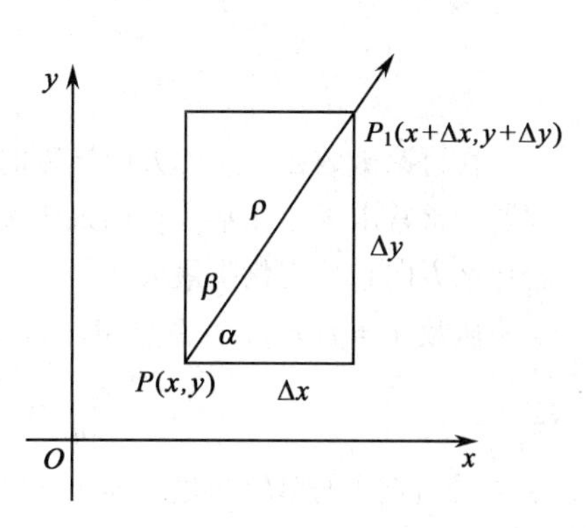

图 7-8

定理 7-4　设函数 $z=f(x,y)$ 在点 $P(x,y)$ 可微,则函数在该点沿任一方向 l 的方向导数都存在,且

$$\frac{\partial z}{\partial l}=\frac{\partial z}{\partial x}\cos\alpha+\frac{\partial z}{\partial y}\sin\alpha$$

其中 α 为方向 l 与 x 轴正向的夹角。

证　因为 $z=f(x,y)$ 在点 $P(x,y)$ 可微,于是

$$\Delta z=\frac{\partial z}{\partial x}\Delta x+\frac{\partial z}{\partial y}\Delta y+o(\rho)$$

两边除以 ρ,得

$$\frac{\Delta z}{\rho}=\frac{\partial z}{\partial x}\frac{\Delta x}{\rho}+\frac{\partial z}{\partial y}\frac{\Delta y}{\rho}+\frac{o(\rho)}{\rho}$$

$$=\frac{\partial z}{\partial x}\cos\alpha+\frac{\partial z}{\partial y}\sin\alpha+\frac{o(\rho)}{\rho}$$

令 $\rho\to 0$,取极限

$$\lim_{\rho\to 0}\frac{\Delta z}{\rho}=\frac{\partial z}{\partial x}\cos\alpha+\frac{\partial z}{\partial y}\sin\alpha+\lim_{\rho\to 0}\frac{o(\rho)}{\rho}$$

即

$$\frac{\partial z}{\partial l}=\frac{\partial z}{\partial x}\cos\alpha+\frac{\partial z}{\partial y}\sin\alpha$$

同理,三元可微函数 $u=f(x,y,z)$ 在点 $P(x,y,z)$ 沿方向 l 的方向导数为

$$\frac{\partial u}{\partial l}=\frac{\partial u}{\partial x}\cos\alpha+\frac{\partial u}{\partial y}\cos\beta+\frac{\partial u}{\partial z}\cos\gamma \tag{7-11}$$

式中 $\cos\alpha,\cos\beta,\cos\gamma$ 是 l 的方向余弦。

例 7-27　求函数 $u=f(x,y,z)=\sqrt{x^2+y^2+z^2}$ 在点(1,2,2)沿方向 $l=2\vec{i}-\vec{j}+2\vec{k}$ 的方向导数。

解

$$f'_x(x,y,z)=\frac{x}{\sqrt{x^2+y^2+z^2}},\qquad f'_x(1,2,2)=\frac{1}{3};$$

$$f'_y(x,y,z)=\frac{y}{\sqrt{x^2+y^2+z^2}},\qquad f'_y(1,2,2)=\frac{2}{3}$$

$$f'_z(x,y,z)=\frac{z}{\sqrt{x^2+y^2+z^2}},\qquad f'_z(1,2,2)=\frac{2}{3}$$

而 $\cos\alpha=\frac{2}{\sqrt{2^2+(-1)^2+2^2}}=\frac{2}{3}$,$\cos\beta=-\frac{1}{3}$,$\cos\gamma=\frac{2}{3}$,根据(7-11)式,得

$$\frac{\partial u}{\partial l}=\frac{1}{3}\cdot\frac{2}{3}-\frac{2}{3}\cdot\frac{1}{3}+\frac{2}{3}\cdot\frac{2}{3}=\frac{4}{9}$$

二、梯 度

在讨论函数在一点的方向导数时知道，由于 l 的方向不同，相应的函数变化率也不同。实际问题中常常求函数在某一点的最大变化率——最大方向导数。下面讨论一个函数在某一点沿着什么方向它的变化率最大。

函数 $u = f(x,y,z)$ 在点 $M(x,y,z)$ 沿着方向 l 的方向导数为

$$\frac{\partial u}{\partial l} = \frac{\partial u}{\partial x}\cos\alpha + \frac{\partial u}{\partial y}\cos\beta + \frac{\partial u}{\partial z}\cos\gamma$$

令 l^0 为方向 l 的单位向量。即

$$l^0 = \cos\alpha\vec{i} + \cos\beta\vec{j} + \cos\gamma\vec{k}$$

于是方向导数可写成两向量的点积形式

$$\frac{\partial u}{\partial l} = \left\{\frac{\partial u}{\partial x},\frac{\partial u}{\partial y},\frac{\partial u}{\partial z}\right\}\cdot\{\cos\alpha,\cos\beta,\cos\gamma\}$$

其中向量 $\vec{G} = \frac{\partial u}{\partial x}\vec{i} + \frac{\partial u}{\partial y}\vec{j} + \frac{\partial u}{\partial z}\vec{k}$。这样

$$\frac{\partial u}{\partial l} = \vec{G}\cdot l^0 = |\vec{G}|\cos\theta$$

其中 θ 为向量 l_0 与 $\vec{G}$ 的夹角。

当 $\cos\theta = 1$ 时，$\frac{\partial u}{\partial l}$ 有最大值。即当 l_0 与 $\vec{G}$ 的方向一致时，$\frac{\partial u}{\partial l} = |\vec{G}|$ 为最大值。也就是说，在点 $M(x,y,z)$ 沿向量 $\vec{G}$ 的方向，函数的方向导数最大，它的值为 $|\vec{G}|$。我们称向量 $\vec{G}$ 为函数 $u = f(x,y,z)$ 在点 $M(x,y,z)$ 的梯度(gradient)，记为 $\mathrm{grad}u$ 或 $\mathrm{grad}f(x,y,z)$。即

$$\mathrm{grad}\ u = \frac{\partial u}{\partial x}\vec{i} + \frac{\partial u}{\partial y}\vec{j} + \frac{\partial u}{\partial z}\vec{k}$$

而梯度的模

$$|\mathrm{grad}\ u| = \sqrt{\left(\frac{\partial u}{\partial x}\right)^2 + \left(\frac{\partial u}{\partial y}\right)^2 + \left(\frac{\partial u}{\partial z}\right)^2}$$

为最大方向导数。

例 7-28 求 $f(x,y,z) = x^2 + y^2 + z^2$ 在点 $(1,-1,2)$ 的梯度及最大方向导数。

解 因为 $f'_x = 2x, f'_y = 2y, f'_z = 2z$，所以 $f'_x(1,-1,2) = 2, f'_y(1,-1,2) = -2, f'_z(1,-1,2) = 4$。由梯度公式得

$$\mathrm{grad}f(1,-1,2) = 2\vec{i} - 2\vec{j} + 4\vec{k}$$

而最大方向导数为

$$|\mathrm{grad}f(1,-1,2)| = \sqrt{2^2 + (-2)^2 + 4^2} = \sqrt{24} = 2\sqrt{6}$$

即沿着 $\mathrm{grad}\,f(1,-1,2) = 2\vec{i} - 2\vec{j} + 4\vec{k}$ 的方向导数最大，其值为 $2\sqrt{6}$。

*第六节 多元函数微分法在几何上的应用

一、空间曲线的切线与法平面

已知空间曲线 Γ 的参数方程为

$$\begin{cases} x = x(t) \\ y = y(t) \\ z = z(t) \end{cases}$$

笔记

设 $P(x_0,y_0,z_0)$ 是空间曲线 Γ 上与参数 $t=t_0$ 相对应的点。当参数 t 有增量 Δt 时,曲线 Γ 上的对应点为 $Q(x_0+\Delta x,y_0+\Delta y,z_0+\Delta z)$,则割线 PQ 的方程为

$$\frac{x-x_0}{\Delta x}=\frac{y-y_0}{\Delta y}=\frac{z-z_0}{\Delta z}$$

当 Q 沿曲线 Γ 趋于点 P 时,割线 PQ 的极限位置 PT 就是曲线 Γ 在点 P 处的切线。用 Δt 去除上式中各项的分母,得

$$\frac{x-x_0}{\frac{\Delta x}{\Delta t}}=\frac{y-y_0}{\frac{\Delta y}{\Delta t}}=\frac{z-z_0}{\frac{\Delta z}{\Delta t}}$$

当 Q 趋于 P 时,$\Delta t\to 0$。上式的极限

$$\frac{x-x_0}{x'(t_0)}=\frac{y-y_0}{y'(t_0)}=\frac{z-z_0}{z'(t_0)}$$

就是曲线 Γ 在点 P 处的切线 PT 的方程,其中 $x'(t_0),y'(t_0),z'(t_0)$ 不能同时为零。

切线的方向向量称为曲线的切向量。因此,空间曲线 Γ 在点 P 处的一个切向量为:

$$\vec{T}=\{x'(t_0),y'(t_0),z'(t_0)\}$$

通过点 P 而与切线垂直的平面称为空间曲线 Γ 在点 P 处的法平面。因此,空间曲线 Γ 在点 P 处的切向量,就是它在该点的法平面的法线向量。于是,曲线 Γ 在点 P 的法平面的方程为:

$$x'(t_0)(x-x_0)+y'(t_0)(y-y_0)+z'(t_0)(z-z_0)=0$$

例 7-29　求曲线 $x=t,y=t^2,z=t^3$ 在点(1,1,1)处的切线方程和法平面方程。

解　因为 $x'_t=1,y'_t=2t,z'_t=3t^2$ 且易求得在点(1,1,1)处,$t=1$。故曲线在点(1,1,1)处的一个切向量为 $\vec{T}=\{1,2,3\}$。于是所求切线方程为:

$$\frac{x-1}{1}=\frac{y-1}{2}=\frac{z-1}{3}$$

所求法平面方程为:

$$(x-1)+2(y-1)+3(z-1)=0$$

即
$$x+2y+3z-6=0$$

例 7-30　求曲线 $x^2+y^2=10,y^2+z^2=10$ 在点 $P(1,3,1)$ 处的切线方程和法平面方程。

解　取 x 为参数,则曲线在点 P 处的切向量为 $\vec{T}=\{1,y'_x,z'_x\}$。

将曲线方程对 x 求导,得

$$2x+2yy'_x=0,2yy'_x+2zz'_x=0$$

因此
$$y'_x=-\frac{x}{y},z'_x=\frac{x}{z}$$

于是
$$y'_x|_{(1,3,1)}=-\frac{1}{3},z'_x|_{(1,3,1)}=1$$

所以,曲线在点(1,3,1)处的切向量为 $\left\{1,-\frac{1}{3},1\right\}$,所求切线方程为

$$\frac{x-1}{1}=\frac{y-3}{-\frac{1}{3}}=\frac{z-1}{1},\text{即}\frac{x-1}{3}=\frac{y-3}{-1}=\frac{z-1}{3}$$

所求法平面方程为

$$(x-1)-\frac{1}{3}(y-3)+(z-1)=0$$

即
$$3x-y+3z-3=0$$

笔记

二、曲面的切平面与法线

已知曲面 Σ 的方程为

$$F(x,y,z)=0$$

设 $P(x_0,y_0,z_0)$ 是曲面 Σ 上一点,并设函数 $F(x,y,z)$ 在点 P 有不同时为零的连续偏导数。在曲面 Σ 上过点 P 任作一条曲线 Γ,设曲线 Γ 的参数方程为

$$\begin{cases}x=x(t)\\y=y(t)\\z=z(t)\end{cases}$$

且在点 $P(x_0,y_0,z_0)$ 处的参数 $t=t_0$。则曲线 Γ 在点 P 的切线方程为

$$\frac{x-x_0}{x'(t_0)}=\frac{y-y_0}{y'(t_0)}=\frac{z-z_0}{z'(t_0)}$$

由于曲线 Γ 在曲面 Σ 上,所以有恒等式

$$F[x(t),y(t),z(t)]\equiv 0$$

根据所给条件,$F[x(t),y(t),z(t)]$ 在 $t=t_0$ 时存在全导数,对上式两端同时求导得

$$F'_x(x_0,y_0,z_0)x'(t_0)+F'_y(x_0,y_0,z_0)y'(t_0)+F'_z(x_0,y_0,z_0)z'(t_0)=0$$

由此可得,向量 $\vec{n}=\{F'_x(x_0,y_0,z_0),F'_y(x_0,y_0,z_0),F'_z(x_0,y_0,z_0)\}$ 与曲线 Γ 在点 P 处的切向量 $\vec{T}=\{x'(t_0),y'(t_0),z'(t_0)\}$ 垂直。因此,曲面 Σ 上过点 P 的一切曲线在点 P 处的切线都与向量 $\vec{n}$ 垂直。也就是说,曲面 Σ 上过点 P 的一切曲线在点 P 处的切线都在同一个平面上。这个平面称为曲面 Σ 在点 P 的切平面(tangent plane)。它的方程为

$$F'_x(x_0,y_0,z_0)(x-x_0)+F'_y(x_0,y_0,z_0)(y-y_0)+F'_z(x_0,y_0,z_0)(z-z_0)=0$$

通过点 P 而与切平面垂直的直线称为曲面 Σ 在点 P 的法线,法线的方程为

$$\frac{x-x_0}{F'_x(x_0,y_0,z_0)}=\frac{y-y_0}{F'_y(x_0,y_0,z_0)}=\frac{z-z_0}{F'_z(x_0,y_0,z_0)}$$

曲面切平面的法线向量称为曲面的法向量。显然,曲面 Σ 在点 $P(x_0,y_0,z_0)$ 的一个法向量就是向量 $\vec{n}=\{F'_x(x_0,y_0,z_0),F'_y(x_0,y_0,z_0),F'_z(x_0,y_0,z_0)\}$。

当曲面方程为显函数 $z=f(x,y)$ 时,令 $F(x,y,z)=f(x,y)-z$,则

$$F'_x(x,y,z)=f'_x(x,y),F'_y(x,y,z)=f'_y(x,y),F'_z(x,y,z)=-1$$

因此,曲面在点 $P(x_0,y_0,z_0)$ 的切平面方程为

$$z-z_0=f'_x(x_0,y_0)(x-x_0)+f'_y(x_0,y_0)(y-y_0) \tag{7-12}$$

法线方程为

$$\frac{x-x_0}{f'_x(x_0,y_0)}=\frac{y-y_0}{f'_y(x_0,y_0)}=\frac{z-z_0}{-1}$$

如果令 $\Delta z=z-z_0,\Delta x=x-x_0=\mathrm{d}x,\Delta y=y-y_0=\mathrm{d}y$ 则由(7-11)式得:

$$\Delta z=f'_x(x_0,y_0)\mathrm{d}x+f'_y(x_0,y_0)\mathrm{d}y$$

其中 Δz 为切平面上点 P 处竖坐标的增量,而等式右端为函数 $z=f(x,y)$ 在点 (x_0,y_0) 处的全微分。因此,函数 $z=f(x,y)$ 在点 (x_0,y_0) 处的全微分的绝对值,在几何上表示,切平面上切点 $P(x_0,y_0,z_0)$ 邻近的点与曲面上横坐标和纵坐标对应相等的点之间的距离。

例 7-31 求球面 $x^2+y^2+z^2=14$ 在点(1,2,3)处的切平面与法线方程。

解 因为 $F(x,y,z)=x^2+y^2+z^2-14,F'_x=2x,F'_y=2y,F'_z=2z$,故球面在点(1,2,3)处的切平面的法向量为:$\vec{n}=\{2x,2y,2z\}|_{(1,2,3)}=\{2,4,6\}$。因此所求切平面方程为:

$$2(x-1)+4(y-2)+6(z-3)=0$$

即
$$x+2y+3z-14=0$$
而法线方程为
$$\frac{x-1}{1}=\frac{y-2}{2}=\frac{z-3}{3}$$

例 7-32　求椭圆抛物面 $z=\frac{x^2}{9}+\frac{y^2}{16}$ 在点(3,4,2)处的切平面与法线方程。

解　由 $f(x,y)=\frac{x^2}{9}+\frac{y^2}{16}$,求得
$$f'_x(3,4)=\frac{2x}{9}\Big|_{(3,4)}=\frac{2}{3},\quad f'_y(3,4)=\frac{2y}{16}\Big|_{(3,4)}=\frac{1}{2}$$
得切平面方程为
$$\frac{2}{3}(x-3)+\frac{1}{2}(y-4)=z-2$$
即
$$4x+3y-6z-12=0$$
而法线方程为
$$\frac{x-3}{\frac{2}{3}}=\frac{y-4}{\frac{1}{2}}=\frac{z-2}{-1},即\frac{x-3}{4}=\frac{y-4}{3}=\frac{z-2}{-6}$$

第七节　多元函数的极值

一、二元函数的极值

在一元函数中,我们利用导数讨论了函数的极值问题。在这里我们应用偏导数来讨论多元函数的极值问题,首先对二元函数的极值进行讨论。

定义 7-8　设函数 $z=f(x,y)$ 在点 (x_0,y_0) 的某个邻域内有定义,对于该邻域内异于 (x_0,y_0) 的点 (x,y),如果总有不等式
$$f(x,y)<f(x_0,y_0)$$
成立,则称函数 $z=f(x,y)$ 在点 (x_0,y_0) 取得极大值;如果总有不等式
$$f(x,y)>f(x_0,y_0)$$
成立,则称函数 $f(x,y)<f(x_0,y_0)$ 取得极小值。

极大值和极小值统称为极值,使函数取得极值的点称为极值点。

有些函数的极值可从函数的图形看出。例如,函数 $z=x^2+y^2+1$,它的图形为开口向上的旋转抛物面(图 7-9),显然在点(0,0)处函数取得极小值 1;函数 $z=\sqrt{R^2-x^2-y^2}$ 的图形为球心在原点,半径为 R 的上半球面,显然在(0,0)点取得极大值 R。对于大多数的二元函数,其极值并不能直接由图形分析出来。

下面给出二元函数取得极值的条件。

定理 7-5(必要条件)　如果函数 $z=f(x,y)$ 在点 (x_0,y_0) 处取得极值,且函数在该点的偏导数存在,那么必有
$$f'_x(x_0,y_0)=0,f'_y(x_0,y_0)=0$$

证　因为函数 $z=f(x,y)$ 在点 (x_0,y_0) 处取得极值,如果固定 $y=y_0$,则一元函数 $z=f(x,y_0)$ 在 $x=x_0$ 处取得极值。根据一元函数取得极值的必要条件,有
$$f'_x(x_0,y_0)=0$$
同理,有

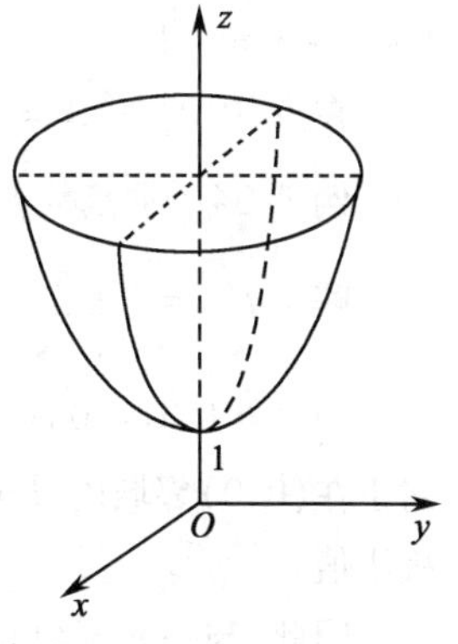

图 7-9

笔记

$$f'_y(x_0,y_0)=0$$

使得$f'_x(x,y)=0$和$f'_y(x,y)=0$同时成立的点(x,y)称为函数$z=f(x,y)$的驻点。

由定理7-5知道,偏导数存在的二元函数的极值点必定是驻点,但函数的驻点不一定是极值点。例如,函数$z=f(x,y)=xy$,它的驻点是(0,0),但由于函数$z=xy$在点(0,0)的函数值为0,而其邻近的点既可取得正值,也可取得负值,所以点(0,0)不是极值点。即驻点只是取得极值的必要条件而不是充分条件。

上述关于二元函数极值的定义及极值存在的必要条件,可以类推到二元以上的多元函数。

下面定理给出二元函数取得极值的充分条件。

定理7-6(充分条件)　设函数$z=f(x,y)$在点(x_0,y_0)的某邻域内连续,且有一阶与二阶连续偏导数,当$f'_x(x_0,y_0)=0,f'_y(x_0,y_0)=0$时,记$A=f''_{xx}(x_0,y_0),B=f''_{xy}(x_0,y_0),C=f''_{yy}(x_0,y_0)$,那么

(1) 如果$B^2-AC<0$,则函数$z=f(x,y)$在点(x_0,y_0)处有极值,且当$A<0$时取得极大值,当$A>0$时取得极小值;

(2) 如果$B^2-AC>0$,则点(x_0,y_0)不是函数$z=f(x,y)$的极值点;

(3) 如果$B^2-AC=0$,则(x_0,y_0)可能是极值点也可能不是极值点,需另作讨论。

定理证明略。

综合定理7-5、7-6,具有二阶连续偏导数的函数$z=f(x,y)$,其极值的求解步骤为:

(1) 解方程组$\begin{cases}f'_x(x,y)=0\\f'_y(x,y)=0\end{cases}$,求出所有的驻点$(x_0,y_0)$;

(2) 对每个驻点(x_0,y_0),分别求出二阶偏导数值A、B、C;

(3) 根据B^2-AC的符号,确定该驻点(x_0,y_0)是否为极值点,并由A的符号判定$f(x_0,y_0)$是极大值,还是极小值;

(4) 计算出极值$f(x_0,y_0)$。

例7-33　求函数$z=f(x,y)=x^3+y^3-3xy$的极值。

解　$f'_x(x,y)=3x^2-3y,f'_y(x,y)=3y^2-3x;f''_{xx}(x,y)=6x,f''_{xy}(x,y)=-3,f''_{yy}(x,y)=6y$。解方程组

$$\begin{cases}f'_x(x,y)=3x^2-3y=0\\f'_y(x,y)=3y^2-3x=0\end{cases}$$

得驻点:(0,0)和(1,1)。

在点(1,1)处,$A=f''_{xx}(1,1)=6,B=f''_{xy}(1,1)=-3,C=f''_{yy}(1,1)=6$。

$B^2-AC=9-36=-27<0$,而$A=6>0$,所以函数在点(1,1)处取得极小值,$f_{极小}(1,1)=1+1-3=-1$;

在点(0,0)处,$A=C=0,B=-3,B^2-AC=9>0$,故点(0,0)不是极值点。

例7-34　求函数$f(x,y)=\sqrt{x^2+y^2}$的极值。

解　$f'_x=\dfrac{x}{\sqrt{x^2+y^2}},f'_y=\dfrac{y}{\sqrt{x^2+y^2}}$。

当$x=0,y=0$时,这两个偏导数都无意义,故(0,0)不是函数的驻点。由于$f(0,0)=0$,而对于在(0,0)邻域内异于(0,0)的点(x,y)都有$f(x,y)>0$。所以函数在不可导点(0,0)处取得极小值。

笔记

因此,与一元函数时的情况一样,当函数$z=f(x,y)$在点(x_0,y_0)处不可导时,(x_0,y_0)也可能是函数的极值点。

根据本章第一节知识,如果函数 $z = f(x,y)$ 在有界闭区域 D 上连续,则在 D 上必能取得最大值和最小值。假定函数 $z = f(x,y)$ 在 D 上连续、可微且只有有限个驻点,类似于一元函数,将函数 $z = f(x,y)$ 在 D 内的所有驻点处的函数值及在区域 D 的边界上的最大值和最小值进行比较,其中最大的就是函数 $z = f(x,y)$ 在 D 上的最大值,最小的就是最小值。

然而,求函数在区域 D 的边界上的最大值及最小值,往往相当复杂。在实际问题中,遇到求二元函数的最大值和最小值问题时,如果根据具体问题的性质,知道函数 $z = f(x,y)$ 的最大值(或最小值)只能在区域 D 内部取得,而函数在 D 内只有唯一的一个驻点,则可以肯定该驻点处的函数值就是函数 $z = f(x,y)$ 在 D 上的最大值(或最小值)。

例 7-35　要用铁皮做一个体积为 2 立方米的有盖长方体水箱,问怎样选择长、宽、高,才能使用料最省?

解　设水箱长 x 米,宽 y 米,则其高为 $\frac{2}{xy}$ 米。长方体表面积为

$$A = 2\left(xy + y\frac{2}{xy} + x\frac{2}{xy}\right) = 2xy + \frac{4}{x} + \frac{4}{y} \qquad (x > 0, y > 0)$$

求偏导,得

$$\frac{\partial A}{\partial x} = 2y - \frac{4}{x^2}, \frac{\partial A}{\partial y} = 2x - \frac{4}{y^2}$$

解方程组

$$\begin{cases} 2y - \dfrac{4}{x^2} = 0 \\ 2x - \dfrac{4}{y^2} = 0 \end{cases}$$

得

$$\begin{cases} x_1 = 0 \\ y_1 = 0 \end{cases}\ (\text{无意义,舍});\quad \begin{cases} x_2 = \sqrt[3]{2} \\ y_2 = \sqrt[3]{2} \end{cases}$$

根据题意可知,水箱用料函数 A 的最小值一定存在,且 $x > 0, y > 0$。又函数 A 在该范围内只有一个驻点 $(\sqrt[3]{2}, \sqrt[3]{2})$,因此,当 $x = y = \sqrt[3]{2}$ 时,A 取得最小值,此时,高 $= \frac{2}{xy} = \frac{2}{(\sqrt[3]{2})^2} = \sqrt[3]{2}$。即当长、宽、高都等于 $\sqrt[3]{2}$ 时,水箱用料最省。

例 7-36　将一个正数 a 拆成三个正数,使它们的乘积为最大,求这三个数。

解　设三个数中之一为 x,另一个为 y,则第三个为 $a - x - y$。

它们的乘积为:$z = xy(a - x - y)$

$$\frac{\partial z}{\partial x} = ay - 2xy - y^2 = y(a - 2x - y)$$

$$\frac{\partial z}{\partial y} = ax - x^2 - 2xy = x(a - 2y - x)$$

解方程组

$$\begin{cases} y(a - 2x - y) = 0 \\ x(a - 2y - x) = 0 \end{cases}$$

由题设条件,知 x, y 必须满足 $x > 0, y > 0$。

故方程组即

$$\begin{cases} a - 2x - y = 0 \\ a - 2y - x = 0 \end{cases}$$

解得

$$x = y = \frac{a}{3}$$

即满足题设条件的驻点只有一个：$(\frac{a}{3},\frac{a}{3})$。故函数在点 $(\frac{a}{3},\frac{a}{3})$ 取得最大值 $\frac{a^3}{27}$，且第三个数 $a-x-y$ 也等于 $\frac{a}{3}$。

二、拉格朗日乘数法

在求解极值的时候，如果不附加任何条件，通常称为无条件极值问题。而在上面两个例子中，分别加有体积为定值2及三个正数之和等于 a 这样的条件。这种有附加条件限制的极值问题，称为条件极值。条件极值问题可以同上述例题一样，应用附加条件，将条件极值问题转化为无条件极值问题。但在很多情况下，把条件极值问题化为无条件极值问题并不这么简单。实际上，从一个方程（或方程组）中解出一个（或多个）变量往往比较困难，甚至是不可能的，这就需要我们寻求其他方法完成条件极值问题的求解。下面介绍的拉格朗日（Lagrange）乘数法就是一种被广泛应用的方法。

拉格朗日乘数法 我们以求二元函数 $z=f(x,y)$ 在约束条件 $\varphi(x,y)=0$ 限制下的极值为例。

设函数 $z=f(x,y)$ 和 $\varphi(x,y)$ 在点 (x_0,y_0) 的邻域内都存在连续的一阶偏导数，且 $\varphi'_y(x_0,y_0)\neq 0$。则可由 $\varphi(x,y)=0$ 确定一个连续可导的单值函数 $y=g(x)$，而将函数 $z=f(x,y)$ 化为一元函数 $z=f[x,g(x)]$。

当函数 $z=f(x,y)$ 在 (x_0,y_0) 处取得极值时，一元函数 $z=f[x,g(x)]$ 在 $x=x_0$ 处取得极值，故有

$$\frac{\mathrm{d}z}{\mathrm{d}x}\Big|_{x=x_0}=f'_x(x_0,y_0)+f'_y(x_0,y_0)\frac{\mathrm{d}y}{\mathrm{d}x}\Big|_{x=x_0}=0$$

对 $\varphi(x,y)=0$ 用隐函数求导公式，得到 y 对 x 的导数：

$$\frac{\mathrm{d}y}{\mathrm{d}x}\Big|_{x=x_0}=-\frac{\varphi'_x(x_0,y_0)}{\varphi'_y(x_0,y_0)}$$

代入上式后，整理得：

$$\frac{f'_x(x_0,y_0)}{\varphi'_x(x_0,y_0)}=\frac{f'_y(x_0,y_0)}{\varphi'_y(x_0,y_0)}$$

令这个比值为 $-\lambda$，则有

$$f'_x(x_0,y_0)+\lambda\cdot\varphi'_x(x_0,y_0)=0$$
$$f'_y(x_0,y_0)+\lambda\cdot\varphi'_y(x_0,y_0)=0$$

由于函数 $f(x,y)$ 在点 (x_0,y_0) 处取得极值时，必有 $\varphi(x_0,y_0)=0$ 成立，故函数 $f(x,y)$ 在点 (x_0,y_0) 处取得极值的必要条件为

$$\begin{cases}f'_x(x_0,y_0)+\lambda\cdot\varphi'_x(x_0,y_0)=0\\ f'_y(x_0,y_0)+\lambda\cdot\varphi'_y(x_0,y_0)=0\\ \varphi(x_0,y_0)=0\end{cases}$$

注意到这个方程组的前两个方程的左端恰为函数

$$L(x,y)=f(x,y)+\lambda\cdot\varphi(x,y)\text{（称为拉格朗日函数）}$$

在点 (x_0,y_0) 处的两个一阶偏导数的值。可见，从上面方程组解出的点 (x_0,y_0) 就是函数 $z=f(x,y)$ 满足约束条件 $\varphi(x,y)=0$ 的驻点。

综上所述，用拉格朗日乘数法求二元函数 $z=f(x,y)$ 在约束条件 $\varphi(x,y)=0$ 下的条件极值的步骤为：

首先，构造一个辅助的拉格朗日函数

$$L(x,y)=f(x,y)+\lambda\cdot\varphi(x,y)$$

其中 λ 是参数,称为拉格朗日乘子。

其次,解方程组

$$\begin{cases} f'_x(x,y) + \lambda \cdot \varphi'_x(x,y) = 0 \\ f'_y(x,y) + \lambda \cdot \varphi'_y(x,y) = 0 \\ \varphi(x,y) = 0 \end{cases}$$

得到的解 (x_0,y_0) 就是函数 $f(x,y)$ 的驻点。

拉格朗日乘数法也可推广到自变量多于两个以及约束条件多于一个的多元函数的条件极值问题。

例如,设 $f(x,y,z,t)$,$\varphi(x,y,z,t)$,$\psi(x,y,z,t)$ 具有一阶连续偏导数,求函数

$$u = f(x,y,z,t)$$

在附加约束条件

$$\varphi(x,y,z,t) = 0, \psi(x,y,z,t) = 0$$

下的条件极值,可先构造拉格朗日函数

$$L(x,y,z,t) = f(x,y,z,t) + \lambda \cdot \varphi(x,y,z,t) + \mu\psi(x,y,z,t)$$

其中 λ,μ 均为参数。令

$$\begin{cases} L_x'(x,y,z,t) = f'_x(x,y,z,t) + \lambda \cdot \varphi'_x(x,y,z,t) + \mu\psi'_x(x,y,z,t) = 0 \\ L_y'(x,y,z,t) = f'_y(x,y,z,t) + \lambda \cdot \varphi'_y(x,y,z,t) + \mu\psi'_y(x,y,z,t) = 0 \\ L_z'(x,y,z,t) = f'_z(x,y,z,t) + \lambda \cdot \varphi'_z(x,y,z,t) + \mu\psi'_z(x,y,z,t) = 0 \\ L_t'(x,y,z,t) = f'_t(x,y,z,t) + \lambda \cdot \varphi'_t(x,y,z,t) + \mu\psi'_t(x,y,z,t) = 0 \\ \varphi(x,y,z,t) = 0 \\ \psi(x,y,z,t) = 0 \end{cases}$$

解此方程组,得出驻点 (x_0,y_0,z_0,t_0),即为可能的极值点。

至于求得的驻点是否就是极值点,在实际问题中往往可根据问题本身的性质来判定。

例 7-37 为销售某种新药,药厂需做两种广告。当广告费用分别为 x,y 时,销售收入 R 和广告费的关系为:$R = \dfrac{200x}{5+x} + \dfrac{100y}{10+y}$。若销售药品的利润是收入的一半减去广告费。问当广告总费用 55 时,应怎样分配两种广告的费用能使利润最大?最大利润为多少(单位:万元)?

解 由题意知利润函数为:

$$u = f(x,y) = \frac{1}{2}\left(\frac{200x}{5+x} + \frac{100y}{10+y}\right) - 55 = \frac{100x}{5+x} + \frac{50y}{10+y} - 55 \quad (0 \leqslant x,y \leqslant 55)$$

约束条件为:$x + y = 55$,即 $\varphi(x,y) = x + y - 55 = 0$。

作 Lagrange 函数

$$L(x,y) = \frac{100x}{5+x} + \frac{50y}{10+y} - 55 + \lambda(x + y - 55)$$

令

$$\begin{cases} L_x'(x,y) = \dfrac{500}{(5+x)^2} + \lambda = 0 \\ L_y'(x,y) = \dfrac{500}{(10+y)^2} + \lambda = 0 \\ x + y = 55 \end{cases}$$

解得 $x = 30$,$y = 25$。

由于最大利润一定存在,且驻点唯一,故当广告费用分配为 $x = 30$,$y = 25$ 时可获得最大利润。最大利润值为

$$u_{\max} = f(30,25) = \frac{3000}{35} + \frac{1250}{35} - 55 \approx 66.43$$

例 7-38 求空间一点 $P(x_0,y_0,z_0)$ 到平面 $Ax+By+Cz+D=0$ 的距离。

解 设 $M(x,y,z)$ 是平面 $Ax+By+Cz+D=0$ 上的任意一点，则 $|PM|$ 的最小值就是所求的点 P 到平面的距离。

为了便于计算，不妨设

$$u(x,y,z)=|PM|^2=(x-x_0)^2+(y-y_0)^2+(z-z_0)^2$$

显然，当 $u(x,y,z)$ 取最小值时，$|PM|$ 也取得最小值。又由于 $M(x,y,z)$ 是平面上的点，所以必须满足约束条件

$$Ax+By+Cz+D=0$$

故取拉格朗日函数：

$$F(x,y,z)=(x-x_0)^2+(y-y_0)^2+(z-z_0)^2+\lambda(Ax+By+Cz+D)$$

解方程组

$$\begin{cases}F_x{}'(x,y,z)=2(x-x_0)+A\lambda=0\\F_y{}'(x,y,z)=2(y-y_0)+B\lambda=0\\F_z{}'(x,y,z)=2(z-z_0)+C\lambda=0\\Ax+By+Cz+D=0\end{cases}$$

解得：$x=x_0-\dfrac{A}{2}\lambda,y=y_0-\dfrac{B}{2}\lambda,z=z_0-\dfrac{C}{2}\lambda$。代入平面方程，得

$$Ax_0+By_0+Cz_0+D-\frac{A^2+B^2+C^2}{2}\lambda=0$$

所以
$$\lambda=\frac{2(Ax_0+By_0+Cz_0+D)}{A^2+B^2+C^2}$$

即只求得唯一驻点
$$\begin{cases}x=x_0-A\dfrac{(Ax_0+By_0+Cz_0+D)}{A^2+B^2+C^2}\\y=y_0-B\dfrac{(Ax_0+By_0+Cz_0+D)}{A^2+B^2+C^2}\\z=z_0-C\dfrac{(Ax_0+By_0+Cz_0+D)}{A^2+B^2+C^2}\end{cases}$$

故由实际问题，知此点就是使得 $|PM|^2$ 取最小值的点。

此时由于 $(x-x_0)^2=\dfrac{\lambda^2}{4}A^2,(y-y_0)^2=\dfrac{\lambda^2}{4}B^2,(z-z_0)^2=\dfrac{\lambda^2}{4}C^2$ 所以，点 P 到平面的距离为 $d=\sqrt{\dfrac{\lambda^2}{4}(A^2+B^2+C^2)}=\dfrac{|\lambda|}{2}\sqrt{A^2+B^2+C^2}$，再将 $\lambda=\dfrac{2(Ax_0+By_0+Cz_0+D)}{A^2+B^2+C^2}$ 代入，得点 P 到平面的距离公式：

$$d=\frac{|Ax_0+By_0+Cz_0+D|}{\sqrt{A^2+B^2+C^2}}$$

第八节 经验公式与最小二乘法

在生产过程、科学实验和统计分析中，往往需要通过得到的一组实验数据或观测数据找出变量间相互依存的变化规律，即确定出一个函数的近似表达式。从图形上看，就是通过给定的一组数据点，求取一条近似曲线，叫作曲线拟合。因为给出的观测数据本身不一定可靠，个别数据的误差甚至很大，所以在做曲线拟合时，不是严格地要求曲线通过每个数据点，而是从一大堆数据中找出规律，即设法构造一条拟合曲线，反映数据点总的变化趋势，以消除其局部

波动。

例 7-39 在硝酸钠($NaNO_3$)的溶解度试验中,在不同温度 x (℃)下,测得溶解于 100 份水中硝酸钠的份数 Y,数据如下:

x_i	0	4	10	15	21	29	36	51	68
y_i	66.7	71.0	76.3	80.6	85.7	92.9	99.4	113.6	125.1

这里 x 是自变量,y 是随机变量 Y 的观测值。

由解析几何知识,平面上选定一直角坐标系后,这九对数据就分别对应到平面上的九个点(图 7-10)。这张图称为散点图。由图中可以看出,这些点虽然是散乱的,但基本上散布在某条直线的周围。也就是说,硝酸钠的溶解度与温度大致成线性关系

$$y = ax + b \tag{7-12}$$

上式中 a、b 为此直线方程的待定系数,式 7-12 是根据对散点图的观察,由对函数图形的知识、专业经验列出的,因而称为经验公式(empirical formula)。建立经验公式,实际上就是应用观察数据确定系数 a、b 的值。

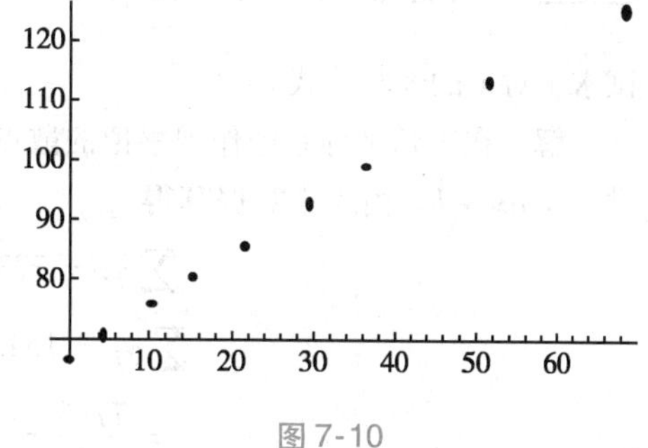

图 7-10

一般地,观测变量 x、y,得到 n 对观察数据:$(x_1, y_1), (x_2, y_2), \cdots, (x_i, y_i) \cdots, (x_n, y_n)$。如果对应的 n 个实验点大体呈直线分布,则可认为 y 是 x 的线性函数,并采用线性型经验公式 $y = ax + b$ 表示这两个变量间的关系。由于同时过这些实验点的直线不存在,但可作许多条与实验点都比较接近的直线,需要从中找出总体上最接近(拟合得最好)的一条直线(记为 $\hat{y} = ax + b$),通常用偏差平方和

$$\sum_{i=1}^{n} (y_i - \hat{y}_i)^2 = \sum (y_i - ax_i - b)^2$$

的大小来刻划直线与实验点总体上的接近程度。在几何上偏差平方和表示直线上点 $(x_i, \hat{y}_i)$ 与实验点间 (x_i, y_i) 间纵向距离的平方和。因此当 $\sum_{i=1}^{n} (y_i - \hat{y}_i)^2$ 最小时,直线与实验点总体上的接近程度最好。即只要求出目标函数

$$Q(a,b) = \sum_{i=1}^{n} (y_i - \hat{y}_i)^2 = \sum_{i=1}^{n} (y_i - ax_i - b)^2$$

的最小值点 (a_0, b_0),就能得到拟合得最好的直线方程。

上述这种将观测值与用经验公式计算出的值的偏差平方和作为目标函数,通过求目标函数的最小值点,以确定经验公式的系数的方法,称为最小二乘法(least square method)。

对目标函数 $Q(a,b)$ 求偏导数,得到方程组

$$\begin{cases} \dfrac{\partial Q}{\partial a} = -2\sum_{i=1}^{n} x_i(y_i - ax_i - b) = 0 \\ \dfrac{\partial Q}{\partial b} = -2\sum_{i=1}^{n} (y_i - ax_i - b) = 0 \end{cases}$$

通过整理,得到 a,b 的线性方程组

$$\begin{cases} (\sum_{i=1}^{n} x_i^2)a + (\sum_{i=1}^{n} x_i)b = \sum_{i=1}^{n} x_i y_i \\ (\sum_{i=1}^{n} x_i)a + nb = \sum_{i=1}^{n} y_i \end{cases}$$

这个方程组称为正规方程组。解方程组，得

$$\begin{cases} a = \dfrac{\sum_{i=1}^{n} x_i y_i - n \cdot \bar{x} \cdot \bar{y}}{\sum_{i=1}^{n} x_i^{\ 2} - n \cdot x^{-2}} \\ b = \bar{y} - a \cdot \bar{x} \end{cases} \tag{7-13}$$

式中，$\bar{x} = \dfrac{1}{n}\sum_{i=1}^{n} x_i, \bar{y} = \dfrac{1}{n}\sum_{i=1}^{n} y_i$。

例 7-40 用 10 只大白鼠试验某种食品的营养价值，以 x 表示大白鼠的进食量，y 表示所增加的体重。其观察值见下表：

动物编号	1	2	3	4	5	6	7	8	9	10
进食量 x（克）	820	780	720	867	690	787	934	679	639	820
增加体重 y（克）	165	158	130	180	134	167	186	145	120	158

试求 y 对 x 的经验公式。

解 在直角坐标系中作观察值的散点图（图 7-11）。大致呈直线分布，故设经验公式为线性型 $y = ax + b$。由表中数据算得

$$\sum x_i = 7736, \quad \sum x_i^2 = 6\,060\,476,$$

$$\sum y_i = 1543, \quad \sum x_i y_i = 1\,210\,508,$$

$$\bar{x} = \frac{7736}{10} = 773.6, \quad \bar{y} = \frac{1543}{10}154.3。$$

带入公式(7-13)，得

$$a = \frac{1\,210\,508 - 10 \times 773.6 \times 154.3}{6\,060\,476 - 10 \times 773.6^2} = 0.2219$$

$$b = 154.3 - 0.2219 \times 773.6 = -17.36$$

因此，所求的经验公式为

$$y = 0.2219x - 17.36$$

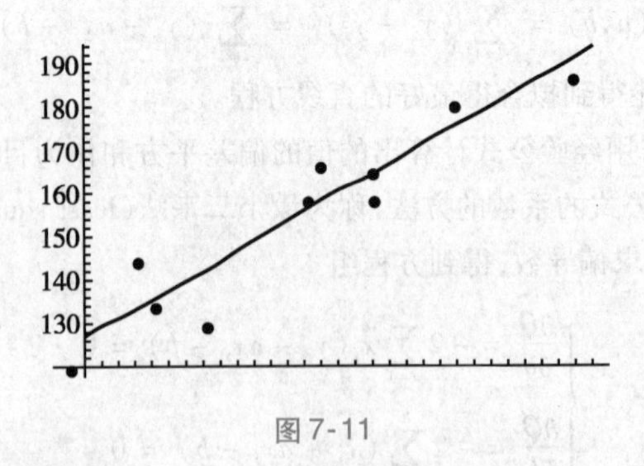

图 7-11

在医药学中还经常遇到指数函数型 $y = be^{ax}$ 或幂函数型 $y = bx^a$ 的经验公式。当然可以用最小二乘法，以经验公式的观察值与计算值之差的平方和为目标函数，直接计算 a、b。但是这样做比较麻烦，通常的方法是先将它们转化为线性型经验公式。

例 7-41 为了确定苯酰叠氮（benzide）在二氧己烷（dioxane）溶剂中降解的速度常数，有人测定了降解过程中时间 t（小时）和 N_2 的容积，数据如下表：

笔记

反应时间 t(小时)	N_2的容积 V(ml)	降解速度 $y=\frac{V_\infty - V}{V_\infty}$	lny
0.20	12.62	0.8674	-0.0618
0.57	30.72	0.6773	-0.1692
0.92	44.59	0.5316	-0.2744
1.22	52.82	0.4452	-0.3514
1.55	60.66	0.3628	-0.4403
1.90	68.20	0.2836	-0.5473
2.25	73.68	0.2242	-0.6494
2.63	78.59	0.1745	-0.7582
3.05	82.02	0.1384	-0.8589
3.60	86.29	0.0936	-1.0287
4.77	91.30	0.0410	-1.3872
5.85	93.59	0.0169	-1.7721

解　如图7-12(a),降解速度 y 与时间 t 的经验公式为

$$y = e^{a+bt}$$

两边同取自然对数,得

$$\ln y = a + bt$$

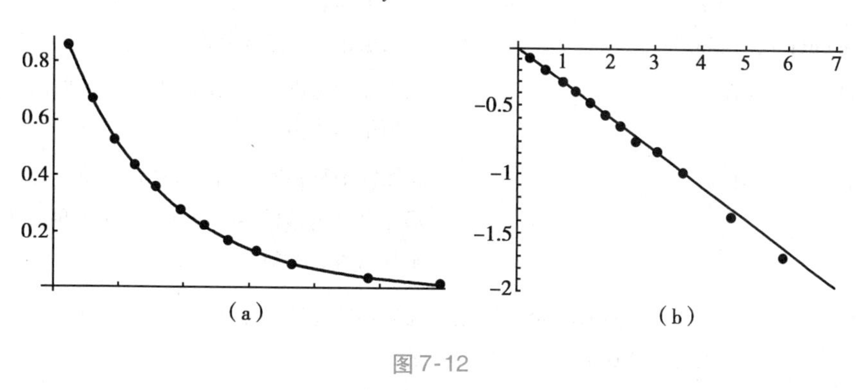

图7-12

令 $Y=\ln y$,则 $Y=a+bt$,即 Y 与 t 间的经验公式为线性函数(如图7-12(b))。用前述方法即可求得降解速度常数 $-b$。

幂函数 $y=bx^a$ 在直角坐标系中的图象也是一条曲线,两边同取自然对数(或常用对数),可得

$$\ln y = a\ln x + \ln b$$

即用 $(\ln x_i, \ln y_i)$ 描绘的散点图应该呈直线分布。

为了判断所求的经验公式是否为指数函数型或幂函数型,可以用 $(x_i, \ln y_i)$ 或 $(\ln x_i, \ln y_i)$ 作散点图,如果呈直线分布,就可以认为该组数据符合指数函数型或幂函数型的经验公式。

需要注意的是,根据最小二乘法求出的给定数组的经验公式,并不能绝对保证所得的函数能精确地产生原来的数据。要了解拟合的优劣,还需进一步做统计检验。

第九节　计算机应用

实验一　用 Mathematica 描绘二元函数的图形

实验目的:掌握利用 Mathematica 描绘二元函数的图形的基本方法。

基本命令:

命令	说明
Plot3D[f(x,y),{x,x_{min},x_{max}},{y,y_{min},y_{max}},可选项]	画出显函数 $z = f(x,y)$ 的图形
ParametricPlot3D[{x(u,v),y(u,v),z(u,v)},{u,u_{min},u_{max}},{v,v_{min},v_{max}},可选项]	画出参数方程确定的二元函数 $x = x(u,v)$,$y = y(u,v)$,$z = z(u,v)$ 的图形

可选项的内容与含义同平面曲线的大致相似,其内容很多,这里不能全面介绍,其中常见的空间图形(空间曲线与曲面)可选项见下表:

	可选项名称	默认值	含义
1	Plotpoints	{15,15}	在给定的矩形域上 x 方向与 y 方向上的取点数
2	PlotRange	Automatic	图形显示范围,可取 $\{z_1,z_2\}$ 或 $\{x_1,x_2\}$,$\{y_1,y_2\}$
3	Boxed	True	是否给图形加上一个立体框,以增加图形的立体感
4	BoxRatios	x:y:z = 1:1:0.4	立体框在三个方向上的长度比,可任意指定
5	ViewPoint	{x,y,z} = {1.3, -2.4,2}	将立体图形投影到平面上时使用的观察点
6	PlotLabel	None	图形的名称标注,如果需要,可用任意字符串作为图形名称
7	Mesh	True	曲面上是否画上网格
8	HiddenSurface	True	曲面被遮挡住的部分是否消隐
9	PlotColor	True	是否显示出彩色,如果原来就是黑白图形,则此可选项不起作用
10	Shading	True	在曲面上是否涂色(涂阴影),如果去掉阴影,则图形完全白色,只能看到网格线,如果再去掉网格线,则什么也看不到了
11	LightSources	光源位置在曲面右 45°处,三个点光源分别是红、绿、蓝	设置照明光源,使用格式是{{光源位置},{光源光色}}
12	Lighting	False	是否打开已经设置好的光源,一旦打开光源,灯光即照射在曲面上,便会产生反射效果,从而使曲面呈现出色彩

实验举例

例 7-42 绘制函数 $z = x^4 + y^4 - 18(x^2 + y^2)$ 在区域 $-4 \leqslant x \leqslant 4, -4 \leqslant y \leqslant 4$ 的图形。

解 In[1]: = Plot3D[x^4 + y^4 - 18 * (x^2 + y^2), {x, -4,4}, {y, -4,4}]

out[1] = “graphics”

式中可选项没有出现,全部采用了系统内部的默认值,运行后可得输出结果如图 7-13 所示。

例 7-43 绘制函数 $z = e^{-(x^2+y^2)}$ 在 $-2 \leqslant x \leqslant 2, -2 \leqslant y \leqslant 2$ 上的图形。

解 In[2]: = Plot3D[Exp[-x^2 - y^2], {x, -2,2}, {y, -2,2}]

out[2] = “graphics”

(图 7-14)。

例 7-44 绘制螺管面 $x = (R + r\cos u)\cos v, y = (R + r\cos u)\sin v, z = r\sin u + bv$ 在范围 $0 \leqslant u \leqslant 2\pi, 0 \leqslant v \leqslant 3\pi$ 上的图形。式中 R 为大圆半径,r 为小圆半径,b 为小圆沿 z 轴移动的速度。

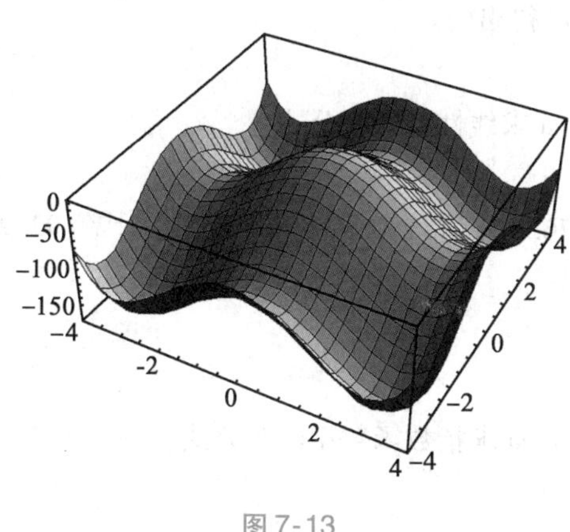

图 7-13

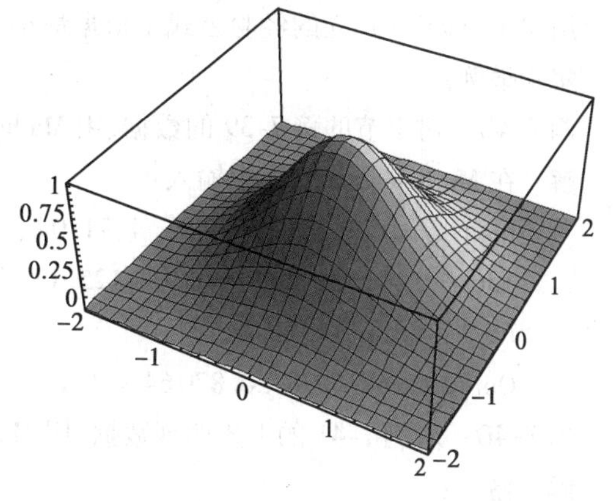

图 7-14

解　不妨取 $R=8, r=4, b=3$

In[3]: = ParametricPlot3D

[{(8+4 * Cos[u]) * Cos[v],(8+4 * Cos[u]) * Sin[v],4 * Sin[u] +3 * v},

{u,0,2 * Pi},{v,0,3 * Pi}]

out[3] = "graphics"

(图 7-15)。

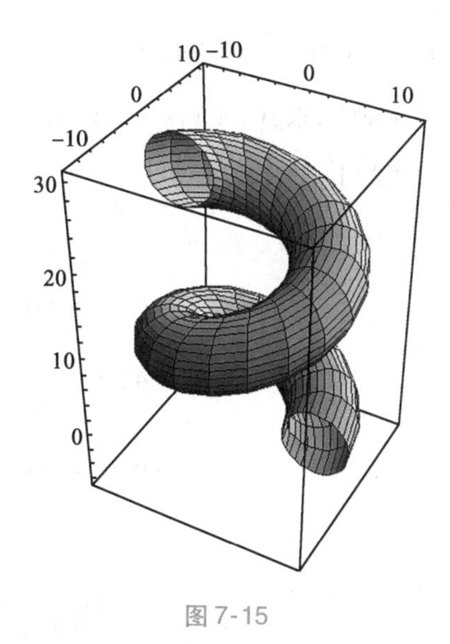

图 7-15

练习:绘制下列曲面

1. $z=\sin(x-y)$ 在$[-3,3]\times[-4,4]$上

2. $z=(x+y)\sin(x-y)$ 在$[-3,3]\times[-3,3]$上

实验二　用 Mathematica 建立经验公式

实验目的:学会用 Mathematica 建立经验公式

基本命令:

Fit[data,funs,vars]	基于数据 data 建立自变量为 vars 的 funs 型经验公式
Fit[data,{1,x},x]	线性型经验公式
Fit[data,{1,x,x^2},x]	二次函数型经验公式
Fit[data,Table[x^i,{i. 0. n}],x]	n 次多项式型经验公式
Exp[Fit[Log[data],{1,x},x]]	指数函数 e^{ax+b} 型经验公式

笔记

用 Mathematica 建立的经验公式是依据最小二乘法得出的。

实验举例：

例 7-45 对上节的例 7-39 的数据，用 Mathematica 求线性型经验公式。

解 在 Mathematica 程序中输入：

```
In[1]:=G={{0,66.7},{4,71.0},{10,76.3},{15,80.6},{21,85.7},{29,92.9},
{36,99.4},{51,113.6},{68,125.1}}
In[2]:=Fit[G,{1,x},x]
Out[2]=67.5078+0.87064 x
```

例 7-46 对例 7-41 的 1、3 两列数据，用 Mathematica 求指数函数型经验公式。

解 输入：

```
In[1]:=H={{0.2,0.8674},{0.57,0.6773},{0.92,0.5316},{1.22,0.4452},
{1.55,0.3628},{1.9,0.2836},{2.25,0.2242},{2.63,0.1745},{3.05,0.1384},
{3.60,0.0936},{4.77,0.041},{5.85,0.0169}}
In[2]:=Exp[Fit[Log[H],{1,x},x]]
```

Out[2] = $e^{-1.00448-1.08097x}$

习题

1. 已知函数 $f(x,y)=x^2+y^2-xy\tan\dfrac{x}{y}$，求 $f(tx,ty)$。

2. 已知函数 $f(u,v,w)=u^w+w^{u+v}$，求 $f(x+y,x-y,xy)$。

3. 已知 $f(x,y)=\left[\dfrac{\arcsin(x+y)}{\operatorname{arccot}(x-y)}\right]^2$，求 $f\left(\dfrac{1+\sqrt{3}}{2},\dfrac{1-\sqrt{3}}{2}\right)$。

4. 求下列函数的定义域

(1) $z=\sqrt{xy}$　　(2) $z=\ln(y^2-2x+1)$

(3) $z=\dfrac{\arcsin(x-y)}{\sqrt{x-y}}$　　(4) $z=\dfrac{\sqrt{4x-y^2}}{\ln(1-x^2-y^2)}$

(5) $u=\dfrac{1}{\sqrt{x}}+\dfrac{1}{\sqrt{y}}+\dfrac{1}{\sqrt{z}}$　　(6) $z=\sqrt{x^2+y^2-1}+\dfrac{e^x}{\sqrt{36-4x^2-9y^2}}$

5. 求下列函数的极限

(1) $\lim\limits_{\substack{x\to1\\y\to0}}\dfrac{x-y}{x^2+y^2}$　　(2) $\lim\limits_{\substack{x\to0\\y\to0}}\dfrac{xy}{2-\sqrt{xy+4}}$

(3) $\lim\limits_{\substack{x\to0\\y\to0}}\dfrac{\sin(x^2+xy)}{x}$　　(4) $\lim\limits_{\substack{x\to\infty\\y\to\infty}}\dfrac{1}{x^2+y^2}$

6. 证明 $\lim\limits_{\substack{x\to0\\y\to0}}\dfrac{x+y}{x-y}$ 不存在。

7. 找出下列函数的间断点

(1) $z=\dfrac{1}{x-y}$　　(2) $z=\sin\dfrac{1}{x^2+y^2-1}$

(3) $u=\ln[(x-a)^2+(y-b)^2+(z-c)^2]$　　(4) $z=\dfrac{y^2+2x}{y^2-2x}$

8. 求下列函数的偏导数

(1) $z=xy+\dfrac{x}{y}$　　(2) $z=\arctan\dfrac{y}{x}$

(3) $z=\sin(xy)+\cos^2(xy)$　　(4) $z=x^2\ln(x^2+y^2)$

笔记

(5) $z = \sqrt{\ln(xy)}$　　(6) $z = (1 + xy)^y$

(7) $u = x^{\frac{y}{z}}$　　(8) $u = x^2 + y^2 + z^2 + 2xy + 2yz$

9. 求下列函数在指定点处的偏导数

(1) $f(x,y) = 5x^2y - 3xy^2$,求 $f'_x(1,2)$ 及 $f'_y(1,2)$

(2) $z = e^{-x^2-y^2}$,求 $\left.\frac{\partial z}{\partial x}\right|_{\substack{x=1\\y=1}}$ 及 $\left.\frac{\partial z}{\partial y}\right|_{\substack{x=1\\y=1}}$

(3) $f(x,y) = e^{\frac{y}{x}}$,求 $f'_x(2,1)$ 及 $f'_y(2,1)$

(4) $f(x,y) = y^x$,求 $f'_x(-2,2)$ 及 $f'_y(-2,2)$

10. 验证

(1) 函数 $z = \frac{1}{x^2+y^2}e^{x^2+y^2}$,满足 $y\frac{\partial z}{\partial x} = x\frac{\partial z}{\partial y}$

(2) 函数 $z = \ln(\sqrt{x} + \sqrt{y})$,满足 $x\frac{\partial z}{\partial x} + y\frac{\partial z}{\partial y} = \frac{1}{2}$

(3) 函数 $T = 2\pi\sqrt{\frac{l}{g}}$,满足 $l\frac{\partial T}{\partial l} + g\frac{\partial T}{\partial g} = 0$

(4) 函数 $z = e^{-\left(\frac{1}{x}+\frac{1}{y}\right)}$,满足 $x^2\frac{\partial z}{\partial x} + y^2\frac{\partial z}{\partial y} = 2z$

11. 求下列函数的二阶偏导数:

(1) $z = x^4 + y^4 - 4x^2y^2$　　(2) $z = \frac{1}{2}\ln(x^2 + y^2)$

(3) $z = \arctan\frac{y}{x}$　　(4) $z = y^x$

(5) $u = \frac{xy}{z^2}$

12. 设 $f(x,y,z) = xy^2 + yz^2 + zx^2$,求 $f''_{xx}(0,0,1)$,$f''_{xz}(1,0,2)$,$f''_{yz}(0,-1,0)$ 和 $f'''_{zzx}(2,0,1)$。

13. 验证

(1) 函数 $z = e^x\cos y$ 满足 $\frac{\partial^2 z}{\partial x^2} + \frac{\partial^2 z}{\partial y^2} = 0$

(2) 函数 $r = \sqrt{x^2 + y^2 + z^2}$,满足 $\frac{\partial^2 r}{\partial x^2} + \frac{\partial^2 r}{\partial y^2} + \frac{\partial^2 r}{\partial z^2} = \frac{2}{r}$

14. 已知函数 $f(x,y) = \begin{cases} \frac{xy}{\sqrt{x^2+y^2}}, & x^2+y^2 \neq 0 \\ 0, & x^2+y^2 = 0 \end{cases}$,根据偏导数的定义求 $f'_x(0,0)$ 及 $f'_y(0,0)$。

15. 求下列函数的全微分

(1) $z = \frac{y}{\sqrt{x^2+y^2}}$　　(2) $z = \ln(1 + x^2 + y^2)$

(3) $u = x^{yz}$　　(4) $u = \sin(x^2 + y^2 + z^2)$

(5) $u = x^2\arcsin\frac{y}{z} + y^2\arccos\frac{z}{x} - z^2\arctan\frac{x}{y}$。

16. 求函数 $z = \frac{y}{x}$ 当 $x = 2, y = 1, \Delta x = -0.1, \Delta y = -0.2$ 时的全增量及全微分。

17. 求函数 $z = e^{xy}$ 当 $x = 1, y = 1, \Delta x = 0.15, \Delta y = 0.1$ 时的全微分。

18. 计算下列近似值。

笔记

(1) $\sqrt{(1.02)^3+(1.97)^3}$　　(2) $\ln(\sqrt[3]{1.03}+\sqrt[4]{0.98}-1)$

(3) $\sin 29°\cdot\tan 46°$　　(4) $(1.97)^{1.05}$,($\ln 2=0.693$)

19. 一矩形边长分别为 $x=6$ 米,$y=8$ 米。如果 x 边增加5厘米,而 y 边减少10厘米,求该矩形对角线的近似变化情况。

20. 当圆锥体的底面半径 R 由30厘米增加到30.1厘米,高 H 由60厘米减少到59.5厘米时,它的体积改变了多少?

21. 求函数 $z=x^2+y^2$ 在点(1,2)处沿自点(1,2)到点 $(2,2+\sqrt{3})$ 方向的方向导数。

22. 求函数 $u=xyz$ 在点(5,1,2)处沿自点(5,1,2)到点(9,4,14)方向的方向导数。

23. 求下列函数的梯度

(1) $u=xy^2+yz^2$　　(2) $u=\ln xyz$

24. 设 $f(x,y,z)=x^2+2y^2+3z^2+xy+3x-2y-6z$,求 $\mathrm{grad}f(0,0,0)$ 及 $\mathrm{grad}f(1,1,1)$。

25. 用复合函数的求导法则求下列函数的一阶偏导数

(1) $z=\ln(u+v)$,而 $u=\mathrm{e}^{2(x+y^2)}$,$v=x^2+y$

(2) $z=u\mathrm{e}^v$,而 $u=x^2+y^2$,$v=\mathrm{e}^{\frac{x}{y}+\frac{y}{x}}$

(3) $z=u^2\ln v$,而 $u=\dfrac{x}{y}$,$v=3x-2y$

(4) $z=xf(u,v)$,而 $u=x^2-y^2$,$v=xy$

26. 求下列函数的全导数:

(1) $z=\mathrm{e}^{x-2y}$,而 $x=\sin t$,$y=t^3$

(2) $z=\arcsin(x-y)$,而 $x=3t$,$y=4t^3$

27. 设 $u=\dfrac{\mathrm{e}^{ax}(y-z)}{a^2+1}$,而 $y=a\sin x$,$z=\cos x$,求 $\dfrac{\mathrm{d}u}{\mathrm{d}x}$。

28. 设 $u=xy+yz+zx$,而 $x=\dfrac{1}{t}$,$y=\mathrm{e}^t$,$z=\mathrm{e}^{-t}$,求 $\dfrac{\mathrm{d}u}{\mathrm{d}t}$。

29. 求下列函数的一阶偏导数(其中 f 具有一阶连续偏导数)。

(1) $z=f(x^2-y^2,\mathrm{e}^{xy})$　　(2) $u=f(\dfrac{x}{y},\dfrac{y}{z})$　　(3) $u=f(x,xy,xyz)$

30. 设 $z=xy+xF(u)$,而 $u=\dfrac{y}{x}$,$F(u)$ 为可导函数,证明

$$x\frac{\partial z}{\partial x}+y\frac{\partial z}{\partial y}=z+xy$$

31. 将直径为200毫米,长度为600毫米的圆柱形钢料放在热炉中加热,直径增大的速率为0.08毫米/分,长度增大的速率为0.25毫米/分。求体积增大的速率。

32. 求由下列方程确定的隐函数中 y 对 x 的导数

(1) $xy+\ln x+\ln y=0$　　(2) $\ln\sqrt{x^2+y^2}=\arctan\dfrac{y}{x}$

33. 求由下列方程确定的隐函数 $z=f(x,y)$ 的一阶偏导数

(1) $\dfrac{x^2}{a^2}+\dfrac{y^2}{b^2}+\dfrac{z^2}{c^2}=1$　　(2) $\dfrac{x}{z}=\ln\dfrac{z}{y}$

(3) $z^2y-xz^3=1$　　(4) $x+2y+z=2\sqrt{xyz}$

34. 求由方程 $2xz-2xyz+\ln(xyz)=0$ 确定的隐函数 $z=f(x,y)$ 的全微分。

35. 设由方程 $F(x,y,z)=0$ 确定的函数 $x=x(y,z)$,$y=y(x,z)$,$z=z(x,y)$ 都有连续偏导数,验证

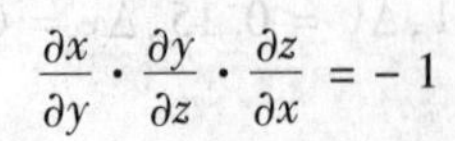

$$\frac{\partial x}{\partial y}\cdot\frac{\partial y}{\partial z}\cdot\frac{\partial z}{\partial x}=-1$$

36. 设 $u=f(r)$,而 $r=\sqrt{x^2+y^2+z^2}$,证明

(1) $\frac{\partial u}{\partial x}=\frac{x}{r}\cdot\frac{\mathrm{d}u}{\mathrm{d}r}$　　(2) $\frac{\partial^2 u}{\partial x^2}=\frac{1}{r}\left(1-\frac{x^2}{r^2}\right)\frac{\mathrm{d}u}{\mathrm{d}r}+\frac{x^2}{r^2}\frac{\mathrm{d}^2 u}{\mathrm{d}r^2}$

(3) $\frac{\partial^2 u}{\partial x^2}+\frac{\partial^2 u}{\partial y^2}+\frac{\partial^2 u}{\partial z^2}=\frac{2}{r}\cdot\frac{\mathrm{d}u}{\mathrm{d}r}+\frac{\mathrm{d}^2 u}{\mathrm{d}r^2}$

37. 求螺旋线 $x=2\cos t,y=2\sin t,z=3t$ 在由 $t=\frac{\pi}{6}$ 确定的点处的切线方程与法平面方程。

38. 求两柱面 $x^2+y^2=R^2$ 和 $x^2+z^2=R^2$ 的交线在点 $\left(\frac{R}{\sqrt{2}},\frac{R}{\sqrt{2}},\frac{R}{\sqrt{2}}\right)$ 的切线方程与法平面方程。

39. 求位于上半空间的椭球面 $\frac{x^2}{a^2}+\frac{y^2}{b^2}+\frac{z^2}{c^2}=1,z>0$ 在点 (x_0,y_0,z_0) 的切平面方程。

40. 在鞍形曲面 $z=xy$ 上求一点,使曲面在这点的法线垂直于平面 $x+3y+z+9=0$,并写出此法线方程。

41. 试证:曲面 $\sqrt{x}+\sqrt{y}+\sqrt{z}=\sqrt{a}$,$(a>0)$ 上任何点处的切平面在三条坐标轴上的截距之和都等于 a。

42. 求下列函数的极值

(1) $f(x,y)=4(x-y)-x^2-y^2$　　(2) $f(x,y)=(6x-x^2)(4y-y^2)$

(3) $f(x,y)=\mathrm{e}^{2x}(x+y^2+2y)$

43. 求下列函数的条件极值

(1) $z=xy$,附加条件 $x+y=1$　　(2) $u=x-2y+2z$,附加条件 $x^2+y^2+z^2=1$

44. 用面积为108平方米的不锈钢板,制造形状为长方体的水池,求使水池容积最大时各边的尺寸。

45. 一圆柱体由周长为 p 的矩形绕其一边旋转而成。当矩形的边长各为多少时,此圆柱体的体积最大。

46. 有一下半部为圆柱体,上半部为圆锥体的帐篷,设它的底面半径为 R,圆柱体高为 H,圆锥体高为 h。设体积为定值 V,证明:当 $R=\sqrt{5}H,h=2H$ 时,最省材料。

47. 为了从水层提取三次酸,将苯的总体积 V 分成 x、y、z 三份,要使苯的一定用量得到完全提取,应使

$$u=(a+kx)(a+ky)(a+kz)$$

为最大。求出 x、y、z 间有何关系时,u 值才能最大。

48. 设观测变量 x、y 得下列数据:

i	1	2	3	4	5	6	7	8
x_i	1	2	3	4	5	6	7	8
y_i	27.0	26.8	26.5	26.3	26.1	25.7	25.3	24.8

试求 y 对 x 的经验公式 $y=ax+b$。

49. 已知在血液透析中,肝素用量 D 与活化全血凝固时间 t 有线性关系。现测得不同剂量的活化全血凝固时间数据,列表如下:

i	1	2	3	4	5	6
D_i	3	6	8	10	12	15
t_i	155	178	198	225	236	268

试求 t 对 D 的经验公式。

（缪素芬）

笔记

第八章 多元函数积分法

1. 掌握:二重积分的计算方法(直角坐标系、极坐标系);广义二重积分的计算方法;对弧长的曲线积分的计算方法;对坐标的曲线积分的计算方法。

2. 熟悉:二重积分的概念,性质和几何意义;二重积分在几何、物理学中的某些应用。

3. 了解:格林公式;曲线积分与路径无关的条件。

在一元函数积分学中我们知道,定积分是某种确定形式和的极限,将这种和的极限的概念推广到定义在区域、曲线及曲面上多元函数的情形,便得到重积分、曲线积分及曲面积分的概念。本章主要介绍多元函数积分学中的二重积分、广义二重积分、对弧长的曲线积分、对坐标的曲线积分以及它们的计算方法和应用。

第一节 二重积分

一、二重积分的概念

(一) 引入二重积分的两个实际问题

引例 8-1 曲顶柱体的体积

以二元连续函数 $z = f(x,y)$ 所表示的曲面为顶($f(x,y) \geqslant 0$),xOy 坐标面上的有界闭区域 D 为底,以区域 D 的边界为准线而母线平行于 z 轴的柱面为侧面所围成的柱体称为曲顶柱体(图 8-1)。现在我们来求这个曲顶柱体的体积。

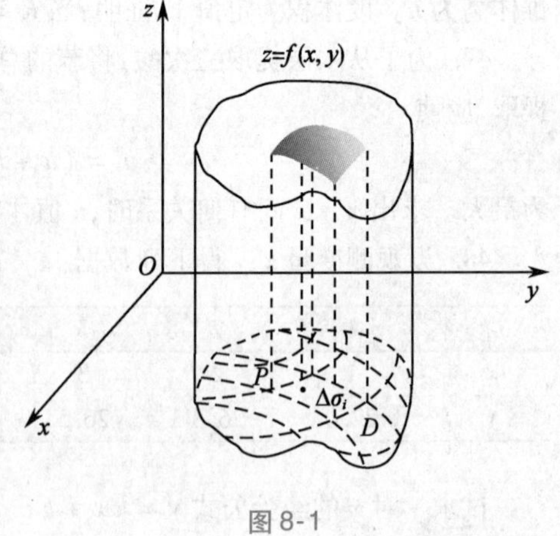

图 8-1

分析 如果 $z = f(x,y) = k$(常数),则为一平顶柱体,它的体积可以用底面积乘以高来计算。但曲顶柱体的顶是一曲面,其高度 $z = f(x,y)$ 是个变量,故其体积不能直接计算。当底面直径很小时,其高度 $z = f(x,y)$ 的变化也很小,可把曲顶柱体近似地看成平顶柱体,类似于求曲边梯形的面积,我们采用"分割、近似代替、求和、取极限"的方法来解决该问题。

解 先把区域 D 用任意曲线分成 n 个小区域 $\Delta\sigma_1,\Delta\sigma_2,\cdots,\Delta\sigma_n$,并用这些记号 $\Delta\sigma_i$($i = 1,2,3,\cdots,n$)表示各个小区域的面积,分别以每个小区域的边界为准线,作母线平行于 z 轴的柱面,这样就把整个曲顶柱体分成了 n 个小曲顶柱体。

然后在每个小区域 $\Delta\sigma_i$ 内任取一点(ξ_i,η_i)($i = 1,2,3,\cdots,n$),以小区域 $\Delta\sigma_i$ 作为底面积,以函数值 $f(\xi_i,\eta_i)$ 为高,就得到每个小曲顶柱体体积的近似值 $f(\xi_i,\eta_i)\Delta\sigma_i$,从而整个曲顶柱体体积的近似值为

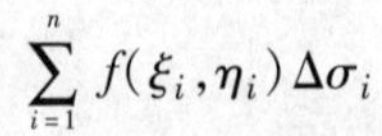

$$\sum_{i=1}^{n} f(\xi_i,\eta_i)\Delta\sigma_i$$

当小区域直径（区域的直径是指区域上任意两点距离的最大值）的最大值 λ 趋于零时，若上述和式极限存在，该极限值就是所求曲顶柱体的体积 V，即

$$V=\lim_{\lambda\to0}\sum_{i=1}^{n}f(\xi_i,\eta_i)\Delta\sigma_i$$

引例 8-2　平面薄片的质量

设有一平面薄片在 xOy 平面上占有区域 D，它在点（x,y）处的面密度为 $\mu(x,y)$［$\mu(x,y)\geqslant0$ 且在 D 上连续］，现求该薄片的质量 M。

分析　如果薄片的密度分布是均匀的，即密度是一个常数，则薄片的质量为密度与区域 D 面积的乘积。如果密度不是均匀的，而是区域 D 上的连续函数 $\mu(x,y)\geqslant0$，为了计算该薄片的质量 M，可以采用类似于上述求曲顶柱体体积的方法。

解　先把薄片（相当于区域 D）分成 n 小块 $\Delta\sigma_1,\Delta\sigma_2,\cdots,\Delta\sigma_n$，在每小块 $\Delta\sigma_i$ 上任取一点（ξ_i,η_i），该点的密度为 $\mu(\xi_i,\eta_i)$（图 8-2），则第 i 小块质量的近似值为 $\mu(\xi_i,\eta_i)\Delta\sigma_i$（$i=1,2,3,\cdots,n$），整块薄片的质量可以用和式

$$\sum_{i=1}^{n}\mu(\xi_i,\eta_i)\Delta\sigma_i$$

来近似表示。显然，当这些小区域直径的最大值 λ 趋于零时，若此和式的极限存在，该极限值即为所求薄片的质量 M，即

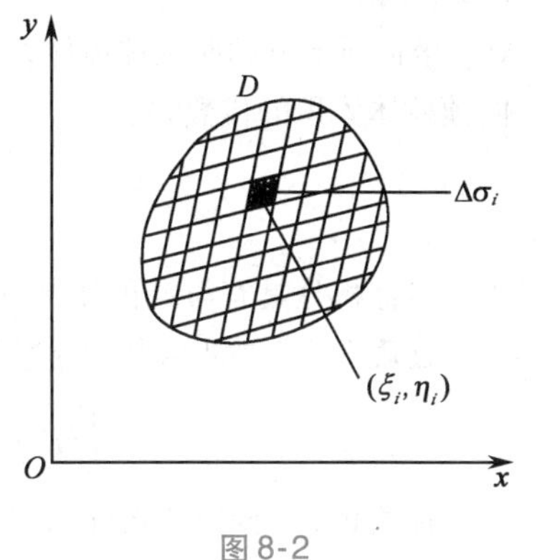

图 8-2

$$M=\lim_{\lambda\to0}\sum_{i=1}^{n}\mu(\xi_i,\eta_i)\Delta\sigma_i$$

（二）二重积分的定义

上述两个具体问题的实际意义虽然不同，但解决问题的思想和方法却是一致的，都归结为求同一形式的和式的极限。由于在物理及其他科学领域中，许多量的计算都归结为这种和式的极限，为此从这类问题的研究中抽象出二重积分的定义。

定义 8-1　设二元函数 $z=f(x,y)$ 在有界闭区域 D 上有定义，将区域 D 任意分成 n 个小区域 $\Delta\sigma_1,\Delta\sigma_2,\cdots,\Delta\sigma_n$，并用 $\Delta\sigma_i$（$i=1,2,3,\cdots,n$）表示第 i 个小区域，也表示该小区域的面积。在每个小区域 $\Delta\sigma_i$ 上任取一点（ξ_i,η_i），以小区域 $\Delta\sigma_i$ 作为底面积，作乘积 $f(\xi_i,\eta_i)\Delta\sigma_i$，并作和式 $\sum\limits_{i=1}^{n}f(\xi_i,\eta_i)\Delta\sigma_i$。当这 n 个小区域直径的最大值 λ 趋于零时，若此和式极限存在，则称此极限值为函数 $z=f(x,y)$ 在有界闭区域 D 上的二重积分（double integral），记作

$$\iint_D f(x,y)\mathrm{d}\sigma=\lim_{\lambda\to0}\sum_{i=1}^{n}f(\xi_i,\eta_i)\Delta\sigma_i \tag{8-1}$$

其中 $f(x,y)$ 称为被积函数，“$\iint_D$”称为二重积分号，$f(x,y)\mathrm{d}\sigma$ 称为被积表达式，$\mathrm{d}\sigma$ 称为面积元素（element of area），x、y 称为积分变量，D 称为积分区域（domain of integration）。

由二重积分的定义可知，二重积分的值与积分区域 D 的分法无关。在直角坐标系下，可以用分别平行于坐标轴的直线来分割区域 D，除了包含边界的一些小区域外，其余小区域都是矩形，其面积为 $\Delta\sigma_i=\Delta x_i\Delta y_i$。因此在直角坐标系下，面积元素 $\mathrm{d}\sigma$ 就可以写成 $\mathrm{d}x\mathrm{d}y$，而把二重积分记作

$$\iint_D f(x,y)\mathrm{d}x\mathrm{d}y \tag{8-2}$$

需要指出，当函数 $f(x,y)$ 在有界闭区域 D 上连续时，二重积分 $\iint_D f(x,y)\mathrm{d}\sigma$ 必存在，这时也称 $f(x,y)$ 在有界闭区域 D 上可积。

根据二重积分的定义，曲顶柱体的体积

笔记

$$V = \iint_D f(x,y)\,\mathrm{d}\sigma$$

而平面薄片的质量

$$M = \iint_D \mu(x,y)\,\mathrm{d}\sigma$$

二重积分的几何意义：由于被积函数 $f(x,y)$ 可解释为曲顶柱体在点 (x,y) 处的竖坐标，因此，当 $f(x,y) \geqslant 0$ 时，二重积分的几何意义就是此曲顶柱体的体积。当 $f(x,y) \leqslant 0$ 时，曲顶柱体在 xOy 坐标面下方，二重积分的值是负的，其绝对值等于曲顶柱体的体积。如果 $f(x,y)$ 在区域 D 的一部分上是正的，而在其余部分是负的，可以把 xOy 坐标面上方的曲顶柱体体积取成正，xOy 坐标面下方的曲顶柱体体积取为负，则函数 $f(x,y)$ 在区域 D 上二重积分就等于这些区域上曲顶柱体体积的代数和。

二、二重积分的性质

二重积分具有与定积分类似的性质，下面给出这些性质，并假设所给出的函数都可积。

性质 8-1 被积函数的常数因子可以提到二重积分号的外面，即

$$\iint_D kf(x,y)\,\mathrm{d}\sigma = k\iint_D f(x,y)\,\mathrm{d}\sigma \quad (k\text{ 为常数})$$

性质 8-2 函数代数和的二重积分等于各函数二重积分的代数和，即

$$\iint_D [f(x,y) \pm g(x,y)]\,\mathrm{d}\sigma = \iint_D f(x,y)\,\mathrm{d}\sigma \pm \iint_D g(x,y)\,\mathrm{d}\sigma$$

性质 8-3 若定义在闭区域 D 上的函数 $f(x,y) = 1$，σ 为 D 的面积，则

$$\iint_D \mathrm{d}\sigma = \sigma$$

从几何意义上来讲，此性质是很明显的。因为高为 1 的平顶柱体的体积在数值上等于该柱体的底面积。

性质 8-4 （对积分区域的可加性） 若将闭区域 D 分成两个闭区域 D_1 和 D_2，则在区域 D 上的二重积分等于在区域 D_1 与 D_2 上的二重积分的和，即

$$\iint_D f(x,y)\,\mathrm{d}\sigma = \iint_{D_1} f(x,y)\,\mathrm{d}\sigma + \iint_{D_2} f(x,y)\,\mathrm{d}\sigma$$

此性质可以推广到有限个闭区域的情形。

性质 8-5 若在闭区域 D 上 $f(x,y) \leqslant g(x,y)$，则有

$$\iint_D f(x,y)\,\mathrm{d}\sigma \leqslant \iint_D g(x,y)\,\mathrm{d}\sigma$$

特别地，由于

$$-|f(x,y)| \leqslant f(x,y) \leqslant |f(x,y)|$$

故有不等式

$$\left|\iint_D f(x,y)\,\mathrm{d}\sigma\right| \leqslant \iint_D |f(x,y)|\,\mathrm{d}\sigma$$

性质 8-6 设 M、m 分别是函数 $f(x,y)$ 在有界闭区域 D 上的最大值和最小值，则有

$$m\sigma \leqslant \iint_D f(x,y)\,\mathrm{d}\sigma \leqslant M\sigma$$

其中 σ 为积分区域 D 的面积。

性质 8-7 （二重积分的中值定理）设函数 $f(x,y)$ 在有界闭区域 D 上连续，σ 为区域 D 的面积，则在区域 D 上至少存在一点 (ξ,η)，使得

$$\iint_D f(x,y)\,\mathrm{d}\sigma = f(\xi,\eta)\cdot\sigma$$

二重积分中值定理的几何意义就是：对于任意一个曲顶柱体，必存在一个与它体积相等的

平顶柱体，该平顶柱体以曲顶柱体的底为底、底面上某点处的高为高。

三、二重积分的计算

与一元函数的定积分类似，根据定义计算二重积分一般来说是非常困难的。下面借助它的几何意义将二重积分的计算转化成两次定积分来计算。

（一）直角坐标系下二重积分的计算方法

设非负的二元连续函数 $z=f(x,y)$ 定义在由连续曲线 $y=\varphi_1(x)$，$y=\varphi_2(x)$ 及直线 $x=a$，$x=b$ 围成的有界闭区域 D 上（图 8-3），区域 D 也可以用不等式表示为

$$D:\begin{cases}a\leqslant x\leqslant b\\ \varphi_1(x)\leqslant y\leqslant\varphi_2(x)\end{cases}$$

从而二重积分 $\iint\limits_D f(x,y)\mathrm{d}x\mathrm{d}y$ 的值等于以积分区域 D 为底，以曲面 $z=f(x,y)$ 为顶的曲顶柱体的体积（图 8-4）。现用定积分（已知平行截面面积求立体体积）的方法来求该柱体的体积。

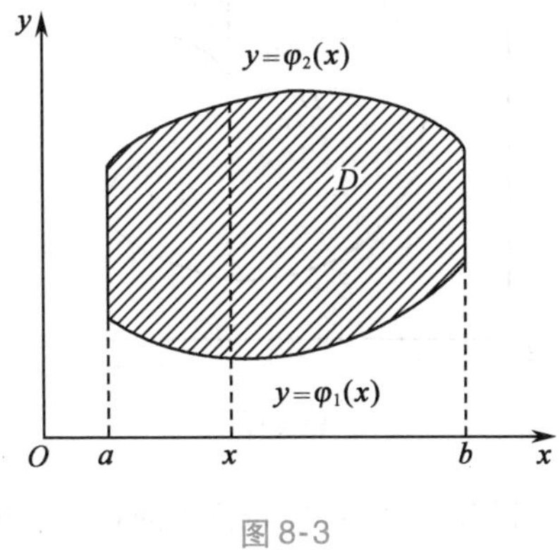

图 8-3

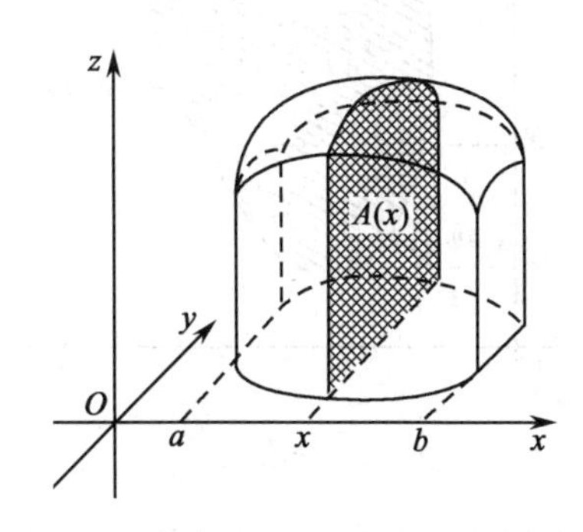

图 8-4

先用经过区间 $[a,b]$ 上任意一点 x 处的平行于 yOz 坐标面的平面去截曲顶柱体，设所得截面面积为 $A(x)$，该截面是以区间 $[\varphi_1(x),\varphi_2(x)]$ 为底，曲线 $z=f(x,y)$（对固定的 x，它是 y 的一元函数）为曲边的曲边梯形（图 8-4 中的阴影部分），由定积分可知

$$A(x)=\int_{\varphi_1(x)}^{\varphi_2(x)}f(x,y)\mathrm{d}y$$

此式中被积函数 $f(x,y)$ 对 y 积分时，视 x 为常数。由于 x 的变化范围是从 a 到 b，因此，将截面积 $A(x)$ 从 a 到 b 积分，便得曲顶柱体的体积 V，即

$$V=\int_a^b A(x)\mathrm{d}x=\int_a^b\left[\int_{\varphi_1(x)}^{\varphi_2(x)}f(x,y)\mathrm{d}y\right]\mathrm{d}x$$

所以，对于一般的连续函数 $z=f(x,y)$，当积分区域
$D=\{(x,y)\mid a\leqslant x\leqslant b,\varphi_1(x)\leqslant y\leqslant\varphi_2(x)\}$ 时，有计算公式

$$\iint\limits_D f(x,y)\mathrm{d}x\mathrm{d}y=\int_a^b\left[\int_{\varphi_1(x)}^{\varphi_2(x)}f(x,y)\mathrm{d}y\right]\mathrm{d}x$$

上式又常记为

$$\iint\limits_D f(x,y)\mathrm{d}x\mathrm{d}y=\int_a^b\mathrm{d}x\int_{\varphi_1(x)}^{\varphi_2(x)}f(x,y)\mathrm{d}y \tag{8-3}$$

并称它为先 y 后 x 的二次积分（或累次积分）。

当积分区域 $D=\{(x,y)\mid c\leqslant y\leqslant d,\psi_1(y)\leqslant x\leqslant\psi_2(y)\}$ 时（图 8-5），完全类似地得到另一种积分次序的计算公式

$$\iint\limits_D f(x,y)\mathrm{d}x\mathrm{d}y=\int_c^d\mathrm{d}y\int_{\psi_1(y)}^{\psi_2(y)}f(x,y)\mathrm{d}x \tag{8-4}$$

称(8-4)式为先 x 后 y 的二次积分。

若积分区域 D 同时可用上述两种方式表示时，则同一个二重积分可以表示成两种不同次序的二次积分，即有

$$\iint_D f(x,y)\,dxdy = \int_a^b dx\int_{\varphi_1(x)}^{\varphi_2(x)} f(x,y)\,dy = \int_c^d dy\int_{\psi_1(y)}^{\psi_2(y)} f(x,y)\,dx \tag{8-5}$$

值得注意的是，在应用公式(8-5)时，积分区域 D 必须满足条件：穿过区域 D 内部且平行于 y 轴（或 x 轴）的直线与区域 D 的边界相交不多于两点。若区域 D 不满足此条件，可把区域 D 分为若干个部分区域（图 8-6），使每个区域都满足这个条件，对于各个区域可分别计算，然后由积分区域的可加性，得

$$\iint_D f(x,y)\,dxdy = \iint_{D_1} f(x,y)\,dxdy + \iint_{D_2} f(x,y)\,dxdy + \iint_{D_3} f(x,y)\,dxdy$$

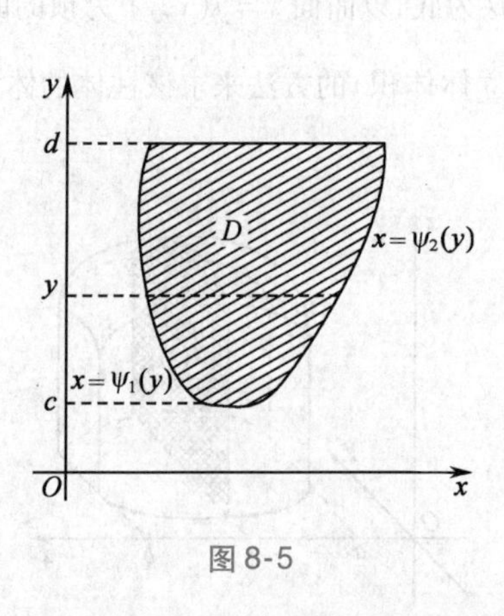

图 8-5

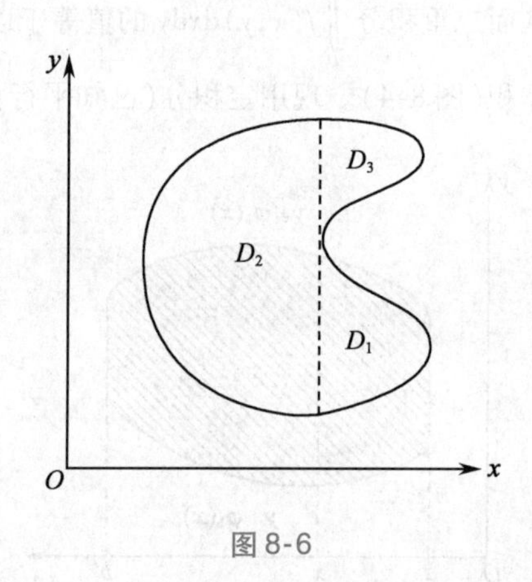

图 8-6

二重积分化为二次积分计算时，关键在于如何根据积分区域 D，选择适当的积分次序并确定其积分限。一般来说，第一次积分的积分限是第二次积分的积分变量的函数。

特别地，当积分区域 D 为矩形区域

$$D = \{(x,y)\mid a \leqslant x \leqslant b, c \leqslant y \leqslant d\}$$

时，其中 a,b,c,d 均为常数，有

$$\iint_D f(x,y)\,dxdy = \int_a^b dx\int_c^d f(x,y)\,dy = \int_c^d dy\int_a^b f(x,y)\,dx$$

此时，若被积函数 $f(x,y) = F(x)\cdot G(y)$，则函数 $f(x,y)$ 在矩形区域 D 上的二重积分等于这两个函数定积分的乘积，即

$$\iint_D f(x,y)\,dxdy = \int_a^b F(x)\,dx \cdot \int_c^d G(y)\,dy$$

更特殊地，当被积函数满足 $f(x,y) = \varphi(x)\cdot\varphi(y)$，且积分区域 D 为正方形区域 $D = \{(x,y)\mid a \leqslant x \leqslant b, a \leqslant y \leqslant b\}$ 时，有

$$\iint_D f(x,y)\,dxdy = \left[\int_a^b \varphi(x)\,dx\right]^2$$

例 8-1 计算二重积分 $\iint_D \left(1 - \frac{x}{3} - \frac{y}{4}\right)dxdy$，其中 $D = \{(x,y)\mid |x| \leqslant 1, |y| \leqslant 2\}$。

解 转化为先对 x 后对 y 的二次积分。由于二次积分对应的积分区间都是对称区间，积分时可利用奇偶函数的定积分在对称区间上的性质。

$$\iint_D \left(1 - \frac{x}{3} - \frac{y}{4}\right)dxdy = \int_{-2}^2 dy\int_{-1}^1 \left(1 - \frac{x}{3} - \frac{y}{4}\right)dx = \int_{-2}^2 dy\int_{-1}^1 \left(1 - \frac{y}{4}\right)dx$$

$$= \int_{-2}^2 \left[x - \frac{y}{4}x\right]\Big|_{-1}^1 dy = \int_{-2}^2 \left(2 - \frac{y}{2}\right)dy = \int_{-2}^2 2dy = 8$$

同样，也可转化为先对 y 后对 x 的二次积分，即

$$\iint_D \left(1-\frac{x}{3}-\frac{y}{4}\right)\mathrm{d}x\mathrm{d}y = \int_{-1}^{1}\mathrm{d}x\int_{-2}^{2}\left(1-\frac{x}{3}-\frac{y}{4}\right)\mathrm{d}y = \int_{-1}^{1}\left[y-\frac{x}{3}y\right]\Big|_{-2}^{2}\mathrm{d}x$$

$$= \int_{-1}^{1}\left(4-\frac{4}{3}x\right)\mathrm{d}x = \int_{-1}^{1}4\mathrm{d}x = 8$$

两种不同积分次序的结果是相同的。

例 8-2　计算二重积分 $\iint_D xy\mathrm{d}x\mathrm{d}y$，其中 D 是由直线 $x=1, y=2$ 及 $y=x$ 所围成的闭区域。

解　在直角坐标系中画出积分区域 D（图 8-7），由图得 $1\leqslant x\leqslant 2, x\leqslant y\leqslant 2$，此时有

$$\iint_D xy\mathrm{d}x\mathrm{d}y = \int_1^2\mathrm{d}x\int_x^2 xy\mathrm{d}y = \int_1^2\left[\frac{x}{2}y^2\right]\Big|_x^2\mathrm{d}x = \int_1^2\left(2x-\frac{1}{2}x^3\right)\mathrm{d}x = \left[x^2-\frac{1}{8}x^4\right]\Big|_1^2 = \frac{9}{8}$$

同样，本题也可先 x 后 y 的积分，即

$$\iint_D xy\mathrm{d}x\mathrm{d}y = \int_1^2\mathrm{d}y\int_1^y xy\mathrm{d}x = \int_1^2\left[\frac{y}{2}x^2\right]\Big|_1^y\mathrm{d}y = \int_1^2\left(\frac{y^3}{2}-\frac{y}{2}\right)\mathrm{d}y = \left[\frac{1}{8}y^4-\frac{1}{4}y^2\right]\Big|_1^2 = \frac{9}{8}$$

例 8-3　计算二重积分 $\iint_D xy\mathrm{d}x\mathrm{d}y$，其中积分区域

$$D = \{(x,y)\mid 1\leqslant x\leqslant 2, x^2\leqslant y\leqslant 2x\}$$

解　积分区域 D 的形状如图 8-8 所示，

$$\iint_D xy\mathrm{d}x\mathrm{d}y = \int_1^2\mathrm{d}x\int_{x^2}^{2x}xy\mathrm{d}y = \int_1^2\left(\frac{x}{2}y^2\right)\Big|_{x^2}^{2x}\mathrm{d}x = \int_1^2\left(2x^3-\frac{1}{2}x^5\right)\mathrm{d}x$$

$$= \left[\frac{1}{2}x^4-\frac{1}{12}x^6\right]\Big|_1^2 = \frac{9}{4}。$$

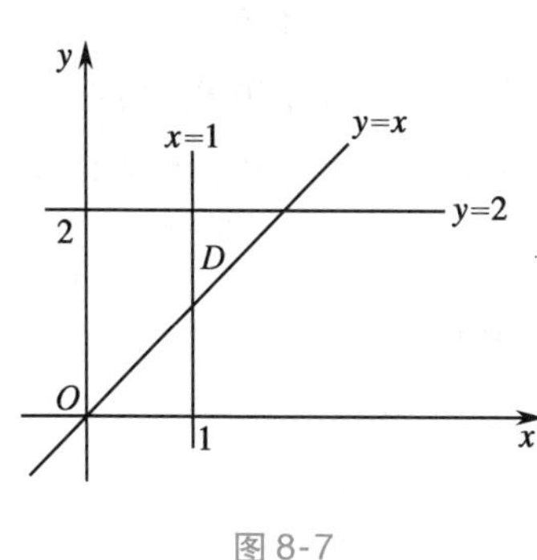

图 8-7

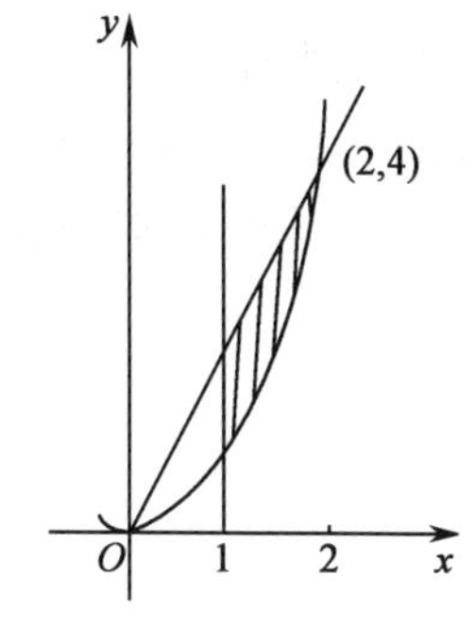

图 8-8

本题若按先 x 后 y 的次序设定积分限，需将积分区域 D 分成两个区域 D_1、D_2，分别表示成为

$$D_1 = \{(x,y)\mid 1\leqslant y\leqslant 2, 1\leqslant x\leqslant \sqrt{y}\},$$

$$D_2 = \{(x,y)\mid 2\leqslant y\leqslant 4, \frac{y}{2}\leqslant x\leqslant \sqrt{y}\}。$$

利用积分区域的可加性，则有

$$\iint_D xy\mathrm{d}x\mathrm{d}y = \int_1^2\mathrm{d}y\int_1^{\sqrt{y}}xy\mathrm{d}x + \int_2^4\mathrm{d}y\int_{\frac{y}{2}}^{\sqrt{y}}xy\mathrm{d}x = \int_1^2\left[\frac{y}{2}x^2\right]\Big|_1^{\sqrt{y}}\mathrm{d}y + \int_2^4\left[\frac{y}{2}x^2\right]\Big|_{\frac{y}{2}}^{\sqrt{y}}\mathrm{d}y$$

$$= \int_1^2\left(\frac{1}{2}y^2-\frac{1}{2}y\right)\mathrm{d}y + \int_2^4\left(\frac{1}{2}y^2-\frac{1}{8}y^3\right)\mathrm{d}y = \frac{9}{4}$$

这样计算就比较麻烦。

例 8-4　计算二重积分 $\iint_D \mathrm{e}^{-y^2}\mathrm{d}x\mathrm{d}y$，其中 D 是由直线 $x=0, y=1$ 及 $y=x$ 所围成的闭区域。

解　积分区域 D 如图 8-9 所示，若先 y 后 x 的积分，二重积分

$$\iint_D e^{-y^2}dxdy = \int_0^1 dx\int_x^1 e^{-y^2}dy$$

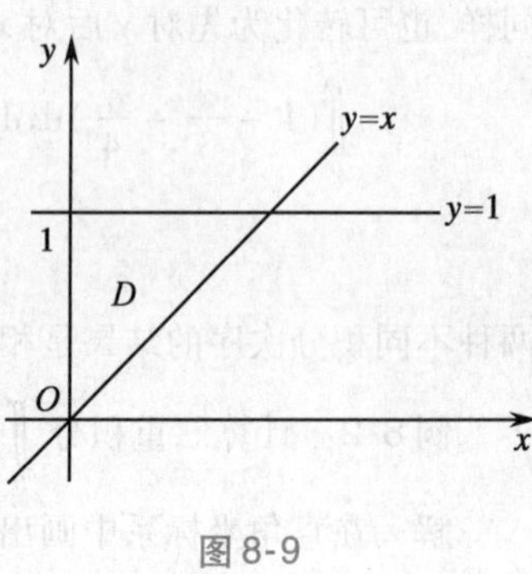

图 8-9

其中对 y 的积分,无法求出原函数,故改为先 x 后 y 的积分,即

$$\iint_D e^{-y^2}dxdy = \int_0^1 dy\int_0^y e^{-y^2}dx = \int_0^1 (e^{-y^2}x)\big|_0^y dy$$

$$= \int_0^1 ye^{-y^2}dy = \left[-\frac{1}{2}e^{-y^2}\right]\Big|_0^1 = \frac{1}{2}\left(1-\frac{1}{e}\right)$$

由上述几个例题说明,二重积分的值虽然不依赖于积分次序的选取,但积分次序有时会影响到二重积分计算的繁简,甚至在某些情况下,无法求其结果。所以在计算二重积分时,既要根据积分区域的形状,又要考虑到被积函数的具体情况来确定积分次序。

例 8-5 更换二重积分 $I = \int_0^1 dx\int_{-\sqrt{x}}^{\sqrt{x}} f(x,y)dy + \int_1^4 dx\int_{x-2}^{\sqrt{x}} f(x,y)dy$ 的积分次序。

解 由二次积分的积分限,用不等式分别表示出两个积分区域 D_1、D_2,

$$D_1:\begin{cases}0\leqslant x\leqslant 1\\ -\sqrt{x}\leqslant y\leqslant\sqrt{x}\end{cases}\qquad D_2:\begin{cases}1\leqslant x\leqslant 4\\ x-2\leqslant y\leqslant\sqrt{x}\end{cases}$$

在同一坐标系中画出积分区域 D_1、D_2 的图形(图 8-10),它是由抛物线及直线所围成。将所给的二次积分次序更换成先 x 后 y 的积分,积分区域 D 可表示为

$$D:\begin{cases}-1\leqslant y\leqslant 2\\ y^2\leqslant x\leqslant y+2\end{cases}$$

于是有 $I = \int_0^1 dx\int_{-\sqrt{x}}^{\sqrt{x}} f(x,y)dy + \int_1^4 dx\int_{x-2}^{\sqrt{x}} f(x,y)dy = \int_{-1}^2 dy\int_{y^2}^{y+2} f(x,y)dx$

例 8-6 求由曲面 $z = 1-4x^2-y^2$ 与平面 $z=0$ 所围成的立体体积。

解 曲面 $z=1-4x^2-y^2$ 为开口向下的椭圆抛物面,其顶点坐标为 $(0,0,1)$,它与平面 $z=0$,即 xOy 坐标面所围成的立体形状如图 8-11 所示,由于该立体关于 xOz 及 yOz 坐标面对称,因此所求立体体积

$$V = 4\iint_D (1-4x^2-y^2)dxdy$$

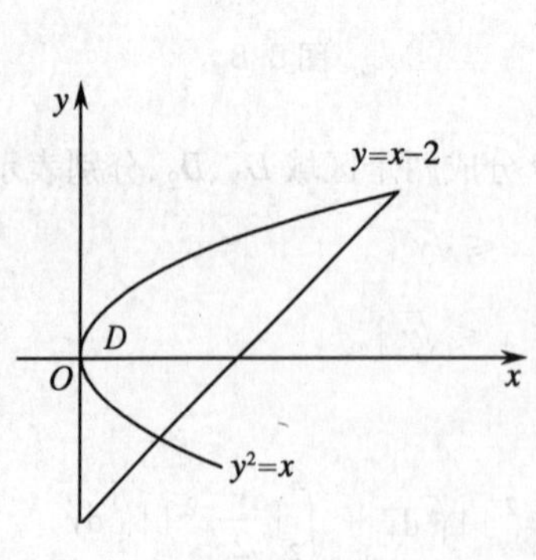

图 8-10

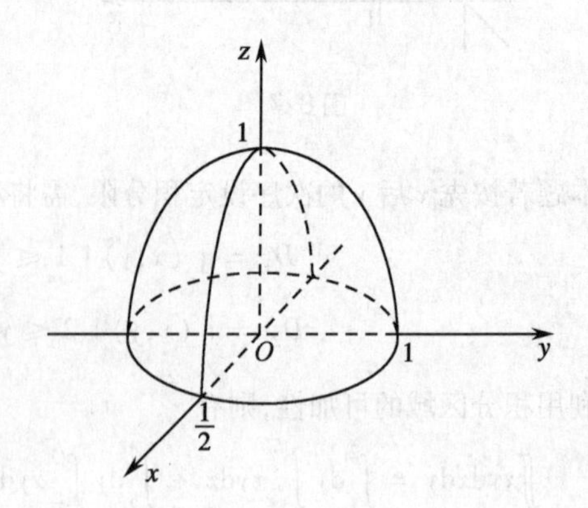

图 8-11

其中积分区域 D 是由 xOy 坐标面上的直线 $x=0$, $y=0$ 及椭圆曲线 $4x^2+y^2=1$ 在第一象限所围成的闭区域(图 8-11),所以

$$V = 4\iint_D (1-4x^2-y^2)dxdy = 4\int_0^{\frac{1}{2}}dx\int_0^{\sqrt{1-4x^2}}(1-4x^2-y^2)dy$$

$$= 4\int_0^{\frac{1}{2}}\left[(1-4x^2)y-\frac{1}{3}y^3\right]\Big|_0^{\sqrt{1-4x^2}}dx = \frac{8}{3}\int_0^{\frac{1}{2}}(1-4x^2)^{\frac{3}{2}}dx$$

作三角函数代换 $x=\frac{1}{2}\sin t$,则

$$V=\frac{8}{3}\cdot\frac{1}{2}\int_0^{\frac{\pi}{2}}\cos^4 t dt=\frac{4}{3}\int_0^{\frac{\pi}{2}}\left(\frac{1+\cos 2t}{2}\right)^2 dt=\frac{\pi}{4}$$

（二）极坐标系下二重积分的计算方法

对于有些形式的二重积分,利用直角坐标系计算可能会很困难,但在极坐标系下计算时往往比较简单。比如积分区域 D 由圆或圆弧围成,或被积函数具有 $f(x^2+y^2)$ 的形式,下面就来介绍这种计算方法。

在极坐标系中,用以极点为中心的一族同心圆 $r=r_i$（r_i 为常数）,以及过极点的一族射线 $\theta=\theta_i$（θ_i 为常数,并假定该射线与积分区域 D 的边界曲线相交不多于两点）,将积分区域 D 分割成若干小闭区域 $\Delta\sigma_i$（图 8-12）,此时,可将小闭区域近似地看作小矩形,故小闭区域的面积

$$\Delta\sigma_i \approx r_i\,\Delta r_i\,\Delta\theta_i$$

于是有极坐标系中的面积元素

$$d\sigma = r\,dr\,d\theta$$

再分别用 $x=r\cos\theta, y=r\sin\theta$ 替代被积函数 $f(x,y)$ 中的 x、y,这样二重积分在极坐标系中可表示为

$$\iint_D f(x,y)d\sigma = \iint_D f(r\cos\theta, r\sin\theta)r\,drd\theta$$

对于极坐标系下的二重积分,也需要化为二次积分来计算。但由于积分变量的改变,二次积分的积分限的确定方法与直角坐标系中也有所不同。下面分三种情况说明。

（1）极点不在积分区域内:设积分区域 D 的边界由曲线 $r=r_1(\theta), r=r_2(\theta)$ 及直线 $\theta=\alpha$, $\theta=\beta$ 构成（图 8-13）,则积分区域 D 用不等式表示为:$r_1(\theta)\leqslant r\leqslant r_2(\theta), \alpha\leqslant\theta\leqslant\beta$,得计算公式为

$$\iint_D f(r\cos\theta, r\sin\theta)rdrd\theta = \int_\alpha^\beta d\theta\int_{r_1(\theta)}^{r_2(\theta)} f(r\cos\theta, r\sin\theta)rdr$$

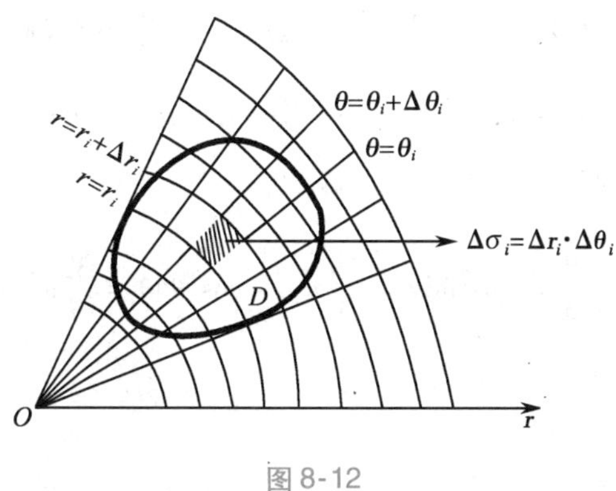

图 8-12

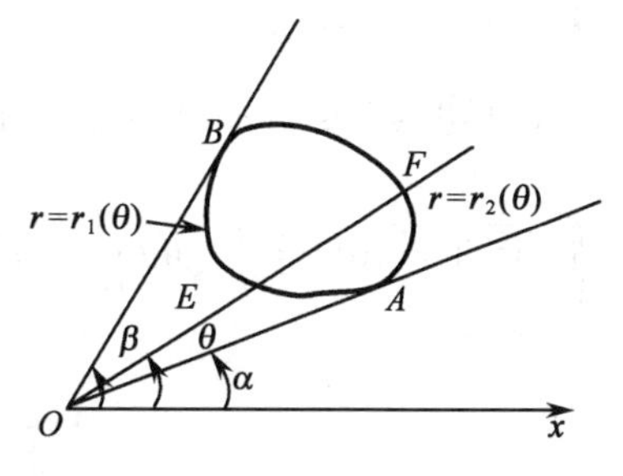

图 8-13

（2）极点在积分区域内:设积分区域 D 的边界曲线为 $r=r(\theta)$（$0\leqslant\theta\leqslant 2\pi$）（图 8-14）,则积分区域 D 为:$0\leqslant r\leqslant r(\theta), 0\leqslant\theta\leqslant 2\pi$,于是有计算公式

$$\iint_D f(r\cos\theta, r\sin\theta)rdrd\theta = \int_0^{2\pi} d\theta\int_0^{r(\theta)} f(r\cos\theta, r\sin\theta)rdr$$

（3）极点在积分区域的边界上（图 8-15）,即积分区域 D 为:$0\leqslant r\leqslant r(\theta), \alpha\leqslant\theta\leqslant\beta$。则有

$$\iint_D f(r\cos\theta, r\sin\theta)rdrd\theta = \int_\alpha^\beta d\theta\int_0^{r(\theta)} f(r\cos\theta, r\sin\theta)rdr$$

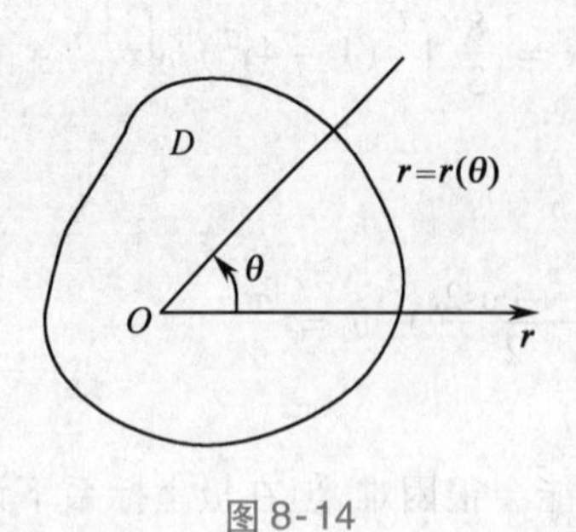

图 8-14

图 8-15

特别地，当被积函数 $f(r\cos\theta, r\sin\theta)=1$ 时，二重积分的值就等于积分区域 D 的面积 σ。此时，如果积分区域 D 为：$r_1(\theta)\leqslant r\leqslant r_2(\theta)$，$\alpha\leqslant\theta\leqslant\beta$，则有

$$\sigma=\iint_D r\mathrm{d}r\mathrm{d}\theta=\int_\alpha^\beta\mathrm{d}\theta\int_{r_1(\theta)}^{r_2(\theta)}r\mathrm{d}r=\frac{1}{2}\int_\alpha^\beta[r_2^2(\theta)-r_1^2(\theta)]\mathrm{d}\theta$$

若在上式中令 $r_1(\theta)=0$，$r_2(\theta)=r(\theta)$，则得到

$$\sigma=\frac{1}{2}\int_\alpha^\beta r^2(\theta)\mathrm{d}\theta$$

这是在极坐标系下用定积分求平面图形面积的计算公式。

例 8-7 计算二重积分 $\iint\limits_D \mathrm{e}^{-x^2-y^2}\mathrm{d}\sigma$ 其中 D 为圆域 $x^2+y^2\leqslant a^2$。

解 在极坐标系中，圆域 D 可表示成 $0\leqslant r\leqslant a$，$0\leqslant\theta\leqslant 2\pi$，故

$$\iint_D \mathrm{e}^{-x^2-y^2}\mathrm{d}\sigma=\iint_D \mathrm{e}^{-r^2}r\mathrm{d}r\mathrm{d}\theta=\int_0^{2\pi}\mathrm{d}\theta\int_0^a\mathrm{e}^{-r^2}r\mathrm{d}r=\pi(1-\mathrm{e}^{-a^2})$$

例 8-8 计算二重积分 $I=\int_{-2}^2\mathrm{d}x\int_{-\sqrt{4-x^2}}^{\sqrt{4-x^2}}y^2\mathrm{d}y-\int_{-1}^1\mathrm{d}x\int_{-\sqrt{1-x^2}}^{\sqrt{1-x^2}}y^2\mathrm{d}y$。

解 若直接积分会遇到无理函数，计算比较麻烦。先由二次积分限得环形积分区域 D 为：$1\leqslant x^2+y^2\leqslant 4$，将直角坐标表示的积分区域 D 换成极坐标表示为：$1\leqslant r\leqslant 2$，$0\leqslant\theta\leqslant 2\pi$，则

$$I=\int_0^{2\pi}\mathrm{d}\theta\int_1^2 r^2\sin^2\theta\cdot r\mathrm{d}r=\int_0^{2\pi}\sin^2\theta\mathrm{d}\theta\int_1^2 r^3\mathrm{d}r=\int_0^{2\pi}\frac{1-\cos 2\theta}{2}\mathrm{d}\theta\int_1^2 r^3\mathrm{d}r=\frac{15}{4}\pi$$

例 8-9 计算二重积分 $\iint\limits_D\sqrt{x^2+y^2}\mathrm{d}x\mathrm{d}y$，其中 D 是由圆 $x^2+y^2=2ax$ 所围成的闭区域。

解 积分区域 D 如图 8-16，其边界曲线 $x^2+y^2=2ax$ 在极坐标系中表示为 $r=2a\cos\theta$，于是积分区域 D：$0\leqslant r\leqslant 2a\cos\theta$，$-\frac{\pi}{2}\leqslant\theta\leqslant\frac{\pi}{2}$，则

$$\iint_D\sqrt{x^2+y^2}\mathrm{d}x\mathrm{d}y=\int_{-\frac{\pi}{2}}^{\frac{\pi}{2}}\mathrm{d}\theta\int_0^{2a\cos\theta}r^2\mathrm{d}r=\int_{-\frac{\pi}{2}}^{\frac{\pi}{2}}\frac{8}{3}a^3\cos^3\theta\mathrm{d}\theta=\frac{16}{3}a^3\int_0^{\frac{\pi}{2}}\cos^3\theta\mathrm{d}\theta=\frac{32}{9}a^3$$

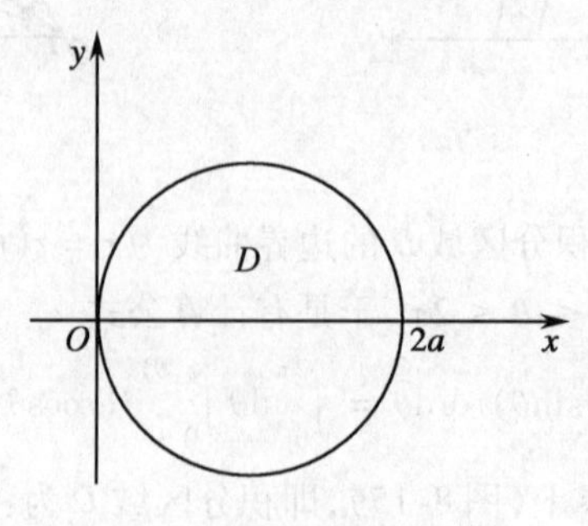

图 8-16

笔记

第二节　广义二重积分

上一节所述的二重积分，总是假设积分区域是有界闭区域及被积函数在积分区域内连续。本节我们讨论积分区域为无穷区域或被积函数在闭区域内有无穷间断点的情况。

定义 8-2　设二元函数 $z=f(x,y)$ 在无穷区域 D 上连续，在 D 内任取一个有界闭区域 R，若函数 $f(x,y)$ 在 R 上的二重积分 $I_R=\iint\limits_R f(x,y)\mathrm{d}\sigma$，当 $R\to D$ 时极限存在，则称该极限值为函数 $f(x,y)$ 在无穷区域 D 上的广义二重积分(improper double integral)，此时也称函数 $f(x,y)$ 在无穷区域 D 上的广义二重积分收敛(或存在)，记作

$$\iint\limits_D f(x,y)\mathrm{d}\sigma=\lim_{R\to D}I_R=\lim_{R\to D}\iint\limits_R f(x,y)\mathrm{d}\sigma$$

若极限不存在，则称函数 $f(x,y)$ 在无穷区域 D 上广义二重积分发散(或不存在)。

定义 8-3　设二元函数 $z=f(x,y)$ 在有界闭区域 D 内除去无穷间断点 $P_0(x_0,y_0)$ 外处处连续，并且 Δ 是 D 内包含点 P_0 的任意小区域，若函数 $f(x,y)$ 在区域 $D-\Delta$ 上的二重积分 $\iint\limits_{D-\Delta} f(x,y)\mathrm{d}\sigma$，当 Δ 无限缩小趋于点 P_0 时的极限存在，则称该极限值为函数 $f(x,y)$ 在区域 D 上的广义二重积分，记作

$$\iint\limits_D f(x,y)\mathrm{d}\sigma=\lim_{\Delta\to P_0}\iint\limits_{D-\Delta} f(x,y)\mathrm{d}\sigma$$

并称函数 $f(x,y)$ 在区域 D 上的广义二重积分收敛(或存在)。若极限不存在，则称函数 $f(x,y)$ 在区域 D 上广义二重积分发散(或不存在)。

例 8-10　计算广义二重积分 $\iint\limits_D \mathrm{e}^{-x^2-y^2}\mathrm{d}x\mathrm{d}y$，区域 D 为整个 xOy 平面。

解　在 xOy 平面上取一个半径为 a 的圆域 $R:x^2+y^2\leqslant a^2$，由例 8-7

$$\iint\limits_R \mathrm{e}^{-x^2-y^2}\mathrm{d}x\mathrm{d}y=\pi(1-\mathrm{e}^{-a^2})$$

则当 $a\to+\infty$ 时，即有 $R\to D$，于是

$$\iint\limits_D \mathrm{e}^{-x^2-y^2}\mathrm{d}x\mathrm{d}y=\lim_{R\to D}\iint\limits_R \mathrm{e}^{-x^2-y^2}\mathrm{d}x\mathrm{d}y=\lim_{a\to+\infty}\pi(1-\mathrm{e}^{-a^2})=\pi$$

例 8-11　计算广义积分 $\int_0^{+\infty}\mathrm{e}^{-x^2}\mathrm{d}x$。

解　由于被积函数 e^{-x^2} 的原函数不是初等函数，所以用一元函数的积分无法计算。为方便起见，令 $I=\int_0^a \mathrm{e}^{-x^2}\mathrm{d}x$，其中 a 是任意正数，再考虑正方形区域 $D=\{(x,y)\mid 0\leqslant x\leqslant a,0\leqslant y\leqslant a\}$ 上的二重积分 $\iint\limits_D \mathrm{e}^{-x^2-y^2}\mathrm{d}x\mathrm{d}y$，则

$$\iint\limits_D \mathrm{e}^{-x^2-y^2}\mathrm{d}x\mathrm{d}y=\int_0^a \mathrm{e}^{-x^2}\mathrm{d}x\int_0^a \mathrm{e}^{-y^2}\mathrm{d}y=\left(\int_0^a \mathrm{e}^{-x^2}\mathrm{d}x\right)^2=I^2$$

再令　$R_1=\{(x,y)\mid x^2+y^2\leqslant a^2,x\geqslant 0,y\geqslant 0\}$

$R_2=\{(x,y)\mid x^2+y^2\leqslant 2a^2,x\geqslant 0,y\geqslant 0\}$ (图 8-17)

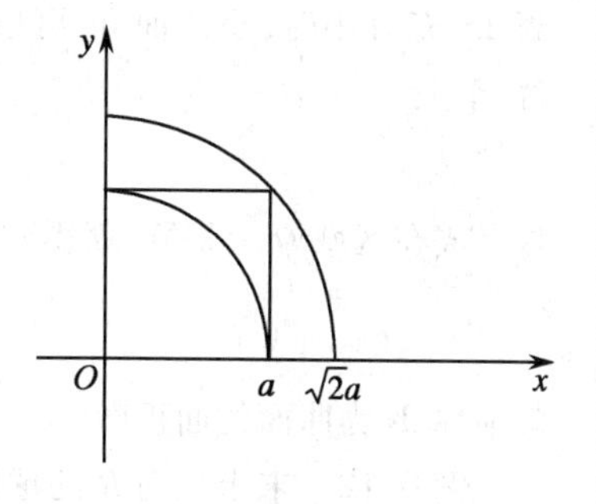

图 8-17

由于 $R_1\subseteq D\subseteq R_2$，$\mathrm{e}^{-x^2-y^2}\geqslant 0$，所以

$$\iint\limits_{R_1}\mathrm{e}^{-x^2-y^2}\mathrm{d}x\mathrm{d}y\leqslant\iint\limits_D \mathrm{e}^{-x^2-y^2}\mathrm{d}x\mathrm{d}y\leqslant\iint\limits_{R_2}\mathrm{e}^{-x^2-y^2}\mathrm{d}x\mathrm{d}y$$

或

$$\iint\limits_{R_1}\mathrm{e}^{-x^2-y^2}\mathrm{d}x\mathrm{d}y\leqslant I^2\leqslant\iint\limits_{R_2}\mathrm{e}^{-x^2-y^2}\mathrm{d}x\mathrm{d}y$$

由例 8-10 的结果，得

$$\frac{\pi}{4}(1-e^{-a^2}) \leqslant I^2 \leqslant \frac{\pi}{4}(1-e^{-2a^2})$$

当 $a \to +\infty$ 时，上式两边的极限都趋向于 $\frac{\pi}{4}$，由极限的夹逼准则知

$$\left(\int_0^{+\infty} e^{-x^2}dx\right)^2 = (\lim_{a\to+\infty} I)^2 = \lim_{a\to+\infty} I^2 = \frac{\pi}{4}, \text{即} \int_0^{+\infty} e^{-x^2}dx = \frac{\sqrt{\pi}}{2}$$

这个结论又可写成 $\int_{-\infty}^{+\infty} e^{-x^2}dx = \sqrt{\pi}$，或

$$\int_{-\infty}^{+\infty} e^{\frac{-x^2}{2}}dx = \sqrt{2\pi}$$

它在概率论中会经常用到。

第三节 二重积分的应用

在定积分的应用中我们知道，某些求总量的问题可以用微元法来处理，同样微元法也可以推广到二重积分。除了可利用二重积分计算平面薄片的质量及曲顶柱体的体积外，还可以求空间曲面的面积、平面薄片的重心等。

一、曲面的面积

设空间曲面 Σ 的方程为

$$z = f(x,y)$$

它在 xOy 坐标面上的投影为区域 D，函数 $f(x,y)$ 在区域 D 上有连续的偏导数 $f'_x(x,y)$ 和 $f'_y(x,y)$。下面利用微元法求曲面 Σ 的面积 s，在区域 D 上任取一点 $P(x,y)$ 及包含该点的小区域 $d\sigma$（$d\sigma$ 也表示该区域的面积），点 $P(x,y)$ 在曲面 Σ 上的对应点为 $M(x,y,z)$，曲面 Σ 过点 M 的切平面为 T。以区域 $d\sigma$ 的边界为准线作母线平行于 z 轴的柱面，该柱面在曲面 Σ 上截得一块小曲面 ds（ds 也表示它的面积），同时在切平面 T 上截得一块小平面 dA，若记切平面 T 的法向量与 z 轴正向的夹角为 $\theta\ (0 \leqslant \theta \leqslant \frac{\pi}{2})$，这也是切平面 T 与 xOy 坐标面所成的夹角（图 8-18），则 $d\sigma = dA\cos\theta$ 或 $dA = \frac{d\sigma}{\cos\theta}$。而 $\cos\theta = \frac{1}{\sqrt{1+f'^2_x(x,y)+f'^2_y(x,y)}}$，所以 $dA = \sqrt{1+f'^2_x(x,y)+f'^2_y(x,y)}\,d\sigma$。

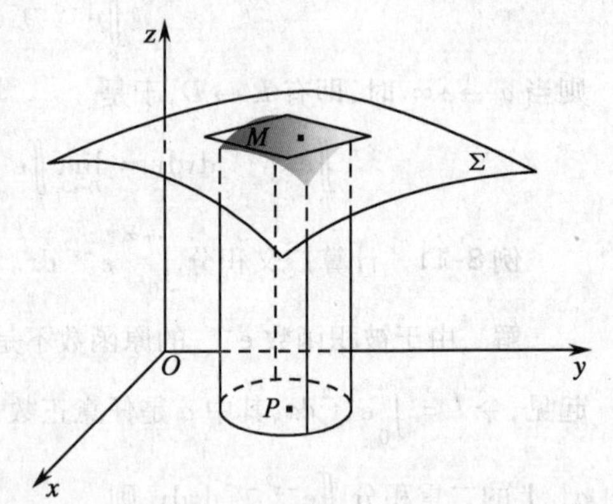

图 8-18

当 $d\sigma$ 充分小时，小曲面 ds 可以用小平面 dA 近似代替，于是

$$ds = \sqrt{1+f'^2_x(x,y)+f'^2_y(x,y)}\,d\sigma$$

将上式在区域 D 上积分，就得到曲面的面积公式

$$s = \iint_D \sqrt{1+f'^2_x(x,y)+f'^2_y(x,y)}\,d\sigma$$

其中称 ds 为曲面的面积微元。

例 8-12 求半径为 R 的球面面积。

解 设球面方程为 $x^2+y^2+z^2=R^2$，由对称性，可计算球面积的八分之一部分。上半球面

方程为 $z=\sqrt{R^2-x^2-y^2}$，它在 xOy 坐标面上的投影为圆形区域 $D:x^2+y^2\leqslant R^2$，取 $x\geqslant 0,y\geqslant 0$ 的部分，又

$$\frac{\partial z}{\partial x}=\frac{-x}{\sqrt{R^2-x^2-y^2}},\frac{\partial z}{\partial y}=\frac{-y}{\sqrt{R^2-x^2-y^2}}$$

则
$$s=8\iint_D\sqrt{1+\left(\frac{\partial z}{\partial x}\right)^2+\left(\frac{\partial z}{\partial y}\right)^2}\,\mathrm{d}\sigma=8\iint_D\frac{R}{\sqrt{R^2-x^2-y^2}}\,\mathrm{d}\sigma$$

在极坐标系中区域 D 表示为：$0\leqslant r\leqslant R,0\leqslant\theta\leqslant\frac{\pi}{2}$，于是

$$s=8\iint\frac{R}{\sqrt{R^2-x^2-y^2}}\,\mathrm{d}\sigma=8R\int_0^{\frac{\pi}{2}}\mathrm{d}\theta\int_0^R\frac{r}{\sqrt{R^2-r^2}}\,\mathrm{d}r=4\pi R\int_0^R\frac{r}{\sqrt{R^2-r^2}}\,\mathrm{d}r$$
$$=4\pi R\lim_{\varepsilon\to 0^+}\int_0^{R-\varepsilon}\frac{r}{\sqrt{R^2-r^2}}\,\mathrm{d}r=4\pi R\lim_{\varepsilon\to 0^+}\left[-\sqrt{R^2-r^2}\right]_0^{R-\varepsilon}=4\pi R^2$$

二、在静力学中的应用

设 xOy 面上有 n 个质点，它们的坐标分别为 $(x_1,y_1),(x_2,y_2),\cdots,(x_n,y_n)$，质量分别为 m_1，$m_2,\cdots,m_n$，由力学知识可知，该质点系的重心坐标为

$$\bar{x}=\frac{M_y}{M}=\frac{\sum_{i=1}^n m_ix_i}{\sum_{i=1}^n m_i};\bar{y}=\frac{M_x}{M}=\frac{\sum_{i=1}^n m_iy_i}{\sum_{i=1}^n m_i}$$

其中 $M=\sum_{i=1}^n m_i$ 为该质点系的总质量，而

$$M_y=\sum_{i=1}^n m_ix_i、M_x=\sum_{i=1}^n m_iy_i$$

分别称为该质点系对 y 轴和对 x 轴的静力矩。

现设一平面薄片占有 xOy 面上的有界闭区域 D，它在点 (x,y) 处的面密度为 $\mu(x,y)$，这里假设 $\mu(x,y)$ 在区域 D 上连续。为了求出该平面薄片的重心坐标，利用微元法，在区域 D 上任取一直径很小的区域 $\mathrm{d}\sigma$（$\mathrm{d}\sigma$ 也表示该区域的面积），点 (x,y) 是 $\mathrm{d}\sigma$ 上的任意一点，由于小区域 $\mathrm{d}\sigma$ 很小，所以相应的小区域 $\mathrm{d}\sigma$ 上的质量近似地等于 $\mu(x,y)\,\mathrm{d}\sigma$，并认为点 (x,y) 是 $\mathrm{d}\sigma$ 的重心，于是薄片的质量及静力矩微元分别为

$$M=\iint_D\mu(x,y)\,\mathrm{d}\sigma,\mathrm{d}M_y=x\mu(x,y)\,\mathrm{d}\sigma,\mathrm{d}M_x=y\mu(x,y)\,\mathrm{d}\sigma$$

从而有
$$M_y=\iint_D x\mu(x,y)\,\mathrm{d}\sigma,M_x=\iint_D y\mu(x,y)\,\mathrm{d}\sigma$$

故薄片的重心坐标为

$$\bar{x}=\frac{M_y}{M}=\frac{\iint_D x\mu(x,y)\,\mathrm{d}\sigma}{\iint_D\mu(x,y)\,\mathrm{d}\sigma};\bar{y}=\frac{M_x}{M}=\frac{\iint_D y\mu(x,y)\,\mathrm{d}\sigma}{\iint_D\mu(x,y)\,\mathrm{d}\sigma}$$

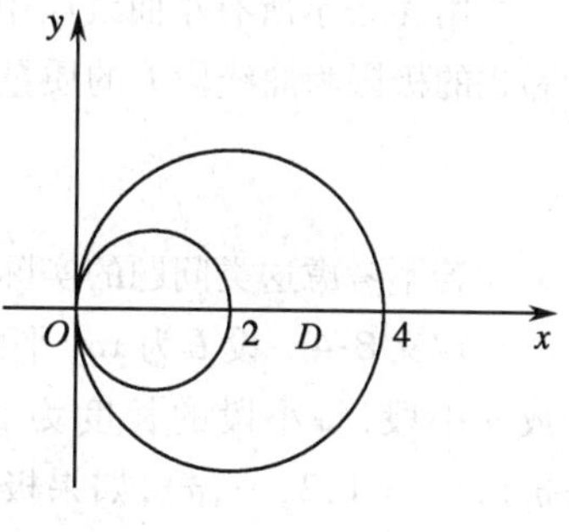

图 8-19

例 8-13　求两圆 $x^2+y^2=2x$ 与 $x^2+y^2=4x$ 之间的均匀薄片的重心。

解　由于该平面薄片关于 x 轴对称（图 8-19），故薄片的重心必位于 x 轴上，即 $\bar{y}=0$，而两圆的半径分别为 1 和 2，故薄片的面积 $\sigma=3\pi$，薄片占有的区域 D 在极坐标系下可表示为：

$2\cos\theta \leqslant r \leqslant 4\cos\theta, -\frac{\pi}{2} \leqslant \theta \leqslant \frac{\pi}{2}$。于是

$$\bar{x} = \frac{1}{\sigma}\iint_D x\mathrm{d}\sigma = \frac{1}{3\pi}\int_{-\frac{\pi}{2}}^{\frac{\pi}{2}}\mathrm{d}\theta\int_{2\cos\theta}^{4\cos\theta} r\cos\theta \cdot r\mathrm{d}r = \frac{2}{3\pi}\int_0^{\frac{\pi}{2}}\cos\theta\left[\frac{r^3}{3}\right]_{2\cos\theta}^{4\cos\theta}\mathrm{d}\theta$$

$$= \frac{112}{9\pi}\int_0^{\frac{\pi}{2}}\cos^4\theta\mathrm{d}\theta = \frac{112}{9\pi}\cdot\frac{3\pi}{16} = \frac{7}{3}$$

其中 $\int_0^{\frac{\pi}{2}}\cos^4 x\mathrm{d}x = \int_0^{\frac{\pi}{2}}\left(1 - \frac{1-\cos 2x}{2}\right)^2\mathrm{d}x = \int_0^{\frac{\pi}{2}}\frac{1}{4}\left(1 + 2\cos 2x + \frac{1+\cos 4x}{2}\right)\mathrm{d}x$

$$= \frac{3}{16}\pi$$

所以，薄片的重心坐标为$\left(\frac{7}{3},0\right)$。

第四节 曲线积分

当多元函数的积分区域为平面曲线或空间曲线时，就得到曲线积分(curvilinear integral)。在讨论曲线积分时，一般假定作为积分区域的曲线是光滑的，即曲线弧上各点处都有切线，且当切点连续变动时，切线也连续变动。

一、对弧长的曲线积分

(一)对弧长的曲线积分的定义

引例8-3 曲线段的质量问题

设 xOy 平面内的一段光滑曲线 L 上，非均匀地连续分布着一定质量，其线密度 μ 是曲线 L 上的点 $M(x,y)$ 的函数 $\mu = \rho(x,y), M(x,y) \in L$，现在要计算该曲线段的质量。

解 由于质量不均匀，所以不能直接用密度乘以曲线长的方法计算其质量。我们仍然采用“分割、近似代替、求和、取极限”的方法，先用分点 $M_1, M_2, \cdots, M_{n-1}$ 把 L 分成 n 小段，并记两端点分别为 M_0 和 M_n(图8-20)，任取其中一小段 $\overset{\frown}{M_{i-1}M_i}$ 来分析，以 Δs_i 表示此曲线段的长度，当 Δs_i 很小时，$\overset{\frown}{M_{i-1}M_i}$ 的密度可近似地看成常量，在 $\overset{\frown}{M_{i-1}M_i}$ 上任取一点 (ξ_i, η_i) 于是 $\overset{\frown}{M_{i-1}M_i}$ 的质量为 $\Delta m_i \approx \rho(\xi_i, \eta_i)\cdot\Delta s_i, (i=1,2,\cdots,n)$，从而曲线段 L 的质量近似等于所有小曲线段质量的和，即

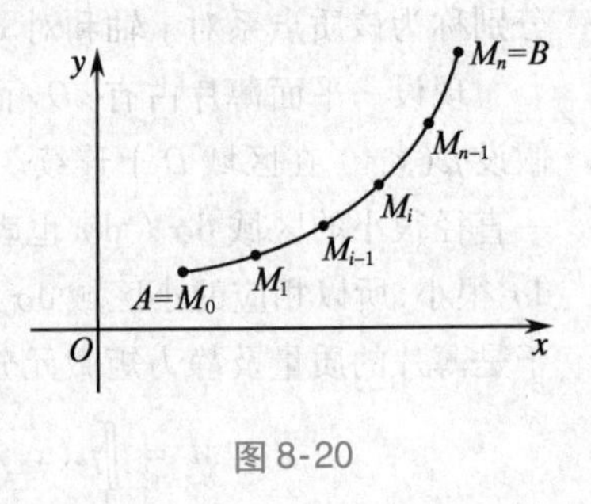

图8-20

$$m \approx \sum_{i=1}^{n}\rho(\xi, \eta_i)\cdot\Delta s_i$$

用 λ 表示所有小曲线段中的最大长度，即 $\lambda = \max\{\Delta s_1, \Delta s_2, \cdots, \Delta s_n\}$，则当 $\lambda \to 0$ 时，上述和式的极限为曲线段 L 的质量，即

$$m = \lim_{\lambda\to 0}\sum_{i=1}^{n}\rho(\xi_i, \eta_i)\cdot\Delta s_i$$

若不考虑这类问题的实际意义，便可得第一类曲线积分，即对弧长积分的定义：

定义8-4 设 L 为 xoy 平面内的一条光滑曲线弧，函数 $f(x,y)$ 在 L 上有定义，将 L 任意分割成 n 小段，每小段的长度为 Δs_i，记 $\lambda = \max\{\Delta s_1, \Delta s_2, \cdots, \Delta s_n\}$，在各小段内任取一点$(\xi_i, \eta_i)$，$(i=1,2,\cdots,n)$，如果极限

$$\lim_{\lambda\to 0}\sum_{i=1}^{n}f(\xi_i, \eta_i)\cdot\Delta s_i$$

存在，则称此极限值为函数 $f(x,y)$ 在曲线弧 L 上对弧长的曲线积分，记作

$$\int_L f(x,y)\,\mathrm{d}s = \lim_{\lambda\to 0}\sum_{i=1}^{n} f(\xi_i,\eta_i)\cdot\Delta s_i \tag{8-6}$$

其中，$f(x,y)$ 称为被积函数，L 称为积分路径，$\mathrm{d}s$ 称为弧长元素。

需要指出，当函数 $f(x,y)$ 在光滑曲线 L 上连续时，对弧长的曲线积分(8-6)一定存在。

根据定义 8-5，平面曲线弧 L 的质量 m 就是其线密度 $\mu=\rho(x,y)$ 在 L 上对弧长的曲线积分，即

$$m=\int_L \rho(x,y)\,\mathrm{d}s$$

完全类似地，可以定义三元函数 $f(x,y,z)$ 在空间曲线 Γ 上对弧长的曲线积分为

$$\int_\Gamma f(x,y,z)\,\mathrm{d}s = \lim_{\lambda\to 0}\sum_{i=1}^{n} f(\xi_i,\eta_i,\zeta_i)\cdot\Delta s_i$$

如果 L 是闭曲线，则函数 $f(x,y)$ 在闭曲线 L 上对弧长的曲线积分记为

$$\oint_L f(x,y)\,\mathrm{d}s$$

函数 $f(x,y,z)$ 在空间闭曲线 Γ 上的对弧长的曲线积分记为

$$\oint_\Gamma f(x,y,z)\,\mathrm{d}s$$

（二）对弧长的曲线积分的性质

根据曲线积分的定义，可以得到下述性质：

性质 8-1　对弧长的曲线积分与积分路径的方向无关，即

$$\int_{\widehat{AB}} f(x,y)\,\mathrm{d}s = \int_{\widehat{BA}} f(x,y)\,\mathrm{d}s$$

性质 8-2　有限个函数的代数和的曲线积分，等于各个函数的曲线积分的代数和，即

$$\int_L [f_1(x,y)\pm f_2(x,y)\pm\cdots\pm f_n(x,y)]\,\mathrm{d}s = \int_L f_1(x,y)\,\mathrm{d}s \pm \int_L f_2(x,y)\,\mathrm{d}s \pm\cdots\pm \int_L f_n(x,y)\,\mathrm{d}s$$

性质 8-3　被积函数中的常数因子可以提到积分号的外面，即

$$\int_L kf(x,y)\,\mathrm{d}s = k\int_L f(x,y)\,\mathrm{d}s \quad (k\text{ 为常数})$$

性质 8-4　如果 $L=L_1+L_2$，L 可分成两段光滑曲线弧 L_1 及 L_2，则

$$\int_L f(x,y)\,\mathrm{d}s = \int_{L_1} f(x,y)\,\mathrm{d}s + \int_{L_2} f(x,y)\,\mathrm{d}s$$

（三）对弧长的曲线积分的计算

在对弧长的曲线积分 $\int_L f(x,y)\,\mathrm{d}s$ 中，被积函数 $f(x,y)$ 中的变量 x、y 不能相互独立，这是因为点 $M(x,y)$ 要限制在曲线 L 上，实际上只依赖于一个变量。于是，利用曲线 L 的方程消去一个变量，就可以将对弧长的曲线积分化成定积分进行计算。

设曲线 L 由参数方程 $\begin{cases} x=\varphi(t) \\ y=\psi(t)\end{cases}$ $(\alpha\leqslant t\leqslant\beta)$ 表示，其中函数 $\varphi(t)$，$\psi(t)$ 在 $[\alpha,\beta]$ 上具有一阶连续的导数，且 $t=\alpha$，$t=\beta$ 时，分别对应于曲线 L 的端点 A、B。则由弧微分公式，有

$$\mathrm{d}s=\sqrt{[\varphi'(t)]^2+[\psi'(t)]^2}\,\mathrm{d}t$$

故得

$$\int_L f(x,y)\,\mathrm{d}s = \int_\alpha^\beta f[\varphi(t),\psi(t)]\cdot\sqrt{[\varphi'(t)]^2+[\psi'(t)]^2}\,\mathrm{d}t \tag{8-7}$$

由于 $\mathrm{d}s$ 总是正的，所以要求 $\alpha<\beta$。

如果曲线 L 由函数 $y=y(x)$ $(a\leqslant x\leqslant b)$ 表示，则

$$\mathrm{d}s=\sqrt{1+[y'(x)]^2}\,\mathrm{d}x$$

于是

$$\int_L f(x,y)\mathrm{d}s = \int_a^b f[x,y(x)]\sqrt{1+[y'(x)]^2}\mathrm{d}x \tag{8-8}$$

公式(8-7)可推广到三元函数$f(x,y,z)$在空间曲线Γ上对弧长的曲线积分的计算公式。若空间曲线Γ的参数方程为

$$\begin{cases} x=\varphi(t) \\ y=\psi(t) \\ z=\omega(t) \end{cases} \quad (\alpha \leqslant t \leqslant \beta)$$

则计算公式为

$$\int_\Gamma f(x,y,z)\mathrm{d}s = \int_\alpha^\beta f[\varphi(t),\psi(t),\omega(t)]\sqrt{[\varphi'(t)]^2+[\psi'(t)]^2+[\omega'(t)]^2}\mathrm{d}t \tag{8-9}$$

例 8-14 计算$\int_L y\mathrm{d}s$其中L是抛物线$y^2=x$上点$(0,0)$与点$B(1,1)$之间的弧。

解 因为L的方程为$y^2=x\ (0\leqslant x\leqslant 1)$，由公式(8-9)得

$$\int_L y\mathrm{d}s = \int_0^1 \sqrt{x}\cdot\sqrt{1+\frac{1}{4x}}\mathrm{d}x = \int_0^1\sqrt{x+\frac{1}{4}}\mathrm{d}x = \frac{2}{3}\left(x+\frac{1}{4}\right)^{\frac{3}{2}}\Bigg|_0^1 = \frac{1}{12}(5\sqrt{5}-1)$$

例 8-15 计算$\int_\Gamma \frac{1}{x^2+y^2+z^2}\mathrm{d}s$，其中Γ是螺旋线

$x=a\cos t, y=a\sin t, z=bt$ 的第一圈$(0\leqslant t\leqslant 2\pi)$。

解 由公式(8-9)得

$$\int_\Gamma \frac{1}{x^2+y^2+z^2}\mathrm{d}s = \int_0^{2\pi}\frac{1}{a^2\cos^2 t+a^2\sin^2 t+b^2t^2}\sqrt{a^2\sin^2 t+a^2\cos^2 t+b^2}\mathrm{d}t$$

$$= \int_0^{2\pi}\frac{1}{a^2+b^2t^2}\sqrt{a^2+b^2}\mathrm{d}t = \sqrt{a^2+b^2}\cdot\frac{1}{ab}\arctan\frac{bt}{a}\Bigg|_0^{2\pi}$$

$$= \frac{\sqrt{a^2+b^2}}{ab}\arctan\frac{2\pi b}{a}$$

二、对坐标的曲线积分

（一）对坐标的曲线积分的定义

引例 8-4 变力沿曲线作功的问题

设一个质点在xOy平面内在变力$\vec{F}$的作用下从点A沿光滑的曲线弧L移动到点B，已知变力

$$\vec{F}(x,y) = P(x,y)\vec{i}+Q(x,y)\vec{j}$$

其中函数$P(x,y),Q(x,y)$在L上连续，求变力$\vec{F}(x,y)$所作的功(图8-21)。

解 首先用曲线L上的点$M_1(x_1,y_1),M_2(x_2,y_2),\cdots M_{n-1}(x_{n-1},y_{n-1})$将$L$分成$n$小弧段，并将端点$A,B$分别记为$M_0(x_0,y_0)$和$M_n(x_n,y_n)$。任取其中一个有向小弧段$\overset{\frown}{M_{i-1}M_i}$来分析，由于$\overset{\frown}{M_{i-1}M_i}$光滑而且很短，可用有向线段

$$\overrightarrow{M_{i-1}M_i} = (\Delta x_i)\vec{i}+(\Delta y_i)\vec{j}$$

来近似代替，其中$\Delta x_i=x_i-x_{i-1},\Delta y_i=y_i-y_{i-1}$并认为作用在$\overset{\frown}{M_{i-1}M_i}$上的力近似等于常量。于是在$M_{i-1}M_i$任取一点$(\xi_i,\eta_i)$后，作用在$\overset{\frown}{M_{i-1}M_i}$上的力为：

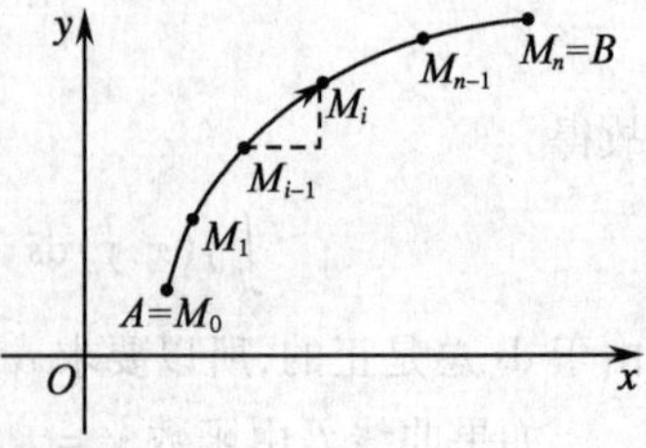

图 8-21

$$\vec{F}(\xi_i,\eta_i) = P(\xi_i,\eta_i)\vec{i}+Q(\xi_i,\eta_i)\vec{j}$$

从而,变力 $\vec{F}(x,y)$ 在沿有向小弧段 $\overparen{M_{i-1}M_i}$ 上所作的功为:

$$\begin{aligned}\Delta W_i &\approx \vec{F}(\xi_i,\eta_i)\cdot\overrightarrow{M_{i-1}M_i}\\&=P(\xi_i,\eta_i)\cdot\Delta x_i+Q(\xi_i,\eta_i)\cdot\Delta y_i\end{aligned}$$

于是

$$W=\sum_{i=1}^{n}\Delta W_i\approx\sum_{i=1}^{n}[P(\xi_i,\eta_i)\cdot\Delta x_i+Q(\xi_i,\eta_i)\Delta y_i]$$

令 n 个小弧段中的最大长度 $\lambda\to 0$,上述和式的极限就是质点在变力 $\vec{F}(x,y)$ 的作用下沿平面曲线 L 从点 A 到点 B 所作的功,即

$$W=\lim_{\lambda\to 0}\sum_{i=1}^{n}[P(\xi_i,\eta_i)\Delta x_i+Q(\xi_i,\eta_i)\Delta y_i]$$

如果不考虑其物理意义,就得出第二类曲线积分,即对坐标的曲线积分的定义。

定义 8-5　设 L 为 xOy 平面内,从点 A 到点 B 的一条有向光滑曲线弧,$P(x,y)$、$Q(x,y)$ 是定义在 L 上的连续函数。按 L 的方向用 $(n-1)$ 个分点

$$M_1(x_1,y_1),M_2(x_2,y_2),\cdots,M_{n-1}(x_{n-1},y_{n-1})$$

将 L 分成 n 个有向小弧段 $\overparen{M_{i-1}M_i}$ $(i=1,2,\cdots,n,M_0=A,M_n=B)$,记 $\Delta x_i=x_i-x_{i-1}$,$\Delta y_i=y_i-y_{i-1}$,在小弧段 $\overparen{M_{i-1}M_i}$ 上任取一点 (ξ_i,η_i),如果极限

$$\lim_{\lambda\to 0}\sum_{i=1}^{n}P(\xi_i,\eta_i)\Delta x_i$$

存在,则称此极限值为函数 $P(x,y)$ 在有向曲线弧 L 上对坐标 x 的曲线积分,记作 $\int_L P(x,y)\mathrm{d}x$;类似地,如果极限

$$\lim_{\lambda\to 0}\sum_{i=1}^{n}Q(\xi_i,\eta_i)\Delta y_i$$

存在,则称此极限值为函数 $Q(x,y)$ 在有向曲线弧 L 上对坐标 y 的曲线积分,记作 $\int_L Q(x,y)\mathrm{d}y$,即

$$\int_L P(x,y)\mathrm{d}x=\lim_{\lambda\to 0}\sum_{i=1}^{n}P(\xi_i,\eta_i)\Delta x_i$$

$$\int_L Q(x,y)\mathrm{d}y=\lim_{\lambda\to 0}\sum_{i=1}^{n}Q(\xi_i,\eta_i)\Delta y_i$$

$P(x,y)$、$Q(x,y)$ 称为被积函数,L 称为积分路径。

在实际问题中,经常出现的是对坐标 x 与 y 的曲线积分和的形式

$$\int_L P(x,y)\mathrm{d}x+\int_L Q(x,y)\mathrm{d}y$$

上式常简写为

$$\int_L P(x,y)\mathrm{d}x+Q(x,y)\mathrm{d}y,\text{或}\int_L P\mathrm{d}x+Q\mathrm{d}y$$

根据定义 8-6,变力 $\vec{F}(x,y)$ 沿有向曲线弧 L 所作的功为

$$W=\int_L P(x,y)\mathrm{d}x+Q(x,y)\mathrm{d}y$$

其中,$P(x,y)$,$Q(x,y)$ 是变力 $\vec{F}(x,y)$ 在坐标轴上的投影。

上述定义可以类似地推广到空间有向曲线弧 Γ 的情形,即对坐标的曲线积分

$$\int_\Gamma P(x,y,z)\mathrm{d}x+Q(x,y,z)\mathrm{d}y+R(x,y,z)\mathrm{d}z$$

的定义完全相仿,在此不再赘述。

（二）对坐标的曲线积分的性质

根据定义可以得到对坐标的曲线积分的下述性质：

性质 8-1 若 $L=L_1+L_2$，则

$$\int_L P\mathrm{d}x+Q\mathrm{d}y=\int_{L_1}P\mathrm{d}x+Q\mathrm{d}y+\int_{L_2}P\mathrm{d}x+Q\mathrm{d}y$$

性质 8-2 若改变积分路径的方向，则对坐标的曲线积分要改变符号，即

$$\int_{\overset{\frown}{AB}}P\mathrm{d}x+Q\mathrm{d}y=-\int_{\overset{\frown}{BA}}P\mathrm{d}x+Q\mathrm{d}y$$

因此在研究对坐标的曲线积分时，必须注意积分路径的方向，当积分路径不是闭曲线时，可指定一个正方向，与其相反的方向就是负方向；当积分路径是闭曲线时，通常规定逆时针方向为正方向。

同样，积分路径为闭曲线时，对坐标的曲线积分记为

$$\oint_L P\mathrm{d}x+Q\mathrm{d}y \text{ 或 } \oint_\Gamma P\mathrm{d}x+Q\mathrm{d}y+R\mathrm{d}z$$

（三）对坐标的曲线积分的计算

对坐标的曲线积分同样也可以转化为定积分来计算。

设有向曲线 L 由参数方程 $\begin{cases}x=\varphi(t)\\y=\psi(t)\end{cases}$ 表示，当 t 由 α 变到 β（这里 α 不一定小于 β）时，相应的点描出有向曲线 L。若函数 $\varphi(t)$，$\psi(t)$ 在以 α、β 为端点的闭区间上有一阶连续的导数，且函数 $P(x,y)$、$Q(x,y)$ 在 L 上连续，则 $\Delta x_i=x_i-x_{i-1}=\varphi(t_i)-\varphi(t_{i-1})$，应用拉格朗日中值定理，有

$$\Delta x_i=\varphi'(\tau_i)\cdot\Delta t_i \qquad \tau_i\in[t_{i-1},t_i]$$

不妨取 $\xi_i=\varphi(\tau_i)$，$\eta_i=\psi(\tau_i)$，则由定义

$$\int_L P(x,y)\mathrm{d}x=\lim_{\lambda\to0}\sum_{i=1}^{n}P(\xi_i,\eta_i)\cdot\Delta x_i=\lim_{\lambda\to0}\sum_{i=1}^{n}P[\varphi(\tau_i),\psi(\tau_i)]\cdot\varphi'(\tau_i)\cdot\Delta t_i$$

上式右边的极限就是当参数 t 由 α 变到 β 时相应的定积分，故得

$$\int_L P(x,y)\mathrm{d}x=\int_\alpha^\beta P[\varphi(t),\psi(t)]\cdot\varphi'(t)\mathrm{d}t \tag{8-10}$$

同理可得

$$\int_L Q(x,y)\mathrm{d}y=\int_\alpha^\beta Q[\varphi(t),\psi(t)]\cdot\psi'(t)\mathrm{d}t \tag{8-11}$$

将(8-10)与(8-11)两式相加，得

$$\int_L P(x,y)\mathrm{d}x+\int_L Q(x,y)\mathrm{d}y$$

$$=\int_\alpha^\beta\{P[\varphi(t),\psi(t)]\varphi'(t)+Q[\varphi(t),\psi(t)]\psi'(t)\}\mathrm{d}t \tag{8-12}$$

需注意，在式(8-10)、(8-11)、(8-12)中，下限 α 对应于 L 的起点，上限 β 对应于 L 的终点。

如果有向曲线 L 由函数 $y=y(x)$ 表示，且 x 从 a 变到 b 时，对应于从 L 的起点到终点，则(8-12)式变为

$$\int_L P(x,y)\mathrm{d}x+Q(x,y)\mathrm{d}y$$

$$=\int_a^b\{P[x,y(x)]+Q[x,y(x)]\cdot y'(x)\}\mathrm{d}x \tag{8-13}$$

公式(8-12)可推广到空间有向曲线 Γ，若 Γ 由参数方程 $x=\varphi(t)$，$y=\psi(t)$，$z=\omega(t)$ 来表示，则有

$$\int_\Gamma P(x,y,z)\mathrm{d}x+Q(x,y,z)\mathrm{d}y+R(x,y,z)\mathrm{d}z$$

$$= \int_{\alpha}^{\beta} \{P[\varphi(t),\psi(t),\omega(t)]\varphi'(t) + Q[\varphi(t),\psi(t),\omega(t)]\psi'(t) + R[\varphi(t),\psi(t),\omega(t)]\omega'(t)\}\mathrm{d}t$$

例 8-16　计算 $\int_L x^2 y\mathrm{d}x$ 其中 L 为抛物线 $y^2 = x$ 上从点 $A(1,-1)$ 到点 $B(1,1)$ 的一段弧(图 8-22)。

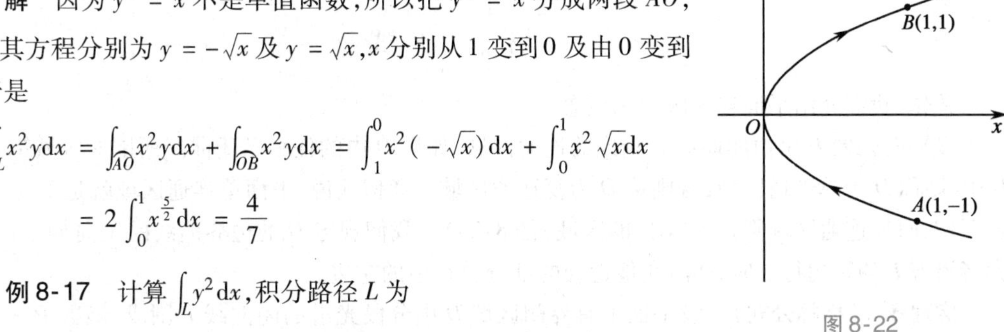

图 8-22

解　因为 $y^2 = x$ 不是单值函数,所以把 $y^2 = x$ 分成两段 AO, OB,其方程分别为 $y = -\sqrt{x}$ 及 $y = \sqrt{x}$,x 分别从 1 变到 0 及由 0 变到 1,于是

$$\int_L x^2 y\mathrm{d}x = \int_{\overset{\frown}{AO}} x^2 y\mathrm{d}x + \int_{\overset{\frown}{OB}} x^2 y\mathrm{d}x = \int_1^0 x^2(-\sqrt{x})\mathrm{d}x + \int_0^1 x^2\sqrt{x}\mathrm{d}x$$

$$= 2\int_0^1 x^{\frac{5}{2}}\mathrm{d}x = \frac{4}{7}$$

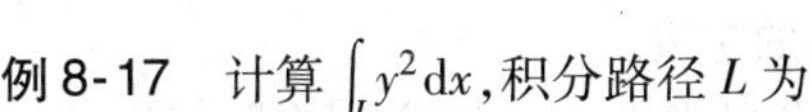

例 8-17　计算 $\int_L y^2\mathrm{d}x$,积分路径 L 为

(1) 圆心在原点,半径为 a,按逆时针方向的上半圆周;

(2) 从点 $A(a,0)$ 沿 x 轴到点 $B(-a,0)$ 的直线段(图 8-23)。

解　(1)设 L 的参数方程为 $\begin{cases} x = a\cos t \\ y = a\sin t \end{cases}$,参数 t 从 0 变到 π,

故

$$\int_L y^2\mathrm{d}x = \int_0^{\pi} a^2\sin^2 t\mathrm{d}(a\cdot\cos t) = a^3\int_0^{\pi}(1-\cos^2 t)\mathrm{d}(\cos t)$$

$$= a^3\left[\cos t - \frac{1}{3}\cos^3 t\right]_0^{\pi} = -\frac{4}{3}a^3$$

(2) 积分路径为直线 $y = 0$,参数 x 从 a 变到 $-a$ 故

$$\int_L y\mathrm{d}x = \int_a^{-a} 0\mathrm{d}x = 0$$

例 8-18　计算 $\int_L y\mathrm{d}x + x\mathrm{d}y$,其中 L 为:

(1) 直线 $y = x$,x 由 0 变到 1;

(2) 抛物线 $y = x^2$,x 由 0 变到 1(图 8-24)。

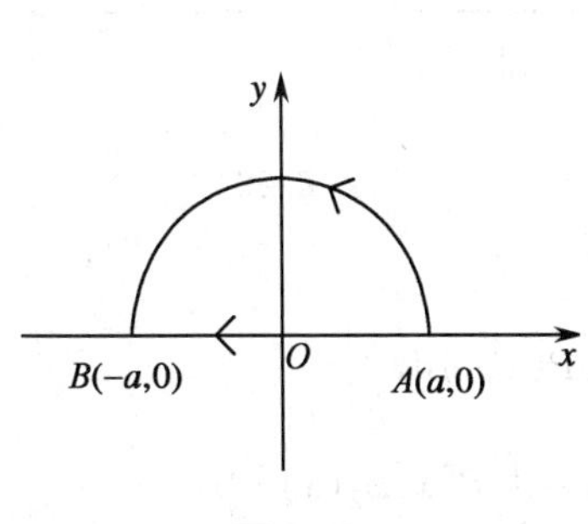

图 8-23

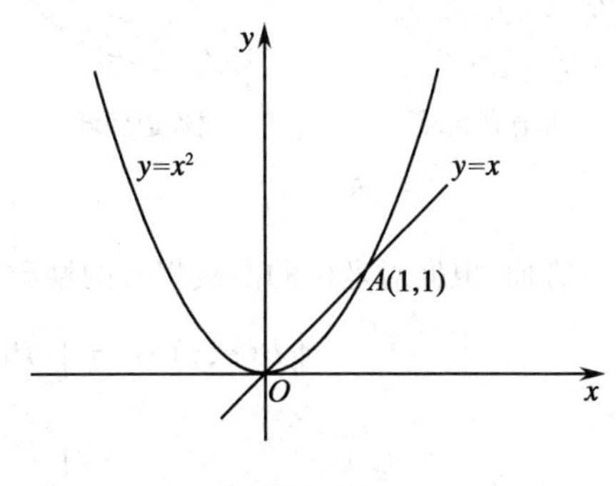

图 8-24

解　(1) 由公式(8-13)得

$$\int_L y\mathrm{d}x + x\mathrm{d}y = \int_0^1 x\mathrm{d}x + x\mathrm{d}x = \int_0^1 2x\mathrm{d}x = 1$$

(2) $\int_L y\mathrm{d}x + x\mathrm{d}y = \int_0^1 x^2\mathrm{d}x + x\mathrm{d}(x^2) = \int_0^1 3x^2\mathrm{d}x = 1$

由例 8-17、例 8-18 表明,虽然对坐标的曲线积分中的被积式相同,有向曲线 L 的起点和终点也相同,但沿不同的积分路径,积分值有时相等,有时不相等。

第五节 格林公式及其应用

格林公式(Green formula)是一个非常重要的公式,它揭示了一个平面区域 D 上的二重积分与沿区域 D 的边界 L 上的曲线积分之间的关系。

一、格林公式

首先,我们介绍平面连通区域的概念。

设平面区域 D 是由闭曲线 L 围成的连通区域,如果 D 内的任一条闭曲线所围成区域都含于 D 中,则称 D 为单连通区域,否则称 D 为复连通区域。通俗地说,平面单连通区域就是不含"洞"的区域,而复连通区域则是含"洞"的区域(图 8-25)。我们规定 D 的边界曲线的正向如下:当观察者沿着 L 的正向行走时,D 内在他近处的部分总在他的左边。

定理 8-1(格林公式) 设平面上有界闭区域 D 由分段光滑的闭曲线 L 围成,函数 $P(x,y)$,$Q(x,y)$ 在 D 上具有一阶连续偏导数,则

$$\iint_D\left(\frac{\partial Q}{\partial x}-\frac{\partial P}{\partial y}\right)\mathrm{d}x\mathrm{d}y=\oint_L P\mathrm{d}x+Q\mathrm{d}y \tag{8-14}$$

其中 L 为区域 D 的正向边界。

证 按闭区域的几种不同情况,分别证明如下:

(1) 如果 D 是单连通区域,它的边界 L 由 $y=\varphi_1(x)$,$y=\varphi_2(x)$,$(a\leqslant x\leqslant b)$,即 $D: a\leqslant x\leqslant b;\varphi_1(x)\leqslant y\leqslant\varphi_2(x)$(如图 8-26),

则

$$\begin{aligned}\iint_D\frac{\partial P}{\partial y}\mathrm{d}x\mathrm{d}y&=\int_a^b\mathrm{d}x\int_{\varphi_1(x)}^{\varphi_2(x)}\frac{\partial P}{\partial y}\mathrm{d}y=\int_a^b P(x,y)\Big|_{\varphi_1(x)}^{\varphi_2(x)}\mathrm{d}x\\&=\int_a^b\{P[x,\varphi_2(x)]-P[x,\varphi_1(x)]\}\mathrm{d}x\end{aligned}$$

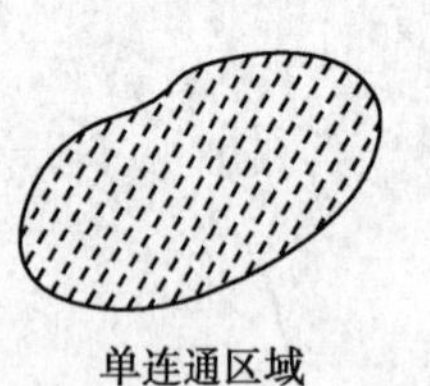

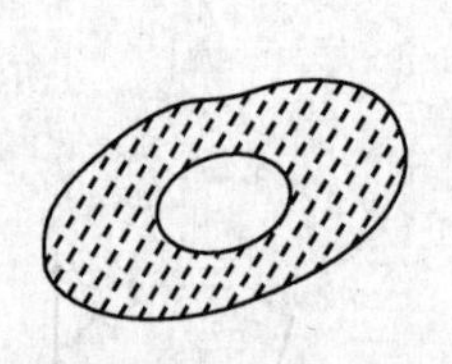

图 8-25

图 8-26

另一方面,根据对坐标的曲线积分的性质及计算法,有

$$\begin{aligned}\oint_L P(x,y)\mathrm{d}x&=\int_{L_1}P(x,y)\mathrm{d}x+\int_{L_2}P(x,y)\mathrm{d}x\\&=\int_a^b P[x,\varphi_1(x)]\mathrm{d}x+\int_b^a P[x,\varphi_2(x)]\mathrm{d}x\\&=-\int_a^b\{P[x,\varphi_2(x)]-P[x,\varphi_1(x)]\}\mathrm{d}x\end{aligned}$$

因此有

$$-\iint_D\frac{\partial P}{\partial y}\mathrm{d}x\mathrm{d}y=\oint_L P(x,y)\mathrm{d}x$$

同理可证

$$\iint_D\frac{\partial Q}{\partial x}\mathrm{d}x\mathrm{d}y=\oint_L Q(x,y)\mathrm{d}y$$

合并以上两式，得到格林公式

$$\iint_D \left(\frac{\partial Q}{\partial x} - \frac{\partial P}{\partial y}\right)\mathrm{d}x\mathrm{d}y = \oint_L P(x,y)\,\mathrm{d}x + Q(x,y)\,\mathrm{d}y$$

（2）如果 D 是单连通域，但平行于坐标轴的直线与区域 D 的边界 L 的交点多于两个，可在 D 内作一条（或几条）辅助线，将 D 分成有限个小区域，使这些小区域的边界与平行于坐标轴的直线的交点不多于两个（图 8-27）。假设 $D = D_1 + D_2$ 用 L_1, L_2 分别表示 D_1, D_2 的边界。根据情况（1）的证明，有

$$\iint_{D_1} \left(\frac{\partial Q}{\partial x} - \frac{\partial P}{\partial y}\right)\mathrm{d}x\mathrm{d}y = \oint_{L_1} P(x,y)\,\mathrm{d}x + Q(x,y)\,\mathrm{d}y$$

$$\iint_{D_2} \left(\frac{\partial Q}{\partial x} - \frac{\partial P}{\partial y}\right)\mathrm{d}x\mathrm{d}y = \oint_{L_2} P(x,y)\,\mathrm{d}x + Q(x,y)\,\mathrm{d}y$$

其中 $L_1 = \widehat{ABC} + \overline{CA}, L_2 = \overline{AC} + \widehat{CDA}$ 将上述两式相加，注意到在 D_1、D_2 的公共边界（即 $\overline{AC}$ 上）沿相反方向各积分一次，其值抵消，因而有

$$\iint_D \left(\frac{\partial Q}{\partial x} - \frac{\partial P}{\partial y}\right)\mathrm{d}x\mathrm{d}y = \oint_L P(x,y)\,\mathrm{d}x + Q(x,y)\,\mathrm{d}y$$

（3）如果 D 是复连通区域（图 8-28），作辅助线 AB，于是以 $L_1 + \overline{AB} + L_2 + \overline{BA}$ 为边界的区域 D 就是一个平面单连通区域，由情况（2）的证明，格林公式同样成立，即

$$\begin{aligned}\iint_D \left(\frac{\partial Q}{\partial x} - \frac{\partial P}{\partial y}\right)\mathrm{d}x\mathrm{d}y &= \oint_{L_1} P\mathrm{d}x + Q\mathrm{d}y + \int_{\overline{AB}} P\mathrm{d}x + Q\mathrm{d}y + \oint_{L_2} P\mathrm{d}x + Q\mathrm{d}y + \int_{\overline{BA}} P\mathrm{d}x + Q\mathrm{d}y \\ &= \oint_{L_1} P\mathrm{d}x + Q\mathrm{d}y + \oint_{L_2} P\mathrm{d}x + Q\mathrm{d}y = \oint_L P\mathrm{d}x + Q\mathrm{d}y\end{aligned}$$

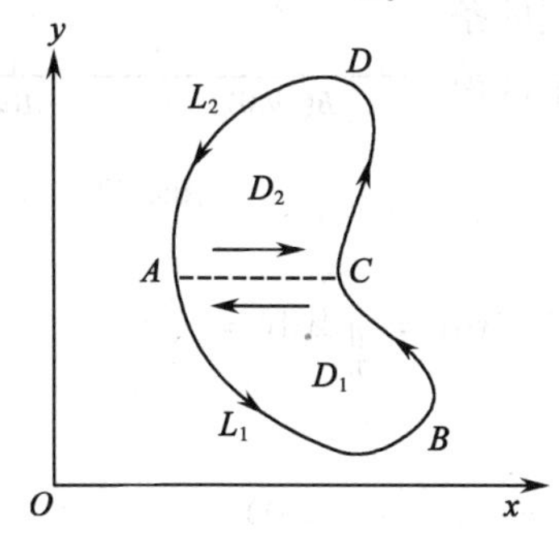

图 8-27

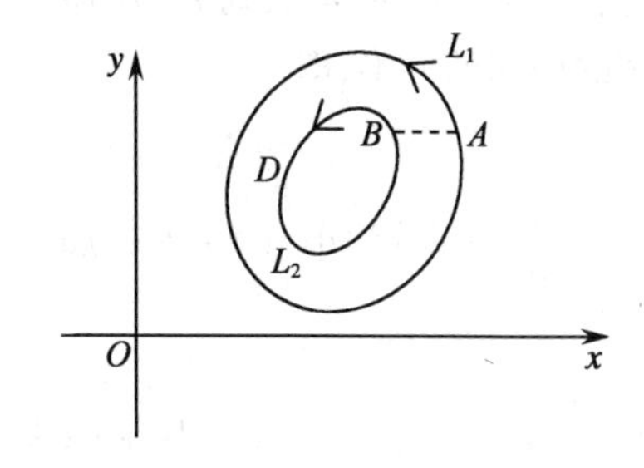

图 8-28

格林公式建立了平面区域 D 上的二重积分与 D 的边界曲线上的对坐标的曲线积分之间的关系，而这种关系正是定积分中牛顿-莱布尼茨公式

$$\int_a^b f(x)\,\mathrm{d}x = F(b) - F(a)$$

在二维空间中的一个推广。在格林公式中，若令

$$P(x,y) = -y, Q(x,y) = x$$

则有

$$2\iint_D \mathrm{d}x\mathrm{d}y = \oint_L x\mathrm{d}y - y\mathrm{d}x$$

此式表明右边是区域 D 的面积 A 的两倍，故有

$$A = \frac{1}{2}\oint x\mathrm{d}y - y\mathrm{d}x \tag{8-15}$$

可见平面区域 D 的面积也可用曲线积分来计算。

例 8-19　计算星形线 $\begin{cases} x = a\cos^3 t \\ y = a\sin^3 t \end{cases}$ $(0 \leqslant t \leqslant 2\pi)$ 所围成图形的面积。

解 应用公式(8-15),得

$$A = \frac{1}{2}\oint_L x\mathrm{d}y - y\mathrm{d}x = \frac{1}{2}\int_0^{2\pi}[a\cdot\cos^3 t\cdot \mathrm{d}(a\sin^3 t) - a\sin^3 t\mathrm{d}(a\cos^3 t)]$$

$$= \frac{3}{2}a^2\int_0^{2\pi}\sin^2 t\cdot\cos^2 t\mathrm{d}t = \frac{3}{8}a^2\int_0^{2\pi}\frac{1-\cos 4t}{2}\mathrm{d}t = \frac{3}{8}\pi a^2$$

例 8-20 计算 $\oint_L \frac{x\mathrm{d}x + y\mathrm{d}y}{x^2+y^2}$,其中 L 为 xOy 平面上任一不包含原点的光滑闭曲线。

解 利用格林公式,首先令

$$P(x,y) = \frac{x}{x^2+y^2}, Q(x,y) = \frac{y}{x^2+y^2}$$

由于

$$\frac{\partial P}{\partial y} = \frac{\partial Q}{\partial x} = \frac{-2xy}{(x^2+y^2)^2}$$

故

$$\oint_L \frac{x\mathrm{d}x + y\mathrm{d}y}{x^2+y^2} = \iint_D\left(\frac{\partial Q}{\partial x} - \frac{\partial P}{\partial y}\right)\mathrm{d}x\mathrm{d}y = 0$$

例 8-21 计算 $\int_{L_1}(1+ye^x)\mathrm{d}x + (x+e^x)\mathrm{d}y$,其中 L_1 是沿椭圆 $\frac{x^2}{a^2}+\frac{y^2}{b^2}=1$ 的上半周由 $A(a,0)$ 到 $B(-a,0)$ 的弧段(图 8-29)。

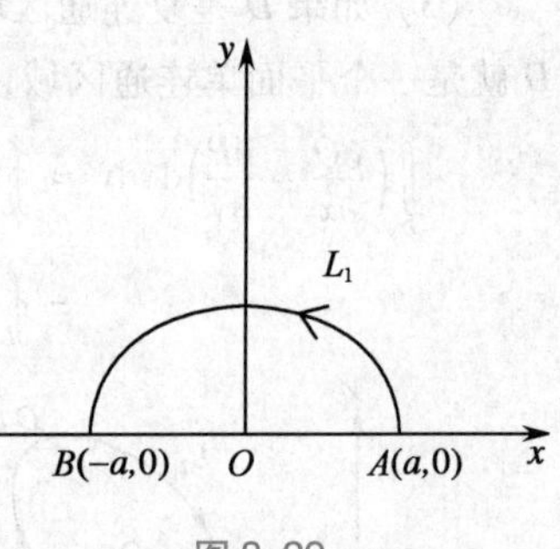

图 8-29

解 由于曲线 L_1 不是闭曲线,所以不满足格林公式的条件。为此,设 $L_1 + \overline{BOA} = L$,则 L 为闭曲线,所围成的图形的面积为椭圆的面积的一半,即

$$\oint_L (1+ye^x)\mathrm{d}x + (x+e^x)\mathrm{d}y = \iint_D(1+e^x-e^x)\mathrm{d}x\mathrm{d}y = \iint_D \mathrm{d}x\mathrm{d}y = \frac{\pi}{2}ab$$

而

$$\int_{BOA}(1+ye^x)\mathrm{d}x + (x+e^x)\mathrm{d}y = \int_{-a}^{a}\mathrm{d}x = 2a \quad (y=0)$$

于是

$$\oint_{L_1}(1+ye^x)\mathrm{d}x + (x+e^x)\mathrm{d}y$$

$$= \oint_L (1+ye^x)\mathrm{d}x + (x+e^x)\mathrm{d}y - \int_{BOA}(1+ye^x)\mathrm{d}x + (x+e^x)\mathrm{d}y$$

$$= \frac{\pi}{2}ab - 2a$$

二、曲线积分与路径无关的条件

在计算对坐标的曲线积分时,尽管被积函数和积分路径的起点、终点相同,但由于积分路径不同,积分值可能相等,也可能不等。换言之,曲线积分有的与路径有关,有的与路径无关。那么,什么条件下曲线积分与路径无关呢?

定理 8-2 对坐标的曲线积分与路径无关的充分必要条件是:沿任何闭曲线的积分恒等于零,即

$$\oint_L P\mathrm{d}x + Q\mathrm{d}y = 0$$

证　必要性：在以平面曲线 L 为边界的闭区域 D 内任取 A,B 两点，并以 A,B 为端点任作两条不相交的曲线 $\widehat{AMB}$ 和 $\widehat{ANB}$（图 8-30），由于曲线积分与路径无关，所以，

$$\int_{\widehat{AMB}} = \int_{\widehat{ANB}}$$

而

$$\oint_{\widehat{AMBNA}} = \int_{\widehat{AMB}} + \int_{\widehat{BNA}} = \int_{\widehat{AMB}} - \int_{\widehat{ANB}} = 0$$

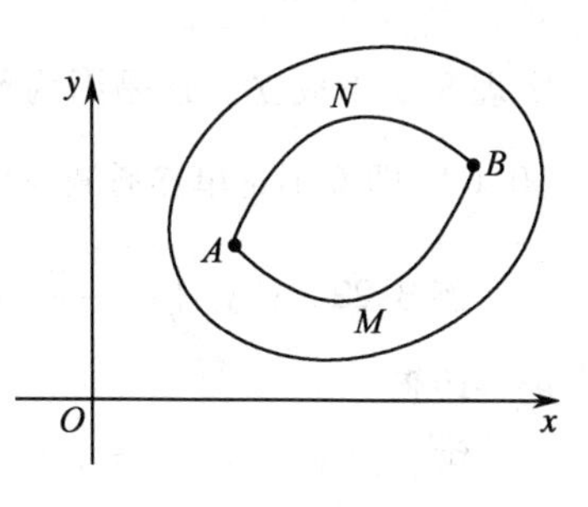

图 8-30

故当曲线积分与路径无关时，沿任可闭曲线的曲线积分恒等于零。

充分性：若 $\oint_L P\mathrm{d}x + Q\mathrm{d}y = 0$，则 $\int_{\widehat{AMB}} + \int_{\widehat{BNA}} = 0$，于是

$$\int_{\widehat{AMB}} = -\int_{\widehat{BNA}} = \int_{\widehat{ANB}}$$

由于 $\widehat{AMB}$ 与 $\widehat{ANB}$ 为两条任意不相交的曲线，所以当沿任何闭曲线的曲线积分等于零时，曲线积分与路径无关。

定理 8-3　设区域 G 是一个单连通区域，函数 $P(x,y)$，$Q(x,y)$ 在 G 内具有一阶连续偏导数，则曲线积分 $\int_L P\mathrm{d}x + Q\mathrm{d}y$ 在 G 内与路径无关的充分必要条件是

$$\frac{\partial P}{\partial y} = \frac{\partial Q}{\partial x}$$

在 G 内恒成立。

证　充分性：在 G 内任取一条闭曲线 L 作为积分路径，假定它所围的区域是 D，由格林公式和假设条件，有

$$\oint_L P\mathrm{d}x + Q\mathrm{d}y = \iint_D \left(\frac{\partial Q}{\partial x} - \frac{\partial P}{\partial y}\right)\mathrm{d}x\mathrm{d}y = 0$$

由定理 8-2 知，曲线积分与路径无关

必要性：设曲线积分与路径无关，则对于闭区域 G 内的任意一条闭曲线 L，曲线积分

$$\oint_L P\mathrm{d}x + Q\mathrm{d}y = 0$$

那么，$\frac{\partial P}{\partial y} = \frac{\partial Q}{\partial x}$ 在 G 内恒成立。用反证法来证明。假设结论不成立，则在 G 内至少存在一点 $M_0(x_0,y_0)$ 使得在 M_0 点有 $\frac{\partial Q}{\partial x} \neq \frac{\partial P}{\partial y}$。由于 $\frac{\partial Q}{\partial x}, \frac{\partial P}{\partial y}$ 在 G 内连续，总可以在以 M_0 为圆心的足够小的圆域 K 内，不等式 $\frac{\partial Q}{\partial x} \neq \frac{\partial P}{\partial y}$ 也成立。设圆域 K 的边界为 Γ，则

$$\oint_\Gamma P\mathrm{d}x + Q\mathrm{d}y = \iint_K \left(\frac{\partial Q}{\partial x} - \frac{\partial P}{\partial y}\right)\mathrm{d}x\mathrm{d}y \neq 0$$

与假设相矛盾。可见当闭区域 G 内的曲线积分与路径无关时，在 D 内任一点都有 $\frac{\partial P}{\partial y} = \frac{\partial Q}{\partial x}$。

定理中要求 G 为单连通域，这个条件不可缺少。例如，设

$$P(x,y) = -\frac{y}{x^2+y^2}, Q(x,y) = \frac{x}{x^2+y^2}$$

则

$$\frac{\partial P}{\partial y} = \frac{\partial Q}{\partial x} = \frac{y^2-x^2}{(x^2+y^2)^2} \quad (x^2+y^2 \neq 0)$$

若 L 为圆周 $\begin{cases} x = a\cos t \\ y = a\sin t \end{cases} \quad (0 \leqslant t \leqslant 2\pi)$，则

笔记

$$\oint_L P\mathrm{d}x + Q\mathrm{d}y = \oint_L \frac{-y\mathrm{d}x + x\mathrm{d}y}{x^2 + y^2} = \int_0^{2\pi} \frac{a^2\sin^2 t + a^2\cos^2 t}{a^2\cos^2 t + a^2\sin^2 t}\mathrm{d}t = 2\pi$$

定理 8-3 不成立。这是因为函数 $P(x,y)$，$Q(x,y)$ 在以 L 为边界的圆域 C 内，存在间断点 $(0,0)$，即 C 不是单连通域，故不能保证曲线积分 $\oint_L P\mathrm{d}x + Q\mathrm{d}y$ 等于零。

例 8-22 计算 $\int_L (x + \mathrm{e}^y)\mathrm{d}x + (y + x\mathrm{e}^y)\mathrm{d}y$，其中 L 为圆周 $x^2 + y^2 = 2x$ 上从原点到 $A(1,1)$ 的一段弧。

解 由于 $P(x,y) = x + \mathrm{e}^y$，$Q(x,y) = y + x\mathrm{e}^y$，则

$$\frac{\partial P}{\partial y} = \frac{\partial Q}{\partial x} = \mathrm{e}^y$$

所以，该曲线积分与路径无关，选择折线路径 OBA（图 8-31）。

图 8-31

在 $\overline{OB}$ 上，$y = 0$，$\mathrm{d}y = 0 (0 \leqslant x \leqslant 1)$，在 $\overline{BA}$ 上，$x = 1$，$\mathrm{d}x = 0 (0 \leqslant y \leqslant 1)$，故

$$\begin{aligned}
&\int_L (x + \mathrm{e}^y)\mathrm{d}x + (y + x\mathrm{e}^y)\mathrm{d}y \\
&= \int_{\overline{OB}} (x + \mathrm{e}^y)\mathrm{d}x + (y + x\mathrm{e}^y)\mathrm{d}y + \int_{\overline{BA}} (x + \mathrm{e}^y)\mathrm{d}x + (y + x\mathrm{e}^y)\mathrm{d}y \\
&= \int_0^1 (x + 1)\mathrm{d}x + \int_0^1 (y + \mathrm{e}^y)\mathrm{d}y = \mathrm{e} + 1
\end{aligned}$$

第六节 计算机的应用

实验一 用 Mathematica 计算二重积分

实验目的：掌握利用 Mathematica 计算二重积分的基本方法。

其基本命令：

函数	说明
Integrate[f,{x,xmin,xmax},{y,ymin,ymax}]	f 为被积函数，x、y 为积分变量，xmin 为 x 积分下限，xmax 为积分 x 上限；y min 为 y 积分下限，y max 为积分 y 上限。

例 8-23 计算二重积分 $\iint_D \frac{y}{x}\mathrm{d}x\mathrm{d}y$，$D$ 是由 $y = 2x$，$y = x$，$x = 2$，$x = 4$ 所围成的区域。

解

In[ ]: = Integrate[y/x,{x,2,4},{y,x,2 * x}]

Out[ ] =9

例 8-24 计算二重积分 $\iint_D x\sqrt{y}\mathrm{d}x\mathrm{d}y$，$D$ 是由 $y = \sqrt{x}$，$y = x^2$ 所围成的区域。

解

In[ ]: = Integrate[x * Sqrt[y],{x,0,1},{y,x^2,Sqrt[x]}]

Out[ ] = $\frac{6}{55}$

例 8-25 计算二重积分 $\int_1^2 \mathrm{d}x \int_{2-x}^{\sqrt{2x-x^2}} xy\mathrm{d}y$。

解 In[ ]: = Integrate[x * y,{x,1,2},{y,2 - x,Sqrt[2x- x^2]}]

Out[ ] = $\frac{1}{4}$

例 8-26 利用极坐标计算二重积分 $\int_0^1 dx\int_{1-x}^{\sqrt{1-x^2}}(x^2+y^2)dy$。

解 In[ ]: = Integrate[r^3, {t,0,Pi/2}, {r,1/(Cos[t] + Sin[t]),1}]

Out[ ] = $-\frac{1}{24}+\frac{1}{24}(-3+3\pi)$

实验二 用 Mathematica 计算曲线积分

实验目的:掌握利用 Mathematica 计算曲线积分的基本方法。

例 8-27 计算曲线积分 $\int_L y ds$,其中 L 为心形线 $r=a(1+\cos t)$ 的下半部分(心形线的参数方程为 $\begin{cases}x=a(1+\cos t)\cos t\\ y=a(1+\cos t)\sin t\end{cases}(\pi\leqslant t\leqslant 2\pi)$)。

解 In[ ]: = r[t_]: = a * (1 + Cos[t])

```
y[t_]: = a * (1 + Cos[t]) * Sin[t]
dr[t_]: = D[r[t],t];
Integrate[y[t] * Sqrt[r[t]^2 + dr[t]^2], {t,Pi,2Pi}]
```

Out[ ] = $-\frac{16}{5}a\sqrt{a^2}$

例 8-28 计算曲线积分 $\oint_L (xy^2-4y^3)dx+(x^2y+\sin y)dy$,其中 L 为圆周 $x^2+y^2=a^2$ 且取正方向。

解 该曲线积分的计算方法有两种:

(1) 直接积分

```
In[ ]: = x[t_]: = a * Cos[t]
        y[t_]: = a * Sin[t]
        dx = D[x[t],t];
        dy = D[y[t],t];
Integrate[(x[t] * y[t]^2 - 4 * y[t]^3) dx + (x[t]^2 * y[t] + Sin[y[t]]) dy, {t,0,2Pi}]
```

Out[ ] = $3a^4\pi$

(2) 利用格林公式

```
In[ ]: = Clear[x,y,r,t ]
        p[x_,y_]: = x * y^2 - 4 * y^3
        q[x_,y_]: = x^2 * y + Sin[y]
        d = (D[q[x,y],x] - D[p[x,y],y])/. {x - > r * Cos[t], y - > r * Sin[t]};
        Integrate[d * r, {t,0,2Pi}, {r,0,a}]
```

Out[ ] = $3a^4\pi$

例 8-29 利用曲线积分求星形线 $\begin{cases}x=a\cos^3 t\\ y=a\sin^3 t\end{cases}(0\leqslant t\leqslant 2\pi)$ 所围成图形的面积。

解 利用公式 $A=\frac{1}{2}\oint_L xdy-ydx$ 计算面积。

```
In[ ]: = x[t_]: = a * Cos[t]^3
        y[t_]: = a * Sin[t]^3
        dx = D[x[t],t];
```

```
dy = D[y[t],t];
A[t_]: = x[t] * dy-y[t] * dx
A = Integrate[(1/2) * A[t],{t,0,2Pi}]
```

Out[ ] = $\frac{3a^2\pi}{8}$

习题

1. 选择题

(1) 设积分区域为 $D=\{(x,y)\mid x^2+y^2\leqslant 4\}$，$\iint\limits_D f(x,y)\mathrm{d}\sigma=a$，则 $\iint\limits_D[f(x,y)+2]\mathrm{d}\sigma=$（　）

A. 8π　B. $8\pi+a$　C. $4\pi+a$　D. $2\pi+a$

(2) 设积分区域为 $D=\{(x,y)\mid 0\leqslant x\leqslant 1,1\leqslant y\leqslant 2\}$，$I_1=\iint\limits_D(x+y)\mathrm{d}\sigma$，$I_2=\iint\limits_D(x+y)^2\mathrm{d}\sigma$，则（　）

A. $I_1=I_2$　B. $I_1\leqslant I_2$　C. $I_1\geqslant I_2$　D. 不确定

(3) 设积分区域为 $D=\{(x,y)\mid 1\leqslant x^2+y^2\leqslant 4\}$ 则 $\iint\limits_D\sqrt{x^2+y^2}\mathrm{d}\sigma=$（　）

A. $\int_0^{2\pi}\mathrm{d}\theta\int_1^4 r^2\mathrm{d}r$　B. $\int_0^{2\pi}\mathrm{d}\theta\int_1^4 r\mathrm{d}r$　C. $\int_0^{2\pi}\mathrm{d}\theta\int_1^2 r^2\mathrm{d}r$　D. $\int_0^{2\pi}\mathrm{d}\theta\int_1^4 r\mathrm{d}r$

(4) 设积分区域为 $D=\{(x,y)\mid x^2+y^2\leqslant 4\}$，$I=\iint\limits_D\sqrt[3]{1-x^2-y^2}\mathrm{d}\sigma$，则必有（　）

A. $I<0$　B. $I>0$

C. $I=0$　D. $I\neq 0$，但符号无法确定

(5) 设 $I=\iint\limits_D x\mathrm{e}^{\cos(xy)}\sin(xy)\mathrm{d}x\mathrm{d}y$，$D=\{(x,y)\mid |x|\leqslant 1,|y|\leqslant 1\}$ 则 $I=$（　）

A. e　B. 0　C. 1　D. 2

(6) 设 $I=\iint\limits_D(2x-x^2-y^2)\mathrm{d}x\mathrm{d}y$，$D=\{(x,y)\mid (x-1)^2+y^2\leqslant 1\}$，则 $I=$（　）

A. π　B. $\frac{\pi}{3}$　C. $\frac{2\pi}{3}$　D. $\frac{\pi}{2}$

(7) $I=\int_0^1\mathrm{d}y\int_0^{\sqrt{1-y}}f(x,y)\mathrm{d}x$ 则交换积分次序后为（　）

A. $I=\int_0^1\mathrm{d}x\int_0^{\sqrt{1-x}}f(x,y)\mathrm{d}y$　B. $I=\int_0^{\sqrt{1-y}}\mathrm{d}x\int_0^1 f(x,y)\mathrm{d}y$

C. $I=\int_0^1\mathrm{d}x\int_0^{1-x^2}f(x,y)\mathrm{d}y$　D. $I=\int_0^1\mathrm{d}x\int_0^{1+x^2}f(x,y)\mathrm{d}y$

(8) 已知 $\int_0^1 f(x)\mathrm{d}x=\int_0^1 xf(x)\mathrm{d}x$，$D=\{(x,y)\mid x+y\leqslant 1,x\geqslant 0,y\geqslant 0\}$，则 $\iint\limits_D f(x)\mathrm{d}x\mathrm{d}y=$（　）

A. 2　B. 0　C. 1　D. -2

(9) 设 L 为圆 $(x-1)^2+(y-1)^2=1$ 上从点 $(2,1)$ 到点 $(0,1)$ 的上半部分，则 $\int_L\frac{x\mathrm{d}y-y\mathrm{d}x}{x^2+y^2}=$（　）

A. arctan2　B. 0　C. 1　D. π

(10) 设 L 为折线 $y=1-|1-x|$ 上从点 $(0,0)$ 到点 $(2,0)$ 的折线段，则 $\int_L(x^2+y^2)\mathrm{d}x+(x^2-y^2)\mathrm{d}y=$（　）

A. $\frac{2}{3}$　　B. $\frac{4}{3}$　　C. 1　　D. 2

2. 填空题

(1) 已知 D 是 $y=x^2, y=4-x^2$ 及 y 轴围成在第一象限内的区域，则 $\iint\limits_D x\mathrm{d}x\mathrm{d}y=$ ________

(2) $I=\int_1^5 \mathrm{d}y\int_y^5 \frac{1}{y\ln x}\mathrm{d}x=$ ________

(3) 已知 $D=\{(x,y)\mid y\geqslant 0, x^2+y^2\geqslant 1, x^2+y^2-2x\leqslant 0\}$，则 $\iint\limits_D xy\mathrm{d}\sigma=$ ________

(4) 已知 C 为圆周 $(x-1)^2+(y-1)^2=1$ 的逆时针方向，则 $I=\oint_C \sqrt{x^2+y^2}\mathrm{d}x+[x+y\ln(x+\sqrt{x^2+y^2})]\mathrm{d}y=$ ________

(5) 已知 C 是从点 $A(-a,0)$ 经上半椭圆 $\frac{x^2}{a^2}+\frac{y^2}{b^2}=1\ (y\geqslant 0)$ 到点 $B(a,0)$ 的弧段，则 $I=\int_C \frac{(x-y)\mathrm{d}x+(x+y)\mathrm{d}y}{x^2+y^2}=$ ________

3. 将二重积分 $\iint\limits_D f(x,y)\mathrm{d}\sigma$ 化为两种不同顺序的二次积分

(1) $D: y=x, y=a, x=b\ (0<a<b)$ 所围成的区域。

(2) $D: y=x, y=3x, x=1, x=3$ 所围成的区域。

4. 交换下列二次积分的次序

(1) $I=\int_0^1 \mathrm{d}y\int_y^{\sqrt{y}} f(x,y)\mathrm{d}x$　　(2) $I=\int_{-1}^1 \mathrm{d}x\int_0^{\sqrt{1-x^2}} f(x,y)\mathrm{d}y$

(3) $I=\int_0^1 \mathrm{d}x\int_0^x f(x,y)\mathrm{d}y+\int_1^2 \mathrm{d}x\int_0^{2-x} f(x,y)\mathrm{d}y$

5. 计算下列二重积分

(1) $\iint\limits_D xy\mathrm{d}x\mathrm{d}y, D=\{(x,y)\mid x^2+y^2\leqslant 1, x\geqslant 0, y\geqslant 0\}$。

(2) $\iint\limits_D \frac{x^2}{y^2}\mathrm{d}x\mathrm{d}y$，$D$ 是由直线 $y=2, y=x$ 及曲线 $xy=1$ 所围成的区域。

(3) $\iint\limits_D (x^2+y^2-y)\mathrm{d}x\mathrm{d}y$，$D$ 是由直线 $y=\frac{x}{2}, y=x$ 及曲线 $y=2$ 所围成的区域。

(4) $\iint\limits_D \cos(x+y)\mathrm{d}x\mathrm{d}y$，$D$ 是由直线 $x=0, y=x$ 及曲线 $y=\pi$ 所围成的区域。

(5) $\iint\limits_D (|x|+|y|)\mathrm{d}x\mathrm{d}y, D=\{(x,y)\mid |x|+|y|\leqslant 1\}$。

(6) $\iint\limits_D (x^2+y^2)\mathrm{d}x\mathrm{d}y$，$D$ 为圆环 $a^2\leqslant x^2+y^2\leqslant b^2$。

(7) $\iint\limits_D \arctan\frac{y}{x}\mathrm{d}x\mathrm{d}y$，$D$ 是由 $x^2+y^2=1, x^2+y^2=4$ 及直线 $y=0, y=x$，在第一象限内所围成的区域。

(8) $\iint\limits_D \frac{1}{\sqrt{a^2-x^2-y^2}}\mathrm{d}x\mathrm{d}y, D=\{(x,y)\mid x^2+y^2\leqslant ax\}$。

(9) $\iint\limits_D \ln(1+x^2+y^2)\mathrm{d}x\mathrm{d}y, D=\{(x,y)\mid x^2+y^2\leqslant 1, x\geqslant 0, y\geqslant 0\}$。

6. 求旋转抛物面 $z=x^2+y^2$ 与平面 $z=1$ 所围成的立体体积。

7. 计算由旋转抛物面 $z=x^2+y^2$，平面 $x+y=1$ 及三个坐标面在第一卦限内所围成的立体体积。

8. 求球面 $x^2+y^2+z^2=a^2$ 与柱面 $x^2+y^2=ax$ 所围成的立体体积(含在柱体内的部分)。

9. 在一个形状如旋转抛物面 $z=x^2+y^2$ 的容器内,已经盛有 8π 立方厘米的溶液,现又注入了 120π 立方厘米的溶液,问液面升高了多少厘米?

10. 计算下列广义二重积分

(1) $\iint\limits_D x\mathrm{e}^{-y}\mathrm{d}x\mathrm{d}y, D=\{(x,y)\mid y\geqslant x^2, x\geqslant 0\}$。

(2) $\iint\limits_D \dfrac{1}{(x^2+y^2)^{\frac{1}{4}}}\mathrm{d}x\mathrm{d}y, D=\{(x,y)\mid x^2+y^2\leqslant 1\}$。

11. 求球面 $x^2+y^2+z^2=a^2$ 被柱面 $x^2+y^2=ax$ 所截部分的面积。

12. 求由上半球面 $x^2+y^2+z^2=3a^2(z\geqslant 0)$ 及旋转抛物面 $x^2+y^2=2az$ 所围成立体的整个表面的面积。

13. 求曲线 $y^2=4x+4$ 和 $y^2=-2x+4$ 所围成平面均匀薄片的重心坐标。

14. 计算下列对弧长的曲线积分

(1) $\int_L xy\mathrm{d}s$ 其中 $L: x=a\cos t, y=a\sin t, 0\leqslant t\leqslant \dfrac{\pi}{2}$。

(2) $\int_L y\mathrm{d}s$ 其中 L 是抛物线 $y^2=2x$ 上从点 $(1,\sqrt{2})$ 到点 $(2,2)$ 一段。

(3) $\int_\Gamma (x^2+y^2+z^2)\mathrm{d}s$ 其中 Γ 为螺旋线 $x=a\cos t, y=a\sin t, z=kt, 0\leqslant t\leqslant 2\pi$。

(4) $\oint_L (x^{\frac{4}{3}}+y^{\frac{4}{3}})\mathrm{d}s$, L 是星形线 $x^{\frac{2}{3}}+y^{\frac{2}{3}}=a^{\frac{2}{3}}$。

(5) $\oint_L \mathrm{e}^{\sqrt{x^2+y^2}}\mathrm{d}s$, L 是由 $x^2+y^2=a^2$, $y=x$ 及 x 轴在第一象限内所围成的扇形的整个边界。

15. 计算下列对坐标的曲线积分

(1) $\int_L (x^2-y^2)\mathrm{d}x$, L 为抛物线 $y=x^2$ 从原点到点 $(2,4)$ 的一段。

(2) $\int_L (2a-y)\mathrm{d}x-(a-y)\mathrm{d}y$, L 为摆线 $x=a(t-\sin t), y=a(1-\cos t)$ 自原点的一拱 $(0\leqslant t\leqslant 2\pi)$。

(3) $\int_L (x^2+2xy)\mathrm{d}y$,其中 L 是逆时针方向上半椭圆:$x=a\cos t, y=b\sin t, 0\leqslant t\leqslant \pi$。

16. 计算曲线积分 $\int_L xy\mathrm{d}x$,其中 L 是从点 $A(-1,0)$ 到点 $B(1,0)$,且沿曲线弧

(1) L_1:单位圆的上半圆 ACB, C 的坐标为 $(0,1)$。

(2) L_2:x 轴的直线段 AOB。

(3) L_3:单位圆的下半圆 ADB, D 的坐标为 $(0,-1)$。

(4) L_4:折线 $ACOB$。

17. 证明 $\oint_L 2xy\mathrm{d}x+x^2\mathrm{d}y=0$。

18. 利用格林公式计算 $\oint_L xy^2\mathrm{d}y-x^2y\mathrm{d}x$,其中 L 是按逆时针方向绕圆 $x^2+y^2=a^2$ 一周。

19. 利用曲线积分,求椭圆 $x=a\cos t, y=b\sin t(0\leqslant t\leqslant 2\pi)$ 的面积。

20. 下列曲线积分是否与路径无关?并求积分值

(1) $\int_{(1,-1)}^{(1,1)}(x-y)(\mathrm{d}x-\mathrm{d}y)$　　(2) $\int_{(2,1)}^{(1,2)}\dfrac{y\mathrm{d}x-x\mathrm{d}y}{x^2+y^2}$

(3) $\int_{(1,\pi)}^{(2,\pi)}\left(1-\dfrac{y^2}{x^2}\cos\dfrac{y}{x}\right)\mathrm{d}x+\left(\sin\dfrac{y}{x}+\dfrac{y}{x}\cos\dfrac{y}{x}\right)\mathrm{d}y$

笔记

(杨君慧)

第九章 常微分方程及其应用

学习要求

1. 掌握:微分方程的有关概念。

2. 熟悉:可分离变量的微分方程、一阶线性微分方程、可降阶的二阶微分方程、二阶常系数线性微分方程的形式及其求解法,以及利用拉氏变换求解常系数线性微分方程特解的方法。

3. 了解:用消元法求解微分方程组,微分方程在药物动力学中的应用。

微分方程是我们寻求自然界事物变化规律时最常用的方法,通过建立和求解微分方程的初值问题,我们能够获得所研究变量之间的函数关系,从而用它来研究相关学科领域中的数量变化规律,物理学、药物动力学中许多重要问题的解答都依赖于微分方程。本章主要介绍了多种类型微分方程的求解方法,并简单介绍了药物动力学中的一室模型。

第一节 微分方程的基本概念

一、引 入

引例 9-1 求过点 (1,2),且切线斜率为 $2x$ 的曲线方程 $y=f(x)$。

由导数的几何意义,该曲线应满足方程

$$y'=2x \tag{9-1}$$

或

$$\mathrm{d}y=2x\mathrm{d}x$$

两端积分

$$\int \mathrm{d}y=\int 2x\mathrm{d}x$$

得

$$y=x^2+C \tag{9-2}$$

其中 C 为任意常数。又因为所求曲线过点 (1,2),故该曲线方程还应满足条件

$$x=1 \text{ 时}, y=2 \tag{9-3}$$

将上述条件代入到(9-2)式中,得 $C=1$,于是所求曲线方程为

$$y=x^2+1 \tag{9-4}$$

引例 9-2 质量为 m 的物体从空中自由落下,下落的距离 S 是时间 t 的函数,记为 $S(t)$。由牛顿第二定律,可得如下关系

$$m\frac{\mathrm{d}^2S}{\mathrm{d}t^2}=mg$$

即

$$\frac{\mathrm{d}^2S}{\mathrm{d}t^2}=g \tag{9-5}$$

将上式改写为

$$\mathrm{d}\left(\frac{\mathrm{d}S}{\mathrm{d}t}\right)=g\mathrm{d}t$$

等式两端同时积分,得

$$\frac{\mathrm{d}S}{\mathrm{d}t}=gt+C_1$$

将上式改写为

$$dS = (gt + C_1)dt$$

等式两端再积分,得

$$S = \frac{1}{2}gt^2 + C_1t + C_2 \tag{9-6}$$

已知在 $t = 0$ 时,物体下落的距离和下落速度都是零,即

$$S|_{t=0} = 0, \quad \left.\frac{dS}{dt}\right|_{t=0} = 0 \tag{9-7}$$

将它们分别代入上述式中,求得 $C_1 = C_2 = 0$,于是得到作自由落体运动物体的下落距离 S 与下落时间 t 的函数关系

$$S = \frac{1}{2}gt^2 \tag{9-8}$$

二、微分方程的概念

上述两个引例中,方程(9-1)、(9-5)都含有未知函数的导数或微分。在实际应用中,如果需要了解变量间的函数关系,而这种函数关系又不能直接求得时,常常需要像上述两个引例那样,建立未知函数及其导数(或微分)与自变量之间的关系。这种所求函数的导数满足的关系式,即是**微分方程**(differential equation)。微分方程中可以不显含未知函数或自变量,但必须出现未知函数的导数或微分。未知函数为一元函数的微分方程,称为**常微分方程**(ordinary differential equation);未知函数为多元函数的微分方程,称为**偏微分方程**(partial differential equation),偏微分方程中会出现偏导数,例如:微分方程 $\frac{\partial u}{\partial t} = 4\frac{\partial^2 u}{\partial x^2}$ 是偏微分方程。本章只讨论常微分方程,并简称为微分方程。

微分方程中所出现的未知函数导数的最高阶数,称为**微分方程的阶**(order of differential equation)。例如,方程(9-1)是一阶微分方程,方程(9-5)是二阶微分方程,方程 $xy^{(4)} + 2y' + y = \sin x$ 是四阶微分方程。

一般地,一阶微分方程的形式为

$$y' = f(x,y) \quad 或 \quad F(x,y,y') = 0 \quad 或 \quad f(x,y)dx + g(x,y)dy = 0$$

二阶微分方程的形式为

$$y'' = f(x,y,y') \quad 或 \quad F(x,y,y',y'') = 0$$

n 阶微分方程的形式为

$$y^{(n)} = f(x,y,y',\cdots,y^{(n-1)}) \quad 或 \quad F(x,y,y',\cdots,y^{(n)}) = 0$$

使微分方程成为恒等式的函数,称为**微分方程的解**(solution of differential equation)。例如:函数(9-2)、(9-4)是微分方程(9-1)的解,函数(9-6)、(9-8)是微分方程(9-5)的解。如果微分方程的解中所含独立的任意常数的个数与微分方程的阶数相同,称这样的解为**微分方程的通解**(general solution of differential equation)。例如:函数(9-2)是微分方程(9-1)的通解,函数(9-6)是微分方程(9-5)的通解。

为了确切地反映客观事物的变化规律,必须确定通解中的任意常数,因此需要根据问题的实际背景,提出确定通解中的任意常数的条件,这样的定解条件称为**微分方程的初始条件**(initial condition of differential equation)。例如:式(9-3)是微分方程(9-1)的初始条件,式(9-7)是微分方程(9-5)的初始条件。

满足初始条件的解,称为**微分方程的特解**(particular solution of differential equation)。例如:函数(9-4)是微分方程(9-1)的特解,函数(9-8)是微分方程(9-5)的特解。一般地,求微分方程满足初始条件的特解这样的问题,称为**微分方程的初值问题**。

笔记

微分方程解的图形,称为**微分方程的积分曲线**。微分方程通解的图形是一族积分曲线,微

分方程特解的图形是在通解的积分曲线族中，满足初始条件的某一条特定的积分曲线。

微分方程是在微积分的基础上发展起来的，它是通过变量与变化率的关系研究客观世界中事物运动的数学模型，它在医学、药学、化学、生物学、物理学、天文学等领域都得到了广泛的应用。本章将介绍微分方程的基本概念、常用解法，及其在医药学上的某些应用。

第二节　一阶微分方程

一、可分离变量的微分方程

若一阶微分方程可以转化为如下形式

$$g(y)\mathrm{d}y = f(x)\mathrm{d}x \tag{9-9}$$

则称其为可分离变量的微分方程(separable differential equation)。它的求解方法是，等式两端分别对变量 y、x 积分，即可得到其通解为

$$\int g(y)\mathrm{d}y = \int f(x)\mathrm{d}x + C$$

这里，$\int g(y)\mathrm{d}y$ 和 $\int f(x)\mathrm{d}x$ 分别理解为 $g(y)$ 和 $f(x)$ 的任意一个确定的原函数。

一般地，如果一个一阶微分方程可以化为方程(9-9)的形式，即可以把变量 x 和 y 分离到方程的两端，使一端只含 x 的函数与 $\mathrm{d}x$ 的乘积，另一端只含 y 的函数与 $\mathrm{d}y$ 的乘积，称这一步骤为分离变量。对可分离变量的微分方程采用先分离变量，然后再两端积分得到通解的求解方法，称为分离变量法。

例 9-1　求微分方程 $y' = 3x^2y$ 的通解。

解　这是可分离变量的微分方程，当 $y \neq 0$ 时，将方程分离变量，得

$$\frac{\mathrm{d}y}{y} = 3x^2\mathrm{d}x$$

两端积分，得

$$\ln|y| = x^3 + C_1$$

$$|y| = \mathrm{e}^{C_1}\mathrm{e}^{x^3}$$

即

$$y = \pm\mathrm{e}^{C_1}\mathrm{e}^{x^3} = C\mathrm{e}^{x^3}\ (C \neq 0)$$

容易验证，$y = 0$ 也是微分方程的解，它可以通过在 $y = C\mathrm{e}^{x^3}$ 中取 $C = 0$ 得到。故 $y = C\mathrm{e}^{x^3}$ 为所求微分方程的通解，其中，C 为任意常数。

注意：在上述求解微分方程的过程中，可以对任意常数进行适当处理，如：将 C_1 写成 $\ln C$，且将 $\ln|y|$ 直接写成 $\ln y$，使运算过程简化如下

当 $y \neq 0$ 时，将方程分离变量，得

$$\frac{\mathrm{d}y}{y} = 3x^2\mathrm{d}x$$

两端积分，得

$$\ln y = x^3 + \ln C$$

即

$$y = C\mathrm{e}^{x^3}\ (C \neq 0)$$

例 9-2　求微分方程 $y' = \sqrt{1-y^2}$ 的通解。

解　这是可分离变量的微分方程，当 $y \neq \pm 1$ 时，将方程分离变量，得

$$\frac{\mathrm{d}y}{\sqrt{1-y^2}} = \mathrm{d}x$$

两端积分，得

$$\arcsin y = x + C$$

即

$$y = \sin(x + C)\ (C\text{为任意常数})$$

容易验证，$y = \pm 1$ 也是微分方程的解，但它不能由通解 $y = \sin(x + C)$ 求得，这样的解称为

微分方程的奇解,其图形称为通解所对应的积分曲线族的包络线。由此得知,微分方程的通解并不一定是微分方程的全部解。

将通解 $y = \sin(x + C)$ 中的任意常数 C 分别取 -2、0、2 后所得到的特解,以及该微分方程的奇解在同一直角坐标系下所作出的图形,见例 9-46。

由例 9-1 和例 9-2 中两个微分方程的求解过程可知,在求微分方程的通解时,可以直接进行分离变量,而不必讨论限制条件 $y \neq 0$ 和 $y \neq \pm 1$,于是,可将例 9-1 中微分方程的求解过程可简化为:

分离变量,得
$$\frac{dy}{y} = 3x^2 dx$$
两端积分,得
$$\ln y = x^3 + \ln C$$
故所求微分方程的通解为
$$y = Ce^{x^3}$$

例 9-3 求微分方程 $y - xy' = \pi(y^2 + y')$ 的通解。

解 这是可分离变量的微分方程,将方程变形为
$$(x + \pi)y' = y - \pi y^2$$
分离变量,得
$$\frac{dy}{y(1 - \pi y)} = \frac{dx}{x + \pi}$$
即
$$\frac{dy}{y} + \frac{\pi dy}{1 - \pi y} = \frac{dx}{x + \pi}$$
两端积分,得
$$\ln y - \ln(1 - \pi y) = \ln(x + \pi) + \ln C$$
故所求微分方程的通解为 $\dfrac{y}{1 - \pi y} = C(x + \pi)$。

有时,微分方程的解也可用隐函数来表示。

例 9-4 放射性元素镭因不断放射出射线而逐渐减少其质量的现象,称为衰变。由物理学知道,镭的衰变速度与其当时所存留的质量成正比,比例系数为 k ($k > 0$),如果设镭的初始质量为 M_0,求镭的质量 M 随时间 t 的变化规律。

解 镭的衰变速度为镭的消耗量关于时间的变化率,设 t 时刻镭的存留量为 $M(t)$,则镭在 t 时刻的消耗量为 $M_0 - M(t)$,根据导数的定义,镭的衰变速度就是镭的消耗量相对时间的导数,即
$$\frac{d}{dt}[M_0 - M(t)] = -\frac{dM}{dt}$$
再由题设可建立微分方程的初值问题
$$\begin{cases} \dfrac{dM}{dt} = -kM(t) \\ M(0) = M_0 \end{cases}$$
对其分离变量,得
$$\frac{dM(t)}{M(t)} = -kdt$$
两端积分,得
$$\ln M(t) = -kt + \ln C$$
故其通解为
$$M(t) = Ce^{-kt}$$
代入初始条件 $M(0) = M_0$,求得 $C = M_0$,故放射性元素镭的衰变规律为
$$M(t) = M_0 e^{-kt}$$

由此可以看出,一个量的变化速率与其当时的量成正比时,该变量总是按指数函数规律变化的,符合这种变化规律的过程称为**一级速率过程**。例如,化学中的一级反应,药物的分解,细菌的繁殖及肿瘤的早期生长等许多自然现象,都符合指数函数的变化规律。

例 9-5 设降落伞从跳伞塔上下落后,所受空气阻力与速度成正比,并设降落伞离开跳伞塔

时（$t=0$）速度为零，求降落伞下落速度与时间的函数关系。

解　设降落伞下落速度为 $v(t)$，由于降落伞在空中下落时，同时受到重力与空气阻力的作用，重力大小为 mg，方向与 v 一致；阻力大小为 kv（其中 $k>0$ 为比例系数），方向与 v 相反，从而降落伞所受外力为

$$F=mg-kv$$

又根据牛顿第二定律

$$F=ma=m\frac{\mathrm{d}v}{\mathrm{d}t}$$

建立微分方程的初值问题

$$\begin{cases}m\dfrac{\mathrm{d}v}{\mathrm{d}t}=mg-kv\\ v(0)=0\end{cases}$$

方程 $m\dfrac{\mathrm{d}v}{\mathrm{d}t}=mg-kv$ 是可分离变量的微分方程，对其分离变量，得

$$\frac{\mathrm{d}v}{mg-kv}=\frac{\mathrm{d}t}{m}$$

两端积分

$$\int\frac{\mathrm{d}v}{mg-kv}=\int\frac{\mathrm{d}t}{m}$$

$$\int\frac{\mathrm{d}(mg-kv)}{mg-kv}=-\frac{k}{m}\int\mathrm{d}t$$

得

$$\ln(mg-kv)=-\frac{k}{m}t+\ln C$$

即

$$mg-kv=C\mathrm{e}^{-\frac{k}{m}t}$$

代入初始条件 $v(0)=0$，得 $C=mg$，于是得降落伞下落速度函数为

$$v=\frac{mg}{k}(1-\mathrm{e}^{-\frac{k}{m}t})$$

当 $t\to+\infty$ 时，$\mathrm{e}^{-\frac{k}{m}t}\to0$，$v\to\dfrac{mg}{k}$。由此可见，随着时间的增加，速度逐渐接近于常数 $\dfrac{mg}{k}$，且不会超过 $\dfrac{mg}{k}$。即跳伞后开始阶段是加速运动，但以后逐渐接近于匀速运动。

某些一阶微分方程，不能直接分离变量，但可以通过变量代换转化为可分离变量的微分方程求解。形如

$$\frac{\mathrm{d}y}{\mathrm{d}x}=f\left(\frac{y}{x}\right)$$

的微分方程，称为**齐次（微分）方程**（homogeneous differential equation），通过变量代换 $u=\dfrac{y}{x}$，可得 $\dfrac{\mathrm{d}y}{\mathrm{d}x}=u+x\dfrac{\mathrm{d}u}{\mathrm{d}x}$，代入原方程有

$$u+x\frac{\mathrm{d}u}{\mathrm{d}x}=f(u)$$

$$\frac{\mathrm{d}u}{f(u)-u}=\frac{\mathrm{d}x}{x}$$

即可以将齐次方程转化为可分离变量的微分方程求解。

例 9-6　求微分方程 $\dfrac{\mathrm{d}y}{\mathrm{d}x}=\dfrac{y}{x}+\tan\dfrac{y}{x}$ 满足初始条件 $y|_{x=1}=\dfrac{\pi}{2}$ 的特解。

解　这是齐次方程，令 $u=\dfrac{y}{x}$，则 $y=xu$，$\dfrac{\mathrm{d}y}{\mathrm{d}x}=u+x\dfrac{\mathrm{d}u}{\mathrm{d}x}$，代入原方程，得

$$u+x\frac{\mathrm{d}u}{\mathrm{d}x}=u+\tan u$$

整理后,得可分离变量的微分方程

$$x\frac{du}{dx}=\tan u$$

分离变量,得
$$\cot u du=\frac{1}{x}dx$$

两端积分,得
$$\ln\sin u=\ln x+\ln C$$

或
$$\sin u=Cx$$

代回原来的变量,即得原方程的通解

$$\sin\frac{y}{x}=Cx$$

代入初始条件 $y|_{x=1}=\frac{\pi}{2}$,求得 $C=1$,故 $\sin\frac{y}{x}=x$ 为所求微分方程的特解。

有时,需要对微分方程进行适当的恒等变形后,才能化为齐次方程的标准形式。例如,对微分方程 $(xy-x^2)dy=y^2dx$,可以先变形为 $\frac{dy}{dx}=\frac{y^2}{xy-x^2}$ 后,再化为 $\frac{dy}{dx}=\frac{\left(\frac{y}{x}\right)^2}{\frac{y}{x}-1}$ 求解。一个微分方程是否是齐次(函数)的,只需用 tx、ty 替换方程中的 x、y,若原微分方程不变,即是齐次的。

二、一阶线性微分方程

若一阶微分方程可以化为如下形式

$$\frac{dy}{dx}+P(x)y=Q(x) \tag{9-10}$$

则称其为**一阶线性微分方程**(first order linear differential equation),其中 $P(x)$ 和 $Q(x)$ 为已知函数。这里的线性是指,方程中出现的未知函数 y 及导数 $\frac{dy}{dx}$ 都是一次幂。如果 $Q(x)\equiv 0$,则称方程

$$\frac{dy}{dx}+P(x)y=0 \tag{9-11}$$

为**一阶线性齐次微分方程**(first order linear homogeneous differential equation);如果 $Q(x)\neq 0$,则称方程(9-10)为**一阶线性非齐次微分方程**(first order linear nonhomogeneous differential equation),又称 $Q(x)$ 为非齐次项。

我们先考虑一阶线性齐次微分方程(9-11)的求解方法。易见,该微分方程是可分离变量的,分离变量得

$$\frac{dy}{y}=-P(x)dx$$

两端积分,得
$$\ln y=-\int P(x)dx+\ln C$$

整理得,一阶线性齐次微分方程(9-11)的通解

$$y=Ce^{-\int P(x)dx} \tag{9-12}$$

这里,C 为任意常数,$\int P(x)dx$ 理解为 $P(x)$ 的任意一个确定的原函数。

下面,我们再来研究一阶线性非齐次微分方程(9-10)的求解方法,将微分方程(9-10)变形为

笔记

$$\frac{dy}{y}=\left[\frac{Q(x)}{y}-P(x)\right]dx$$

两端积分,得
$$\ln y = \int \frac{Q(x)}{y}dx - \int P(x)dx$$

整理得
$$y = e^{\int \frac{Q(x)}{y}dx} \cdot e^{-\int P(x)dx}$$

上式中,积分 $e^{\int \frac{Q(x)}{y}dx}$ 含有未知函数 y,虽然无法求得,但仍是 x 的函数,记为 $C(x)$,则得微分方程(9-10)的解的形式为

$$y = C(x)e^{-\int P(x)dx} \tag{9-13}$$

容易看出,式(9-13)可以通过将齐次微分方程的通解(9-12)中的任意常数 C 换成待定函数 $C(x)$ 后而得到(此方法又称为常数变异法)。为了求出待定函数 $C(x)$,将 $y = C(x)e^{-\int P(x)dx}$ 和 $y' = C'(x)e^{-\int P(x)dx} - C(x)P(x)e^{-\int P(x)dx}$ 代入非齐次微分方程(9-10),得

$$C'(x)e^{-\int P(x)dx} - C(x)P(x)e^{-\int P(x)dx} + P(x)C(x)e^{-\int P(x)dx} = Q(x)$$

即
$$C'(x)e^{-\int P(x)dx} = Q(x)$$
$$C'(x) = Q(x)e^{\int P(x)dx}$$

积分得
$$C(x) = \int Q(x)e^{\int P(x)dx}dx + C \ (C\text{ 为任意常数})$$

将上式代入式(9-13)中,即得一阶线性非齐次微分方程的通解公式

$$y = e^{-\int P(x)dx}\left(\int Q(x)e^{\int P(x)dx}dx + C\right) \tag{9-14}$$

上式中,C 为任意常数,$e^{-\int P(x)dx}$ 和 $\int Q(x)e^{\int P(x)dx}dx$ 分别理解为被积函数的任意一个确定的原函数。

如果将式(9-14)改写成两项之和

$$y = Ce^{-\int P(x)dx} + e^{-\int P(x)dx} \cdot \int Q(x)e^{\int P(x)dx}dx$$

则其第一项是线性非齐次微分方程相对应的齐次微分方程(9-11)的通解,第二项是线性非齐次微分方程(9-10)的一个特解(令 $C = 0$),由此可得如下重要结论:一阶线性非齐次微分方程的通解等于其对应的齐次微分方程的通解与非齐次微分方程的一个特解之和。

例 9-7 求微分方程 $y' + y\cos x = e^{-\sin x}$ 的通解。

解 这是一阶线性非齐次微分方程,先求它所对应的齐次微分方程 $y' + y\cos x = 0$ 的通解。

分离变量,得
$$\frac{dy}{y} = -\cos x dx$$

两端积分,得
$$\ln y = -\sin x + \ln C$$

整理得齐次微分方程的通解为 $y = Ce^{-\sin x}$。

用常数变易法,将 $y = C(x)e^{-\sin x}$ 代入非齐次微分方程中,有
$$C'(x)e^{-\sin x} = e^{-\sin x}$$

即
$$C'(x) = 1$$

积分,得
$$C(x) = x + C$$

故所求微分方程的通解为 $y = (x + C)e^{-\sin x}$。

例 9-8 求微分方程 $y' - \frac{1}{x}y - x^2 = 0$ 满足初始条件 $y|_{x=1} = 1$ 的特解。

解 这是一阶线性非齐次微分方程,将 $P(x) = -\frac{1}{x}$,$Q(x) = x^2$ 代入公式(9-14)求得通解

$$y = e^{-\int(-\frac{1}{x})dx}\left[\int x^2 e^{\int(-\frac{1}{x})dx}dx + C\right]$$

$$= e^{\ln x}\left(\int x^2 e^{-\ln x}dx + C\right) = x\left(\frac{x^2}{2} + C\right) = Cx + \frac{x^3}{2}$$

代入初始条件 $y|_{x=1} = 1$,求得 $C = \frac{1}{2}$,故所求微分方程的特解为 $y = \frac{1}{2}x + \frac{x^3}{2}$。

例 9-9 求微分方程 $\frac{dy}{dx} = \frac{y}{2x - y^2}$ 的通解。

解 将 x 看作未知函数,y 看作自变量,则所求方程变形为一阶线性非齐次微分方程

$$\frac{dx}{dy} - \frac{2}{y}x = -y$$

将 $P(y) = -\frac{2}{y}, Q(y) = -y$,代入通解公式(9-14)得其通解为

$$x = e^{-\int(-\frac{2}{y})dy}\left[\int(-y)e^{\int(-\frac{2}{y})dy}dy + C\right]$$

$$= e^{2\ln y}\left(-\int ye^{-2\ln y}dy + C\right) = y^2\left(C - \int y\frac{1}{y^2}dy\right) = y^2(C - \ln|y|)$$

例 9-10 容器内盛有 400L 盐水,含盐 8kg,现以 8L/min 的速度注入浓度为 1.5kg/L 的盐水,同时以 4L/min 的速度抽出混合均匀的盐水。求 t 时刻容器内盐水的含盐量。

解 这是一混合溶液问题,此类模型的依据是:

容器内含盐量的变化率 = 注入量的变化率 - 抽出量的变化率

设 t 时刻容器内盐水的含盐量为 $x(t)$,那么 $\frac{dx}{dt}$ 表示在容器内含盐量的变化率。

注入(盐)量的变化率为 $1.5(kg/L)\times 8(L/min) = 12(kg/min)$

抽出(盐)量的变化率为 $\frac{x}{400 + (8t - 4t)}(kg/L)\times 4(L/min) = \frac{x}{100 + t}(kg/min)$

由此,建立微分方程的初值问题

$$\begin{cases}\frac{dx}{dt} + \frac{x}{100 + t} = 12\\ x(0) = 8\end{cases}$$

而方程 $\frac{dx}{dt} + \frac{x}{100 + t} = 12$ 是一阶线性非齐次微分方程,直接用公式求它的通解。

由 $P(t) = \frac{1}{100 + t}, Q(t) = 12$,得

$$\int P(t)dt = \int\frac{1}{100 + t}dt = \ln(100 + t)$$

$$\int Q(t)e^{\int P(t)dt}dt = \int 12e^{\ln(100+t)}dt = \int(12t + 1200)dt = 6t^2 + 1200t$$

故该非齐次线性微分方程的通解为

$$x = \frac{1}{t + 100}(6t^2 + 1200t + C)$$

代入初始条件 $x(0) = 8$,求得 $C = 800$,故 t 时刻容器内盐水的含盐量为

$$x(t) = \frac{6t^2 + 1200t + 800}{t + 100}$$

例 9-11 求微分方程 $\frac{dy}{dx} + \frac{y}{x} = y^2\ln x$ 的通解。

解 该方程不是线性的,若两边同除 y^2,原方程变为

$$y^{-2}\frac{dy}{dx} + \frac{1}{x}y^{-1} = \ln x$$

令 $y^{-1}=z$,则 $y^{-2}\frac{dy}{dx}=-\frac{d(y^{-1})}{dx}=-\frac{dz}{dx}$,代入上述方程,得

$$\frac{dz}{dx}-\frac{1}{x}z=-\ln x$$

该方程为一阶线性微分方程,利用通解公式,可得

$$z=e^{\int\frac{1}{x}dx}\left(-\int\ln x e^{-\int\frac{1}{x}dx}dx+C\right)=x\left(C-\int\frac{\ln x}{x}dx\right)$$

$$=x\left(C-\frac{1}{2}\ln^2 x\right)$$

代回原来的变量,得原方程的通解为 $\frac{1}{y}=x\left(C-\frac{1}{2}\ln^2 x\right)$。

形如

$$\frac{dy}{dx}+P(x)y=Q(x)y^{\alpha}$$

的微分方程,称为**贝努利(Bernoulli)方程**,其中 $\alpha\neq0,1$。原方程两边同除以 y^{α} 得

$$y^{-\alpha}\frac{dy}{dx}+P(x)y^{1-\alpha}=Q(x)$$

然后令 $y^{1-\alpha}=z$,就可将其转化为新未知函数 z 的一阶线性非齐次微分方程

$$\frac{dz}{dx}+(1-\alpha)P(x)z=(1-\alpha)Q(x)$$

第三节　可降阶的高阶微分方程

二阶及二阶以上的微分方程,称为高阶微分方程。对于某些特殊类型的高阶微分方程,可以通过适当的变量代换,将它们转化为较低阶的微分方程来求解。这样的高阶微分方程,称为可降阶的高阶微分方程,相应的求解方法称为降阶法。本节介绍三种可降阶的高阶微分方程的求解方法。

一、$y^{(n)}=f(x)$ 型的微分方程

方程 $y^{(n)}=f(x)$ 的特点是其右端仅含自变量 x,只要把 $y^{(n-1)}$ 看作新的未知函数,则该方程变为

$$[y^{(n-1)}]'=f(x)$$

两端积分,得

$$y^{(n-1)}=\int f(x)dx+C_1$$

继续积分,得

$$y^{(n-2)}=\int\left[\int f(x)dx\right]dx+C_1x+C_2$$

共连续积分 n 次,即得原 n 阶微分方程的通解

$$y=\int\left[\cdots\left[\int\left[\int f(x)dx\right]dx\right]\cdots\right]dx+C_1x^{n-1}+C_2x^{n-2}+\cdots+C_{n-1}x+C_n$$

其中,$C_1,C_2,\cdots,C_{n-1},C_n$ 为任意常数。

例 9-12　求微分方程 $y^{(3)}=e^{2x}-\cos x$ 的通解。

解　连续积分 3 次,得

$$y''=\frac{1}{2}e^{2x}-\sin x+C_1$$

$$y'=\frac{1}{4}e^{2x}+\cos x+C_1x+C_2$$

$$y = \frac{1}{8}e^{2x} + \sin x + C_1x^2 + C_2x + C_3$$

即为所求的三阶微分方程的通解。

二、$y''=f(x, y')$ 型的微分方程

方程 $y''=f(x,y')$ 的特点是其右端不显含未知函数 y,若令 $y'=p(x)$,则 $y''=p'(x)$,该方程变为一阶微分方程

$$p' = f(x,p)$$

求出此方程的通解 $p=\varphi(x,C_1)$,由 $y'=p(x)$ 可得一阶微分方程

$$y' = \varphi(x,C_1)$$

两端积分,即得所求二阶微分方程的通解

$$y = \int\varphi(x,C_1)\mathrm{d}x + C_2。$$

例 9-13 求微分方程 $(1+x^2)y''=2xy'$ 的通解。

解 令 $y'=p(x)$,则 $y''=p'(x)$,将其代入微分方程 $(1+x^2)y''=2xy'$,得

$$(1+x^2)p' = 2xp$$

分离变量,得

$$\frac{\mathrm{d}p}{p} = \frac{2x\mathrm{d}x}{(1+x^2)}$$

两端积分,得

$$\ln p = \ln(1+x^2) + \ln C_1$$

$$p = C_1(1+x^2)$$

即

$$y' = C_1(1+x^2)$$

再次积分,得

$$y = C_1(x + \frac{1}{3}x^3) + C_2$$

为所求二阶微分方程的通解。

三、$y''=f(y, y')$ 型的微分方程

方程 $y''=f(y,y')$ 的特点是其右端不显含自变量 x,若令 $y'=p(y)$,利用复合函数的求导法则,可将 y'' 表示为

$$y'' = \frac{\mathrm{d}y'}{\mathrm{d}x} = \frac{\mathrm{d}p}{\mathrm{d}x} = \frac{\mathrm{d}p}{\mathrm{d}y}\cdot\frac{\mathrm{d}y}{\mathrm{d}x} = p\frac{\mathrm{d}p}{\mathrm{d}y}$$

则该方程变为一阶微分方程

$$p\frac{\mathrm{d}p}{\mathrm{d}y} = f(y,p)$$

求出此方程的通解 $p=\varphi(y,C_1)$,由 $y'=p(x)$ 可得一阶微分方程

$$y' = \varphi(y,C_1)$$

分离变量并积分,得原二阶微分方程的通解

$$\int\frac{\mathrm{d}y}{\varphi(y,C_1)} = x + C_2$$

例 9-14 求微分方程 $y''=\frac{y'^2}{y}$,满足初始条件 $y|_{x=0}=1$, $y'|_{x=0}=2$ 的特解。

解 令 $y'=p(y)$,则 $y''=p\frac{\mathrm{d}p}{\mathrm{d}y}$,将其代入微分方程 $y''=\frac{y'^2}{y}$,得

$$p\frac{\mathrm{d}p}{\mathrm{d}y} = \frac{p^2}{y}$$

移项并整理得
$$p\left(\frac{\mathrm{d}p}{\mathrm{d}y}-\frac{p}{y}\right)=0$$
注意到所求特解满足初始条件 $y'|_{x=0}=2$，故 $p\neq 0$，则有 $\frac{\mathrm{d}p}{\mathrm{d}y}-\frac{p}{y}=0$，

分离变量，得
$$\frac{\mathrm{d}p}{p}=\frac{\mathrm{d}y}{y}$$
两端积分，得
$$\ln p=\ln y+\ln C_1$$
$$p=C_1y$$
即
$$y'=C_1y$$
代入初始条件 $y|_{x=0}=1$，$y'|_{x=0}=2$，求得 $C_1=2$，则 $y'=2y$，

分离变量，得
$$\frac{\mathrm{d}y}{y}=2\mathrm{d}x$$
两端积分，得
$$\ln y=2x+\ln C_2$$
$$y=C_2\mathrm{e}^{2x}$$
代入初始条件 $y|_{x=0}=1$，求得 $C_2=1$，故所求的二阶微分方程满足初始条件的特解为
$$y=\mathrm{e}^{2x}$$

第四节　二阶线性微分方程

一、二阶线性微分方程解的性质

若二阶微分方程可以化为如下形式
$$y''+p(x)y'+q(x)y=f(x)\tag{9-15}$$
则称其为二阶线性微分方程（second order linear differential equation），其中，$p(x)$、$q(x)$ 和 $f(x)$ 为已知函数。如果 $f(x)\equiv 0$，则得方程
$$y''+p(x)y'+q(x)y=0\tag{9-16}$$
称为二阶线性齐次微分方程（second order linear homogeneous differential equation）；如果 $f(x)\neq 0$，则称方程(9-15)为二阶线性非齐次微分方程（second order linear nonhomogeneous differential equation），称 $f(x)$ 为非齐次项。

定理 9-1　若函数 $y_1(x)$ 和 $y_2(x)$ 是二阶线性齐次微分方程(9-16)的解，则函数 $y=C_1y_1(x)+C_2y_2(x)$ 也是该方程的解，其中 C_1 和 C_2 为任意常数。

证明：因为函数 $y_1(x)$ 和 $y_2(x)$ 是二阶线性齐次微分方程(9-16)的解，故它们满足该方程，即有
$$y''_1+p(x)y'_1+q(x)y_1=0,\ y''_2+p(x)y'_2+q(x)y_2=0$$
将函数 $y=C_1y_1(x)+C_2y_2(x)$ 代入方程(9-16)的左端，可得
$$\begin{aligned}&(C_1y_1+C_2y_2)''+p(x)(C_1y_1+C_2y_2)'+q(x)(C_1y_1+C_2y_2)\\&=(C_1y''_1+C_2y''_2)+p(x)(C_1y'_1+C_2y'_2)+q(x)(C_1y_1+C_2y_2)\\&=C_1[y''_1+p(x)y'_1+q(x)y_1]+C_2[y''_2+p(x)y'_2+q(x)y_2]\\&=0\end{aligned}$$
故函数 $y=C_1y_1(x)+C_2y_2(x)$ 也是二阶线性齐次微分方程(9-16)的解。

此性质又称为线性方程解的叠加原理。从函数 $y=C_1y_1(x)+C_2y_2(x)$ 的形式上看含有两个任意常数 C_1 和 C_2，满足通解形式的要求。但当 $y_1(x)=ky_2(x)$，k 为常数，即二者有倍数关系时，$y=Cy_1(x)$，两项合并在一起，不再是通解，于是需对函数 $y_1(x)$ 和 $y_2(x)$ 加以限制，故有如下结论。

定理9-2 若函数 $y_1(x)$ 和 $y_2(x)$ 是二阶线性齐次微分方程(9-16)的解,且 $\dfrac{y_1(x)}{y_2(x)}$ 不为常数,则函数 $y=C_1y_1(x)+C_2y_2(x)$ 是该方程的通解,其中 C_1 和 C_2 为任意常数。

证明:因函数 $y_1(x)$ 和 $y_2(x)$ 是二阶线性齐次微分方程(9-16)的解,故由定理9-1知,函数 $y=C_1y_1(x)+C_2y_2(x)$ 也是二阶线性齐次微分方程(9-16)的解,其中,C_1 和 C_2 为任意常数。现在我们只需要证明函数 $y=C_1y_1(x)+C_2y_2(x)$ 中的两个任意常数 C_1 和 C_2 相互独立,即它们不能合并成一个任意常数。由

$$y=C_1y_1(x)+C_2y_2(x)=y_2(x)\left[C_1\frac{y_1(x)}{y_2(x)}+C_2\right]$$

及 $\dfrac{y_1(x)}{y_2(x)}$ 不为常数,可知任意常数 C_1 和 C_2 不能合并成一个常数,即它们相互独立,故函数 $y=C_1y_1(x)+C_2y_2(x)$ 是二阶线性齐次微分方程(9-16)的通解。

当两个函数的比值等于常数时,称它们**线性相关**,否则,称它们**线性无关**。同时,我们称函数 $C_1y_1(x)+C_2y_2(x)$ 为函数 $y_1(x)$ 和 $y_2(x)$ 的线性组合,其中,C_1 和 C_2 为任意常数。因此,只要找到二阶线性齐次微分方程的两个线性无关的解 $y_1(x)$ 和 $y_2(x)$,则它们的线性组合 $y=C_1y_1(x)+C_2y_2(x)$ 即为其通解。

例如,方程 $y''+y=0$ 是二阶线性齐次微分方程,由于 $y_1(x)=\cos x$ 和 $y_2(x)=\sin x$ 是该方程的两个解,且 $\dfrac{y_1(x)}{y_2(x)}=\dfrac{\cos x}{\sin x}=\cot x\neq$ 常数,故 $y=C_1\cos x+C_2\sin x$ 是方程 $y''+y=0$ 的通解。

定理9-3 若函数 $y^*(x)$ 是二阶线性非齐次微分方程(9-15)的一个特解,函数 $Y(x)=C_1y_1(x)+C_2y_2(x)$ 是该方程相对应的齐次微分方程(9-16)的通解,则函数 $y=y^*(x)+Y(x)$ 是二阶线性非齐次微分方程(9-15)的通解。

证 因为函数 $y^*(x)$ 是二阶线性非齐次微分方程(9-15)的一个特解,故它满足该方程,即有

$$(y^*)''+p(x)(y^*)'+q(x)y^*=f(x)$$

又因为函数 $Y(x)$ 是二阶线性齐次微分方程(9-16)的通解,故它满足方程(9-16),即有

$$Y''+p(x)Y'+q(x)Y=0$$

将函数 $y=y^*(x)+Y(x)$ 代入方程(9-15)的左端,可得

$$\begin{aligned}&(y^*+Y)''+p(x)(y^*+Y)'+q(x)(y^*+Y)\\&=[(y^*)''+Y'']+p(x)[(y^*)'+Y']+q(x)(y^*+Y)\\&=[(y^*)''+p(x)(y^*)'+q(x)y^*]+[Y''+p(x)Y'+q(x)Y]\\&=f(x)\end{aligned}$$

故函数 $y=y^*(x)+Y(x)$ 是二阶线性非齐次微分方程(9-15)的解。

由于函数 $Y(x)$ 是二阶线性齐次微分方程(9-16)的通解,故它含有两个独立的任意常数,即函数 $y=y^*(x)+Y(x)$ 是二阶线性非齐次微分方程(9-15)的通解。

此定理说明,只要找到二阶线性非齐次微分方程(9-15)的一个特解 $y^*(x)$,以及它相对应的齐次微分方程(9-16)的通解 $Y(x)$,就能得到其通解,且其通解为 $y=Y(x)+y''(x)$。

例如,方程 $y''+y=x^2$ 是二阶线性非齐次微分方程,由于 x^2-2 是该方程的一个特解,且 $C_1\cos x+C_2\sin x$ 是该方程相对应的齐次微分方程 $y''+y=0$ 的通解,故

$$y=C_1\cos x+C_2\sin x+x^2-2$$

是二阶线性非齐次微分方程 $y''+y=x^2$ 的通解。

定理9-4 若 $y_1(x)$ 是二阶线性非齐次微分方程

$$y''+p(x)y'+q(x)y=f_1(x)$$

的解，$y_2(x)$ 是二阶线性非齐次微分方程

$$y''+p(x)y'+q(x)y=f_2(x)$$

的解，则 $y=y_1(x)+y_2(x)$ 是二阶线性非齐次微分方程

$$y''+p(x)y'+q(x)y=f_1(x)+f_2(x)$$

的解。

读者自证。

此定理说明，当线性非齐次微分方程的非齐次项由几个函数相加而成时，可以将它拆分成几个较简单的线性非齐次微分方程分别求解，然后再将所求得的解叠加组成原方程的解。

例如：方程 $y''-4y'+4y=e^t+te^{2t}$ 是二阶线性非齐次微分方程，容易验证 e^t 和 $\frac{1}{6}t^3e^{2t}$ 分别是方程 $y''-4y'+4y=e^t$ 和 $y''-4y'+4y=te^{2t}$ 的解，故

$$y=e^t+\frac{1}{6}t^3e^{2t}$$

是方程 $y''-4y'+4y=e^t+te^{2t}$ 的解。

对于更高阶的线性微分方程，其解的性质与二阶线性微分方程解的性质类似。

二、二阶常系数线性齐次微分方程

二阶常系数线性齐次微分方程（second order constant coefficient linear homogeneous differential equation）的一般形式为

$$y''+py'+qy=0 \tag{9-17}$$

其中 p 和 q 为常数。

由定理 9-2 可知，只要找到方程(9-17)的两个线性无关的特解，即可得到其通解。注意到，当 r 为常数时，指数函数 e^{rx} 的各阶导数都只相差一个常数因子，因此，将指数函数 e^{rx} 代入微分方程(9-17)，看能否找到常数 r，使指数函数 e^{rx} 满足该方程。

设 $y=e^{rx}$，则 $y'=re^{rx}$，$y''=r^2e^{rx}$，将它们代入微分方程(9-17)，并约去不为零的因子 e^{rx} 后，可得

$$r^2+pr+q=0 \tag{9-18}$$

因此，只要常数 r 满足代数方程(9-18)，指数函数 e^{rx} 就满足微分方程(9-17)，即指数函数 $y=e^{rx}$ 是二阶常系数线性齐次微分方程的解。我们称代数方程(9-18)为微分方程(9-17)的**特征方程**，称特征方程的根为**特征根**。

由于特征方程就是一元二次方程，而一元二次方程的根按其判别式 $\Delta=p^2-4q$ 的取值大于零、等于零和小于零分别有三种情形，故微分方程(9-17)的解也会有三种不同的情形，现分别讨论如下。

（1）当 $p^2-4q>0$ 时，特征方程有两个不相等的实数根

$$r_1=\frac{-p+\sqrt{p^2-4q}}{2},r_2=\frac{-p-\sqrt{p^2-4q}}{2}$$

于是微分方程有两个特解 $y_1=e^{r_1x}$，$y_2=e^{r_2x}$，且 $\frac{y_1}{y_2}=\frac{e^{r_1x}}{e^{r_2x}}=e^{(r_1-r_2)x}\neq$ 常数，故微分方程(9-17)的通解为

$$y=C_1e^{r_1x}+C_2e^{r_2x}$$

（2）当 $p^2-4q=0$ 时，特征方程有两个相等的实数根

$$r_1=r_2=\frac{-p}{2}=r$$

这时，只能得到微分方程(9-17)的一个特解 $y_1=e^{rx}$。为了求出该微分方程的通解，还需要找到它的另一个特解 y_2，且要求 $\frac{y_2}{y_1}\neq$ 常数，故设 $\frac{y_2}{y_1}=u(x)$，则 $y_2=u(x)y_1=u(x)e^{rx}$，其中 $u(x)$ 为

待定函数，对 y_2 求导数，有

$$y'_2 = u'(x)e^{rx} + ru(x)e^{rx}$$

$$y''_2 = u''(x)e^{rx} + 2ru'(x)e^{rx} + r^2u(x)e^{rx}$$

将它们代入微分方程(9-17)，约去 e^{rx}，并按 u''，u' 及 u 合并同类项，得

$$u'' + (2r + p)u' + (r^2 + pr + q)u = 0$$

因为 $r = \frac{-p}{2}$ 是特征方程的二重根，故 $2r + p = 0$ 且 $r^2 + pr + q = 0$，即上式变为

$$u'' = 0$$

两次积分得

$$u = ax + b$$

因为只需要 $u(x)$ 不为常函数，故不妨取 $a = 1, b = 0$，即选取 $u(x) = x$，由此得到与 $y_1 = e^{rx}$ 线性无关的解 $y_2 = xe^{rx}$，故微分方程(9-17)的通解为

$$y = C_1e^{rx} + C_2xe^{rx} = (C_1 + C_2x)e^{rx}$$

(3) 当 $p^2 - 4q < 0$ 时，特征方程(9-18)有一对共轭的复数根

$$r_{1,2} = \frac{-p \pm i\sqrt{4q - p^2}}{2} \overset{\text{记为}}{=} \alpha \pm i\beta，且 \beta \neq 0$$

则微分方程(9-17)有两个复数形式的解 $y_1 = e^{(\alpha+i\beta)x}$ 和 $y_2 = e^{(\alpha-i\beta)x}$。为了便于应用，利用欧拉公式 $e^{i\theta} = \cos\theta + i\sin\theta$，可将 y_1、y_2 分别改写成

$$y_1 = e^{(\alpha+i\beta)x} = e^{\alpha x}e^{i\beta x} = e^{\alpha x}(\cos\beta x + i\sin\beta x)$$

$$y_2 = e^{(\alpha-i\beta)x} = e^{\alpha x}e^{-i\beta x} = e^{\alpha x}(\cos\beta x - i\sin\beta x)$$

由解的叠加原理，可得

$$\bar{y}_1 = \frac{y_1 + y_2}{2} = e^{\alpha x}\cos\beta x$$

$$\bar{y}_2 = \frac{y_1 - y_2}{2i} = e^{\alpha x}\sin\beta x$$

是微分方程(9-17)的两个实数形式的解，且 $\frac{\bar{y}_1}{\bar{y}_2} = \frac{\cos\beta x}{\sin\beta x} \neq$ 常数，故得微分方程(9-17)的通解为

$$y = e^{\alpha x}(C_1\cos\beta x + C_2\sin\beta x)$$

综上所述，对于二阶常系数线性齐次微分方程(9-17)，只要写出它的特征方程(9-18)，求出它的特征根 r_1 和 r_2，就可按表 9-1 得出它的通解，而不必进行积分。这种求解二阶常系数线性齐次微分方程的方法，称为特征根法。

表 9-1　二阶常系数线性齐次微分方程的不同特征根对应的通解形式

特征方程 $r^2 + pr + q = 0$ 的两个根 r_1 和 r_2	微分方程 $y'' + py' + qy = 0$ 的通解
r_1 和 r_2 是两个不相等的实数根	$y = C_1e^{r_1x} + C_2e^{r_2x}$
r_1 和 r_2 是两个相等的实数根	$y = (C_1 + C_2x)e^{rx}$
r_1 和 r_2 是一对共轭的复数根，且 $r_{1,2} = \alpha \pm i\beta$	$y = e^{\alpha x}(C_1\cos\beta x + C_2\sin\beta x)$

例 9-15　求微分方程 $y'' - 2y' - 8y = 0$ 的通解。

解　该微分方程的特征方程为 $r^2 - 2r - 8 = 0$，其特征根 $r_1 = -2, r_2 = 4$ 是两个不相等的实数根，故所求微分方程的通解为

$$y = C_1e^{-2x} + C_2e^{4x}$$

例 9-16　求微分方程 $y'' + 4y' + 4y = 0$，满足初始条件 $y|_{x=0} = 0$，$y'|_{x=0} = 1$ 的特解。

解　特征方程为 $r^2 + 4r + 4 = 0$，重根 $r = -2$，故得所求微分方程的通解为

$$y = (C_1 + C_2x)e^{-2x}$$

代入初始条件 $y|_{x=0} = 0$，求得 $C_1 = 0$，则 $y = C_2xe^{-2x}$，对其求导，有

$$y' = C_2e^{-2x} - 2C_2xe^{-2x}$$

代入初始条件 $y'|_{x=0} = 1$，求得 $C_2 = 1$，故所求微分方程满足初始条件的特解为

$$y = xe^{-2x}$$

例 9-17　求微分方程 $y'' - 4y' + 5y = 0$ 的通解。

解　微分方程的特征方程为 $r^2 - 4r + 5 = 0$，特征根 $r_{1,2} = 2 \pm i$，是一对共轭的复数根，故所求微分方程的通解为

$$y = e^{2x}(C_1\cos x + C_2\sin x)$$

以上求解二阶常系数线性齐次微分方程的方法，可以推广到 n 阶常系数线性齐次微分方程

$$y^{(n)} + p_1y^{(n-1)} + p_2y^{(n-2)} + \cdots + p_{n-1}y^{(1)} + p_ny = 0$$

只要写出其特征方程

$$r^n + p_1r^{n-1} + p_2r^{n-2} + \cdots + p_{n-1}r + p_n = 0$$

并求出其特征根 $r_1, r_2, \cdots, r_n$，则可根据特征根的不同情况，组成通解的对应项如表 9-2 所示。

表 9-2　高阶常系数线性齐次微分方程的特征根的不同情况组成通解的对应项

特征方程的根	微分方程通解中的对应项
单实数根 r	Ce^{rx}
k 重实数根 r	$(C_1 + C_2x + C_3x^2 + \cdots + C_kx^{k-1})e^{rx}$
一对共轭的复数根 $\alpha \pm i\beta$	$e^{\alpha x}(C_1\cos\beta x + C_2\sin\beta x)$
k 重共轭的复数根 $\alpha \pm i\beta$	$e^{\alpha x}[(C_1 + C_2x + \cdots + C_kx^{k-1})\cos\beta x$ $+ (C_{k+1} + C_{k+2}x + \cdots + C_{2k}x^{k-1})\sin\beta x]$

例 9-18　求微分方程 $y^{(5)} - 3y^{(4)} + 4y^{(3)} + 8y^{(2)} = 0$ 的通解。

解　微分方程的特征方程为 $r^5 - 3r^4 + 4r^3 + 8r^2 = 0$，求出其根 $r_{1,2} = 0, r_3 = -1, r_{4,5} = 2 \pm 2i$，故得所求微分方程的通解为

$$y = C_1 + C_2x + C_3e^{-x} + e^{2x}(C_4\cos 2x + C_5\sin 2x)$$

三、二阶常系数线性非齐次微分方程

二阶常系数线性非齐次微分方程（second order constant coefficient linear nonhomogeneous differential equation）的一般形式为

$$y'' + py' + qy = f(x) \tag{9-19}$$

其中 p 和 q 为常数，$f(x)$ 不恒等于零。

由定理 9-3 可知，只要找到线性非齐次微分方程（9-19）的一个特解，以及它相对应的齐次微分方程（9-17）的通解，即可得到其通解。我们已经会求齐次微分方程的通解，故现在只需要求非齐次微分方程的一个特解。下面，我们来介绍微分方程（9-19）的非齐次项 $f(x)$ 具有以下两种形式时其特解的求法。

（一）$f(x) = P_m(x)e^{\lambda x}$，其中，$P_m(x)$ 为 m 次多项式，λ 是常数

此时方程（9-19）的非齐次项是多项式与指数函数的乘积的形式，注意到 p、q 是常数，而多项式与指数函数的乘积导数仍然为同一类函数，因此，可设方程（9-19）的特解具有的形式是 $y^* = Q(x)e^{\lambda x}$，其中，$Q(x)$ 是某个待定多项式，为此，对 $y^* = Q(x)e^{\lambda x}$ 求导数

$$(y^*)' = Q'(x)e^{\lambda x} + \lambda Q(x)e^{\lambda x}$$

$$(y^*)'' = [Q''(x) + 2\lambda Q'(x) + \lambda^2Q(x)]e^{\lambda x}$$

将它们代入方程(9-19),消去 $e^{\lambda x}$,并按 $Q''(x)$,$Q'(x)$ 和 $Q(x)$ 整理得

$$Q''(x)+(2\lambda+p)Q'(x)+(\lambda^2+p\lambda+q)Q(x)=P_m(x) \tag{9-20}$$

(1) 如果 λ 不是特征方程(9-18)的特征根,即 $\lambda^2+p\lambda+q\neq 0$,则只有当 $Q(x)$ 为 m 次多项式时,式(9-20)两端才能恒等,故可设

$$Q(x)=Q_m(x)=a_0x^m+a_1x^{m-1}+\cdots a_{m-1}x+a_m$$

代入式(9-20)中,比较等式两端 x 同次幂系数,就可确定 $a_0,a_1,a_2,\cdots,a_m$ 的值,从而所求特解为

$$y^*=Q_m(x)e^{\lambda x}$$

(2) 如果 λ 是特征方程(9-18)的单根,即 $\lambda^2+p\lambda+q=0$,但 $2\lambda+p\neq 0$,则必须 $Q'(x)$ 为 m 次多项式,$Q(x)$ 应为 $m+1$ 次多项式,(9-20)式两端才能恒等,故可设

$$Q(x)=xQ_m(x)=x(a_0x^m+a_1x^{m-1}+\cdots a_{m-1}x+a_m)$$

可用同样方法确定系数 $a_0,a_1,a_2,\cdots,a_m$,从而所求特解为 $y^*=xQ_m(x)e^{\lambda x}$。

(3) 如果 λ 是特征方程(9-18)的重根,即 $\lambda^2+p\lambda+q=0$ 且 $2\lambda+p=0$,则必须 $Q''(x)$ 为 m 次多项式,$Q(x)$ 应为 $m+2$ 次多项式,(9-20)式两端才能恒等,故可设

$$Q(x)=x^2Q_m(x)=x^2(a_0x^m+a_1x^{m-1}+\cdots a_{m-1}x+a_m)$$

即所求特解为 $y^*=x^2Q_m(x)e^{\lambda x}$。

综上所述,可得如下结论:

二阶常系数线性非齐次微分方程 $y''+py'+qy=P_m(x)e^{\lambda x}$ 具有形如

$$y^*=x^kQ_m(x)e^{\lambda x}$$

的特解,其中,$Q_m(x)$ 是与 $P_m(x)$ 同幂次多项式的一般形式,k 的取值如下

$$k=\begin{cases}0,\lambda \text{ 不是特征方程的根}\\1,\lambda \text{ 是特征方程的单根}\\2,\lambda \text{ 是特征方程的重根}\end{cases}$$

这种求待定多项式 $Q(x)$ 的方法,称为**待定系数法**。

例 9-19 求微分方程 $2y''+y'-y=2e^x$ 的通解。

解 先求对应的齐次方程 $2y''+y'-y=0$ 的通解,其特征方程为

$$2r^2+r-1=0$$

求出其特征根

$$r_1=-1,r_2=\frac{1}{2}$$

则齐次方程的通解为

$$Y=C_1e^{-x}+C_2e^{\frac{x}{2}}$$

再求非齐次方程 $2y''+y'-y=2e^x$ 的特解,因 $f(x)=2e^x$,$P_0(x)=2$,$\lambda=1$ 不是特征方程的根,故设非齐次方程的特解为

$$y^*=ae^x$$

代入非齐次方程中,得

$$2ae^x+ae^x-ae^x=2e^x$$

得 $a=1$,则 $y^*=e^x$

故所求的通解为

$$y=C_1e^{-x}+C_2e^{\frac{x}{2}}+e^x$$

例 9-20 求微分方程 $y''-5y'+6y=xe^{2x}$ 的通解。

解 先求对应的齐次方程 $y''-5y'+6y=0$ 的通解,其特征方程为

$$r^2-5r+6=0$$

笔记

求出其特征根 $r_1=2,r_2=3$,则齐次方程的通解为 $Y=C_1e^{2x}+C_2e^{3x}$。

再求非齐次方程 $y''-5y'+6y=xe^{2x}$ 的特解,因 $f(x)=xe^{2x}$,$P_1(x)=x$,$\lambda=2$ 是特征方程

的单根,故设非齐次方程的特解为

$$y^* = x(a+bx)e^{2x} = (ax+bx^2)e^{2x}$$

其中 $Q(x) = ax+bx^2, \lambda = 2$,对 $Q(x)$ 求一、二阶导数,代入式(9-20)中,并注意到 $\lambda^2 + p\lambda + q = 0$,得

$$2b + (2\times 2-5)\cdot(a+2bx) = x$$

比较上式两端 x 的同次幂的系数,得

$$\begin{cases} -a+2b=0 \\ -2b=1 \end{cases}$$

解得

$$b = -\frac{1}{2}, a = -1$$

则

$$y^* = -x\left(1+\frac{1}{2}x\right)e^{2x} = -\frac{1}{2}x(x+2)e^{2x}$$

故所求微分方程的通解为

$$y = C_1e^{2x} + C_2e^{3x} - \frac{1}{2}x(x+2)e^{2x}$$

值得注意的是,本题也可将 $y^* = (ax+bx^2)e^{2x}$ 求导

$$(y^*)' = (a+2bx)e^{2x} + 2(ax+bx^2)e^{2x}$$

$$(y^*)'' = 2be^{2x} + 4(a+2bx)e^{2x} + 4(ax+bx^2)e^{2x}$$

代入非齐次方程,约去 e^{2x},整理得

$$-a+2b-2bx = x$$

同样可得 $b = -\frac{1}{2}, a = -1$,但运算量较大,故对于 λ 是特征方程根的情况利用式(9-20)较方便。

(二) $f(x) = [P_m(x)\cos\mu x + P_n(x)\sin\mu x]e^{\lambda x}$,其中,$P_m(x)$ 为 m 次多项式,$P_n(x)$ 为 n 次多项式,λ、μ 是常数

类似于(一)的讨论,可得:二阶常系数线性非齐次微分方程

$$y'' + py' + qy = [P_m(x)\cos\mu x + P_n(x)\sin\mu x]e^{\lambda x}$$

具有形如

$$y^* = x^k[Q_l(x)\cos\mu x + R_l(x)\sin\mu x]e^{\lambda x}$$

的特解,其中,$Q_l(x)$ 和 $R_l(x)$ 是 l 次待定多项式,$l = \max\{m,n\}$,且当 $\lambda \pm i\mu$ 不是特征方程(9-18)的根时,k 取0;当 $\lambda \pm i\mu$ 是特征方程(9-18)的根时,k 取1。待定多项式 $Q_l(x)$ 和 $R_l(x)$ 仍用待定系数法求得。

例 9-21 求微分方程 $y'' + y = \cos x$ 满足初始条件 $y|_{x=0} = 1, y'|_{x=0} = 1$ 的特解。

解 先求对应的齐次方程 $y'' + y = 0$ 的通解,其特征方程为 $r^2 + 1 = 0$,特征根 $r_{1,2} = \pm i$,则齐次方程的通解为 $Y = C_1\cos x + C_2\sin x$。

再求非齐次方程 $y'' + y = \cos x$ 的特解,因为 $f(x) = \cos x, \lambda = 0, \mu = 1, \lambda \pm i\mu = \pm i$ 是特征方程的根,故设

$$y^* = x(a\cos x + b\sin x)$$

对其求二阶导数

$$(y^*)'' = x''(a\cos x + b\sin x) + 2x'(a\cos x + b\sin x)' + x(a\cos x + b\sin x)''$$

$$= 2(-a\sin x + b\cos x) + x(-a\cos x - b\sin x)$$

代入非齐次方程,有

$$2(-a\sin x + b\cos x) + x(-a\cos x - b\sin x) + x(a\cos x + b\sin x) = \cos x$$

整理得

$$-2a\sin x + 2b\cos x = \cos x$$

比较等式两端各对应项的系数,解得 $a = 0, b = \frac{1}{2}$,则 $y^* = \frac{1}{2}x\sin x$,

故非齐次方程的通解为

$$y = C_1\cos x + C_2\sin x + \frac{1}{2}x\sin x$$

代入初始条件 $y|_{x=0} = 1$，求得 $C_1 = 1$，则

$$y = \cos x + C_2\sin x + \frac{1}{2}x\sin x$$

对其求导数，有

$$y' = -\sin x + C_2\cos x + + \frac{1}{2}\sin x + \frac{1}{2}x\cos x$$

代入初始条件 $y'|_{x=0} = 1$，求得 $C_2 = 1$，

故所求二阶常系数线性非齐次微分方程满足初始条件的特解为

$$y = \cos x + \sin x + \frac{1}{2}x\sin x$$

例 9-22 求微分方程 $y'' + 4y = x\cos x$ 通解。

解 对应的齐次方程为 $y'' + 4y = 0$，特征方程为 $r^2 + 4 = 0$，解得 $r_{1,2} = \pm 2i$，则齐次方程的通解为

$$Y = C_1\cos 2x + C_2\sin 2x$$

再求非齐次方程 $y'' + 4y = x\cos x$ 的特解，因为 $f(x) = x\cos x$，$P_1(x) = x$，$\lambda = 0$，$\mu = 1$，$\lambda \pm i\mu = \pm i$ 不是特征方程的根，故设

$$y^* = (ax + b)\cos x + (cx + d)\sin x$$

对其求二阶导数，代入非齐次方程，有

$$-2a\sin x - (ax + b)\cos x + 2c\cos x - (cx + d)\sin x + 4(ax + b)\cos x + 4(cx + d)\sin x = x\cos x$$

合并同类项，得

$$(-2a + 3d)\sin x + (2c + 3b)\cos x + 3cx\sin x + 3ax\cos x = x\cos x$$

比较等式两端各对应项的系数，得

$$\begin{cases} 3a = 1 \\ 3c = 0 \\ 2c + 3b = 0 \\ -2a + 3d = 0 \end{cases} \quad \text{解得} \quad \begin{cases} a = \dfrac{1}{3} \\ b = 0 \\ c = 0 \\ d = \dfrac{2}{9} \end{cases}$$

所以

$$y^* = \frac{1}{3}x\cos x + \frac{2}{9}\sin x$$

故所求二阶常系数线性非齐次微分方程的通解为

$$y = C_1\cos 2x + C_2\sin 2x + \frac{1}{3}x\cos x + \frac{2}{9}\sin x$$

第五节 微分方程组

在解决实际问题时，我们常会遇到几个微分方程联立在一起共同确定多个有同一自变量的函数的情况，这些联立在一起的微分方程称为微分方程组。通常，我们采用消元的方法求解微分方程组。

笔记

例 9-23　求微分方程组 $\begin{cases} \dfrac{dx}{dt} = y \\ \dfrac{dy}{dt} = x \end{cases}$ 的通解。

解　由第一个方程可得 $\dfrac{dy}{dt} = \dfrac{d^2x}{dt^2}$，将其代入第二个方程中，得二阶线性常系数齐次微分方程

$$\frac{d^2x}{dt^2} - x = 0$$

解此方程，得
$$x = C_1e^t + C_2e^{-t}$$

对其求导，有 $\dfrac{dx}{dt} = C_1e^t - C_2e^{-t}$，将它代入第一个方程中，得 $y = C_1e^t - C_2e^{-t}$，

故所求微分方程组的通解为 $\begin{cases} x = C_1e^t + C_2e^{-t} \\ y = C_1e^t - C_2e^{-t} \end{cases}$

例 9-24　求微分方程组 $\begin{cases} \dfrac{dx}{dt} = 3x - 2y \\ \dfrac{dy}{dt} = 2x - y \end{cases}$ 满足初始条件 $\begin{cases} x|_{t=0} = 1 \\ y|_{t=0} = 0 \end{cases}$ 的特解。

解　由第一个方程可得

$$y = \frac{3}{2}x - \frac{1}{2}\frac{dx}{dt} \tag{9-21}$$

两端对 t 求导得
$$\frac{dy}{dt} = \frac{3}{2}\frac{dx}{dt} - \frac{1}{2}\frac{d^2x}{dt^2}$$

将它们代入第二个方程中，有

$$\frac{3}{2}\frac{dx}{dt} - \frac{1}{2}\frac{d^2x}{dt^2} = 2x - \left(\frac{3}{2}x - \frac{1}{2}\frac{dx}{dt}\right)$$

整理得二阶线性常系数齐次微分方程

$$\frac{d^2x}{dt^2} - 2\frac{dx}{dt} + x = 0$$

解此方程，得
$$x = (C_1 + C_2t)e^t$$

$$\frac{dx}{dt} = C_2e^t + (C_1 + C_2t)e^t = (C_1 + C_2 + C_2t)e^t$$

将它们代入式(9-21)中，得

$$y = \frac{3}{2}(C_1 + C_2t)e^t - \frac{1}{2}(C_1 + C_2 + C_2t)e^t = \left(C_1 - \frac{1}{2}C_2 + C_2t\right)e^t$$

故所求微分方程组的通解为 $\begin{cases} x = (C_1 + C_2t)e^t \\ y = \left(C_1 - \dfrac{1}{2}C_2 + C_2t\right)e^t \end{cases}$

代入初始条件 $\begin{cases} x|_{t=0} = 1 \\ y|_{t=0} = 0 \end{cases}$ 有 $\begin{cases} C_1 = 1 \\ C_1 - \dfrac{1}{2}C_2 = 0 \end{cases} \Rightarrow \begin{cases} C_1 = 1 \\ C_2 = 2 \end{cases}$

故所求微分方程组满足初始条件的特解为 $\begin{cases} x = (1 + 2t)e^t \\ y = 2te^t \end{cases}$

例 9-25　肿瘤在早期阶段的生长过程，可用指数生长模型 $\begin{cases} \dfrac{dV(t)}{dt} = \lambda V(t) \\ V(0) = V_0 \end{cases}$

笔记

来描述，其中，$V(t)$ 为 t 时刻的肿瘤体积，λ 为正的比例常数。

解此微分方程的初值问题，可得肿瘤体积 $V(t)$ 随时间 t 的变化规律

$$V(t) = V_0 e^{\lambda t}$$

即肿瘤体积 $V(t)$ 随时间 t 的增加而迅速增大。

然而，研究表明，到了中晚期，肿瘤的生长速度将逐渐减慢，这时，可将比例常数 λ 看作时间 t 的函数，并设 $\lambda(t)$ 的变化率与 $\lambda(t)$ 的值成正比，比例常数为 $-\alpha(\alpha > 0)$。于是，肿瘤生长的数学模型可用微分方程组

$$\begin{cases} \dfrac{dV(t)}{dt} = \lambda(t)V(t) \\ \dfrac{d\lambda(t)}{dt} = -\alpha\lambda(t) \end{cases}$$

来描述，且满足初始条件 $\lambda(0) = \lambda_0, V(0) = V_0$。

先求出上述微分方程组中的第二个方程满足初始条件 $\lambda(0) = \lambda_0$ 的特解，即 $\lambda(t) = \lambda_0 e^{-\alpha t}$，将其代入微分方程组中的第一个方程，得可分离变量的微分方程

$$\frac{dV(t)}{dt} = \lambda_0 e^{-\alpha t} V(t)$$

解此微分方程，得通解 $V(t) = Ce^{-\frac{\lambda_0}{\alpha}e^{-\alpha t}}$，代入初始条件 $V(0) = V_0$，求得 $C = V_0 e^{\frac{\lambda_0}{\alpha}}$，于是，得到著名的高姆帕茨(Gompertz)肿瘤生长模型

$$V(t) = V_0 e^{\frac{\lambda_0}{\alpha}(1-e^{-\alpha t})}$$

它表示在肿瘤生长的中晚期，肿瘤体积 $V(t)$ 随时间 t 的变化规律。且有

$$\lim_{t\to+\infty} V(t) = \lim_{t\to+\infty} V_0 e^{\frac{\lambda_0}{\alpha}(1-e^{-\alpha t})} = V_0 e^{\frac{\lambda_0}{\alpha}}$$

即肿瘤体积 $V(t)$ 不会无限制的增大。

第六节　用拉普拉斯变换解微分方程

拉普拉斯变换(Laplace transform)是一种积分变换，它能将微积分运算转化为代数运算，把微分方程转化为代数方程，从而便于求解。拉普拉斯变换在工程技术、药物动力学等研究中有着广泛的应用。

一、拉普拉斯变换的概念和性质

1. 拉普拉斯变换的概念

定义　设函数 $f(t)$ 当 $t \geq 0$ 时有定义，且广义积分 $\int_0^{+\infty} f(t)e^{-st}dt$ 在 s (s 为复参数)的某个区间内收敛，则称函数

$$F(s) = \int_0^{+\infty} f(t)e^{-st}dt$$

为函数 $f(t)$ 的拉普拉斯变换，简称拉氏变换，或称象函数，记为

$$F(s) = L[f(t)]$$

同时，也称函数 $f(t)$ 为 $F(s)$ 的拉氏逆变换或象原函数，记为

$$f(t) = L^{-1}[F(s)]$$

例 9-26　求函数 $f(t) = A$ (A 为常数)的拉氏变换。

解　$L[A] = \int_0^{+\infty} Ae^{-st}dt = A\int_0^{+\infty} e^{-st}dt = -\frac{A}{s}e^{-st}\Big|_0^{+\infty} = \frac{A}{s}\ (s > 0)$

例 9-27　求函数 $f(t) = t$ 的拉氏变换。

解
$$L[t]=\int_0^{+\infty}te^{-st}dt=-\frac{1}{s}\int_0^{+\infty}td(e^{-st})$$
$$=-\frac{1}{s}te^{-st}\Big|_0^{+\infty}+\frac{1}{s}\int_0^{+\infty}e^{-st}dt=\frac{1}{s^2}\ (s>0)$$

同理可得:当 n 为正整数时
$$L[t^n]=\frac{n!}{s^{n+1}}\ (s>0)$$

本书仅讨论 s 为实数的情况。

例 9-28　求函数 $f(t)=e^{kt}$ (k 为实数)的拉氏变换。

解　$$L[e^{kt}]=\int_0^{+\infty}e^{-(s-k)t}dt=-\frac{1}{s-k}e^{-(s-k)t}\Big|_0^{+\infty}=\frac{1}{s-k}\ (s>k)$$

应注意,不是任何一个函数的拉氏变换都存在,例如函数 $f(t)=e^{t^2}$,它的拉氏变换就不存在,因为广义积分 $\int_0^{+\infty}e^{t(t-s)}dt$ 对于任何 s 值都不收敛。一般来说,当 t 充分大时,若函数 $f(t)$ 满足不等式
$$|f(t)|\leqslant Me^{kt}$$
其中 M、k 为常数,且 $M>0$,则函数 $f(t)$ 的拉氏变换当 $s>k$ 时一定存在。

反过来,当函数 $f(t)$ 的拉氏变换存在时,$|f(t)e^{-st}|\leqslant Me^{-(s-k)t}$,而 $e^{-(s-k)t}\to 0(s>k,t\to+\infty)$,从而有
$$\lim_{t\to+\infty}f(t)e^{-st}=0$$

例 9-29　求函数 $f(t)=\sin(kt)$ (k 为实数)的拉氏变换。

解　由于 $|\sin(kt)|\leqslant 1$,所以 $L[\sin(kt)]$ 存在。
$$L[\sin(kt)]=\int_0^{+\infty}\sin(kt)\cdot e^{-st}dt$$
$$=\frac{e^{-st}}{s^2+k^2}[-s\sin(kt)-k\cos(kt)]\Big|_0^{+\infty}=\frac{k}{s^2+k^2}\ (s>0)$$

同理
$$L[\cos(kt)]=\frac{s}{s^2+k^2}\ (s>0)$$

最后指出:对于一个给定函数 $f(t)$ 其拉氏变换 $F(s)$ 是唯一的;反之,相应的拉氏逆变换 $f(t)=L^{-1}[F(s)]$ 也是唯一的,或者说,象函数 $F(s)$ 与象原函数 $f(t)$ 是一一对应的,即 $f(t)=L^{-1}[L[f(t)]]$

2. 拉普拉斯变换的性质

拉氏变换有许多重要性质,下面只介绍常用的三个性质。

线性性质　若 $L[f_1(t)]=F_1(s)$,$L[f_2(t)]=F_2(s)$,α,β 为常数,则
$$L[\alpha f_1(t)+\beta f_2(t)]=\alpha F_1(s)+\beta F_2(s)$$
$$L^{-1}[\alpha F_1(s)+\beta F_2(s)]=\alpha f_1(t)+\beta f_2(t)$$

根据拉氏变换的定义和定积分的性质,上述结论不难得到证明,这个性质表明可以逐项取拉氏变换(或拉氏逆变换)。

例 9-30　求函数 $f(t)=3t-\sin 2t$ 的拉氏变换。

解　根据拉氏变换的线性性质,及例 9-27、例 9-29 的结论有
$$L[3t-\sin 2t]=3L[t]-L[\sin 2t]=\frac{3}{s^2}-\frac{2}{s^2+2^2}=\frac{s^2+12}{s^2(s^2+4)}$$

例 9-31　求下列函数的拉氏逆变换。

(1) $F(s)=\dfrac{1}{(s-3)(s-5)}$　　(2) $F(s)=\dfrac{4s-5}{s^2+9}$

解　根据线性性质有

(1) $f(t) = L^{-1}[\frac{1}{2}(\frac{1}{s-5} - \frac{1}{s-3})] = \frac{1}{2}(e^{5t} - e^{3t})$

(2) $f(t) = L^{-1}[\frac{4s-5}{s^2+9}] = 4L^{-1}[\frac{s}{s^2+3^2}] - \frac{5}{3}L^{-1}[\frac{3}{s^2+3^2}] = 4\cos 3t - \frac{5}{3}\sin 3t$。

位移性质　若 $L[f(t)] = F(s)$，则

$$L[e^{at}f(t)] = F(s-a)$$

证　根据拉氏变换的定义，有

$$L[e^{at}f(t)] = \int_0^{+\infty} e^{at}f(t)e^{-st}dt = \int_0^{+\infty} f(t)e^{-(s-a)t}dt = F(s-a)$$

位移性质表明，一个象原函数 $f(t)$ 乘以指数函数 e^{at} 的拉氏变换等于其象函数 $F(s)$ 作位移 a，即 $F(s-a)$。

根据位移性，又可得到函数 $e^{at}t^n$，$e^{at}\sin kt$，$e^{at}\cos kt$ 的拉氏变换分别为

$$L[e^{at}t^n] = \frac{n!}{(s-a)^{n+1}}$$

$$L[e^{at}\sin kt] = \frac{k}{(s-a)^2+k^2}$$

$$L[e^{at}\cos kt] = \frac{s-a}{(s-a)^2+k^2}$$

本节中我们仅给出六个常用函数的拉氏变换，其他函数的拉氏变换可以查拉氏变换表。

例 9-32　求象函数 $F(s) = \frac{s+1}{s^2-2s+5}$ 的拉氏逆变换。

解　由于 $F(s) = \frac{s+1}{s^2-2s+5} = \frac{s-1}{(s-1)^2+2^2} + \frac{2}{(s-1)^2+2^2}$

$$f(t) = L^{-1}[\frac{s-1}{(s-1)^2+2^2}] + L^{-1}[\frac{2}{(s-1)^2+2^2}]$$

$$= e^t\cos 2t + e^t\sin 2t = e^t(\cos 2t + \sin 2t)$$

微分性质　若 $L[f(t)] = F(s)$，则

(1) $L[f'(t)] = sF(s) - f(0)$

(2) $L[f''(t)] = s^2F(s) - sf(0) - f'(0)$

证　根据拉氏变换的定义，有

(1) $L[f'(t)] = \int_0^{+\infty} f'(t)e^{-st}dt = \int_0^{+\infty} e^{-st}df(t)$

$= f(t)e^{-st}\big|_0^{+\infty} + s\int_0^{+\infty} f(t)e^{-st}dt$

$= sF(s) - f(0)$

(2) 由一阶微分性(1)

$$L[f''(t)] = L[(f'(t))'] = sL[f'(t)] - f'(0)$$

$$= s[sF(s) - f(0)] - f'(0)$$

$$= s^2F(s) - sf(0) - f'(0)$$

同理，可推得一般公式

$$L[f^{(n)}(t)] = s^nF(s) - s^{n-1}f(0) - s^{n-2}f'(0) - \cdots - f^{(n-1)}(0)$$

特别地，当初始条件 $f(0) = f'(0) = \cdots = f^{(n-1)}(0) = 0$ 时，有

$$L[f^{(n)}(t)] = s^nF(s)$$

利用该性质，使我们有可能将 $f(t)$ 的微分方程转化为 $F(s)$ 的代数方程，因此，它对求解微

分方程起着重要的作用。

例 9-33　利用微分性质求函数 $f(t)=\cos(kt)$ 的拉氏变换。

解　由于 $f(t)=\cos(kt)$，$f(0)=1$，$f'(t)=-k\sin(kt)$，$f'(0)=0$，$f''(t)=-k^2\cos(kt)$，根据微分性质有

$$L[-k^2\cos kt]=s^2L[\cos kt]-sf(0)-f'(0)$$

即

$$-k^2L[\cos kt]=s^2L[\cos kt]-s$$

从而得

$$L[\cos kt]=\frac{s}{s^2+k^2}$$

例 9-34　利用微分性质求函数 $f(t)=t^n$（n 为正整数）的拉氏变换。

解　由于 $f(0)=f'(0)=\cdots=f^{(n-1)}(0)=0$，$f^{(n)}(t)=n!$，根据微分性质 $L[f^{(n)}(t)]=s^nL[f(t)]$，有

$$L[f(t)]=\frac{1}{s^n}L[f^{(n)}(t)]$$

$$L[t^n]=\frac{1}{s^n}L[n!]=\frac{n!}{s^n}L[1]=\frac{n!}{s^{n+1}}$$

即

$$L[t^n]=\frac{n!}{s^{n+1}}$$

二、用拉普拉斯变换解微分方程

利用拉氏变换的性质，求解常系数线性微分方程的基本步骤如下：

（1）对微分方程取拉氏变换，得到含未知函数象函数的代数方程；

（2）解代数方程，求得未知函数的象函数；

（3）对象函数求拉氏逆变换，便得到象原函数，即微分方程的解。

例 9-35　求微分方程 $y''+2y'+y=3te^{-t}$ 满足初始条件 $y(0)=4$，$y'(0)=2$ 的特解。

解　设 $L[y(t)]=F(s)$，对微分方程两端取拉氏变换，并利用线性性质、微分性质，有

$$s^2F(s)-4s-2+2[sF(s)-4]+F(s)=\frac{3}{(s+1)^2}$$

或

$$(s+1)^2F(s)=4s+10+\frac{3}{(s+1)^2}$$

从而得

$$F(s)=\frac{4s+10}{(s+1)^2}+\frac{3}{(s+1)^4}=\frac{4}{(s+1)}+\frac{6}{(s+1)^2}+\frac{3}{(s+1)^4}$$

取拉氏逆变换，即得所求方程满足初始条件的特解

$$y(t)=L^{-1}[F(s)]=L^{-1}\left[\frac{4}{(s+1)}+\frac{6}{(s+1)^2}+\frac{3}{(s+1)^4}\right]$$

$$=4L^{-1}\left[\frac{1}{(s+1)}\right]+6L^{-1}\left[\frac{1}{(s+1)^2}\right]+\frac{1}{2}L^{-1}\left[\frac{3!}{(s+1)^4}\right]=\left(4+6t+\frac{1}{2}t^3\right)e^{-t}$$

例 9-36　求微分方程 $y''+9y=20\cos 2x$ 满足初始条件 $y(0)=0$，$y'(0)=0$ 的特解。

解　对微分方程两端取拉氏变换，并利用线性性质、微分性质，有

$$s^2L[y]+9L[y]=\frac{20s}{s^2+4}$$

解出 $L[y]$ 并写成部分分式的形式，有

$$L[y]=\frac{20s}{(s^2+4)(s^2+9)}=\frac{4s}{s^2+4}-\frac{4s}{s^2+9}$$

取逆变换，即得所求方程的解

$$y=L^{-1}[L[y]]=4L^{-1}\left[\frac{s}{s^2+4}\right]-4L^{-1}\left[\frac{s}{s^2+9}\right]=4\cos 2x-4\cos 3x$$

例 9-37　求微分方程组 $\begin{cases}\dfrac{dx}{dt}=-3x+y\\ \dfrac{dy}{dt}=8x-y\end{cases}$ 满足初始条件 $x(0)=1,y(0)=4$ 的特解。

解　设 $L[x(t)]=X(s)$，$L[y(t)]=Y(s)$，对方程组两端取拉氏变换得

$$\begin{cases}sX(s)-x(0)=-3X(s)+Y(s)\\ sY(s)-y(0)=8X(s)-Y(s)\end{cases}$$

代入初始条件 $x(0)=1,y(0)=4$，得

$$\begin{cases}sX(s)-1=-3X(s)+Y(s)\\ sY(s)-4=8X(s)-Y(s)\end{cases}$$

解此方程组得

$$\begin{cases}X(s)=\dfrac{1}{s-1}\\ Y(s)=\dfrac{4}{s-1}\end{cases}$$

再对上面两式分别取拉氏逆变换，即得所求方程组的解

$$\begin{cases}x=e^t\\ y=4e^t\end{cases}$$

从上述各例中我们看到，用拉氏变换求线性微分方程的特解时，省略了微分方程的一般解法中先求通解，再由初始条件确定任意常数的运算过程。

第七节　微分方程在药物动力学中的应用

药物动力学（pharmacokinetics）是应用动力学原理和数学方法，定量地研究药物通过各种途径进入机体后的吸收、分布、代谢和排泄等过程的动态变化规律的一门学科。它对指导优选给药方案、新药设计、改进药物剂型，提供高效、长效、低毒、低副作用的药物制剂等，具有非常重要的作用。

当药物进入机体后，其在体内某一部位的药物减少（转运至其他部位或原型代谢）速率 $\dfrac{dC}{dt}$ 与该部位药物浓度 C 的关系可用微分方程表示为

$$\frac{dC}{dt}=-kC^N\ (N\geqslant 0)$$

这时称药物在体内的变化符合 N 级速率过程，其中，k 为比例常数，负号表示体内药物不断减少。当 $N=1$ 时，称为一级速率过程，表示药物的转运或消除速率与当时药量或浓度的一次方成正比。临床上应用的大多数药物，在治疗浓度范围内，其在体内的吸收、分布和消除过程，都属于一级速率过程，即遵循线性动力学规律，例如抗生素类、磺胺类等药物。当 $N=0$ 时，称为零级速率过程，恒速静脉滴注给药即是零级速率过程。但有少数药物，在治疗浓度范围内却表现出非线性动力学特征，例如苯妥英钠、水杨酸盐等药物。这就需要用 Michaelis- Menten 型非线性药物动力学方程来描述。

药物在体内的动态变化过程相当复杂，为了便于研究，必须对复杂的生理系统进行简化，即建立动力学模型，然后再用相应的数学公式进行描述。这种动力学模型将机体视为一个系统，系统内部按动力学特点分为若干个隔室（房室），故称这种模型为隔室（房室）模型。划分隔室的原则是，将转运速率常数相同或近似相同的组织、器官归纳为一个总的抽象的转运单位，即归入同一隔室。常见的隔室模型有一室模型、二室模型和多室模型等。一室模型是假定机体由一个隔室组成，即将机体视为一个均匀的单元，假设给药后药物迅速、均匀地分布到全身各体液和

笔记

组织中,并达到平衡,且以一定速率从该室消除。二室模型是假定机体由两个隔室组成,一个是中央室,一个是周边室。即将机体视为两部分,假设给药后药物首先以很快的速度分布到中央室,并达到平衡,然后再以较缓慢的速度分布到周边室,且药物在中央室和周边室之间转运,但药物只在中央室消除。下面,我们仅介绍三种给药方式的一室模型。

1. 快速静脉注射给药 药物快速静脉注射后,若药物在体内的分布符合一室模型,且按一级速率过程从体内消除,则可用图 9-1 表示其模型特征。

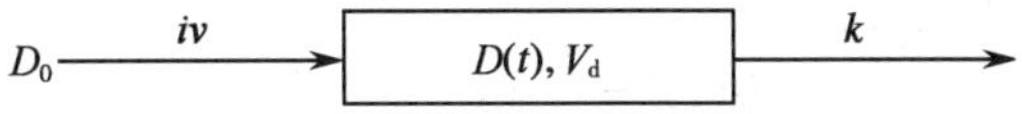

D_0 —iv→ [$D(t), V_d$] —k→

图 9-1

其中,D_0 为静脉注射的给药剂量,$D(t)$ 为静脉注射后 t 时刻体内的药量,V_d 为药物的表观分布容积(表观分布容积并无直接的生理意义,它只表示某时刻体内存在的药量与该时刻血药浓度的比值,即 $V_d=\dfrac{D}{C}$),k 为一级消除速率常数。且当 $t=0$ 时,$D=D_0$。这时,药物从体内的消除速率与当时体内药量(或浓度)的一次方成正比。即得数学模型

$$\begin{cases}\dfrac{\mathrm{d}D}{\mathrm{d}t}=-kD\\ D(0)=D_0\end{cases}$$

解此微分方程的初值问题,可得体内药量随时间 t 的变化关系

$$D(t)=D_0\mathrm{e}^{-kt}$$

上式两端同时除以表观分布容积 V_d,即得体内血药浓度随时间 t 的变化关系

$$C(t)=C_0\mathrm{e}^{-kt} \tag{9-22}$$

我们称药物在体内某一部位减少一半所需要的时间 $t_{\frac{1}{2}}$ 为药物的半衰期。由于在快速静脉注射给药的一室模型中,药物在体内只有消除过程,故此时称 $t_{\frac{1}{2}}$ 为药物的消除半衰期。由 $\dfrac{x_0}{2}=x_0\mathrm{e}^{-kt_{\frac{1}{2}}}$,可得药物的消除半衰期 $t_{\frac{1}{2}}=\dfrac{\ln 2}{k}\approx\dfrac{0.693}{k}$。

在药物动力学中,把血药浓度-时间曲线 $C(t)=C_0\mathrm{e}^{-kt}$ 与坐标轴之间围成的面积,称为血药浓度-时间曲线下面积,记为 AUC。对于同一种药物,它可以用来比较被吸收到体内的总药量,它是药物生物利用度的主要决定因素。对于快速静脉注射,有

$$AUC=\int_0^{+\infty}C(t)\,\mathrm{d}t=\int_0^{+\infty}C_0\mathrm{e}^{-kt}\mathrm{d}t=-\frac{C_0}{k}\mathrm{e}^{-kt}\bigg|_0^{+\infty}=\frac{C_0}{k}=\frac{D_0}{kV_d}$$

即血药浓度-时间曲线下面积 AUC 与注射剂量 D_0 成正比,与消除速率常数 k 和表观分布容积 V_d 成反比。

对(9-22)式两端取自然对数,有 $\ln C(t)=-kt+\ln C_0$,即血药浓度的对数 $\ln C(t)$ 与时间 t 呈线性关系,斜率为 $-k$,截距为 $\ln C_0$。因此,当用 $\ln C(t)$ 与 t 的数据作图时,如果图形呈直线倾向,则表明此药物的体内过程可采用上述一室模型来描述。

2. 恒速静脉滴注给药 恒速静脉滴注给药时,若药物在体内的分布符合一室模型,且按一级速率过程从体内消除,则可用图 9-2 表示其模型特征。

其中,D_0 为给药剂量,T 为静脉滴注时间,$k_0=\dfrac{D_0}{T}$ 为静脉滴注速率,$D(t)$ 为静脉滴注开始后 t 时刻体内的药量,V_d 为药物的表观分布容积($V_d=\dfrac{D}{C}$),k 为一级消除速率常数。且当 $t=0$

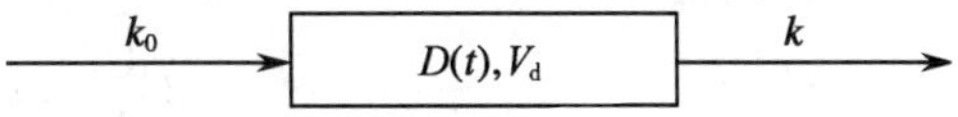

—k_0→ [$D(t), V_d$] —k→

图 9-2

时,$D=0$。这时,在滴注时间 $[0,T]$ 内,体内同时存在两个过程。一个是恒速增加药量的零级速率过程,即药物进入机体的速度为 k_0,与浓度无关;另一个是药物在体内消除的一级速率过程,即药物从体内的消除速率与当时体内药量(或浓度)的一次方成正比。故

$$\begin{cases}\dfrac{dD}{dt}=k_0-kD\\ D(0)=0\end{cases}$$

解此微分方程的初值问题,可得体内的药量随时间的变化关系

$$D(t)=\frac{k_0}{k}(1-e^{-kt})$$

上式两端同时除以表观分布容积 V_d,即得体内血药浓度随时间的变化关系

$$C(t)=\frac{k_0}{kV_d}(1-e^{-kt}) \tag{9-23}$$

随着滴注时间延长,体内的血药浓度也随之增大。当滴注时间 $t\to+\infty$ 时,血药浓度将达到一个恒定水平,称为稳态血药浓度或坪浓度,记为 C_{ss}。即

$$C_{ss}=\lim_{t\to+\infty}C(t)=\lim_{t\to+\infty}\frac{k_0}{kV_d}(1-e^{-kt})=\frac{k_0}{kV_d}$$

上式说明,稳态血药浓度与滴注速率 k_0 成正比,与消除速率常数 k 和表观分布容积 V_d 成反比。

3. 血管外给药 血管外给药时,药物从给药部位进入血液循环需要通过吸收过程,如口服给药、肌内注射给药、皮肤给药等,都需要通过一个吸收过程,只是吸收的快慢及完全程度不同。这些吸收过程通常都符合一级吸收过程,因此,血管外给药的一室模型也称为一级吸收的一室模型。这时,药物仍按一级速率过程从体内消除,则可用图 9-3 表示其模型特征。

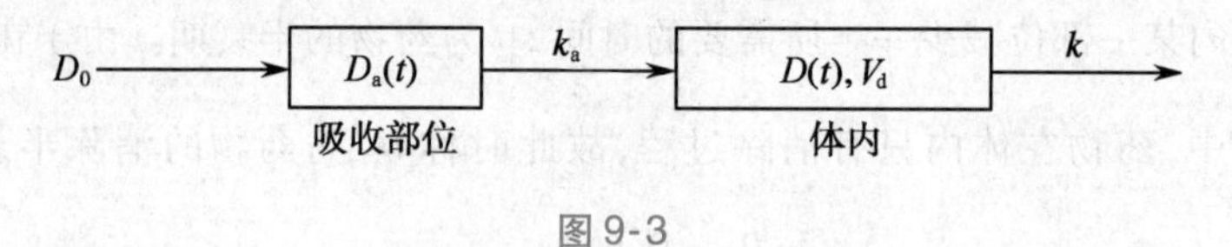

图 9-3

其中,D_0 为给药剂量,$D_a(t)$ 为血管外给药后 t 时刻吸收部位的药量,k_a 为表观一级吸收速率常数,$D(t)$ 为血管外给药后 t 时刻体内的药量,V_d 为药物的表观分布容积($V_d=\dfrac{D}{C}$),k 为一级消除速率常数。且当 $t=0$ 时,$D_a=FD_0$,$D=0$。这时,药物的吸收速率与吸收部位的药量成正比,药物从体内的消除速率与当时体内药量(或浓度)的一次方成正比。由于进入吸收部位的药物一般不可能全部被吸收,故吸收部位的初始药量为 FD_0,F ($0<F\leqslant 1$)称为吸收分数,也称为生物利用度。于是可得微分方程组及初始条件

$$\begin{cases}\dfrac{dD_a}{dt}=-k_aD_a\\ \dfrac{dD}{dt}=k_aD_a-kD\end{cases},\begin{cases}D_a(0)=FD_0\\ D(0)=0\end{cases} \tag{9-24}$$

由(9-24)中微分方程组的第一个方程 $\dfrac{dD_a}{dt}=-k_aD_a$ 及初始条件 $D_a(0)=FD_0$,解得 $D_a(t)=FD_0e^{-kt}$,将 $D_a(t)=FD_0e^{-kt}$ 代入微分方程组(9-24)的第二个方程 $\dfrac{dD}{dt}=k_aD_a-kD$ 中,并联立 $D(0)=0$,得

$$\begin{cases}\dfrac{dD}{dt}+kD=k_aFD_0e^{-k_at}\\ D(0)=0\end{cases}$$

解此微分方程的初值问题,可得体内的药量随时间的变化关系

$$D(t)=\frac{k_aFD_0}{k_a-k}(e^{-kt}-e^{-k_at})$$

上式两端同时除以表观分布容积 V_d,即得体内血药浓度随时间的变化关系

$$C(t)=\frac{k_aFD_0}{(k_a-k)V_d}(e^{-kt}-e^{-k_at}) \tag{9-25}$$

上式对时间 t 求导数,有

$$C'(t)=\frac{k_aFD_0}{(k_a-k)V_d}(-ke^{-kt}+k_ae^{-k_at})$$

令 $C'(t)=0$,即 $-ke^{-kt}+k_ae^{-k_at}=0$,可得驻点为 $t_0=\frac{1}{k_a-k}\ln\frac{k_a}{k}$,因为当 $t<t_0$ 时,$C'(t)>0$;当 $t>t_0$ 时,$C'(t)<0$,故血药浓度 $C(t)$ 在驻点处取得极大值,也是最大值。药物动力学中将最大血药浓度称为峰浓度,记为 C_{max},将取得峰浓度的时间称为达峰时间,记为 t_{max},即 $t_{max}=\frac{1}{k_a-k}\ln\frac{k_a}{k}$,且

$$\begin{aligned}C_{max}&=\frac{k_aFD_0}{(k_a-k)V_d}(e^{-kt_{max}}-e^{-k_at_{max}})\\&=\frac{k_aFD_0}{(k_a-k)V_d}e^{-kt_{max}}(1-e^{-(k_a-k)t_{max}})\\&=\frac{k_aFD_0}{(k_a-k)V_d}e^{-kt_{max}}(1-\frac{k}{k_a})\\&=\frac{FD_0}{V_d}e^{-kt_{max}}\end{aligned}$$

由此可见,达峰时间与表观一级吸收速率常数 k_a 和一级消除速率常数 k 有关,峰浓度与吸收分数 F 和给药剂量 D_0 成正比,与表观分布容积 V_d 成反比。

对于血管外给药,计算出血药浓度-时间曲线下面积

$$\begin{aligned}AUC&=\int_0^{+\infty}C(t)\mathrm{d}t=\int_0^{+\infty}\frac{k_aFD_0}{(k_a-k)V_d}(e^{-kt}-e^{-k_at})\mathrm{d}t\\&=\frac{k_aFD_0}{(k_a-k)V_d}\left[-\frac{1}{k}e^{-kt}\Big|_0^{+\infty}+\frac{1}{k_a}e^{-kt}\Big|_0^{+\infty}\right]\\&=\frac{k_aFD_0}{(k_a-k)V_d}(\frac{1}{k}-\frac{1}{k_a})\\&=\frac{k_aFD_0}{(k_a-k)V_d}\cdot\frac{k_a-k}{kk_a}\\&=\frac{FD_0}{kV_d}\end{aligned}$$

由此可见,血药浓度-时间曲线下面积 AUC 与吸收分数 F 和给药剂量 D_0 成正比,与消除速率常数 k 和表观分布容积 V_d 成反比。

第八节　计算机应用

实验一　用 Mathematica 求解微分方程

实验目的:掌握利用 Mathematica 求解微分方程的基本方法。

基本命令:

函数	说明
DSolve[deqn,y[x],x]	求微分方程 deqn 的通解
DSolve[{deqn,init},y[x],x]	求微分方程 deqn 的特解
DSolve[{deqn1,deqn2,…},{y1[x],y2[x],…},x]	求微分方程组{deqn1,…}的通解
DSolve[{deqn1,…,init1,…},{y1[x],y2[x],…},x]	求微分方程组{deqn1,…}的特解
NDSolve[{deqn,init},y[x],{x,x_{min},x_{max}}]	求微分方程 deqn 的初值问题在 $[x_{min},x_{max}]$ 内的数值解

实验举例

例 9-38 求微分方程 $yy'=a$ 的通解。

解 In[1]: = DSolve[y[x] * y'[x] = = a,y[x],x]

Out[1] = {{y[x]→ - Sqrt(2ax + C[1])},{y[x]→Sqrt(2ax + C[1])}}

故微分方程 $yy'=a$ 的通解为 $y=\pm\sqrt{2ax+C}$。

例 9-39 求微分方程 $y'+2xy=xe^{-x^2}$ 的通解。

解 In[1]: = DSolve[y'[x] + 2x * y[x] = = x * Exp[- x^2],y[x],x]

$$\text{Out}[1]=\left\{\left\{y[x]\to\frac{1}{2}e^{-x^2}x^2+e^{-x^2}C[1]\right\}\right\}$$

故微分方程 $y'+2xy=xe^{-x^2}$ 的通解为 $y=\frac{1}{2}x^2e^{-x^2}+Ce^{-x^2}$。

例 9-40 求微分方程 $y''+4y'+4y=0$ 满足初始条件 $\begin{cases}y(0)=4\\y'(0)=-2\end{cases}$ 的特解。

解 In[1]: = DSolve[{y''[x] + 4y'[x] + 4y[x] = = 0,y[0] = = 4,y'[0] = = -2},y[x],x]

$$\text{Out}[1]=\{\{y[x]\to 2e^{-2x}(2+3x)\}\}$$

故所求微分方程满足初始条件的特解为 $y=2(2+3x)e^{-2x}$。

例 9-41 求微分方程 $y''-5y'+6y=xe^{2x}$ 的通解。

解 In[1]: = DSolve[y''[x] - 5y'[x] + 6y[x] = = x * E^(2x),y[x],x]

$$\text{Out}[1]=\left\{\left\{y[x]\to-\frac{1}{2}e^{2x}(2+2x+x^2)+e^{2x}C[1]+e^{3x}C[2]\right\}\right\}$$

故所求微分方程的通解为 $y=C_1e^{2x}+C_2e^{3x}-\frac{1}{2}(2+2x+x^2)e^{2x}$。

例 9-42 求微分方程 $(1+x^2)y''=2xy'$ 的通解。

解 令 $y'=p(x)$，先求微分方程 $(1+x^2)p'=2xp$ 的通解 $p(x)$，再求微分方程 $y'=p(x)$ 的通解 $y(x)$。

In[1]: = DSolve[(1 + x^2) * p'[x] = = 2 * x * p[x],p[x],x]

Out[1] = {{p[x]→(1 + x^2)C[1]}}

In[2]: = DSolve[y'[x] = = (1 + x^2) * C[1],y[x],x]

Out[2] = {{y[x]→xC[1] + $\frac{1}{3}x^3$C[1] + C[2]}}

故所求微分方程的通解为 $y=C_1(x+\frac{1}{3}x^3)+C_2$。

笔记

例 9-43 求微分方程组 $\begin{cases}\frac{dx}{dt}=3x-2y\\\frac{dy}{dt}=2x-y\end{cases}$ 的通解和满足初始条件 $\begin{cases}x|_{t=0}=1\\y|_{t=0}=0\end{cases}$ 的特解。

解　先求通解

```
In[1]:=DSolve[{x'[t]==3x[t]-2y[t],y'[t]==2x[t]-y[t]},{x[t],y[t]},t]
Out[1]={{x[t]→e^t(1+2t)C[1]-2e^t tC[2],y[t]→2e^t tC[1]-e^t(-1+2t)C[2]}}
```

故所求微分方程组的通解为 $\begin{cases} x = C_1(1+2t)e^t - 2C_2te^t \\ y = 2C_1te^t - C_2(-1+2t)e^t \end{cases}$。

再求特解

```
In[2]:=DSolve[{x'[t]==3x[t]-2y[t],y[t]==2x[t]-y[t],x[0]==1,
        y[0]==0},{x[t],y[t]},t]
Out[2]={{x[t]→e^t(1+2t),y[t]→2e^t t}}
```

故所求微分方程组满足初始条件 $\begin{cases} x|_{t=0} = 1 \\ y|_{t=0} = 0 \end{cases}$ 的特解为 $\begin{cases} x = (1+2t)e^t \\ y = 2te^t \end{cases}$。

例 9-44　求微分方程的初值问题 $\begin{cases} xy' - x^2y\sin x + 1 = 0 \\ y(1) = 1 \end{cases}$ 在区间［1,4］上的数值解。

解

```
In[1]:=sol=NDSolve[{x*y'[x]-x^2*y[x]*Sin[x]+1==0,y[1]==1},y[x],
{x,1,4}]
In[2]:=f[x_]:=Evaluate[y[x]/.sol];
In[3]:=Plot[f[x],{x,1,4},PlotRange->All]
Out[1]={{y[x]→InterpolatingFunction[{{1.,4.}},<>][x]}}
Out[3]=Graphics
```

故所求微分方程的初值问题在区间[1,4]上的数值解可用图 9-4 所示的插值函数的图形来表示。

例 9-45　求微分方程的初值问题 $\begin{cases} y^{(3)} + y'' + y' + y = 0 \\ y(0) = 1, y'(0) = y''(0) = 0 \end{cases}$ 在区间[-2,20]上的数值解。

解

```
In[1]:=sol=NDSolve[{y'''[x]+y''[x]+y'[x]+y[x]==0,y[0]==1,
        y'[0]==y''[0]==0},y[x],{x,-2,20}];
In[2]:=Plot[Evaluate[y[x]/.sol],{x,-2,20},PlotRange->All]
Out[2]=Graphics
```

故所求微分方程的初值问题在区间[-2,20]上的数值解可用图 9-5 来表示。

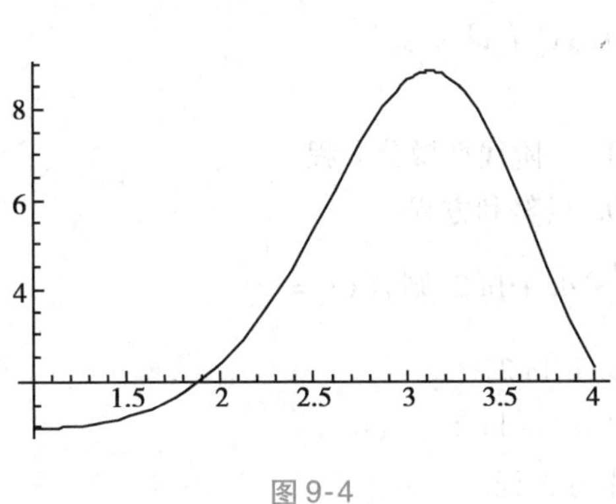

图 9-4

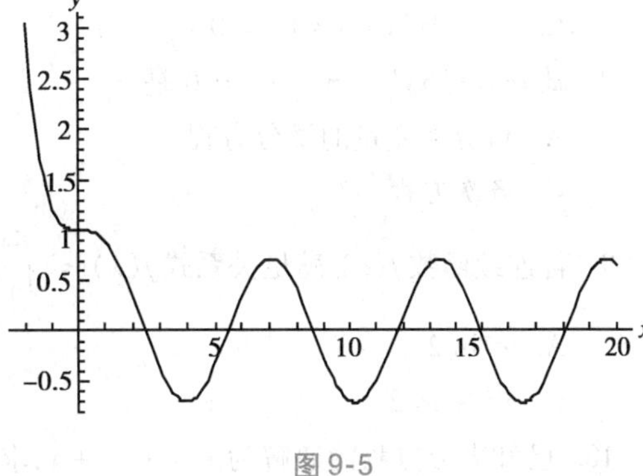

图 9-5

例 9-46　在同一直角坐标系下，画出例 9-2 中的微分方程 $y' = \sqrt{1-y^2}$ 的特解 $y = \sin(x-2)$、$y = \sin x$、$y = \sin(x+2)$，及其奇解 $y = \pm 1$ 的图形。

笔记

解 In[1]: = Plot[{Sin[x - 2], Sin[x], Sin[x + 2], 1, - 1}, {x, - 2Pi, 2Pi},
AspectRatio - >1/2]

Out[1] = Graphics

输出结果见图9-6。

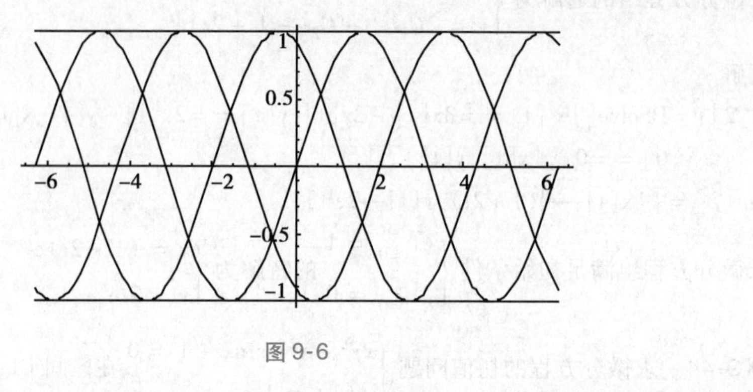

图9-6

习题

1. 微分方程 $xyy''' + 2(y'')^3 + y^4y' = 0$ 的阶是

A. 3　　B. 4　　C. 5　　D. 6

2. 微分方程 $y'' + 2y' + y = 0$ 的解是

A. xe^x　　B. xe^{-x}　　C. x^2e^{-x}　　D. $-xe^x$

3. 微分方程 $y''' + 2y' + y^2 = x^4$ 的通解中应含的独立常数个数是

A. 1　　B. 2　　C. 3　　D. 4

4. 微分方程 $y'' - y = 0$ 的通解是

A. Ce^x　　B. $C_1x + C_2e^{-x}$　　C. Ce^{-x}　　D. $C_1e^x + C_2e^{-x}$

5. 微分方程(　　)是可分离变量的微分方程

A. $y' = x^2\sin y$　　B. $x\sin(xy)dx + ydy = 0$

C. $(y')^2 + xy = e^x$　　D. $y' = \ln(x + y)$

6. 微分方程(　　)是一阶线性微分方程。

A. $(y')^2 + xy = 0$　　B. $y' + xy = \sin x$

C. $yy' = x$　　D. $xy' + y^2 = x$

7. 微分方程(　　)是齐次方程。

A. $xydx + (x + 1)dy = 0$　　B. $y' + xy = \sin x$

C. $(x + 2y)dx + xdy = 0$　　D. $xy' + y^2 = x$

8. 微分方程 $xy' + xy - y^2 = 0$ 是

A. 可分离变量的微分方程　　B. 一阶线性微分方程

C. 齐次方程　　D. 贝努利方程

9. 若连续函数 $f(x)$ 满足关系式 $f(x) = \int_0^{2x} f(\frac{t}{2})dt + \ln 2$，则 $f(x) =$

A. $e^{2x}\ln 2$　　B. $e^x\ln 2$

C. $e^{2x} + \ln 2$　　D. $e^x + \ln 2$

10. 已知微分方程的通解为 $y = Ce^x + x$，求此微分方程。

11. 已知函数 $y = \frac{x}{\ln x}$ 是微分方程 $y' = \frac{y}{x} + f(\frac{x}{y})$ 的解，试求 $f(\frac{x}{y})$ 的表达式。

12. 求下列一阶微分方程的通解

笔记

(1) $\frac{dy}{dx}=e^{x-y}$

(2) $\sec^2x\tan y dx+\sec^2y\tan x dy=0$

(3) $\frac{dy}{dx}=-\frac{x}{y}$

(4) $(1+y^2)dx=x(x+1)ydy$

(5) $\frac{dy}{dx}=\frac{y}{x}+\frac{x}{y}$

(6) $\frac{dy}{dx}+\frac{y}{x}=x$

(7) $y'+y\tan x=\sin 2x$

(8) $xdy-ydx=y^2e^ydy$

(9) $(1+x)y'-y=(1+x)^2y^{-1}$

(10) $y'=\frac{1}{x-y}+1$

(11) $e^ydx+(xe^y-2y)dy=0$

(12) $(e^{x+y}-e^x)dx+(e^{x+y}+e^y)dy=0$

(13) $x^2y'+xy=y^2$

(14) $(y-\sqrt{x^2+y^2})dx-xdy=0(x>0)$

(15) $x(\ln x-\ln y)dy-ydx=0$

(16) $(x^2+y^2+2xy)dy=dx$

(17) $(x-2xy-y^2)\frac{dy}{dx}+y^2=0$

13. 求下列一阶微分方程的特解

(1) $(1+x^2)ydy-x(1+y^2)dx=0, y|_{x=0}=2$

(2) $xdy+2ydx=0, y|_{x=2}=1$

(3) $y'=\frac{y}{x}+\frac{x}{y}, y|_{x=1}=2$

(4) $\frac{dy}{dx}-y=2x, y|_{x=0}=0$

(5) $(x^2-1)y'+2xy-\cos x=0, y|_{x=0}=1$

(6) $y'-xy=-e^{-x^2}y^3, y|_{x=0}=1$

(7) $xy'+2y=x\ln x, y(1)=-\frac{1}{9}$

14. 求$f(x)$的解析式

(1) 已知连续函数$f(x)$满足关系$f(x)+x^2=\int_0^x tf(t)dt$,求$f(x)$,

(2) 已知连续函数$f(x)$满足关系$f(x)=\int_0^{3x}f(\frac{t}{3})dt+e^{2x}$,求$f(x)$。

15. 求下列二阶微分方程的通解

(1) $y''=e^x$

(2) $y''=\frac{1}{1+x^2}$

(3) $y''=y'+x$

(4) $x^2y''=(y')^2+2xy'$

(5) $(y'')^2-y'=0$

(6) $y''=1+(y')^2$

(7) $y''=y'+(y')^3$

16. 求下列二阶微分方程的特解

(1) $y''=\sin 2x, y|_{x=0}=0, y'|_{x=0}=0$

(2) $y''=e^{2x}, y|_{x=1}=y'|_{x=1}=0$

(3) $(1+x^2)y''=2xy', y|_{x=0}=1, y'|_{x=0}=3$

(4) $y''=2yy', y|_{x=0}=1, y'|_{x=0}=2$

(5) $y''=e^{2y}, y|_{x=0}=y'|_{x=0}=0$

(6) $y''=1-(y')^2, y|_{x=0}=0, y'|_{x=0}=1$

(7) $yy''+(y')^2=0, y|_{x=0}=1, y'|_{x=0}=\frac{1}{2}$

笔记

(8) $y^3y''=-1, y|_{x=1}=1, y'|_{x=1}=0$

(9) $y''=\sqrt{1+(y')^2}, y|_{x=0}=1, y'|_{x=0}=0$

17. (　　)是微分方程 $y''+3y'+2y=xe^{2x}$ 的待定特解 y^*

A. Axe^{2x}　　B. $(Ax+B)e^{2x}$

C. Ax^2e^{2x}　　D. $x(Ax+B)e^{2x}$

18. (　　)是微分方程 $y''-y=e^x+1$ 的待定特解 y^*

A. Ae^x+B　　B. Axe^x+B

C. Ae^x+Bx　　D. Axe^x+Bx

19. y_1^*、y_2^* 是二阶线性非齐次微分方程 $y''+p(x)y'+q(x)y=f(x)$ 的两个不同的解，y_1、y_2 是对应的齐次方程的两个线性无关的解，C_1、C_2 为任意常数，则该微分方程的通解是

A. $C_1y_1+C_2y_2+\dfrac{y_1^*-y_2^*}{2}$　　B. $C_1y_1+C_2(y_1^*-y_2^*)+\dfrac{y_1^*+y_2^*}{2}$

C. $C_1y_1+C_2(y_1-y_2)+\dfrac{y_1^*-y_2^*}{2}$　　D. $C_1y_1+C_2(y_1-y_2)+\dfrac{y_1^*+y_2^*}{2}$

20. 设函数 $y_1(x)$、$y_2(x)$ 是二阶线性齐次微分方程 $y''+p(x)y'+q(x)y=0$ 的两个特解，则由 $y_1(x)$ 与 $y_2(x)$ 能构成该微分方程的通解，其充分条件是

A. $y_1(x)y'_2(x)-y'_1(x)y_2(x)=0$　　B. $y_1(x)y'_2(x)+y'_1(x)y_2(x)=0$

C. $y_1(x)y'_2(x)-y'_1(x)y_2(x)\neq 0$　　D. $y_1(x)y'_2(x)+y'_1(x)y_2(x)\neq 0$

21. 求下列二阶常系数线性微分方程的通解

(1) $y''-2y'-3y=0$　　(2) $y''-6y'+9y=0$

(3) $y''-2y'+5y=0$　　(4) $y''+3y'+2y=2e^x$

(5) $y''+4y=e^x+x\cos x$

22. 求下列二阶常系数线性微分方程的特解

(1) $y''-3y'+2y=0, y|_{x=0}=0, y'|_{x=0}=1$

(2) $y''-2y'+y=0, y|_{x=0}=0, y'|_{x=0}=1$

(3) $y''+25y=0, y|_{x=0}=2, y'|_{x=0}=5$

(4) $y''-3y'+2y=5, y|_{x=0}=1, y'|_{x=0}=2$

(5) $y''-3y'+2y=x^2-2x, y|_{x=0}=\dfrac{1}{4}, y'|_{x=0}=\dfrac{3}{2}$

23. 若函数 $f(x)$ 连续，且满足 $f(x)-e^x=\int_0^x tf(t)\mathrm{d}t-x\int_0^x f(t)\mathrm{d}t$，求 $f(x)$。

24. 已知颅内压 p 与容积 V 满足微分方程 $\dfrac{\mathrm{d}p}{\mathrm{d}V}=ap(b-p)$，其中，$a$、$b$ 为常数，试求解此微分方程。

25. 在呼吸过程中，CO_2 从静脉进入肺泡后排出，肺中 CO_2 的压力 p 符合微分方程的初值问题

$$\begin{cases}\dfrac{\mathrm{d}p}{\mathrm{d}t}+kp=kp_1\\ p(0)=p_0\end{cases}$$

其中，a、p_1 为常数，p_0 是 CO_2 进入肺静脉时的压力，试求此微分方程的初值问题的解。

26. 在口服药片的疗效研究中，需要了解药片的溶解浓度 C 随时间 t 的变化规律 $C=C(t)$。已知微溶药(如阿司匹林)在时刻 t 的溶解速度与药片的表面积 A 及浓度差 C_s-C 的乘积成正比(C_s 是药溶液的饱和浓度)，比例系数为 k。将药片嵌在管内，仅让其一面与溶液接触，则药片的表面积 A 是不变的常数，求药片的溶解浓度 $C(t)$？

27. 已知细菌的繁殖速率与当时的细菌数成正比，若初始细菌数为 N_0，且细菌数为 $2N_0$ 的

时间是 2 小时，试求细菌数为 $3N_0$ 的时间？

28. 设有连接点 $O(0,0)$ 和 $A(1,1)$ 的一段凸的曲线弧 OA 对于凸弧 OA 上任意一点 $P(x,y)$，曲线弧 OP 与直线段 $\overline{OP}$ 所围成图形的面积为 x^2，求曲线弧 OA 的方程。

29. 已知曲线 $y=f(x)$ 上任意一点 P，及过该点的法线与 x 轴的交点 Q，且 P、Q 两点之间的距离为 1，求此曲线方程？

30. 将弹簧的上端固定，下端挂一质量为 m 的小球，若以外力使小球离开平衡位置，距离为 a，当外力消除后（不考虑运动阻力），小球在弹簧力（弹性系数 k）的作用下，沿铅垂方向振动，求小球的运动方程。

31. 求下列函数的拉氏变换

(1) $f(t)=t^2+3t+2$　　(2) $f(t)=Ate^{-at}$

(3) $f(t)=B(1-e^{-kt})$　　(4) $f(t)=5\sin 2t+3\cos 2t$

(5) $f(t)=\sin^2 t$

32. 求下列函数的拉氏逆变换

(1) $F(s)=\dfrac{1}{s(s+1)}$　　(2) $F(s)=\dfrac{1}{s^2(s+1)}$

(3) $F(s)=\dfrac{1}{s(s^2+1)}$　　(4) $F(s)=\dfrac{1}{s^2(s^2+1)}$

(5) $F(s)=\dfrac{3s+1}{(s-1)(s^2+1)}$

33. 设 $L[f(t)]=F(s)$，试证

(1) $L[f(at)]=\dfrac{1}{a}F(\dfrac{s}{a}), a>0$（相似性）

(2) $L[\int_0^t f(t)\mathrm{d}t]=\dfrac{1}{s}F(s)$ 或 $L^{-1}[\dfrac{F(s)}{s}]=\int_0^t f(t)\mathrm{d}t$（积分性）

34. 利用积分性质求函数 $f(t)=t^n$（n 为正整数）的拉氏变换。

35. 利用积分性质 $L^{-1}[\dfrac{F(s)}{s}]=\int_0^t f(t)\mathrm{d}t$ 求函数 $F(s)=\dfrac{k}{s(s^2+k^2)}$ 的拉氏逆变换。

36. 利用拉氏变换求解下列微分方程

(1) $y''+4y=t, y(0)=y'(0)=2$

(2) $y''-4y'+4y=4e^{2t}, y(0)=-1, y'(0)=4$

(3) $y''+4y=\sin t, y(0)=y'(0)=0$

(4) $y^{(3)}+y'=e^t, y(0)=y'(0)=y''(0)=0$

(5) $y''+y=6\sin^2 t, y(0)=y'(0)=1$

(6) $\begin{cases}x''-x+5y'=t\\ y''-4y-2x'=-2\end{cases}$ 满足初始条件 $\begin{cases}x(0)=x'(0)=0\\ y(0)=y'(0)=0\end{cases}$ 的特解

37. 某药片刚制成时，每片含有效成分 400 单位，存放两个月后测得有效成分的含量为 380 单位。已知药片的分解符合一级速率过程，求：(1)存放三个月后有效成分的含量为多少？(2)如果药片中有效成分的含量低于 300 单位时，药片无效，则药片的有效期为多少个月？

38. 某药物的体内过程可以用一室模型描述，其消除速率常数为 k。以静脉注射的方式给予剂量为 x_0 的药物后，经过时间 T_0，再次以静脉注射的方式给予同剂量的药物。求第二次注射后，体内的药量 $x_2(t)$ 随时间 t 的的变化规律？如果每次间隔时间 T_0 后，都以静脉注射的方式给予同剂量的药物，求第 n 次注射后，体内的药量 $x_n(t)$ 随时间 t（t 为第 n 次注射药物后的时间）的变化规律？

（吕　同）

笔记

第十章 线性代数基础

学习要求

1. 掌握:二、三阶行列式的计算;简单的 n 阶行列式计算;矩阵的运算;矩阵求逆的方法;矩阵的初等变换;用行初等变换求解线性方程组。

2. 熟悉:行列式按行(列)展开的法则;克拉默(Cramer)法则及应用;矩阵、矩阵的秩和逆矩阵的概念及性质;线性方程组的解的判定;特征值与特征向量的求法。

3. 了解:行列式的归纳定义;几个特殊矩阵的概念;逆矩阵存在的条件;利用数学软件解决线性代数问题。

线性代数(linear algebra)是一门研究矩阵和向量间的线性关系的学科,它是代数学的重要分支,它在理、工、农、医、经济管理等学科领域中都有着重要的应用,特别是随着计算机使用的日益普及,更加促进了线性代数的广泛运用。在医药专业的学习中,线性代数成为以后学习生物医学统计学、生物数学等学科的重要基础知识。

本章主要介绍行列式、矩阵理论、线性方程组以及矩阵的特征值和特征向量。

第一节 行 列 式

行列式是求解线性方程组的有效工具,利用行列式可以求解 n 元线性方程组。本节将在二、三阶行列式的基础上,介绍 n 阶行列式的概念、性质和计算。

一、行列式的概念

在中学,我们通过解二元和三元线性方程组引出了二、三阶行列式的定义和计算,为了介绍 n 阶行列式的概念,在此,先对二阶行列式和三阶行列式进行简单的复习。

(一)二元方程组和二阶行列式

引例 10-1 用消元法解二元方程组 $\begin{cases} a_{11}x_1 + a_{12}x_2 = b_1 \\ a_{21}x_1 + a_{22}x_2 = b_2 \end{cases}$,可得

$$x_1 = \frac{a_{22}b_1 - a_{12}b_2}{a_{11}a_{22} - a_{12}a_{21}}, x_2 = \frac{a_{11}b_2 - a_{21}b_1}{a_{11}a_{22} - a_{12}a_{21}} \tag{10-1}$$

可以看出,方程组解的分母是由未知数的系数构成,我们将四个系数排成

$$\begin{matrix} a_{11} & a_{12} \\ a_{21} & a_{22} \end{matrix}$$

形式的数表,表达式 $a_{11}a_{22} - a_{12}a_{21}$ 称为由以上数表所确定的二阶行列式,并记作

$$\begin{vmatrix} a_{11} & a_{12} \\ a_{21} & a_{22} \end{vmatrix}$$

即

$$\begin{vmatrix} a_{11} & a_{12} \\ a_{21} & a_{22} \end{vmatrix} = a_{11}a_{22} - a_{12}a_{21} \tag{10-2}$$

并称 $\begin{vmatrix} a_{11} & a_{12} \\ a_{21} & a_{22} \end{vmatrix}$ 为二元线性方程组的系数行列式。

同理 $a_{22}b_1 - a_{12}b_2$ 可记成 $\begin{vmatrix} b_1 & a_{12} \\ b_2 & a_{22} \end{vmatrix}$，$a_{11}b_2 - a_{21}b_1$ 可记成 $\begin{vmatrix} a_{11} & b_1 \\ a_{21} & b_2 \end{vmatrix}$，它们都含有两行、两列，且由上式可知，二阶行列式是两个代数式的代数和，第一项是从左上角到右下角的对角线上的两个元素的乘积，取正号；第二项是从右上角到左下角的对角线上的两个元素的乘积，取负号。如图 10-1，把自左上角 a_{11} 往右下角 a_{22} 的实连线称为主对角线。把自右上角 a_{12} 往左下角 a_{21} 的虚连线称为副对角线。于是二阶行列式便是主对角线元素之积减去副对角线元素之积。

图 10-1

若记

$$D = \begin{vmatrix} a_{11} & a_{12} \\ a_{21} & a_{22} \end{vmatrix}, D_1 = \begin{vmatrix} b_1 & a_{12} \\ b_2 & a_{22} \end{vmatrix}, D_2 = \begin{vmatrix} a_{11} & b_1 \\ a_{21} & b_2 \end{vmatrix}$$

则(10-1)式用行列式表示就可写成

$$x_1 = \frac{D_1}{D}, \quad x_2 = \frac{D_2}{D}$$

（二）三阶行列式

记
$$\begin{vmatrix} a_{11} & a_{12} & a_{13} \\ a_{21} & a_{22} & a_{23} \\ a_{31} & a_{32} & a_{33} \end{vmatrix}$$

$$= a_{11}a_{22}a_{33} + a_{12}a_{23}a_{31} + a_{13}a_{21}a_{32} - a_{11}a_{23}a_{32} - a_{12}a_{21}a_{33} - a_{13}a_{22}a_{31} \tag{10-3}$$

称其为三阶行列式。该三阶行列式由 6 项代数和构成，3 正 3 负，每一项均为不同行不同列的三个元素之积。通过图 10-2 的分析可知，三阶行列式的运算规律遵循下列对角线法则：实线上的 3 个元素的乘积构成的 3 项取正号，虚线上的 3 个元素的乘积构成的 3 项取负号。

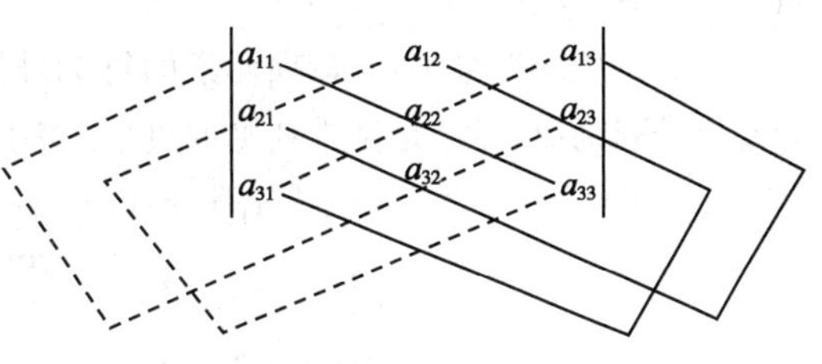

图 10-2

对于三元方程组

$$\begin{cases} a_{11}x_1 + a_{12}x_2 + a_{13}x_3 = b_1 \\ a_{21}x_1 + a_{22}x_2 + a_{23}x_3 = b_2 \\ a_{31}x_1 + a_{32}x_2 + a_{33}x_3 = b_3 \end{cases}$$

如果它的系数行列式

$$D = \begin{vmatrix} a_{11} & a_{12} & a_{13} \\ a_{21} & a_{22} & a_{23} \\ a_{31} & a_{32} & a_{33} \end{vmatrix} \neq 0$$

利用消元法和三阶行列式的定义，可求得其解为 $\begin{cases} x_1 = \dfrac{D_1}{D} \\ x_2 = \dfrac{D_2}{D} \\ x_3 = \dfrac{D_3}{D} \end{cases}$，其中

$$D=\begin{vmatrix} a_{11} & a_{12} & a_{13} \\ a_{21} & a_{22} & a_{23} \\ a_{31} & a_{32} & a_{33} \end{vmatrix}\neq 0, D_1=\begin{vmatrix} b_1 & a_{12} & a_{13} \\ b_2 & a_{22} & a_{23} \\ b_3 & a_{32} & a_{33} \end{vmatrix}, D_2=\begin{vmatrix} a_{11} & b_1 & a_{13} \\ a_{21} & b_2 & a_{23} \\ a_{31} & b_3 & a_{33} \end{vmatrix}, D_3=\begin{vmatrix} a_{11} & a_{12} & b_1 \\ a_{21} & a_{22} & b_2 \\ a_{31} & a_{32} & b_3 \end{vmatrix}。$$

进一步分析可知，二阶行列式(10-2)是由2项代数和构成，其中每一项的行标（a 的第一个下标）按自然数顺序排列后，列标（a 的第二个下标）分别是1和2的两种不同的排列12和21。三阶行列式(10-3)由6项代数和构成，其中每一项的行标号按自然数顺序排列后，列标号分别是123的六种不同的排列123、231、312、132、213和321。依次类推，可考虑通过列标的不同排列，来定义四阶以上的行列式。为此，下面先给出排列与逆序的概念。

（三）排列与逆序

由 n 个自然数1、2、…、n 组成的不重复的有确定次序的排列，称为一个 n 级排列（简称排列）。例如，123和213都是3级排列，13542是一个5级排列。

在一个 n 级排列 $j_1j_2\cdots j_t\cdots j_s\cdots j_n$ 中，若数 $j_t>j_s$（大数 j_t 排在小数 j_s 的前面），则称 j_t 与 j_s 构成一个逆序。如(10-3)中的项 $a_{11}a_{23}a_{32}$，其各元素的列标号构成的排列为132，其中 $3>2$，而3排在2前，称3与2构成了一个逆序。而 $a_{13}a_{22}a_{31}$ 的各元素第二下标排列为321，其中3与2，3与1，2与1就构成了3个逆序。我们把排列 $j_1j_2\cdots j_n$ 中的逆序的总数称为这个排列的逆序数，记为 $t(j_1j_2\cdots j_n)$。逆序数为偶数的排列称为偶排列，逆序数为奇数的排列称为奇排列。例如，排列32514的逆序数为5，即 $t(32514)=5$，所以排列32514为奇排列。

（四）n 阶行列式的定义

通过对三阶行列式(10-3)的分析可知：

(1) 在每项元素列标号构成的三级排列中，所有不同的三级排列共有 $3!=6$ 个，对应三阶行列式共有6项；

(2) 每项的符号是：当该项元素的行标号按自然数顺序排列后，若对应的列标号构成的排列是偶排列则取正号，是奇排列则取负号。因此，三阶行列式可定义为：

$$\begin{vmatrix} a_{11} & a_{12} & a_{13} \\ a_{21} & a_{22} & a_{23} \\ a_{31} & a_{32} & a_{33} \end{vmatrix}=\sum_{(j_1j_2j_3)}(-1)^{t(j_1j_2j_3)}a_{1j_1}a_{2j_2}a_{3j_3}$$

其中 $\sum\limits_{(j_1j_2j_3)}$ 是对所有不同的三级排列 $j_1j_2j_3$ 求和。

类似地，我们有下面 n 阶行列式的定义。

定义 10-1 由 n^2 个数 $a_{ij}(i,j=1,2,\cdots,n)$ 构成的记号

$$\begin{vmatrix} a_{11} & a_{12} & \cdots & a_{1n} \\ a_{21} & a_{22} & \cdots & a_{2n} \\ \vdots & \vdots & & \vdots \\ a_{n1} & a_{n2} & \cdots & a_{nn} \end{vmatrix}=\sum_{(j_1j_2\cdots j_n)}(-1)^{t(j_1j_2\cdots j_n)}a_{1j_1}a_{2j_2}\cdots a_{nj_n} \tag{10-4}$$

称为 n **阶行列式**(n-order determinant)。其中 a_{ij} 称为行列式的**元素**，i 表示元素所在的行，j 表示元素所在的列。$\sum\limits_{(j_1j_2\cdots j_n)}$ 表示对 $j_1j_2\cdots j_n$ 所有不同的 n 级排列求和，共有 $n!$ 项。每一项都是取自行列式中的既不同行又不同列的 n 个元素的乘积再乘以 $(-1)^{t(j_1j_2\cdots j_n)}$，$(-1)^{t(j_1j_2\cdots j_n)}a_{1j_1}a_{2j_2}\cdots a_{nj_n}$ 称为行列式的**一般项**。

有时把 n 阶行列式 $D=\begin{vmatrix} a_{11} & a_{12} & \cdots & a_{1n} \\ a_{21} & a_{22} & \cdots & a_{2n} \\ \vdots & \vdots & & \vdots \\ a_{n1} & a_{n2} & \cdots & a_{nn} \end{vmatrix}$ 简记为 $D=\det(a_{ij})$。

笔记

例 10-1　证明行列式 $D=\begin{vmatrix} a_{11} & 0 & \cdots & 0 \\ a_{21} & a_{22} & \cdots & 0 \\ \vdots & \vdots & & \vdots \\ a_{n1} & a_{n2} & \cdots & a_{nn} \end{vmatrix}=a_{11}a_{22}\cdots a_{nn}$

证　由于当 $j>i$ 时，$a_{ij}=0$，故 D 中可能不为 0 的元素 a_{ip_i}，其下标应有 $p_i\leqslant i$，即 $p_1\leqslant 1, p_2\leqslant 2, \cdots, p_n\leqslant n$。在所有排列 $p_1p_2\cdots p_n$ 中，能满足上述关系的排列只有一个自然排列 $12\cdots n$，所以 D 中可能不为 0 的项只有一项

$$(-1)^t a_{11}a_{22}\cdots a_{nn}$$

此项的符号 $(-1)^t=(-1)^0=1$，所以 $D=a_{11}a_{22}\cdots a_{nn}$。

由行列式的定义可知，一阶行列式 $|a_{11}|=a_{11}$（注：$|a_{11}|$ 是一个数，不是 a_{11} 的绝对值）；二、三阶的行列式用定义计算也较为方便，但当行列式的阶数比较大时，用定义计算行列式的运算量很大。为了解决这一问题，需要先研究行列式的性质，运用这些性质，不仅可以简化行列式的计算，而且对行列式的理论研究也很重要。

二、行列式的性质及计算

（一）行列式的性质

记 $D=\begin{vmatrix} a_{11} & a_{12} & \cdots & a_{1n} \\ a_{21} & a_{22} & \cdots & a_{2n} \\ \vdots & \vdots & & \vdots \\ a_{n1} & a_{n2} & \cdots & a_{nn} \end{vmatrix}=\det(a_{ij}), D^T=\begin{vmatrix} a_{11} & a_{21} & \cdots & a_{n1} \\ a_{12} & a_{22} & \cdots & a_{n2} \\ \vdots & \vdots & & \vdots \\ a_{1n} & a_{2n} & \cdots & a_{nn} \end{vmatrix}$，

行列式 D^T 称为行列式 D 的转置行列式。

性质 10-1　行列式与它的转置行列式相等。

此性质说明在行列式中行列式的行和列的地位是对等的。因此，行列式中凡是对行成立的性质对列也同样成立。

性质 10-2　互换行列式的两行(列)，行列式变号。（互换 i,j 两行，记作 $\alpha_i\leftrightarrow\alpha_j$；互换 i,j 两列，记作 $\beta_i\leftrightarrow\beta_j$）

推论　如果行列式有两行(列)完全相同，则此行列式等于零。

事实上，把这两行互换，行列式没有改变，但由性质 2 知道 $D=-D$，故 $D=0$。

性质 10-3　行列式的某一行(列)中所有的元素都乘以同一数 $k\ (k\neq 0)$，等于 k 乘以此行列式（第 i 行乘以 k，记作 $k\alpha_i$；第 i 列乘以 k，记作 $k\beta_i$）。

$$\begin{vmatrix} a_{11} & a_{12} & \cdots & a_{1n} \\ \vdots & \vdots & & \vdots \\ ka_{i1} & ka_{i2} & \cdots & ka_{in} \\ \vdots & \vdots & & \vdots \\ a_{n1} & a_{n2} & \cdots & a_{nn} \end{vmatrix}=k\begin{vmatrix} a_{11} & a_{12} & \cdots & a_{1n} \\ \vdots & \vdots & & \vdots \\ a_{i1} & a_{i2} & \cdots & a_{in} \\ \vdots & \vdots & & \vdots \\ a_{n1} & a_{n2} & \cdots & a_{nn} \end{vmatrix}$$

推论　行列式中如果有两行(列)元素成比例，则此行列式等于零。

性质 10-4　如果行列式的某一行(列)的元素都是两数之和，则此行列式等于两个行列式之和，即

$$\begin{vmatrix} a_{11} & a_{12} & \cdots & a_{1n} \\ \vdots & \vdots & & \vdots \\ a_{i1}+b_{i1} & a_{i2}+b_{i2} & \cdots & a_{in}+b_{in} \\ \vdots & \vdots & & \vdots \\ a_{n1} & a_{n2} & \cdots & a_{nn} \end{vmatrix}=\begin{vmatrix} a_{11} & a_{12} & \cdots & a_{1n} \\ \vdots & \vdots & & \vdots \\ a_{i1} & a_{i2} & \cdots & a_{in} \\ \vdots & \vdots & & \vdots \\ a_{n1} & a_{n2} & \cdots & a_{nn} \end{vmatrix}+\begin{vmatrix} a_{11} & a_{12} & \cdots & a_{1n} \\ \vdots & \vdots & & \vdots \\ b_{i1} & b_{i2} & \cdots & b_{in} \\ \vdots & \vdots & & \vdots \\ a_{n1} & a_{n2} & \cdots & a_{nn} \end{vmatrix}$$

性质 10-5 把行列式的某一行(列)的各元素乘以同一数然后加到另一行(列)对应的元素上去,行列式不变(第 j 行的 k 倍加到第 i 行上,记作 $\alpha_i + k\alpha_j$;第 j 列的 k 倍加到第 i 列上,记作 $\beta_i + k\beta_j$)。

$$\begin{vmatrix} a_{11} & a_{12} & \cdots & a_{1n} \\ \vdots & \vdots & & \vdots \\ a_{i1}+ka_{j1} & a_{i2}+ka_{j2} & \cdots & a_{in}+ka_{jn} \\ \vdots & \vdots & & \vdots \\ a_{j1} & a_{j2} & \cdots & a_{jn} \\ \vdots & \vdots & & \vdots \\ a_{n1} & a_{n2} & \cdots & a_{nn} \end{vmatrix} = \begin{vmatrix} a_{11} & a_{12} & \cdots & a_{1n} \\ \vdots & \vdots & & \vdots \\ a_{i1} & a_{i2} & \cdots & a_{in} \\ \vdots & \vdots & & \vdots \\ a_{j1} & a_{j2} & \cdots & a_{jn} \\ \vdots & \vdots & & \vdots \\ a_{n1} & a_{n2} & \cdots & a_{nn} \end{vmatrix} + k\begin{vmatrix} a_{11} & a_{12} & \cdots & a_{1n} \\ \vdots & \vdots & & \vdots \\ a_{j1} & a_{j2} & \cdots & a_{jn} \\ \vdots & \vdots & & \vdots \\ a_{j1} & a_{j2} & \cdots & a_{jn} \\ \vdots & \vdots & & \vdots \\ a_{n1} & a_{n2} & \cdots & a_{nn} \end{vmatrix}$$

$$= \begin{vmatrix} a_{11} & a_{12} & \cdots & a_{1n} \\ \vdots & \vdots & & \vdots \\ a_{i1} & a_{i2} & \cdots & a_{in} \\ \vdots & \vdots & & \vdots \\ a_{j1} & a_{j2} & \cdots & a_{jn} \\ \vdots & \vdots & & \vdots \\ a_{n1} & a_{n2} & \cdots & a_{nn} \end{vmatrix}$$

性质 10-6 如果行列式中有一行(列)元素全是零,则此行列式等于零。

(二)行列式的计算

n 阶行列式 $\begin{vmatrix} a_{11} & a_{12} & \cdots & a_{1n} \\ 0 & a_{22} & \cdots & a_{2n} \\ \vdots & \vdots & & \vdots \\ 0 & 0 & \cdots & a_{nn} \end{vmatrix}$ 和 $\begin{vmatrix} a_{11} & 0 & \cdots & 0 \\ a_{21} & a_{22} & \cdots & 0 \\ \vdots & \vdots & & \vdots \\ a_{n1} & a_{n2} & \cdots & a_{nn} \end{vmatrix}$ 分别称为上三角形行列式和下三角形行列式,上三角形行列式和下三角形行列式统称为三角形行列式。由例 10-1 的证明过程可知,n 阶三角形行列式的值等于它的主对角线上的元素的乘积。即 $D = a_{11}a_{22}\cdots a_{nn}$。

在行列式的计算中,常用的一种方法就是利用行列式的性质把行列式化为上(下)三角形行列式,然后计算主对角线上元素的积,便得到行列式的值。

例 10-2 计算行列式 $\begin{vmatrix} 2 & -2 & 3 & 4 \\ 3 & 2 & 1 & 3 \\ -1 & 3 & 2 & 1 \\ 3 & 4 & -3 & 5 \end{vmatrix}$

分析 从理论上来说,只要第一行、第一列的元素不为零,就可以把第一列其余元素全化为零。如本例,只要第一行乘 $-\frac{3}{2}$ 加到第二行;第一行乘 $\frac{1}{2}$ 加到第三行;第一行乘 $-\frac{3}{2}$ 加到第四行,其结果就是

$$\begin{vmatrix} 2 & -2 & 3 & 4 \\ 0 & * & * & * \\ 0 & * & * & * \\ 0 & * & * & * \end{vmatrix}$$

照此进行下去,总可以把行列式化成上三角形行列式。但这样做的话,就无法避免分数运算,从而增加计算量。分数运算是行列式计算中尽可能避免的事情。为此,计算之前,观察行列式中是否有 1,如果有,借助行列式的性质,把它置换到第一行、第一列的位置。如本例中第二行第三列的元素是 1,我们通过行列式的性质将这个元素置换到第一行第一列的位置,然后再继续

计算。

解 $\begin{vmatrix} 2 & -2 & 3 & 4 \\ 3 & 2 & 1 & 3 \\ -1 & 3 & 2 & 1 \\ 3 & 4 & -3 & 5 \end{vmatrix} \overset{\alpha_1 \leftrightarrow \alpha_2}{=} - \begin{vmatrix} 3 & 2 & 1 & 3 \\ 2 & -2 & 3 & 4 \\ -1 & 3 & 2 & 1 \\ 3 & 4 & -3 & 5 \end{vmatrix} \overset{\beta_1 \leftrightarrow \beta_3}{=} \begin{vmatrix} 1 & 2 & 3 & 3 \\ 3 & -2 & 2 & 4 \\ 2 & 3 & -1 & 1 \\ -3 & 4 & 3 & 5 \end{vmatrix}$

$$\overset{\substack{\alpha_2+(-3)\times\alpha_1 \\ \alpha_3+(-2)\times\alpha_1 \\ \alpha_4+3\times\alpha_1}}{=} \begin{vmatrix} 1 & 2 & 3 & 3 \\ 0 & -8 & -7 & -5 \\ 0 & -1 & -7 & -5 \\ 0 & 10 & 12 & 14 \end{vmatrix} \overset{\substack{(-1)\times\alpha_3 \\ \alpha_2\leftrightarrow\alpha_3}}{=} \begin{vmatrix} 1 & 2 & 3 & 3 \\ 0 & 1 & 7 & 5 \\ 0 & -8 & -7 & -5 \\ 0 & 10 & 12 & 14 \end{vmatrix} \overset{\substack{\alpha_3+8\times\alpha_2 \\ \alpha_4+(-10)\times\alpha_2}}{=} \begin{vmatrix} 1 & 2 & 3 & 3 \\ 0 & 1 & 7 & 5 \\ 0 & 0 & 49 & 35 \\ 0 & 0 & -58 & -36 \end{vmatrix}$$

$$\overset{\substack{(\frac{1}{7})\times\alpha_3 \\ (\frac{1}{2})\times\alpha_4}}{=} 7\times 2 \begin{vmatrix} 1 & 2 & 3 & 3 \\ 0 & 1 & 7 & 5 \\ 0 & 0 & 7 & 5 \\ 0 & 0 & -29 & -18 \end{vmatrix} \overset{\alpha_4+4\times\alpha_3}{=} 14 \begin{vmatrix} 1 & 2 & 3 & 3 \\ 0 & 1 & 7 & 5 \\ 0 & 0 & 7 & 5 \\ 0 & 0 & -1 & 2 \end{vmatrix} \overset{\substack{(-1)\times\alpha_4 \\ \alpha_3\leftrightarrow\alpha_4}}{=} 14 \begin{vmatrix} 1 & 2 & 3 & 3 \\ 0 & 1 & 7 & 5 \\ 0 & 0 & 1 & -2 \\ 0 & 0 & 7 & 5 \end{vmatrix}$$

$$\overset{\alpha_4+(-7)\times\alpha_3}{=} 14 \begin{vmatrix} 1 & 2 & 3 & 3 \\ 0 & 1 & 7 & 5 \\ 0 & 0 & 1 & -2 \\ 0 & 0 & 0 & 19 \end{vmatrix} = 14\times 1\times 1\times 1\times 19 = 266。$$

例 10-3 计算行列式 $D = \begin{vmatrix} 3 & 1 & 1 & 1 \\ 1 & 3 & 1 & 1 \\ 1 & 1 & 3 & 1 \\ 1 & 1 & 1 & 3 \end{vmatrix}$

解 这个行列式的特点是各行(列)4 个数之和都是 6。现把第 2、3、4 行同时加到第一行，提出公因子 6，然后各行减去第一行，得：

$$D = \begin{vmatrix} 6 & 6 & 6 & 6 \\ 1 & 3 & 1 & 1 \\ 1 & 1 & 3 & 1 \\ 1 & 1 & 1 & 3 \end{vmatrix} = 6\begin{vmatrix} 1 & 1 & 1 & 1 \\ 1 & 3 & 1 & 1 \\ 1 & 1 & 3 & 1 \\ 1 & 1 & 1 & 3 \end{vmatrix} = 6\begin{vmatrix} 1 & 1 & 1 & 1 \\ 0 & 2 & 0 & 0 \\ 0 & 0 & 2 & 0 \\ 0 & 0 & 0 & 2 \end{vmatrix} = 48$$

三、行列式按行或列展开

一般来说，低阶行列式的计算要比高阶行列式的计算简便，于是，我们自然地考虑用低阶行列式来表示高阶行列式的问题，这就是把行列式按行或列展开。为此，先引进余子式和代数余子式的概念。

定义 10-2 在 n 阶行列式中，把元素 a_{ij} 所在的第 i 行和第 j 列划去后，剩余的元素按它们在原行列式中的相对位置组成的 $n-1$ 阶行列式叫作元素 a_{ij} 的**余子式**，记作 M_{ij}；记 $A_{ij} = (-1)^{i+j}M_{ij}$，$A_{ij}$ 叫作元素 a_{ij} 的**代数余子式**。

例如 4 阶行列式

$D = \begin{vmatrix} a_{11} & a_{12} & a_{13} & a_{14} \\ a_{21} & a_{22} & a_{23} & a_{24} \\ a_{31} & a_{32} & a_{33} & a_{34} \\ a_{41} & a_{42} & a_{43} & a_{44} \end{vmatrix}$ 中元素 a_{32} 的余子式和代数余子式分别为

$M_{32} = \begin{vmatrix} a_{11} & a_{13} & a_{14} \\ a_{21} & a_{23} & a_{24} \\ a_{41} & a_{43} & a_{44} \end{vmatrix}$ 和 $A_{32} = (-1)^{2+3}M_{32} = -M_{32}$。

利用代数余子式可以将高阶行列式进行降阶,从而简化计算。为此,有以下行列式展开定理。

定理 10-1(行列式展开定理) n 阶行列式等于它的任一行(列)的各元素与其对应的代数余子式乘积之和,即

$$D = a_{i1}A_{i1} + a_{i2}A_{i2} + \cdots + a_{in}A_{in} \qquad (i = 1,2,\cdots,n) \quad \text{或}$$

$$D = a_{1j}A_{1j} + a_{2j}A_{2j} + \cdots + a_{nj}A_{nj} \qquad (j = 1,2,\cdots,n)$$

运用定理 10-1 计算行列式的值时,为了减少运算量,往往选择含有 0 元素最多的那一行或列来展开计算。

例 10-4 计算 $D = \begin{vmatrix} 5 & 1 & -1 & 1 \\ -11 & 1 & 3 & -1 \\ 0 & 0 & 1 & 0 \\ -5 & -5 & 3 & 0 \end{vmatrix}$ 的值。

解 利用定理 10-1 将行列式 D 按第 3 行展开,因为除了 $a_{33} = 1$ 外,其余的 a_{31},a_{32},a_{34} 都为 0,因而 D 展开后得

$$D = 0 + 0 + 1 \times (-1)^{3+3} \begin{vmatrix} 5 & 1 & 1 \\ -11 & 1 & -1 \\ -5 & -5 & 0 \end{vmatrix} + 0 = \begin{vmatrix} 5 & 1 & 1 \\ -11 & 1 & -1 \\ -5 & -5 & 0 \end{vmatrix}$$

此时得到一个 3 阶行列式,可以按第 3 行继续降阶,得

$$D = (-5)(-1)^{3+1} \begin{vmatrix} 1 & 1 \\ 1 & -1 \end{vmatrix} + (-5)(-1)^{3+2} \begin{vmatrix} 5 & 1 \\ -11 & -1 \end{vmatrix} + 0$$

$$= (-5) \times 1 \times (-2) + (-5) \times (-1) \times 6 = 40$$

计算行列式时,可以先用行列式的性质将行列式中某一行(列)化为仅含有一个非零元素,再按此行(列)展开,变为低一阶的行列式,如此继续下去,直到化为三阶或二阶行列式。

如例 10-4 中的行列式

$$D = \begin{vmatrix} 5 & 1 & -1 & 1 \\ -11 & 1 & 3 & -1 \\ 0 & 0 & 1 & 0 \\ -5 & -5 & 3 & 0 \end{vmatrix} = 1 \times (-1)^{3+3} \begin{vmatrix} 5 & 1 & 1 \\ -11 & 1 & -1 \\ -5 & -5 & 0 \end{vmatrix} \overset{\alpha_2+\alpha_1}{=} \begin{vmatrix} 5 & 1 & 1 \\ -6 & 2 & 0 \\ -5 & -5 & 0 \end{vmatrix}$$

$$= 1 \times (-1)^{1+3} \begin{vmatrix} -6 & 2 \\ -5 & -5 \end{vmatrix} = 30 - (-10) = 40$$

推论 行列式某一行(或列)的元素与另一行(或列)的对应元素的代数余子式乘积之和等于零。即

$$a_{i1}A_{j1} + a_{i2}A_{j2} + \cdots + a_{in}A_{jn} = 0, i \neq j \quad \text{或}$$

$$a_{1i}A_{1j} + a_{2i}A_{2j} + \cdots + a_{ni}A_{ni} = 0, i \neq j$$

证 把行列式 $D = \det(a_{ij})$ 按第 j 行展开,有

$$a_{j1}A_{j1} + a_{j2}A_{j2} + \cdots + a_{jn}A_{jn} = \begin{vmatrix} a_{11} & \cdots & a_{1n} \\ \vdots & & \vdots \\ a_{i1} & \cdots & a_{in} \\ \vdots & & \vdots \\ a_{j1} & \cdots & a_{jn} \\ \vdots & & \vdots \\ a_{n1} & \cdots & a_{nn} \end{vmatrix}$$

在上式中把 a_{jk} 换成 $a_{ik}(k = 1,\cdots,n)$,可得

$$a_{i1}A_{j1}+a_{i2}A_{j2}+\cdots+a_{in}A_{jn}=\begin{vmatrix} a_{11} & \cdots & a_{1n} \\ \vdots & & \vdots \\ a_{i1} & \cdots & a_{in} \\ \vdots & & \vdots \\ a_{i1} & \cdots & a_{in} \\ \vdots & & \vdots \\ a_{n1} & \cdots & a_{nn} \end{vmatrix} \begin{matrix} \\ \\ \cdots\cdots\text{第 } i \text{ 行} \\ \\ \cdots\cdots\text{第 } j \text{ 行} \\ \\ \\ \end{matrix}$$

当 $i \neq j$ 时,上式右端行列式中有两行对应元素相同,故行列式等于零,即得

$$a_{j1}A_{j1}+a_{j2}A_{j2}+\cdots+a_{jn}A_{jn}=0, i \neq j$$

在上面的证明中,如果把行换为列,即可得

$$a_{1i}A_{1j}+a_{2i}A_{2j}+\cdots+a_{ni}A_{ni}=0, i \neq j$$

四、克莱姆法则

在本节的引例中,用行列式可以求解二元线性方程组

$$\begin{cases} a_{11}x_1+a_{12}x_2=b_1 \\ a_{21}x_1+a_{22}x_2=b_2 \end{cases}$$

若记

$$D=\begin{vmatrix} a_{11} & a_{12} \\ a_{21} & a_{22} \end{vmatrix}, D_1=\begin{vmatrix} b_1 & a_{12} \\ b_2 & a_{22} \end{vmatrix}, D_2=\begin{vmatrix} a_{11} & b_1 \\ a_{21} & b_2 \end{vmatrix}$$

则在系数行列式 $D \neq 0$ 的条件下,二元线性方程组有唯一的解

$$x_1=\frac{D_1}{D}, x_2=\frac{D_2}{D}$$

同理,对于三元线性方程组

$$\begin{cases} a_{11}x_1+a_{12}x_2+a_{13}x_3=b_1 \\ a_{21}x_1+a_{22}x_2+a_{23}x_3=b_2 \\ a_{31}x_1+a_{32}x_2+a_{33}x_3=b_3 \end{cases}$$

其系数行列式

$$D=\begin{vmatrix} a_{11} & a_{12} & a_{13} \\ a_{21} & a_{22} & a_{23} \\ a_{31} & a_{32} & a_{33} \end{vmatrix}$$

当 $D \neq 0$ 时,有唯一解

$$x_1=\frac{D_1}{D},\quad x_2=\frac{D_2}{D},\quad x_3=\frac{D_3}{D}$$

其中

$$D_1=\begin{vmatrix} b_1 & a_{12} & a_{13} \\ b_2 & a_{22} & a_{23} \\ b_3 & a_{32} & a_{33} \end{vmatrix},\quad D_2=\begin{vmatrix} a_{11} & b_1 & a_{13} \\ a_{21} & b_2 & a_{23} \\ a_{31} & b_3 & a_{33} \end{vmatrix},\quad D_3=\begin{vmatrix} a_{11} & a_{12} & b_1 \\ a_{21} & a_{22} & b_2 \\ a_{31} & a_{32} & b_3 \end{vmatrix}$$

类似地,利用 n 阶行列式可以求解含有 n 个未知数 $x_1, x_2, \cdots, x_n$ 且 n 个方程的线性方程组。为此,有如下克莱姆(Cramer)法则。

笔记

定理 10-2(克莱姆法则)　如果 n 元线性方程组

$$\begin{cases} a_{11}x_1 + a_{12}x_2 + \cdots a_{1n}x_n = b_1, \\ a_{21}x_1 + a_{22}x_2 + \cdots a_{2n}x_n = b_2, \\ \cdots\cdots\cdots\cdots\cdots\cdots\cdots\cdots\cdots\cdots \\ a_{n1}x_1 + a_{n2}x_2 + \cdots a_{nn}x_n = b_n \end{cases} \tag{10-5}$$

的系数行列式 D 不等于零,即

$$D = \begin{vmatrix} a_{11} & \cdots & a_{1n} \\ \vdots & & \vdots \\ a_{n1} & \cdots & a_{nn} \end{vmatrix} \neq 0$$

那么,方程组(10-5)有唯一解

$$x_1 = \frac{D_1}{D}, x_2 = \frac{D_2}{D}, \cdots, x_n = \frac{D_n}{D}$$

其中 $D_j(j = 1,2,\cdots,n)$ 是把系数行列式 D 中第 j 列的元素用方程组右端的常数项代替后所得到的 n 阶行列式,即

$$D_j = \begin{vmatrix} a_{11} & \cdots & a_{1,j-1} & b_1 & a_{1,j+1} & \cdots & a_{1n} \\ \vdots & & \vdots & \vdots & \vdots & & \vdots \\ a_{n1} & \cdots & a_{n,j-1} & b_n & a_{n,j+1} & \cdots & a_{nn} \end{vmatrix}$$

例 10-5　解线性方程组

$$\begin{cases} 2x_1 + x_2 - 5x_3 + x_4 = 8 \\ x_1 - 3x_2 - 6x_4 = 9 \\ 2x_2 - x_3 + 2x_4 = -5 \\ x_1 + 4x_2 - 7x_3 + 6x_4 = 0 \end{cases}$$

解　$D = \begin{vmatrix} 2 & 1 & -5 & 1 \\ 1 & -3 & 0 & -6 \\ 0 & 2 & -1 & 2 \\ 1 & 4 & -7 & 6 \end{vmatrix} = \begin{vmatrix} 0 & 7 & -5 & 13 \\ 1 & -3 & 0 & -6 \\ 0 & 2 & -1 & 2 \\ 0 & 7 & -7 & 12 \end{vmatrix} = -\begin{vmatrix} 7 & -5 & 13 \\ 2 & -1 & 2 \\ 7 & -7 & 12 \end{vmatrix}$

$$= -\begin{vmatrix} -3 & -5 & 3 \\ 0 & -1 & 0 \\ -7 & -7 & -2 \end{vmatrix} = \begin{vmatrix} -3 & 3 \\ -7 & -2 \end{vmatrix} = 27$$

$$D_1 = \begin{vmatrix} 8 & 1 & -5 & 1 \\ 9 & -3 & 0 & -6 \\ -5 & 2 & -1 & 2 \\ 0 & 4 & -7 & 6 \end{vmatrix} = 81, \quad D_2 = \begin{vmatrix} 2 & 8 & -5 & 1 \\ 1 & 9 & 0 & -6 \\ 0 & -5 & -1 & 2 \\ 1 & 0 & -7 & 6 \end{vmatrix} = -108$$

$$D_3 = \begin{vmatrix} 2 & 1 & 8 & 1 \\ 1 & -3 & 9 & -6 \\ 0 & 2 & -5 & 2 \\ 1 & 4 & 0 & 6 \end{vmatrix} = -27, \quad D_4 = \begin{vmatrix} 2 & 1 & -5 & 8 \\ 1 & -3 & 0 & 9 \\ 0 & 2 & -1 & -5 \\ 1 & 4 & -7 & 0 \end{vmatrix} = 27$$

于是得 $x_1 = 3$,　$x_2 = -4$,　$x_3 = -1$,　$x_4 = 1$。

第二节　矩　阵

笔记

矩阵是数学中的一个重要内容,是线性代数的主要研究对象之一。在矩阵的理论中,矩阵

的运算起着重要的作用,本节首先给出矩阵的概念,然后着重讨论矩阵的运算。

一、矩阵的概念

定义 10-3　由 $m \times n$ 个数 $a_{ij}(i=1,2,\cdots m;j=1,2,\cdots,n)$ 排成的 m 行 n 列的数表

$$\begin{matrix} a_{11} & a_{12} & \cdots & a_{1n} \\ a_{21} & a_{22} & \cdots & a_{2n} \\ \vdots & \vdots & & \vdots \\ a_{m1} & a_{m2} & \cdots & a_{mn} \end{matrix}$$

称为 m 行 n 列矩阵,简称 $m \times n$ **矩阵**(matrix)。为表示它是一个整体,总是加一个括弧,并用大写字母表示它,记作

$$A=\begin{pmatrix} a_{11} & a_{12} & \cdots & a_{1n} \\ a_{21} & a_{22} & \cdots & a_{2n} \\ \vdots & \vdots & & \vdots \\ a_{m1} & a_{m2} & \cdots & a_{mn} \end{pmatrix}$$

括弧中的 $m \times n$ 个数称为矩阵 A 的元素,数 a_{ij} 称为矩阵 A 的第 i 行第 j 列元素,矩阵 A 可简记作 $A=(a_{ij})$ 、$A_{m\times n}$ 或 $A=(a_{ij})_{m\times n}$。

元素是实数的矩阵称为实矩阵,元素是复数的矩阵称为复矩阵,本书中的矩阵若无特别说明,都指实矩阵。

行数与列数都等于 n 的矩阵称为 n 阶矩阵或 n 阶方阵。n 阶矩阵 A 也记作 A_n 或 $(a_{ij})_n$。

所有元素均为零的矩阵称为**零矩阵**(zero matrix),记作 $O_{m\times n}$。注意不同型的零矩阵记法是不同的。如 3 阶零方阵和 4 阶零方阵分别记为:

$$O_3=\begin{pmatrix} 0 & 0 & 0 \\ 0 & 0 & 0 \\ 0 & 0 & 0 \end{pmatrix}, O_4=\begin{pmatrix} 0 & 0 & 0 & 0 \\ 0 & 0 & 0 & 0 \\ 0 & 0 & 0 & 0 \\ 0 & 0 & 0 & 0 \end{pmatrix}$$

只有一行的矩阵 $A=(a_1a_2\cdots a_n)$ 称为**行矩阵**(row matrix),又称行向量。为避免元素间的混淆,行矩阵也记作 $A=(a_1,a_2,\cdots,a_n)$。

只有一列的矩阵 $B=\begin{pmatrix} b_1 \\ b_2 \\ \vdots \\ b_n \end{pmatrix}$ 称为**列矩阵**(column matrix),又称列向量。

两个矩阵的行数相等同时列数也相等,则称它们是同型矩阵。如 $A=(a_{ij})_{m\times n}$ 与 $B=(b_{ij})_{m\times n}$ 是同型矩阵;若它们对应的元素都相等,即

$$a_{ij}=b_{ij}(i=1,2,\cdots,m;j=1,2,\cdots,n)$$

则称矩阵 A 与矩阵 B 相等,记作 $A=B$。

在 n 阶方阵中由左上角向右下角所引的对角线称为主对角线,$a_{ii}(i=1,2,\cdots n)$ 称为方阵 $(a_{ij})_n$ 的对角线元素。把对角线元素都是 1,其余元素都是 0 的 n 阶方阵称为 n 阶**单位矩阵**(identity matrix),记为 I_n。如 3 阶和 4 阶单位阵记为:

$$I_3=\begin{pmatrix} 1 & 0 & 0 \\ 0 & 1 & 0 \\ 0 & 0 & 1 \end{pmatrix}, I_4=\begin{pmatrix} 1 & 0 & 0 & 0 \\ 0 & 1 & 0 & 0 \\ 0 & 0 & 1 & 0 \\ 0 & 0 & 0 & 1 \end{pmatrix}$$

除对角线元素外,其余元素都是零的方阵称**对角矩阵**(diagonal matrix)。如:

$$\Lambda = \begin{pmatrix} \lambda_1 & 0 & \cdots & 0 \\ 0 & \lambda_2 & \cdots & 0 \\ \vdots & \vdots & & \vdots \\ 0 & 0 & \cdots & \lambda_n \end{pmatrix}$$

对角矩阵也记作 $\Lambda = \mathrm{diag}(\lambda_1, \lambda_2, \cdots, \lambda_n)$

形如

$$\begin{pmatrix} a_{11} & a_{12} & \cdots & a_{1n} \\ 0 & a_{22} & \cdots & a_{2n} \\ \vdots & \vdots & & \vdots \\ 0 & 0 & \cdots & a_{nn} \end{pmatrix}, \begin{pmatrix} a_{11} & 0 & \cdots & 0 \\ a_{21} & a_{22} & \cdots & 0 \\ \vdots & \vdots & & \vdots \\ a_{n1} & a_{n2} & \cdots & a_{nn} \end{pmatrix}$$

的方阵分别称为上三角形矩阵和下三角形矩阵。

矩阵的应用非常广泛，下面仅举几例说明。

例 10-6 某厂向三个商店发送四种产品的数量可列成矩阵

$$A = \begin{pmatrix} a_{11} & a_{12} & a_{13} & a_{14} \\ a_{21} & a_{22} & a_{23} & a_{24} \\ a_{31} & a_{32} & a_{33} & a_{34} \end{pmatrix}$$

其中 a_{ij} 为工厂向第 i 店发送第 j 种产品的数量。

这四种产品的单价及重量也可列成矩阵

$$B = \begin{pmatrix} b_{11} & b_{12} \\ b_{21} & b_{22} \\ b_{31} & b_{32} \\ b_{41} & b_{42} \end{pmatrix}$$

其中 b_{i1} 为第 i 种产品的单价，b_{i2} 为第 i 种产品的重量。

例 10-7 四个城市间的航线如图 10-3 所示。若令

$$a_{ij} = \begin{cases} 1, 从\ i\ 市到\ j\ 市有\ 1\ 条航线 \\ 0, 从\ i\ 市到\ j\ 市没有航线 \end{cases}$$

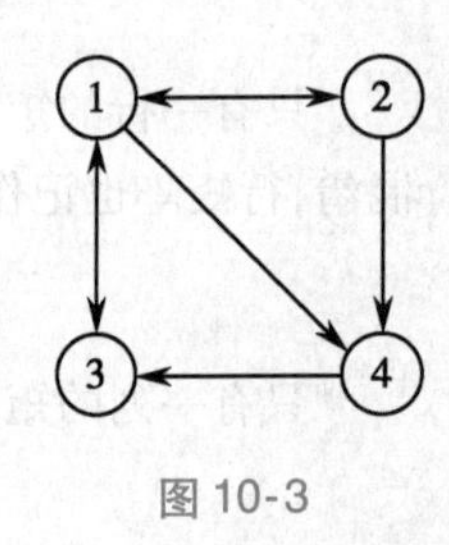

图 10-3

则图 10-3 可用矩阵表示为

$$A = (a_{ij}) = \begin{pmatrix} 0 & 1 & 1 & 1 \\ 1 & 0 & 0 & 1 \\ 1 & 0 & 0 & 0 \\ 0 & 0 & 1 & 0 \end{pmatrix}$$

一般地，若干个点之间的通道都可用这样的矩阵表示。

二、矩阵的运算

（一）矩阵的加法

定义 10-4 设有两个 $m \times n$ 矩阵 $A = (a_{ij})$ 和 $B = (b_{ij})$，那么矩阵 A 与 B 的和记作 $A + B$，规定为

$$A + B = \begin{pmatrix} a_{11} + b_{11} & a_{12} + b_{12} & \cdots & a_{1n} + b_{1n} \\ a_{21} + b_{21} & a_{22} + b_{22} & \cdots & a_{2n} + b_{2n} \\ \vdots & \vdots & & \vdots \\ a_{m1} + b_{m1} & a_{m2} + b_{m2} & \cdots & a_{mn} + b_{mn} \end{pmatrix}$$

应该注意,只有当两个矩阵是同型矩阵时,这两个矩阵才能进行加法运算。

矩阵加法满足下列运算规律(设 A,B,C 都是同型矩阵):

(1) $A + B = B + A$

(2) $(A + B) + C = A + (B + C)$

设矩阵 $A = (a_{ij})$,记 $-A = (-a_{ij})$。$-A$ 称为矩阵 A 的负矩阵。显然有

$$A + (-A) = O$$

由此规定矩阵减法为

$$A - B = A + (-B)$$

(二)数与矩阵相乘

定义 10-5　数 λ 与矩阵 A 的乘积记作 λA 或 $A\lambda$,规定为

$$\lambda A = A\lambda = \begin{pmatrix} \lambda a_{11} & \lambda a_{12} & \cdots & \lambda a_{1n} \\ \lambda a_{21} & \lambda a_{22} & \cdots & \lambda a_{2n} \\ \vdots & \vdots & & \vdots \\ \lambda a_{m1} & \lambda a_{m2} & \cdots & \lambda a_{mn} \end{pmatrix}$$

数乘矩阵满足下列运算规律(设 A,B 为同型矩阵,λ,μ 为常数):

(1) $(\lambda\mu)A = \lambda(\mu A)$

(2) $(\lambda + \mu)A = \lambda A + \mu A$

(3) $\lambda(A + B) = \lambda A + \lambda B$

矩阵相加与数乘矩阵运算统称为矩阵的线性运算。

(三)矩阵的乘法

引例　设有三组变量 $y_1,y_2;x_1,x_2,x_3;t_1,t_2$,它们之间的关系分别为

$$\begin{cases} y_1 = a_{11}x_1 + a_{12}x_2 + a_{13}x_3 \\ y_2 = a_{21}x_1 + a_{22}x_2 + a_{23}x_3 \end{cases} \tag{10-6}$$

$$\begin{cases} x_1 = b_{11}t_1 + b_{12}t_2 \\ x_2 = b_{21}t_1 + b_{22}t_2 \\ x_3 = b_{31}t_1 + b_{32}t_2 \end{cases} \tag{10-7}$$

求 y_1,y_2 与 t_1,t_2 之间的关系。

解　将(10-7)代入(10-6),整理后得

$$\begin{cases} y_1 = (a_{11}b_{11} + a_{12}b_{21} + a_{13}b_{31})t_1 + (a_{11}b_{12} + a_{12}b_{22} + a_{13}b_{32})t_2 \\ y_2 = (a_{21}b_{11} + a_{22}b_{21} + a_{23}b_{31})t_1 + (a_{21}b_{12} + a_{22}b_{22} + a_{23}b_{32})t_2 \end{cases}$$

令 $c_{ij} = \sum_{k=1}^{3} a_{ik}b_{kj}(i = 1,2;j = 1,2)$,则

$$\begin{cases} y_1 = c_{11}t_1 + c_{12}t_2 \\ y_2 = c_{21}t_1 + c_{22}t_2 \end{cases}$$

如果用矩阵的表示法,令

$$A = \begin{pmatrix} a_{11} & a_{12} & a_{13} \\ a_{21} & a_{22} & a_{23} \end{pmatrix}, B = \begin{pmatrix} b_{11} & b_{12} \\ b_{21} & b_{22} \\ b_{31} & b_{32} \end{pmatrix}, C = \begin{pmatrix} c_{11} & c_{12} \\ c_{21} & c_{22} \end{pmatrix}$$

那么 A 是 y_1,y_2 与 x_1,x_2,x_3 之间的关系矩阵,B 是 x_1,x_2,x_3 与 t_1,t_2 之间的关系矩阵,C 就是 y_1,y_2 与 t_1,t_2 之间的关系矩阵,则矩阵 C 就是矩阵 A 与矩阵 B 的乘积,记为 $C = AB$。其中矩阵 C 的每个元素 $c_{ij}(i = 1,2;j = 1,2)$ 是把矩阵 A 的第 i 行和矩阵 B 的第 j 列的元素对应相乘的代数

笔记

和。即

$$C = AB = \begin{pmatrix} a_{11} & a_{12} & a_{13} \\ a_{21} & a_{22} & a_{23} \end{pmatrix}\begin{pmatrix} b_{11} & b_{12} \\ b_{21} & b_{22} \\ b_{31} & b_{32} \end{pmatrix}$$

$$= \begin{pmatrix} a_{11}b_{11} + a_{12}b_{21} + a_{13}b_{31} & a_{11}b_{12} + a_{12}b_{22} + a_{13}b_{32} \\ a_{21}b_{11} + a_{22}b_{21} + a_{23}b_{31} & a_{21}b_{12} + a_{22}b_{22} + a_{23}b_{32} \end{pmatrix}$$

$$= \begin{pmatrix} c_{11} & c_{12} \\ c_{21} & c_{22} \end{pmatrix}$$

其中新元素 $c_{ij} = a_{i1}b_{1j} + a_{i2}b_{2j} + a_{i3}b_{3j}(i = 1,2;j = 1,2)$。

一般地,我们有

定义 10-6 设 $A = (a_{ij})$ 是一个 $m \times s$ 矩阵,$B = (b_{ij})$ 是一个 $s \times n$ 矩阵,那么规定矩阵 A 与矩阵 B 的乘积是一个 $m \times n$ 矩阵 $C = (c_{ij})$,其中

$$c_{ij} = a_{i1}b_{1j} + a_{i2}b_{2j} + \cdots + a_{is}b_{sj} = \sum_{k=1}^{s} a_{ik}b_{kj} \quad (i = 1,2,\cdots,m;j = 1,2,\cdots,n)$$

并把此乘积记作 $C_{m\times n} = A_{m\times k}B_{k\times n}$ 或 $C = AB$。此时称 A 为左矩阵,B 为右矩阵。AB 常读作 A 左乘 B 或 B 右乘 A。

注意:在矩阵的乘法中,只有当左矩阵的列数等于右矩阵的行数时,两个矩阵才能相乘。

例 10-8 求矩阵 $A = \begin{pmatrix} 1 & 0 & 3 & -1 \\ 2 & 1 & 0 & 2 \\ 0 & 1 & 3 & -2 \end{pmatrix}$ 与 $B = \begin{pmatrix} 4 & 1 \\ -1 & 1 \\ 2 & 0 \\ 1 & 3 \end{pmatrix}$ 的乘积 AB。

解 $AB = \begin{pmatrix} 1 & 0 & 3 & -1 \\ 2 & 1 & 0 & 2 \\ 0 & 1 & 3 & -2 \end{pmatrix}\begin{pmatrix} 4 & 1 \\ -1 & 1 \\ 2 & 0 \\ 1 & 3 \end{pmatrix}$

$$= \begin{pmatrix} 1\times4+0\times(-1)+3\times2+(-1)\times1 & 1\times1+0\times1+3\times0+(-1)\times3 \\ 2\times4+1\times(-1)+0\times2+2\times1 & 2\times1+1\times1+0\times0+2\times3 \\ 0\times4+1\times(-1)+3\times2+(-2)\times1 & 0\times1+1\times1+3\times0+(-2)\times3 \end{pmatrix} = \begin{pmatrix} 9 & -2 \\ 9 & 9 \\ 3 & -5 \end{pmatrix}$$

例 10-9 求矩阵 $A = \begin{pmatrix} -2 & 4 \\ 1 & -2 \end{pmatrix}$ 与 $B = \begin{pmatrix} 2 & 4 \\ -3 & -6 \end{pmatrix}$ 的乘积 AB 及 BA。

解 $AB = \begin{pmatrix} -2\times2+4\times(-3) & -2\times4+4\times(-6) \\ 1\times2+(-2)\times(-3) & 1\times4+(-2)\times(-6) \end{pmatrix} = \begin{pmatrix} -16 & -32 \\ 8 & 16 \end{pmatrix}$

$BA = \begin{pmatrix} 2\times(-2)+4\times1 & 2\times4+4\times(-2) \\ (-3)\times(-2)+(-6)\times1 & (-3)\times4+(-6)\times(-2) \end{pmatrix} = \begin{pmatrix} 0 & 0 \\ 0 & 0 \end{pmatrix}$

在矩阵乘法中必须注意矩阵相乘的条件和顺序。如例 10-8 中 AB 有意义而 BA 没有意义。又若 A 是 $m\times n$ 矩阵,B 是 $n\times m$ 矩阵,则 AB 和 BA 都有意义,但 AB 是 m 阶方阵,BA 是 n 阶方阵,当 $m \neq n$ 时,$AB \neq BA$。即使 $m = n$,即 A,B 是同型方阵,AB 和 BA 也可以不相等,如例 10-9。总之,矩阵的乘法不满足交换律,即在一般情形下,$AB \neq BA$。

对于两个 n 阶方阵 A,B,若 $AB = BA$,则称方阵 A 与 B 是可交换的。

例 10-9 还表明,矩阵 $A \neq O,B \neq O$,但却有 $BA = O$。这就说明:若有两个矩阵 A,B 满足 $AB = O$,不能得出 $A = O$ 或 $B = O$ 的结论;若 $A \neq O$ 而 $A(X - Y) = O$,也不能得出 $X = Y$ 的结论。即矩阵乘法不满足消去律。

矩阵的乘法虽不满足交换律,但仍满足下列结合律和分配律:

笔记

(1) $(A_{m\times n}B_{n\times s})C_{s\times t} = A_{m\times n}(B_{n\times s}C_{s\times t})$

(2) $\lambda(AB) = (\lambda A)B = A(\lambda B)$　(其中 λ 为常数)

(3) $A(B+C) = AB + AC$

(4) $(B+C)A = BA + CA$

以上结合律和分配律可以根据矩阵乘法、加法、数乘定义直接得到,请读者自证。

例 10-10　设有两个线性变换

$$\begin{cases} y_1 = 2x_1 + x_2 + 3x_3 \\ y_2 = x_1 - 2x_2 + 5x_3 \end{cases}$$

$$\begin{cases} x_1 = t_1 + t_2 \\ x_2 = 2t_1 - t_2 \\ x_3 = -t_1 + 2t_2 \end{cases}$$

将 y_1, y_2 分别用 t_1, t_2 线性表示。

解　先将两个线性变换分别写成矩阵形式

$$\begin{pmatrix} y_1 \\ y_2 \end{pmatrix} = \begin{pmatrix} 2 & 1 & 3 \\ 1 & -2 & 5 \end{pmatrix}\begin{pmatrix} x_1 \\ x_2 \\ x_3 \end{pmatrix}, \begin{pmatrix} x_1 \\ x_2 \\ x_3 \end{pmatrix} = \begin{pmatrix} 1 & 1 \\ 2 & -1 \\ -1 & 2 \end{pmatrix}\begin{pmatrix} t_1 \\ t_2 \end{pmatrix}$$

由矩阵乘法

$$\begin{pmatrix} y_1 \\ y_2 \end{pmatrix} = \begin{pmatrix} 2 & 1 & 3 \\ 1 & -2 & 5 \end{pmatrix}\begin{pmatrix} 1 & 1 \\ 2 & -1 \\ -1 & 2 \end{pmatrix}\begin{pmatrix} t_1 \\ t_2 \end{pmatrix} = = \begin{pmatrix} 1 & 7 \\ -8 & 13 \end{pmatrix}\begin{pmatrix} t_1 \\ t_2 \end{pmatrix}$$

得

$$\begin{cases} y_1 = t_1 + 7t_2 \\ y_2 = -8t_1 + 13t_2 \end{cases}$$

(四) 矩阵的转置

定义 10-7　把矩阵 A 的行换成同序数的列,得到的一个新矩阵,叫作矩阵 A 的**转置矩阵**(transfer matrix),记作 A^T。即

$$A = \begin{pmatrix} a_{11} & a_{12} & \cdots & a_{1n} \\ a_{21} & a_{22} & \cdots & a_{2n} \\ \vdots & \vdots & & \vdots \\ a_{m1} & a_{m2} & \cdots & a_{mn} \end{pmatrix}_{m\times n}, \text{则 } A^T = \begin{pmatrix} a_{11} & a_{211} & \cdots & a_{m1} \\ a_{12} & a_{22} & \cdots & a_{m2} \\ \vdots & \vdots & & \vdots \\ a_{1n} & a_{2n} & \cdots & a_{mn} \end{pmatrix}_{n\times m}$$

例如矩阵 $A = \begin{pmatrix} 1 & 2 & 0 \\ 3 & -1 & 1 \end{pmatrix}$ 的转置矩阵为 $A^T = \begin{pmatrix} 1 & 3 \\ 2 & -1 \\ 0 & 1 \end{pmatrix}$。

矩阵的转置也是一种运算,满足下列运算规律:

(1) $(A^T)^T = A$

(2) $(A+B)^T = A^T + B^T$

(3) $(\lambda A)^T = \lambda A^T$

(4) $(AB)^T = B^T A^T$

其中 λ 为实数。运算规律中前三式显然成立,对 (4) 式的推证下面仅用例子加以说明。

例 10-11　已知 $A = \begin{pmatrix} 2 & 0 & -1 \\ 1 & 3 & 2 \end{pmatrix}, B = \begin{pmatrix} 1 & 7 & -1 \\ 4 & 2 & 3 \\ 2 & 0 & 1 \end{pmatrix}$,验证 $(AB)^T = B^T A^T$。

笔记

证　$AB=\begin{pmatrix}2&0&-1\\1&3&2\end{pmatrix}\begin{pmatrix}1&7&-1\\4&2&3\\2&0&1\end{pmatrix}=\begin{pmatrix}0&14&-3\\17&13&10\end{pmatrix}$，则 $(AB)^T=\begin{pmatrix}0&17\\14&13\\-3&10\end{pmatrix}$；

又 $A^T=\begin{pmatrix}2&1\\0&3\\-1&2\end{pmatrix}$，$B^T=\begin{pmatrix}1&4&2\\7&2&0\\-1&3&1\end{pmatrix}$，所以

$$B^TA^T=\begin{pmatrix}1&4&2\\7&2&0\\-1&3&1\end{pmatrix}\begin{pmatrix}2&1\\0&3\\-1&2\end{pmatrix}=\begin{pmatrix}0&17\\14&13\\-3&10\end{pmatrix}$$

故 $(AB)^T=B^TA^T$。

设 A 是 n 阶方阵，如果满足 $A^T=A$，即 $a_{ij}=a_{ji}(i,j=1,2,\cdots,n)$，那么 A 称为**对称矩阵**(symmetric matrix)，简称对称阵。例如

$$A=\begin{pmatrix}1&3&2\\3&0&-2\\2&-2&4\end{pmatrix},A^T=\begin{pmatrix}1&3&2\\3&0&-2\\2&-2&4\end{pmatrix}$$

即 $A^T=A$，故 A 是对称矩阵。

对称阵的特点是：它的元素以对角线为对称轴对应相同。

如果满足 $A^T=-A$，那么称 A 为反对称矩阵。

（五）方阵的行列式

定义 10-8　由 n 阶方阵 A 的元素构成的行列式(各元素的位置不变)，称为方阵 A 的行列式，记作 $|A|$ 或 $\det A$。

注意：方阵与行列式是两个不同的概念，n 阶方阵是 n^2 个数按一定方式排成的数表，而 n 阶行列式则是这些数按一定的运算法则所确定的一个数值。

由 A 确定的 $|A|$ 满足下述运算规律(设 A,B 为 n 阶方阵，λ 为常数)：

(1) $|A^T|=|A|$

(2) $|\lambda A|=\lambda^n|A|$

(3) $|AB|=|A||B|$

A,B 为 n 阶方阵，一般来说，$AB\neq BA$，但是，由 (3) 式可知有：$|AB|=|A||B|=|B||A|=|BA|$，即有 $|AB|=|BA|$ 成立。

例 10-12　设 $A=\begin{pmatrix}2&1\\3&2\end{pmatrix}$，$B=\begin{pmatrix}3&2\\4&1\end{pmatrix}$，求 AB、BA 及 $|AB|$ 的值。

解　$AB=\begin{pmatrix}2&1\\3&2\end{pmatrix}\begin{pmatrix}3&2\\4&1\end{pmatrix}=\begin{pmatrix}10&5\\17&8\end{pmatrix}$，$BA=\begin{pmatrix}3&2\\4&1\end{pmatrix}\begin{pmatrix}2&1\\3&2\end{pmatrix}=\begin{pmatrix}12&7\\11&6\end{pmatrix}\neq AB$，但 $|AB|=\begin{vmatrix}10&5\\17&8\end{vmatrix}=\begin{vmatrix}12&7\\11&6\end{vmatrix}=|BA|=-5$。

或另解：$|AB|=|A||B|=\begin{vmatrix}2&1\\3&2\end{vmatrix}\begin{vmatrix}3&2\\4&1\end{vmatrix}=1\times(-5)=-5$。

三、逆矩阵及其性质

在代数学中，对给定的一个不为零的数 a，总存在唯一的数 $\frac{1}{a}$，且有

$$a\cdot\frac{1}{a}=a\cdot a^{-1}=a^{-1}\cdot a=1$$

笔记

仿照上述关系式,在矩阵中引入逆矩阵的概念。

定义 10-9　对于 n 阶方阵 A,如果有一个 n 阶方阵 B,使 $AB = BA = I$,则说矩阵 A 是可逆的,并把矩阵 B 称为 A 的**逆矩阵**(inverse matrix)。记为 $B = A^{-1}$。

注意:A^{-1} 是矩阵 A 的逆矩阵记号,不能理解为矩阵 A 的倒数。

容易验证,如果矩阵 A 是可逆的,那么 A 的逆矩阵是唯一的。

一个 n 阶矩阵 A 在什么条件下有逆矩阵呢? 如果 A 有逆矩阵,那么如何求出它的逆矩阵呢? 为此,有以下定义和定理。

定义 10-10　设 A 是 n 阶方阵,若 $|A| \neq 0$,则称方阵 A 为**非奇异矩阵**(nonsingular matrix);若 $|A| = 0$,则称方阵 A 为**奇异矩阵**(singular matrix)。

定理 10-3　方阵 A 逆矩阵存在的充分必要条件是 A 为非奇异矩阵,且

$$A^{-1} = \frac{1}{|A|}A^*$$

其中 A^* 称为方阵 A 的**伴随矩阵**(adjoint matrix),它是 $|A|$ 的各元素的代数余子式所构成的方阵

$$A^* = \begin{pmatrix} A_{11} & A_{21} & \cdots & A_{n1} \\ A_{12} & A_{22} & \cdots & A_{n2} \\ \vdots & \vdots & & \vdots \\ A_{1n} & A_{2n} & \cdots & A_{nn} \end{pmatrix}$$

证明略。

例 10-13　求矩阵 $A = \begin{pmatrix} 1 & 2 & 3 \\ 2 & 2 & 1 \\ 3 & 4 & 3 \end{pmatrix}$ 的逆矩阵。

解　$|A| = \begin{vmatrix} 1 & 2 & 3 \\ 2 & 2 & 1 \\ 3 & 4 & 3 \end{vmatrix} = 2 \neq 0$,由定理 10-3 知逆矩阵 A^{-1} 存在。且 $|A|$ 的各元素的代数余子式为

$$A_{11} = (-1)^{1+1}\begin{vmatrix} 2 & 1 \\ 4 & 3 \end{vmatrix} = 2,\quad A_{12} = (-1)^{1+2}\begin{vmatrix} 2 & 1 \\ 3 & 3 \end{vmatrix} = -3,\quad A_{13} = 2$$

$$A_{21} = 6,\quad A_{22} = -6,\quad A_{23} = 2,\quad A_{31} = -4,\quad A_{32} = 5,\quad A_{33} = -2$$

所以

$$A^* = \begin{pmatrix} A_{11} & A_{21} & A_{31} \\ A_{12} & A_{22} & A_{32} \\ A_{13} & A_{23} & A_{33} \end{pmatrix} = \begin{pmatrix} 2 & 6 & -4 \\ -3 & -6 & 5 \\ 2 & 2 & -2 \end{pmatrix}$$

故

$$A^{-1} = \frac{1}{|A|}A^* = \frac{1}{2}\begin{pmatrix} 2 & 6 & -4 \\ -3 & -6 & 5 \\ 2 & 2 & -2 \end{pmatrix} = \begin{pmatrix} 1 & 3 & -2 \\ -\frac{3}{2} & -3 & \frac{5}{2} \\ 1 & 1 & -1 \end{pmatrix}$$

定理 10-4　若 $AB = I$(或 $BA = I$),则 $B = A^{-1}$。

证　$|A| \cdot |B| = |I| = 1$,故 $|A| \neq 0$,因而 A^{-1} 存在,于是

$$B = IB = (A^{-1}A)B = A^{-1}(AB) = A^{-1}I = A^{-1}。$$

关于逆矩阵有如下运算性质:

(1) 若 A 可逆,则 A^{-1} 亦可逆,且 $(A^{-1})^{-1} = A$;

笔记

(2) 若 A 可逆,数 $\lambda \neq 0$,则 λA 可逆,且 $(\lambda A)^{-1} = \frac{1}{\lambda}A^{-1}$;

(3) 若 A,B 为同阶矩阵且均可逆,则 AB 亦可逆,且 $(AB)^{-1} = B^{-1}A^{-1}$;

(4) 若 A 可逆,则 A^T 亦可逆,且 $(A^T)^{-1} = (A^{-1})^T$。

性质 (1)、(2) 的证明简单,留给读者自证。现证明性质 (3)、(4) 如下:

性质 (3) 证明:$(AB)(B^{-1}A^{-1}) = A(BB^{-1})A^{-1} = AIA^{-1} = AA^{-1} = I$,即

$$(AB)^{-1} = B^{-1}A^{-1}。$$

性质(3)可推广到任意有限个同阶可逆矩阵的情形,即若 $A_1,A_2,\cdots,A_n$ 是 n 个同阶可逆矩阵,则 $A_1A_2\cdots A_n$ 亦可逆,且 $(A_1A_2\cdots A_n)^{-1} = A_n{}^{-1}\cdots A_2{}^{-1}A_1{}^{-1}$。

性质 (4) 证明:$A^T(A^{-1})^T = (A^{-1}A)^T = I^T = I$,所以

$$(A^T)^{-1} = (A^{-1})^T$$

四、利用初等变换求逆矩阵

在定理 10-3 中,不仅给出了矩阵 A 可逆的充分必要条件,而且还给出了利用伴随矩阵求逆矩阵 A^{-1} 的一种方法,但对于较高阶的矩阵,用伴随矩阵求逆矩阵计算量较大,引入了矩阵的初等变换后,可以利用矩阵的初等变换求逆矩阵,从而使计算量大大减少。而且矩阵的初等变换也是后面求矩阵的秩和解一般线性方程组的必备知识。

(一)矩阵的初等变换

定义 10-11 下面三种变换称为矩阵的初等行变换:

(1) 对调矩阵的两行(对调 i,j 两行,记作 $\alpha_i \leftrightarrow \alpha_j$);

(2) 以数 $k \neq 0$ 乘矩阵某一行的所有元素(第 i 行乘以 k,记作 $k\alpha_i$);

(3) 以数 k 乘矩阵某一行所有元素加到该矩阵另一行的对应元素上去(第 j 行的 k 倍加到第 i 行上,记作 $\alpha_i + k\alpha_j$)。

定义中的"行"换成"列",同时记号"α"换成"β",可得矩阵的初等列变换的定义。矩阵的初等行变换和初等列变换统称矩阵的初等变换。

如果矩阵 A 经有限次初等变换变成矩阵 B,就称矩阵 A 与矩阵 B 等价,记作 $A \sim B$。

(二)利用初等变换求逆矩阵

理论上已经证明:n 阶可逆矩阵 A 施以若干次初等变换可化为单位矩阵 I;对单位矩阵 I 施以若干次同样的初等变换可以化为 A^{-1}。

因此,求 n 阶可逆矩阵 A 的逆矩阵时,可构造 $n\times 2n$ 矩阵 $(A|I)_{n\times 2n}$,对这个矩阵施以若干次初等**行**变换,将它的左半部分 A 化成单位矩阵后,同时右半部分 I 就化成所求的 A^{-1},即

$$(A \mid I)_{n\times 2n} \to (I \mid A^{-1})_{n\times 2n}$$

若用初等列变换求逆矩阵,则可构造新矩阵 $\begin{pmatrix} A \\ I \end{pmatrix}_{2n\times n}$,通过对该矩阵施以若干次初等**列**变换,将它的上半部分 A 化成单位矩阵后,下半部分就是所求的 A^{-1},即 $\begin{pmatrix} A \\ I \end{pmatrix}_{2n\times n} \to \begin{pmatrix} I \\ A^{-1} \end{pmatrix}_{2n\times n}$。

注意,在运用初等变换求逆矩阵的运算中或者全部实施初等行变换,或者全部实施初等列变换,不可以既有行变换又有列变换。

例 10-14 用初等变换求矩阵 $A = \begin{pmatrix} 0 & -2 & 1 \\ 3 & 0 & -2 \\ -2 & 3 & 0 \end{pmatrix}$ 的逆矩阵。

解 $$(A|I) = \left(\begin{array}{ccc|ccc} 0 & -2 & 1 & 1 & 0 & 0 \\ 3 & 0 & -2 & 0 & 1 & 0 \\ -2 & 3 & 0 & 0 & 0 & 1 \end{array}\right) \xrightarrow[3\times\alpha_3]{\alpha_1\leftrightarrow\alpha_2} \left(\begin{array}{ccc|ccc} 3 & 0 & -2 & 0 & 1 & 0 \\ 0 & -2 & 1 & 1 & 0 & 0 \\ -6 & 9 & 0 & 0 & 0 & 3 \end{array}\right)$$

$$\xrightarrow[2\times\alpha_3]{\alpha_3+2\alpha_1}\left(\begin{array}{ccc|ccc}3&0&-2&0&1&0\\0&-2&1&1&0&0\\0&18&-8&0&4&6\end{array}\right)\xrightarrow[\alpha_1+2\alpha_3]{\alpha_3+9\alpha_2}\left(\begin{array}{ccc|ccc}3&0&0&18&9&12\\0&-2&1&1&0&0\\0&0&1&9&4&6\end{array}\right)$$

$$\xrightarrow{\alpha_2-\alpha_3}\left(\begin{array}{ccc|ccc}3&0&0&18&9&12\\0&-2&0&-8&-4&-6\\0&0&1&9&4&6\end{array}\right)\xrightarrow[-\frac{1}{2}\times\alpha_2]{\frac{1}{3}\times\alpha_1}\left(\begin{array}{ccc|ccc}1&0&0&6&3&4\\0&1&0&4&2&3\\0&0&1&9&4&6\end{array}\right)$$

故

$$A^{-1}=\begin{pmatrix}6&3&4\\4&3&2\\9&4&6\end{pmatrix}$$

五、利用逆矩阵解矩阵方程

学会了求逆矩阵,可以利用逆矩阵求解 n 个方程的 n 元线性方程组。

一般来说,对于一个 n 元线性方程组

$$\begin{cases}a_{11}x_1+a_{12}x_2+\cdots+a_{1n}x_n=b_1\\a_{21}x_1+a_{22}x_2+\cdots+a_{2n}x_n=b_2\\\cdots\cdots\cdots\cdots\cdots\cdots\cdots\cdots\\a_{m1}x_1+a_{m2}x_2+\cdots+a_{mn}x_n=b_m\end{cases}\tag{10-8}$$

若记 $A=\begin{pmatrix}a_{11}&a_{12}&\cdots&a_{1n}\\a_{21}&a_{22}&\cdots&a_{2n}\\\vdots&\vdots&&\vdots\\a_{m1}&a_{m2}&\cdots&a_{mn}\end{pmatrix}$, $X=\begin{pmatrix}x_1\\x_2\\\vdots\\x_n\end{pmatrix}$, $B=\begin{pmatrix}b_1\\b_2\\\vdots\\b_m\end{pmatrix}$,则利用矩阵的乘法,线性方程组(10-8)可记作

$$AX=B$$

其中 A 称为线性方程组(10-8)系数矩阵,$AX=B$ 称为矩阵方程。

在矩阵方程 $AX=B$ 中,若 $m=n$,且 $|A|\neq 0$,则 A^{-1} 存在,因此,可以利用逆矩阵的方法求解 $m=n$ 时的线性方程组:将 $AX=B$ 的两边左乘 A^{-1},得 $A^{-1}AX=A^{-1}B$,即得 $X=A^{-1}B$ 为所求线性方程组的解。

例 10-15　利用逆矩阵解线性方程组

$$\begin{cases}x_1+2x_2+3x_3=2\\2x_1+2x_2+x_3=1\\3x_1+4x_2+3x_3=3\end{cases}$$

解　令 $A=\begin{pmatrix}1&2&3\\2&2&1\\3&4&3\end{pmatrix}$,$X=\begin{pmatrix}x_1\\x_2\\x_3\end{pmatrix}$,$B=\begin{pmatrix}2\\1\\3\end{pmatrix}$ 则上述线性方程组可写成矩阵方程形式

$$\begin{pmatrix}1&2&3\\2&2&1\\3&4&3\end{pmatrix}\begin{pmatrix}x_1\\x_2\\x_3\end{pmatrix}=\begin{pmatrix}2\\1\\3\end{pmatrix}$$

由例 10-13 已得 A 的逆矩阵,将 $AX=B$ 两边同时左乘 A^{-1},得

笔记

$$X = A^{-1}B = \begin{pmatrix} 1 & 3 & -2 \\ -\frac{3}{2} & -3 & \frac{5}{2} \\ 1 & 1 & -1 \end{pmatrix}\begin{pmatrix} 2 \\ 1 \\ 3 \end{pmatrix} = \begin{pmatrix} -1 \\ \frac{3}{2} \\ 0 \end{pmatrix}$$

即 $x_1 = -1, x_2 = \frac{3}{2}, x_3 = 0$ 是线性方程组的解。

进一步分析可知,在矩阵方程 $AX = B$ 中,若 $m = n$,且 $|A| \neq 0$,可将 $AX = B$ 的两边左乘 A^{-1},得 $A^{-1}AX = A^{-1}B$,即得 $X = A^{-1}B$ 为所求线性方程组的解。也就是当把方程组的系数矩阵 A 化为单位矩阵 E 时,同样的变换下 B 就化为 $A^{-1}B$,即求得方程组的解。为此,可以利用初等行变换求解矩阵方程:先构造矩阵 $(A \mid B)$,然后对矩阵 $(A \mid B)$ 施以若干次初等行变换,将它的左半部分 A 化成单位矩阵后,同时右半部分 B 就化成所求的方程组的解 $A^{-1}B$。

例如,用初等行变换求解例 10-15 中的线性方程组:

$$(A|B) = \left(\begin{array}{ccc:c} 1 & 2 & 3 & 2 \\ 2 & 2 & 1 & 1 \\ 3 & 4 & 3 & 3 \end{array}\right) \xrightarrow[\alpha_3 - 3\alpha_1]{\alpha_2 - 2\alpha_1} \left(\begin{array}{ccc:c} 1 & 2 & 3 & 2 \\ 0 & -2 & -5 & -3 \\ 0 & -2 & -6 & -3 \end{array}\right) \xrightarrow[-1\times\alpha_3]{\alpha_3 - \alpha_2} \left(\begin{array}{ccc:c} 1 & 2 & 3 & 2 \\ 0 & -2 & -5 & -3 \\ 0 & 0 & 1 & 0 \end{array}\right)$$

$$\xrightarrow[\alpha_2 + 5\alpha_3]{\alpha_1 - 3\alpha_3} \left(\begin{array}{ccc:c} 1 & 2 & 0 & 2 \\ 0 & -2 & 0 & -3 \\ 0 & 0 & 1 & 0 \end{array}\right) \xrightarrow[-\frac{1}{2}\alpha_2]{\alpha_1 + \alpha_2} \left(\begin{array}{ccc:c} 1 & 0 & 0 & -1 \\ 0 & 1 & 0 & 3/2 \\ 0 & 0 & 1 & 0 \end{array}\right)$$

所以

$$X = A^{-1}B = \begin{pmatrix} -1 \\ \frac{3}{2} \\ 0 \end{pmatrix}, \text{即 } x_1 = -1, x_2 = \frac{3}{2}, x_3 = 0 \text{ 是线性方程组的解。}$$

六、矩阵的秩

在第一节中,我们介绍了利用行列式求解线性方程组的克莱姆法则,在本节中又给出了利用逆矩阵求解线性方程组的方法。但是,上述两种解法都具有很大局限性,仅适用于线性方程组所含的方程的个数等于未知量的个数,且方程组的系数行列式不等于零的情形。为了解决一般线性方程组的求解问题,本节给出矩阵的秩的概念及其求法,为后面第三节一般线性方程组的求解做准备。

定义 10-12　在 $m \times n$ 矩阵 A 中,任取 k 行与 k 列 $(k \leqslant m, k \leqslant n)$,位于这些行列交叉处的 k^2 个元素,不改变它们在 A 中所处的位置次序而得的 k 阶行列式,称为矩阵 A 的 k 阶子式。

例如 $A = \begin{pmatrix} 3 & 2 & 5 & 6 \\ 11 & 4 & 8 & -2 \\ 4 & 9 & -5 & 3 \end{pmatrix}$,则 $\begin{vmatrix} 3 & 2 & 6 \\ 11 & 4 & -2 \\ 4 & 9 & 3 \end{vmatrix}$ 是 A 的一个 3 阶子式,$\begin{vmatrix} 2 & 5 \\ 4 & 8 \end{vmatrix}$ 是 A 的一个 2 阶子式,$|-5|$ 是 A 的一个 1 阶子式。

$m \times n$ 矩阵 A 的 k 阶子式共有 $C_m^k \cdot C_n^k$ 个。

定义 10-13　设在矩阵 A 中有一个不等于 0 的 r 阶子式 D,且所有大于 r 阶的子式(如果存在的话)全等于 0,那么 D 称为矩阵 A 的最高阶非零子式,数 r 称为矩阵 A 的**秩**(rank),记作 $R(A)$。并规定零矩阵的秩等于 0。

例 10-16　求矩阵 A 和矩阵 B 的秩,其中

$$A = \begin{pmatrix} 1 & 2 & 3 \\ 2 & 3 & -5 \\ 4 & 7 & 1 \end{pmatrix}, B = \begin{pmatrix} 2 & -1 & 0 & 3 & -2 \\ 0 & 3 & 1 & -2 & 5 \\ 0 & 0 & 0 & 4 & -3 \\ 0 & 0 & 0 & 0 & 0 \end{pmatrix}$$

解　在 A 中，容易看出一个二阶子式 $\begin{vmatrix} 1 & 2 \\ 2 & 3 \end{vmatrix} \neq 0$，$A$ 的 3 阶子式只有一个 $|A|$，经计算可知 $|A| = 0$，因此 $R(A) = 2$。

B 的所有 4 阶子式全为零。而以三个非零行的第一个非零元为对角元素的 3 阶行列式 $\begin{vmatrix} 2 & -1 & 3 \\ 0 & 3 & -2 \\ 0 & 0 & 4 \end{vmatrix}$ 是一个上三角行列式，它显然不等于 0，因此 $R(B) = 3$。

一般来说，用定义计算矩阵 $A_{m\times n}$ 的秩需要计算它的 $C_m^k \cdot C_n^k$ 个 k 阶子式，这个计算量比较大，为了简化计算，可以设想，如果能利用初等变换把矩阵化为形如上三角形矩阵的形式，那么求矩阵的秩就变得简单了。问题是矩阵经过初等变换后矩阵的秩是否会改变呢？下面的定量给出了回答。

定理 10-5　若 $A \sim B$，则 $R(A) = R(B)$。

此定量说明初等变换不改变矩阵的秩，即任何矩阵经有限次初等变换后，矩阵的秩不变。

根据定理 10-5，可以利用初等变换求矩阵的秩。

例 10-17　求矩阵 $A = \begin{pmatrix} 1 & 6 & -4 & -1 & 4 \\ 3 & -2 & 3 & 6 & -1 \\ 2 & 0 & 1 & 5 & -3 \\ 3 & 2 & 0 & 5 & 0 \end{pmatrix}$ 的秩。

解

$$A = \begin{pmatrix} 1 & 6 & -4 & -1 & 4 \\ 3 & -2 & 3 & 6 & -1 \\ 2 & 0 & 1 & 5 & -3 \\ 3 & 2 & 0 & 5 & 0 \end{pmatrix} \xrightarrow[\substack{\alpha_3-2\alpha_1 \\ \alpha_4-3\alpha_1}]{\alpha_2-\alpha_4} \begin{pmatrix} 1 & 6 & -4 & -1 & 4 \\ 0 & -4 & 3 & 1 & -1 \\ 0 & -12 & 9 & 7 & -11 \\ 0 & -16 & 12 & 8 & -12 \end{pmatrix}$$

$$\xrightarrow[\alpha_4-4\alpha_2]{\alpha_3-3\alpha_2} \begin{pmatrix} 1 & 6 & -4 & -1 & 4 \\ 0 & -4 & 3 & 1 & -1 \\ 0 & 0 & 0 & 4 & -8 \\ 0 & 0 & 0 & 4 & -8 \end{pmatrix} \xrightarrow[\beta_3\leftrightarrow\beta_4]{\alpha_4-\alpha_3} \begin{pmatrix} 1 & 6 & -1 & -4 & 4 \\ 0 & -4 & 1 & 3 & -1 \\ 0 & 0 & 4 & 0 & -8 \\ 0 & 0 & 0 & 0 & 0 \end{pmatrix} = B$$

容易看出矩阵 B 的 4 阶子式都为零，而 3 阶子式 $\begin{vmatrix} 1 & 6 & -1 \\ 0 & -4 & 1 \\ 0 & 0 & 4 \end{vmatrix} = -16 \neq 0$，

所以 $R(A) = R(B) = 3$。即矩阵 A 的秩为 3。

观察例 10-17 的矩阵 B 中零元素和非零元素排列的位置，如果从第一行开始，在每行第一个非零元素下方连续画折线，其形状呈阶梯形。因此称 B 为阶梯形矩阵。一般地，**阶梯形矩阵**是指满足下列两个条件的矩阵：

(1) 矩阵的零行（元素全为零的行）全部位于非零行的下方；

(2) 各个非零行的左起第一个非零元素的列序数由上至下严格递增。

一般情况下，一个矩阵 $A_{m\times n}$ 经有限次初等变换后，可化为阶梯形矩阵 $B_{m\times n}$

$$B_{m\times n} = \begin{pmatrix} b_{11} & b_{12} & \cdots & b_{1r} & \cdots & b_{1n} \\ 0 & b_{22} & \cdots & b_{2r} & \cdots & b_{2n} \\ \vdots & \vdots & & \vdots & & \vdots \\ 0 & 0 & & b_{rr} & \cdots & b_{rn} \\ 0 & 0 & \cdots & 0 & \cdots & 0 \\ \vdots & \vdots & \cdots & \vdots & \cdots & \vdots \\ 0 & 0 & \cdots & 0 & \cdots & 0 \end{pmatrix}$$

其中 $b_{k\times k}\neq 0(k=1,2,\cdots,r)$。此时易得出 $B_{m\times n}$ 的秩等于 r,于是 $A_{m\times n}$ 的秩也等于 r。这是求解矩阵秩的常用方法。

为了下面第三节求解线性方程组的需要,在阶梯形矩阵的基础上,我们给出最简形矩阵的概念。

一个阶梯形矩阵如果满足下列两个条件,则称为**最简形矩阵**:

(1) 每个非零行的第一个非零元素都为1;

(2) 每个非零行的第一个非零元素所在列的其他元素都为零。

比如例10-17中的矩阵 B 可继续化为最简形矩阵:

$$B=\begin{pmatrix}1&6&-1&-4&4\\0&-4&1&3&-1\\0&0&4&0&-8\\0&0&0&0&0\end{pmatrix}\xrightarrow[\frac{1}{4}\times\alpha_3]{-\frac{1}{4}\times\alpha_2}\begin{pmatrix}1&6&-1&-4&4\\0&1&-\frac{1}{4}&-\frac{3}{4}&\frac{1}{4}\\0&0&1&0&-2\\0&0&0&0&0\end{pmatrix}\xrightarrow[\alpha_1-6\alpha_2]{\substack{\alpha_2+\frac{1}{4}\alpha_3\\ \alpha_1+\alpha_3}}\begin{pmatrix}1&0&0&\frac{1}{2}&\frac{7}{2}\\0&1&0&-\frac{3}{4}&-\frac{1}{4}\\0&0&1&0&-2\\0&0&0&0&0\end{pmatrix}$$

第三节 线性方程组

利用克莱姆法则和逆矩阵解法,可以求解 n 个未知量 n 个方程且方程组的系数行列式不等于零的线性方程组。本节将在矩阵的初等变换和矩阵秩的基础上,介绍一般线性方程组的求解方法。

对于线性方程组

$$\begin{cases}a_{11}x_1+a_{12}x_2+\cdots a_{1n}x_n=b_1\\a_{21}x_1+a_{22}x_2+\cdots a_{2n}x_n=b_2\\\cdots\cdots\cdots\cdots\cdots\cdots\cdots\cdots\cdots\cdots\\a_{m1}x_1+a_{m2}x_2+\cdots a_{mn}x_n=b_m\end{cases}\tag{10-9}$$

当等号右边的常数项 $b_1,b_2,\cdots,b_n$ 都为零时,方程组(10-9)称为齐次线性方程组;当 $b_1,b_2,\cdots,b_n$ 不全为零时,方程组(10-9)称为非齐次线性方程组。

方程组(10-9)的系数矩阵为

$$A=\begin{pmatrix}a_{11}&a_{12}&\cdots&a_{1n}\\a_{21}&a_{22}&\cdots&a_{2n}\\\vdots&\vdots&&\vdots\\a_{m1}&a_{m2}&\cdots&a_{mn}\end{pmatrix}$$

将方程组的常数项添加在系数矩阵的右边构成一个 $m\times(n+1)$ 阶矩阵

$$B=\begin{pmatrix}a_{11}&a_{12}&\cdots&a_{1n}&b_1\\a_{21}&a_{22}&\cdots&a_{2n}&b_2\\\vdots&\vdots&&\vdots&\vdots\\a_{m1}&a_{m2}&\cdots&a_{mn}&b_m\end{pmatrix}$$

把矩阵 B 称为方程组(10-9)的增广矩阵。

定理 10-6 对 n 元线性方程组(10-9)有解的充分必要条件是 $R(A)=R(B)$,当 $R(A)=R(B)=n$ 时方程组(10-9)有唯一解,当 $R(A)=R(B)<n$ 时方程组(10-9)有无穷多解,当 $R(A)<R(B)$ 时方程组(10-9)无解。

对方程组的增广矩阵实施初等行变换解线性方程组,实质上是对方程组进行了方程与方程之间的消元法运算,每进行一次初等行变换相当于得到一个同解方程组。要特别注意:不能进行初等

列变换！因为系数矩阵中每一列数据代表不同自变量的系数,如果对系数矩阵实施初等列变换,相当于对不同类的自变量进行了合并,显然是行不通的。下面举例说明定理 10-6 的应用。

例 10-18　求解线性方程组

$$\begin{cases} x_1 - x_2 + 2x_3 = 1 \\ x_1 - 2x_2 - x_3 = 2 \\ 3x_1 - x_2 + 5x_3 = 3 \\ -2x_1 + 2x_2 + 3x_3 = -4 \end{cases}$$

解　对增广矩阵实施初等行变换,得

$$B = \begin{pmatrix} 1 & -1 & 2 & 1 \\ 1 & -2 & -1 & 2 \\ 3 & -1 & 5 & 3 \\ -2 & 2 & 3 & -4 \end{pmatrix} \xrightarrow[\alpha_4+2\alpha_1]{\alpha_2-\alpha_1 \atop \alpha_3-3\alpha_1} \begin{pmatrix} 1 & -1 & 2 & 1 \\ 0 & -1 & -3 & 1 \\ 0 & 2 & -1 & 0 \\ 0 & 0 & 7 & -2 \end{pmatrix} \xrightarrow{\alpha_3+2\alpha_2} \begin{pmatrix} 1 & -1 & 2 & 1 \\ 0 & -1 & -3 & 1 \\ 0 & 0 & -7 & 2 \\ 0 & 0 & 7 & -2 \end{pmatrix}$$

$$\xrightarrow{\alpha_4+\alpha_3} \begin{pmatrix} 1 & -1 & 2 & 1 \\ 0 & -1 & -3 & 1 \\ 0 & 0 & -7 & 2 \\ 0 & 0 & 0 & 0 \end{pmatrix} \text{(阶梯形矩阵)} \tag{10-10}$$

由阶梯形矩阵(10-10)可知:$R(B) = R(A) = 3$,故方程组有唯一解。为求方程组的唯一解,可继续对阶梯形矩阵(10-10)实施初等行变换化为最简形矩阵:

$$\begin{pmatrix} 1 & -1 & 2 & 1 \\ 0 & -1 & -3 & 1 \\ 0 & 0 & -7 & 2 \\ 0 & 0 & 0 & 0 \end{pmatrix} \xrightarrow[\alpha_2+3\alpha_3 \atop \alpha_1-2\alpha_3]{-\frac{1}{7}\times\alpha_3} \begin{pmatrix} 1 & -1 & 0 & \frac{11}{7} \\ 0 & -1 & 0 & \frac{1}{7} \\ 0 & 0 & 1 & -\frac{2}{7} \\ 0 & 0 & 0 & 0 \end{pmatrix} \xrightarrow[\alpha_1+\alpha_2]{-1\times\alpha_2} \begin{pmatrix} 1 & 0 & 0 & \frac{10}{7} \\ 0 & 1 & 0 & -\frac{1}{7} \\ 0 & 0 & 1 & -\frac{2}{7} \\ 0 & 0 & 0 & 0 \end{pmatrix} \text{(最简形矩阵)}$$

由此得原方程组的唯一解为:

$$x_1 = \frac{10}{7}, x_2 = -\frac{1}{7}, x_3 = -\frac{2}{7}。$$

例 10-19　解下列线性方程组

$$(1)\begin{cases} x_1 + x_2 - 3x_3 - x_4 = 1 \\ 3x_1 - x_2 - 3x_3 + 4x_4 = 4 \\ x_1 + 5x_2 - 9x_3 - 8x_4 = 0 \end{cases} \quad (2)\begin{cases} x_1 - x_2 + x_3 + 2x_4 = 1 \\ 3x_1 + x_2 + 2x_3 - x_4 = -1 \\ x_1 + 2x_2 - x_3 - x_4 = 2 \\ 2x_1 + 2x_2 + x_3 - 3x_4 = 1 \end{cases}$$

解　(1) $B = \begin{pmatrix} 1 & 1 & -3 & -1 & 1 \\ 3 & -1 & -3 & 4 & 4 \\ 1 & 5 & -9 & -8 & 0 \end{pmatrix} \xrightarrow[\alpha_3-\alpha_1]{\alpha_2-3\alpha_1} \begin{pmatrix} 1 & 1 & -3 & -1 & 1 \\ 0 & -4 & 6 & 7 & 1 \\ 0 & 4 & -6 & -7 & -1 \end{pmatrix}$

$$\xrightarrow[-\frac{1}{4}\times\alpha_2]{\alpha_3+\alpha_2} \begin{pmatrix} 1 & 1 & -3 & -1 & 1 \\ 0 & 1 & -\frac{3}{2} & -\frac{7}{4} & -\frac{1}{4} \\ 0 & 0 & 0 & 0 & 0 \end{pmatrix} \text{(阶梯形矩阵)}$$

由阶梯形矩阵可知 $R(B) = R(A) = 2 < 4$,故方程组有无穷多解。此时在 x_1, x_2, x_3, x_4 四个变量中,可由其中任何两个变量决定其它两个变量,不妨选 x_3, x_4 为任意变量,并称之为自由变量。为此继续如下初等行变换化为最简形矩阵:

$$\xrightarrow{\alpha_1-\alpha_2}\begin{pmatrix}1 & 0 & -\frac{3}{2} & \frac{3}{4} & \frac{5}{4}\\ 0 & 1 & -\frac{3}{2} & -\frac{7}{4} & -\frac{1}{4}\\ 0 & 0 & 0 & 0 & 0\end{pmatrix}\text{(最简形矩阵)}$$

则原方程组的同解方程组为：

$$\begin{cases}x_1 = \frac{3}{2}x_3 - \frac{3}{4}x_4 + \frac{5}{4}\\ x_2 = \frac{3}{2}x_3 + \frac{7}{4}x_4 - \frac{1}{4}\end{cases}$$

令自由变量 $x_3 = c_1, x_4 = c_2$（其中 c_1, c_2 为任意实数），则得到原线性方程组的无穷多解为

$$\begin{cases}x_1 = \frac{3}{2}c_1 - \frac{3}{4}c_2 + \frac{5}{4}\\ x_2 = \frac{3}{2}c_1 + \frac{7}{4}c_2 - \frac{1}{4}\\ x_3 = c_1\\ x_4 = c_2\end{cases}$$

特别地，当 $c_1 = c_2 = 0$ 时，得到方程组的一个特解

$$x_1 = \frac{5}{4}, x_2 = -\frac{1}{4}, x_3 = x_4 = 0$$

(2) $$B = \begin{pmatrix}1 & -1 & 1 & 2 & 1\\ 3 & 1 & 2 & -1 & -1\\ 1 & 2 & -1 & -1 & 2\\ 2 & 2 & 1 & -3 & 1\end{pmatrix}\xrightarrow[\alpha_4-2\alpha_1]{\alpha_2-3\alpha_1,\ \alpha_3-\alpha_1}\begin{pmatrix}1 & -1 & 1 & 2 & 1\\ 0 & 4 & -1 & -7 & -4\\ 0 & 3 & -2 & -3 & 1\\ 0 & 4 & -1 & -7 & -1\end{pmatrix}$$

$$\xrightarrow[\frac{1}{4}\times\alpha_2]{\alpha_4-\alpha_2}\begin{pmatrix}1 & -1 & 1 & 2 & 1\\ 0 & 1 & -\frac{1}{4} & -\frac{7}{4} & -1\\ 0 & 3 & -2 & -3 & 1\\ 0 & 0 & 0 & 0 & 3\end{pmatrix}\xrightarrow{\alpha_3-3\alpha_2}\begin{pmatrix}1 & -1 & 1 & 2 & 1\\ 0 & 1 & -\frac{1}{4} & -\frac{7}{4} & -1\\ 0 & 0 & -\frac{5}{4} & \frac{9}{4} & 4\\ 0 & 0 & 0 & 0 & 3\end{pmatrix}$$

由上式可得 $R(A) < R(B)$，故方程组无解。

对于 n 元齐次线性方程组来说，它的系数矩阵和增广矩阵的秩总是相等的，即 $R(A) = R(B)$，所以齐次线性方程组一定有解。且有

当 $R(A) = R(B) = n$ 时，方程组有唯一解 $x_1 = x_2 = \cdots = x_n = 0$；

当 $R(A) = R(B) < n$ 时，方程组有无穷多解。

由此可知，齐次线性方程组有非零解的充要条件是 $R(A) < n$。

例 10-20 求解齐次线性方程组

$$\begin{cases}x_1 + 2x_2 + 2x_3 + x_4 = 0\\ 2x_1 + x_2 - 2x_3 - 2x_4 = 0\\ x_1 - x_2 - 4x_3 - 3x_4 = 0\end{cases}$$

解 对系数矩阵 A 施行初等行变换：

$$A = \begin{pmatrix}1 & 2 & 2 & 1\\ 2 & 1 & -2 & -2\\ 1 & -1 & -4 & -3\end{pmatrix}\xrightarrow[\alpha_3-\alpha_1]{\alpha_2-2\alpha_1}\begin{pmatrix}1 & 2 & 2 & 1\\ 0 & -3 & -6 & -4\\ 0 & -3 & -6 & -4\end{pmatrix}\xrightarrow{\alpha_3-\alpha_2}\begin{pmatrix}1 & 2 & 2 & 1\\ 0 & -3 & -6 & -4\\ 0 & 0 & 0 & 0\end{pmatrix}$$

因为 $R(A) = 2 < 4$，所以方程组有非零解。为此继续初等行变换化为最简形矩阵

$$\xrightarrow[\alpha_1-2\alpha_2]{-\frac{1}{3}\times\alpha_2}\begin{pmatrix}1 & 0 & -2 & -\frac{5}{3}\\0 & 1 & 2 & \frac{4}{3}\\0 & 0 & 0 & 0\end{pmatrix}$$

可知与原方程组同解的方程组为

$$\begin{cases}x_1 = 2x_3 + \frac{5}{3}x_4\\x_2 = -2x_3 - \frac{4}{3}x_4\end{cases}$$

令 $x_3 = c_1, x_4 = c_2$（其中 c_1, c_2 为任意实数），可得原齐次线性方程组的全部解：

$$\begin{cases}x_1 = 2c_1 + \frac{5}{3}c_2\\x_2 = -2c_1 - \frac{4}{3}c_2\\x_3 = c_1\\x_4 = c_2\end{cases}$$

特别地，当 $c_1 = c_2 = 0$ 时，就是方程组的零解。当 c_1, c_2 不全为零时，就是方程组的全部非零解。

第四节　矩阵的特征值与特征向量

矩阵的特征值和特征向量不仅在数学上的特征向量空间及方阵的相似对角化等理论研究上十分重要，而且在医学、工程技术等许多学科中都有非常重要的作用。本节仅讨论矩阵的特征值和特征向量的概念及其求解方法。

定义 10-13　设 A 是 n 阶方阵，如果数 λ 和 n 维非零列向量 X 使关系式

$$AX = \lambda X \tag{10-11}$$

成立，那么，这样的数 λ 称为方阵 A 的**特征值**（eigenvalue），非零向量 X 称为矩阵 A 的对应于特征值 λ 的**特征向量**（eigenvector）。

式(10-11)也可写成：

$$(\lambda I - A)X = 0 \tag{10-12}$$

其中

$$\lambda I - A = \begin{pmatrix}\lambda - a_{11} & -a_{12} & \cdots & -a_{1n}\\-a_{21} & \lambda - a_{22} & & -a_{2n}\\\vdots & \vdots & \cdots & \vdots\\-a_{n1} & -a_{n2} & \cdots & \lambda - a_{nn}\end{pmatrix}$$

叫作矩阵 A 的**特征矩阵**（eigenmatrix）。

将式(10-12)展开成 n 元齐次线性方程组，即

$$\begin{cases}(\lambda - a_{11})x_1 - a_{12}x_2 - \cdots - a_{1n}x_n = 0\\-a_{21}x_1 + (\lambda - a_{22})x_2 - \cdots - a_{2n}x_n = 0\\\qquad\vdots\\-a_{n1}x_1 - a_{n2}x_2 - \cdots + (\lambda - a_{nn}x_n) = 0\end{cases}$$

式(10-12)有非零解的充分必要条件是系数行列式 $|\lambda I - A| = 0$，而 $|\lambda I - A|$ 是关于 λ 的 n 次多项式，称 $|\lambda I - A|$ 是矩阵 A 的特征多项式，$|\lambda I - A| = 0$ 称为矩阵 A 的特征方程。A 的特征值就是特征方程的解。特征方程在复数范围内恒有解，其个数为方程的次数（重根按重数计

算),因此,n 阶矩阵 A 在复数范围内有 n 个特征值。

设 $\lambda = \lambda_i$ 为方阵 A 的一个特征值,则由方程 $(\lambda_i I - A)X = 0$ 可求得非零解 $X = P_i$,那么 P_i 便是 A 的对应于特征值 λ_i 的特征向量。若 λ_i 为实数,则 P_i 可取实向量;若 λ_i 为复数,则 P_i 可取复向量。本书只讨论实数特征值。

下面给出求矩阵特征值和特征向量的求解步骤:

1. 写出矩阵 A 的特征多项式 $|\lambda I - A|$;
2. 解特征方程 $|\lambda I - A| = 0$,求出所有特征值 λ;
3. 把每一个特征值 $\lambda = \lambda_i$ 代入 $(\lambda_i I - A)X = 0$,求出该方程组的非零解 $X = P_i$,那么 P_i 便是 A 的对应于特征值 λ_i 的特征向量。

例 10-21 求矩阵 $A = \begin{pmatrix} 3 & -1 \\ -1 & 3 \end{pmatrix}$ 的特征值和特征向量。

解 A 的特征多项式为 $|\lambda I - A| = \begin{vmatrix} \lambda - 3 & 1 \\ 1 & \lambda - 3 \end{vmatrix} = (\lambda - 3)^2 - 1 = (\lambda - 4)(\lambda - 2)$,所以 A 的特征值为 $\lambda_1 = 2, \lambda_2 = 4$。

当 $\lambda_1 = 2$ 时,对应的特征向量应满足 $\begin{pmatrix} 2-3 & 1 \\ 1 & 2-3 \end{pmatrix}\begin{pmatrix} x_1 \\ x_2 \end{pmatrix} = \begin{pmatrix} 0 \\ 0 \end{pmatrix}$,即

$$\begin{cases} -x_1 + x_2 = 0 \\ x_1 - x_2 = 0 \end{cases}$$

解得:$x_1 = x_2$。这里选 x_2 为自由变量,将非零向量表示为 x_2 对应的列矩阵形式

$$\begin{cases} x_1 = x_2 \\ x_2 = x_2 \end{cases} \quad 即 \begin{pmatrix} x_1 \\ x_2 \end{pmatrix} = x_2\begin{pmatrix} 1 \\ 1 \end{pmatrix} \tag{10-13}$$

这里 x_2 取任何非零实数。例如当 $x_2 = 1$ 时,即得对应 $\lambda_1 = 2$ 的一个特征向量为 $\begin{pmatrix} 1 \\ 1 \end{pmatrix}$。在式(10-13)中,若令 $x_2 = k$ (k 为任意非零实数),则得到对应于 $\lambda_1 = 2$ 的全部特征向量 $P_1 = k\begin{pmatrix} 1 \\ 1 \end{pmatrix}$。

当 $\lambda_2 = 4$ 时,由 $\begin{pmatrix} 4-3 & 1 \\ 1 & 4-3 \end{pmatrix}\begin{pmatrix} x_1 \\ x_2 \end{pmatrix} = \begin{pmatrix} 0 \\ 0 \end{pmatrix}$,得 $x_1 = -x_2$,这里选 x_2 为自由变量,将非零向量表示为 x_2 对应的列矩阵形式

$$\begin{cases} x_1 = -x_2 \\ x_2 = x_2 \end{cases} \quad 即 \begin{pmatrix} x_1 \\ x_2 \end{pmatrix} = x_2\begin{pmatrix} -1 \\ 1 \end{pmatrix}$$

令 $x_2 = k$ (k 为任意非零实数),则得到对应于 $\lambda_2 = 4$ 的全部特征向量 $P_2 = k\begin{pmatrix} -1 \\ 1 \end{pmatrix}$。

通过上面的讨论可知,矩阵的特征向量总是相对于矩阵的特征值而言的,一个特征值具有的特征向量并不是唯一的;不同的特征值对应的特征向量也不会相等,也就是说,一个特征向量只能属于一个特征值。

例 10-22 求矩阵 $A = \begin{pmatrix} 2 & 2 & -2 \\ 2 & 5 & -4 \\ -2 & -4 & 5 \end{pmatrix}$ 的特征值和特征向量。

解 先解特征方程

$$|\lambda I - A| = \begin{vmatrix} \lambda - 2 & -2 & 2 \\ -2 & \lambda - 5 & 4 \\ 2 & 4 & \lambda - 5 \end{vmatrix} = (\lambda - 1)^2(\lambda - 10)$$

笔记

所以 A 的特征值为 $\lambda_1=\lambda_2=1,\lambda_3=10$。

当 $\lambda=1$ 时，解方程组 $(I-A)X=0$，为此，对特征矩阵 $(I-A)$ 作初等行变换

$$(I-A)=\begin{pmatrix}-1&-2&2\\-2&-4&4\\2&4&-4\end{pmatrix}\to\begin{pmatrix}1&2&-2\\0&0&0\\0&0&0\end{pmatrix}$$

得同解方程 $x_1=-2x_2+2x_3$。这里选 x_2、x_3 为自由变量，将非零向量表示为 x_2、x_3 对应的列矩阵形式

$$\begin{cases}x_1=-2x_2+2x_3\\x_2=x_2\\x_3=x_3\end{cases}\quad 即\begin{pmatrix}x_1\\x_2\\x_3\end{pmatrix}=x_2\begin{pmatrix}-2\\1\\0\end{pmatrix}+x_3\begin{pmatrix}2\\0\\1\end{pmatrix}$$

令 $x_2=k_1,x_3=k_2$（k_1,k_2 为任意不同时等于零的实数），则得到对应于 $\lambda=1$ 的全部特征向量

$$k_1\begin{pmatrix}-2\\1\\0\end{pmatrix}+k_2\begin{pmatrix}2\\0\\1\end{pmatrix}$$

当 $\lambda=10$ 时，解方程组 $(10I-A)X=0$，为此对特征矩阵 $(10I-A)$ 作初等变换

$$(10I-A)=\begin{pmatrix}8&-2&2\\-2&5&4\\2&4&5\end{pmatrix}\to\begin{pmatrix}4&-1&1\\-18&9&0\\-18&9&0\end{pmatrix}\to\begin{pmatrix}-2&1&0\\2&0&1\\0&0&0\end{pmatrix}$$

得同解方程 $\begin{cases}x_2=2x_1\\x_3=-2x_1\end{cases}$。这里选 x_1 为自由变量，将非零向量表示为自由变量 x_1 对应的列矩阵形式

$$\begin{cases}x_1=x_1\\x_2=2x_1\\x_3=-2x_1\end{cases}\quad 即\begin{pmatrix}x_1\\x_2\\x_3\end{pmatrix}=x_1\begin{pmatrix}1\\2\\-2\end{pmatrix}$$

令 $x_1=k_3$（k 为任意非零实数），则得对应于 $\lambda=10$ 的全部特征向量

$$k_3\begin{pmatrix}1\\2\\-2\end{pmatrix}$$

应该指出的是，对应于同一特征值的特征向量的线性组合，还是 A 的特征向量；但不是同一特征值的特征向量的线性组合，不再是矩阵 A 的特征向量。比如本例中当 k_1,k_2,k_3 都不等于零时，线性组合

$$P=k_1\begin{pmatrix}-2\\1\\0\end{pmatrix}+k_2\begin{pmatrix}2\\0\\1\end{pmatrix}+k_3\begin{pmatrix}1\\2\\-2\end{pmatrix}$$

不再是矩阵 A 的特征向量。

第五节　计算机应用

实验一　用 Mathematica 计算行列式

实验目的：掌握利用 Mathematica 计算行列式的方法。

基本命令：

命令	说明
Table[f,{i,m},{j,n}]	生成一个 m×n 矩阵
Array[a,{m,n}]	生成一个 m×n 矩阵,元素为 a(i,j)
IdentityMatrix[n]	生成一个 n×n 单位矩阵
MatrixForm[A]	把矩阵 A 显示成通常的矩阵形式(注:矩阵的输出默认是数表形式,此命令可将其输出为矩阵形式)。
Det[A]	计算方阵 A 的行列式

实验举例:

例 10-23　求矩阵 $A=\begin{pmatrix}-2 & 5 & -1 & 3\\ 1 & -9 & 13 & 7\\ 3 & -1 & 5 & -5\\ 2 & 8 & -7 & -10\end{pmatrix}$的行列式的值。

解

```
In[1]:=A={{-2,5,-1,3},{1,-9,13,7},{3,-1,5,-5},{2,8,-7,-10}}
In[2]:=Det[A]
Out[2]:=312
```

例 10-24　利用 Cramer 法则求解方程组 $\begin{cases}2x_1+x_2-5x_3+x_4=8\\ x_1+4x_2-7x_3+6x_4=0\\ x_1-3x_2-6x_4=9\\ 2x_2-x_3+2x_4=-5\end{cases}$

解

```
In[1]:=a={{2,1,-5,1},{1,4,-7,6},{1,-3,0,-6},{0,2,-1,2}}
In[2]:=Det[a]
Out[2]:=27
In[3]=d1={{8,1,-5,1},{0,4,-7,6},{9,-3,0,-6},{-5,2,-1,2}}
In[4]:=Det[d1]
Out[4]:=81
In[5]:=d2={[2,8,-5,1],{1,0,-7,6},{1,9,0,-6},{0,-5,-1,2}}
In[6]:=Det[d2]
Out[6]:=-108
In[7]:=d3={{2,1,8,1},{1,4,0,6},{1,-3,9,-6},{0,2,-5,2}}
In[8]:=Det[d3]
Out[8]:=-27
In[9]:=d4={{2,1,-5,8},{1,4,-7,0},{1,-3,0,9},{0,2,-3,-5}}
In[10]:=Det[d4]
Out[10]:=41
In[11]:=x1=Det[d1]/Det[a]
Out[11]:=3
In[12]:=x2=Det[d2]/Det[a]
Out[12]:=-4
In[13]:=x3=Det[d3]/Det[a]
Out[13]:=-1
In[14]:=x4=Det[d4]/Det[a]
```

Out[14]: = $\frac{41}{27}$

实验二　用 Mathematica 进行矩阵的基本运算

实验目的:掌握利用 Mathematica 进行矩阵运算的方法。

基本命令:

命令	说明
A + B	同类型矩阵 A 与 B 的对应元素相加
kA	数 k 与矩阵 A 中每个元素相乘
A * B	矩阵 A 与 B 相乘,要求 A 的列数等于 B 的行数
Transpose[A]	矩阵 A 的转置矩阵
Inverse[A]	表示 A 的逆矩阵
Minors[A,k]	给出 A 的所有 k 阶子式,返回结果为一个表
MatrixPower[A,n]	方阵 A 的 n 次幂 A^n

实验举例

例 10-25　已知矩阵 $A = \begin{pmatrix} 3 & 1 & 1 \\ 2 & 1 & 2 \\ 1 & 2 & 3 \end{pmatrix}, B = \begin{pmatrix} 1 & 1 & -1 \\ 2 & -1 & 0 \\ 1 & 0 & 1 \end{pmatrix}$,求 A × B 和 A^{-1}。

解　In[1]: = A = {{3,1,1},{2,1,2},{1,2,3}}

In[2]: = B = {{1,1, -1},{2, -1,0},{1,0,1}}

In[3]: = U = A * B

Out[3]: = {{3,1, -1},{4, -1,0},{1,0,3}}

In[5]: = P = Inverse[A]

Out[5]: = $\{\{\frac{1}{4},\frac{1}{4},-\frac{1}{4}\},\{1,-2,1\},\{-\frac{3}{4},\frac{5}{4},-\frac{1}{4}\}\}$

实验三　用 Mathematica 解方程组

实验目的:掌握利用 Mathematica 解方程组的方法。

基本命令:

命令	说明
Solve[f(x) = g(x),x]	解关于 x 的方程 $f(x) = g(x)$
Solve[{f₁(x,y) = g₁(x,y) f₂(x,y) = g₂(x,y)…},{x,y…}]	解关于 x,y …的方程组 $f_1(x,y) = g_1(x,y), f_2(x,y) = g_2(x,y)$
RowReduce[A]	给出用行初等变换将矩阵 A 化为规范的阶梯形矩阵。显然,此运算可求出矩阵 A 的秩。此函数也可归属解方程组函数
LinearSolve[A,B]	计算满足 AX = B 的一个解,A 为方阵。对于线性方程组 AX = B,若方程组有唯一解,用 Solve 函数即可求解。但更好的方法是用 NullSpace 函数和 LinearSolve 函数
Nullspace[A]	计算方程组 AX = 0 的基础解系的向量表,A 为方阵

笔记

实验举例

例 10-26 解方程组 $\begin{cases} ax + y = 0 \\ 2x + (1-a)y = 1 \end{cases}$

解 In[1]:= Solve[{a * x + y == 0, 2 * x + (1 - a) * y == 1}, {x, y}]

Out[1] = $\left\{\left\{x \to -\frac{1}{-2+a-a^2}, y \to -\frac{a}{2-a+a^2}\right\}\right\}$

例 10-27 求解线性方程组 $\begin{cases} x_1 + 2x_2 + 3x_3 = 6 \\ 2x_1 + 3x_2 + 4x_3 = 9 \\ 3x_1 + 4x_2 + 7x_3 = 14 \end{cases}$

解 In[1]:= A1 = {{1,2,3},{2,3,4},{3,4,7}};b1 = {6,9,14}

In[2]:= Det[A1]

Out[2]:= -2(≠0,故知方程组有唯一解)

In[3]:= X = LinearSolve[A1,b1]

Out[3]:= {1,1,1}(求得解 $x_1 = 1$, $x_2 = 1$, $x_3 = 1$)

例 10-28 求矩阵 $A = \begin{pmatrix} 1 & 2 & 3 & 6 \\ 2 & 4 & 6 & 12 \\ 3 & 6 & 9 & 18 \end{pmatrix}$ 的秩

解 In[1]:= A21 = {{1,2,3,6},{2,4,6,12},{3,6,9,18}}

In[2]:= RowReduce[A21]

Out[2]:= {{1,2,3,6},{0,0,0,0},{0,0,0,0}}

可知 A 的秩为 1。

例 10-29 解方程组 $\begin{cases} x_1 - 3x_2 - x_3 + x_4 = 1 \\ 3x_1 - x_2 - 3x_3 + 4x_4 = 4 \\ x_1 + 5x_2 - 9x_3 - 8x_4 = 6 \end{cases}$

解 In[1]:= A = {{1, -3, -1,1},{3, -1, -3,4},{1,5, -9, -8}}

In[2]:= B = {1,4,6};

In[3]:= LinearSolve[A,B]

Out[3]:= $\{\frac{7}{8}, \frac{1}{8}, -\frac{1}{2}, 0\}$ (方程组 AX = B 的一个特解)

In[4]:= NullSpace[A]

Out[4]:= $\{\{-\frac{21}{8}, -\frac{1}{8}, -\frac{5}{4}, 1\}\}$(解向量组成一个矩阵,其中一个解)

In[5]:= x = c%[[1]] + %%(x 为 AX = B 的全部解)

Out[5]:= $\{\frac{7}{8} - \frac{21c}{8}, \frac{1}{8} - \frac{c}{8}, -\frac{1}{2} - \frac{5c}{4}, c\}$(c 为任意实数)

实验四 用 Mathematica 求矩阵的特征值和特征向量

实验目的:掌握利用 Mathematica 求矩阵的特征值和特征向量的方法。

基本命令:

命令	说明
Eigenvalues[A]	求矩阵 A 的特征值
Eigenvectors[A]	求矩阵 A 的特征向量
Eigensystem[A]	求 A 的特征值和特征向量

实验举例：

例 10-30　已知矩阵 $A=\begin{pmatrix}1&2&1\\-1&2&1\\0&4&2\end{pmatrix}$，求矩阵 A 的特征值和特征向量。

解　In[1]：= A = {{1,2,1}，{ -1,2,1}，{0,4,2}}

In[2]：= A = Eigenvalues[A]

Out[2]：= {0,2,3}（特征值）

In[3]：= Eigenvectors[A]

Out[3]：= {{0，-1,2}，{1,0,1}，{3,1,4}}（特征向量）

In[4]：= Eigensystem[A]

Out[4]：= {{0,2,3}，{{0，-1,2}，{1,0,1}，{3,1,4}}}（特征值和特征向量）

习题

1. 计算下列行列式

(1) $\begin{vmatrix}\cos x&-\sin x\\\sin x&\cos x\end{vmatrix}$　　(2) $\begin{vmatrix}2&1&3\\3&-2&-1\\1&4&3\end{vmatrix}$

(3) $\begin{vmatrix}4&3&2&1\\3&2&1&4\\2&1&4&3\\1&4&3&2\end{vmatrix}$　　(4) $\begin{vmatrix}1&0&-2&4\\-3&7&2&1\\2&1&-5&-3\\0&-4&11&12\end{vmatrix}$

(5) $\begin{vmatrix}a^2&ab&b^2\\2a&a+b&2b\\1&1&1\end{vmatrix}$　　(6) $\begin{vmatrix}-ab&ac&ae\\bd&-cd&de\\bf&cf&-ef\end{vmatrix}$

2. 计算下列 n 阶行列式

(1) $\begin{vmatrix}a&b&0&\cdots&0&0\\0&a&b&\cdots&0&0\\\cdots&\cdots&\cdots&\cdots&\cdots&\cdots\\0&0&0&\cdots&a&b\\b&0&0&\cdots&0&a\end{vmatrix}$　　(2) $D=\begin{vmatrix}a_1&1&\cdots&1\\1&a_2&&0\\\vdots&&\ddots&\\1&0&&a_n\end{vmatrix}$，其中，$a_1a_2\cdots a_n\neq 0$

3. 设 $A=\begin{pmatrix}2&4&1\\0&3&5\end{pmatrix}$，$B=\begin{pmatrix}-1&3&1\\2&0&5\end{pmatrix}$，$C=\begin{pmatrix}0&1&2\\-3&-1&3\end{pmatrix}$，求 $3A-2B+C$。

4. 已知 $2\begin{pmatrix}2&1&-3\\0&-2&1\end{pmatrix}+3X-\begin{pmatrix}1&-2&2\\3&0&-1\end{pmatrix}=0$，求矩阵 X。

5. 设

$$A=\begin{pmatrix}1&1&1\\-1&1&1\\1&-1&1\end{pmatrix},B=\begin{pmatrix}1&2&1\\1&3&-1\\2&1&2\end{pmatrix}$$

求(1) $AB-3B$；(2) $AB-BA$；(3) $(A-B)(A+B)$；(4) A^2-B^2。

6. 计算下列矩阵乘积

(1) $\begin{pmatrix}2\\1\\3\end{pmatrix}\begin{pmatrix}1&3&2\end{pmatrix}$　　(2) $\begin{pmatrix}2&1&3\end{pmatrix}\begin{pmatrix}1\\3\\2\end{pmatrix}$　　(3) $\begin{pmatrix}1&0&0\\0&0&1\\0&1&0\end{pmatrix}\begin{pmatrix}2&1\\4&3\\7&9\end{pmatrix}$

(4) $\begin{pmatrix}2 & 1 & 4 & 3\\1 & -1 & 3 & 4\end{pmatrix}\begin{pmatrix}1 & 3 & 1\\0 & -1 & 2\\1 & -3 & 1\\0 & 2 & -2\end{pmatrix}$ (5) $\begin{pmatrix}2\\-1\\3\end{pmatrix}(2 \quad -1)\begin{pmatrix}1 & -1\\3 & -2\end{pmatrix}$ (6) $\begin{pmatrix}1 & 0\\1 & 1\end{pmatrix}^5$

7. 设矩阵 $A=\begin{pmatrix}2 & 4\\1 & -1\\3 & 1\end{pmatrix}$,$B=\begin{pmatrix}2 & 3 & 1\\2 & 1 & 0\end{pmatrix}$,验证 $(AB)^T=B^TA^T$。

8. 用伴随矩阵求逆矩阵

(1) $A=\begin{pmatrix}a & b\\c & d\end{pmatrix}$,其中 $ad-bc\neq 0$ (2) $A=\begin{pmatrix}0 & 0 & 1\\0 & -2 & 0\\\frac{1}{3} & 0 & 0\end{pmatrix}$ (3) $\begin{pmatrix}1 & 1 & 1\\0 & 1 & 1\\0 & 0 & 1\end{pmatrix}$

9. 用矩阵的初等变换求逆矩阵

(1) $A=\begin{pmatrix}2 & 0 & 7\\-1 & 4 & 5\\3 & 1 & 2\end{pmatrix}$ (2) $A=\begin{pmatrix}0 & 1 & 3\\2 & 3 & 5\\3 & 5 & 7\end{pmatrix}$

10. 解下列矩阵方程

(1) $\begin{pmatrix}2 & 5\\1 & 3\end{pmatrix}\begin{pmatrix}x_{11} & x_{12}\\x_{21} & x_{22}\end{pmatrix}=\begin{pmatrix}4 & -6\\2 & 1\end{pmatrix}$ (2) $\begin{pmatrix}1 & 4\\-1 & 2\end{pmatrix}\begin{pmatrix}x_{11} & x_{12}\\x_{21} & x_{22}\end{pmatrix}\begin{pmatrix}2 & 0\\-1 & 1\end{pmatrix}=\begin{pmatrix}3 & 1\\0 & -1\end{pmatrix}$

11. 求下列矩阵的秩

(1) $\begin{pmatrix}3 & 1 & 0 & 2\\1 & -1 & 2 & -1\\1 & 3 & -4 & 4\end{pmatrix}$ (2) $\begin{pmatrix}1 & 1 & 2 & 2 & 1\\0 & 2 & 1 & 5 & -1\\2 & 0 & 3 & -1 & 3\\1 & 1 & 0 & 4 & -1\end{pmatrix}$

12. 解下列线性方程组

(1) $\begin{cases}2x_1+x_2-x_3+x_4=1\\4x_1+2x_2-2x_3+x_4=2\\2x_1+x_2-x_3-x_4=1\end{cases}$ (2) $\begin{cases}2x_1+3x_2+x_3=4\\x_1-2x_2+4x_3=-5\\3x_1+8x_2-2x_3=13\\4x_1-x_2+9x_3=-6\end{cases}$

(3) $\begin{cases}x_1-x_2=3\\2x_1-3x_3=-8\\x_1+x_2-3x_3=-10\end{cases}$ (4) $\begin{cases}x_1+2x_2+x_3=5\\2x_1-x_2+3x_3=7\\3x_1+x_2+x_3=6\end{cases}$

13. 设线性方程组为

$$\begin{cases}\lambda x_1+x_2+x_3=1\\x_1+\lambda x_2+x_3=\lambda\\x_1+x_2+\lambda x_3=\lambda^2\end{cases}$$

问 λ 取何值时,线性方程组无解?有唯一解?有无穷多个解?

14. 求下列矩阵的特征值及特征向量

(1) $A=\begin{pmatrix}1 & 2 & 3\\2 & 1 & 3\\3 & 3 & 6\end{pmatrix}$ (2) $A=\begin{pmatrix}2 & -1 & 2\\5 & -3 & 3\\-1 & 0 & -2\end{pmatrix}$ (3) $A=\begin{pmatrix}-2 & 1 & 1\\0 & 2 & 0\\-4 & 1 & 3\end{pmatrix}$

(秦 侠 高 健)

第一章

1. (1) $[-1,0)\cup(0,1]$;(2) $[-1,3]$;(3) $(-\infty,0)\cup(0,3]$;(4) $(-\infty,-1)\cup(1,3)$;

(5) $[1,4]$;(6) $[-3,-2)\cup(3,4]$;(7) $(1,2)\cup(2,4)$;(8) $[\frac{1}{3},2]$。

2. (1) 不相同;(2) 不相同;(3) 不相同;(4) 不相同;(5) 不相同;(6) 相同。

3. $\delta=\sqrt{2}$。

4. (1) 单调增加;(2) 单调增加。

5. (1) 非奇非偶函数;(2) 偶函数;(3) 偶函数;(4) 奇函数。

6. (1) 周期函数,周期为 2π;(2) 非周期函数;(3) 周期函数,周期为 π。

7. 略。

8. $L=\frac{S_0}{h}+(4-\sqrt{3})h, h\in(0,\sqrt{\frac{\sqrt{3}S_0}{3}})$。

9. (1) $p=\begin{cases}90 & 0\leqslant x\leqslant 100\\ 90-0.01(x-100) & 100<x<1600\\ 75 & x\geqslant 1600\end{cases}$;

(2) $L=(p-60)x=\begin{cases}30x & 0\leqslant x\leqslant 100\\ 31x-0.01x^2 & 100<x<1600\\ 15x & x\geqslant 1600\end{cases}$;

(3) $L=2100$(元)。

10. $u(t)=\begin{cases}1.5t & 0\leqslant t\leqslant 10\\ 30-1.5t & 10<t\leqslant 20\end{cases}$。

11. (1) $\frac{1}{2^n}$,0;(2) $\frac{n+1}{n}$,1;(3) $(-1)^{n+1}n$。

12. (1) 0;(2) 1。

13. a。

14. $\frac{1}{2^n}$,0。

15. (1) $\lim\limits_{x\to 2}f(x)=-3$;(2) $\lim\limits_{x\to -1}f(x)=-1$;(3) $\lim\limits_{x\to\infty}f(x)=0$;(4) $\lim\limits_{x\to\frac{\pi}{2}}f(x)=\infty$。

16. 若 $\lim\limits_{x\to+\infty}f(x)=A$,$\lim\limits_{x\to\infty}f(x)=A$ 不一定成立;若 $\lim\limits_{x\to\infty}f(x)=A$,那么 $\lim\limits_{x\to+\infty}f(x)=A$ 及 $\lim\limits_{x\to-\infty}f(x)=A$ 都成立。

17. 当 $x\to 0$ 时,$f(x)$ 的极限不存在,因为左右极限不相等。

18~22. 略。

23. (1) 无穷大;(2) 无穷小;(3) 无穷小;(4) 无穷大。

24. 略。

25. 当 $x\to 0$ 时,x^2-x^3 比 $2x-x^2$ 是高阶无穷小。

26. (1) 同阶;(2) 等价。

27. (1) $p=-5$、$q=0$;(2) $q\neq 0$、p 取任意值。

28. (1) $\frac{1}{4}$;(2) 0;(3) 4;(4) 0。

29. (1) 2;(2) 4;(3) 0;(4) $\frac{1}{2}$;(5) $2x$;(6) 2;(7) $\frac{1}{3}$;(8) ∞;(9) 0;(10) 2。

30. (1) $\frac{1}{2}$;(2) 2。

31. (1) $\lim\limits_{x\to -1}\frac{x+1}{2x}=\frac{\lim\limits_{x\to -1}(x+1)}{\lim\limits_{x\to -1}2x}=\frac{0}{-2}=0$,故 $\lim\limits_{x\to -1}\frac{2x}{x+1}=\infty$;

(2) $\lim\limits_{x\to\infty}\frac{x^2}{2x^2+5}=\lim\limits_{x\to\infty}\frac{1}{2+\frac{5}{x^2}}=\frac{1}{2+\lim\limits_{x\to\infty}\frac{5}{x^2}}=\frac{1}{2}$;

(3) $\lim\limits_{x\to 2}\frac{x-2}{x^2-4}=\lim\limits_{x\to 2}\frac{(x-2)}{(x-2)(x+2)}=\lim\limits_{x\to 2}\frac{1}{(x+2)}=\frac{1}{4}$;

(4) $\lim\limits_{x\to 3}\left(\frac{1}{x-3}-\frac{6}{x^2-9}\right)=\lim\limits_{x\to 3}\left[\frac{x+3}{(x-3)(x+3)}-\frac{6}{x^2-9}\right]=\lim\limits_{x\to 3}\frac{x-3}{(x-3)(x+3)}=\frac{1}{6}$。

32. $k=-3$。

33. $a=1$、$b=-1$。

34. (1) 不正确;(2) 不正确。

35. (1) ω;(2) 3;(3) $\frac{3}{5}$;(4) 2;(5) x。

36. (1) e^{-3};(2) e^4;(3) e^{-2};(4) e^2。

37. $k=\ln 3$。

38. (1) $\Delta y=0.9$;(2) $\Delta y=-1.16$;(3) $\Delta y=-0.01$。

39. (1) 连续;(2) 不连续。

40. $x\neq -3, x\neq 2$, $\lim\limits_{x\to 0}f(x)=\frac{1}{2}$, $\lim\limits_{x\to 2}f(x)=\infty$, $\lim\limits_{x\to -3}f(x)=-\frac{8}{5}$。

41. (1) $\sqrt{5}$;(2) 1;(3) $\frac{\pi}{3}$;(4) $\frac{e^{-2}+1}{-2}$;(5) $\sqrt{e}$;(6) $\frac{1}{2}$。

42. (1) 1;(2) 0;(3) e;(4) cose;(5) 1。

43. $a=1$。

44. $a=b=1$。

45. (1) $x=\pm 1$,第二类间断点;(2) $x=-1,2,-3$,第二类间断点;

(3) $x=k\pi$, $k\in Z$,其中 $x=0$ 为第一类间断点,是可去型间断点,补充定义 $y|_{x=0}=1$。其他为第二类间断点;

(4) $x=0$ 为第一类间断点,是可去型间断点,补充定义 $y|_{x=0}=-1$;

(5) $x=\frac{k\pi}{2}+\frac{\pi}{8}$, $k\in Z$,第二类间断点;(6) $x=1$ 为第一类间断点,是可去型间断点,补充定义 $y|_{x=1}=-2$。$x=2$ 为第二类间断点;

(7) $x=1$ 为第一类间断点;(8) $x=0$ 为第二类间断点,$x=1$ 为第一类间断点。

46. 略。47. 略。

第二章

1. 略。

2. $v(3)=27$。

3. (1) $y' = 4x^3$；(2) $y' = \frac{2}{3\sqrt[3]{x}}$；(3) $y' = 1.6x^{0.6}$；

(4) $y' = \frac{-1}{2\sqrt{x^3}}$；(5) $y' = \frac{-2}{x^3}$；(6) $y' = \frac{11}{5}\sqrt[5]{x^6}$。

4. $y = \frac{\sqrt{3}}{2} + \frac{1}{2}(x - \frac{\pi}{3})$。

5. $(-1, -1)$，$(1, 1)$。

6. $y = 4(x-1)$ 或 $y = 8(x-2)$。

7. $a = c = \frac{b}{2}(a \neq 0)$。

8. (1) $A = f'(x_0)$；(2) $A = -f'(x_0)$；(3) $A = -f'(x_0)$；(4) $A = 2f'(x_0)$。

9. (1) 连续但不可导；(2) 连续但不可导；(3) 可导。

10. $v(t) = T'(t)$。

11. $m'(x_0)$。

12. (1) 4；(2) 40；(3) $4x$。

13. (1) $y' = 6x + 5$；(2) $y' = \frac{1}{\sqrt{x}} + \frac{1}{x^2}$；(3) $y' = 3x^2 - 4\sin x$；

(4) $y' = \frac{3}{x\ln 2} + \sin x$；(5) $y' = 4(2x-1)$；(6) $y' = \frac{3}{x} + \frac{2}{x^2}$；

(7) $y' = 2x\cos x - x^2\sin x$；(8) $y' = \tan x + x\sec^2 x + \csc x\cot x$；

(9) $y' = \frac{1-2\ln x}{x^3}$；(10) $y' = (x-b)(x-c) + (x-a)(x-c) + (x-a)(x-b)$；

(11) $y' = \sin x(\tan x + x + x\sec^2 x)$；(12) $y' = \frac{2}{(x+1)^2}$；(13) $y' = \frac{-2}{x(1+\ln x)^2}$；

(14) $s' = \frac{2\cos x}{(1-\sin x)^2}$；(15) $y' = \frac{x\sec^2 x - \tan x}{x^2}$；(16) $y' = \frac{-4x}{(1+x^2)^2}$。

14. (1) $y'|_{x=\frac{\pi}{6}} = \frac{1}{2}$ ；$y'|_{x=\frac{\pi}{4}} = 0$。(2) $f'(0) = \frac{3}{25}$；$f'(2) = \frac{17}{15}$。

15. (1) $y' = 8(2x+5)^3$；(2) $y' = 5\cos(5t + \frac{\pi}{4})$；

(3) $y' = \frac{-\sin\sqrt{x}}{2\sqrt{x}}$；(4) $y' = 2\tan x\sec^2 x$；(5) $y' = \frac{1}{x-1}$；(6) $y' = \frac{-2x}{(1+x^2)^2}$；

(7) $y' = \frac{-x}{\sqrt{1-x^2}}$；(8) $y' = \frac{2}{(1-2x)^2}$。

16. (1) $y' = 15(3x+1)^4$；(2) $y' = \frac{x}{\sqrt{(1-x^2)^3}}$；(3) $s' = A\omega\cos(\omega t + \varphi)$；

(4) $y' = 3x^2\cos(x^3)$；(5) $y' = 2\sec^2 x\tan x$；(6) $y' = \frac{1}{x^2}\csc^2\frac{1}{x}$；

(7) $u' = 3(v+1)\sqrt{v^2 + 2v + \sqrt{2}}$；(8) $y' = n(ax + \frac{b}{x})^{n-1}(a - \frac{b}{x^2})$；

(9) $y' = \frac{1}{\sqrt{(1+t)(1-t)^3}}$；(10) $y' = -2a\omega\sin(4\omega t + 2\varphi)$；(11) $y' = \frac{\cos x}{2\sqrt{1+\sin x}}$；

(12) $y' = -\frac{\sec^2 x}{2\sqrt{\tan^3 x}}$；(13) $y' = \frac{-2}{(1-2x)\ln 10}$；(14) $y' = \frac{\ln x}{x\sqrt{1+\ln^2 x}}$；

(15) $y' = 4(1+\sin^2 x)^3 \sin 2x$；(16) $y' = \dfrac{x\cos\sqrt{1+x^2}}{\sqrt{1+x^2}}$；(17) $y' = \dfrac{-x\sin x^2}{\sqrt{\cos x^2}}$；

(18) $y' = \dfrac{1}{x\ln(\ln x)\cdot \ln x}$；(19) $y' = \dfrac{2x+1}{(x^2+x+1)\ln a}$；(20) $y' = \dfrac{-2\sin 6x}{\sqrt[3]{(1+\cos 6x)^2}}$；

(21) $y' = \dfrac{3}{x} + \dfrac{x}{1+x^2}$；(22) $y' = \dfrac{1}{\sqrt{1+x^2}}$。

17. (1) $y' = \dfrac{1}{3}\sin\dfrac{2x}{3}\cot\dfrac{x}{2} - \dfrac{1}{2}\sin^2\dfrac{x}{3}\csc^2\dfrac{x}{2}$；

(2) $y' = \dfrac{\sin 2x\sin x^2 - 2x\sin^2 x\cos x^2}{(\sin x^2)^2}$；(3) $y' = \dfrac{(1-\frac{1}{x^2})\sec^2(x+\frac{1}{x})}{2\sqrt{1+\tan(x+\frac{1}{x})}}$；

(4) $y' = \dfrac{2x\cos 2x - \sin 2x}{x^2}$；(5) $y' = (1+x)\sin 2x - \cos^2 x$。

18. (1) 不正确，$(\sin\dfrac{4}{x^2})' = \dfrac{-8}{x^3}\cos\dfrac{4}{x^2}$；(2) 不正确，$(\ln(1+x^2))' = \dfrac{2x}{1+x^2}$；

(3) 不正确，$(x^2+\sqrt{1+x^3})' = 2x + \dfrac{(1+x^3)'}{2\sqrt{1+x^3}} = 2x + \dfrac{3x^2}{2\sqrt{1+x^3}}$。

19. (1) $\dfrac{dy}{dx} = 2xf'(x^2)$；(2) $\dfrac{dy}{dx} = af'(ax+b)$；

(3) $\dfrac{dy}{dx} = an[f(ax+b)]^{n-1}f'(ax+b)$；(4) $\dfrac{dy}{dx} = an(ax+b)^{n-1}f'[(ax+b)^n]$。

20. (1) $y' = 2xe^x + 2e^x + 5x^4$；(2) $y' = \dfrac{x^2e^x - 2xe^x}{x^4}$；(3) $y' = 10x^9 + 10^x\ln 10$；

(4) $s' = -3e^{-t}$；(5) $y' = 0$；(6) $y' = \dfrac{-x\arccos x}{\sqrt{1-x^2}} - 1$；(7) $y' = \dfrac{\frac{x}{\sqrt{1-x^2}} - \arcsin x}{x^2}$；

(8) $y' = \dfrac{-1}{\sqrt{(x+1)(3-x)}}$；(9) $y' = \sec^2 x + \dfrac{1}{1+x^2}$；(10) $y' = \dfrac{\arctan x}{2\sqrt{x}} + \dfrac{\sqrt{x}}{1+x^2}$；

(11) $y' = -(x^2+1)e^{-x}$；(12) $y' = \dfrac{-1}{x(x+\sqrt{1+x^2})\sqrt{1+x^2}}$；(13) $y' = \dfrac{2\arcsin x}{\sqrt{1-x^2}}$；

(14) $y' = \dfrac{-1}{2\sqrt{x-x^2}}$；(15) $y' = \dfrac{e^{\frac{1}{x}}}{-x^2}$；(16) $y' = \dfrac{e^x}{2\sqrt{1+e^x}}$；

(17) $y' = 2^x\ln 2\cos 2^x$；(18) $y' = e^{2t}(2\cos 3t - 3\sin 3t)$；(19) $y' = \dfrac{-1}{1+x^2}$；

(20) $y' = \dfrac{e^x}{1+e^{2x}}$；(21) $y' = \dfrac{4\arctan\frac{x}{2}}{4+x^2}$；(22) $\dfrac{4}{(e^t+e^{-t})^2}$。

21. (1) $\dfrac{dy}{dx} = \dfrac{y}{y-x}$；(2) $\dfrac{dy}{dx} = \dfrac{ay-x^2}{y^2-ax}$；(3) $\dfrac{dy}{dx} = \dfrac{y-e^{x+y}}{e^{x+y}-x}$；(4) $\dfrac{dy}{dx} = \dfrac{-e^y}{1+xe^y}$。

22. (1) $y' = x^x(\ln x+1)$；(2) $y' = (\dfrac{x}{1+x})^x(\ln\dfrac{x}{1+x} + \dfrac{1}{1+x})$

(3) $y' = \dfrac{\sqrt{x+2}(3-x)^4}{(x+1)^5}(\dfrac{1}{2x+4} - \dfrac{4}{3-x} - \dfrac{5}{x+1})$。

23. $\dfrac{dy}{dx}\Big|_{x=0} = \dfrac{1}{2}$。

24. 略。

25. (1) $\frac{dy}{dx}=\frac{b}{2at}$;(2) $\frac{dy}{dx}=\frac{\sin t}{1-\cos t}$;(3) $\frac{dy}{dx}=\frac{\cos\theta-\theta\sin\theta}{1-\sin\theta-\theta\cos\theta}$;(4) $\frac{dy}{dx}=\frac{v_0\sin a-gt}{v_0\cos a}$。

26. $\sqrt{3}-2$。

27. 不一定,如 $y=\cos x$、$y=\sqrt[3]{x^4}$ 等。

28. (1) $y'''=60x^2-72x$;(2) $y'''=e^x-e^{-x}$;(3) $y''=4(\cos 2x-x\sin 2x)$;

(4) $y''=9e^{3x+1}$;(5) $y''=\frac{2(1-x^2)}{(1+x^2)^2}$;(6) $y''=\frac{2(x-1)}{(x^2-2x+2)^2}$。

29. (1) $y^{(n)}=(-1)^{n+1}n!(1-x)^{-(n+1)}$;(2) $y^{(n)}=\frac{n!}{2}[\frac{(-1)^n}{(1+x)^{(n+1)}}+\frac{1}{(1-x)^{(n+1)}}]$;

(3) $y^{(n)}=2^n\sin(2x+\frac{n\pi}{2})$;(4) $y^{(n)}=2^{(n-1)}\cos(2x+\frac{n\pi}{2})$。

30. (1) $y''|_{x=0}=30$;(2) $f''(0)=-2$;(3) $y''|_{x=0}=-1$。

31. $a(t)=\frac{d^2s}{dt^2}=-A\omega^2\sin\omega t$。

32. (1) $\xi=\frac{5\pm\sqrt{13}}{12}$;(2) $\xi=e-1$。

33. 三个,分别在区间(1,2)、(2,3)、(3,4)内。

34. 略。

35. 略。

36. (1) $\frac{8}{9}$;(2) 2;(3) 1;(4) $\cos a$;(5) 1;(6) 0;(7) 0;(8) $+\infty$;(9) $\frac{1}{2}$;(10) 1;(11) $+\infty$;

(12) $\frac{3}{5}$;(13) 0;(14) $\frac{1}{2}$。

37. $\lim\limits_{x\to+\infty}\frac{x-\sin x}{x+\sin x}=\lim\limits_{x\to+\infty}\frac{1-\frac{\sin x}{x}}{1+\frac{\sin x}{x}}=1$。

38. $\lim\limits_{x\to+\infty}\frac{\sqrt{1+x^4}}{x^2}=\lim\limits_{x\to+\infty}\sqrt{\frac{1}{x^4}+1}=1$。

39. 单调递减。

40. (1) 单增区间:$(-\infty,-1]$,$[3,+\infty)$,单减区间:$(-1,3)$;

(2) 单增区间:$[2,+\infty)$,单减区间:$(0,2)$;

(3) 单增区间:$(0,+\infty)$,单减区间:$(-\infty,0]$;

(4) 单增区间:$[-\pi,\pi]$。

41. (1) $x=-1$ 极大值点,极大值为 $y=10$,$x=3$ 极小值点,极小值为 $y=-22$;

(2) $x=0$ 极小值点,极小值为 $y=0$;

(3) $x=\pm1$ 极大值点,极大值为 $y=1$,$x=0$ 极小值点,极小值为 $y=0$;

(4) $x=\frac{3}{4}$ 极大值点,极大值为 $y=\frac{5}{4}$;

(5) $x=\frac{-\ln 2}{2}$ 极小值点,极小值为 $y=2\sqrt{2}$;

(6) $x=2k\pi+\frac{\pi}{4}$ 极大值点,极大值为 $y=\frac{\sqrt{2}}{2}e^{2k\pi+\frac{\pi}{4}}$,$x=2k\pi+\frac{5\pi}{4}$ 极小值点,极小值为 $y=\frac{-\sqrt{2}}{2}e^{2k\pi+\frac{5\pi}{4}}$

$(k\in Z)$。

42. $a=2$ 时，在 $x=\frac{\pi}{3}$ 处取得极值，是极大值，$f(\frac{\pi}{3})=\sqrt{3}$。

43.（1）最大值 80，最小值 -5；（2）最大值 11，最小值 -14。

44. $x=1$ 时，y 的值最小，最小值 -2。

45. 两部分均为 8。

46. 长 = 宽 = $\frac{周长}{4}$ 时。

47. 直径为 $\sqrt[3]{\frac{4V}{\pi}}$，高为 $\sqrt[3]{\frac{V}{16\pi}}$。

48. $x=\sqrt{\frac{40}{4+\pi}}$。

49. 长 = 10，宽 = 5。

50.（1）曲线 $y=4x-x^2$ 是凸的；（2）凹区间 $(0,+\infty)$，凸区间 $(-\infty,0)$；
（3）曲线 $y=(x+1)^4+e^x$ 是凹的。

51.（1）凹区间 $(\frac{5}{3},+\infty)$，凸区间 $(-\infty,\frac{5}{3})$，拐点是 $(\frac{5}{3},\frac{20}{27})$；

（2）凹区间 $(2,+\infty)$，凸区间 $(-\infty,2)$，拐点是 $(2,\frac{2}{e^2})$；

（3）凹区间 $(-1,1)$，凸区间 $(-\infty,-1)$、$(1,+\infty)$，拐点是 $(\pm1,\ln 2)$。

52 ~ 54. 略。

55. $\Delta y=1.161$，$dy=1.1$，$\Delta y-dy=0.061$。

56.（1）$dy=(\frac{1}{2\sqrt{x}}-\frac{1}{x^2})dx$；（2）$dy=(\sin 2x+2x\cos 2x)dx$；（3）$dy=\frac{dx}{\sqrt{(x^2+1)^3}}$；

（4）$dy=\frac{-2\ln(1-x)dx}{1-x}$；（5）$dy=2xe^{2x}(1+x)dx$；

（6）$dy=e^{-x}[\sin(3-x)-\cos(3-x)]dx$；（7）$dy=\frac{-2xdx}{1+x^4}$；

（8）$dy=8x\tan(1+2x^2)\sec^2(1+2x^2)dx$；

（9）$dy=-2xe^{-x^2+3}dx$；（10）$dy=\frac{-dx}{\sqrt{2x-x^2}}$。

57.（1）$d(2x+C)=2dx$；（2）$d(\frac{3}{2}x^2+C)=3xdx$；（3）$d(\sin t+C)=\cos tdt$；

（4）$d(\frac{-\cos 3x}{3}+C)=\sin 3xdx$；（5）$d(\ln(1+x)+C)=\frac{1}{1+x}dx$；

（6）$d(\frac{-e^{-2x}}{2}+C)=e^{-2x}dx$；（7）$d(2\sqrt{x}+C)=\frac{1}{\sqrt{x}}dx$；

（8）$d(\frac{\tan 3x}{3}+C)=\sec^2 3xdx$。

58. 0.356π 克。

59. 略。

60.（1）$\sqrt[3]{996}\approx 9.986667$；（2）$\cos 29^0\approx\frac{\sqrt{3}}{2}+\frac{\pi}{360}$。

61. $f(x)=\frac{\sqrt{2}}{2}[1-(x-\frac{\pi}{4})-\frac{1}{2}(x-\frac{\pi}{4})^2+\frac{1}{6}(x-\frac{\pi}{4})^3+\frac{1}{24}(x-\frac{\pi}{4})^4]+R_4(x)$

其中 $R_4(x)=\frac{-\sin\xi}{120}(x-\frac{\pi}{4})^5$ （ξ 在 $\frac{\pi}{4}$ 与 x 之间）。

62. $f(x) = e^{-a}\left[1-(x-a)+\frac{1}{2}(x-a)^2-\frac{1}{6}(x-a)^3+\frac{1}{24}(x-a)^4\right]+R_4(x)$

其中 $R_4(x) = \frac{-e^{-\xi}}{120}(x-a)^5$ （ξ 在 a 与 x 之间）。

63. $f(x) = x+x^2+\frac{x^3}{2!}+\cdots+\frac{x^n}{(n-1)!}+R_n(x)$

其中 $R_n(x) = \frac{(n+1+\theta x)e^{\theta x}}{(n+1)!}x^{n+1}(0<\theta<1)$。

64. $\tan x = x+\frac{2\sec^2\xi(2\tan^2\xi+\sec^2\xi)x^3}{3!}$ （$0<\xi<x$）。

65. $\frac{79}{48}\approx 1.6458$，产生的误差为 $|R_3(x)| = \left|\frac{e^{\theta x}}{4!}x^4\right| < \frac{3}{16\times 4!} = \frac{1}{128}$。

第三章

1. $\frac{5}{2}x^2+1$

2. $\frac{1}{4}x^4+x-\frac{5}{4}$

3. (1) $\frac{3}{2}t^2-3t+3$；(2) $1+\sqrt{2}$

4. $\frac{1}{3}x^3+x+1$

5. (1) $\frac{3}{4}x^{\frac{4}{3}}-2\sqrt{x}+x+C$；(2) $\frac{1}{5}x^5-\frac{12}{29}x^{\frac{29}{6}}+\frac{3}{14}x^{\frac{14}{3}}+C$；

(3) $-\cos x-3e^x+2\arcsin x+C$；(4) $\frac{2}{\ln\frac{a}{3}}\left(\frac{a}{3}\right)^x-\frac{5}{\ln\frac{e}{3}}\left(\frac{e}{3}\right)^x+C$；

(5) $\frac{a^x}{\ln a}-2\sqrt{x}+C$；(6) $-\frac{1}{x}-\arctan x+C$，(7) $-x+\frac{x^3}{3}+\arctan x+C$；

(8) $10^{-x}\left(-\frac{2^{x-2}}{\ln 5}-\frac{3^{x-1}}{\ln\frac{10}{3}}\right)+C$；(9) $\tan x+\sec x+C$；(10) $\frac{x}{2}+\frac{\sin x}{2}+C$；

(11) $\cos x-\sin x+C$；(12) $\tan x+x+C$；(13) $x-\frac{a^x}{\ln a}+\frac{a^{2x}}{2\ln a}+C$；

(14) $\frac{a^{2x}b^2}{2\ln a}+\frac{a^2b^{2x}}{2\ln b}-\frac{2a^{x+1}b^{x+1}}{\ln ab}+C$；(15) $\frac{1}{b+\ln b}(be^b)^x+C$；(16) $\frac{4}{3}x^{\frac{3}{4}}+C$；

(17) $\frac{1}{2}x+\frac{1}{2}\tan x+C$；(18) $2\tan x+C$。

6. (1) $\frac{1}{5}\sin 5x+C$；(2) $-\frac{5^{-3x}}{15\ln 5}+C$； (3) $\frac{1}{2}\ln(1+x^2)+C$；

(4) $-\frac{1}{12}(1-2x)^6+C$；(5) $-(1-x^2)^{\frac{1}{2}}+C$；(6) $-\frac{1}{24(1+x^4)^6}+C$；

(7) $\frac{\sin 2^x}{\ln 2}+C$；(8) $\frac{2}{3}(1+\ln x)^{\frac{3}{2}}+C$； (9) $\frac{1}{4}(\arctan x)^4+C$；

(10) $\frac{2}{3}(\arcsin x)^{\frac{3}{2}}+C$；(11) $2\sqrt{1+\tan x}+C$；

(12) $\frac{-1}{6}\cos^6 x+C$； (13) $\frac{1}{5}\arcsin\frac{5}{\sqrt{3}}x+C$；

(14) $\frac{2\sqrt{x^3}}{3}-x+2\sqrt{x}-2\ln(1+\sqrt{x})+C$;

(15) $-\frac{3}{2}\sqrt[3]{(1-x)^2}+3\sqrt[3]{1-x}-3\ln(1+\sqrt[3]{1-x})+C$;

(16) $(2x-1)^{\frac{1}{2}}+2(2x-1)^{\frac{1}{4}}+2\ln(\sqrt[4]{2x-1}-1)+C$;

(17) $-\sqrt{2+2x-x^2}-\arcsin\frac{1-x}{\sqrt{3}}+C$; (18) $-\arcsin\frac{1-2x}{\sqrt{5}}+C$;

(19) $\ln\frac{\sqrt{1+e^x}-1}{\sqrt{1+e^x}+1}+C$; (20) $\frac{1}{3}\arctan\frac{1+x}{3}+C$。

7. (1) $\frac{x3^x}{\ln 3}-\frac{3^x}{(\ln 3)^2}+C$; (2) $\frac{1}{2}x\sin 2x+\frac{1}{4}\cos 2x+C$; (3) $\frac{xa^x}{\ln a}-\frac{1+\ln a}{(\ln a)^2}a^x+C$;

(4) $\frac{1}{4}x^4\ln x-\frac{1}{16}x^4+C$; (5) $x\arctan x-\frac{1}{2}\ln(1+x^2)+C$;

(6) $\frac{1}{\ln 5}\left[x\ln(2x-1)-\frac{1}{2}\ln(2x-1)-x\right]+C$;

(7) $-\frac{1}{4}(2x^2-1)\cos 2x+\frac{1}{2}x\sin 2x+C$; (8) $x\ln(1+x^2)+2\arctan x-2x+C$;

(9) $e^x(x^2-2x+2)+C$; (10) $\frac{1}{(\ln 2)^2}[x(\ln x)^2-2x\ln x+2x]+C$;

(11) $-2\sqrt{x}\cos\sqrt{x}+2\sin\sqrt{x}+C$; (12) $2\sqrt{x}\ln x-4\sqrt{x}+C$;

(13) $\frac{1}{2}x\sin(\ln x)-\frac{1}{2}x\cos(\ln x)+C$; (14) $x-\sqrt{1-x^2}\arcsin x+C$;

(15) $\ln x\ln(\ln x)-\ln x+C$; (16) $\ln(\cos x)\tan x+\tan x-x+C$;

(17) $\arctan(e^x)+C$; (18) $\frac{2}{5}\sqrt{x}e^{5\sqrt{x}}-\frac{2}{25}e^{5\sqrt{x}}+C$;

(19) $\frac{2}{13}e^{2x}\cos 3x+\frac{3}{13}e^{2x}\sin 3x+C$; (20) $2\sqrt{x}\arctan\sqrt{x}-\ln(1+x)+C$;

(21) $\frac{1}{6}x^3+\frac{1}{2}x^2\sin x+x\cos x-\sin x+C$;

(22) $x(\arcsin x)^2+2\sqrt{1-x^2}\arcsin x-2x+C$。

8. (1) $-\frac{1}{(x-1)^2}-\frac{1}{x-1}+C$; (2) $\frac{-1}{2(1+x)^2}+\frac{2}{1+x}+\ln x^2-\ln(1+x)^2+C$;

(3) $5\ln|x-3|-3\ln|x-2|+C$; (4) $\frac{-2}{x-1}+\ln|x|+C$;

(5) $\frac{1}{6}\ln(1+x^2)-\frac{1}{6}\ln(4+x^2)+C$; (6) $-\frac{3}{x+3}-2\ln(2+x)+2\ln(3+x)+C$;

(7) $(\frac{x}{2}-1)\sqrt{x^2-1}+\frac{1}{2}\ln(x+\sqrt{x^2-1})+C$; (8) $\frac{1}{2}\arctan(2\tan\frac{x}{2})+C$;

(9) $\frac{3\arctan\left(\frac{\tan\frac{x}{2}}{\sqrt{2}}\right)}{\sqrt{2}}+\ln(3+\cos x)+C$; (10) $\frac{x}{2}-\frac{1}{2}\ln(\cos x+\sin x)+C$。

第四章

1. $\int_0^1\rho(x)\mathrm{d}x$。

2. (略)

3. (1) $\int_0^1 x^2 dx > \int_0^1 x^3 dx$; (2) $\int_3^4 \ln x dx < \int_3^4 (\ln x)^2 dx$; (3) $\int_0^1 x dx > \int_0^1 \ln(1+x) dx$。

4. (1) $3 \leqslant \int_{-1}^2 (x^2+1) dx \leqslant 15$; (2) $0 \leqslant \int_1^2 \ln x dx \leqslant \ln 2$; (3) $0 \leqslant \int_0^1 \sqrt{x-x^2} dx \leqslant \frac{1}{2}$。

5. 证:∵ $-|f(x)| \leqslant f(x) \leqslant |f(x)|$,由性质得 $-\int_a^b |f(x)| dx \leqslant \int_a^b f(x) dx \leqslant \int_a^b |f(x)| dx$,即 $\left|\int_a^b f(x) dx\right| \leqslant \int_a^b |f(x)| dx$。

6. $-e^{-y}\cos x$ (或 $\frac{\cos x}{\sin x - 1}$)。

7. 极小值 $y(0)=0$。

8. (1) $\frac{8\sqrt{2}-1}{6}$; (2) $\ln 2$; (3) $\sqrt{3}-\frac{\pi}{3}$; (4) $\frac{3}{4}$; (5) 4; (6) $\frac{32}{3}$。

9. $\cos x^2$, $-\cos x^2$, $2x\cos x^4 - \cos x^2$。

10. (1) 2; (2) -1。

11. (1) $\frac{\pi}{16}$; (2) $2\ln\frac{3}{2}$; (3) $\frac{\pi}{8}+\frac{1}{4}$; (4) $\frac{\pi}{36}$; (5) $2-\frac{\pi}{2}$; (6) $\frac{\pi}{2}$。

12. (1) 0; (2) $\frac{\pi^3}{324}$; (3) 0。

13 ~ 14(略)

15. (1) $\frac{\pi}{2}-1$; (2) $4(2\ln 2-1)$; (3) $\frac{1}{2}(e\sin 1 - e\cos 1 + 1)$; (4) $2-\frac{2}{e}$; (5) π^2; (6) $\frac{e}{2}-1$。

16. (略)

17. (1) $\frac{1}{3}$; (2) $e+\frac{1}{e}-2$; (3) $\frac{1}{2}+\ln 2$; (4) $\frac{3}{8}\pi a^2$; (5) πa^2。

18. $\frac{9}{4}$。

19. $\frac{16}{3}p^2$。

20. (1) $\frac{3}{10}\pi$; (2) $\frac{\pi}{2}$; (3) $160\pi^2$; (4) $5\pi^2 a^3$。

21. (1) $2\sqrt{3}-\frac{4}{3}$; (2) $6a$; (3) $\frac{a}{2}[2\pi\sqrt{1+4\pi^2}+\ln(2\pi+\sqrt{1+4\pi^2})]$。

22. 60 焦耳。

23. 1.764×10^5 牛顿。

24. $-\frac{2km\rho l}{a\sqrt{4a^2+l^2}}$, $-\frac{2km\rho}{a}$。

25. $\frac{1}{2}gT$。

26. $\overline{C}=\frac{C_0}{kT}(1-e^{-kT})$。

27. 0.3375, 1.0125。

28. (1) $\frac{1}{2}$; (2) $k \leqslant 1$ 时发散; $k > 1$ 时收敛于 $\frac{(\ln 2)^{1-k}}{k-1}$; (3) $\frac{\pi}{6}$; (4) $\frac{1}{2}$; (5) 1; (6) -1; (7) π; (8) 发散。

29. (略)

30. $\dfrac{1}{k^2}$

31. (1)(略);(2) 11.2 km/s

第五章

1. (1) $1-\dfrac{1}{2}+\dfrac{1}{3}-\dfrac{1}{4}+\dfrac{1}{5}-\cdots$;(2) $\dfrac{1!}{1^1}+\dfrac{2!}{2^2}+\dfrac{3!}{3^3}+\dfrac{4!}{4^4}+\dfrac{5!}{5^5}+\cdots$。

2. (1) $(-1)^{n-1}\dfrac{n+1}{n}$;(2) $\dfrac{a^{2n}}{2\cdot4\cdot6\cdot\cdots\cdot2n}$;(3) $(-1)^{n-1}\dfrac{a^{n+1}}{2n+1}$;

(4) $(-1)^{n-1}\dfrac{(n+1)x^n}{n(n+1)}$。

3. (1) 收敛;(2) 发散;(3) 收敛;(4) 发散。

4. (1) 收敛;(2) 收敛;(3) 发散。

5. (1) 收敛;(2) 收敛;(3) $a>1$ 收敛,$a\leqslant1$ 发散。

6. (1) 收敛;(2) 收敛;(3) 收敛。

7. (1) 条件收敛;(2) 绝对收敛。

8. (1) 收敛;(2) 收敛。

9. (1) $(-\infty,+\infty)$;(2) $\left[-\dfrac{1}{2},\dfrac{1}{2}\right]$;(3) $[-1,1]$;(4) $[-1,0)$。

10. (1) $\dfrac{1}{(1-x)^2}$;(2) $-\ln(1-x)$;(3) $\dfrac{1}{4}\ln\dfrac{1+x}{1-x}+\dfrac{1}{2}\arctan x-x$。

11. (1) $\ln(a+x)=\ln a+\sum\limits_{n=1}^{\infty}(-1)^{n-1}\dfrac{1}{na^n}x^n,(-a,a]$;

(2) $\sin\dfrac{x}{2}=\sum\limits_{n=1}^{\infty}\dfrac{(-1)^{n-1}}{(2n-1)!}\dfrac{1}{2^{2n-1}}x^{2n-1},(-\infty,+\infty)$;

12. $\dfrac{1}{x}=\dfrac{1}{3}\sum\limits_{n=0}^{\infty}(-1)^n\dfrac{(x-3)^n}{3^n},(0,6)$。

13. (1) 1.648;(2) 2.00430。

14. 0.4940。

第六章

1. $|OA|=5\sqrt{2},d_x=\sqrt{34},d_y=\sqrt{41},d_z=5$。

2. 略。

3. $P(-2,0,0)$ 或 $P(-4,0,0)$。

4. $(0,1,-2)$。

5. $4x^2+4y^2+4z^2-27x-18y+45z+171=0$。

6. (1) 球心 $(1,-2,2),R=4$;(2) 球心 $(0,0,\dfrac{5}{4}),R=\dfrac{\sqrt{89}}{4}$。

7. $(x-1)^2+(y-3)^2+(z+2)^2=14$。

8. (1) $(3,2,6)$ 或 $(3,-2,6)$;(2) 空间曲线:$x^2+y^2=13,z=6$。

9. 球心为 $(1,-2,-1)$,半径为 $R=\sqrt{6}$ 的球面。

10. (1) 母线平行于 z 轴的椭圆柱面;(2) 母线平行于 z 轴的圆柱面;(3) 母线平行于 z 轴的抛物柱面;(4) 两个平行平面;(5) 坐标原点;(6) y 轴。

11. 球面 $(x+2)^2+(y+3)^2+(z+4)^2=58$。

12. 不能表示,正确方程为 $x^2+y^2=R^2, z=0$。
13. 母线平行于 x 轴的柱面方程为 $3y^2-z^2=16$;母线平行于 y 轴的柱面方程为 $3x^2+2z^2=16$。
14. $5x^2-3y^2=1$。
15. $y-z=-2, x=0$。
16. $x^2+4z^2-2x-2z-2=0, y=0$。
17. (1) $5x^2+y^2=25, z=0$;(2) $\dfrac{x^2}{\left(\frac{1}{\sqrt{2}}\right)^2}+\dfrac{\left(y-\frac{1}{2}\right)^2}{\left(\frac{1}{2}\right)^2}=1, z=0$;
(3) $2x^2-2x+y^2=8, z=0$。
18. (1) $\boldsymbol{a}\perp\boldsymbol{b}$;(2) $\boldsymbol{a}$、$\boldsymbol{b}$ 同向;(3) $\boldsymbol{a}$、$\boldsymbol{b}$ 同向。
19. $\{12,-2,0\}$。
20. $|\boldsymbol{a}|=\sqrt{3}, |\boldsymbol{b}|=\sqrt{38}, |\boldsymbol{c}|=3$;$\boldsymbol{a}=\sqrt{3}\boldsymbol{a}^0, \boldsymbol{b}=\sqrt{38}\boldsymbol{b}^0, \boldsymbol{c}=3\boldsymbol{c}^0$。
21. $A(-2,4,-8), |a|=9, \cos\alpha=\dfrac{4}{9}, \cos\beta=-\dfrac{4}{9}, \cos\gamma=\dfrac{7}{9}$。
22. $z=7$ 或 $z=1$。
23. $B(18,17,-17)$。
24. $x=15, z=-\dfrac{1}{5}$。
25. (1) -1;(2) 6。
26. $\lambda=2\mu$。
27. (1) $\{0,-1,-1\}$;(2) 2;(3) $\{2,1,21\}$。
28. 6。
29. $3\sqrt{10}$。
30. $\pm\dfrac{\sqrt{3}}{3}\{1,-1,1\}$。
31. (1) $x-4y+5z+15=0$;(2) $2x-y-z=0$;(3) $x-3y-2z=0$。
32. (1) $y+5=0$;(2) $x+3y=0$;(3) $x+y+z=6$。
33. (1) $\begin{cases}x-1=0\\y-2=0\end{cases}$;(2) $\dfrac{x}{1}=\dfrac{y+3}{-3}=\dfrac{z-2}{-1}$。

第七章

1. $t^2\cdot f(x,y)$
2. $(x+y)^{xy}+(xy)^{2x}$
3. 9
4. (1) $x\geqslant0, y\geqslant0$ 或 $x\leqslant0, y\leqslant0$;(2) $y^2>2x-1$;(3) $x-1\leqslant y<x$;
(4) $y^2\leqslant4x, 0<x^2+y^2<1$;(5) $x>0, y>0, z>0$;
(6) $1\leqslant x^2+y^2, 4x^2+9y^2<36$。
5. (1) 1;(2) -4;(3) 0;(4) 0。
6. 略
7. (1) $y=x$;(2) $x^2+y^2=1$;(3) 点 (a,b,c);(4) $y^2=2x$。
8. (1) $\dfrac{\partial z}{\partial x}=y+\dfrac{1}{y}, \dfrac{\partial z}{\partial y}=x-\dfrac{x}{y^2}$;(2) $\dfrac{\partial z}{\partial x}=-\dfrac{y}{x^2+y^2}, \dfrac{\partial z}{\partial y}=\dfrac{x}{x^2+y^2}$;
(3) $\dfrac{\partial z}{\partial x}=y\cos(xy)-2y\cos(xy)\cdot\sin(xy)$,

$\frac{\partial z}{\partial y}=x\cos(xy)-2x\cos(xy)\cdot\sin(xy)$；

(4) $\frac{\partial z}{\partial x}=2x\ln(x^2+y^2)+\frac{2x^3}{x^2+y^2},\frac{\partial z}{\partial y}=\frac{2x^2y}{x^2+y^2}$；

(5) $\frac{\partial z}{\partial x}=\frac{1}{2x\sqrt{\ln(xy)}},\frac{\partial z}{\partial y}=\frac{1}{2y\sqrt{\ln(xy)}}$；

(6) $\frac{\partial z}{\partial x}=y^2(1+xy)^{y-1},\frac{\partial z}{\partial y}=(1+xy)^y\ln(1+xy)+xy(1+xy)^{y-1}$；

(7) $\frac{\partial u}{\partial x}=\frac{y}{z}x^{\frac{y}{z}-1},\frac{\partial u}{\partial y}=\frac{1}{z}x^{\frac{y}{z}}\ln x,\frac{\partial u}{\partial z}=-\frac{y}{z^2}x^{\frac{y}{z}}\ln x$；

(8) $u'_x=2x+2y,u'_y=2y+2x+2z,u'_z=2z+2y$。

9. (1) $f'_x(1,2)=8,f'_y(1,2)=-7$；(2) $\frac{\partial z}{\partial x}\big|_{\substack{x=1\\y=1}}=\frac{\partial z}{\partial y}\big|_{\substack{x=1\\y=1}}=-2\mathrm{e}^{-2}$；

(3) $f'_x(2,1)=-\frac{\sqrt{\mathrm{e}}}{4},f'_y(2,1)=\frac{\sqrt{\mathrm{e}}}{2}$；(4) $f'_x(-2,2)=\frac{\ln 2}{4},f'_y(-2,2)=-\frac{1}{16}$。

10. 略。

11. (1) $z''_{xx}=12x^2-8y^2,z''_{xy}=z''_{yx}=-16xy,z''_{yy}=12y^2-8x^2$；

(2) $z''_{xx}=\frac{y^2-x^2}{(x^2+y^2)^2},z''_{xy}=z''_{yx}=\frac{-2xy}{(x^2+y^2)^2},z''_{yy}=\frac{x^2-y^2}{(x^2+y^2)^2}$；

(3) $z''_{xx}=\frac{2xy}{(x^2+y^2)^2},z''_{xy}=z''_{yx}=\frac{y^2-x^2}{(x^2+y^2)^2},z''_{yy}=\frac{-2xy}{(x^2+y^2)^2}$；

(4) $z''_{xx}=yx(\ln y)^2,z''_{xy}=z''_{yx}=y^{x-1}(1+x\ln y)^2,z''_{yy}=x(x-1)y^{x-2}$；

(5) $u''_{xx}=0,u''_{zz}=\frac{6xy}{z^4},u''_{yy}=u''_{yx}=\frac{1}{z^2},u''_{xz}=u''_{zx}=-\frac{2y}{z^3},u''_{yz}=u''_{zy}=-\frac{2x}{z^3}$。

12. $f''_{xx}(0,0,1)=2,f''_{xz}(1,0,2)=2,f''_{yz}(0,-1,0)=0,f'''_{zzx}(2,0,1)=0$。

13. 略。

14. $f'_x(0,0)=0,f'_y(0,0)=0$。

15. (1) $\mathrm{d}z=\frac{x^2\mathrm{d}y-xy\mathrm{d}x}{\sqrt{(x^2+y^2)^3}}$；(2) $\mathrm{d}z=\frac{2x\mathrm{d}x+2y\mathrm{d}y}{1+x^2+y^2}$；

(3) $\mathrm{d}u=yzx^{yz-1}\mathrm{d}x+zx^{yz}\ln x\mathrm{d}y+yx^{yz}\ln x\mathrm{d}z$；

(4) $\mathrm{d}u=2\cos(x^2+y^2+z^2)\cdot(x\mathrm{d}x+y\mathrm{d}y+z\mathrm{d}z)$；

(5) $\mathrm{d}u=(2x\arcsin\frac{y}{z}+\frac{y^2z}{x\sqrt{x^2-z^2}}-\frac{yz^2}{x^2+y^2})\mathrm{d}x+$

$(\frac{x^2}{\sqrt{z^2-y^2}}+2y\arccos\frac{z}{x}+\frac{xz^2}{x^2+y^2})\mathrm{d}y-(\frac{x^2y}{z\sqrt{z^2-y^2}}+\frac{y^2}{\sqrt{x^2-z^2}}+2z\arctan\frac{x}{y})\mathrm{d}z$。

16. $\Delta z\approx-0.079,\mathrm{d}z=-0.075$。

17. $\mathrm{d}z=\frac{\mathrm{e}}{4}$。

18. (1) 2.95；(2) 0.005；(3) 0.5023；(4) 2.0393。

19. 对角线减少5厘米。

20. 体积减少30π立方厘米。

21. $\frac{\partial f}{\partial l}\Big|_{(1,2)}=1+2\sqrt{3}$。

22. $\frac{\partial f}{\partial l}\Big|_{(5,1,2)}=\frac{98}{13}$。

23. (1) $grad(xy^2+yz^2)=\{y^2,2xy+z^2,2yz\}$;(2) $grad[\ln(xyz)]=\{\frac{1}{x},\frac{1}{y},\frac{1}{z}\}$。

24. $gradf(0,0,0)=\{3,-2,-6\}$,$gradf(1,1,1)=\{6,3,0\}$。

25. (1) $\frac{\partial z}{\partial x}=\frac{2e^{2(x+y^2)}+2x}{e^{2(x+y^2)}+(x^2+y)}$,$\frac{\partial z}{\partial y}=\frac{4ye^{2(x+y^2)}+1}{e^{2(x+y^2)}+(x^2+y)}$;

(2) $\frac{\partial z}{\partial x}=e^{e^{\frac{x}{y}+\frac{y}{x}}}\left[2x+\frac{(x^4-y^4)e^{\frac{x}{y}+\frac{y}{x}}}{x^2y}\right]$,$\frac{\partial z}{\partial y}=e^{e^{\frac{x}{y}+\frac{y}{x}}}\left[2y+\frac{(y^4-x^4)e^{\frac{x}{y}+\frac{y}{x}}}{xy^2}\right]$;

(3) $\frac{\partial z}{\partial x}=\frac{2x}{y^2}\ln(3x-2y)+\frac{3x^2}{y^2(3x-2y)}$,

$\frac{\partial z}{\partial y}=-\frac{2x^2}{y^3}\ln(3x-2y)-\frac{2x^2}{y^2(3x-2y)}$;

(4) $z'_x=f(u,v)+2x^2f'_u(u,v)+xyf'_v(u,v)$,$z'_y=-2xyf'_u(u,v)+x^2f'_v(u,v)$。

26. (1) $\frac{dz}{dt}=e^{\sin t-2t^3}(\cos t-6t^2)$;(2) $\frac{dz}{dt}=\frac{3-12t^2}{\sqrt{1-(3t-4t^3)^2}}$。

27. $\frac{du}{dx}=\sin x\cdot e^{ax}$。

28. $\frac{du}{dt}=-\frac{1}{t^2}(e^t+e^{-t})+\frac{1}{t}(e^t-e^{-t})$。

29. (1) $\frac{\partial z}{\partial x}=2xf'_1+ye^{xy}f'_2$,$\frac{\partial z}{\partial y}=-2yf'_1+xe^{xy}f'_2$;

(2) $\frac{\partial u}{\partial x}=\frac{1}{y}f'_1$,$\frac{\partial u}{\partial y}=-\frac{x}{y^2}f'_1+\frac{1}{z}f'_2$,$\frac{\partial u}{\partial z}=-\frac{y}{z^2}f'_2$;

(3) $u'_x=f'_1+yf'_2+yzf'_3$,$u'_y=xf'_2+xzf'_3$,$u'_z=xyf'_3$。

30. 略

31. 体积增大的速率为 7300 π 立方毫米/分(≈22.9 立方厘米/分)。

32. (1) $\frac{dy}{dx}=-\frac{y}{x}$;(2) $\frac{dy}{dx}=\frac{x+y}{x-y}$。

33. (1) $\frac{\partial z}{\partial x}=-\frac{c^2x}{a^2z}$,$\frac{\partial z}{\partial y}=-\frac{c^2y}{b^2z}$;　　(2) $\frac{\partial z}{\partial x}=\frac{x}{x+z}$,$\frac{\partial z}{\partial y}=\frac{z^2}{y(x+z)}$;

(3) $\frac{\partial z}{\partial x}=\frac{z^2}{2y-3xz}$,$\frac{\partial z}{\partial y}=\frac{-z}{2y-3xz}$;

(4) $\frac{\partial z}{\partial x}=-\frac{\sqrt{xyz}-yz}{\sqrt{xyz}-xy}$,$\frac{\partial z}{\partial y}=-\frac{2\sqrt{xyz}-xz}{\sqrt{xyz}-xy}$。

34. $dz=\frac{z(2xyz-2xz-1)}{x(2xz-2xyz+1)}dx+\frac{z(2xyz-1)}{y(2xz-2xyz+1)}dy$。

35~36. 略

37. 切线:$\frac{x-\sqrt{3}}{-1}=\frac{y-1}{\sqrt{3}}=\frac{z-\frac{\pi}{2}}{3}$,法平面:$x-\sqrt{3}y-3z+\frac{3}{2}\pi=0$。

38. 切线:$\frac{x-\frac{R}{\sqrt{2}}}{1}=\frac{y-\frac{R}{\sqrt{2}}}{-1}=\frac{z-\frac{R}{\sqrt{2}}}{-1}$,法平面:$x-y-z+\frac{R}{\sqrt{2}}=0$。

39. 切平面方程:$\frac{x_0}{a^2}x+\frac{y_0}{b^2}y+\frac{z_0}{c^2}z=1$。

40. 通过点(−3,−1,3)的法线 $\frac{x+3}{1}=\frac{y+1}{3}=\frac{z-3}{1}$ 垂直于已知平面。

41. 略

42. (1) $f_{极大}(x,y)=f(2,-2)=8$; (2) $f_{极大}(x,y)=f(3,2)=36$;

(3) $f_{极小}(x,y)=f\left(\frac{1}{2},-1\right)=-\frac{e}{2}$。

43. (1) $z_{极大}(x,y)=z\left(\frac{1}{2},\frac{1}{2}\right)=\frac{1}{4}$;

(2) $u_{极大}(x,y,z)=u\left(\frac{1}{3},-\frac{2}{3},\frac{2}{3}\right)=3, u_{极小}(x,y,z)=u\left(-\frac{1}{3},\frac{2}{3},-\frac{2}{3}\right)=-3$。

44. 当长和宽各为6米,高为3米时,长方体水池容积最大。拉格朗日函数:

$F(x,y,z)=xyz+\lambda(108-xy-2zy-2zx)$。

45. 矩形边长为 $\frac{p}{6}$ 和 $\frac{p}{3}$,且绕短边旋转时,所得圆柱体体积最大。拉格朗日函数:$F(x,y)=\pi x^2y+\lambda(p-2x-2y)$。

46. 拉格朗日函数:

$F(R,H,h)=\pi R(2H+\sqrt{R^2+h^2})+\lambda\left(K-\pi R^2H+\frac{\pi}{3}R^2h\right)$。

47. 当 $x=y=z=\frac{V}{3}$ 时,才能使 u 最大。拉格朗日函数:

$F(x,y,z)=(a+kx)(a+ky)(a+kz)+\lambda(V-x-y-z)$。

48. $y=-0.3036x+27.125$。

49. $t=9.5543D+124$。

第八章

1. (1) B;(2) B;(3) C;(4) A;(5) B;(6) D;(7) C;(8) B;(9) A;(10) B。

2. (1) 2;(2) 4;(3) $\frac{9}{16}$;(4) π; (5) $-\pi$。

3. (1) $\int_a^b dx\int_a^x f(x,y)dy=\int_a^b dy\int_y^b f(x,y)dx$;

(2) $\int_1^3 dx\int_x^{3x} f(x,y)dy=\int_1^3 dy\int_1^y f(x,y)dx+\int_3^9 dy\int_{\frac{y}{3}}^3 f(x,y)dx$。

4. (1) $\int_0^1 dx\int_{x^2}^x f(x,y)dy$;(2) $\int_0^1 dy\int_{-\sqrt{1-y^2}}^{\sqrt{1-y^2}} f(x,y)dx$;(3) $\int_0^1 dy\int_y^{2-y} f(x,y)dx$。

5. (1) $\frac{1}{8}$; (2) $\frac{27}{64}$; (3) $\frac{32}{3}$; (4) -2; (5) $\frac{4}{3}$;

(6) $\frac{\pi}{2}(b^4-a^4)$; (7) $\frac{3\pi^2}{64}$; (8) $a(\pi-2)$; (9) $\frac{\pi}{4}(2\ln 2-1)$。

6. $\frac{\pi}{2}$。

7. $\frac{1}{6}$。

8. $\frac{2}{3}(\pi-\frac{4}{3})a^3$。

9. 12(厘米)。

10. (1) $\frac{1}{2}$;(2) $\frac{4\pi}{3}$。

11. $2a^2(\pi-2)$。

12. $\frac{16}{3}\pi a^2$。

13. $\bar{x}=\frac{2}{5},\bar{y}=0$。

14. (1) $\frac{a^3}{2}$;(2) $\frac{1}{3}(5\sqrt{5}-3\sqrt{3})$;(3) $\frac{2\pi}{3}\sqrt{a^2+k^2}(3a^2+4\pi^2k^2)$;

(4) $4a^{\frac{7}{3}}$;(5) $e^a(2+\frac{\pi a}{4})-2$。

15. (1) $-\frac{56}{15}$;(2) πa^2;(3) $\frac{4}{3}ab^2$。

16. (1) 0;(2) 0;(3) 0;(4) $-\frac{1}{6}$。

17. 略。

18. $\frac{\pi}{2}a^4$。

19. 略。

20. (1) 与路径无关, -2;

(2) 与路径无关, $\frac{\pi}{2}-2\arctan 2$;

(3) 与路径无关, $\pi+1$。

第九章

1. A; 2. B; 3. C; 4. D; 5. A; 6. B; 7. C;8. D; 9. A; 10. $y'-y=1-x$。11. $-\frac{y^2}{x^2}$。

12. (1) $e^y=e^x+C$;(2) $\tan x\tan y=C$;(3) $x^2+y^2=C$;

(4) $y^2=C(\frac{x}{x+1})^2-1$;(5) $y^2=x^2\ln(Cx^2)$;(6) $y=\frac{C}{x}+\frac{1}{3}x^2$;

(7) $y=C\cos x-2\cos^2 x$;(8) $x=y(C-e^y)$;

(9) $y^2=(1+x)^2[2\ln(1+x)+C]$;(10) $(x-y)^2+2x=C$;

(11) $xe^y-y^2=C$;(12) $(e^x+1)(e^y-1)=C$;(13) $y=\frac{2x}{1+Cx^2}$;

(14) $y+\sqrt{x+y^2}=C(x>0)$;(15) $1+\ln y-\ln x=Cy$;(16) $y=\arctan(x+y)+C$;

(17) $x=y^2+Cy^2e^{\frac{1}{y}}$。

13. (1) $y^2=5x^2+4$;(2) $x^2y=4$;(3) $y^2=4x^2+2x^2\ln x$;

(4) $y=2(e^x-x-1)$;(5) $y=\frac{1}{x^2-1}(\sin x-1)$;(6) $(2x+1)y^2=e^{x^2}$;

(7) $y=\frac{1}{3}x\ln x-\frac{1}{9}x$。

14. (1) $f(x)=2-2e^{\frac{1}{2}x^2}$;(2) $f(x)=3e^{3x}-2e^{2x}$。

15. (1) $y=e^x+C_1x+C_2$;(2) $y=x\arctan x-\frac{1}{2}\ln(1+x^2)+C_1x+C_2$;

(3) $y=C_1e^x-\frac{1}{2}x^2-x+C_2$;(4) $y=-\frac{1}{2}(x+C_1)^2-C_1{}^2\ln|x-C_1|+C_2$;

(5) $y=C_2+\frac{(x+C_1)^3}{12}$;(6) $y=C_2-\ln\cos(x+C_1)$;(7) $y=\arcsin C_2e^x+C_1$。

16. (1) $y=\frac{1}{2}x-\frac{1}{4}\sin 2x$;(2) $y=\frac{1}{4}e^{2x}-\frac{e^2}{2}x+\frac{e^2}{4}$;(3) $y=x^3+3x+1$;

(4) $y=\tan(x+\frac{\pi}{4})$;(5) $y=-\ln|\cos x|$;(6) $y=x$;

(7) $y^2=x+1$;(8) $x^2+y^2=2x$;(9) $y=\frac{1}{2}(e^x+e^{-x})$。

17. B; 18. B; 19. D; 20. C;

21. (1) $y=C_1e^{-x}+C_2e^{3x}$;(2) $y=(C_1+C_2x)e^{3x}$;

(3) $y=e^x(C_1\cos 2x+C_2\sin 2x)$;(4) $y=C_1e^{-x}+C_2e^{-2x}+\frac{1}{3}e^x$;

(5) $y=C_1\cos 2x+C_2\sin 2x+\frac{1}{5}e^x+\frac{1}{3}x\cos x+\frac{2}{9}\sin x$。

22. (1) $y=-e^x+e^{2x}$;(2) $y=xe^x$;(3) $y=2\cos 5x+\sin 5x$;

(4) $y=-5e^x+\frac{7}{2}e^{2x}+\frac{5}{2}$;(5) $y=e^{2x}-e^x+\frac{1}{2}x^2+\frac{1}{2}x+\frac{1}{4}$。

23. $f(x)=\frac{1}{2}(\cos x+\sin x+e^x)$。

24. $p=\frac{b}{1+Ce^{-abV}}$。

25. $p=p_1+(p_0-p_1)e^{-kt}$。

26. $C=C_s(1-e^{-kAt})$。

27. 3.17 小时。

28. $y=x(1-4\ln x)$。

29. $(x+C)^2+y^2=1(y\neq 0)$, $y=\pm 1$。

30. $x=a\cos\sqrt{\frac{k}{m}}t$。

31. (1) $\frac{2}{s^3}+\frac{3}{s^2}+\frac{2}{s}$;(2) $\frac{A}{(s+a)^2}$;(3) $\frac{Bk}{s(s+k)}$;(4) $\frac{3s+10}{s^2+4}$;(5) $\frac{2}{s(s^2+4)}$。

32. (1) $1-e^{-t}$;(2) $-1+t+e^{-t}$;(3) $1-\cos t$;(4) $t-\sin t$;(5) $2e^t-2\cos t+\sin t$。

33~35. 略。

36. (1) $y=\frac{t}{4}+\frac{7}{8}\sin 2t+2\cos 2t$;(2) $y=(2t^2+6t-1)e^{2t}$;

(3) $y=\frac{1}{3}\sin t-\frac{1}{6}\sin 2t$;(4) $y=\frac{1}{2}(e^t+\cos t-\sin t)-1$;

(5) $y=3+\sin t-3\cos t+\cos 2t$;

(6) $\begin{cases}x=-t+5\sin t-2\sin 2t\\ y=1-2\cos t+\cos 2t\end{cases}$。

37. 370.38 单位,11.22 月。

38. $x_2(t)=x_0(1+e^{-kT_0})e^{-kt}$, $x_n(t)=x_0(\frac{1-e^{-nkT_0}}{1-e^{-kT_0}})e^{-kt}$。

第十章

1. (1) 1;(2) 28;(3) -160;(4) 726;(5) $(a-b)^3$;(6) $4abcdef$.

2. (1) 原式$=a\begin{vmatrix}a & b & \cdots & 0 & 0\\ 0 & a & \cdots & 0 & 0\\ \cdots & \cdots & \cdots & \cdots & \cdots\\ 0 & 0 & \cdots & 0 & a\end{vmatrix}+(-1)^{1+n}b\begin{vmatrix}b & 0 & \cdots & 0 & 0\\ a & b & \cdots & 0 & 0\\ \cdots & \cdots & \cdots & \cdots & \cdots\\ 0 & 0 & \cdots & a & b\end{vmatrix}=a^n+(-1)^{n+1}b^n$;

(2) 原式 $=\begin{vmatrix} a_1-\frac{1}{a_2}-\frac{1}{a_3}-\cdots-\frac{1}{a_n} & 0 & \cdots & 0 \\ 1 & a_2 & & 0 \\ \vdots & & \ddots & \\ 1 & 0 & & a_n \end{vmatrix}=(a_1-\frac{1}{a_2}-\frac{1}{a_3}-\cdots-\frac{1}{a_n})a_2a_3\cdots a_n.$

3. $\begin{pmatrix} 8 & 7 & 3 \\ -7 & 8 & 8 \end{pmatrix}$。

4. $X=\frac{1}{3}\begin{pmatrix} -3 & -4 & 8 \\ 3 & 4 & -3 \end{pmatrix}$。

5. (1) $\begin{pmatrix} 1 & 0 & -1 \\ -1 & -7 & 3 \\ -4 & -3 & -2 \end{pmatrix}$;(2) $\begin{pmatrix} 4 & 4 & -2 \\ 5 & -3 & -3 \\ -1 & -1 & -1 \end{pmatrix}$;(3) $\begin{pmatrix} 0 & -4 & 0 \\ 2 & -14 & 2 \\ -5 & -11 & -5 \end{pmatrix}$;

(4) $A^2=\begin{pmatrix} 1 & 1 & 3 \\ -1 & -1 & 1 \\ 3 & -1 & 1 \end{pmatrix}$,$B^2=\begin{pmatrix} 5 & 9 & 1 \\ 2 & 10 & -4 \\ 7 & 9 & 5 \end{pmatrix}$,$A^2-B^2=\begin{pmatrix} -4 & -8 & 2 \\ -3 & -11 & 5 \\ -4 & -10 & -4 \end{pmatrix}$。

6. (1) $\begin{pmatrix} 2 & 6 & 4 \\ 1 & 3 & 2 \\ 3 & 9 & 6 \end{pmatrix}$;(2) 11;(3) $\begin{pmatrix} 2 & 1 \\ 7 & 9 \\ 4 & 3 \end{pmatrix}$;(4) $\begin{pmatrix} 6 & -1 & 2 \\ 4 & 3 & -6 \end{pmatrix}$;(5) $\begin{pmatrix} -2 & 0 \\ 1 & 0 \\ -3 & 0 \end{pmatrix}$;(6) $\begin{pmatrix} 1 & 0 \\ 5 & 1 \end{pmatrix}$。

7. 略。

8. (1) $\frac{1}{ad-bc}\begin{pmatrix} d & -b \\ -c & a \end{pmatrix}$;(2) $\begin{pmatrix} 0 & 0 & 3 \\ 0 & -\frac{1}{2} & 0 \\ 1 & 0 & 0 \end{pmatrix}$;(3) $\begin{pmatrix} 1 & -1 & 0 \\ 0 & 1 & -1 \\ 0 & 0 & 1 \end{pmatrix}$。

9. (1) $\begin{pmatrix} \frac{3}{85} & \frac{-7}{85} & \frac{28}{85} \\ \frac{-1}{5} & \frac{1}{5} & \frac{1}{5} \\ \frac{13}{85} & \frac{2}{85} & \frac{-8}{85} \end{pmatrix}$;(2) $\begin{pmatrix} -1 & 2 & -1 \\ \frac{1}{4} & \frac{-9}{4} & \frac{3}{2} \\ \frac{1}{4} & \frac{3}{4} & \frac{-1}{2} \end{pmatrix}$。

10. (1) $\begin{pmatrix} x_{11} & x_{12} \\ x_{21} & x_{22} \end{pmatrix}=\begin{pmatrix} 2 & -23 \\ 0 & 8 \end{pmatrix}$;(2) $\begin{pmatrix} x_{11} & x_{12} \\ x_{21} & x_{22} \end{pmatrix}=\begin{pmatrix} 1 & 1 \\ \frac{1}{4} & 0 \end{pmatrix}$。

11. (1) 矩阵秩为2;(2) 矩阵秩为3。

12. (1) 原方程的解为:$\begin{cases} x_1=t_1 \\ x_2=1-2t_1+t_2 \\ x_3=t_2 \\ x_4=0 \end{cases}$,其中 t_1,t_2 为任意常数。

(2) 原方程的解为:$\begin{cases} x_1=-2t-1 \\ x_2=t+2 \\ x_3=t \end{cases}$,其中 t 为任意常数。

(3) $R(A)=2\neq 3=R(B)$,故此方程组无解。

(4) $R(A)=R(B)=3$,此方程组有唯一解 $\begin{cases} x_1=1 \\ x_2=1 \\ x_3=2 \end{cases}$。

13. (1) 当 $\lambda \neq 1, \lambda \neq -2$ 时, $R(A) = R(B) = 3$, 方程组有唯一解:

$$x_1 = \frac{-\lambda - 1}{\lambda + 2}, x_2 = \frac{1}{\lambda + 2}, x_3 = \frac{(\lambda + 1)^2}{\lambda + 2};$$

(2) 当 $\lambda = -2$ 时, $R(A) = 2 \neq 3 = R(B)$, 方程组无解;

(3) 当 $\lambda = 1$ 时, $R(A) = R(B) = 1 < 3$, 方程组有无穷多解:

$$\begin{cases} x_1 = 1 - t_1 - t_2 \\ x_2 = t_1 \\ x_3 = t_2 \end{cases}, t_1, t_2 \text{ 为任意常数。}$$

14. (1) 特征值为 $\lambda_1 = -1, \lambda_2 = 0, \lambda_3 = 9$,

属于 $\lambda_1 = -1$ 的特征向量为 $P_1 = k\begin{pmatrix} 1 \\ -1 \\ 0 \end{pmatrix}$, ($k$ 为任意非零实数);

属于 $\lambda_2 = 0$ 的特征向量为 $P_2 = k\begin{pmatrix} 1 \\ 1 \\ -1 \end{pmatrix}$, ($k$ 为任意非零实数);

属于 $\lambda_3 = 9$ 的特征向量为 $P_3 = k\begin{pmatrix} 1 \\ 1 \\ 2 \end{pmatrix}$, ($k$ 为任意非零实数).

(2) 特征值为 $\lambda_1 = \lambda_2 = \lambda_3 = -1$, 特征向量为 $P = k\begin{pmatrix} 1 \\ 1 \\ -1 \end{pmatrix}$, ($k$ 为任意非零实数).

(3) 特征值为 $\lambda_1 = \lambda_2 = 2, \lambda_3 = -1$; 属于 $\lambda_1 = \lambda_2 = 2$ 的特征向量为

$P_1 = k_1\begin{pmatrix} 1 \\ 4 \\ 0 \end{pmatrix} + k_2\begin{pmatrix} 1 \\ 0 \\ 4 \end{pmatrix}$, ($k_1, k_2$ 为任意不同时等于零的实数);

属于 $\lambda_3 = -1$ 的特征向量为 $P_2 = k\begin{pmatrix} 1 \\ 1 \\ -1 \end{pmatrix}$, ($k$ 为任意非零实数)。

附录一　简明积分表

（一）含有 $a+bx$ 的积分

1. $\int \frac{1}{a+bx}dx = \frac{1}{b}\ln|a+bx| + C$

2. $\int (a+bx)^r dx = \frac{(a+bx)^{r+1}}{b(r+1)} + C$

3. $\int \frac{x}{a+bx}dx = \frac{1}{b^2}[a+bx - a\ln|a+bx|] + C$

4. $\int \frac{x^2}{a+bx}dx = \frac{1}{b^3}\left[\frac{1}{2}(a+bx)^2 - 2a(a+bx) - a^2\ln|a+bx|\right] + C$

5. $\int \frac{1}{x(a+bx)}dx = \frac{1}{a}\ln\left|\frac{x}{a+bx}\right| + C$

6. $\int \frac{1}{x^2(a+bx)}dx = -\frac{1}{ax} + \frac{b}{a^2}\ln\left|\frac{a+bx}{x}\right| + C$

7. $\int \frac{x}{(a+bx)^2}dx = \frac{1}{b^2}\left[\ln|a+bx| + \frac{a}{a+bx}\right] + C$

8. $\int \frac{x^2}{(a+bx)^2}dx = \frac{1}{b^3}\left[a+bx - 2a\ln|a+bx| - \frac{a^2}{a+bx}\right] + C$

9. $\int \frac{1}{x(a+bx)^2}dx = \frac{1}{a(a+bx)} - \frac{1}{a^2}\ln\left|\frac{a+bx}{x}\right| + C$

（二）含有 $\sqrt{a+bx}$ 的积分

10. $\int \sqrt{a+bx}\,dx = \frac{2}{3b}\sqrt{(a+bx)^3} + C$

11. $\int x\sqrt{a+bx}\,dx = \frac{2(2a-3bx)}{15b^2}\sqrt{(a+bx)^3} + C$

12. $\int x^2\sqrt{a+bx}\,dx = \frac{2(8a^2-12abx+15b^2x^2)}{105b^2}\sqrt{(a+bx)^3} + C$

13. $\int \frac{x}{\sqrt{a+bx}}dx = -\frac{2(2a-bx)}{3b^2}\sqrt{a+bx} + C$

14. $\int \frac{x^2}{\sqrt{a+bx}}dx = \frac{2(8a^2-4ab+3b^2x^2)}{15b^2}\sqrt{a+bx} + C$

15. $$\int \frac{1}{x\sqrt{a+bx}}dx = \begin{cases} \frac{1}{\sqrt{a}}\ln\frac{\sqrt{a+bx}-\sqrt{a}}{\sqrt{a+bx}+\sqrt{a}} + C & (a>0) \\ \frac{2}{\sqrt{-a}}\arctan\sqrt{\frac{a+bx}{-a}} + C & (a<0) \end{cases}$$

16. $\int \frac{x}{x^2\sqrt{a+bx}}dx = -\frac{\sqrt{a+bx}}{ax} - \frac{b}{2a}\int \frac{1}{x\sqrt{a+bx}}dx$

17. $\int \frac{\sqrt{a+bx}}{x}dx = 2\sqrt{a+bx} + a\int \frac{1}{x\sqrt{a+bx}}dx$

（三）含有 $a^2 \pm x^2$ 的积分

18. $\int \frac{1}{a^2+x^2}dx = \frac{1}{a}\arctan\frac{x}{a} + C$

19. $\int \frac{1}{(a^2+x^2)^n}dx = \frac{x}{2(n-1)a^2(a^2+x^2)^{n-1}} + \frac{2n-3}{2(n-1)a^2}\int \frac{1}{(a^2+x^2)^{n-1}}dx$

20. $\int \frac{1}{a^2-x^2}dx = \frac{1}{2a}\ln\left|\frac{a+x}{a-x}\right| + C \quad (|x|<a)$

21. $\int \frac{1}{x^2-a^2}dx = \frac{1}{2a}\ln\left|\frac{x-a}{x+a}\right| + C \quad (|x|>a)$

（四）含有 $a \pm bx^2$ 的积分

22. $\int \frac{dx}{a+bx^2} = \frac{1}{\sqrt{ab}}\arctan\sqrt{\frac{b}{a}}x + C \quad (a>0, b>0)$

23. $\int \frac{dx}{a-bx^2} = \frac{1}{2\sqrt{ab}}\ln\left|\frac{\sqrt{a}+\sqrt{b}}{\sqrt{a}-\sqrt{b}}\right| + C$

24. $\int \frac{xdx}{a+bx^2} = \frac{1}{2b}\ln|a+bx^2| + C$

25. $\int \frac{x^2dx}{a+bx^2} = \frac{x}{b} - \frac{a}{b}\int \frac{dx}{a+bx^2}$

26. $\int \frac{dx}{a+bx^2} = \frac{1}{2a}\ln\left|\frac{x^2}{a+bx^2}\right| + C$

27. $\int \frac{dx}{x^2(a+bx^2)} = -\frac{1}{ax} - \frac{a}{b}\int \frac{dx}{a+bx^2}$

28. $\int \frac{dx}{(a+bx^2)^2} = \frac{x}{2a(a+bx^2)} + \frac{1}{2a}\int \frac{dx}{a+bx^2}$

（五）含有 $\sqrt{x^2+a^2}$ 的积分

29. $\int \sqrt{x^2+a^2}dx = \frac{x}{2}\sqrt{x^2+a^2} + \frac{a^2}{2}\ln|x+\sqrt{x^2+a^2}| + C$

30. $\int \sqrt{(x^2+a^2)^3}dx = \frac{x}{8}(2x^2+5a^2)\sqrt{x^2+a^2} + \frac{3a^4}{8}\ln|x+\sqrt{x^2+a^2}| + C$

31. $\int x\sqrt{x^2+a^2}dx = \frac{\sqrt{(x^2+a^2)^3}}{3} + C$

32. $\int x^2\sqrt{x^2+a^2}dx = \frac{x}{8}(2x^2+a^2)\sqrt{x^2+a^2} - \frac{a^4}{8}\ln|x+\sqrt{x^2+a^2}| + C$

33. $\int \frac{dx}{\sqrt{x^2+a^2}} = \ln|x+\sqrt{x^2+a^2}| + C$

34. $\int \frac{dx}{\sqrt{(x^2+a^2)^3}} = \frac{x}{a^2\sqrt{x^2+a^2}} + C$

35. $\int \frac{xdx}{\sqrt{x^2+a^2}} = \sqrt{x^2+a^2} + C$

36. $\int \frac{x^2dx}{\sqrt{x^2+a^2}} = \frac{x}{2}\sqrt{x^2+a^2} - \frac{a^2}{2}\ln|x+\sqrt{x^2+a^2}| + C$

37. $\int \frac{x^2dx}{\sqrt{(x^2+a^2)^3}} = -\frac{x}{\sqrt{x^2+a^2}} + \ln|x+\sqrt{x^2+a^2}| + C$

38. $\int \frac{dx}{x\sqrt{x^2+a^2}} = \frac{1}{a}\ln\left|\frac{x}{a+\sqrt{x^2+a^2}}\right| + C$

39. $\int \frac{dx}{x^2\sqrt{x^2+a^2}} = -\frac{\sqrt{x^2+a^2}}{a^2x} + C$

40. $\int \frac{\sqrt{x^2+a^2}dx}{x} = \sqrt{x^2+a^2} - a\ln\left|\frac{a+\sqrt{x^2+a^2}}{x}\right| + C$

41. $\int \frac{\sqrt{x^2+a^2}dx}{x^2} = -\frac{\sqrt{x^2+a^2}}{x} + \ln|x+\sqrt{x^2+a^2}| + C$

（六）含有$\sqrt{x^2-a^2}$的积分

42. $\int \frac{dx}{\sqrt{x^2-a^2}} = \ln|x+\sqrt{x^2-a^2}| + C$

43. $\int \frac{dx}{\sqrt{(x^2-a^2)^3}} = -\frac{x}{a^2\sqrt{x^2-a^2}} + C$

44. $\int \frac{xdx}{\sqrt{x^2-a^2}} = \sqrt{x^2-a^2} + C$

45. $\int \sqrt{x^2-a^2}dx = \frac{x}{2}\sqrt{x^2-a^2} - \frac{a^2}{2}\ln|x+\sqrt{x^2-a^2}| + C$

46. $\int \sqrt{(x^2-a^2)^3}dx = \frac{x}{8}(2x^2-5a^2)\sqrt{x^2-a^2} + \frac{3a^4}{8}\ln|x+\sqrt{x^2-a^2}| + C$

47. $\int x\sqrt{x^2-a^2}dx = \frac{\sqrt{(x^2-a^2)^3}}{3} + C$

48. $\int x\sqrt{(x^2-a^2)^3}dx = \frac{\sqrt{(x^2-a^2)^5}}{3} + C$

49. $\int x^2\sqrt{x^2-a^2}dx = \frac{x}{8}(2x^2-a^2)\sqrt{x^2-a^2} - \frac{a^4}{8}\ln|x+\sqrt{x^2-a^2}| + C$

50. $\int \frac{x^2dx}{\sqrt{x^2-a^2}} = \frac{x}{2}\sqrt{x^2-a^2} + \frac{a^2}{2}\ln|x+\sqrt{x^2-a^2}| + C$

51. $\int \frac{x^2dx}{\sqrt{(x^2-a^2)^3}} = -\frac{x}{\sqrt{x^2-a^2}} + \ln|x+\sqrt{x^2-a^2}| + C$

52. $\int \frac{dx}{x\sqrt{x^2-a^2}} = \frac{1}{a}\arccos\frac{a}{x} + C$

53. $\int \frac{dx}{x^2\sqrt{x^2-a^2}} = \frac{\sqrt{x^2-a^2}}{a^2x} + C$

54. $\int \frac{\sqrt{x^2-a^2}}{x}dx = \sqrt{x^2-a^2} - \arccos\frac{a}{x} + C$

55. $\int \frac{\sqrt{x^2-a^2}}{x^2}dx = -\frac{\sqrt{x^2-a^2}}{x} + \ln|x+\sqrt{x^2-a^2}| + C$

（七）含有$\sqrt{a^2-x^2}$的积分

56. $\int \frac{dx}{\sqrt{a^2-x^2}} = \arcsin\frac{x}{a} + C$

57. $\int \frac{dx}{\sqrt{(a^2-x^2)^3}} = \frac{x}{a^2\sqrt{a^2-x^2}} + C$

58. $\int \frac{xdx}{\sqrt{a^2-x^2}} = -\sqrt{a^2-x^2} + C$

59. $\int \frac{xdx}{\sqrt{(a^2-x^2)^3}} = \frac{1}{\sqrt{a^2-x^2}} + C$

60. $\int \frac{x^2 dx}{\sqrt{a^2 - x^2}} = -\frac{x}{2}\sqrt{a^2 - x^2} + \frac{a^2}{2}\arcsin\frac{x}{a} + C$

61. $\int \sqrt{a^2 - x^2} dx = \frac{x}{2}\sqrt{a^2 - x^2} + \frac{a^2}{2}\arcsin\frac{x}{a} + C$

62. $\int \sqrt{(a^2 - x^2)^3} dx = \frac{x}{8}(5a^2 - 2x^2)\sqrt{a^2 - x^2} + \frac{3a^4}{8}\arcsin\frac{x}{a} + C$

63. $\int x\sqrt{a^2 - x^2} dx = -\frac{\sqrt{(a^2 - x^2)^3}}{3} + C$

64. $\int x\sqrt{(a^2 - x^2)^3} dx = -\frac{\sqrt{(a^2 - x^2)^5}}{5} + C$

65. $\int x^2\sqrt{(a^2 - x^2)^3} dx = \frac{x}{8}(2x^2 - a^2)\sqrt{a^2 - x^2} + \frac{a^4}{8}\arcsin\frac{x}{a} + C$

66. $\int \frac{x^2 dx}{\sqrt{(a^2 - x^2)^3}} = \frac{x}{\sqrt{a^2 - x^2}} - \arcsin\frac{x}{a} + C$

67. $\int \frac{dx}{x\sqrt{a^2 - x^2}} = \frac{1}{a}\ln\frac{x}{a + \sqrt{a^2 - x^2}} + C$

68. $\int \frac{dx}{x^2\sqrt{a^2 - x^2}} = -\frac{\sqrt{a^2 - x^2}}{a^2 x} + C$

69. $\int \frac{\sqrt{a^2 - x^2}}{x} dx = \sqrt{a^2 - x^2} - a\ln\frac{a + \sqrt{a^2 - x^2}}{x} + C$

70. $\int \frac{\sqrt{a^2 - x^2}}{x^2} dx = -\frac{\sqrt{a^2 - x^2}}{x} - \arcsin\frac{x}{a} + C$

（八）含有 $a + bx \pm cx^2$（$c > 0$）的积分

71. $\int \frac{dx}{a + bx - cx^2} = \frac{1}{\sqrt{b^2 - 4ac}}\ln\frac{\sqrt{b^2 + 4ac} + 2cx - b}{\sqrt{b^2 + 4ac} - 2cx + b} + C$

72. $\int \frac{dx}{a + bx + cx^2} = \begin{cases} \frac{2}{\sqrt{4ac - b^2}}\arctan\frac{2cx + b}{\sqrt{4ac - b^2}} + C(b^2 < 4ac) \\ \frac{1}{\sqrt{b^2 - 4ac}}\ln\left|\frac{2cx + b - \sqrt{b^2 - 4ac}}{2cx + b + \sqrt{b^2 - 4ac}}\right| + C(b^2 > 4ac) \end{cases}$

（九）含有 $\sqrt{a + bx + cx^2}$（$c > 0$）的积分

73. $\int \frac{dx}{\sqrt{a + bx + cx^2}} = \frac{1}{\sqrt{c}}\ln\left|2cx + b + 2\sqrt{c(a + bx + cx^2)}\right| + C$

74. $\int \sqrt{a + bx + cx^2} dx = \frac{2cx + b}{4c}\sqrt{a + bx + cx^2} - \frac{b^2 - 4ac}{8c}\int \frac{dx}{\sqrt{a + bx + cx^2}}$

75. $\int \frac{x dx}{\sqrt{a + bx + cx^2}} = \frac{1}{c}\sqrt{a + bx + cx^2} - \frac{b}{2c}\int \frac{dx}{\sqrt{a + bx + cx^2}}$

76. $\int \frac{dx}{\sqrt{a + bx - cx^2}} = \frac{1}{\sqrt{c}}\arcsin\frac{2cx - b}{\sqrt{b^2 + 4ac}} + C$

77. $\int \sqrt{a + bx - cx^2} dx = \frac{2cx - b}{4c}\sqrt{a + bx - cx^2} + \frac{b^2 + 4ac}{8c}\int \frac{dx}{\sqrt{a + bx - cx^2}}$

78. $\int \frac{x dx}{\sqrt{a + bx - cx^2}} = -\frac{1}{c}\sqrt{a + bx + cx^2} + \frac{b}{2c}\int \frac{dx}{\sqrt{a + bx - cx^2}}$

（十）含有$\sqrt{\frac{a \pm x}{b \pm x}}$及$\sqrt{(x-a)(b-x)}$的积分

79. $\int\sqrt{\frac{a+x}{b+x}}\mathrm{d}x = \sqrt{(a+x)(b+x)} + (a-b)\ln\left|\sqrt{a+x}+\sqrt{b+x}\right| + C$

80. $\int\sqrt{\frac{a-x}{b+x}}\mathrm{d}x = \sqrt{(a-x)(b+x)} + (a+b)\arcsin\sqrt{\frac{x+b}{a+b}} + C$

81. $\int\sqrt{\frac{a+x}{b-x}}\mathrm{d}x = -\sqrt{(a+x)(b-x)} - (a+b)\arcsin\sqrt{\frac{b-x}{a+b}} + C$

82. $\int\frac{\mathrm{d}x}{\sqrt{(x-a)(b-x)}} = 2\arcsin\sqrt{\frac{x-a}{b-a}} + C$

（十一）含有反三角函数的积分

83. $\int\sin x\mathrm{d}x = -\cos x + C$

84. $\int\cos x\mathrm{d}x = \sin x + C$

85. $\int\tan x\mathrm{d}x = -\ln|\cos x| + C$

86. $\int\cot x\mathrm{d}x = \ln|\sin x| + C$

87. $\int\sec x\mathrm{d}x = \ln|\sec x+\tan x| + C = \ln\left|\tan\left(\frac{\pi}{4}+\frac{x}{2}\right)\right| + C$

88. $\int\csc x\mathrm{d}x = \ln|\csc x-\cot x| + C = \ln\left|\tan\frac{x}{2}\right| + C$

89. $\int\sec^2 x\mathrm{d}x = \tan x + C$

90. $\int\csc^2 x\mathrm{d}x = -\cot x + C$

91. $\int\sec x\tan x\mathrm{d}x = \sec x + C$

92. $\int\csc x\cot x\mathrm{d}x = -\csc x + C$

93. $\int\sin^2 x\mathrm{d}x = \frac{x}{2} - \frac{1}{4}\sin 2x + C$

94. $\int\cos^2 x\mathrm{d}x = \frac{x}{2} + \frac{1}{4}\sin 2x + C$

95. $\int\sin^n\mathrm{d}x = -\frac{\sin^{n-1}x\cos x}{n} + \frac{n-1}{n}\int\sin^{n-2}x\mathrm{d}x$

96. $\int\cos^n\mathrm{d}x = \frac{\cos^{n-1}x\sin x}{n} + \frac{n-1}{n}\int\cos^{n-2}x\mathrm{d}x$

97. $\int\frac{\mathrm{d}x}{\sin^n x} = -\frac{1}{n-1}\frac{\cos x}{\sin^{n-1}x} + \frac{n-2}{n-1}\int\frac{\mathrm{d}x}{\sin^{n-2}x}$

98. $\int\frac{\mathrm{d}x}{\cos^n x} = \frac{1}{n-1}\frac{\sin x}{\cos^{n-1}x} + \frac{n-2}{n-1}\int\frac{\mathrm{d}x}{\cos^{n-2}x}$

99. $\int\cos^n x\sin^n x\mathrm{d}x = \frac{\cos^{m-1}x\sin^{n+1}x}{m+n} + \frac{m-1}{m+n}\int\cos^{m-2}x\sin^n x\mathrm{d}x$

$$= -\frac{\sin^{n-1}x\cos^{m+1}x}{m+n} + \frac{n-1}{m+n}\int\cos^m x\sin^{n-2}x\mathrm{d}x$$

100. $\int\sin mx\cos nx\mathrm{d}x = -\frac{\cos(m+n)x}{2(m+n)} - \frac{\cos(m-n)x}{2(m-n)} + C \quad (m \neq n)$

101. $\int \sin mx \sin nx\mathrm{d}x = -\frac{\sin(m+n)x}{2(m+n)} + \frac{\sin(m-n)x}{2(m-n)} + C \quad (m \neq n)$

102. $\int \cos mx \cos nx\mathrm{d}x = \frac{\sin(m+n)x}{2(m+n)} + \frac{\sin(m-n)x}{2(m-n)} + C \quad (m \neq n)$

103. $\int \frac{\mathrm{d}x}{a+b\sin x} = \frac{2}{a}\sqrt{\frac{a^2}{a^2-b^2}}\arctan\left[\sqrt{\frac{a^2}{a^2-b^2}}\left(\tan\frac{x}{2}+\frac{b}{a}\right)\right] + C \quad (a^2 > b^2)$

104. $\int \frac{\mathrm{d}x}{a+b\sin x} = \frac{1}{a}\sqrt{\frac{a^2}{a^2-b^2}}\ln\left|\frac{\tan\frac{x}{2}+\frac{b}{a}-\sqrt{\frac{b^2-a^2}{a^2}}}{\tan\frac{x}{2}+\frac{b}{a}+\sqrt{\frac{b^2-a^2}{a^2}}}\right| + C \quad (a^2 < b^2)$

105. $\int \frac{\mathrm{d}x}{a+b\cos x} = \frac{2}{a-b}\sqrt{\frac{a-b}{a+b}}\arctan\left[\sqrt{\frac{a-b}{a+b}}\tan\frac{x}{2}\right) + C \quad (a^2 > b^2)$

106. $\int \frac{\mathrm{d}x}{a+b\cos x} = \frac{1}{b-a}\sqrt{\frac{b-a}{a+b}}\ln\left|\frac{\tan\frac{x}{2}+\sqrt{\frac{b+a}{b-a}}}{\tan\frac{x}{2}-\sqrt{\frac{b+a}{b-a}}}\right| + C \quad (a^2 < b^2)$

107. $\int \frac{\mathrm{d}x}{a^2\cos^2 x + b^2\sin^2 x} = \frac{1}{ab}\arctan\frac{b\tan x}{a} + C$

108. $\int \frac{\mathrm{d}x}{a^2\cos^2 x - b^2\sin^2 x} = \frac{1}{2ab}\ln\frac{b\tan x + a}{a\tan x - a} + C$

109. $\int x\sin ax\mathrm{d}x = \frac{1}{a^2}\sin ax - \frac{1}{a}x\cos ax + C$

110. $\int x^2\sin ax\mathrm{d}x = -\frac{1}{a^2}x^2\cos ax + \frac{2}{a^2}x\sin ax + \frac{2}{a^3}\cos ax + C$

111. $\int x\cos ax\mathrm{d}x = \frac{1}{a^2}\cos ax + \frac{1}{a}x\sin ax + C$

112. $\int x^2\cos ax\mathrm{d}x = -\frac{1}{a^2}x^2\sin ax + \frac{2}{a^2}x\cos ax - \frac{2}{a^3}\sin ax + C$

（十二）含有反三角函数的积分

113. $\int \arcsin\frac{x}{a}\mathrm{d}x = x\arcsin\frac{x}{a} + \sqrt{a^2-x^2} + C$

114. $\int x\arcsin\frac{x}{a}\mathrm{d}x = \left(\frac{x^2}{2}-\frac{a^2}{4}\right)\arcsin\frac{x}{a} + \frac{x}{a}\sqrt{a^2-x^2} + C$

115. $\int x^2\arcsin\frac{x}{a}\mathrm{d}x = \frac{x^3}{3}\arcsin\frac{x}{a} + \frac{1}{9}(x^2+2a^2)\sqrt{a^2-x^2} + C$

116. $\int \arccos\frac{x}{a}\mathrm{d}x = x\arccos\frac{x}{a} - \sqrt{a^2-x^2} + C$

117. $\int x\arccos\frac{x}{a}\mathrm{d}x = \left(\frac{x^2}{2}-\frac{a^2}{4}\right)\arccos\frac{x}{a} - \frac{x}{4}\sqrt{a^2-x^2} + C$

118. $\int x^2\arccos\frac{x}{a}\mathrm{d}x = \frac{x^3}{3}\arccos\frac{x}{a} - \frac{1}{9}(x^2+2a^2)\sqrt{a^2-x^2} + C$

119. $\int \arctan\frac{x}{a}\mathrm{d}x = x\arctan\frac{x}{a} - \frac{a}{2}\ln(a^2+x^2) + C$

120. $\int x\arctan\frac{x}{a}\mathrm{d}x = \frac{1}{2}(a^2+x^2)\arctan\frac{x}{a} - \frac{ax}{2} + C$

121. $\int x^2\arctan\frac{x}{a}\mathrm{d}x = \frac{x^3}{3}\arctan\frac{x}{a} - \frac{ax^2}{6} + \frac{a^3}{6}\ln(a^2+x^2) + C$

（十三）含有指数函数的积分

122. $\int a^x \mathrm{d}x = \dfrac{a^x}{\ln a} + C$

123. $\int \mathrm{e}^{ax} \mathrm{d}x = \dfrac{\mathrm{e}^{ax}}{a} + C$

124. $\int \mathrm{e}^{ax} \sin bx \mathrm{d}x = \dfrac{\mathrm{e}^{ax}(a \sin bx - b \cos bx)}{a^2 + b^2} + C$

125. $\int \mathrm{e}^{ax} \cos bx \mathrm{d}x = \dfrac{\mathrm{e}^{ax}(b \sin bx + a \cos bx)}{a^2 + b^2} + C$

126. $\int x\mathrm{e}^{ax} \mathrm{d}x = \dfrac{\mathrm{e}^{ax}}{a}(ax - 1) + C$

127. $\int x^n \mathrm{e}^{ax} \mathrm{d}x = \dfrac{x^n \mathrm{e}^{ax}}{a} - \dfrac{n}{a}\int x^{n-1} \mathrm{e}^{ax} \mathrm{d}x$

128. $\int x a^{mx} \mathrm{d}x = \dfrac{x a^{mx}}{m \ln a} - \dfrac{a^{mx}}{(m \ln a)^2} + C$

129. $\int x^n a^{mx} \mathrm{d}x = \dfrac{x^n a^{mx}}{m \ln a} - \dfrac{n}{m \ln a}\int x^{n-1} a^{mx} \mathrm{d}x$

（十四）含有对数函数的积分

130. $\int \ln x \mathrm{d}x = x\ln x - x + C$

131. $\int \dfrac{1}{x \ln x} \mathrm{d}x = \ln(\ln x) + C$

132. $\int x^n \ln x \mathrm{d}x = x^{n+1}\left[\dfrac{\ln x}{n+1} - \dfrac{1}{(n+1)^2}\right] + C$

133. $\int \ln^n x \mathrm{d}x = x \ln^n x - n\int \ln^{n-1} x \mathrm{d}x$

134. $\int x^m \ln^n x \mathrm{d}x = \dfrac{x^{m+1}}{m+1} \ln^n x - \dfrac{n}{m+1}\int x^m \ln^{n-1} x \mathrm{d}x$

附录二 汉英对照名词

Γ 函数 gama function

n 阶行列式 n- order determinant

一画

一般项 general term

一阶线性微分方程 first order linear differential equation

一阶齐次线性微分方程 homogeneous first order linear differential equation

一阶非齐次线性微分方程 nonhomogeneous first order linear differential equation

二画

二次曲面 quadratic surface

二元函数 bivariate function

二重积分 double integral

二阶线性微分方程 second order linear differential equation

二阶齐次线性微分方程 homogeneous second order linear differential equation

二阶非齐次线性微分方程 non- homogeneous second order linear differential equation

二阶常系数齐次线性微分方程 second order constant coefficient homogeneous linear differential equation

二阶常系数非齐次线性微分方程 second order constant coefficient nonhomogeneous linear differential equation

三画

反函数 inverse function

广义积分 improper integral

三重积分 third integral

广义二重积分 improper double integral

四画

开区间 open interval

无穷区间 infinite interval

分段函数 piecewise function

无界 unbounded

中间变量 intermediate variable

无穷小 infinitesimal

无穷大 infinity

不定式 indefinite form

不定积分 indefinite integral

分部积分法 integration by parts

元素法 element method

牛顿—莱布尼兹公式 Newton- Leibniz formula

无穷级数 infinite series

马克劳林级数 Maclaurin series

双叶双曲面 hyperboloid of two sheets

双曲抛物面 hyperbolic parboiled

方向角 direction angle

方向余弦 direction cosine

方向导数 directional derivative

五画

半开半闭区间 half-closed interval

发散的 divergent

左极限 left limit

右极限 right limit

可微的 differentiable

发散 diverge

正项级数 series of positive terms

正弦级数 sine series

发散域 domain of divergence

达朗贝尔 D' Alembert

切平面 tangent plane

可分离变量的微分方程 separable differential equation

对角矩阵 diagonal matrix

对称矩阵 symmetric matrix

六画

闭区间 closed interval

自变量 independent variable

因变量 dependent variable

多值函数 multiple- valued function

有界 bounded

连续 continuous

收敛 convergent

连续点 continuous point

连续函数 continuous function

导数 derivative

导函数 derived function

凹的 concave

凸的 convex

收敛 converge

曲边梯形 curvilinear trapezoid

收敛半径 convergence radius
交错级数 alternating series
收敛域 domain of convergence
收敛区间 convergence interval
行列式 determinant
向量 vector
向量积 vecter product
全导数 total derivative
全微分 total differential
全增量 total increment
多元函数 multivariate function
曲线积分 curvilinear integral
全微分方程 total differential equation
齐次(微分)方程 homogeneous differential equation
行矩阵 row matrix
列矩阵 column matrix

七画

邻域 neighborhood
初等函数 elementary function
间断点 discontinuous point
条件收敛 conditional convergence
余弦级数 cosine series
狄利克雷 Dirichlet
坐标轴 coordinate axis
坐标原点 origin
坐标面 coordinate planes
坐标 coordinate
投影 project
体积元素 element of volume
伴随矩阵 adjoint matrix

八画

变量 variable
函数 function
定义域 domain of definition
单值函数 one- valued function
奇函数 odd function
单调函数 monotone function
周期函数 periodic function
极限 limit
极大值 maximum value
极大值点 maximum point
极小值 minimum value
极小值点 minimum point
极值 extreme point
拐点 inflection point
欧拉公式 Euler formula
阿贝尔 Abel
定积分 definite integral
空间直角坐标系 spatial rectangular coordinate system
卦限 octant
法线向量 normal vector
单叶双曲面 hyperboloid of one sheet
经验公式 empirical formula
线性代数 linear algebra
单位矩阵 identity matrix
转置矩阵 transfer matrix
逆矩阵 inverse matrix
非奇异矩阵 nonsingular matrix
奇异矩阵 singular matrix

九画

复合函数 compound function
驻点 stable point
柱面 cylinder
标量 scalar quantity
面积元素 element of area
柱面坐标 cylinderical coordinates

十画

值域 domain of function value
高阶导数 higher derivative
换元积分法 integration by substitution
原函数 primitive function
积分号 sign of integration
积分曲线 integral curve
积分变量 variable of integration
积分常数 integral constant
被积表达式 integral expression
被积函数 integrand
积分区间 interval of integration
积分上限 upper limit of integration
积分下限 lower limit of integration
积分中值定理 mean value theorem for integral
部分和 partial sum
莱布尼兹 Leibniz
泰勒级数 Taylor series
高阶偏导数 higher partial derivative
积分区域 domain of integration
格林公式 Green formula
矩阵 matrix

秩 rank
特征值 eigenvalue
特征向量 eigenvector
特征矩阵 eigenmatrix

十一画

常量 constant
偶函数 even function
绝对收敛 absolute convergence
偏导数 partial derivative
偏微分 partial differential
球面坐标 spherical coordinates

十二画

隐函数 implicit function
傅里叶级数 Fourier series
幂级数 power series
最小二乘法 least square method
梯度 gradient

十三画

微积分学 calculus
数列 sequence of number
微分 differential
微积分基本定理 fundamental theorem of calculus
椭圆抛物面 elliptic paraboloid
锥面 cone
椭球面 ellipsoid
数量积 scalar product
微分方程 differential equation
常微分方程 ordinary differential equation
微分方程的阶 order of differential equation
微分方程的解 solution of differential equation
微分方程的通解 general solution of differential equation
微分方程的初始条件 initial condition of differential equation
微分方程的特解 particular solution of differential equation
零矩阵 zero matrix

十四画

模 modulus

十五画

增量 increment

参考文献

1. 毛宗秀. 高等数学. 第3版. 北京:人民卫生出版社,2003
2. 孙庆文,方影,滕海英,等. 高等数学与数学模型. 上海:第二军医大学出版社,2001
3. 同济大学数学教研室. 高等数学. 第4版. 北京:高等教育出版社,2005
4. 周怀悟. 医药应用高等数学. 杭州:杭州大学出版社,1993
5. 北京大学数学力学系高等数学教材编写组. 一元微积分. 北京:人民教育出版社,1977
6. 张德舜. 高等数学. 北京:中国医药科技出版社,1996
7. 同济大学应用数学系. 高等数学及其应用. 北京:高等教育出版社,2004
8. 乐经良,祝国强. 医用高等数学. 北京:高等教育出版社,2004
9. 四川大学数学学院高等数学教研室. 高等数学. 北京:高等教育出版社,2004
10. 张选群. 医用高等数学. 第4版. 北京:人民卫生出版社,2004
11. 郭涛. 新编药物动力学. 北京:中国科学技术出版社,2005
12. 赵新生. 化学反应理论导论. 北京:北京大学出版社,2003
13. 徐安农. 数学实验. 北京:电子工业出版社,2004
14. 王兵团,桂文豪. 数学实验基础. 北京:北方交通大学出版社,2003
15. 马新生,陈涛,陈钰菊,等. 高等数学实验. 北京:科学出版社,2005
16. 谢崇远,曾冰,张秀华,等. 高等数学全程 学·练·考. 沈阳;东北大学出版社,2004
17. 周永治. 医药高等数学. 北京:科学出版社,2004
18. 樊映川. 高等数学讲义. 北京:人民教育出版社,1964
19. 吴赣昌. 高等数学. 北京:中国人民大学出版社,2006
20. 孙为,张宇萍. 高等数学实验. 西安:西北工业大学出版社,2003
21. 顾作林. 高等数学. 第4版. 北京:人民卫生出版社,2007
22. 顾作林. 高等数学. 第5版. 北京:人民卫生出版社,2011
23. 秦侠. 医药高等数学. 第2版. 合肥:中国科学技术大学出版社,2013
24. 秦侠,吴学森,陈涛. 医药高等数学学习指导. 第2版. 合肥:中国科学技术大学出版社,2013
25. 方文波. 线性代数及其应用. 北京:高等教育出版社,2011